普通高等教育“十三五”规划教材

国家精品课程建设教材

国家精品资源共享课教材

GENE ENGINEERING

基因工程

第二版

袁婺洲　编著

范雄伟　邓云　李东屏　参编

·北京·

《基因工程》第二版为国家精品课程建设教材、国家精品资源共享课教材，与教材配套有慕课视频可供学习。系统阐述基因工程的基本概念、基本原理、转基因技术的完整流程、基因工程操作的主要工具和关键技术及其最新进展，尤其是基因工程在组学和基因功能研究中的应用进展。

本教材主要内容包括三部分：一是基因工程的基本原理与基本技术，涉及工具酶和基因工程载体及常用的基因表达系统，目的基因获取、制备、扩增、导入与鉴定的各种方法，包括最新的高通量测序和单细胞测序技术等基因检测方法。二是基因工程用于功能基因组学研究的技术，包括基因表达谱研究技术、全基因组化学诱变和转座子饱和诱变技术、基因敲除与基因敲减技术、过表达和异位表达技术、染色质沉淀等基因相互作用研究技术等，这部分一直是本教材的特色和重点，第二版还大篇幅增加了 TALEN 和 CRISPR 基因编辑技术的发展历史和最新进展。三是基因工程在工农业生产和医学研究中的应用，包括转基因植物、转基因动物的制备与应用，转基因安全评价与监管，基因治疗的原理、策略与研究进展，尤其是免疫治疗的最新研究进展等。扫描书中二维码可见精美彩图。

本教材可用作国内高等院校及科研院所生物科学、生物技术、生物工程及基础医学和制药专业的本科生、研究生及科研人员学习的教材和参考书，也可作为对转基因技术和基因工程感兴趣的其他领域人士科普学习的参考书。

图书在版编目（CIP）数据

基因工程/袁婺洲编著. —2 版. —北京：化学工业出版社，2019.7（2024.2重印）

ISBN 978-7-122-34330-7

Ⅰ. ①基… Ⅱ. ①袁… Ⅲ. ①基因工程-高等学校-教材 Ⅳ. ①Q78

中国版本图书馆 CIP 数据核字（2019）第 071267 号

责任编辑：傅四周　赵玉清　　文字编辑：向　东
责任校对：宋　玮　　装帧设计：王晓宇

出版发行：化学工业出版社（北京市东城区青年湖南街 13 号　邮政编码 100011）
印　　装：大厂聚鑫印刷有限责任公司
787mm×1092mm　1/16　印张 24½　字数 635 千字　2024 年 2 月北京第 2 版第11次印刷

购书咨询：010-64518888　　售后服务：010-64518899
网　　址：http://www.cip.com.cn
凡购买本书，如有缺损质量问题，本社销售中心负责调换。

定　　价：69.00 元

前言

《基因工程》第一版教材已经使用九年了。九年的时间，基因工程技术的发展日新月异，某些新技术和新进展甚至出现井喷式的发展与更替。早该将这些新技术和新进展写进教材，但由于各种原因，《基因工程》第二版的修订和编写工作较为缓慢，在这里对支持和热爱本教材的读者们致以深深的歉意。

《基因工程》第二版的修订和撰写工作主要从三个方面着手。一是订正第一版的错误。由于第一版教材编写匆忙，教材付印后发现有几处明显的小错误，在第二版已经得到更正。二是重新绘制了教材中原有的全部插图，并增加了较多原创的新插图，统一了插图的风格。对于教材中涉及的基因工程原理和技术，力求用更直观易懂的插图形式进行诠释，让读者更容易理解并加深印象。全部插图的电子版都可以在数字课程网站获取。其中基因工程载体一章，在教材中呈现的大多是载体的结构示意图，数字课程网站还补充了许多载体的详细结构图电子版，供学习者使用参考。第二版教材内容更新的第三个方面，是增加了基因工程技术最近几年的最新进展和应用，如“Golden Gate”一步克隆法、无缝连接克隆快线、新一代 DNA 测序技术、iPS 与体细胞克隆技术、TALEN 和 CRISPR 基因编辑技术、CAR-T 免疫治疗等。尤其是对有关高通量测序、基因编辑和免疫治疗技术的发展历程和最新进展，本教材进行了较全面的阐述和展望，“新”意十足，也饶有趣味。

教材第二版的架构略有调整，共分 10 章，主要是根据转基因操作的程序为主线，先介绍了基因工程操作的两大工具，接着阐述了目的基因获取的主要途径以及目的基因导入受体细胞和阳性转化子鉴定的主要方法，最后介绍了基因工程在基因功能研究、转基因植物、转基因动物和基因治疗等方面的应用及最新进展，其中以基因功能研究技术为重点。参加第二版教材编写的人员依然是湖南师范大学“基因工程”教学团队，邓云教授修改了第 2 章和第 3 章的部分内容，李东屏教授修改了第 8 章，范雄伟副教授倾情撰写了第 7 章、第 9 章和第 10 章的内容，其中 CRISPR 系统和 CAR-T 免疫治疗部分的综述让本教材妙趣横生。万永奇副教授提供了部分参考文献。袁婺洲教授修订和撰写了第二版教材的全部章节以及每章的章前导读与章后小结，并负责全书的提纲、统筹、组织、修订、插图绘制、创作与整理、书稿审查和校对等工作。在此对所有编写人员表示感谢！

第二版教材的插图绘制经过了几年时间的积累，其中湖南师范大学 2013 届生物科学专业和 2015 级生物技术专业及基地班的许多本科生同学参与了部分创作与绘制工作，在此也对这些同学的付出表示感谢！

本教材的编写和出版是在化学工业出版社的大力支持下完成的，感谢化学工业出版社的信任与支持。

本教材的出版也得到基因工程国家精品课程建设项目、基因工程国家精品资源共享课建设项目以及基因工程湖南省精品在线开放课程建设项目和湖南师范大学精品在线开放课程建设项目的资助和支持。

与教材内容配套的慕课短视频也制作完成，由袁婺洲教授、范雄伟副教授以及万永奇副教授讲授，已在智慧树和爱课程网在线开放。欢迎读者同步使用教材和慕课短视频进行学习。

限于经验、学识和水平，尽管已反复校订，但书中不足之处在所难免，恳请读者和同行继续不吝指教为谢。

袁婺洲

2019年6月于岳麓山下

第一版前言

基因工程技术自 1973 年诞生之后，以惊人的速度飞速发展，其应用成果已经渗透到人们生活和工农业生产的各个领域，成为生物技术中发展速度最快、创新成果最多、应用前景最广的一门核心技术。基因工程课程也已成为国内外高校生物技术和生物科学专业本科生的一门专业主干课程。

湖南师范大学生命科学学院自 1997 年开始为硕士研究生开设基因工程课程，是全院唯一一门硕士研究生的专业基础课程。2002 年开始为生物技术专业和国家生命科学技术人才培养基地的本科生开设基因工程专业课，现在授课对象已经扩展到了生物科学专业和树达学院生物技术专业的本科生。2008 年，湖南师范大学基因工程本科教学项目相继获得学校和湖南省教育厅的精品课程建设立项，2009 年获得国家教育部的精品课程建设立项。2006 年之前，我们一直使用马建岗编写的《基因工程原理》作为教材，2006 年以后选用了李立家和肖庚富编著的《基因工程》教材。为了配合《基因工程》国家精品课程的建设，及时跟踪学科发展前沿，我们于 2009 年底开始着手编写这一本新的《基因工程》教材。

如今，生命科学已经进入功能基因组时代。基因工程在现阶段的主要特色就是基因工程技术与功能基因组学的完美结合与相互促进，因此本教材的主要特点就是第一次详细介绍了基因工程在基因功能研究中的应用，而功能基因组研究的需求又促使基因工程技术不断向前沿发展。对于师范类高校和综合性大学的生命科学相关专业的本科生来说，目前国内的就业去向主要有两个，一是去国内外高校和科研院所继续深造、读研和攻博，二是去大专院校、科研院所以及生物制剂和制药公司从事教学、科研、研发和销售工作。不管哪一种去向，大部分的工作内容都会或多或少与基因工程及功能基因组学的研究技术打交道，因此本教材将基因工程技术与功能基因组学结合起来也适应了大学生就业的市场需求。

本教材共 8 章，由湖南师范大学生命科学学院基因工程本科教学团队的教师们编写完成。袁婺洲教授负责全书的提纲拟定、统筹、组织、编写、修订、图片收集、扫描、绘制与整理、章前导读与章后小结的撰写、书稿审查和校对等工作，并独立编写了教材第 1 章、第 3 章、第 7 章和第 8 章的内容，第 2 章由邓云副教授编写，第 5 章由李东屏副教授编写，第 4 章由万永奇博士编写，第 6 章由唐文岘讲师编写，博士研究生周军媚参与了第 3 章计算机克隆目的基因内容的编写工作。教材编写过程中得到了吴秀山教授和生命科学学院领导的支持。在此对所有编写人员及支持本书编写的所有老师和同学表示感谢！

本书的编写和出版是在化学工业出版社刘畅编辑的督促下启动和完成的，与刘畅编辑的多次愉快的交流让本书由设想变为现实。感谢刘畅编辑的信任与支持！

本书的出版得到基因工程国家精品课程建设项目、基因工程湖南省精品课程建设项目、湖南师范大学精品课程建设项目以及湖南师范大学出版基金的资助。同时感谢化学工业出版社的大力支持！

限于经验和水平，加之时间仓促，书中错漏定有不少，恳请读者和同行批评指正！

袁婺洲

2010 年 5 月于岳麓山下

目录

8 转基因植物 /259

9 转基因动物 /288

1

基因工程概述

本章导读

基因工程是发展最快的一种生物技术，在生物技术中处于核心地位。本章介绍了基因工程的基本概念、基本流程以及基因工程诞生与发展的历史背景与简要过程。基因工程具有巨大的应用前景，在生命科学基础研究领域、工农业生产领域以及医药领域都取得了丰硕的应用成果。

21世纪是生命科学的世纪，而生命科学的核心则是生物技术。以生物技术和分子生物学为主体的现代生命科学已经成为带动和影响其他学科发展的领头学科。建立在分子生物学和遗传学基础之上的基因工程则是生物技术中发展速度最快、创新成果最多、应用前景最广的一门核心技术，它的显著特点是能够跨越生物种属之间不可逾越的鸿沟，打破常规育种难以突破的物种界限，开辟在短时间内改造生物遗传特性的新领域。基因工程使得原核生物与真核生物之间、动物与植物之间以及人和其他生物之间的遗传信息可以进行重组和转移，因而基因工程成为当今生命科学领域中最具生命力、最引人注目的学科之一。

1.1 基因工程的概念与基本流程

1.1.1 基因工程的概念

基因工程（gene engineering）是指采用类似于工程设计的方法，根据人们事先设计的蓝图，人为地在体外将外源目的基因插入质粒、病毒或其他载体中，构建重组载体DNA分子，并将重组载体分子转移到原先没有这类目的基因的受体细胞中去扩增和表达，从而使受体或受体细胞获得新的遗传特性，或形成新的基因产物。基因工程又叫遗传工程（genetic engineering）、分子克隆（molecular cloning）、基因克隆（gene cloning）、重组DNA技术（recombinant DNA technique）或转基因技术（transgenic technique）。

通俗地说，基因工程就是指将一种供体生物体的目的基因与适宜的载体在体外进行拼接重组，然后转入另一种受体生物体内，使之按照人们的意愿稳定遗传并表达出新的基因产物或产生新的遗传性状的DNA体外操作技术。所以供体基因、受体细胞和载体是基因工程技术的三大基本元件。

随着基因工程技术的不断发展，对基因工程概念的理解也包含狭义和广义两个层面。狭义的基因工程侧重于基因重组和将外源目的基因“转入”受体生物的操作。而广义的基因工程则不仅包括把外源基因“转入”生物，也包括把生物的内源基因进行修饰和剔除，就好比将内源基因“转出”，使生物获得基因被修饰了的新性状。两者都是对生物体的基因或基因组进行人工修饰和操作，所以基因工程也被称为基因修饰（gene modification）或基因编辑（gene editing），转基因生物也被称为基因修饰生物或遗传修饰生物（genetic modified organism，GMO）。

1.1.2 基因工程的基本流程

根据基因工程的概念，目前通常把基因工程的基本流程分为如下五个环节（图 1.1）。

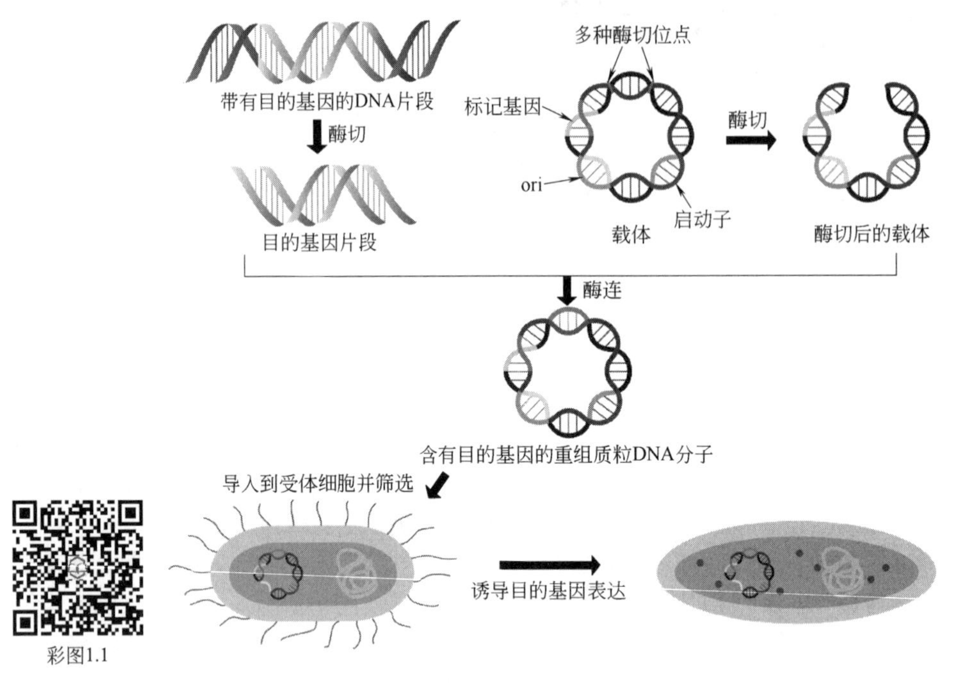

图 1.1　基因工程的基本流程

（1）目的基因的分离、获取与制备

目的基因是基因工程操作的核心对象。所以基因工程的第一步是获取与制备目的基因。可以将复杂的生物体基因组经过酶切消化等步骤，先构建基因组文库，再从文库中分离带有目的基因的 DNA 片段；或利用逆转录的方法，从 mRNA 出发，逆转录获得 cDNA 作为目的基因；也可以用酶学或化学合成的方法人工合成序列比较短的目的基因；还可以利用目前应用非常普遍的 PCR（聚合酶链反应）技术从供体生物基因组或已有的目的基因的克隆中直接体外扩增一个目的基因，等等。

（2）目的基因与载体连接构建成为重组载体分子

目的基因只是一段 DNA 片段，可能往往不是一个完整的复制子，它自身不太可能以高效率直接进入受体细胞中去扩增和表达，因此必须借助于运输和转移目的基因的工具即基因工程载体（vector）才能导入到受体细胞中。基因工程载体包括质粒、噬菌体、病毒、黏粒及人工微小染色体等。选择什么类型的载体要根据基因工程的目的和受体细胞的性质来决定。只有将目的基因与载体在体外连接形成重组载体 DNA 分子，才能将目的基因有效地导入到受体细胞进行扩增和表达。

(3) 重组 DNA 分子导入到受体细胞

体外构建的重组 DNA 分子必须导入受体细胞中才能扩增和表达。重组 DNA 分子导入受体细胞的方法根据载体及受体细胞的不同而不同。若受体细胞为细菌和酵母细胞，则主要采取化学转化和电场转化的方法导入重组载体；若受体细胞为植物细胞，则主要采用基因枪法或 Ti 质粒导入的方法；若受体细胞为动物细胞，则重组载体的导入可采用显微注射法、逆转录病毒法、ES 细胞（即胚胎干细胞）法及体细胞核移植等方法；若受体细胞为人体细胞，则主要采取逆转录病毒、腺病毒或腺相关病毒等载体导入法。

(4) 外源目的基因阳性克隆的鉴定和筛选

外源目的基因通过重组载体转移到受体细胞后，重组载体是否构建成功、是否构建正确、是否成功转入受体细胞以及外源基因是否插入到受体细胞的基因组、是否能够完整复制与表达是必须一步一步经过筛选和鉴定的。含有外源目的基因的受体细胞繁殖的后代叫阳性克隆或阳性转化体。阳性克隆的筛选和鉴定方法可以根据载体上的遗传筛选标记基因或目的基因本身的表达性状来鉴定，也可以通过酶切检测、PCR、核酸分子杂交及 DNA 测序等分子生物学的方法来鉴定。

(5) 外源目的基因的表达

让外源目的基因表达是基因工程操作的终极目的。通过上一步骤筛选和鉴定到阳性细胞克隆后，最后一个步骤就是让外源目的基因实现表达。根据基因工程不同的操作目的及不同的受体细胞类型，选择不同的表达载体，分别将目的基因导入原核细胞或导入真核细胞，通过表达载体的调控元件使目的基因在新的背景下实现功能表达，产生人们所需要的物质，或使受体细胞获得新的遗传特性。

对于受体细胞是酵母、植物、动物或人类等真核细胞的基因工程操作，含有目的基因的重组载体在最终导入这些真核受体细胞之前，一般都会先被导入原核细胞进行复制扩增和重组载体的筛选和鉴定，确认重组载体构建成功并构建正确后，再转入真核细胞内让目的基因表达，获得基因工程产品或制备转基因动植物以及实现人类基因治疗等。

1.2 基因工程的发展简史

1.2.1 基因工程诞生的背景

基因工程得以诞生完全依赖于分子生物学、分子遗传学、微生物学等多学科研究的一系列重大突破。概括起来，从 20 世纪 40 年代开始到 70 年代初，在微生物遗传学和分子遗传学研究领域中的理论上的三大发现和技术上的三大发明，对基因工程的诞生起到了决定性的作用。

(1) 理论上的三大发现

① 发现了生物的遗传物质是 DNA 而不是蛋白质。1934 年，Avery 等在美国的一次学术会议上首次报道了肺炎链球菌（*Streptococcus pneumoniae*）的转化。超越时代的科学成就往往不容易很快被人们接受，当时 Avery 的成果没有得到公认。事隔 10 年，1944 年这一论文才得以公开发表。事实上，Avery 的工作不仅证明了 DNA 是生物的遗传物质，而且还证明了 DNA 可以转移，能把一个细菌的性状传给另一个细菌，理论意义十分重大。正如诺贝尔奖获得者 Lederberg 指出的，Avery 的工作是现代生物技术革命的开端，也可以说是基因工程的先导。

② 明确了 DNA 的双螺旋结构和半保留复制机制。1953 年，J. D. Watson 和 H. C. Crick 提出了 DNA 分子的双螺旋结构模型，这对生命科学的意义足以和达尔文学说、孟德尔定律

相提并论。1958 年，M. Meselson 和 F. W. Stahl 提出的 DNA 的半保留复制模型及随后提出的蛋白质合成的中心法则证明遗传信息是从 DNA→RNA→蛋白质，从而在分子水平上揭示了神秘的遗传现象，为遗传和变异的操作提供了理论依据。

③ 遗传密码子的破译。1961 年，Monod 和 Jacob 提出了操纵子（operon）学说，为基因表达调控提供了新理论。以 Nirenberg 等为代表的一批科学家，经过艰苦的努力确定遗传信息是以密码方式传递的，每三个核苷酸组成一个密码子，代表一个氨基酸。1966 年破译了全部 64 个密码，编排了一本密码子字典，除线粒体、叶绿体存在个别特例外，遗传密码在所有生物中具有通用性，为基因的可操作性奠定了理论基础。

（2）技术上的三大发明

从 20 世纪 40 年代到 60 年代，虽然从理论上已经确定了基因工程操作的可能性，科学家们也为基因工程设计了一幅美好的蓝图，但是科学家们面对庞大的双链 DNA，尤其是真核生物相当巨大的基因组 DNA，仍然是束手无策、难以操作。在细胞外发现和使用工具酶及载体为基因工程的实际操作奠定了基础。

① 利用限制性核酸内切酶和 DNA 连接酶体外切割和连接 DNA 片段。1970 年，H. O. Smith 和 K. W. Wilcox 报道在流感嗜血菌（*Haemophilus influenzae*）Rd 菌株中发现了第一种Ⅱ型限制性核酸内切酶，*Hin*d Ⅱ，使 DNA 分子在体外切割成为可能。1972 年，Boyer 实验室又发现了一种叫 *Eco*RⅠ的限制性核酸内切酶，这种酶每当遇到 GAATTC 这样的 DNA 序列，就会将双链 DNA 分子在该序列中切开形成 DNA 片段。以后，又相继发现了大量类似于 *Eco*RⅠ这样的能够识别特异的核苷酸序列的限制性核酸内切酶，使研究者可以获得所需的特殊的 DNA 片段。对基因工程技术突破的另一发现是 DNA 连接酶。1967 年，世界上有 5 个实验室几乎同时发现了 DNA 连接酶，这种酶能参与 DNA 切口的修复。1970 年，美国的 Khorana 实验室发现的 T_4 DNA 连接酶，具有更高的连接活性，为 DNA 片段的重组连接提供了技术基础。

② 质粒改造成载体以携带 DNA 片段克隆。科学家有了对 DNA 切割与连接的工具酶，还不能完成 DNA 体外重组的工作，因为大多数 DNA 片段不具备自我复制的能力。为了使 DNA 片段能够在受体细胞中进行繁殖，必须将获得的 DNA 片段连接到一种能够自我复制的特定 DNA 分子上。这种 DNA 分子就是基因工程的载体（vector）。基因工程载体的研究先于限制性核酸内切酶。从 1946 年起，Lederberg 就开始研究细菌的致育因子 F 质粒，到 20 世纪 50～60 年代相继在大肠杆菌中发现抗药性 R 质粒和大肠杆菌素 Col 质粒。1973 年，Cohen 将质粒作为基因工程的载体使用，获得基因工程实验的成功。

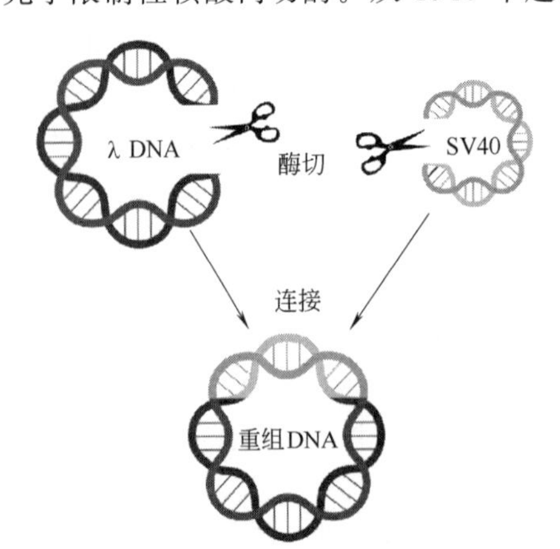

图 1.2　1972 年，P. Berg 与他的学生构建的世界上第一个体外重组的 DNA 分子

③ 逆转录酶的使用打开了真核生物基因工程的一条通路。1970 年，Baltimore 等和 Temin 等同时各自发现了逆转录酶，逆转录酶功能的发现不但打破了早期的中心法则，也使真核生物目的基因的制备成为可能。

1.2.2　基因工程的诞生

1972 年，美国斯坦福大学的 P. Berg 博士的研究小组使用限制性核酸内切酶 *Eco*RⅠ，在体外对猿猴病毒 SV40 DNA 和 λ 噬菌体 DNA 分别进行酶切消化，然后用 T_4 DNA 连接酶将两种酶切片段连接起来，第一次在体外获得了包括 SV40 和 λDNA 的重组 DNA 分子（图 1.2），并因此与 W. Gilbert、F. Sanger 分享了 1980 年的诺贝尔化学奖。1973 年，斯坦福大学的 S. Cohen 等将编码有卡那霉素（kanamycin）抗性基因的大肠杆菌 R6-5 质粒和编码四环素（tetracycline）抗性基因的另一种大肠杆菌质粒 pSC101 DNA 混合后，加入限制性核酸内切酶 *Eco*RⅠ，对 DNA 分别进行切割，再用 T_4 DNA 连接酶将它们连接成为重组 DNA 分子，然后转化大肠杆菌，获得了既抗卡那霉素又抗四环素的双重抗性特征的转化子菌落（图 1.3），这是第一次重组 DNA 分子转化成功的基因克隆实验，因此标志着基因工程诞生了！

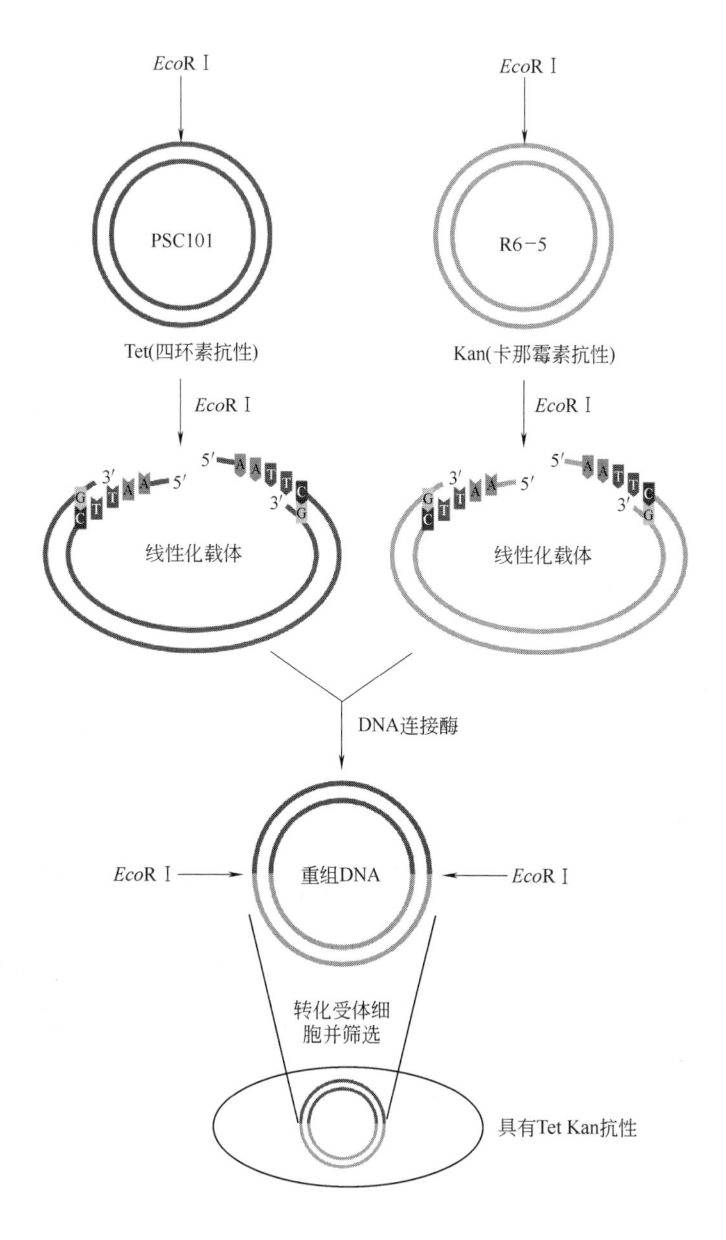

图 1.3　1973 年，世界上第一个成功的基因工程实验

1.2.3 基因工程的发展

基因工程技术一经诞生即取得了迅速发展。1976 年 4 月 7 日，美国基因泰克公司（Genentech）——全球第一家生物技术公司成立，并迅速于 1977 年 1 月成功利用大肠杆菌细胞生产了第一个基因工程药物——生长激素抑制素（Somatostostatin）。1978 年，他们再次利用基因工程技术生产了人重组胰岛素，并于 1982 年以专利转让形式授权给美国礼来公司（Eli Lilly and Company）进行大规模生产并正式投放市场。从此开启了基因工程药物新时代，包括生长激素、α 干扰素、白细胞介素、凝血因子Ⅷ、血纤维蛋白溶酶原激活素（t-PA）等在内的一批基因工程药物迅速生产出来并在市场上推广。1982 年，含有大鼠生长激素基因的转基因小鼠——超级巨鼠［图 1.4（a）］问世。1983 年，利用 Ti 质粒获得了含有细菌新霉素抗性基因（neo^r）的第一个转基因植物——转基因烟草。1985 年，基因工程微生物杀虫剂通过美国环保署的审批。1985 年，PCR 技术问世。1990 年，美国国立卫生研究院（NIH）的 French Anderson 医生利用逆转录病毒将正常腺苷脱氨酶（ADA）基因导入到四岁女孩 Ashanti de Silva 的淋巴细胞内，第一次成功实现了重度联合免疫缺陷症（SDID）的基因治疗。1996 年，利用体细胞核移植技术，英国爱丁堡罗斯林研究所伊恩·维尔穆特研究小组第一次成功获得了克隆绵羊多莉。2000 年，含有绿色荧光蛋白（GFP）的第一只转基因猴［图 1.4（b）］在美国诞生。2007 年，美国和英国两个研究小组分别通过转基因技术用病毒载体把 4 个与细胞周期相关的基因 *OCT4*、*SOX2*、*KLF4*、*c-myc* 转入体细胞，首次获得了人工诱发的多能干细胞 iPS。2009 年，中科院动物所周琪院士利用 iPS 细胞通过四倍体囊胚注射首次得到存活并具有繁殖能力的小鼠［图 1.4（c）］，从而在世界上第一次证明了 iPS 细胞的全能性。2011 年，全新的基因编辑技术 TALEN 打靶技术问世。2012 年，由向导 RNA 介导的基因编辑神器——CRISPR 基因打靶技术首获成功。2015 年，中国学者黄军就团队利用 CRISPR 技术首次对体外受精操作中废弃的人类胚胎开展了基因编辑的尝试，成功地修改了多个 β 型地中海贫血症的受精卵中的 β-血红蛋白基因。2016 年，David R. Liu 研究组通过改进 CRISPR 技术，首次实现了基因组 DNA 单碱基的替换和修饰。自此，基因工程进入基因组编辑新时代。现在基因工程技术已经广泛应用于生物体的遗传改良、生物反应器、基因治疗和基因疫苗的生产等，并带来了巨大的科学价值和经济效益。

彩图1.4

(a)

(b)

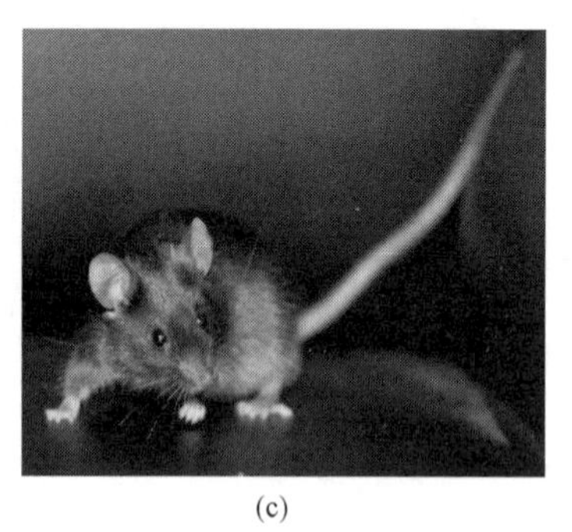
(c)

图 1.4 （a）第一只转基因小鼠（1982）、（b）转基因猴（2000）及（c）iPS 小鼠（2009）

在基因工程发展史上值得一提的另一重大事件是 1985 年提出的、1990 年启动的人类基因组计划（human genome project，HGP）。这一被誉为生命科学领域的“阿波罗登月计划”的主要研究内容是：①对人类染色体 DNA 约 30 亿个碱基进行全长测序；②确定人类染色体DNA中大约2.5万个蛋白质编码基因并绘制基因图谱；③构建DNA测序信息数据库；④开发数据库分析技术；⑤探讨由人类基因组计划可能引发的道德、法律、伦理和社会问题。到2000年6月，人类基因组工作框架图得以正式发布。这一框架图包含了人类基因组97%以上的信息，医学专家通过分析每个基因的功能及其在染色体上的位置，将能从分子水平深入了解各种疾病的发生机制，从根本上获得治疗的方法；同时也有助于认识正常的生物结构和功能，解释一系列生命现象的本质。中国作为参与此计划唯一的发展中国家，测定了人类基因组全部序列的1%，也就是3号染色体上短臂端粒区的3000万个碱基对的DNA序列，为这一研究计划做出了重要贡献。2006年5月18日，美国和英国科学家在《自然》杂志网络版上发表了人类最后一个染色体——1号染色体的基因序列，至此，人类基因组序列已全部测序完成，标志着生命科学已进入后基因组时代，即功能基因组时代。基因工程技术必将在基因功能的广袤研究领域继续发挥强大的作用。

1.3 基因工程的研究意义和应用

基因工程技术诞生以后，迅速应用于农业、林业、医药、食品、环保等行业和领域，显示了生命科学这一核心新生技术的强大生命力和巨大的应用前景。在传统工业中，基因工程技术的引入可降低损耗、提高产量，同时还能减少污染，如今生物工业成为现代产业革命的重要组成部分。在农业生产中，转基因植物在抗病毒、抗虫、抗除草剂和品种改良等方面都取得了引人注目的成果，有的已被广泛应用于生产实践，使得相关农作物的产量得以显著提高。在医药科学领域，人们可以利用基因工程技术探明致病基因的结构和功能，了解其致病机制；建立基因诊断和基因治疗技术，并已开发出大批量的基因工程药物和疫苗广泛应用于临床，为疾病的预防、治疗提供了新方法，给患者带来了福音。

1.3.1 基因工程在功能基因组学研究中的应用

如前所述，人类基因组计划完成后，如今生命科学已进入了功能基因组时代。功能基因组学研究的主要任务是：①基因定位和基因功能研究；②基因表达调控的顺式元件和反式因子的鉴定和转录调控机制的研究；③发育的遗传学和基因组学；④非编码DNA与RNA的类型、含量、分布及所包含的信息与功能；⑤基因转录、蛋白质合成和翻译后事件的相互协调；⑥在大分子功能复合体中蛋白质间的相互作用；⑦人类蛋白质组学研究；⑧个体间单核苷酸多态性变异（single-based DNA variations among individual）与健康和疾病之间的关系；⑨基因突变与疾病发生和发展之间的关系；⑩药理基因组学，等等。目前研究基因的功能主要采用“反向遗传学”的策略，即在正常个体中由于全部基因的存在，很难区分单个基因的具体功能，但如果将某个特定的基因突变、删除或失活后，导致个体某个性状丧失或发育异常或疾病产生，则可推知该基因具有决定某性状或参与某一生化途径的功能。而实施基因定点突变（site-directed mutagenesis）、基因敲除（gene knock-out）、基因编辑（gene editing）、基因敲减（gene knock-down）及基因沉默（gene silencing）等“基因失活”技术以及转基因等“基因过表达技术”（over expression）都要运用基因工程的手段，因此，基因工程在功能基因组学的研究中发挥了不可或缺的作用。各种基因工程技术在基因功能研究中的应用及最新进展将在本书第7章详细阐述。

1.3.2 基因工程在工业领域的应用

（1）环保工业

随着化学工业的迅速发展，产生了为数众多的化合物，其中不少都是能持久存在的有毒物质，如各种塑料组成的“白色垃圾”，这些物质的存在对人们所处的环境造成了极大的威胁。基因工程技术则有望解决这一难题。某些细菌在不平衡生长时会形成高分子聚合物——聚羟基脂肪酸酯（PHA）和聚3-羟基丁酸酯（PHB）等，它们的物理性能与聚丙烯塑料类似，却具有生物相容性和生物可降解性。构建超量表达PHB的大肠杆菌工程菌，可用于生产生物可降解塑料，在美国、英国、德国和日本已经生产成功。生物可降解塑料可用于外科手术缝合线、骨科康复材料以及组织工程材料等，不但解决了白色污染的问题，还开辟了可再生、可持续发展的原料来源。

含有降解质粒的细菌在某些环境污染物的降解中发挥着重要的作用，如假单胞菌属的石油降解质粒，此类质粒编码的酶能降解各种石油组分或它们的衍生物，像樟脑、辛烷、萘、水杨酸盐、甲苯和二甲苯等，如Charabarty博士将含XYL（降解二甲苯和苯）、NAH（降解萘）、CAM（分解樟脑）和OCT（降解辛烷、己烷、癸烷）的4种质粒组合形成一种“超级质粒”转移到一株假单胞菌中，产生的“超级菌”在短时间内就可分解60%的原油脂肪烃。农药降解质粒则含有能降解杀虫剂和其他农药的基因，如马里兰大学的Copppella博士等将能降解硫磷的水解酶基因 *opd* 转化到一种链霉菌（*Strepomyces livdians*）中，得到的工程菌能稳定地水解硫磷，可用于农药厂的废水处理。还有一些工业污染物降解质粒，如对氯联苯降解质粒、尼龙低聚体降解质粒和洗涤剂降解质粒等。

越来越多的报道显示目前许多地方的水质和土壤受重金属污染严重，利用基因工程技术也可以有效治理重金属污染的废水。例如通过转基因技术，让细菌高效表达金属结合蛋白或金属结合肽的基因可使菌体结合重金属的能力提高数倍到数十倍。如Weon Bae等（2001）利用基因工程技术在大肠杆菌细胞壁上直接表达人工合成的植物螯合肽（Glu-Cys）20Gly（EC20）与麦芽糖结合蛋白（MBP）的融合蛋白（EC20-MBP），得到的基因工程菌对 Hg^{2+} 的富集能力达到46mg Hg^{2+}/g干细胞，比对照野生型菌提高数十倍。而Carolina Sousa（1998）等构建表达外膜蛋白LamB与酵母金属硫蛋白（CUP-1）及哺乳动物金属硫蛋白（HMT-1A）的融合蛋白的基因工程菌，对 Cd^{2+} 的结合能力提高了15～20倍。这些数据表明人工构建的基因工程菌可以修复与净化被重金属污染的水源。转基因植物在修复被重金属污染的土壤方面也有巨大的应用潜力。研究表明，过表达哺乳动物或酵母的金属硫蛋白（MTs）基因的转基因植物能耐受200～400μmol/L的Cd浓度，而野生型植株在10μmol/L的Cd浓度下便不能正常生长。转基因植株在50μmol/L的Cd浓度下比对照野生型植物在25μmol/L的Cd浓度下上部叶片中多积累10%～70%的Cd。

（2）能源工业

能源是国民经济和社会发展以及人们日常生活不可缺少的物质基础，随着经济的高速发展，能源大量消耗，世界各国均面临着化石能源资源枯竭和因大量化石能源的开采、使用而造成的地质灾害频繁发生、温室效应引起的全球气候变暖、酸雨等严重的环境问题。因此，如何开发新型的、对环境友好的可再生能源成为一项重要课题。以能源植物为主的生物质能是指利用生物可再生原料和太阳能生产的清洁和可持续利用的能源，包括燃料酒精、生物柴油、生物制氢和生物质气化及液化燃料等，将是人类利用新型的可再生能源的理想选择。

酒精（乙醇）是清洁汽油生产的主要替代物，酒精生产涉及的能源植物主要有糖类作物、淀粉类谷物和纤维植物。研究表明，目前普通植物对于阳光的利用效率不到4%，利用植物基因工程技术调控光合作用途径来提高植物对光能的捕获和利用效率已成为能源植物改良的重要目标。目前已将C_4植物光合作用途径中的磷酸烯醇式丙酮酸羧化酶（PEPC）、丙酮酸磷酸双激酶（PPDK）及磷酸烯醇式丙酮酸羧激酶（PEPCK）等基因转入水稻、马铃薯和番茄等C_3植物中，以期利用植物基因工程技术降低植物的光呼吸，提高植物最初的光能捕捉效率。如Ku（2001）报道将玉米C_4途径的两个酶PEPC及PPDK的基因在各自启动子的控制下同时引入水稻，可使水稻的光合能力提高35%，稻谷产量增加22%。也可利用细菌、酵母等菌种生产乙醇。Ingram从发酵单胞菌（*Zymomonas mobilis*）中提取编码乙醇代谢相关的基因（*pdc*、*adhB*），将其导入大肠杆菌K011得到的工程菌可生产乙醇。Kim构建的菌株FSCSa-R_{10}-6也可使马铃薯淀粉发酵而得到乙醇。科学家们还在研究利用基因工程创造出能分解纤维素和木质素的多功能的超级工程菌，从而使得稻草木屑、植物秸秆、食物的下脚料等都可用来生产乙醇。

纤维素质原料则是地球上最丰富的可再生资源。据统计，全球光合作用产生的植物生物量每年高达1.1×10^{12}t，纤维素质原料即占总生物量的60%～80%。但由于纤维素质原料中的纤维素主要以木质纤维素的形式存在，必须经化学或高温处理去除木质素和半纤维素，才能分离出纤维素。通过基因工程改变木质素合成途径中不同基因的表达来降低木质素的含量是提高纤维素含量的有效办法。例如在转基因杨树中，下调木质素合成途径中的一个主要酶基因*pt4CL1*的表达，可使其木质素的含量下降45%，纤维素含量则提高了15%，纤维素/木质素的比率升高了一倍。

生物柴油是清洁的可再生能源，是优质石油柴油的代用品。柴油分子是由15个左右的碳形成的碳链组成的，而植物油分子一般由14～18个碳链组成，与柴油分子的碳数相近，因此可利用油菜籽等可再生植物油加工制取生物柴油。目前生物柴油的主要问题是原料少而成本高，美国已开始通过基因工程方法研究高油含量的植物。如Roesler（1997）报道，将拟南芥的一个乙酰CoA羧化酶同源基因导入油菜的质体，这个基因在种子特异性启动子的控制下表达，产生了更高的乙酰CoA羧化酶活性，提高了质体中丙酰CoA的含量，同时使转基因油菜的种子产油量提高了3%～5%。也有人把单细胞绿藻的氢化酶基因导入大肠杆菌，通过表达氢化酶的工程菌来生产H_2能源。

（3）食品工业

利用基因工程技术进行微生物菌种改造，生产食品酶制剂和食品添加剂，已经广泛应用于酿酒业、发酵乳制品、酱油和食醋的生产中。例如凝乳酶是干酪生产中使乳液凝固的关键性酶，它就是利用基因工程技术改良菌种生产的第一种食品酶制剂。据统计，美国市场70%和英国市场90%的干酪都是由转基因凝乳酶制剂生产的。又如氨基酸工程菌，就是利用基因工程技术特异性高效表达氨基酸生物合成途径中的限速酶基因，并将氨基酸的生物合成控制在细菌的最佳生长阶段而构建的高产工程菌。通过基因工程菌生产的苏氨酸产量提高了3倍，苯丙氨酸的产量提高了2倍多。日本的味精公司通过细胞融合和基因工程的方法改造菌株，使谷氨酸的产量提高了几十倍。目前，全球每年的氨基酸产量超过百万吨，销售额达几十亿美元，其中谷氨酸的产量就占氨基酸总产量的一半以上。通过基因工程菌株生产柠檬酸、乳酸和苹果酸等有机酸的产量也在逐年增加。

1.3.3 基因工程在农业领域的应用

（1）转基因农作物

随着全球人口数量的不断增加，耕地面积的持续减少，粮食安全问题将是全人类不得不面临的严峻考验。杂交育种曾经一度让主粮单产奇迹般增加，但是因为生殖隔离的存在，依靠传统杂交方法提高粮食产量和改善品质已经遇到了瓶颈，转基因技术的应用则是突破瓶颈的唯一途径。科学家利用基因工程技术培育出上百种具备抗寒、抗旱、抗盐碱、抗病虫害、抗除草剂及增加种子中的蛋白质含量或含油量、增加果实的耐储藏性等优良性状的新品种（图 1.5）。截止到 2018 年，全球转基因作物品种已经涉及 29 个物种，498 个转基因品系获得认证。转基因农作物的种植面积已经达到 1.85 亿公顷，种植面积超过 5 万公顷的国家多达 28 个，惠及的农民达到 1800 万户。目前种植的转基因农作物，主要是以农艺性状改变为主的第一代转基因作物，包括抗除草剂和抗虫的转基因作物以及既抗除草剂又抗虫的混合抗性作物。据统计，1996～2014 年的 19 年间，转基因作物在全球产生了大约 1500 亿美元的经济效益，其中 58%是由于减少生产成本所得的收益，42%是来自 3.7 亿吨作物本身产量的收益。据研究，由于转基因作物的种植，1996～2014 年共减少 5.84 亿千克杀虫剂活性成分的使用，节约了 1.52 亿公顷土地。因此，转基因作物不仅提高了生产率和农民收入，也保护了森林和生物多样性，为可持续农业发展做出了贡献。

彩图1.5

(a)

(b)

(c)

图 1.5　抗除草剂的转基因水稻（a）、转基因蓝玫瑰（b）与黄金大米（c）

第二代转基因植物以开发复杂性状为主，如抗旱涝、耐盐碱、耐土壤农药残留和耐高温低温等抗逆性状，以及营养品质改良和代谢途径改变等复杂性状。由于复杂性状往往涉及的基因数目很多，因此制备复杂性状的转基因作物难度也很大。目前已经成功获得耐干旱的玉米和小麦、耐盐碱的玉米和水稻以及把鱼的抗冻蛋白基因转入植物获得的抗寒植物品系等。世界上仍有 50%的人口由于饮食中缺乏维生素和矿物质等元素导致疾病。例如食物中维生素 A 的缺乏就影响着 2.5 亿人口。美国先正达公司研发的“黄金大米”，就是把β-胡萝卜素的基因导入大米胚乳中，提高维生素 A 的转化率。第一代“黄金大米”于 2000 年问世，转入了来自黄水仙的基因，β-胡萝卜素的含量为 1.6μg/g 大米。第二代“黄金大米”于 2005 年问世，转入了玉米的八氢番茄红素合酶基因和细菌的胡萝卜素去饱和酶蛋白基因，β-胡萝卜素的含量达到 37μg/g 大米。而中国农科院研发的转植酸酶玉米则可分解玉米中的植酸，降低饲料的配制成本，减轻对环境的污染。

第三代转基因植物将主要以增加农副产品的附加值为目标，如植物制药、生物燃料和生物可降解物等工业产品。

（2）转基因动物

转基因动物在畜、牧、渔业中得到广泛应用。一是通过导入外源基因提高禽畜肉、蛋、乳、毛等产品的产量，加快生长速度，减少饲料消耗和改良禽畜的生产性状和产品品质等。例如把生长激素基因导入动物细胞获得的转基因鱼、转基因猪、转基因羊和转基因兔等都已制备成功，转基因猪的腰部肌肉生长快一倍，脂肪减少 70%。美国 AquaBounty 公司研发的转基因鲑鱼不仅生长速度比普通鲑鱼快，还具有抗冻能力，已于 2015 年 11 月批准上市，是目前为止唯一批准上市的转基因动物。中国农业大学利用传统基因敲除技术获得的 MSTN

基因敲除猪，瘦肉率很高。转植酸酶基因的转基因猪则可充分利用植物饲料中的内源性磷，粪便中的磷排放减少 75%，减少了磷在环境中的污染，被称为“环保猪”。二是通过导入抗性基因提高禽畜的抗病能力。例如把一种植物的天然毒素壳多糖酶基因转移到绵羊的受精卵中，转基因绵羊无需药浴就可以抵抗虱子的寄生。把小鼠抗流感基因转入猪体内，使转基因猪增强了对流感病毒的抵抗力。将编码溶葡球菌酶基因转入奶牛基因组，转基因牛可以有效预防由葡萄球菌引起的乳腺炎。利用基因打靶技术，将牛体内朊病毒基因 *PRNP* 敲除，能抑制疯牛病致病因子扩增。扬州大学利用精原干细胞介导法，将流感病毒神经氨酸酶基因 *NA* 和抗黏液病毒基因 *Mx* 转入鸡体内，得到抗禽流感的转基因鸡等。

转基因动物也可当作“生物工厂”，即动物生物反应器，用来生产一些特殊的药品。1991 年在羊的乳腺中成功表达了抗胰蛋白酶基因，此后以牛、山羊、绵羊和猪为生物反应器，生产了包括抗凝血酶、人血清蛋白、胶原蛋白、乳铁蛋白、抗胰蛋白酶、组织纤溶原激活因子、凝血因子Ⅸ、蛋白 C、血红蛋白、乙肝表面抗原、溶菌酶、纤维蛋白原、人体干细胞再生增强因子、单克隆抗体等多种蛋白质药物。转基因植物和转基因动物的现状及具体应用情况将分别在本书第 8 章和第 9 章介绍。

1.3.4 基因工程在医药领域的应用

（1）制药行业

1982 年在美国上市了世界上第一个基因工程药物——重组人胰岛素。这以后，基因工程药物成为世界各国政府和企业投资研究开发的热点领域，现已研制出的基因工程药物主要有三类：生物活性多肽、疫苗和单克隆抗体。生物活性多肽类药物如干扰素（α、β、γ）、人生长激素、白细胞介素、促红细胞生成素、表皮生长因子、血小板生长因子、人胰岛素、肿瘤坏死因子、尿激酶原、链激酶、天冬酰胺酸、超氧化物歧化酶等。开发成功的 50 多个药品已广泛应用于治疗癌症、肝炎、发育不良、糖尿病、囊性纤维病变等疾病中，并形成了一个独立的新型高科技产业。疫苗类有（甲、乙、丙型）肝炎疫苗、疟疾疫苗、伤寒和霍乱疫苗、出血热疫苗、登革热疫苗等。单克隆抗体技术自 20 世纪 70 年代创建开始，在临床疾病的诊断治疗、预防和蛋白质提纯等方面取得了巨大的成效。基因工程抗体技术的应用为解决鼠源性单抗对人体所具有的免疫原性开拓了新思路，有利于克服鼠源性单抗易引起人体过敏反应的困难，使单克隆抗体作为生物导向治疗剂发挥有效功能。据统计，全球已有超过 500 种基因工程药物上市，仅仅在 2002 年，基因工程药物在美国和欧盟的市场销售份额就超过 150 亿美元。

我国这方面的研究虽然起步较晚，但经过 30 多年的发展，也开发出了多种基因工程药物，并已产业化。有代表性的产品如重组人干扰素 α-1b，是从人脐血白细胞经 NDV-F 病毒诱生后，提取其 mRNA，反转录成 cDNA，构建质粒 pBV867，转化到大肠杆菌 N6405 株中表达成功的。它是我国批准的第一个国内生产的基因工程药物。到目前，我国已有 20 余种基因工程药物批准上市，包括 γ-干扰素、重组人白细胞介素-2 和新型白细胞介素-2、重组人粒细胞集落刺激因子（G-CSF）和粒细胞巨噬细胞集落刺激因子（GM-CSF）、重组人促红细胞生成素（EPO）等。截止到 2014 年年底，我国已批准上市的胰岛素基因工程药物共 37 例，人用干扰素基因工程药物 107 例，人用基因工程疫苗 12 例。

（2）基因诊断和基因治疗

基因工程技术除了可用于生产预防、治疗疾病的疫苗和药品之外，在疾病的基因诊断与基因治疗方面也正发挥着日益重要的作用。基因诊断是利用重组 DNA 技术作为工具，直接从 DNA 水平确定病变基因及其定位，因而比传统的诊断手段更加可靠。目前已经建立多种病变基因的诊断和定位方法，如基因探针法、PCR扩增靶序列法、单链构象多态性分析法（SSCP）、多重PCR、DNA芯片杂交病变图谱法以及高通量测序技术等，它们都是以患者的DNA或RNA为材料，通过检验基因的序列、缺陷与异常表达，从而对人体健康状况和疾病做出诊断的方法。基因诊断的临床意义在于对疾病做出早期确切的诊断，来确定患者对疾病的易感性以及疾病的分期分型、疗效监测和预后判断等，是精准医疗必不可少的前提。

目前基因诊断主要着眼于遗传性疾病的基因诊断、感染性疾病的基因诊断和肿瘤的基因诊断等三个方面。遗传性疾病是由于患者某种基因完全缺失、部分缺失或存在点突变，使其体内相应的蛋白质的数量和质量与正常人不同，不能执行正常的功能而表现的疾病。基因诊断对明确遗传性疾病的基因定位、基因缺陷的类别和程度以及对遗传相关疾病或有遗传倾向的疾病进行相关基因的连锁分析，起到辅助诊断的作用。如用α-珠蛋白基因探针检测地中海贫血症和用苯丙氨酸转移酶基因探针检测苯丙酮酸症等。下一代测序技术的发展则可直接对单基因遗传病的致病基因进行快速测序检测。感染性疾病是指由病毒、细菌或寄生虫等病原体的感染而引起的疾病。由于这些病原体都具有自身特异的基因组，采用核酸分子杂交技术，针对病原体特异的核酸序列设计探针进行杂交或采用PCR技术对病原体基因的保守序列进行扩增，能够对大多数感染性疾病做出明确的病原体诊断、分类和分型鉴定。肿瘤的发生发展是多因素、多基因、多阶段相互协同作用的癌变过程，其关键是人类细胞基因组本身出现的异常。检测这些基因序列或表达情况的改变，将有利于肿瘤的早期发现和早期治疗，提高生存率和治愈率。

随着医学的进步，基因治疗的开展运用，使得医学专家在某些曾经束手无策的顽症面前又找回了自信。基因治疗是指将外源正常基因导入靶细胞，取代突变基因、补充缺失基因或关闭异常基因，达到从根本上治疗疾病的目的。基因治疗被认为是征服肿瘤、心血管疾病、糖尿病等遗传性疾病及病毒性肝炎和艾滋病等最有希望的手段。1990年，美国医学科学家第一次成功运用基因疗法，他们用mini（迷你）基因（ADAcDNA）和逆转录病毒双拷贝载体（DC）治疗腺苷脱氨酶缺乏症取得疗效（图1.6）。自1990年第一例成功的基因治疗实施后，基因治疗走过了漫长曲折的30年，如今终于进入加速发展的时期。据统计，截止到2017年11月，全球38个国家共批准了2597例基因临床治疗方案，其中77.7%处于临床Ⅰ期或Ⅰ/Ⅱ期之间，17.1%处于临床Ⅱ期，4.8%处于Ⅱ/Ⅲ期或Ⅲ期临床试验。在这些批准的临床治疗方案中，65%是针对癌症、11.1%是针对单基因遗传病的治疗的。第一例商业化基因治疗药物是我国2003年批准的深圳赛百诺生物技术公司研发的用于治疗肿瘤的重组人p53腺病毒注射液“今又生”。2012年，欧盟也批准了第一例基因治疗药物，是AMT公司研制的Glybera，用于治疗脂蛋白脂肪酶缺乏症。随着CRISPR基因组编辑技术的发展，基

(a)

(b)

图1.6　1990年第一例成功的基因治疗（a）及其治愈的患者德希尔瓦于2013年与为她实施手术的迈克尔医生留影（b）

因突变的单碱基修复成为可能，一定会推进基因治疗以更快的速度向前发展。本书第 10 章将专门讨论这方面的内容。

本章小结

基因工程是指在体外将外源目的基因通过载体导入到受体细胞使之能够在受体细胞内复制、增殖并表达基因产物的生物技术。基因工程操作的基本流程包括目的基因的获取与制备、目的基因与载体 DNA 的连接与重组、重组 DNA 分子导入到受体细胞、含目的基因重组克隆的筛选与鉴定以及外源目的基因在受体细胞内的扩增与表达五个环节。

1973 年，Cohen 等将大肠杆菌的两个质粒 R6-5 和 pSC101 在体外进行重组，转化大肠杆菌后首次获得了双抗的阳性转化子菌落，标志着基因工程的诞生。自此，基因工程得到了迅猛的发展并迅速应用于医药和工农业生产各个领域，形成了具有巨大社会效益和经济效益的基因工程制药产业，也产生了许多具有优良性状的转基因农作物和转基因动物新品种，并且为新型生物能源的开发、新型环保工业的设计展现了十分诱人的前景。同时，基因工程技术与功能基因组学研究相结合，相互促进，必将为揭示人类全基因组的基因功能与分子调控以及疾病基因诱发疾病的发生发展机理做出贡献，为人类遗传性疾病、肿瘤、艾滋病和器官移植的基因治疗和人类本身的体细胞克隆研究带来技术革命。

复习题

1. 什么是基因工程？基因工程的基本流程是怎样的？
2. 基因工程诞生的条件与标志分别是什么？
3. 简述基因工程的发展简史。
4. 基因工程与细胞工程、酶工程及发酵工程的主要区别在哪里？
5. 基因工程有哪些主要应用？
6. 通过本章的学习，请举两个基因工程应用的具体例子并加以简单说明。

2

基因工程工具酶

本章导读　基因工程工具酶是基因工程操作能够实现的基本工具。本章介绍了常用的基因工程工具酶，包括限制性核酸内切酶、DNA连接酶、多种DNA聚合酶、碱性磷酸酶、末端转移酶以及其他一些特殊用途的酶，如RNA内切酶Dicer、DNA内切酶*Fok* I和Cas9等。

基因工程又称DNA重组技术，这种分子水平的操作，必须依赖一些重要的工具酶，如限制性核酸内切酶、连接酶、DNA聚合酶等作为工具对DNA进行切割、拼接和修饰，才能完成DNA分子重组的各个事件。一般把这些与基因工程操作相关的酶统称为基因工程工具酶。

在自然界的许多生物体内，都天然存在着一些具有特殊功能的酶类。这些酶在生物的DNA代谢、复制、繁殖和修复等过程中发挥着重要的作用，有些酶还可以作为微生物区别异己DNA进而降解外来DNA的防御工具。在发现和分离这些酶后，人们能够在体外进行DNA的切割、拼接，形成新的重组DNA分子。现在已经有许多公司生产和销售各种基因工程工具酶，为基因工程的研究和应用提供了便利。

2.1 限制性核酸内切酶

2.1.1 限制性核酸内切酶的发现和种类

Cohen和Boyer成功的DNA重组实验主要依赖于一种特殊的酶——限制性核酸内切酶。限制性核酸内切酶是指能够识别双链DNA分子中特异的序列并在识别序列内部或两侧特异切割双链DNA分子的核酸内切酶。

早在1952年，Luria和Human就在大肠杆菌中发现细菌与噬菌体之间可能存在一种修饰机制。这种保护与修饰机制后来也被其他研究者陆续发现。1962年，瑞士日内瓦大学的Dussoix和Arber通过^{32}P标记噬菌体证实这种限制与修饰作用的存在，并提出这种“限制-修饰”系统可能与限制性核酸内切酶及甲基化酶有关。1968年，Linn和Arber果然在大肠杆菌B菌株中找到了这种限制性酶。限制性核酸内切酶因能阻止外源DNA的入侵而得名，如能切割降解噬菌体DNA而限制外源DNA。限制性核酸内切酶的切点在外源DNA的内部而不是从末端切起，所以叫内切酶。但是如果它们可以切掉入侵的病毒 DNA，为什么它不会破坏宿主细胞自身的 DNA？答案是：几乎所有的限制性核酸内切酶都要和能识别并且甲基化相同 DNA 位点的甲基化酶共同作用。这两种酶——限制性核酸内切酶和甲基化酶一起称为限制-修饰系统，或者 R-M 系统。在甲基化后，DNA 位点被保护起来，所以宿主细胞中甲基化的 DNA 能够不被限制性核酸内切酶所消化。但是 DNA 复制的时候呢？新产生的 DNA 链因为没有被甲基化而很容易被切割吗？细胞 DNA 每被复制一次，在新生的双链中有一条是新生的、没有甲基化的链，而另外一条是母链，因而是甲基化了的。这个半甲基化就已经足够保护 DNA 二聚体不受大多数的限制性核酸内切酶的破坏，所以甲基化酶有时间找到位点并甲基化另一条链，形成完全甲基化的链。

Linn 和 Arber 希望他们发现的这种酶能在 DNA 特异的位点进行切割，成为一把切割 DNA 分子的锋利剪刀。不幸的是，当时他们发现的这种酶是现在被称为Ⅰ型限制性核酸内切酶的 *Eco*B，并不能在特定位点切割。1968 年，Hamilton Smith 和 Wilcox 通过放射性标记沙门菌噬菌体 P22 的 DNA 去转化嗜血流感菌（*Haemophilus influenzae*）的 Rd 品系，也发现了一种限制性核酸内切酶。他们进一步设计了一个著名的 DNA 黏度变化实验证明这种限制性核酸内切酶的确存在，这个酶后来被命名为 *Hin*dⅡ。幸运的是，Smith 发现的这种酶能够在特异位点切割 DNA，它就是后来发现的成百上千种Ⅱ型限制性核酸内切酶中的一种。Smith 分别于 1969 年和 1970 年两次报道了他们的这个发现。1978 年，W. Arber、H. Smith 和 D. Nathans 因为限制性核酸内切酶的发现和应用分享了诺贝尔生理医学奖（图 2.1）。

图 2.1　1978 年的诺贝尔生理医学奖获得者 W. Arber、H. Smith 和 D. Nathans

现在知道几乎所有种类的原核生物都能产生限制酶。根据结构和功能特性，可将 DNA 限制性核酸内切酶分为三类，即Ⅰ型酶、Ⅱ型酶和Ⅲ型酶（表 2.1）。Ⅰ型和Ⅲ型限制性核酸内切酶在同一蛋白酶分子中兼有甲基化酶及依赖 ATP 的限制性核酸内切酶活性，又因其识别与切割位点不固定，所以这类酶在基因工程中的应用价值不大。而Ⅱ型限制性核酸内切酶由于其切割 DNA 片段活性和甲基化作用是分开的，而且核酸内切作用又具有序列特异性，故在基因工程中广泛使用，即通常所指的限制性核酸内切酶都是指Ⅱ型酶。限制性核酸内切酶能识别双链 DNA 中的特异性序列，通过切割双链 DNA 中每一条链上的磷酸二酯键而消化 DNA，有人形象地将它比喻为基因工程的手术刀，它已成为基因工程操作中不可缺少的工具酶。迄今为止，已经在细菌中发现了 5 万多种限制性核酸内切酶，其中功能类似于 *Hin*d Ⅱ的这种Ⅱ型限制性酶就有 28565 种，已经商业化生产的限制性酶也达到 676 种。

表 2.1 限制性核酸内切酶的类型及主要特性

特性	Ⅰ型	Ⅱ型	Ⅲ型
限制和修饰活性	双功能的酶	核酸内切酶和甲基化酶分开	双功能的酶
酶蛋白分子组成	3种不同的亚基	单一亚基	两种不同的亚基
限制作用所需的辅助因子	ATP、Mg^{2+}	Mg^{2+}	ATP、Mg^{2+}
特异性识别位点	非对称序列	回文对称结构	非对称序列
切割位点	在距识别位点至少1000bp的地方随机切割	位于识别位点上	距识别位点下游24～26bp处
序列特异的切割	不是	是	是
在基因工程中的应用	无用	广泛使用	用处不大

2.1.2 限制性核酸内切酶的命名

由于限制性核酸内切酶的大量发现，这样就需要有一个统一的命名法则，以免造成混乱。现在人们根据限制性核酸内切酶来源的菌株进行命名。以Hamilton Smith在嗜血流感菌的Rd品系中首先发现的这种Ⅱ型限制性核酸内切酶为例来说明命名规则。这个酶叫做*Hin*dⅡ，*Hin*dⅡ的前3个字母来自产生菌的拉丁名，即“H”来自属名*Haemophilus*的第一个字母，“in”来自种名*influenzae*的前两个字母，“d”来自菌株名Rd的d。前三个字母都用斜体，因为细菌属名和菌种名的拉丁文是斜体的，并且第一个字母大写。有的编码限制性核酸内切酶基因位于质粒上，则可用质粒名代替。如果在这种菌株首先发现一种限制性核酸内切酶，则在名字的后面加罗马数字Ⅰ。如果多于一种，则分别加上Ⅱ或Ⅲ等。所有的限制性核酸内切酶都用这套字母组合系统来命名，如*Hin*dⅢ和*Eco*RⅠ。限制性核酸内切酶的命名与写法如表2.2所示。

表 2.2 限制性核酸内切酶的命名与写法

名称	属名(大写)	种名(小写)	株名	序数	来源菌株
*Eco*RⅠ	*E*	*co*	R	Ⅰ	*Escherichia coli* R株
*Hin*dⅢ	*H*	*in*	d	Ⅲ	*Haemophilus influenzae* d株
*Hin*dⅡ	*H*	*in*	d	Ⅱ	*Haemophilus influenzae* d株
*Hpa*Ⅰ	*H*	*pa*	—	Ⅰ	*Haemophilus parainfluenzae*

2.1.3 限制性核酸内切酶的特征

Ⅱ型限制性核酸内切酶具有3个基本特征，介绍如下。

（1）每一种酶都有各自特异的识别序列

Ⅱ型限制性核酸内切酶的最大优点就是每一种酶都能够识别不同DNA分子上相同位点并特异切割。不同的限制性核酸内切酶，不仅识别的序列不一样，而且识别的碱基数目也是不同的。Ⅱ型限制性核酸内切酶识别碱基长度一般为4～8个，最常见的为6个碱基。如*Sau*3AⅠ识别4个碱基GATC，*Eco*RⅡ识别5个碱基CCWGG（W表示A或T），*Eco*RⅠ识别6个碱基GAATTC，*Bbv*CⅠ识别7个碱基CCTCAGC，*Not*Ⅰ识别8个碱基GCGGC-CGC，等等。假定基因组DNA的碱基是完全随机排列的，那么识别序列越短，酶切位点在基因组中的分布频率应该越高，如 4 碱基识别序列，平均 4^4 即每 256 个碱基就会出现一次；6 碱基识别序列，平均 4^6 即每 4096 个碱基就会出现一次；而 8 碱基识别序列的出现频率就更低了，所以 *Not* Ⅰ也被称为稀切点酶。

但事实上，基因组中碱基对的排列是非随机的，因此，酶切位点在基因组中的分布也具有不均一性，甚至具有位点偏爱性。例如，同样识别 6 个碱基长度的 *Eco*RⅠ，基因组平均每 5kb 就出现一个识别位点，而 *Spe* Ⅰ，平均每 60kb 才出现一个。又如，同样识别 8 个碱基长度的 *Aso* Ⅰ，基因组中平均每 20kb 就出现一个识别位点，而 *Not* Ⅰ平均每 200kb 才出现一个。

(2) 限制性核酸内切酶识别序列具有 180°旋转对称的回文结构

在一般的语言中，回文结构是指顺看反看都一样的句子。博大精深的中国古代诗文和对联中，常出现“回文诗”“回文联”等。如回文诗《万柳堤即景》：

春城一色柳垂新，色柳垂新自爱人。
人爱自新垂柳色，新垂柳色一城春。

回文对联：雨滋春树碧连天；天连碧树春滋雨。

在 DNA 双链中，回文结构指的是 DNA 一条链从左至右读过去跟另一条链从右至左读过来是一样的碱基顺序，即两条链从 5′往 3′读，碱基序列是一样的。如 *Hin*d Ⅲ一条链的识别序列为 5′AAGCTT3′，互补链的识别序列从 5′读也是 AAGCTT。*Bam*HⅠ的识别序列是 5′GGATCC3′，互补链的识别序列从 5′读也是 GGATCC。*Taq* Ⅰ一条链的识别序列为 5′TCGA3′，互补链的识别序列从 5′读也是 TCGA。*Alu* Ⅰ一条链的识别序列为 5′AGCT3′，互补链的识别序列从 5′读也是 AGCT（图 2.2）。

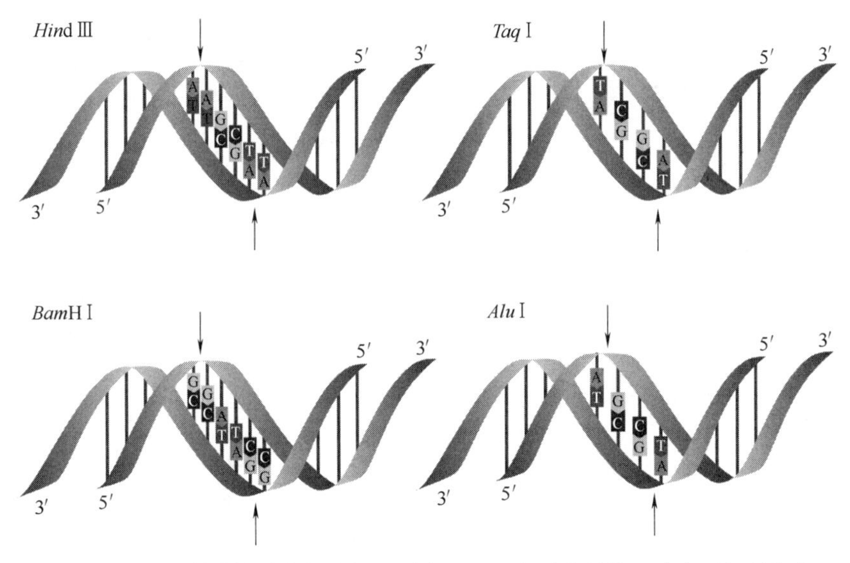

图 2.2 Ⅱ型限制性核酸内切酶的识别序列呈回文对称结构（↓表示切割位点）

(3) 每一种Ⅱ型限制性核酸内切酶都在识别序列内或两侧特异位点切割

Ⅱ型限制性核酸内切酶的特异切割位点一般在识别位点的内部，少数Ⅱ型限制性核酸内切酶的切割位点在识别序列的两侧，如图 2.3 所示。

由于限制性核酸内切酶的切割位点不同，就会造成酶切片段产生两种末端：即错切产生的单链末端突出的黏性末端和平切产生的平头末端。其中黏性末端根据单链突出端的不同又分为 3′突出末端（*Pst* Ⅰ）和 5′突出末端（*Eco*RⅠ），如图 2.4 所示。

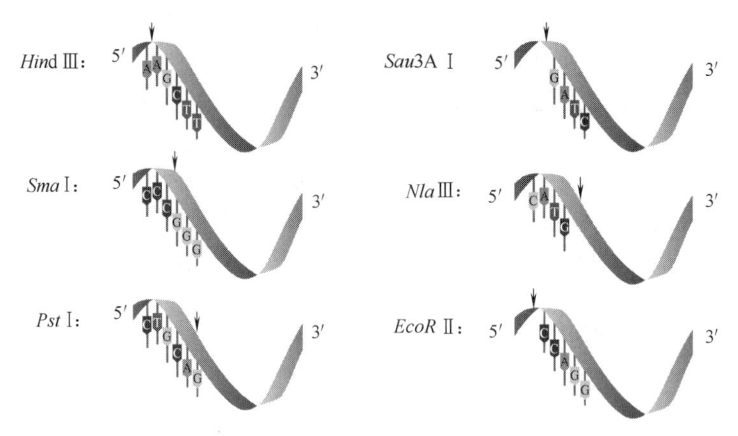

图 2.3　Ⅱ型限制性核酸内切酶的识别和切割位点（↓表示切割位点）

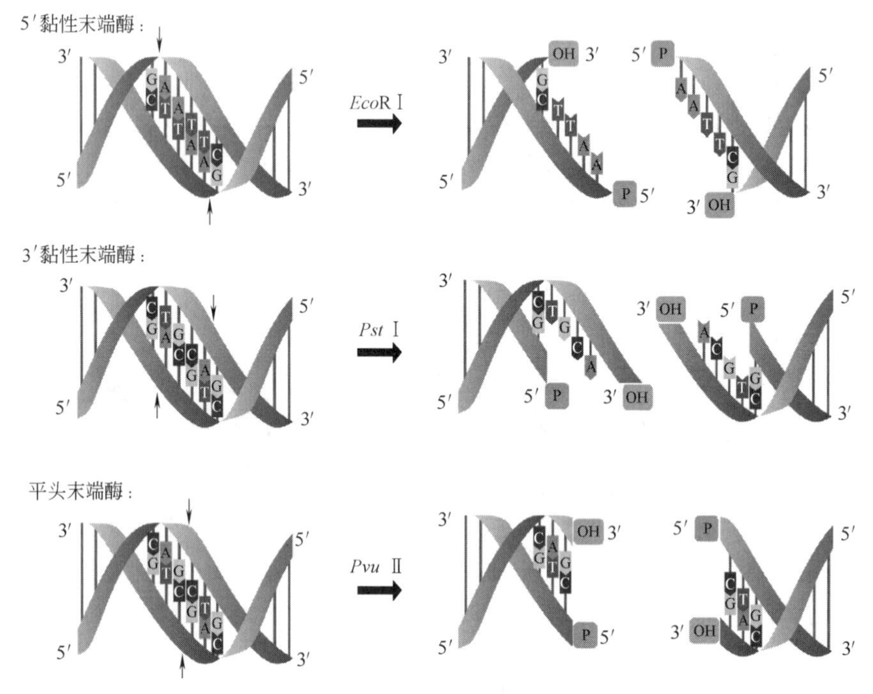

图 2.4　Ⅱ型限制性核酸内切酶切割产生的黏性末端和平头末端（箭头表示切割位置）

部分常用的Ⅱ型限制性核酸内切酶及其识别序列和切割位点如图 2.5 所示。更多限制性核酸内切酶的识别信息请查阅限制酶数据库 REBASE（The Restriction Enzyme Database），网址是 http://rebase.neb.com。该网站由 New England Biolabs 公司维护。

2.1.4　限制性核酸内切酶的同尾酶

一般来说，一种限制性核酸内切酶只识别一种特定的序列，极少数酶可同时识别多种序列，如 *Hin*d Ⅱ的识别序列为 CTPyPuAC，其中 Py 代表嘧啶，Pu 代表嘌呤，所以实际上 *Hin*d Ⅱ的识别序列包括 4 种，见图 2.6。

但是由于限制性核酸内切酶是根据来源命名的，因此也存在不同来源的酶即名称不同的酶识别相同的序列的情形。包括以下 3 种情况。

① 同位异切酶，即识别相同的序列但切割位点不一样。如 *Sma* Ⅰ和 *Xma* Ⅰ，识别的序

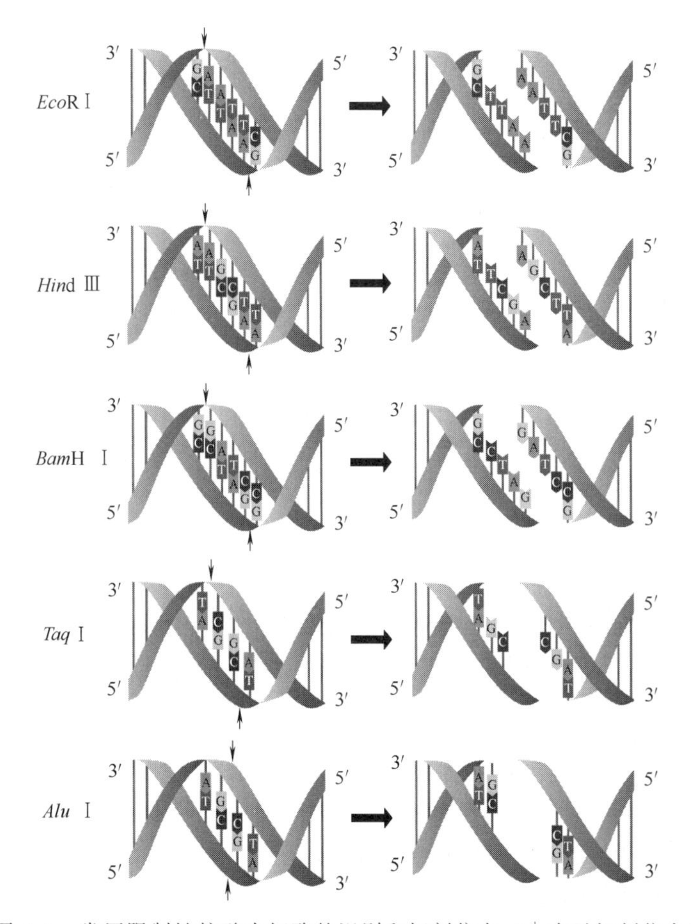

图 2.5 常用限制性核酸内切酶的识别和切割位点（↓表示切割位点）

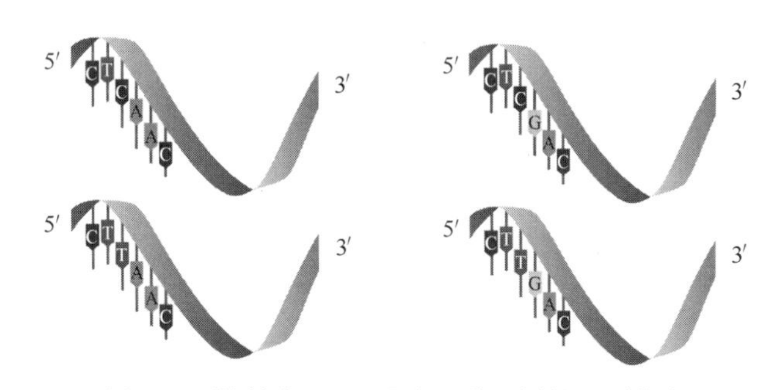
图 2.6 限制酶 *Hin*d Ⅱ有 4 种不同的识别位点

列相同，都为 CCCGGG，而切割位置不同，*Sma* Ⅰ为平切 CCC↓GGG，而 *Xma* Ⅰ为错切 C↓CCGGG。

② 同位同切酶，即识别位点和切割位点均相同的酶。如 *Bam*H Ⅰ/*Bst* Ⅰ，识别序列和切割位点都相同：G↓GATCC。

同位异切酶和同位同切酶因为都能识别相同的序列，它们又统称为同裂酶（图 2.7）。

③ 同尾酶，即识别位点不同但切出的 DNA 片段具有相同的末端序列（图 2.7）。如 *Mbo* Ⅰ/*Bgl* Ⅱ/*Bcl* Ⅰ/*Bam*H Ⅰ，它们的识别位点分别为 GATC/AGATCT/TGATCA/GGATCC，但切出相同的 DNA 末端 5′…GATC…3′和 3′…CTAG…5′。

同尾酶在基因重组操作中有特殊的用途。当两种准备连接重组的 DNA 分子中没有相同的

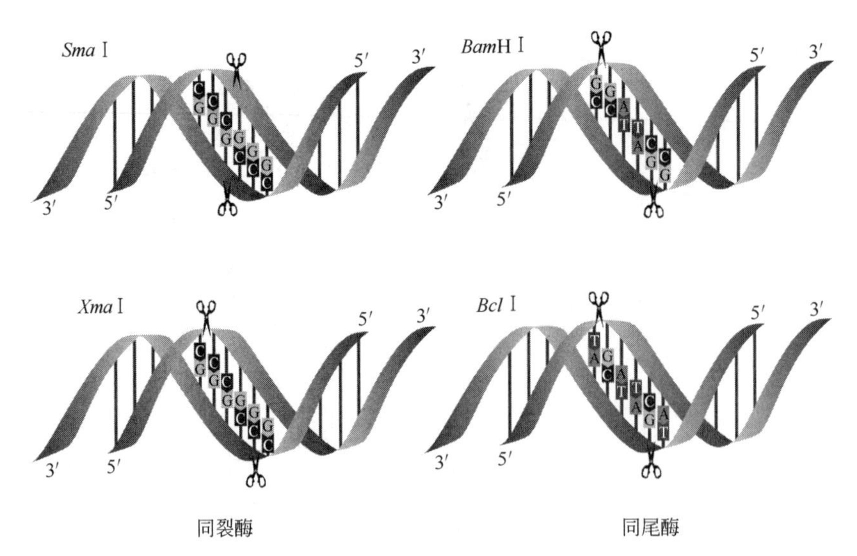

图 2.7 同裂酶和同尾酶

限制性核酸内切酶识别序列时，或者虽然有相同的识别序列但不宜采用时，如果分别在这两种DNA分子的合适部位存在同组同尾酶的识别序列，就可以采用同尾酶切割，从而产生互补的黏性末端，同样可以连接重组（图 2.8）。但是应当注意的是，同尾酶切割的DNA产生的末端连接后所形成的新的位点即所谓的"杂交位点"，原有的酶切位点一般会消失，即一般不能再被原来的同尾酶识别。如图 2.8 所示，用 *Bcl* Ⅰ和 *Bam*H Ⅰ分别酶切目的基因和载体 DNA，产生相同的黏性末端。连接重组后，*Bcl* Ⅰ和 *Bam*H Ⅰ的酶切位点都消失了，而产生了 *Sau*3A Ⅰ酶切位点，所以 *Bcl* Ⅰ和 *Bam*H Ⅰ不能切开重组分子，而 *Sau*3A Ⅰ能切开重组分子。

基因工程涉及的部分同尾酶如表 2.3 所示。

表 2.3 部分同尾酶

黏性末端	限制性核酸内切酶
5′CATG	*Afl* Ⅲ、*Dsa* Ⅰ、*Nco* Ⅰ、*Sty* Ⅰ、*Bsp*H Ⅰ
5′GATC	*Sau*3A、*Nde* Ⅱ、*Bgl* Ⅱ、*Xho* Ⅱ、*Bam*H Ⅰ、*Mle* Ⅰ、*Bel* Ⅰ
5′CGCG	*Mlu* Ⅰ、*Afl* Ⅲ、*Bss*H Ⅱ、*Dsa* Ⅰ
5′CCGG	*Cfr* Ⅰ、*Age* Ⅰ、*Xma* Ⅰ、*Aua* Ⅰ、*Mor* Ⅰ
5′TCGA	*Sal* Ⅰ、*Xho* Ⅰ、*Aua* Ⅰ
5′CTAG	*Spe* Ⅰ、*Nhe* Ⅰ、*Aur* Ⅱ、*Sty* Ⅰ、*Xba* Ⅰ
5′CG	*Cla* Ⅰ、*Mae* Ⅰ、*Acy* Ⅰ、*HinP* Ⅰ、*Nar* Ⅰ、*Hpa* Ⅱ、*Msp* Ⅰ、*Taq* Ⅰ、*Acc* Ⅰ、*Sfu* Ⅰ
5′TA	*Nde* Ⅰ、*Mae* Ⅰ、*Mse* Ⅰ、*Ash* Ⅰ
AGCT3′	*Sac* Ⅰ、*Ban* Ⅱ、*Bmy* Ⅰ
GGCC3′	*Apa* Ⅰ、*Ban* Ⅱ、*Bmy* Ⅰ、*Asp*H Ⅰ
TGCA3′	*Nsi* Ⅰ、*Asp*H Ⅰ、*Bmy* Ⅰ、*Pst* Ⅰ
GCGC3′	*Hae* Ⅱ、*Bbe* Ⅰ

2.1.5 影响限制性核酸内切酶酶切反应的因素

与其他酶反应一样，应用各种限制性核酸内切酶酶切 DNA 时需要适宜的反应条件。

① 温度：大部分限制性核酸内切酶的最适反应温度为 37℃，但也有例外，如 *Sma* Ⅰ的反应温度为 25℃，*Taq* Ⅰ为 65℃。降低最适反应温度，会导致只产生切口，而不是切断双链 DNA 的情况发生。

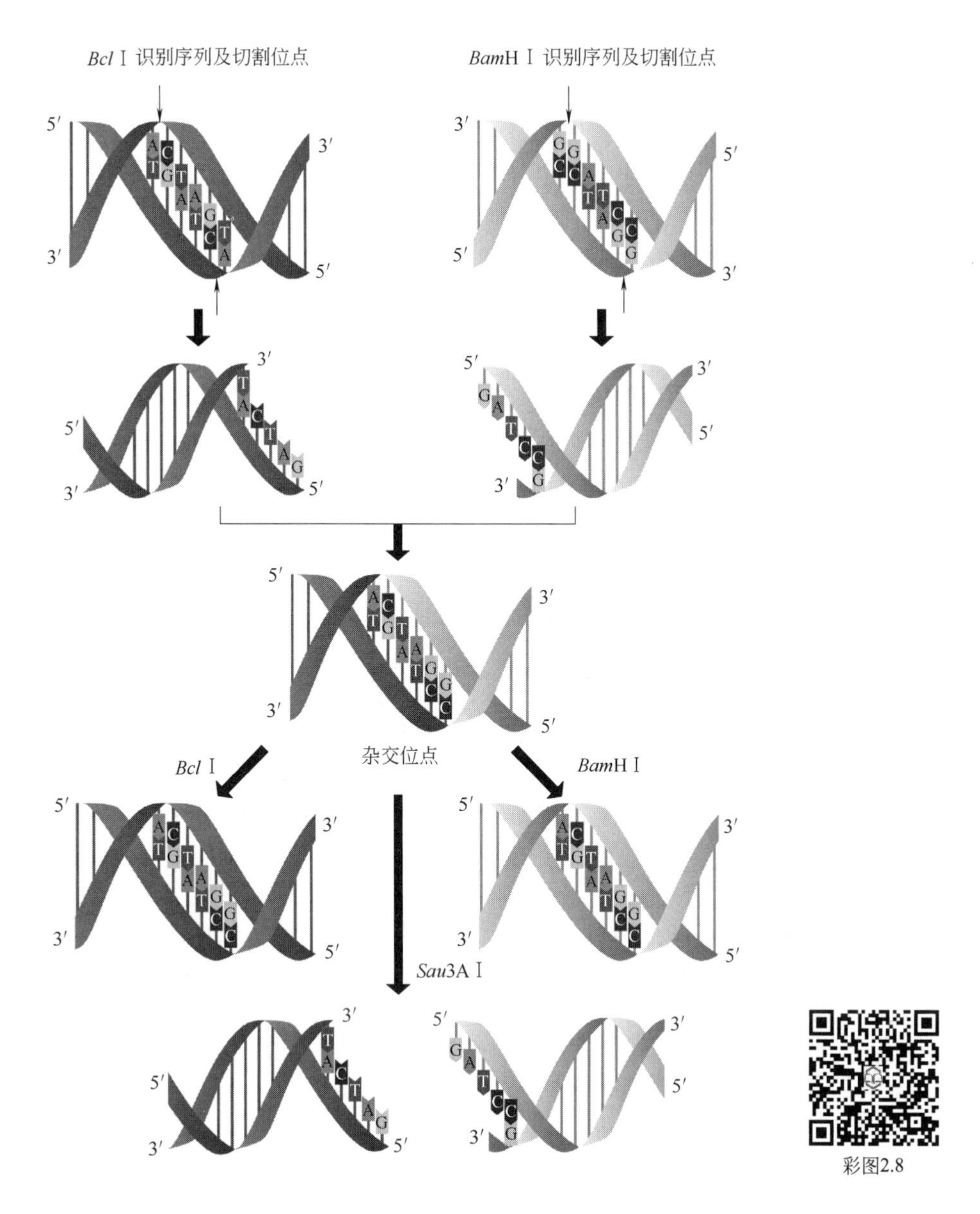

图 2.8 同尾酶介导的 DNA 分子连接重组。用 *Bcl* Ⅰ 和 *Bam* H Ⅰ 分别酶切目的基因和载体 DNA，产生相同的黏性末端。连接重组后，*Bcl* Ⅰ 和 *Bam* H Ⅰ 的酶切位点都消失了，而产生了 *Sau*3A Ⅰ 酶切位点

② 缓冲体系：限制性核酸内切酶要求有稳定的 pH 环境，pH 范围通常为 7.0～7.9，这通常由 Tris-HCl 缓冲体系来完成。另外，保持限制性核酸内切酶的稳定性和活性一般还需使用 DTT。

③ 盐离子浓度：不同的限制性核酸内切酶对盐离子强度（Na^{+}）有不同的要求，一般按离子强度不同分为低盐（0mmol/L）、中盐（50mmol/L）、高盐（100mmol/L）三类。不同的酶切反应要求的离子强度不同，需要的盐浓度也不一致，因此，每一个特定的酶切反应，必须使用公司提供的特定盐浓度的缓冲液。尤其是在对 DNA 进行双酶切时，缓冲液的选择很有讲究。一般建议选用两种酶都能共用的缓冲液。若没有，则一般先用低盐缓冲液及

其对应的酶切，再通过添加 NaCl 提高盐浓度，用高盐缓冲液酶切。或者干脆先使用低盐缓冲液，再使用高盐缓冲液酶切。另外，Mg^{2+} 也是限制性核酸内切酶酶切反应所需的，因为酶切反应需要 Mg^{2+} 作为酶活性中心，所以反应体系中必须加氯化镁或乙酸镁。

④ 反应体积和甘油浓度：商品化的限制性核酸内切酶均加 50%甘油作为保护剂，一般在−20℃下储藏。在进行酶切反应时，加酶的体积一般不超过总反应的 10%，若加酶的体积太大，甘油浓度过高，则会影响酶切反应。

⑤ 限制性核酸内切酶反应的时间：通常为 1h，但大多数酶活性可维持很长的时间，进行大量 DNA 酶解反应时，一般让酶解过夜。

⑥ DNA 的纯度和结构：一个限制酶的酶单位定义为在建议使用的缓冲液及温度下，在 20μL 反应液中反应 1h，完全酶解 1μg λ 噬菌体 DNA 所需的酶量。DNA 样品中所含蛋白质、有机溶剂及 RNA 等杂质均会影响酶切反应的速度和酶切的完全程度，酶切的底物一般是双链 DNA，DNA 的甲基化位置会影响酶切反应。

⑦ 终止酶切反应。酶切反应完成后，通常有两种方法来终止反应。一是通过加 EDTA 的方法。EDTA 可螯合镁离子，使限制酶失去活性中心而失活。二是通过加热的方法。如果酶的正常作用温度是 37℃，那么加热到 65℃或 80℃处理 20min，可以使酶的大部分活性丧失。

⑧ 星星活性。每一种限制酶都有自己特定的识别序列，正常情况下，也只会在自己的识别序列内或旁侧切割。但是在某些极端非标准条件下，限制酶可能也会切割与识别序列相似的序列，这种现象被称为限制酶的星星活性。例如如果甘油浓度过高、酶过量、pH 过高、离子强度过低或残留有机溶剂等，都会导致星星活性的产生。因此，酶切反应时要注意甘油浓度和酶的用量，以及使用正确的缓冲液，才能避免星星活性。

2.1.6 限制性核酸内切酶酶切位点的引入与消失

限制酶切割 DNA 时，对识别序列两端的非识别序列有长度的要求，也就是说，在识别序列两端必须要有一定数量的核苷酸，否则限制酶难以发挥切割活性。例如，在设计 PCR 引物时，往往需要在引物 5′末端引入一对限制酶的酶切位点，便于目的基因克隆到目标载体中。由于 DNA 末端长度会影响酶切效率，因此在 PCR 引物末端引入酶切位点时，需要在酶切位点末端加上 3～4 个保护碱基，才能保证酶切反应是有效的。如图 2.9 所示。

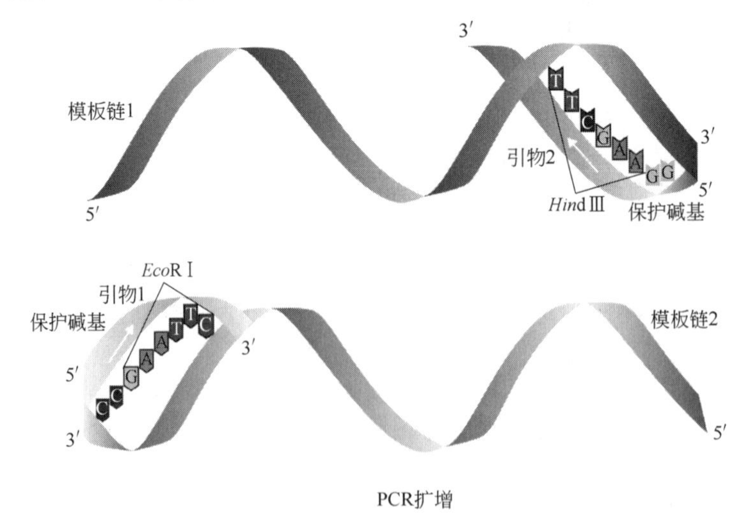

图 2.9 通过引物往 PCR 产物两端引入限制酶的酶切位点

另外，如前已提及，限制酶酶切后的目的基因与载体 DNA 连接后，形成的重组 DNA 分子有可能会导致原有酶切位点消失。例如，如果将产生的 5′突出末端补平，再连接可能会产生新的酶切位点，而原有的酶切位点会消失。如 *Eco*RⅠ（GAATTC）分别酶切目的基因和载体产生的 5′突出末端，补平后连接，重组 DNA 分子则会产生 *Ace* Ⅰ的酶切位点（ATTAAT），原有的 *Eco*RⅠ位点就消失了（图 2.10）。

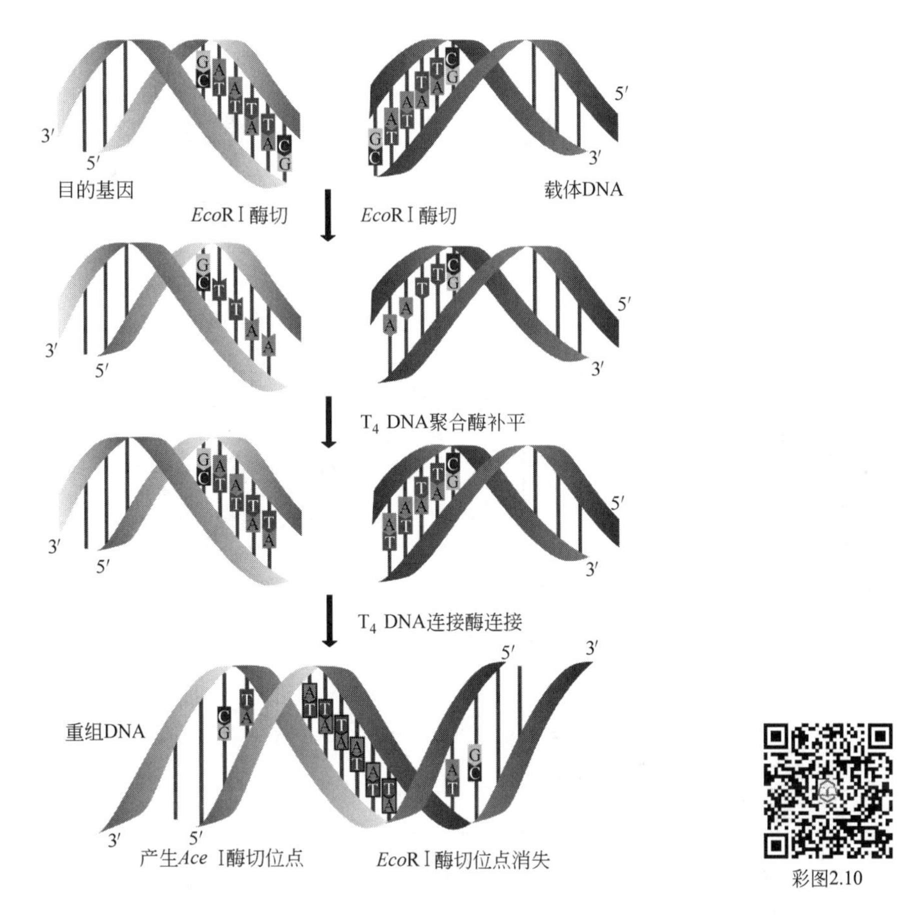

图 2.10　*Eco*RⅠ产生的 5′突出末端补平后原有的酶切位点消失，产生了 *Ace* Ⅰ的酶切位点（黑框内碱基）

又如，用 *Pvu* Ⅱ（CAGCTG）和 *Eco*R Ⅴ（GATATC ）两个平末端酶分别酶切目的基因和载体，连接后形成的重组 DNA 分子会产生 *Mbo* Ⅰ的酶切位点（GATC），原来的两个酶切位点都消失了（图 2.11）。这就意味着当重组载体转入受体细胞后，再用酶切的方法检测阳性转化子时，要注意选用新的限制酶来进行酶切检测，而不能再使用原来的酶进行酶切了。

2.2　DNA 连接酶

2.2.1　DNA 连接酶的作用

用限制性核酸内切酶切割不同来源的 DNA 分子，再重组时则需要用另一种酶来完成这些杂合分子的连接和封合，这种酶就是 DNA 连接酶。DNA 连接酶能催化双链 DNA 分子中具有邻近位置的 3′-羟基和 5′-磷酸基团形成磷酸二酯键，因此该酶可促使具有互补黏性末端或平头末端的载体和供体 DNA 片段结合或连接，以形成重组 DNA 分子（图 2.12）。

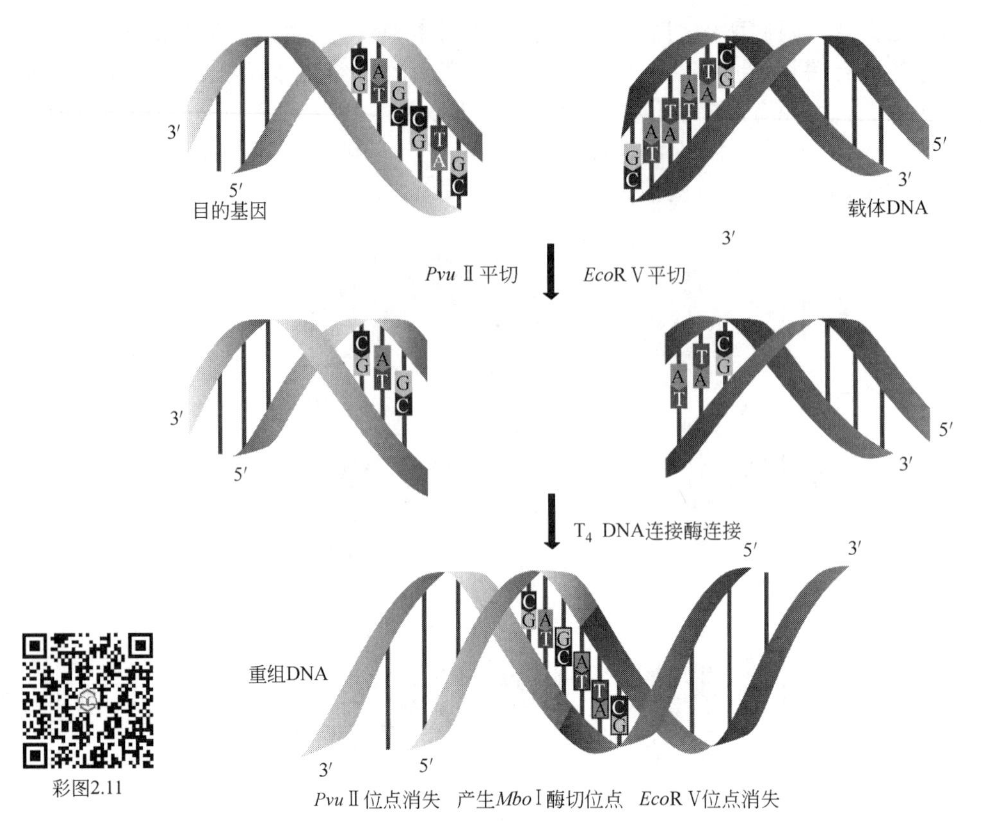

图 2.11　不同平切酶产生平末端连接后原有的酶切位点消失，产生了 *Mbo* Ⅰ 的酶切位点（黑框内碱基）

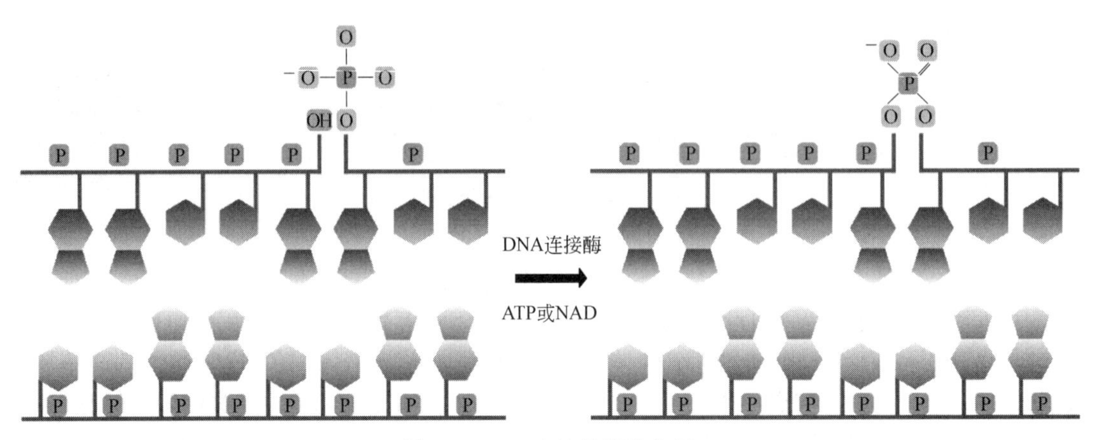

图 2.12　DNA 连接酶的作用

在基因工程中使用的连接酶主要有大肠杆菌 DNA 连接酶和 T_4 噬菌体 DNA 连接酶，T_4 DNA 连接酶应用得更广泛。由于这种反应是一种吸能反应，所以需要能提供能量的辅助因子，大肠杆菌 DNA 连接酶是利用 NAD^+ 作为能源的，而 T_4 噬菌体 DNA 连接酶则是以 ATP 作为辅助因子。T_4 DNA 连接酶的作用包括如下三种情况（图 2.13）：①修复双链 DNA 上的单链切口，使两个相邻的核苷酸重新连接起来。这种作用主要用于两个具有相同黏性末端的不同 DNA 分子的重组；②连接 RNA-DNA 杂交双链上的 DNA 链切口，或者也可连接杂交双链的 RNA 切口，可是效率很低，反应速度很慢；③连接完全断开的两个平头末端双链 DNA 分子，由于这个反应属于分子间连接，反应速度也很慢。

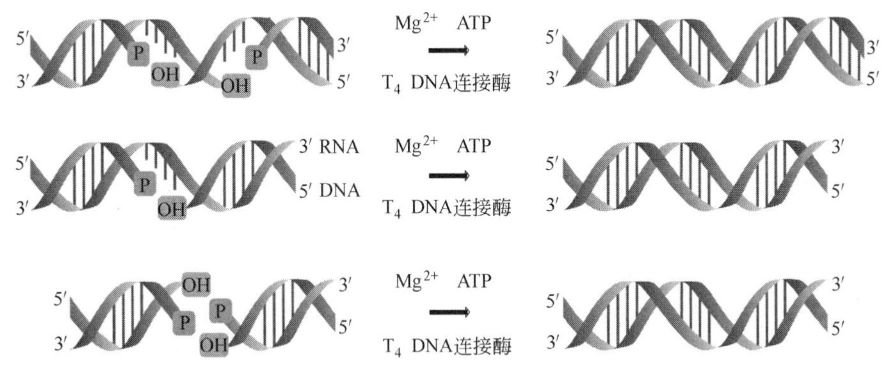

图 2.13　T_4 DNA 连接酶的各种催化作用

2.2.2　不同末端的连接策略

在 DNA 重组操作中，待重组 DNA 分子由于各种限制，在连接重组时可能具有各种不同的末端，因此，用 T_4 DNA 连接酶连接不同末端的 DNA 分子时会有各自不同的策略。

（1）单酶切产生的相同黏性末端

这是由同一种限制性核酸内切酶分别切目的基因 DNA 片段和载体分子产生的，是最常见也最容易连接的情况，T_4 DNA 连接酶可以直接把两个分子连接重组。但是由于目的基因和载体 DNA 的两个分子的两端黏性末端都相同，目的基因正向连接或者倒转 180°反向连接

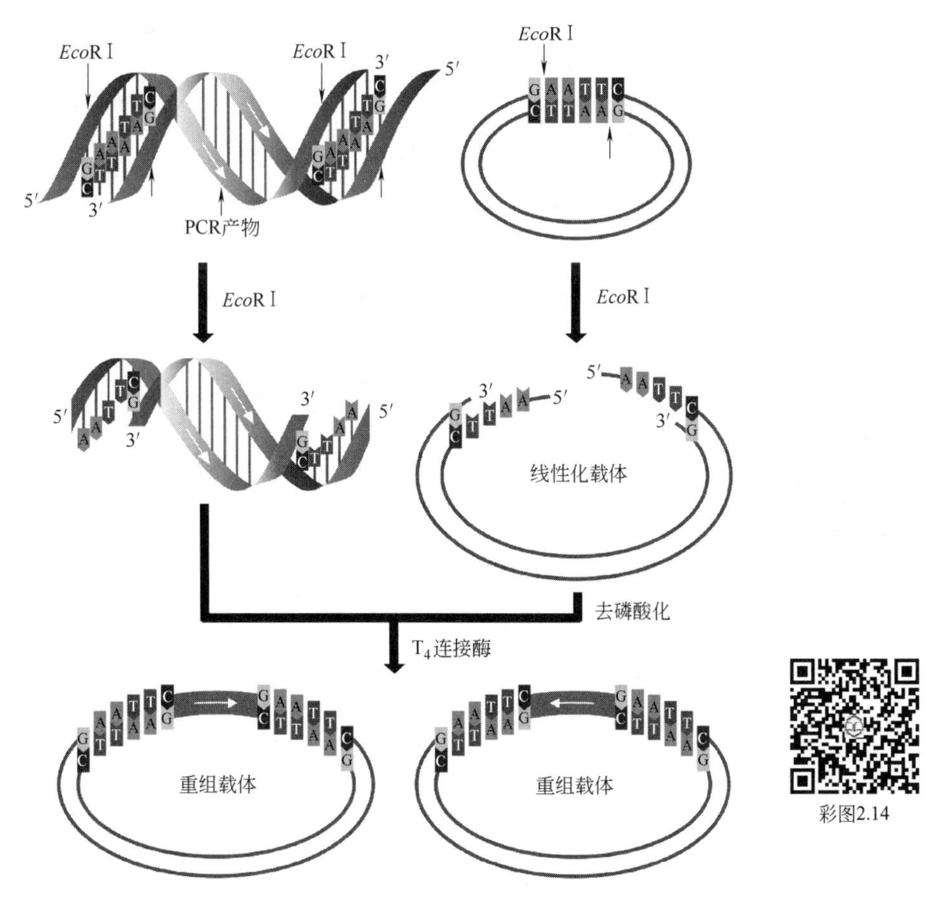

图 2.14　同种限制酶酶切产生的相同黏性末端的连接，会产生正连和反连两种情况

都能与载体连接上，也就是存在正连与反连两种重组子，这样就会增加筛选正确重组子的工作量（图 2.14）。

（2）双酶切产生的黏性末端

DNA 分子重组时为了保证目的片段只以一种正确的方向连接进入载体，往往尽可能选择两种具有不同黏性末端的酶分别酶切目的 DNA 分子和载体，这种双酶切虽然使载体和目的 DNA 都产生两种不同的黏性末端，但是连接酶会选择把相同的黏性末端连接起来，从而保证目的基因只以一个方向连接入载体。例如目的基因一端用 *Eco*R Ⅰ 酶切，另一端用 *Bam*H Ⅰ酶切，那么目的基因两端产生的黏性末端将会不同，载体也用同样的两个酶双酶切，那么目的基因 *Eco*R Ⅰ的末端会与载体 *Eco*R Ⅰ的末端连接，目的基因 *Bam*H Ⅰ的末端会与载体 *Bam*H Ⅰ的末端连接，目的基因与载体的连接就只会有一种正确的方向，而不会造成双向连接的麻烦（图 2.15）。

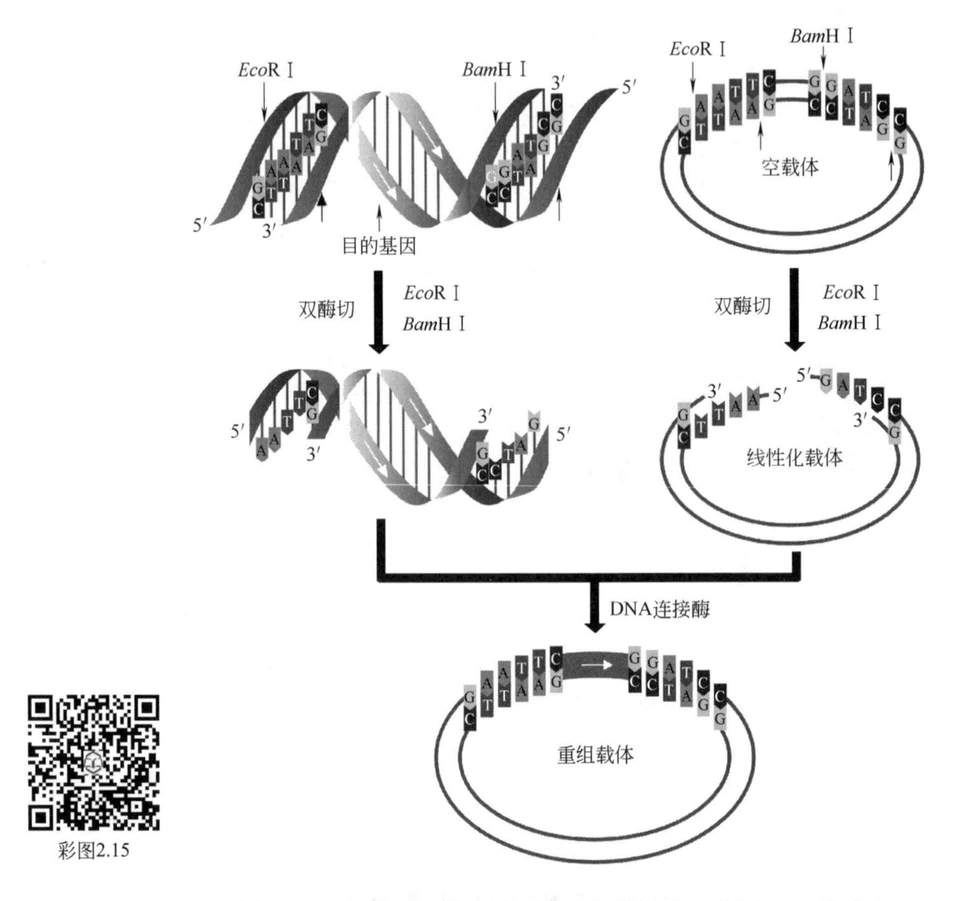

图 2.15　双酶切产生的同种黏性末端的连接，只有正连一种方向

（3）双酶切产生的不同 5′突出末端

有时候在不得已的情况下，可能只能分别用一种酶酶切目的 DNA，另一种酶酶切载体。如果这时候两种酶都产生 5′突出的黏性末端，那么连接前往往要经过补平处理，用 Klenow 酶分别以突出的 5′端为模板，延伸 3′端至平齐末端后再连接。不过平头末端的连接一样存在正连和反连两种情况（图 2.16）。

（4）双酶切产生的不同 3′突出末端

如果用两种酶分别酶切目的片段和载体分子，结果产生的是两种不同的 3′突出末端，

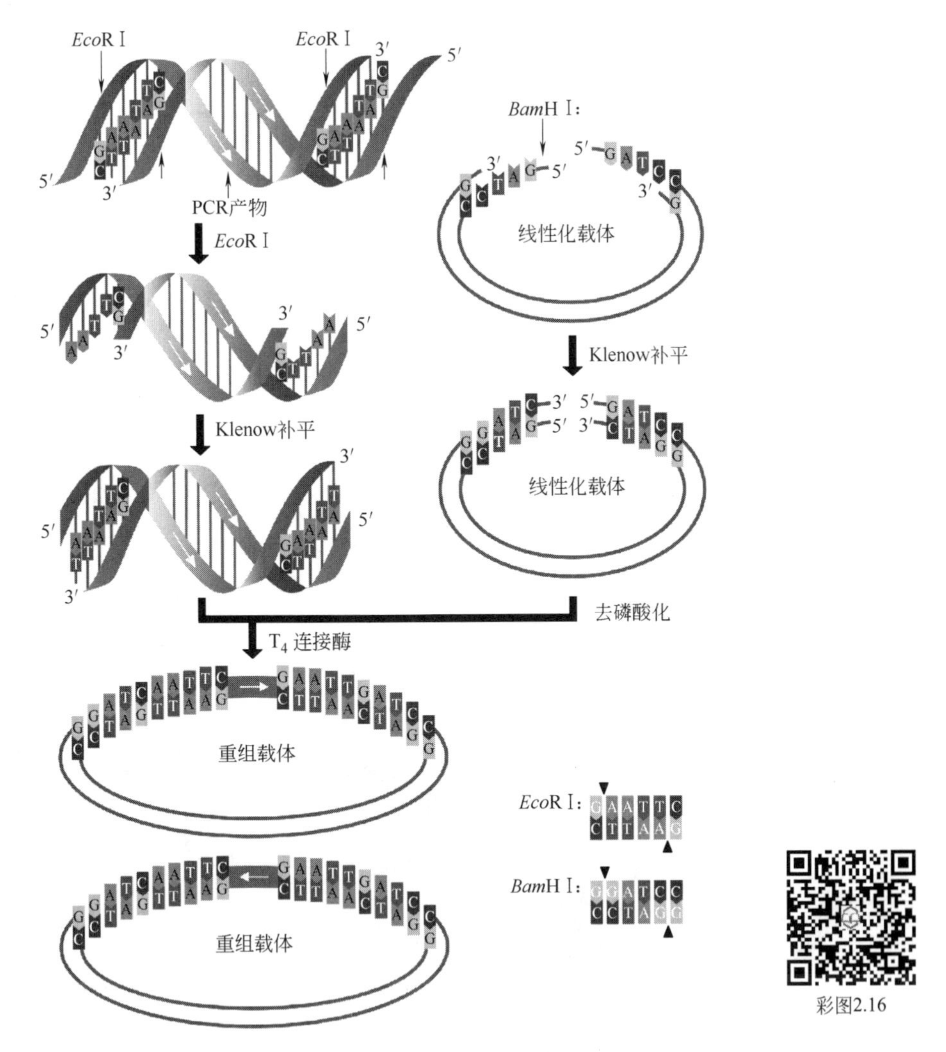

图 2.16　双酶切产生的不同 5′突出末端的连接。先补平，再连接，可能存在正连和反连两种情况

则连接前必须通过切平的方式使两个末端变成平头末端。T_4 DNA 聚合酶具有 3′→5′核酸外切酶活性，可以用于 3′突出末端的切平（图 2.17）。

（5）双酶切产生的 5′突出末端和 3′突出末端

还有一种情况是如果用两种酶分别酶切目的片段和载体分子，结果一个产生 3′突出末端，一个产生 5′突出末端，那么连接前 3′突出末端必须切平，5′突出末端必须补平后或切平后才能连接。

（6）平切产生的平末端

T_4 DNA 连接酶虽然能够连接平头末端，但是连接效率很低，因此，为了提高平头末端的连接效率，可以通过在平头末端增加人工接头的策略，如利用末端转移酶 TdT 分别在目的片段和载体分子的末端加上互补的多聚 A 和多聚 T 碱基，人工造成黏性互补末端，可以提高连接效率（图 2.18）。

2.2.3　影响 DNA 连接反应的因素

连接酶连接切口 DNA 的最适反应温度是 37℃。但是在这个温度下，黏性末端之间退

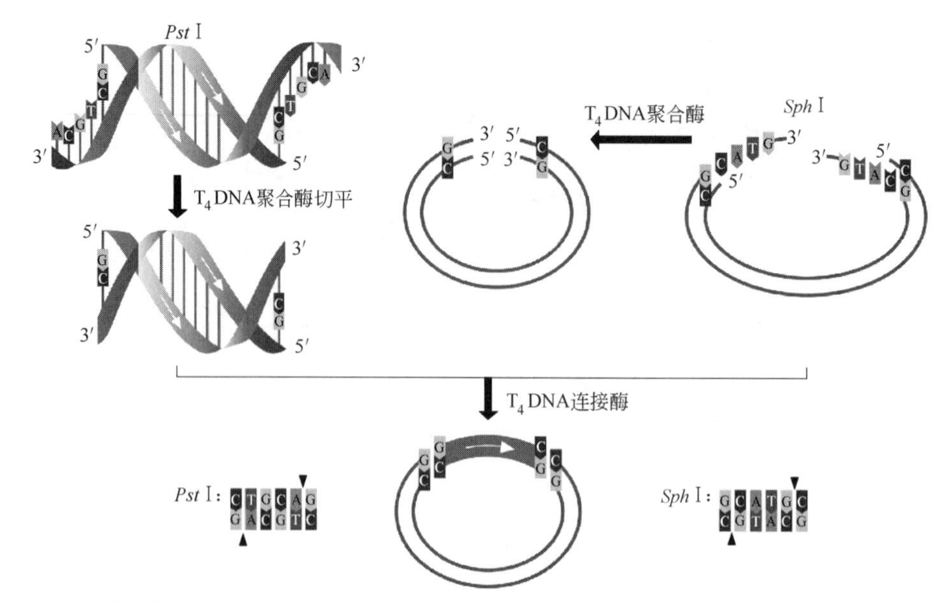

图 2.17　双酶切产生的不同 3′突出末端的连接。先用 T_4 DNA 聚合酶酶切平突出的 3′端，再连接

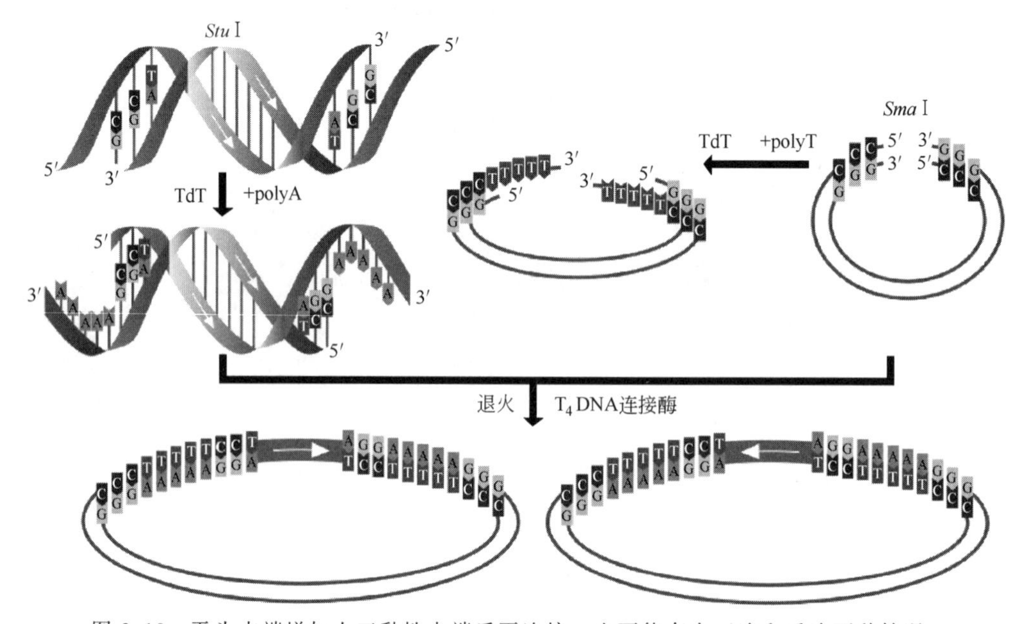

图 2.18　平头末端增加人工黏性末端后再连接，也可能存在正连和反连两种情况

彩图2.17

彩图2.18

火形成的氢键结合是不稳定的。所以一般黏性末端连接反应的最适温度应该界于连接酶的作用速率和末端退火速率之间，一般认为 4～15℃比较合适。但是温度越低，连接反应速度越慢，效率越低，通常使用的连接反应温度为 16℃。如需要用 4℃连接，则往往过夜。

T_4 DNA 连接酶的用量也会影响转化子的数目。在平末端 DNA 连接反应中，最适的反应酶量大约是 1～2 个酶单位；而对于黏性末端的连接，在同样的条件下，酶浓度仅为 0.1 个单位时，就能得到最佳的转化效率。1U（1 个酶活力单位）T_4 DNA 连接酶的酶活性是指在最佳反应条件下 15 ℃反应 1h，完全连接 1μg λDNA 的 *Hin*d Ⅲ片段所需的酶量。

2.3 DNA 聚合酶类

在生物体内，DNA 聚合酶负责 DNA 的复制、子代 DNA 的合成和损伤 DNA 的修复，是生物体生存繁衍至关重要、生死攸关的一种酶。那么，在体外基因工程操作中，会用到哪些 DNA 聚合酶呢?

2.3.1 大肠杆菌 DNA 聚合酶Ⅰ

每种生物体内都一定会存在至少一种 DNA 聚合酶，有的甚至存在好几种，如大肠杆菌细胞内至少存在 3 种 DNA 聚合酶，分别命名为 DNA 聚合酶Ⅰ、Ⅱ、Ⅲ，其中 DNA 聚合酶Ⅰ主要参与 DNA 的修复，DNA 聚合酶Ⅲ和 DNA 聚合酶Ⅱ主要参与 DNA 的复制。真核生物中，也至少发现 3 种 DNA 聚合酶，分别命名为 DNA 聚合酶 α、β、γ。在基因工程操作中，使用最多的一种 DNA 聚合酶是大肠杆菌 DNA 聚合酶Ⅰ。

大肠杆菌 DNA 聚合酶Ⅰ是应用最广也是研究最深入的 DNA 聚合酶，是由一条约 1000 个氨基酸残基的多肽链形成的单一亚基蛋白，其分子量为 109000。它是一种多功能酶，具有 3 种不同的酶活性（图 2.19）。

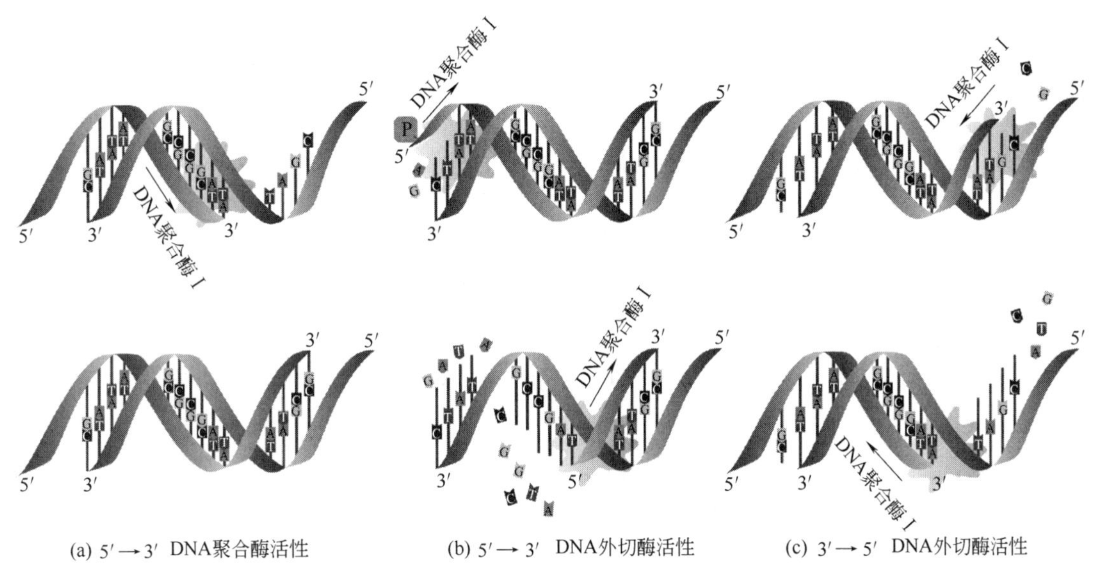

(a) 5′→3′ DNA聚合酶活性　(b) 5′→3′ DNA外切酶活性　(c) 3′→5′ DNA外切酶活性

图 2.19 大肠杆菌 DNA 聚合酶Ⅰ的三种活性

（1）5′→3′聚合酶活性

大肠杆菌 DNA 聚合酶Ⅰ具有 5′→3′聚合酶活性，但是这种活性的发挥依赖三个基本条件：①4 种脱氧核苷酸（dATP、dGTP、dCTP 和 dTTP）底物。在一定的缓冲液条件下，该酶的 5′→3′聚合酶活性能把这些脱氧核苷酸加到双链 DNA 分子的 3′-OH 端而合成新的 DNA 片段。②DNA 模板。DNA 聚合酶Ⅰ的模板可以是单链，也可以是双链。但双链的 DNA 只有在其糖-磷酸主链上有一个至数个断裂的情况下，才能成为有效的模板。③带有 3′游离羟基的引物链。引物可以是 DNA，也可以是 RNA，但是一定必须具备游离的 3′-OH，才能使延伸反应进行。

（2）5′→3′DNA 外切酶活性

DNA 聚合酶Ⅰ能从双链 DNA 的一条链的 5′末端开始切割降解双螺旋 DNA，释放出单核苷酸或寡核苷酸。这种切割活性要求 DNA 链处于配对状态且 5′端必须带有磷酸基团。还能降解 DNA-RNA 杂交体中的 RNA 成分。

(3) 3′→5′DNA 外切酶活性

DNA 聚合酶Ⅰ也能从双链 DNA 一条链的 3′末端开始切割降解双螺旋 DNA，释放出单核苷酸或寡核苷酸。这种功能是在 DNA 合成中识别错配的碱基并将它切除。

大肠杆菌 DNA 聚合酶Ⅰ在基因工程中的主要用途是用于 DNA 切口平移中制备标记的 DNA 探针，用于核酸分子杂交，以及用于合成 cDNA 的第二条链。

2.3.2 Klenow 大片段酶

用枯草杆菌蛋白酶处理大肠杆菌 DNA 聚合酶Ⅰ会产生两个片段，一个小片段带有 5′→3′DNA 外切酶活性，而另一个较大的片段失去了 5′→3′DNA 外切酶活性，但保留了 5′→3′聚合酶活性及 3′→5′外切酶活性，这个大片段被称为 Klenow 大片段酶（图 2.20）。Klenow 片段被广泛用于各种克隆实验中，包括：①补平 DNA 3′凹端。只要有足够的 dNTP 底物存在，Klenow 片段将主要发挥聚合活性，补平 DNA 3′凹端。如果底物带有标记，那么补平凹端时，也可以使 DNA 末端带有标记。②切平 DNA 的 3′凸出端。即发挥 3′→5′外切酶活性，将 3′突出末端切平。③代替 DNA 聚合酶Ⅰ合成 cDNA 的第二条链，以及④用于 Sanger 双脱氧末端终止法测序中的新链的合成。在耐热的 DNA 聚合酶没有发现之前，Klenow 片段也曾用于 PCR 反应。只是每一轮扩增反应完成后，都要添加新的酶才能使反应继续。

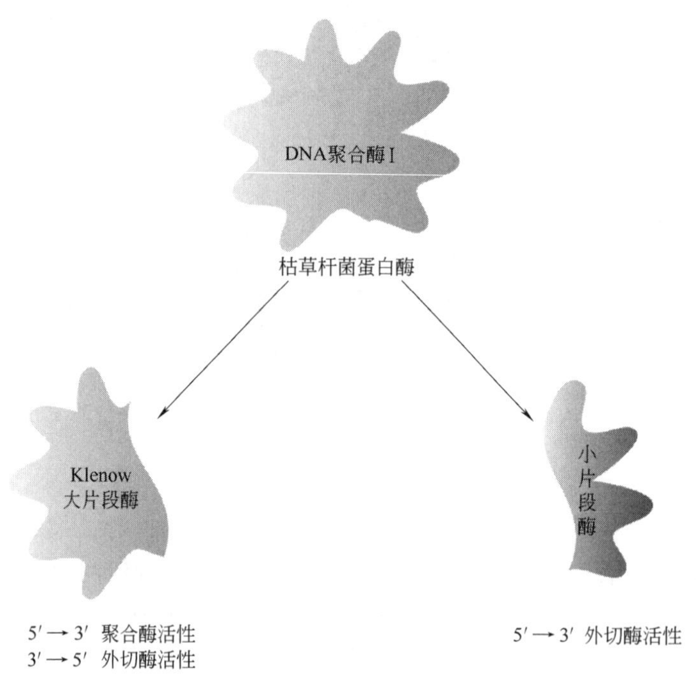

图 2.20 大肠杆菌 DNA 聚合酶Ⅰ的 Klenow 大片段

2.3.3 耐热的 DNA 聚合酶 *Taq*

Taq 酶是 PCR 反应中最常用的 DNA 聚合酶（图 2.21），它是在古细菌嗜热水生菌中发现的，在 75℃时活性最强，即便到 95℃时还有活性。它启动 PCR 反应的能力很强，聚合速

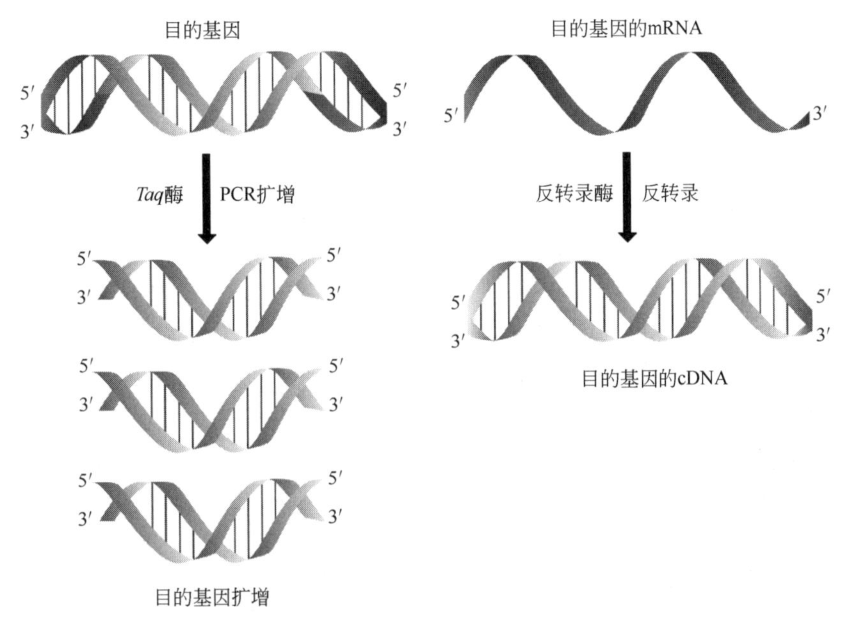

图 2.21 *Taq* 酶和反转录酶是获取真核生物目的基因的主要工具

度快，具有 5′→3′DNA 聚合酶活性和 5′→3′外切酶活性，但是不具有 3′→5′外切酶活性，因此，*Taq* 酶缺乏错配碱基修复的能力，从而导致 PCR 扩增产物有一定的错配概率，错配率大约为万分之一。

为了减少 PCR 反应的错配率，研究人员后来不断在嗜热细菌中寻找新的耐高温的 DNA 聚合酶，其中 Vent DNA 聚合酶、Pwo DNA 聚合酶以及 Pfu DNA 聚合酶都具有 3′→5′外切酶活性，被称为是具有高保真度的耐热 DNA 聚合酶。Pwo DNA 聚合酶在 100℃的半衰期甚至大于 2h，出错率又低，是使用较多的高保真度的 PCR 酶。

2.3.4 T_4 噬菌体 DNA 聚合酶

T_4 噬菌体 DNA 聚合酶也是基因工程操作中使用较多的 DNA 聚合酶。它是从 T_4 噬菌体感染的大肠杆菌培养物中纯化出来的，具有 5′→3′DNA 聚合酶和 3′→5′核酸外切酶两种活性（图 2.22），而且它的 3′→5′外切酶活性要比 Klenow 片段高 200 倍，所以 T_4 DNA 聚合酶很适合用于限制酶酶切产生的 3′凹端的补平和 3′凸端的切平。

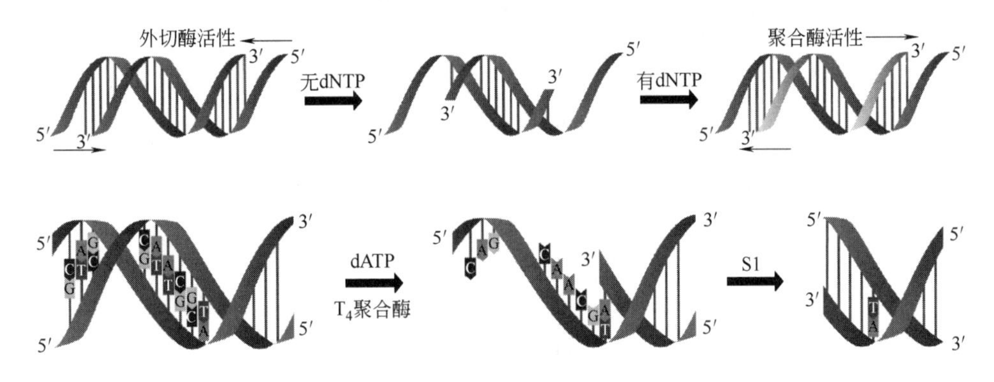

图 2.22 T_4 DNA 聚合酶具有 5′→3′DNA 聚合酶和 3′→5′核酸外切酶两种活性

2.3.5 逆转录酶

逆转录酶又称依赖于 RNA 的 DNA 聚合酶，是基因工程中应用最广的酶之一。逆转录酶也具有多种酶的活性：①5′→3′聚合酶活性。聚合作用需要的底物和引物与 DNA 聚合酶Ⅰ相同，但是逆转录酶的模板是 RNA。逆转录酶也可以以 DNA 为模板，并且在合成中途有转换模板的特性。②5′→3′RNA 外切酶活性。③RNase H 活性。该活性使得逆转录酶能够特异性降解 RNA-DNA 杂交链中的 RNA 链。④末端转移酶活性。该酶活性有时候使逆转录酶能够在 cDNA 第一链的末端加上几个 C 碱基。⑤但是反转录酶没有 3′→5′ DNA 外切酶的活性，因此，它像 *Taq* 酶一样缺乏错配碱基修复的能力，在高浓度 dNTP 和 Mn^{2+} 存在时，每 500 个碱基就会有一个错误碱基掺入。

逆转录酶在基因工程中的主要用途有：①在体外以真核生物 mRNA 为模板合成 cDNA，作为目的基因（图 2.23）；②构建 cDNA 基因文库；③逆转录 PCR 和荧光定量 PCR 等。

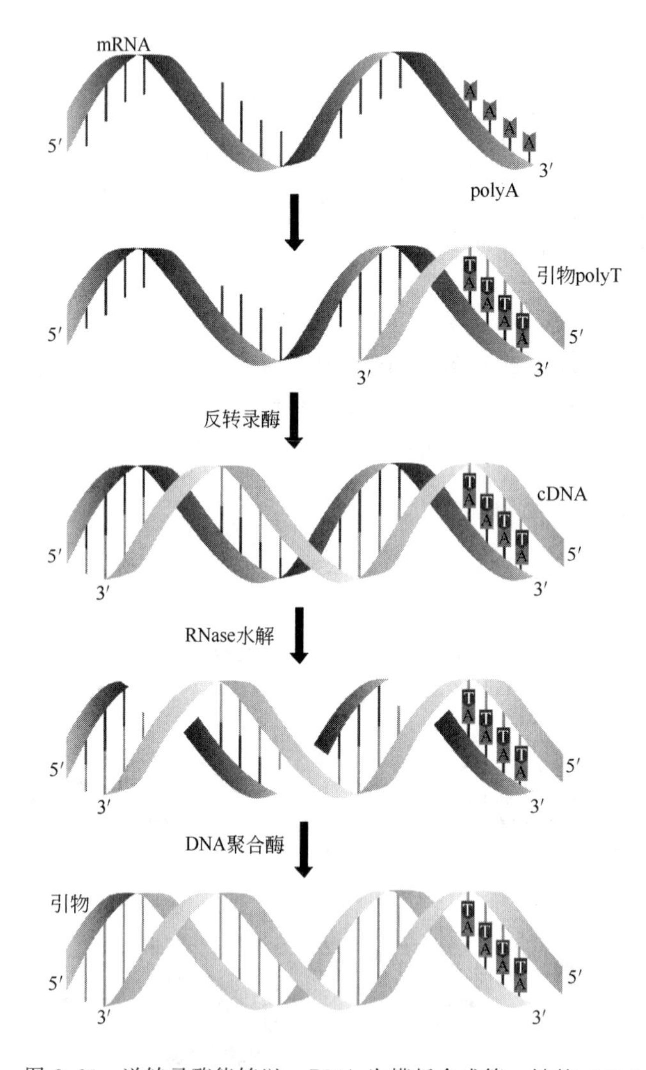

图 2.23 逆转录酶能够以 mRNA 为模板合成第一链的 cDNA

2.4 碱性磷酸酶

碱性磷酸酶的作用是催化去除DNA分子、RNA分子和脱氧核糖核苷三磷酸的5′端磷酸基团，使DNA或RNA分子的5′-P变成5′-OH。目前有细菌碱性磷酸酶（BAP），它来源于大肠杆菌；另一种是小牛肠道碱性磷酸酶（CIP），它是从小牛肠道中分离出来的。

碱性磷酸酶在基因工程操作中有两个重要的应用。

2.4.1 碱性磷酸酶防止载体自连

用同一种限制性核酸内切酶分别酶切载体和目的片段后，需要将两个酶切混合物连接起来构建成重组载体DNA分子。在混合体系中，由于各个片段的黏性末端相同，将会产生多种形式的连接（图2.24）。比如第一种，载体自己的切口愈合连接，导致载体DNA分子自身环化。或者载体DNA与载体DNA互相连接，产生一个加倍分子量的空载体。第二种，外源DNA分子与载体DNA分子连接，形成我们需要的重组载体。第三种，外源DNA分子自我环化，或者外源DNA分子互相连接，形成一个大的外源DNA分子。甚至外源DNA分子互相连接后再与载体连接，形成一个大的重组载体。在这些连接方式里面，我们需要的只有重组DNA分子的有效连接，其他的连接方式都是我们不需要的无效连接。多种连接方式不仅带来DNA连接酶的浪费，也会降低重组载体的连接效率，还会加大转化受体细胞后筛选阳性转化子的工作量。尤其是在构建基因文库时，空载体的连接子会影响文库DNA的构建质量。

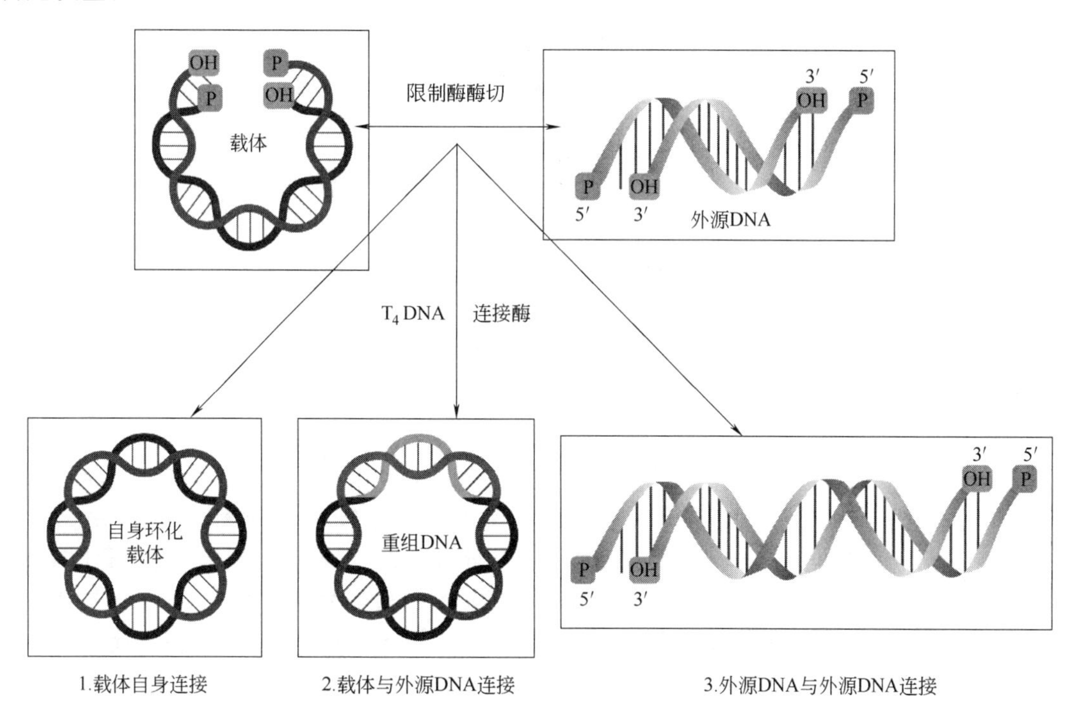

图2.24 同种酶产生的黏端在连接反应体系中的多种连接方式

为了减少载体分子的自连，在限制性酶消化载体分子之后，与目的基因的DNA连接之前，往往先用碱性磷酸酶处理载体分子，使载体的5′-P变成5′-OH，这样就可以防止载体分子的自连了（图2.25）。

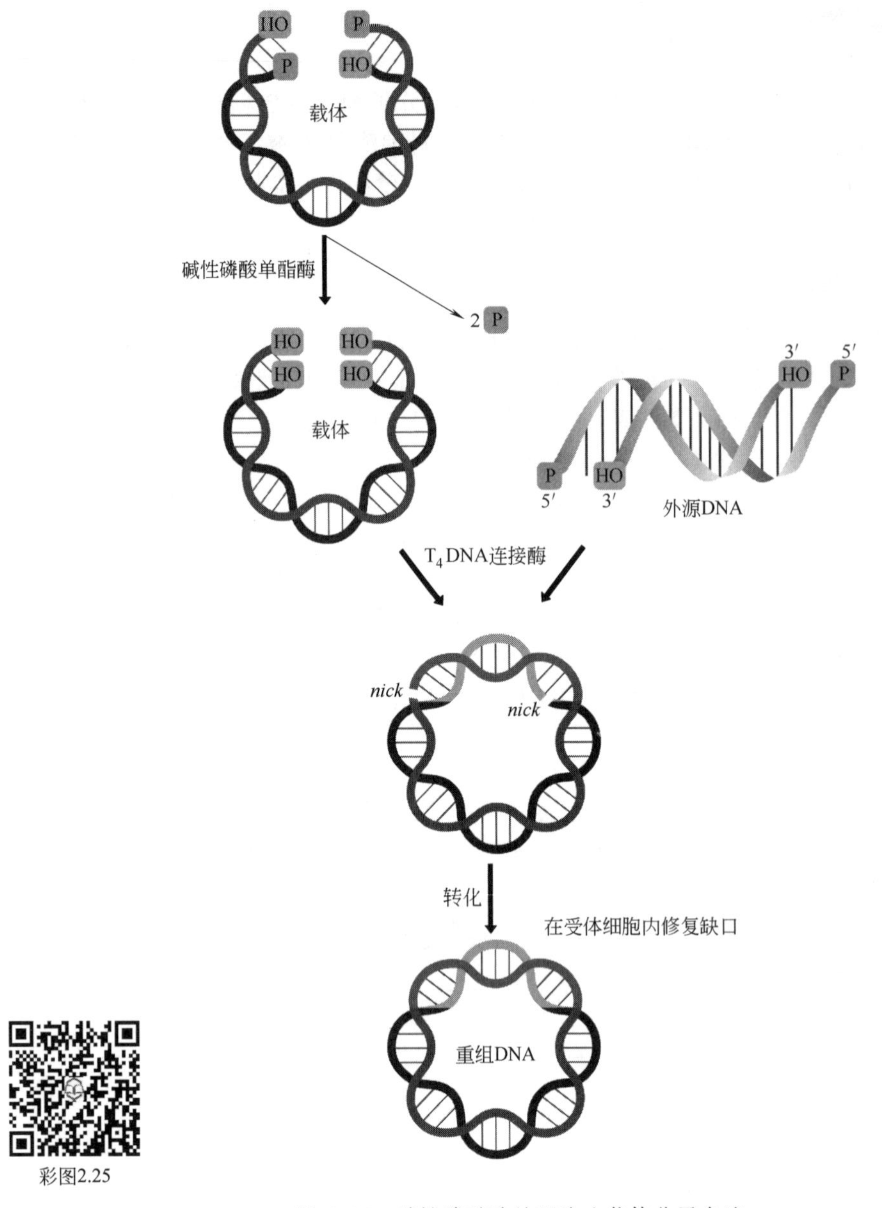

图 2.25　碱性磷酸酶处理防止载体分子自连

如图 2.25 所示，首先，用限制性核酸内切酶分别酶切载体 DNA 和外源 DNA 分子。然后，将酶切过的载体 DNA 分子用碱性磷酸单酯酶处理。碱性磷酸单酯酶会去除载体 DNA 分子切口处的 5′磷酸基团，形成 5′羟基。再把经过碱性磷酸单酯酶处理的载体 DNA 分子与未经过碱性磷酸单酯酶处理的外源 DNA 分子混合，用 T_4 DNA 连接酶进行连接反应。那么这时候，载体 DNA 分子 5′端没有磷酸基团，将不会自身环化，也不会与其他载体 DNA 连接形成大分子量的空载体。但是当载体 DNA 遇到外源 DNA 分子的时候，由于外源 DNA 分子 5′端具有磷酸基团，载体 DNA 与外源 DNA 分子依然可以连接形成重组 DNA 分子。只不过这一次重组 DNA 的连接只能形成两个磷酸二酯键，就是由外源 DNA 分子的两个 5′末端的磷酸基团与载体 DNA 分子的两个 3′末端羟基连接形成，而载体 DNA 分子的两个 5′

末端因失去了磷酸基团，不能再与外源 DNA 分子的 3′羟基形成磷酸二酯键，因而会造成重组 DNA 分子连接处两个切口（nick）的存在。

重组 DNA 分子的这两个切口会不会影响 DNA 分子的稳定性和复制繁殖呢？答案是不会。因为第一，重组 DNA 分子已经形成了两个有效的磷酸二酯键，已经完成了载体 DNA 与外源 DNA 的有效连接了，所以它已经成为一个完整的重组 DNA 分子。第二，重组 DNA 分子是双链的，双链 DNA 分子之间的整套氢键会提高它的稳定性。第三，一旦重组 DNA 分子转化成功，那么在受体细胞内将会开启 DNA 复制的过程，因为模板链的序列是完整的，所以复制之后产生的子链序列也会是完整的，并且复制连接时会形成连续的磷酸二酯键，也就是说，重组 DNA 分子经过了一代复制，产生了新的 DNA 后代，原先的那两个切口就会消失了，所以重组 DNA 会稳定地复制繁殖下去。

既然载体 DNA 可以经过碱性磷酸酶的处理防止载体自连，那么外源 DNA 分子是不是也需要碱性磷酸酶处理呢？显然不需要。因为如果外源 DNA 也经过碱性磷酸酶处理，那么将无法形成重组 DNA 分子，整个连接反应就都没有意义了。既然外源 DNA 分子没有经过碱性磷酸酶处理，那么外源 DNA 自连会不会影响重组 DNA 分子的形成呢？让我们分两种情形来讨论一下。一是外源 DNA 自连却没有跟载体连接的情形（图 2.26）。如果外源 DNA 自连后没有环化，依然是线性分子，那么线性 DNA 的转化效率很低，将很难转化成功。如果外源 DNA 自连且环化了，那么它可以转化进入受体细胞，但是一方面会由于外源 DNA 上不带有筛选标记而被淘汰，另一方面还会由于外源 DNA 分子通常不可能是一个完整的复制子，不能在受体细胞内复制，也会在受体细胞后代丢失。二是外源 DNA 自连后又跟载体连接重组的情形。如果是这样，这个重组子除了多了一个外源基因的拷贝，其他跟正常重组 DNA 没有什么不同，不影响重组子的筛选鉴定和目的基因的复制扩增，最多就是目的基因两份拷贝，复制扩增更快而已。但是通常这种情形的发生概率会很低，因为外源 DNA 自连后，再跟载体 DNA 连接一次，需要发生两步连接反应，其概率自然是两次单独连接概率的

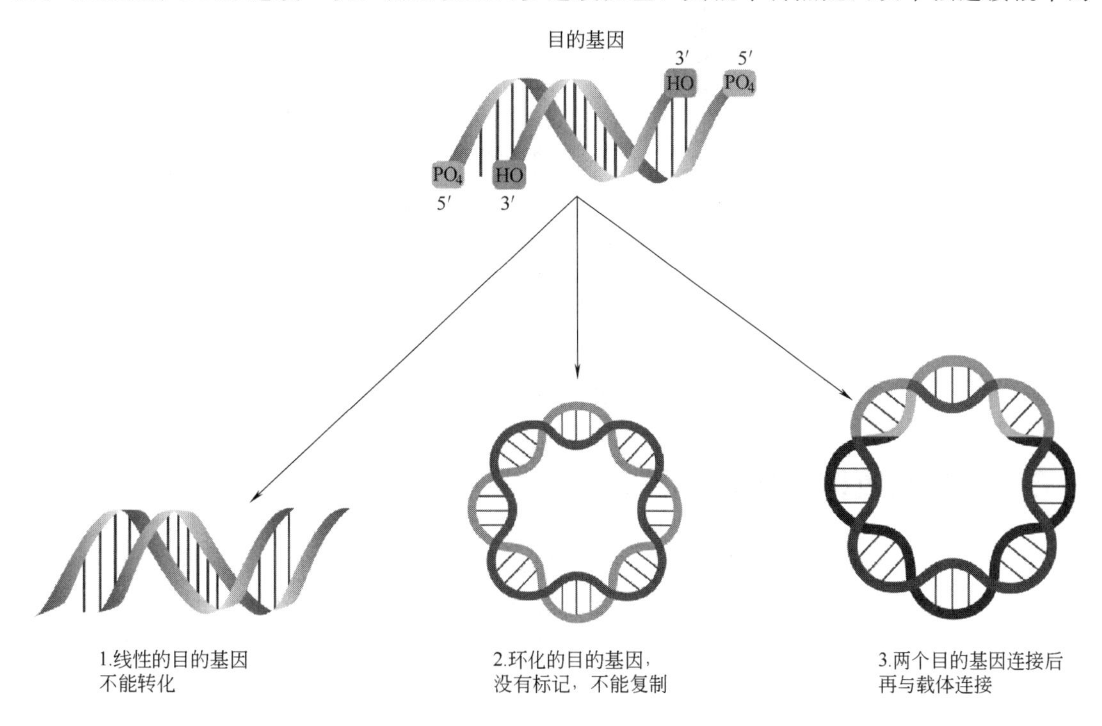

图 2.26　目的基因不经过碱性磷酸酶处理不会影响重组子的形成与转化

乘积，所以会很小。

2.4.2 获得5′末端磷酸基团标记的探针

可以用碱性磷酸酶先去除未带标记的DNA分子5′端的磷酸基团，然后再用T_4多核苷酸激酶将带有同位素标记γ-^{32}P-dATP的磷酸加在DNA分子5′端，从而获得5′端标记的DNA或RNA探针（图2.27）。

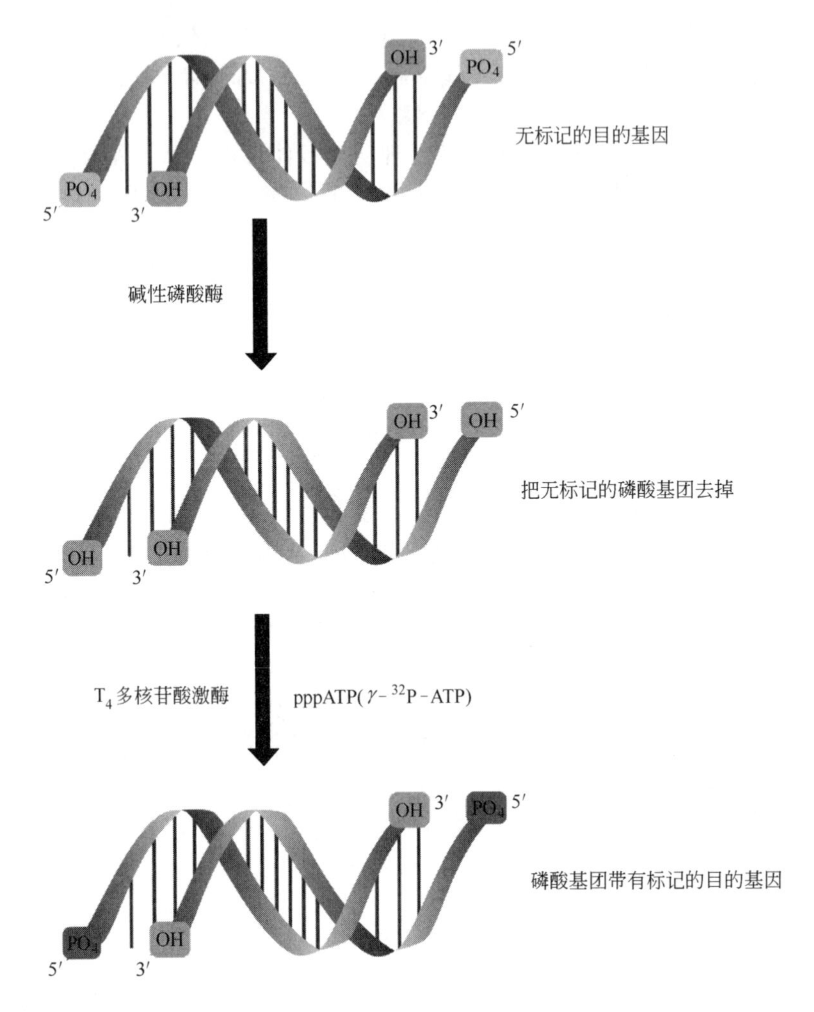

图2.27 碱性磷酸酶和T_4多核苷酸激酶联用给目的基因末端的磷酸基团带上同位素标记

2.5 末端脱氧核苷酸转移酶

末端脱氧核苷酸转移酶（TdT）是从小牛胸腺中分离纯化出来的。它不需要DNA模板，在一定条件下，能够将一个一个的脱氧核苷酸沿着5′→3′的方向加到DNA链的3′-OH末端。末端脱氧核苷酸转移酶的DNA链延伸活性不需要模板，但是底物必须有一定的长度，至少是3个碱基以上的寡核苷酸。反应底物可以是带有3′-OH的单链DNA，也可以是3′端延伸的双链DNA（图2.28）。反应时还需要Mg^{2+}的存在。如果在反应液中Co^{2+}代替Mg^{2+}，平末端

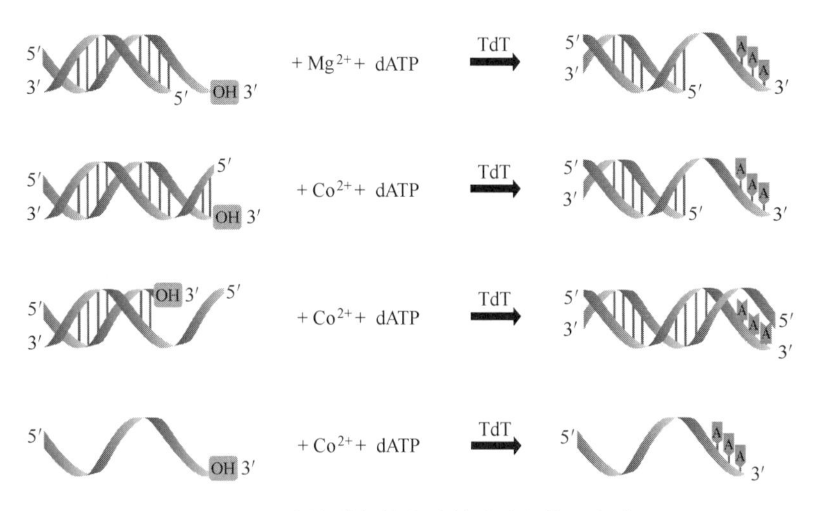

图 2.28 末端脱氧核苷酸转移酶的作用方式

DNA 也可作为反应底物，而且 4 种 dNTP 中任何一个都可以作为合成反应的前体。

在基因工程操作中，末端转移酶主要用于人工黏性末端的构建，以及给平末端 DNA 加上同聚物尾巴。此外，也可用于分子杂交探针的 3′端标记（图 2.29）。

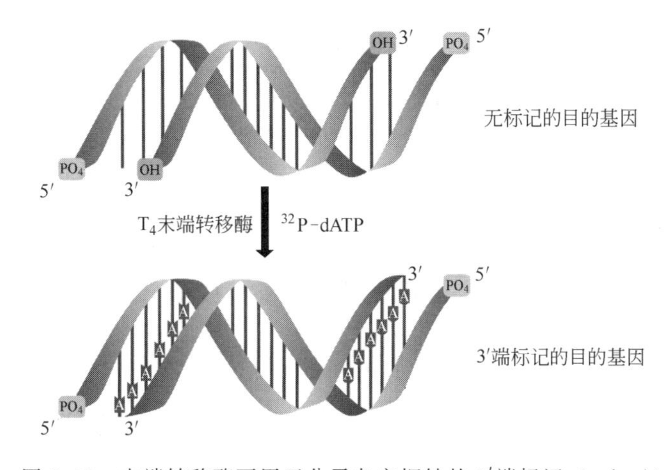

图 2.29 末端转移酶可用于分子杂交探针的 3′端标记（poly A）

2.6 其他工具酶

基因工程操作中还用到的其他工具酶如 T_4 多核苷酸激酶，能够催化 γ-磷酸从 ATP 分子转移给 DNA 或 RNA 的 5′-OH 末端，与碱性磷酸酶联用可以制备 5′端标记的 DNA 分子探针。另外还有各种核酸酶，如脱氧核糖核酸酶Ⅰ（DNaseⅠ），一种应用非常广泛的非特异性核酸内切酶，可用于除去 RNA 样品中的 DNA，也可用于切口平移标记时在 dsDNA 上随机产生的切口；核糖核酸酶 A（RNase A）和核糖核酸酶 H（RNase H），也是核酸内切酶，可以用于去除 DNA 样品中的 RNA 以及降解 DNA-RNA 杂交双链中的 RNA；以及 S1 核酸酶，是一种特异性的单链核酸酶，能特异地降解单链 DNA 或 RNA，但对双链不敏感，常被用于去除双链 DNA 分子或 DNA-RNA 杂交双链分子中的单链发夹区或突出的单链末端。此外，其他工具酶还包括基因敲除和基因敲减中用到的Ⅱs 型限制性核酸酶、Cas 核酸内切酶、Dicer 酶和重组酶等，简要介绍如下。

2.6.1 Ⅱs 型限制性核酸酶

Ⅱs 型限制性内切酶（Ⅱs restriction enzymes）是一类特殊的限制性核酸内切酶，它们能够特异识别双链 DNA 分子上的特异位点，但是会在特异识别位点下游非特异性地对 DNA 双链进行切割，在 DNA 双链的 5′ 或 3′ 端产生不同序列但同碱基长度的黏性末端。如 *Bsa* Ⅰ，识别序列是 5′GGTCTC3′/3′CCAGAG5′，但是切割位点是识别序列下游的一个碱基，如 5′GGTCTC A↓GATA3′/3′CCAGAG TCTAT↓5′，从而产生 5′GATA3′的黏性末端。2008 年，Engler 等报道了一种利用Ⅱs 型限制性核酸内切酶产生一系列重叠互补的黏性末端从而可以对多个基因片段进行一步克隆的“Golden Gate”克隆法（2008，PLoS ONE）。“Golden Gate”克隆法是指在同一反应体系中，利用Ⅱs 型限制性核酸内切酶在识别位点之外切开 DNA，产生含黏性末端的 DNA 片段，同时用连接酶将几个 DNA 片段按照既定的顺序连接，拼接成不含酶识别位点的 DNA 片段，就像一个线性拼图被正确地拼接在一起，使多个目的 DNA 片段按照设定的顺序实现“无缝”连接的一种高效克隆连接策略。如图 2.30 所示，如果想同时把 3 个基因（基因 1、2、3）克隆到一个载体上（含 *lacZ* 和 amp^{r} 两个标记基因的克隆载体），那么分别在 3 个基因序列两侧加上 *Bsa* Ⅰ酶的识别序列，同时在 *Bsa* Ⅰ识别序列下游加上特定的几个碱基，但是这几个碱基在 3 个基因两端可以重叠互补。例如，基因 1 右端的 CATG 序列可以与基因 2 左端的 GTAC 黏端互补，从而与基因 2 连接起来。而基因 2 右端的 GGAC 又可以与基因 3 左端的 CCTG 互补，基因 2 又可以与基因 3 连接起来。3 个基因分别先克隆到含 *Tet* 标记基因的载体上。基因 3 右端的 CGAG 序列则可与 *lacZ* 和 amp^{r} 载体右端的 GCTC 互补，基因 1 左端的 GATA 则与 *lacZ* 和 amp^{r} 载体左端的 CTAT 互补。那么这四个载体同时经 *Bsa* Ⅰ酶切后再用连接酶连接，3 个基因则会按照 1、2、3 的连接顺序一步连接到 amp^{r} 载体上，实现了一步克隆的无缝连接（图 2.30）。“Golden Gate”克隆法目前已广泛应用于 TALEN 打靶系统的多个 TALE 锌指模块的连接以及 CRISPR 打靶系统中同时打靶多个位点时，多个 sgRNA 的克隆连接。

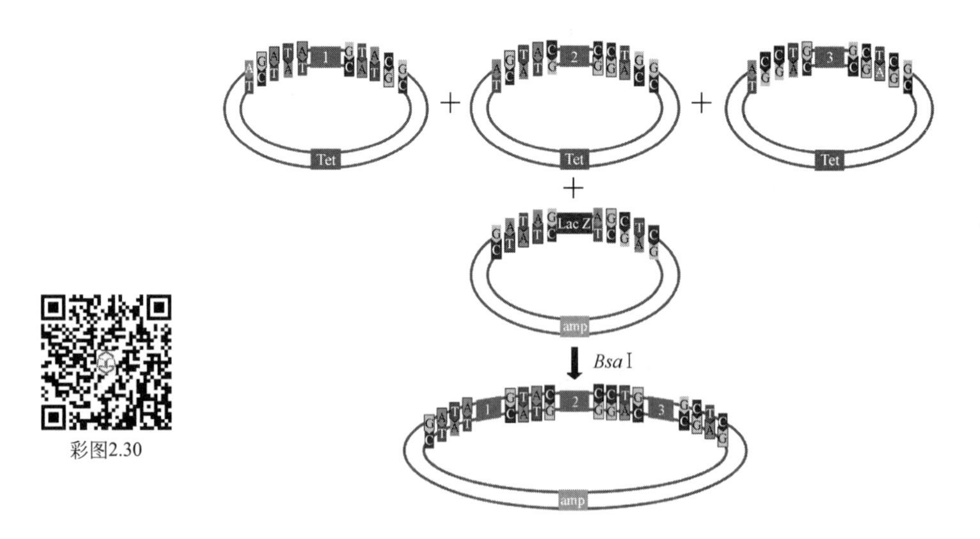

图 2.30 “Golden Gate”一步克隆法将基因 1、2、3 一步连接到 *lacZ* 载体上（*Bsa* Ⅰ识别位点未显示）

Fok Ⅰ也是一种Ⅱs 型限制性核酸内切酶，识别序列为 5′GGATG3′，但是在识别序列下游 9～13 个碱基处切割 DNA，识别切割序列记为 GGATG（N）9/CCTAC（N）13。*Fok* Ⅰ的 DNA 识别结构域与切割作用的催化结构域可以独立发挥作用。发挥切割作用时，*Fok* Ⅰ的催化结构域以适当的碱基距离形成异二聚体，才能发挥其剪切活性。催化结构域一般是不变的。因此可以用 *Fok* Ⅰ的催化结构域与能够识别和结合特定 DNA 序列的锌指结构域构建成嵌合体核酸内切酶（图 2.31），如锌指核酶和 TALEN，就可以实现在比较长的靶识别位点附近切割 DNA 了。由锌指核酶和 TALEN 构建的基因打靶技术将在第 7 章进行详细介绍。

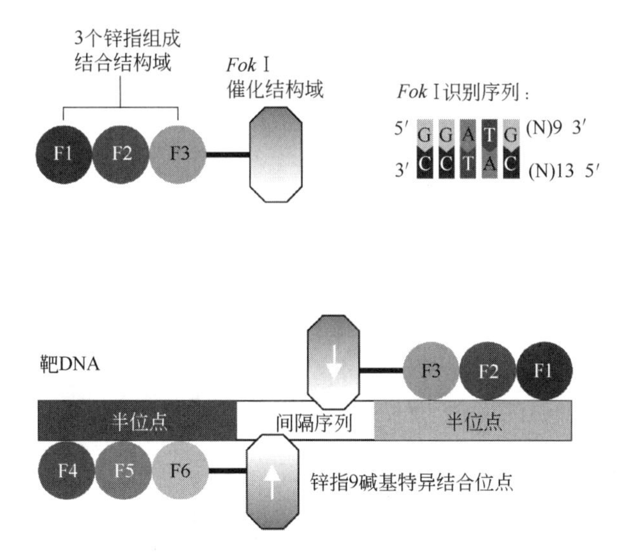

图 2.31　*Fok* Ⅰ与锌指结构域组成锌指核酶，能够对锌指结构域特异结合的靶位点进行切割

2.6.2　Cas 核酸内切酶

CRISPR/Cas 系统是 1987 年开始陆续发现的存在于古细菌及许多细菌中的一套防御系统。其中 CRISPR 是一种“成簇的规律间隔的短回文重复序列”（clustered regularly interspaced palindromic repeats，CRISPR），是由细菌捕获外来入侵的噬菌体或质粒 DNA 形成的免疫印记。Cas 则是一系列具有多种活性的核酸内切酶，其主要功能是定位外来入侵的 DNA 并将其切断，从而阻止外来入侵的噬菌体和质粒繁衍子代。Cas 至少可以被划分为 3 种主要的类型。其中Ⅰ型和Ⅲ型的 Cas 核酸酶都是多亚基的蛋白质，Ⅱ型 Cas 核酸酶则是单亚基的蛋白质，它们都能在 RNA 指导下识别并切割 DNA 分子。如图 2.32 所示，当入侵噬菌体将 DNA 释放到细菌细胞内时，由 Cas1 和 Csn2 形成的复合体将会识别并与之结合，切断入侵 DNA，并把 DNA 片段捕获到 CRISPR 间隔序列中，形成免疫记忆。等同种噬菌体再次入侵时，CRISPR 就能通过间隔序列 crRNA（CRISPR related RNA）识别入侵噬菌体的 DNA 并与之互补，引导 Cas9 结合并启动双链切断机制，将入侵噬菌体的 DNA 切碎（图 2.33）。基于对Ⅱ型 CRISPR/Cas 系统的研究，人们已经改建成一种简便高效的基因编辑工具，这就是 CRISPR/Cas9 系统，将在第 7 章详细介绍。

2.6.3　Dicer 酶

Dicer 酶属于 RNA 酶Ⅲ家族成员，是 RNA 核酸内切酶，能够将长的双链 RNA 切割成均一长度的短片段，在 RNA 干扰（RNA interference）和小分子 RNA（microRNA）的加工、剪接和成熟过程中发挥着重要的作用。Dicer 是一个复杂蛋白质，与 RNA 核酸内切酶

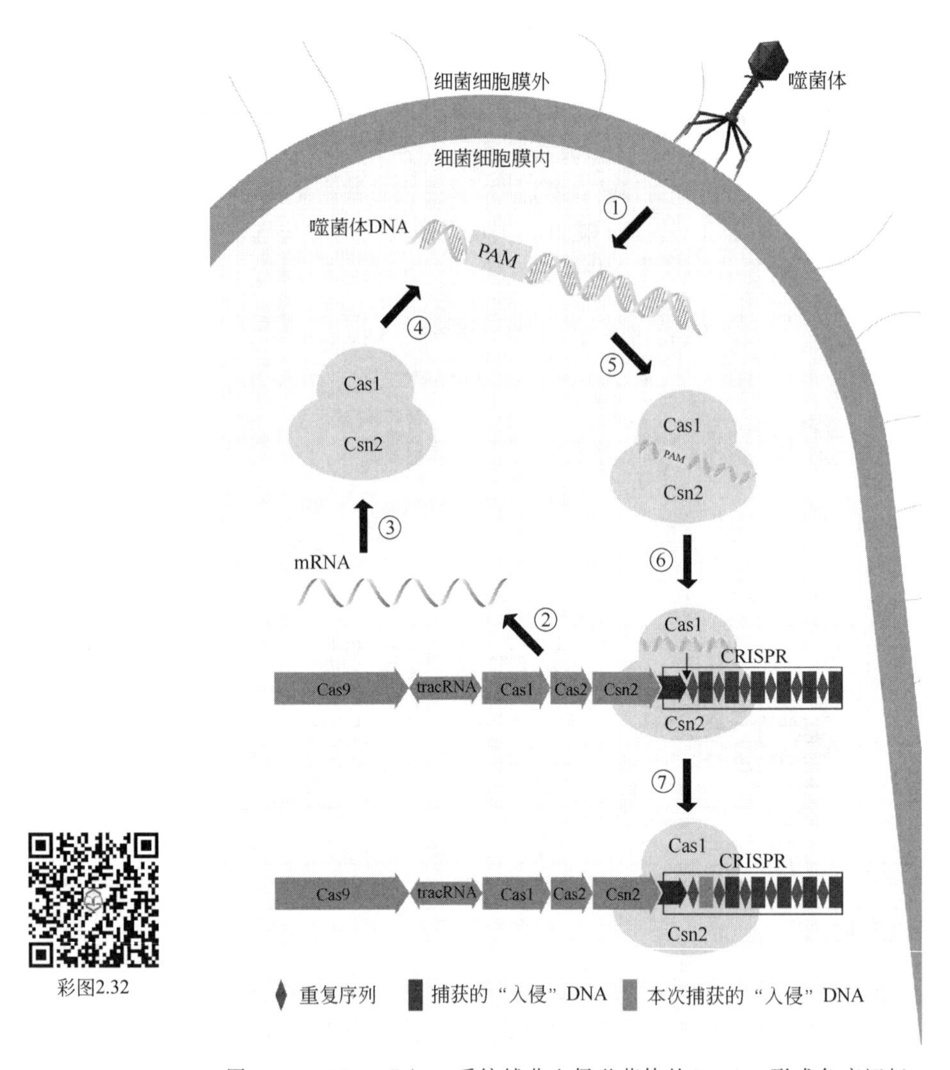

图 2.32 CRISPR/Cas 系统捕获入侵噬菌体的 DNA，形成免疫记忆

相关的功能结构域较多，从 N 端到 C 端的结构域依次是 DExD/H（helicase，解旋酶结构域）、TRBP-BD（反式激活 RNA 结合蛋白的结合结构域）、HELICc（解旋酶保守的羧端结构域）、DUF（未知功能结构域）、PAZ（Piwi/Argonaute/Zwille 结构域）、RNase Ⅲ a（RNA 酶Ⅲ结构域 a）、RNaseⅢ b（RNA 酶Ⅲ结构域 b）、dsRBD（双链 RNA 结合结构域）等，这些结构域形成一个 L 形状。Dicer 主要发挥 RNA 内切酶的作用，在 miRNA（小分子调控 RNA）和 siRNA（小分子干扰 RNA）等系列小分子 RNA 加工过程中都发挥着重要作用（图 2.34）。Dicer 发挥 RNA 酶的作用时，要形成二聚体才有活性，因此，Dicer 加工的小分子 RNA 往往具有均一大小，如 21～25nt。而且 Dicer 酶切 RNA 分子时，要有 RNA 自由末端存在。如果 RNA 缺乏自由末端时，Dicer 酶也可以只是与 RNA 结合不发挥剪切活性，或者 Dicer 酶单独存在时，只具有结合蛋白的作用。RNAi（RNA interference，RNA 干扰）是基因敲减的一种重要方法，将在第 7 章详细介绍 RNA 干扰的原理和应用。

2.6.4 重组酶

基因工程中使用较多的重组酶是位点特异性重组酶 Cre 和 FLP。Cre 重组酶最早由 Sternberg

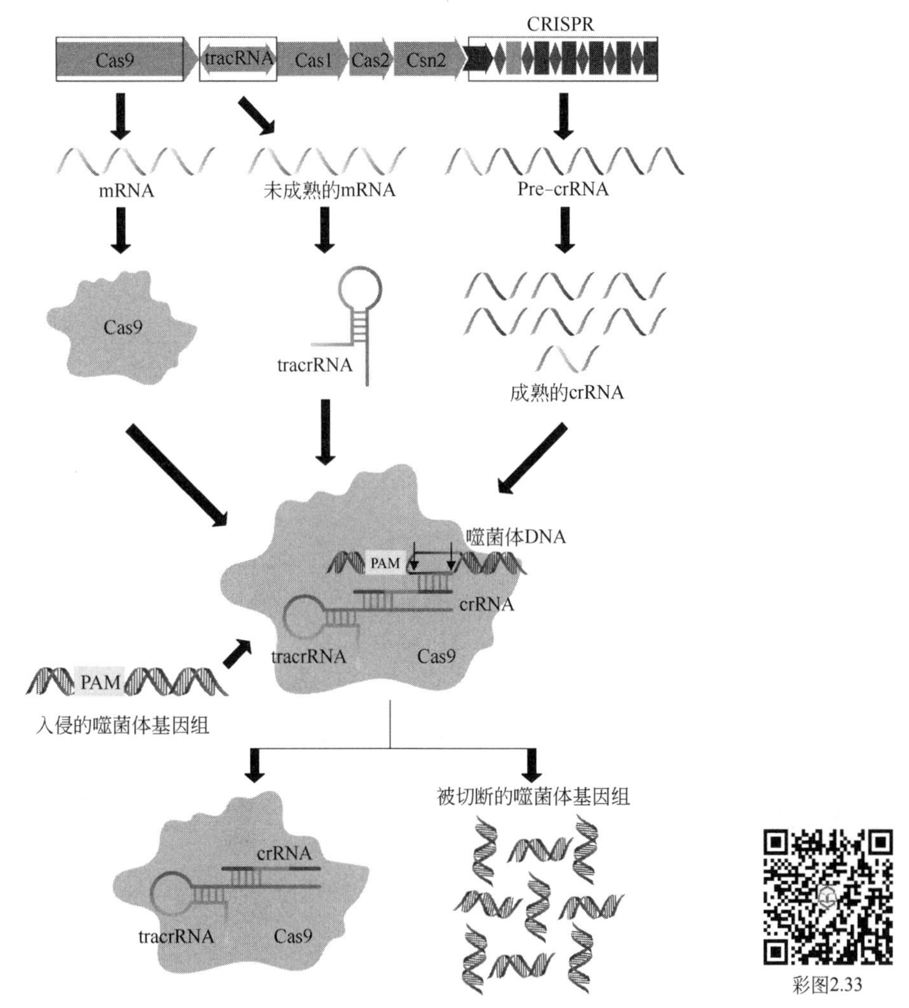

图 2.33 CRISPR/Cas 系统通过 crRNA 识别形成免疫记忆的 DNA 并将其切断

等于 1981 年在细菌噬菌体 P1 中发现，基因编码区序列全长 1029bp，编码 343 个氨基酸组成的分子量 38000 的蛋白质，是一种Ⅰ型拓扑异构酶，催化 LoxP 位点之间的 DNA 进行位点特异性重组，使 LoxP 位点之间的序列或被删除，或被倒位。LoxP 位点是 Cre 重组酶特异识别的位点，长 34bp，含有两个 13bp 的反向重复序列和一个 8bp 的核心序列。LoxP 位点具有方向性，方向是由 8bp 的核心序列决定的。如果两个 LoxP 位点位于同一个 DNA 分子上且方向相同，Cre 重组酶将会将两个位点之间的 DNA 序列删除；如果两个 LoxP 位点方向相反，Cre 重组酶将会将两个位点之间的 DNA 序列倒位。如果两个 LoxP 位点位于不同的 DNA 分子上，则会介导两条 DNA 链发生交换或染色体易位。见图 2.35。

FLP 重组酶是 1980 年 Hartley 等对酿酒酵母的 2μ 双链环状质粒进行测序时发现的。FLP 基因全长 1272bp，编码 423 个氨基酸组成的蛋白质。FRT 重组位点是 FLP 重组酶作用的靶序列，它包含 3 个 13bp 的重复元件和 1 个 8bp 的非对称间隔区。其中 8bp 间隔区紧邻的 2 个 13bp 的反向重复序列是重组酶识别和结合的位点，8bp 间隔区是 DNA 链断裂和重组发生的区域。FRT 的方向一样是由 8bp 非对称间隔区决定的。FLP 重组酶也能介导 3 种位点特异性重组：即当 2 个 FRT 位点位于同一个 DNA 分子上且方向相同时，会导致两个 FRT 位点间的序列被删除，若同一个 DNA 分子上的两个 FRT 方向相反，则会发生倒位。当两个 FRT 位点分别位于不同的 DNA 分子时，会导致它们发生易位。见图 2.36。

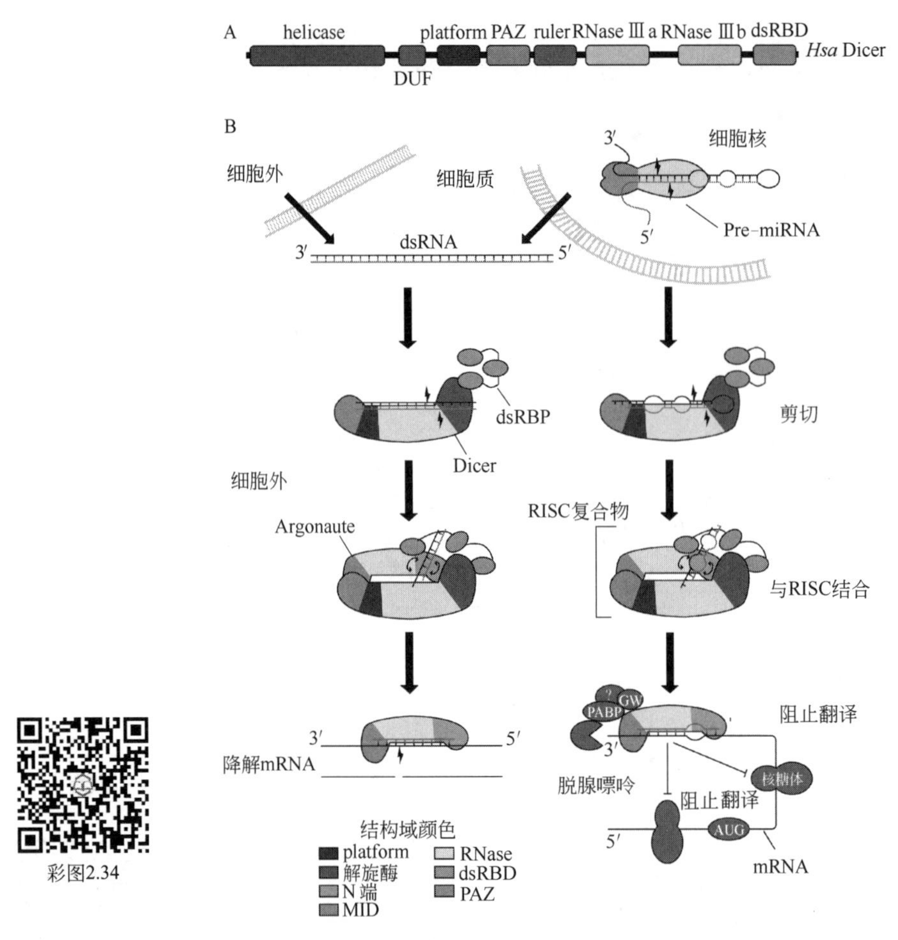

图 2.34　人类 Dicer 酶的结构域组成（A）及在 siRNA 和 miRNA 加工中的作用（B）

内源性的 Pre-miRNA 经过 Dicer 等酶的加工，变成成熟的小分子 RNA（miRNA），调控靶基因的 mRNA 降解和翻译。外源性的双链 RNA 经过 Dicer 酶的加工处理，变成小分子干扰 RNA（siRNA），siRNA 引导 RISC 靶向内源靶基因的 mRNA，使之降解（引自 R. Wilson，2013 和 E. Herrera-Carrillo，2017）

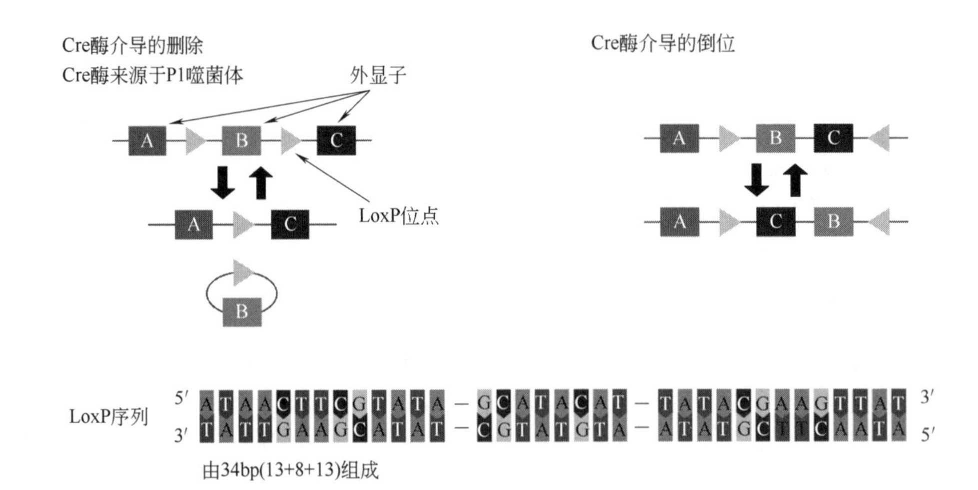

图 2.35　Cre-LoxP 重组酶系统。A、B、C 代表基因或其外显子，三角形代表 LoxP 位点。当两个 LoxP 位点方向相同时，Cre 酶介导中间 B 片段删除。当两个 LoxP 位点方向相反时，Cre 酶介导 BC 片段倒位。下图是 LoxP 序列的碱基组成

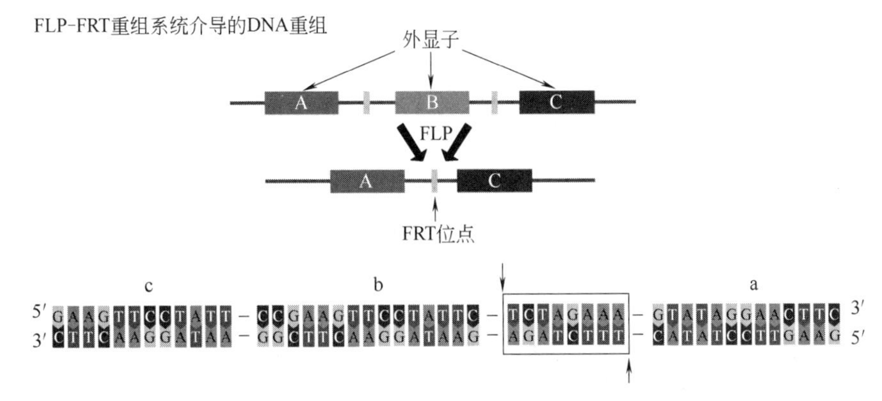

图 2.36　FLP-FRT 重组酶系统。上图表示两个 FRT 位点方向相同，FLP 介导中间 B 基因的删除。下图是 FRT 序列的碱基组成

Cre-LoxP 系统和 FLP-FRT 系统主要用于靶向重组和传统的条件基因敲除技术，如对多种微生物，拟南芥、水稻等植物，以及小鼠、大鼠、果蝇、线虫等模式动物进行基因敲除、基因敲入、单碱基突变、碱基缺失突变、染色体大片段删除等。基因敲除和基因打靶的原理将在第 7 章进行详细介绍。

本章小结

工具酶是基因工程操作的基本工具。常用的基因工程工具酶有限制性核酸内切酶、DNA 连接酶、DNA 聚合酶 I 及其 Klenow 大片段酶、逆转录酶、碱性磷酸酯酶及末端转移酶等。限制性核酸内切酶就像一把基因工程的手术刀，将不同的 DNA 分子进行特异性剪切，而 DNA 连接酶就像基因工程的缝合剂，把不同的 DNA 片段连接在一起。其他的工具酶有的起到修饰的作用，如碱性磷酸酶和末端转移酶，有的则是生产 DNA 的工具，如各种 DNA 聚合酶。随着基因工程技术的不断发展，更多的工具酶被发现和研发出来，被用于基因一步法克隆，如 Ⅱs 型限制性核酸内切酶 *Bsa* Ⅰ；或者被用于 DNA 的靶向切断，如 *Fok* Ⅰ、Cas、重组酶等，与基因敲除及基因编辑技术紧密相关；或者用于靶向 RNA 的转录后沉默，如 Dicer 酶等，用于基因敲减技术。

复习题

1. 限制性核酸内切酶有哪些类型？
2. Ⅱ 型限制性核酸内切酶的特点是什么？
3. 同尾酶有什么作用？
4. DNA 连接酶可以连接哪些 DNA 分子？
5. 如何提高 DNA 连接酶的连接效率？
6. 举例说明大肠杆菌 DNA 聚合酶 Ⅰ 在基因工程中的应用。
7. 逆转录酶有哪些作用？
8. 缺口平移法制备探针要用到哪些酶？
9. 碱性磷酸酶有什么作用？
10. 末端脱氧核苷酸转移酶有哪些作用？

3

基因工程载体

本章导读 把目的基因运送到受体细胞内的工具叫基因工程载体。基因工程载体分为克隆载体与表达载体两大类。克隆载体包括质粒载体、噬菌体载体、黏粒载体和人工染色体载体。表达载体包括原核表达载体、酵母表达载体和哺乳动物细胞表达载体。相应的原核高效表达系统、酵母高效表达系统和哺乳动物细胞表达系统也做了介绍。

基因工程的目的就是要把一个外源目的基因转入到受体细胞并在受体细胞内扩增、繁殖、表达并稳定地遗传下去。那么，目的基因如何进入受体细胞呢？它能自己进入受体吗？答案当然是否定的。因为目的基因就是一截 DNA 片段，而且经过了体外的剪切、黏合、修饰、加工之后，已经变成一段裸露的 DNA 了。第一，裸露的 DNA 一般是进入不了细胞内的，因为正常的活细胞都有一层保护屏障，细胞膜或者细胞壁牢牢防护着细胞免受外来物质包括 DNA 的侵袭。第二，即便细胞有所疏忽，目的基因偶然被细胞内吞进入，那么细胞内的 DNA 酶和防御系统也一定会把外来入侵的 DNA 切断，消灭掉。第三，假如目的基因进入细胞后，很幸运地逃脱了，没被细胞内的酶消化，但是由于它不能在受体细胞内复制和增殖（外源目的基因的 DNA 片段通常不可能含有完整的复制子），当受体细胞分裂产生子细胞时，目的基因就会丢失，不能稳定地遗传下去。由此可见，目的基因进入受体细胞必须依赖运载工具的帮助。

基因工程操作中，把外源 DNA 或目的基因运载进入宿主细胞（host cell）进行扩增和表达的工具称为基因工程载体，简称载体（vector）。所有的基因克隆实验都需要载体。从 20 世纪 70 年代中期开始，许多载体应运而生，它们主要分为两类，即克隆载体和表达载体。克隆载体是指能够携带目的基因进入受体细胞后帮助目的基因大量复制和扩增，即大量克隆的载体。表达载体则是指能够携带目的基因进入受体细胞并且帮助目的基因在细胞内表达产生基因产物的载体。下面分别对克隆载体和表达载体加以介绍。

3.1 克隆载体

基因工程的克隆载体（cloning vector）必须具备以下条件。

① 具备复制起点或完整的复制子结构，在宿主细胞内必须能够自主复制。载体必须有复制起点才能使与它结合的外源基因在宿主细胞中独立复制繁殖。

② 有一个或多个用于筛选的标记基因，易于识别和筛选阳性克隆，如对抗生素的抗性，或含有某些基因产物的显色反应等。

③ 具备合适的限制性核酸内切酶的单一识别位点（多克隆位点），便于外源 DNA 片段的插入，同时不影响其复制。

多克隆位点（multiple cloning site，MCS）是指载体上一段短的 DNA 序列，集中包含了多种单一限制性核酸酶的识别位点，便于多种外源目的基因的插入。

④ 有较高的拷贝数，便于目的基因的大量制备。

另外，具有较大的外源 DNA 片段的装载容量，又不影响本身的复制，也是载体发展的目标。

克隆载体（图 3.1）包括质粒载体、噬菌体载体和人工构建的载体，如黏粒和人工微小染色体等。

3.1.1 质粒载体

3.1.1.1 质粒的基本特性

质粒是指一类来自于细菌细胞染色体外的小的环状双链 DNA 分子，存在于某些细菌细胞内，并不是细菌生长和生存必不可少的结构，但是质粒的存在能够帮助细菌适应更宽广的环境，更好地生长，因为质粒上含有一些有利于细菌生长的基因。例如，大肠杆菌有三种天然的质粒（图 3.2）：Col 质粒（大肠杆菌素质粒，如 ColE1 质粒）、R 质粒（抗药性质粒）和 F 质粒（致育性质粒 F 因子）。Col 质粒含有大肠杆菌素的基因，它编码一种毒素，当有其他细菌入侵时，这种毒素能把入侵者杀死，从而有利于大肠杆菌自身的生长。R 质粒含有很多抗生素的抗性基因，含有这种质粒的大肠杆菌即便在有抗生素的环境中也能生长，从而拓宽了细菌的生长环境。F 质粒会使大肠杆菌细胞外壁产生很多鞭毛状的结构（性伞毛），当性伞毛接触到别的不含 F 质粒的大肠杆菌细胞（F^- 细胞）时，它能够在两个细胞之间形成一个相通的管道，即“接合管”，从而允许大肠杆菌的质粒 DNA 甚至染色体 DNA 由一个细胞转移到另一个细胞。正是由于质粒具有从一个细胞转移到另一个细胞的能力，它本身又是 DNA，可以直接与目的基因相连，还自带有抗生素的抗性基因可以作为筛选标记，因此，质粒是最早也是最容易被想到用于基因工程操作的载体工具。

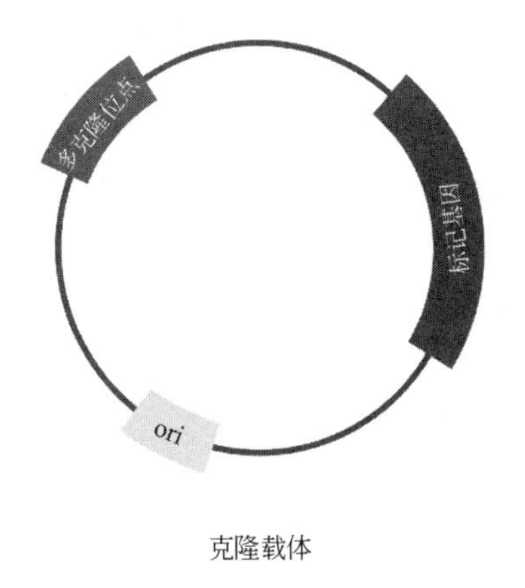

图 3.1 基因工程克隆载体模式图

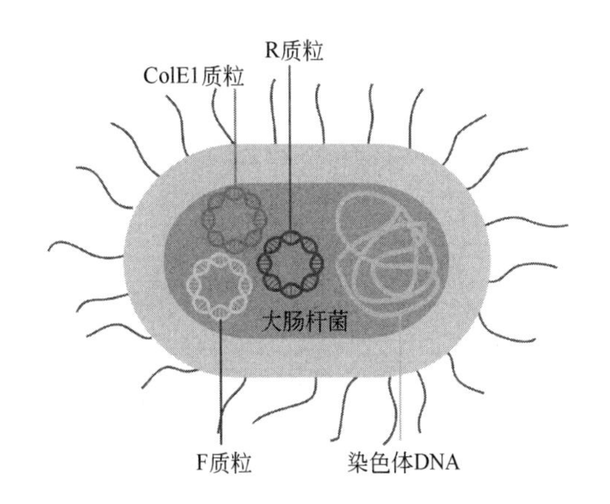

图 3.2 大肠杆菌细胞的三种质粒示意图

质粒 DNA 可以分为三种构型，一种是呈现超螺旋的 SC 构型（scDNA），一种是开环 DNA（ocDNA）构型，另一种是呈线形分子的 L 构型。质粒 DNA 与其他 DNA 分子的理化性质相似，例如溶于水、不溶于乙醇等有机溶剂、能吸收紫外线、可嵌入溴化乙锭染料等。实验室常利用这些理化特性鉴定和纯化质粒。

质粒的命名常根据1976年提出的质粒命名原则，用小写字母p代表质粒，在p字母后面用两个大写字母代表发现这一质粒的作者或者实验室名称。例如质粒pUC18，字母p代表质粒，UC是构建该质粒的研究人员的姓名代号，18代表构建的一系列质粒的编号。质粒通常具有以下几项生物学特性。

（1）质粒具有自主复制能力

质粒可以在特定的宿主细胞内存在和复制。通常一个质粒含有一个复制起始区以及与此相关的顺式调控元件（整个遗传单位定义为复制子）。不同的质粒复制起始区的组成和复制方式可以是不同的，如有的采取滚环复制方式，有的采取θ复制的方式。

在大肠杆菌中使用的大多数质粒载体都带有一个来源于pMB1质粒或ColE1质粒的复制子结构，其复制方式见图3.3。在复制时，首先合成前引物RNA Ⅱ，它会与DNA形成杂交体。而后RNase H切割前RNA Ⅱ，使之成为成熟的RNA Ⅱ，并形成三叶草型二级结构，引导质粒的复制。另一个片段RNA Ⅰ可控制RNA Ⅱ形成二级结构，而调控序列Rop具有增强RNA Ⅰ的作用，从而控制质粒的拷贝数。削弱RNA Ⅰ和RNA Ⅱ之间相互作用的突变，将增加带有pMB1或ColE1复制子的拷贝数。

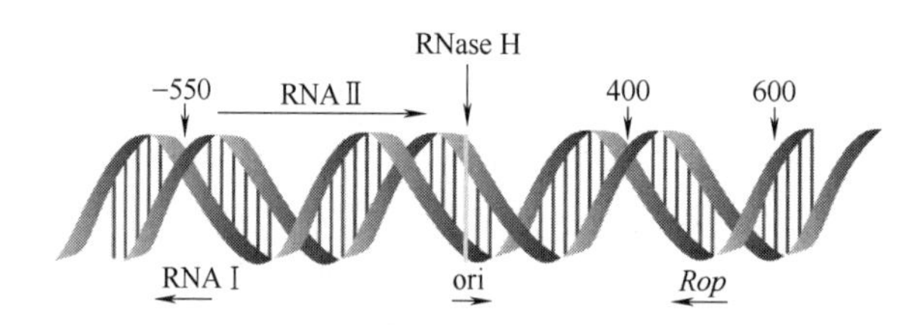

图3.3　质粒pMB1复制子的结构。复制起点ori、复制引物RNA Ⅰ和RNA Ⅱ以及调控基因*Rop*的位置和方向都用箭头标出。RNA酶H的位置也用箭头标记了。数字表示距复制起点的大致位置

（2）质粒的拷贝数

质粒的拷贝数是指宿主细菌在标准培养基条件下，每个细菌细胞中含有的质粒数目。每种质粒在特定的宿主细胞内保持着一定的拷贝数，按照质粒控制拷贝数的程度，可将质粒的复制方式分为严谨型与松弛型两种。严谨型质粒的复制受到宿主细胞蛋白质合成的严格控制，与宿主染色体复制保持同步。松弛型质粒的复制不受宿主细胞蛋白质合成的严格控制，可随时启动复制过程。因此，严谨型质粒在每个细胞中的拷贝数有限，大约1～10个拷贝；松弛型质粒的拷贝数较多，可达几百个拷贝。表3.1列出了大肠杆菌不同质粒中复制子与拷贝数的大致关系。

表3.1　质粒载体及其拷贝数

质粒	复制子来源	拷贝数/个
pBR322及其衍生质粒	pMB1	15～20
pUC系列质粒及其衍生质粒	突变的pMB1	500～700
pACYC及其衍生质粒	p15A	10～12
pSC101及其衍生质粒	pSC101	约5
ColE1	ColE1	15～20

pBR322质粒的复制子来自pMB1质粒，是严谨型复制子。pUC系列质粒的复制子则来自pMB1突变的复制子，其拷贝数较高，是松弛型质粒。突变的位点来自RNA Ⅰ的起点上

游，其中1个核苷酸G变成了A，从而使得RNA Ⅰ转录起点改在下游3个核苷酸处。RNA Ⅰ 5′单链的完整对于RNA Ⅰ/RNA Ⅱ间的相互作用至关重要，而缩短的RNA Ⅰ与RNA Ⅱ的结合效率降低，从而导致pUC质粒拷贝数的增加。突变pMB1质粒的复制并不需要质粒编码的功能蛋白，而是完全依靠宿主提供的半衰期较长的酶（DNA聚合酶Ⅰ、DNA聚合酶Ⅲ、依赖于DNA的RNA聚合酶，以及宿主基因 *dnaB*、*dnaC*、*dnaD* 和 *dnaZ* 的产物等）来进行。因此，当存在抑制蛋白质合成并阻断细菌染色体复制的氯霉素或壮观霉素等抗生素时，带有pMB1（或ColE1）突变复制子的质粒将继续复制，最后每个细胞中可积聚2000～3000个质粒。

（3）质粒的不相容性

两个质粒在同一宿主中不能共存的现象称为质粒的不相容性（incompatibility），它是指在第二个质粒导入后，在不涉及DNA限制系统时出现的现象。不相容的质粒一般都利用同一复制系统，从而导致不能共存于同一宿主中。有相同复制起始区的不同质粒不能共存于同一宿主细胞中，其分子基础主要是由于它们在复制功能之间的相互干扰造成的：两个不相容性质粒在同一个细胞中复制时，在分配到子细胞的过程中会竞争，随机挑选，微小的差异最终被放大，从而导致在子细胞中只含有其中一种质粒。而不相容群指那些具有不相容性的质粒组成的一个群体，一般具有相同的复制子。在大肠杆菌中现已发现30多个不相容群，如ColE1（或pMB1）、pSC101和p15A分别是不同的不相容群中的质粒。

（4）可转移性

质粒具有可转移性，能在细菌之间转移。转移性质粒能通过接合作用从一个细胞转移到另一个细胞中。质粒的这种移动特性，与质粒本身有关，也取决于宿主菌的基因型。具有转移性的质粒带有一套与转移有关的基因，它需要移动基因 *mob*、转移基因 *tra*、顺式作用元件bom及其内部的转移缺口位点nic。非转移性质粒可以在转移性质粒的带动下实现转移。质粒pBR322是常用的质粒克隆载体，本身不能进行接合转移，但有转移起始位点nic，可在第三个质粒（如ColK）编码的转移蛋白作用下，通过接合质粒来进行转移。接合型质粒的分子量较大，有编码DNA转移的基因，因此能从一个细胞自我转移到原来不存在此质粒的另一个细胞中去。在基因操作中可以将转移必需的因子放在不同的复制单位上，通过顺反互补来控制目的质粒的接合转移。但大多数克隆载体无nic/bom位点（如pUC系列质粒），所以不能通过接合管通道实现转移。

3.1.1.2 质粒载体必须具备的条件

基因工程质粒是指在染色体外能够独立复制和稳定遗传的一类克隆载体或表达载体。质粒越大，作为克隆载体的效率就越低。因为越大的质粒越不易在体外操作，转化（transformation）效率越低。转化是外源DNA（例如质粒）被吸收并整合进入细菌宿主细胞内的过程。因而，通常用较小的（2～4kb）含有一到两种不同抗生素抗性基因标记的非转移性质粒作为载体。质粒作载体使用时必须具备的条件如下。

① 拷贝数较高。便于实现目的基因的大量复制和扩增。

② 分子量较小。一般来说，低分子量的质粒通常拷贝数比较高，这不仅有利于质粒DNA的制备，同时还会使细胞中克隆基因的数量增加。分子量小的质粒对外源DNA容量较大，容易分离纯化，容易转化。当质粒大于15kb时，转化效率会低一些。

③ 具有筛选标记。质粒的抗性基因是常用的筛选标记，例如氨苄青霉素抗性（Amp^r）、卡那霉素抗性（Kan^r）、四环素抗性（Tet^r）等。如果抗性基因内有若干单一的限制性酶切位点就更好。当外源基因插入这样的酶切位点时，会使该抗性基因失活，这时宿主菌变为对该抗生素敏感的菌株，容易检测出来。

β-半乳糖苷酶筛选系统也是一个常用的非常方便的筛选系统。质粒上带有一个来自大肠杆菌的 lac 操纵子的 *lacZ′* 基因，编码 β-半乳糖苷酶氨基端的一个蛋白片段（α 片段）。利用诱导剂 IPTG（异丙基-β-D-硫代半乳糖苷）可以诱导该蛋白片段的合成，这个片段能与宿主细胞所编码的 β-半乳糖苷酶羧基端的一个蛋白片段（LacZΔM15）进行 α 互补。在培养基中有 IPTG 诱导物时，细菌含有编码 *lacZ′* 基因的质粒，同时含有 LacZΔM15，就能合成 β-半乳糖苷酶的氨基端和羧基端的两种片段，从而在有生色底物 X-gal（5-溴-4-氯-3-吲哚-β-D-半乳糖苷）的培养基上形成蓝色菌落。*lacZ′* 基因的中间带有一个多克隆位点，但 MCS 并不破坏 *lacZ′* 基因编码产生的 α 片段。当外源基因插入多克隆位点后会使 *lacZ′* 基因失活，不能表达产生 β-半乳糖苷酶的氨基端片段从而破坏 α 互补作用。因此，目的基因重组质粒的菌落是白色的。利用这种筛选方法可以方便地将含有目的基因的重组子筛选出来（见图 3.4）。

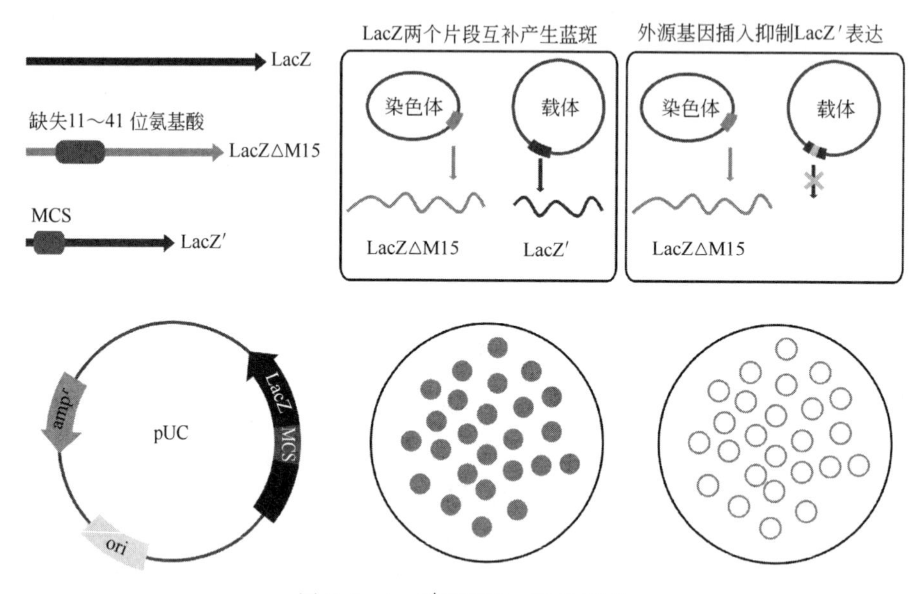

图 3.4　*lacZ′* 基因的 α 互补原理

④ 具有较多的限制性酶切位点。目前，常用的质粒克隆载体上有多克隆位点（MCS），见图 3.5。较多的单一限制性核酸内切酶酶切位点对外源基因 DNA 片段的插入提供了极大的方便。

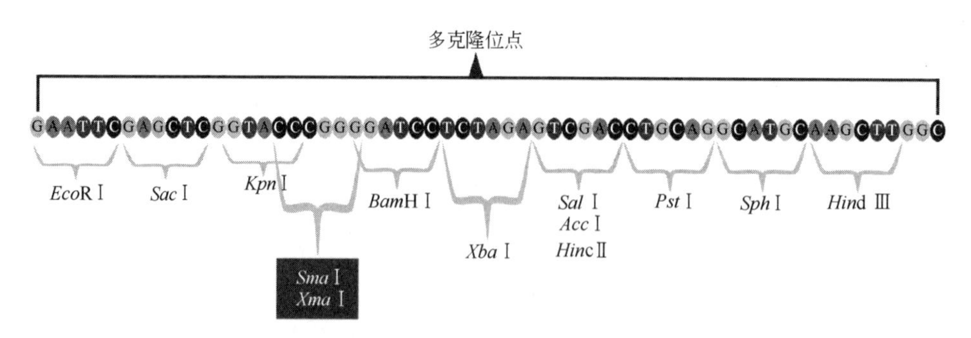

图 3.5　pUC18 质粒的多克隆位点示意图。这段 60bp 的短 DNA 序列集中包含了 13 种限制性酶的识别位点

⑤ 具有复制起始位点。复制起始点是质粒扩增必不可少的条件，也是决定质粒拷贝数的重要元件，可使繁殖后的宿主细胞维持一定数量的质粒拷贝数。质粒在一般情况下含有一个复制起始点，构成一个独立的复制子。但穿梭质粒含有两个复制子，一个是原核复制子，

另一个是真核复制子，能够既在原核细胞中扩增和增殖，又能在真核细胞中扩增和增殖。像这种能在两种或两种以上不同的细胞中复制和扩增的载体，叫穿梭载体（shuttle vector）。

3.1.1.3　常用的克隆质粒

（1）pBR322

第一个成功地用于基因工程的大肠杆菌质粒是 pSC101 质粒，但它的分子量较大且可用的酶切位点较少。后来使用较多的早期质粒是 pBR322。pBR322 是用人工方法构建的符合理想载体条件的质粒，得到广泛的应用。pBR322 质粒大小为 4361bp，环状双链 DNA 分子，含有 2 个抗药性基因（四环素抗性基因 tet^r 和氨苄青霉素抗性基因 amp^r），一个复制起始位点和多个用于克隆的限制性酶切位点。当缺失抗药性基因的大肠杆菌受体细胞被 pBR322 成功地转化时，它便从该质粒上获得了抗生素抗性。两个抗生素基因中均含有供插入外源 DNA 用的不同的单一酶切位点。一般只选一个抗生素基因的酶切位点作为插入外源 DNA 之用，外源 DNA 插入后该抗生素抗性失活。另一抗生素抗性基因则作为转化细菌后筛选阳性克隆之用（图 3.6）。

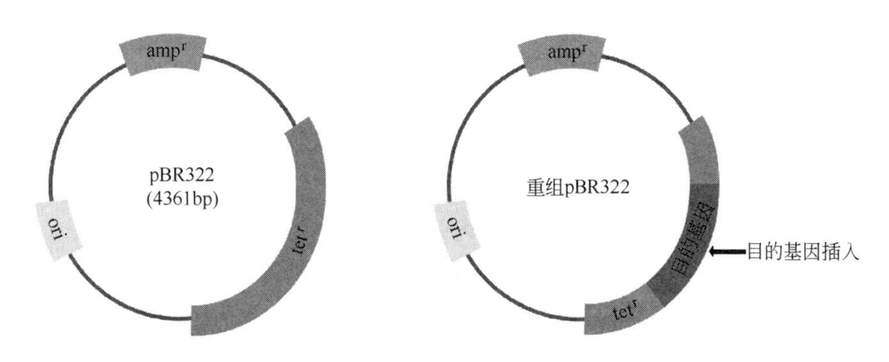

图 3.6　pBR322 质粒的结构及目的基因插入示意图。pBR322 质粒含有复制原点 ori，两个选择标记基因 amp^r 和 tet^r，多个限制性酶的单一酶切位点（此图未显示）

但目前基因工程克隆中，常用的克隆质粒载体是 pUC 系列和 pGEM 系列的质粒。

（2）pUC18/19

pUC18/19 系列质粒载体是最常用的克隆质粒且后来许多克隆质粒都由它们改建而来。pUC18/19 包括如下 4 个组成部分（见图 3.7）：①来自 pBR322 质粒的复制起点（ori）；②氨苄青霉素抗性基因（amp^r），但它的 DNA 核苷酸序列已经经过了优化，不再含有基因内原有的限制酶切位点；③大肠杆菌 β-半乳糖苷酶基因（*lacZ*）的启动子（Plac）、操作子（lacO）及其编码 β-半乳糖苷酶氨基端 α-肽链的 *lacZ′* 基因；④多克隆位点（MCS），位于 *lacZ′* 基因内部靠近 5′端的地方，内含 13 种限制性内切酶的位点（见图 3.5），使含有不同黏端的目的 DNA 片段可方便地定向插入载体中，并不破坏 *lacZ′* 基因的功能。pUC18 与 pUC19 的多克隆位点的限制性酶的种类和数目相同，只是酶切位点的顺序正好相反。

与 pBR322 质粒相比，pUC 系列质粒载体具有更优越的克隆载体的特性。一是 pUC 系列质粒具有更小的分子量和更高的拷贝数。在 pBR322 基础上构建 pUC 质粒载体时，仅保留了其中的氨苄青霉素抗性基因及其复制起点，使分子量相应减小，只有 2686bp。由于偶然的原因，在操作过程中使 pBR322 质粒的复制起点内部发生了自发的突变，即 *rop* 基因的缺失。由于该基因编码的 Rop 蛋白是控制质粒复制的调控因子，它的缺失使得 pUC18 质粒的拷贝数比带有 pMB1 或 ColE1 复制起点的质粒载体都要高得多，平均每个细胞可达

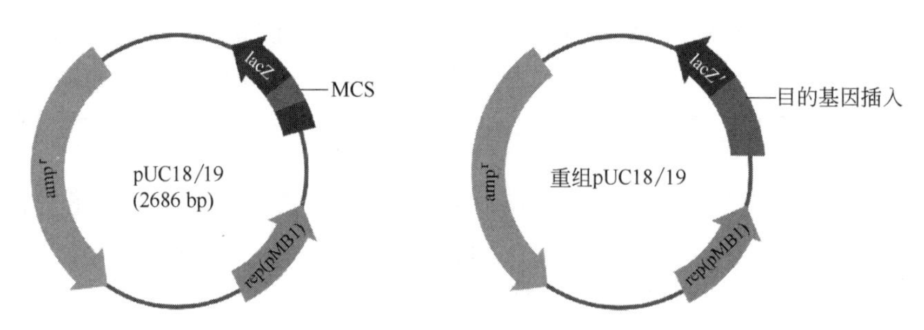

图 3.7 pUC18/19 质粒载体的结构及插入目的基因示意图。pUC18/19 质粒包含有两个标记基因 amp^r 和 *lacZ′*，在 *lacZ′*基因内含有多克隆位点 MCS，便于目的基因插入。

500～700 个拷贝。二是 pUC18 质粒结构中增加了 *lacZ′* 基因，编码的 α-肽链可与宿主细胞内的 LacZΔM15 产生的片段进行 α-互补。可用 X-gal 显色法进一步对重组子克隆进行鉴定，从而使重组子检测更方便可靠。三是增加了多克隆位点（MCS）。pUC18 质粒载体具有与 M13mp8 噬菌体载体相同的多克隆位点（MCS），可以在这两类载体系列之间来回"穿梭"。因此，克隆到 MCS 当中的外源 DNA 片段，可以方便地从 pUC18 质粒载体转移到 M13mp8 载体上，进行克隆序列的核苷酸测序工作。同时，也正是由于具有 MCS 序列，可以使具两种不同黏性末端的外源基因直接克隆到 pUC18 质粒载体上。

（3）pMD18-T 载体

pMD18-T 载体是在 pUC 质粒基础上改建过来的载体，是专门用来克隆 PCR 扩增产物的。pMD18 含有与 pUC18 质粒相同的复制起点，以及 amp^r 和 *lacZ′*标记基因，只是多克隆位点上增加了 *Eco*RⅤ的酶切位点。pMD18 质粒经过 *Eco*RⅤ酶切线性化，再在线性末端加上一个 T 碱基，就得到了线性化的 pMD18-T 载体。因为用 *Taq* 酶做 PCR 扩增的 DNA 末端都自动延伸带有一个凸出的 A 末端，T 载体的 T 末端正好与 A 末端互补，从而将 PCR 产物直接克隆到 T 载体上（图 3.8）。T 载体是目前各个实验室应用最广泛、最常用的一个质粒克隆载体。

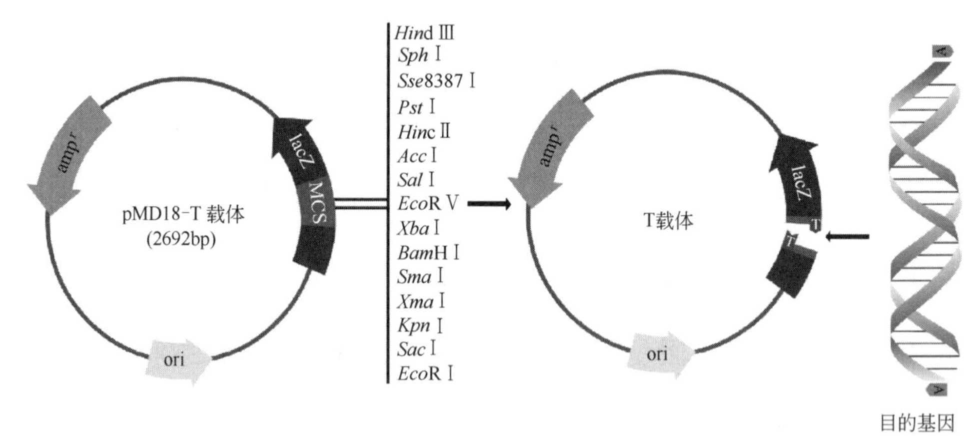

图 3.8 pMD18-T 质粒载体的结构及插入目的基因示意图。T 载体在 *Eco*RⅤ处被切开，末端加上 T 碱基，正好与 PCR 扩增的目的基因末端的 A 碱基互补

除了 pMD18-T 载体外，还有 pGEM-T 和 pGEM-T Easy 等 T 载体，也是用于克隆 PCR 的 A 末端产物的。pGEM-T 是在 pGEM-5Zf（＋）基础上改造而来的，即在其多克隆位点中的 *Eco*R Ⅴ处将载体切成平末端的线状 DNA，再在其 3′末端添加一个 T 碱基。此外，

pGEM-T 载体在多克隆位点两侧，分别增加了 T_7 和 SP6 启动子，以便体外转录之用（图 3.9）。

（4）pCR-Blunt 克隆载体

pCR-Blunt 克隆载体是一种用于提高克隆平末端片段效率的载体。该载体最大的特点是在 *lacZ'* 基因的下游融合了一个 *ccdB* 基因，它对大肠杆菌是致死的。pCR-Blunt 的大小为 3.5kb，含有卡那霉素抗性基因（kan^r）和新霉素抗性基因（zeo^r）（图 3.10）。在克隆平末端外源片段时，先将载体切成线状，再与目的基因连接，然后转化大肠杆菌细胞。如果载体发生自连，因为 *ccdB* 基因的存在，获得这些载体的大肠杆菌宿主细胞将会死亡。只有当外源 DNA 片段与载体连接后，*ccdB* 基因的表达受到抑制，含有重组质粒的大肠杆菌便存活下来。这样获得平末端阳性克隆的重组效率可达 80%以上。

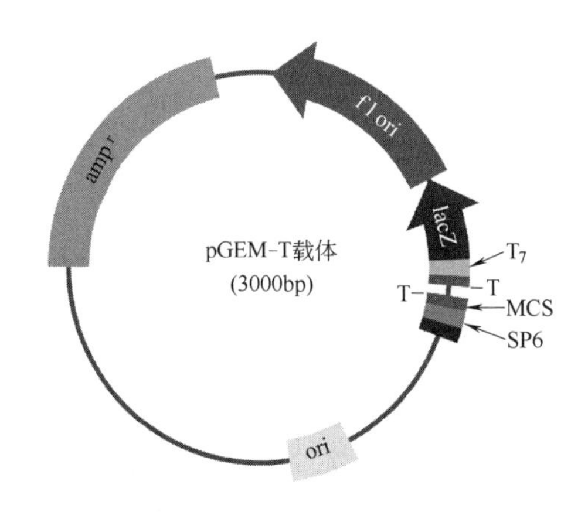

图 3.9 pGEM-T 质粒载体的结构示意图。pGEM-T 载体除了在 *Eco*R Ⅴ处带有 T 碱基之外，还在 MCS 两侧分别加上了 T_7 和 SP6 启动子

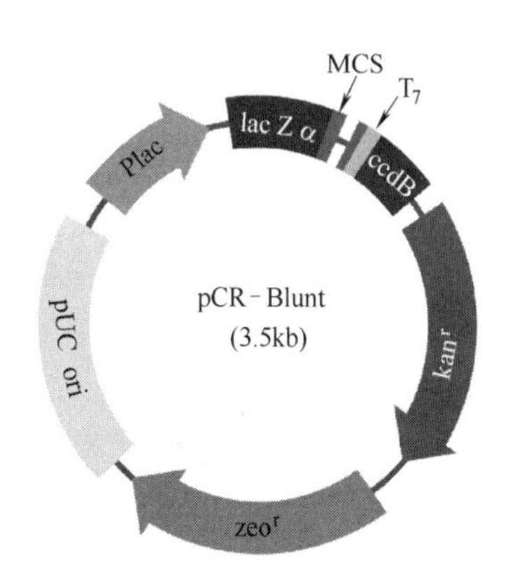

图 3.10 pCR-Blunt 质粒载体的结构示意图。pCR-Blunt 含有 kan^r 和 zeo^r 两个标记基因，以及 *ccdB* 筛选基因

另一个平末端克隆载体是 pPCR-ScriptAmp SK（+）克隆载体。该载体从 pBluescript Ⅱ SK(+）噬菌粒改造而来，只是将多克隆位点中的 *Xba* Ⅰ和 *Spe* Ⅰ位点改成 *Srf* Ⅰ位点（5′-GCCC/GGGC-3′）。克隆 DNA 片段时，先将载体用 *Srf* Ⅰ切成线状，再与目的 DNA 片段混合做连接反应。在连接体系中除了添加 T_4 DNA 连接酶外，还加入 *Srf* Ⅰ酶。在这个反应体系中，当载体发生自连后，*Srf* Ⅰ酶又会将其切开，载体就处于酶切与连接的动态平衡中。只有当载体与目的 DNA 片段连接后，酶学反应才能稳定下来，从而将总体的反应平衡向载体与目的 DNA 片段连接这个方向倾斜。这样的连接反应混合物表现出很高的连接效率，在转化大肠杆菌后通过 α-互补筛选出现 80%以上的白色菌落，其中 90%以上是阳性克隆子。

（5）pGEM 系列体外转录载体

GEM 质粒系列是与 pUC 系列十分类似的小分子载体。总长度为 2743bp，含有一个氨苄青霉素抗性编码基因（amp^r）和一个 *lacZ'* 编码基因。在后者还插入了一段几乎与 pUC18 克隆载体完全一样的多克隆位点。pGEM 系列与 pUC 系列之间的主要差别是，它具有两个来自噬菌体的启动子，即 T_7启动子和 SP6 启动子，它们为 RNA 聚合酶的附着提供特异性识别位点（图 3.11）。由于这两个启动子分别位于 *lacZ'* 基因中多克隆位点区的两侧，若在反应体系中加入纯化的 T_7或 SP6 RNA 聚合酶，便可以将已经克隆的外源基因在体外转录出相应的 mRNA。质粒载体 pGEM-3Z 和 pGEM-4Z 在结构上基本相似，两者之间的差别仅仅在于 SP6 和 T_7 这两个启动子的位置互换、方向相反而已。

(6) pBluescript SK 体外转录载体

pBluescript SK 载体有（+）和（−）两种（图 3.12），它们在多克隆位点的两侧具有不同的启动子，如在多克隆位点上游 5′端有 T_7 RNA 聚合酶启动子，在多克隆位点下游 3′端则有 T_3 RNA 聚合酶启动子，通过改变外源基因的插入方向或选用不同的 RNA 聚合酶，可以控制 RNA 的转录方向，即以哪条 DNA 链为模板转录 RNA，从而可以得到与 mRNA 同序列的正义 RNA 探针（sense probe）和与 mRNA 互补的反义 RNA 探针（antisense probe）。如将 cDNA 正向插入多克隆位点，用 T_7 RNA 聚合酶转录产生正义 RNA 探针，用 T_3 聚合酶转录则产生反义 RNA 探针，如 cDNA 反向插入，结果则相反。

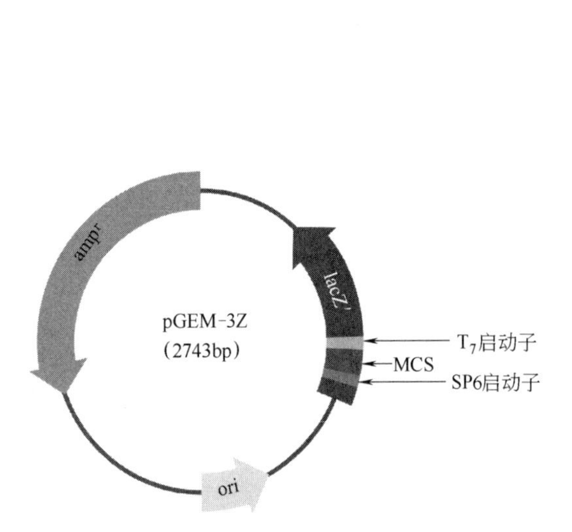

图 3.11 pGEM-3Z 质粒结构示意图。pGEM-3Z 含有 amp^r 和 $lacZ'$ 两个标记基因，MCS 两侧分别含有 T_7 和 SP6 启动子

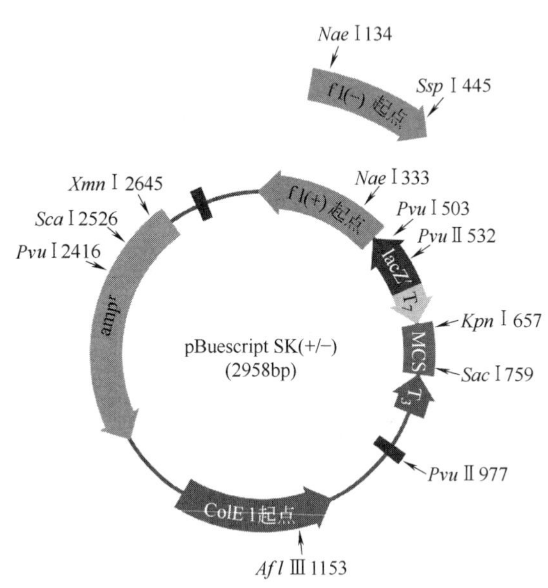

图 3.12 pBluescript SK 载体的结构示意图。pBluescript SK 含有 amp^r 和 $lacZ'$ 两个标记基因，MCS 两侧分别含有 T_7 和 T_3 启动子，可用于体外双向体外转录

(7) ClonExpress® 克隆快线无缝连接载体

ClonExpress® 技术是一种简单、快速并且高效的新一代 DNA 无缝克隆技术，可将外源 DNA 插入片段定向克隆至任意载体的任意位点。该技术的关键主要是应用重组酶如 Exnase Ⅱ能够将具有同源序列的两个线性 DNA 环化连接，使得目的基因与载体发生同源重组而克隆到载体上。与前述的克隆质粒通过多克隆位点酶切和连接将外源基因插入载体不同，ClonExpress® 技术是先将载体线性化，并把线性化载体两个末端（约 15～20 bp 长度）的序列通过 PCR 引物引入到外源 DNA 片段的两个末端，这样 PCR 扩增的外源基因以及线性化载体的末端就都具有两个一致的同源序列了。最后通过 Exnase Ⅱ将两个具有同源末端的 DNA 分子环化连接，形成重组载体 DNA 分子。再转化细菌，根据标记基因筛选阳性转化子（图 3.13）。ClonExpress® 技术作为新一代重组克隆技术，不依赖酶切和连接反应，建立了一套独特的非连接酶依赖体系，极大地降低了载体自连的概率，且快速高效，无缝连接反

应在 30min 即可完成，阳性克隆率可达 95%以上。

质粒虽然是普遍使用的基因工程载体，但是质粒作为基因运载工具也有它的局限性。第一，质粒本身比较小，装载目的基因的大小自然也会受到限制。一般目的基因的长度不能超过 10kb，否则质粒的转化效率就会大大下降。第二，质粒进入细胞的方式是通过转化实现的，转化效率一般不高，阳性转化子往往不到受体细胞的 1%。第三，质粒一般只能被转入体外培养的细胞，难于转化在体的动植物细胞。因此，需要寻求装载能力更强、感染在体细胞效率更高的基因工程载体，如 λ 噬菌体衍生类型和人工染色体等，它们能容纳更大的 DNA 插入片段（10～50kb 以上），从而可以克服质粒载体的这些问题。

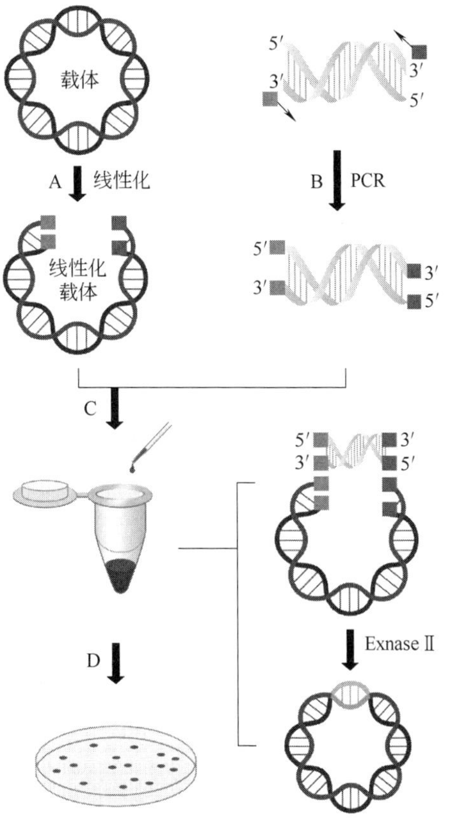

图 3.13　ClonExpress® 一步克隆法快速无缝连接目的基因与载体。先将载体线性化，线性化的两个末端序列（15～20bp）分别用两种颜色的方框表示（步骤 A）。右边的线性目的基因在进行 PCR 扩增时，两个引物 5′端分别加上线性载体的末端序列（方框），使 PCR 扩增的目的基因两端带有与载体末端一致的同源序列（两种颜色的方框，步骤 B）。重组酶 Exnase Ⅱ将线性载体和目的基因同源重组连接成重组载体（步骤 C），最后经过转化感受态细胞进行阳性克隆的筛选（步骤 D）

3.1.2　噬菌体载体

噬菌体（bacteriophage，phage）是一类细菌病毒的总称，由遗传物质核酸和其外壳蛋白组成。噬菌体外壳是蛋白质分子，内部的核酸一般是线性双链 DNA 分子，也有环状双链 DNA、线性单链 DNA、环状单链 DNA 及单链 RNA 等多种形式。大多数噬菌体是具尾部结构的二十面体，如 T_4 噬菌体。噬菌体又可以分为烈性噬菌体和温和噬菌体。烈性噬菌体仅仅有溶菌生长周期，而温和噬菌体既能进入溶菌生长周期又能进入溶原生长周期。溶原生长的噬菌体在感染过程中不产生子代噬菌体颗粒，而是噬菌体 DNA 整合到寄主细胞染色体 DNA 上，成为它的一个组成部分。以游离 DNA 分子形式存在于细胞中的噬菌体 DNA 叫非整合噬菌体 DNA。噬菌体在将细菌 DNA 从一个细胞转移到另一个细胞的过程中起着天然载体的作用，所以用噬菌体作基因工程载体转运外源 DNA 分子是一件很自然的事情。噬菌体载体与质粒相比，结构要比质粒复杂，但噬菌体作为基因克隆载体具有天然的优势，它们感染细胞比质粒转化细胞更为有效，所以噬菌体的克隆产量通常要高一些。

彩图3.13

3.1.2.1　λ 噬菌体载体

λ 噬菌体是目前研究得最为清楚的大肠杆菌的一种双链 DNA 温和噬菌体，也是最早用于基因工程的克隆载体之一。λ 噬菌体的 DNA 大小约为 48.5kb，其线性双链 DNA 分子的两端各有一个长为 12bp 的突出的互补单链，称为黏性末端（cos 位点）。当 λ 噬菌体进入大肠杆菌细胞以后，其 cos 位点能通过碱基互补作用，形成环状 DNA 分子。cos 位点同时也是 λ 噬菌体包装蛋白的识别位点。λ 噬菌体的包装与 DNA 特性和其他序列无关，

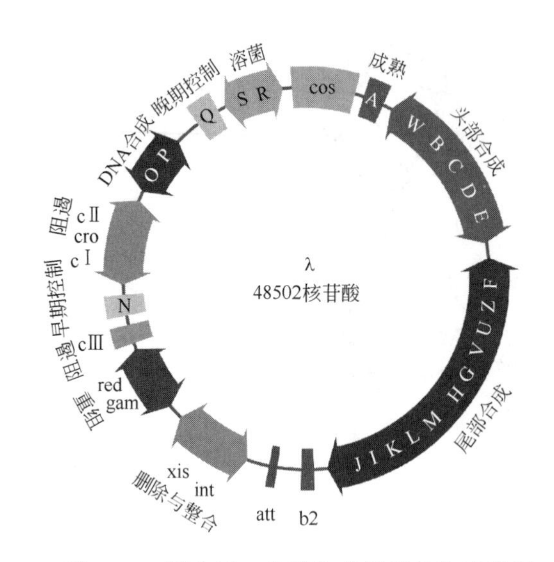

图 3.14 野生型λ噬菌体基因组结构示意图。左侧（A～J）是蛋白质合成相关基因，右侧（N及其右侧）是复制和调控基因，中间（J～N）为整合和重组区域基因。cos位点是线性DNA环化的位点

但是与cos位点有关，而且λ噬菌体在包装时，对包装DNA的大小有严格的要求，包装DNA的大小范围必须在38～50kb。λ噬菌体基因组DNA的基因很多，大概分为左侧区与蛋白质合成相关的基因（基因A～J），右侧区与DNA复制和调控相关的基因（位于N基因的右侧）以及中央区（介于基因J～N之间）等三大块（见图3.14）。左侧蛋白质合成区域又分为头部蛋白合成区域和尾部蛋白合成区域，这些区域的基因合成λ噬菌体的包装蛋白，与子代噬菌体颗粒的形成和包装有关，因此是λ噬菌体基因组的必需区域。右侧复制和调控区域的基因包含λ噬菌体DNA合成、阻遏蛋白及早期和晚期操纵子的主要调控序列，与DNA的复制与调控相关，也是λ噬菌体基因组的必需区域。λ噬菌体基因组的中央区域大约20kb，也称为非必要区，其编码基因与保持噬菌斑的形成能力无关，但含有与重组、整合与删除相关的基因，可以被一段相应大小的外源DNA插入片段替代而仍然不影响噬菌体DNA被包装到噬菌体头部。

通过改造λ噬菌体DNA，研究人员发展了许多不同用途的噬菌体载体。以λ噬菌体为基础构建的常用载体可分两类（图3.15）：①替换型载体，这种载体具有两个对应的酶切克隆位点（多克隆位点），在两个位点之间的DNA区段是λ噬菌体复制等的非必需序列，可被外源插入的DNA片段取代，如Charon系列。替换型载体由于去掉了许多DNA序列，所以能克隆较大的外源DNA片段（20～25kb）。②插入型载体，这种载体保留了大部分噬菌体DNA的非必需区段，仅仅增加了一个可供外源DNA插入的多克隆位点以及标记基因（如*lacZ*），如λgt系列，所以插入型载体只能插入较小的外源DNA片段（小于10kb）。

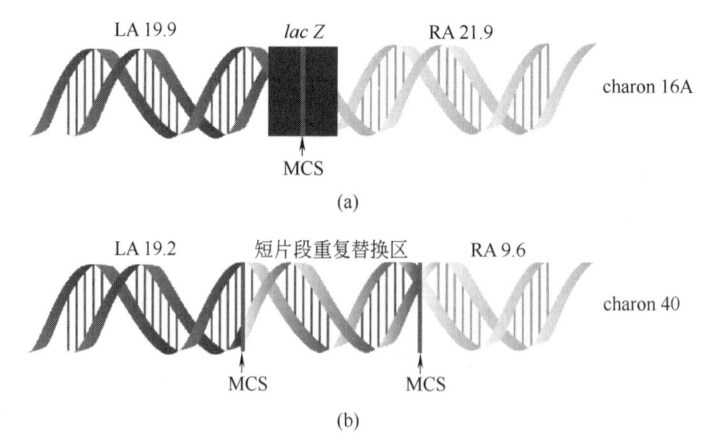

图 3.15 λ噬菌体插入型载体（a）和替换型载体（b）。*lacZ* 为标记基因，MCS为多克隆位点，LA为带有cos位点的左臂，RA为带有cos位点的右臂

λ噬菌体载体的优点是：① 可以携带 20kb 左右、较大的外源 DNA 片段。大的外源基因插入片段在质粒中不易稳定，因此，噬菌体和质粒这两种载体可以相互补充。② 通过转导（transduction）将外源基因携带进入细菌细胞，基因转移效率比转化效率更高。③由于噬菌体包装对 DNA 长度有要求，噬菌体载体还可避免出现无插入片段的空载体的情况，因为没有插入外源片段的噬菌体 DNA 长度会小于包装下限将不能正确包装成为有功能的（具有感染性的）病毒。

λ噬菌体载体主要用于基因组文库和 cDNA 文库的构建。文库构建过程将在下一章进行介绍。

3.1.2.2 M13 丝状噬菌体载体

大肠杆菌丝状噬菌体包括 M13 噬菌体和 f1 噬菌体等。M13 噬菌体颗粒的外形呈丝状，其基因组 DNA 长约 6.4kb，成熟的噬菌体基因组为闭合环状单链正链 DNA。由于 M13 单链 DNA 的复制型呈双链环形，此时的 DNA 可与质粒 DNA 一样进行提取和体外操作。且不论是双链还是单链的 M13DNA，均能感染寄主细胞，产生噬菌斑或形成侵染的菌落，因此，M13 噬菌体也可以作为基因工程载体使用。M13 噬菌体感染大肠杆菌后，即在菌体内酶的作用下，以感染性单链 DNA（正链）为模板，转变为双链 DNA，称作复制型 DNA（RF DNA）。一般当每一个细胞内有 100～200 个 RF DNA 拷贝时，即停止双链复制，而开始滚环形式的单链复制，最后产生有感染性的完整的单链丝状噬菌体并分泌离开菌体（图 3.16）。感染 M13 的大肠杆菌可继续生长，并不发生裂解，但生长速度较正常细菌慢。

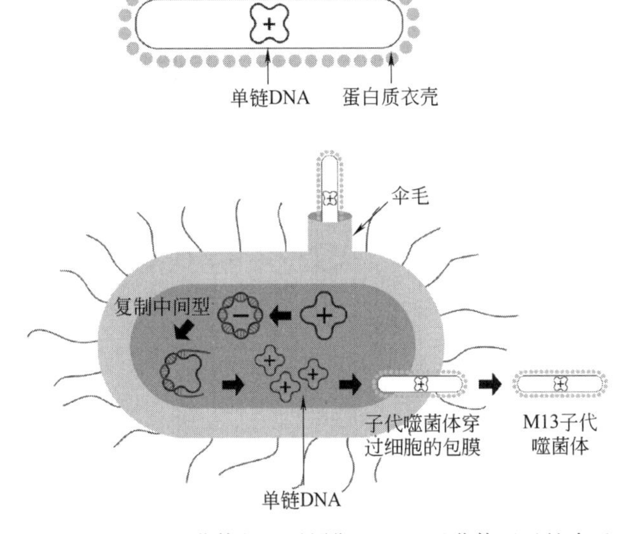

图 3.16 M13 单链丝状噬菌体的生活周期。M13 噬菌体通过性伞毛成功感染大肠杆菌细胞后，把单链基因组 DNA（+）注入宿主细胞，复制成双链中间型后，再滚环复制产生大量单链（+），并包装成子代噬菌体颗粒释放出来

野生型 M13 噬菌体基因组 DNA 大约 6.4kb，含有与噬菌体复制及包装蛋白相关的 10 个基因，这些基因与复制及子代噬菌体形成相关，都是 M13 噬菌体生长和繁殖的必需基因（图 3.17）。在构建 M13mp 系列克隆载体时，对野生型 M13 基因组进行改造，在基因Ⅱ和Ⅳ之间的调控区域插入了多克隆位点和 *lacZ* 标记基因及阻遏蛋白的基因 *lacI*，所以也是可以利用 IPTG 和 X-gal 做蓝白斑菌落筛选的（图 3.18）。M13mp18/19 克隆载体的多克隆位点 MCS 与质粒 pUC18/19 的多克隆位点相同，两者可以互换外源 DNA 片段。构建 M13mp 系列重组载体时，取感染 M13 的细菌培养液离心，即可从菌体中提取复制形式的 RF DNA，

供限制酶切割等分子克隆操作之用；构建重组载体后转入大肠杆菌，可以得到许多单链DNA的扩增产物（图3.19）。从离心后的上清液中，可用聚乙二醇（PEG）沉出噬菌体颗粒，提取单链DNA（ss DNA），可用于DNA序列分析及体外定点突变的研究等。

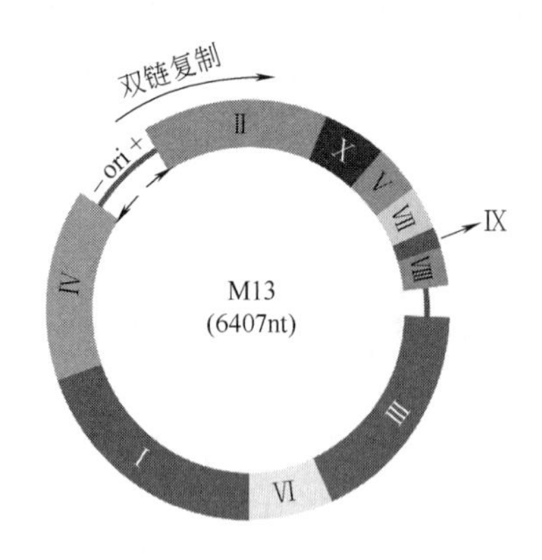

图3.17 M13单链丝状噬菌体的基因组DNA示意图。野生型M13噬菌体基因组共含有10个基因，分别用Ⅰ～Ⅹ表示

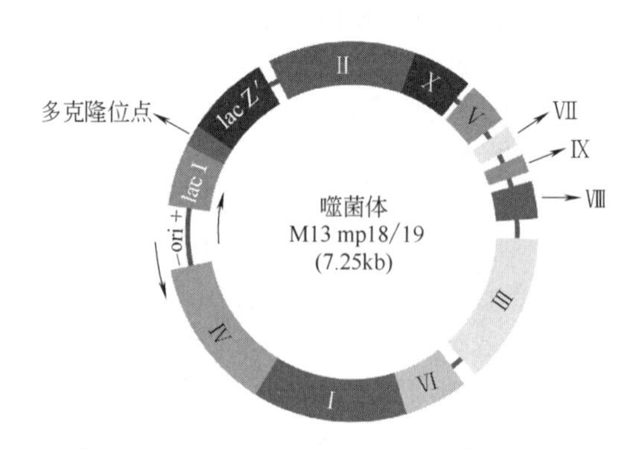

图3.18 M13mp18/19克隆载体的结构示意图。M13mp18/19在基因Ⅱ和Ⅳ之间插入了多克隆位点和*lacZ′*标记基因及*lacI*。多克隆位点序列与pUC18/19相同

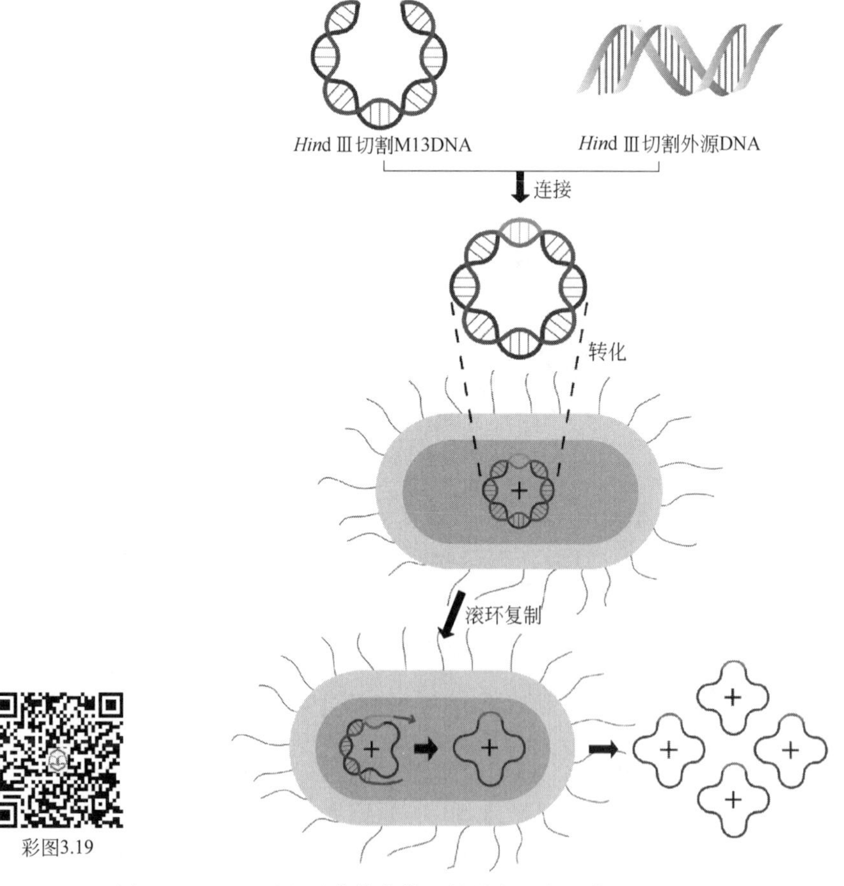

彩图3.19

图3.19 M13重组噬菌体载体可扩增产生大量外源DNA单链模板用于DNA测序

M13 噬菌体作为载体的优点是：① 噬菌体的基因组是单链 DNA，克隆到此载体的 DNA 也能产生单链形式的模板 DNA。由于位点特异性诱变容易在单链 DNA 上产生，所以利用这种方法，可以预先对任何一个克隆基因进行 DNA 诱变，如寡核苷酸引物介导的定点突变（见第 4 章，用蛋白质工程改建目的基因）。② 同样，单链 DNA 也使 DNA 测序容易和方便得多，可以制备单链测序模板。③ 在 M13 噬菌体中的 DNA 是单链的，但是它感染大肠杆菌细胞后，单链将变换为双链 DNA 的复制型（RF）。用于克隆的正是这种双链复制型的噬菌体 DNA。用一种或两种限制性核酸内切酶切割其多克隆位点后，具有同样酶切末端的外源 DNA 片段便可以插入这个载体的相应酶切位点了。然后用这种重组 DNA 转化到宿主细胞中，转化细胞能产生单链重组 DNA 的子代噬菌体。④ 含有噬菌体 DNA 的噬菌体颗粒从转化细胞中分泌出来后，可以在生长平板上收集它们。

M13 载体除了它的优点外，也存在着插入片段过短和不稳定等问题。当外源片段超过 1kb 时，在 M13 噬菌体的增殖过程中会发生缺失。

3.1.3 黏粒载体

黏粒英文名称为 cosmid，指带有 cos 位点的质粒。黏粒（cosmid）也称柯斯质粒，是由 λ 噬菌体的 cos 序列、质粒的复制子序列及抗生素抗性基因序列组合、人工构建而成的一类特殊的质粒载体（图 3.20）。cos 序列是 DNA 包装进噬菌体颗粒所必需的。复制子通常是使用 ColE1 或 pMB1 的复制起始位点。黏粒有 4 个特点：①具有 λ 噬菌体的特性。因为黏粒含有 cos 位点，可以被 λ 噬菌体包装蛋白识别并包装。在克隆了大小合适的外源 DNA 片段并且在体外被包装成噬菌体颗粒后，黏粒也能高效转导对 λ 噬菌体敏感的大肠杆菌宿主细胞。在宿主细胞内按 λ 噬菌体方式环化，但黏粒载体不含有 λ 噬菌体的其他全部必要基因，因此不会使宿主菌裂解，无法形成子代噬菌体颗粒，因而又可以在细菌细胞内稳定存在。②具有质粒的特性。黏粒具有质粒的复制子结构，在宿主细胞内可以像其他质粒一样复制，并与松弛型质粒相同，适量的氯霉素可促进扩增。又因黏粒具抗生素基因，可以通过抗生素抗性筛选重组子。黏粒载体在构建时也加上了设在筛选标记基因内会导致插入失活的多克隆位点。③克隆外源 DNA 的容量大。黏粒载体的分子本身较小（2.8～24kb），但因为要被 λ 噬菌体外壳蛋白包装，所以装载外源 DNA 的容量很高，对外源 DNA 长度的要求是 30～45kb，上限几乎是 λ 噬菌体载体容量（23kb）的 2 倍，所以黏粒载体在真核生物基因组文库的构建方面具有相当的优势，可克隆包括 3′和 5′调控区在内的完整的真核生物基因。④能与具有同源序列的质粒载体进行重组。

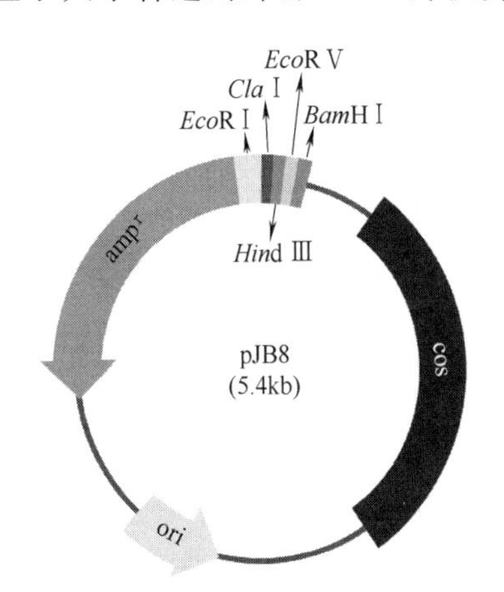

图 3.20 黏粒载体 pJB8 结构示意图。黏粒含有 pBR322 的复制原点 ori、标记基因 *amp*^{r} 以及限制性酶的酶切位点。黏粒还含有 λ 噬菌体的 cos 位点

黏粒可以在细菌细胞中永久保存或被体外（*in vitro*）包装进噬菌体而得到纯化。但是柯斯质粒载体在大肠杆菌细胞中克隆大片段的真核基因组 DNA 也有两个缺点：一方面，经过限制性核酸内切酶切割产生的线性柯斯质粒载体 DNA，彼此间会连接形成多聚体分子，即自我重组，且也可被包装蛋白识别包装形成克隆子，这样一来降低了含有外源 DNA 重组子的重组频率；另一方面，经限制性核酸内切酶部分消化的真核生物基因组产生出来的 DNA 片段，在随后的连接反应中往往会出现由两个或多个片段随机再连接的情况，而它们

的结合顺序并不符合在真核基因组中的固有排列顺序，因此，使用含有这种插入片段的克隆做 DNA 序列分析时，所得出的 DNA 在染色体上的排列可能是错误的。

3.1.4 人工微小染色体

人工染色体载体是利用真核生物染色体或原核生物基因组的功能元件构建的能克隆 50kb 以上 DNA 片段的人工载体。其中有的载体既可用于克隆，又能直接转化，是进行基因功能研究的良好载体。近年来陆续发展起来的人工染色体载体有酵母人工染色体（YAC）、细菌人工染色体（BAC）以及 P1 人工染色体（PAC）和 Ti 质粒人工染色体（TAC）等。这里主要介绍为了在酵母细胞中克隆大片段 DNA 而设计的酵母人工染色体（YAC）。

酵母菌是研究真核生物 DNA 的复制、重组、基因表达及调控等过程的理想材料。人们构建了许多能在酵母菌细胞内复制或表达的载体。最早的 YAC 是由 Murray 等于 1983 年构建的，克隆载体中包含真核细胞染色体的三个必要元件：即着丝粒、端粒、复制起始序列和外源 DNA 序列，总长约 55kb。因此，在酵母人工染色体载体中，染色体所需的基本结构都存在：适合酵母菌的 DNA 复制起始位点（ARS1），染色体分裂时保证染色体能正确进入子代细胞所需要的着丝粒（CEN4）和确保染色体完整性维持和染色体成为线状的端粒结构（TEL）。除了复制需要的元件以外，YAC 还有三个选择性标记，如色氨酸合成酶基因（*TRP1*）、尿嘧啶合成酶基因（*URA3*），还有一个含有 *Sma* Ⅰ和 *Eco*RⅠ位点的多克隆位点（图 3.21）。在插入外源 DNA 之前，YAC 克隆载体保持着环形结构。在端粒（TEL）序列的末端有一个 *Bam*HⅠ的酶切位点，如果用 *Bam*HⅠ酶切将得到一个线形分子，它的末端成为类似于真正染色体的端粒，这将赋予这个线形分子稳定性。用 *Sma* Ⅰ或 *Eco*RⅠ处理将产生可以插入外源 DNA 的末端。同时用 *Bam*HⅠ和 *Eco*RⅠ酶切将产生两个线形分子，每一个分子的一端含有一个端粒序列，还有一个平末端，供连接外源 DNA 片段。每一个臂含有一个选择性标记（*TRP1* 在左臂，*URA3* 在右臂），以便排除掉单个臂和外源片段连接起来的分子（图 3.22）。多克隆位点上的 *SUP4* 标记可以用来区分未被酶切的空载体和与 YAC 重组连接成的分子。相对细菌质粒而言，YAC 可以运输的外源 DNA 片段更大，插入片段可以达到平均 800～1000kb，最大甚至可以达到 2Mb。YAC 是至今为止装载容量最大的克隆载体，被称为“mega”（百万碱基）YAC，所以很适合用于构建高等生物复杂基因组的基因文库。Olson 等于 1987 年构建了第一个人类基因组 YAC 克隆文库，平均插入片段长度为 150kb。

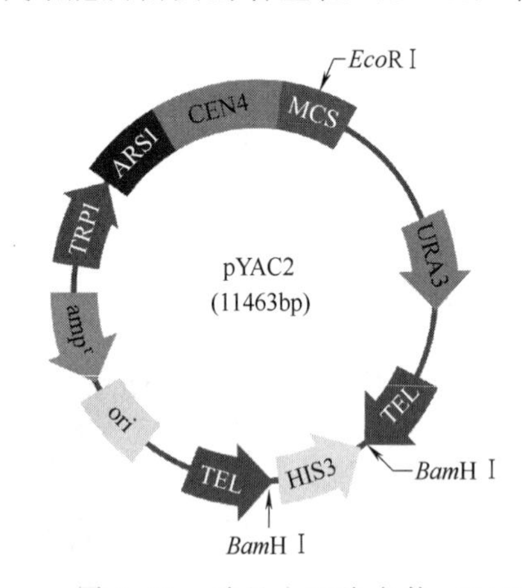

图 3.21 酵母人工染色体 pYAC2 的结构示意图。含有质粒的 ori 和 amp^r，以及酵母自主复制序列 ARS1、着丝粒序列 CEN4、端粒序列 TEL 和两个标记基因 *TRP1* 及 *URA3*

YAC 克隆载体的装载容量大是其主要优点，但是它也有明显的缺点：① 在构建的基因组克隆文库中含有大量的嵌合体（chimeric）克隆存在（40%～50%）。嵌合体是由不同染色体来源的 DNA 片段连接在一起构成的克隆，它给研究造成较大的麻烦。② YAC 克隆使 DNA 分离困难。YAC 的大小和性质与酵母染色体无明显差异，不能用简单的方法分离纯化 YAC 的 DNA，在脉冲凝胶电泳上有时也与酵母染色体相重叠，以至于很难得到纯化的

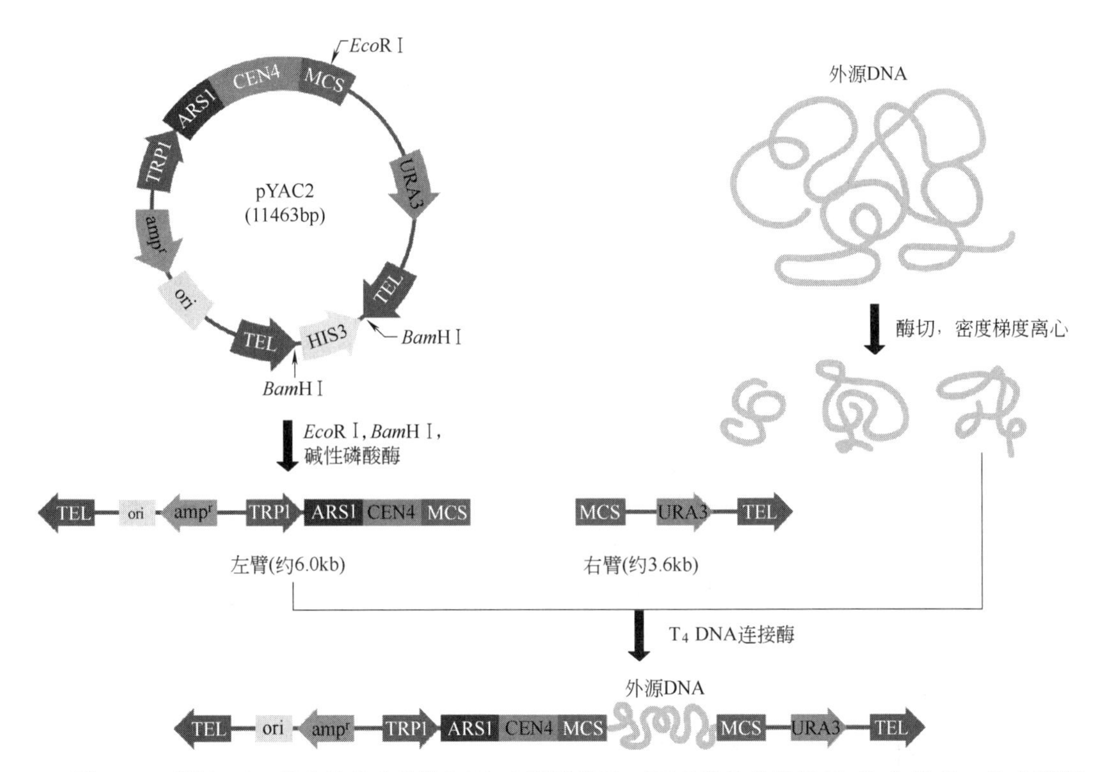

图 3.22 利用 YAC 载体构建大片段 DNA 文库示意图。YAC 载体分别用 *Eco*R Ⅰ 和 *Bam*H Ⅰ 酶切后变成线形分子，其中大片段 DNA 插入 *Eco*RⅠ位点，利用 YAC 两个臂上的酵母细胞筛选标记进行筛选鉴定后（*TRP1* 在左臂，*URA3* 在右臂），再转入酵母细胞形成文库克隆

YAC DNA，以用于测序和基因的克隆研究。

彩图3.22

为了克服 YAC 载体装载片段过大而导致的克隆片段难于分离的不足，研究者们又相继构建了其他人工染色体载体，包括 BAC、PAC、TAC 和 MAC（哺乳动物细胞人工染色体）等，它们的装载容量适中，大约能够携带的外源 DNA 片段大小为 80～200kb。其中 BAC 是应用较多的文库载体。BAC 是以大肠杆菌 F 因子为基础构建的一种大片段 DNA 克隆载体（Bhizuga 等，1992），其结构图如图 3.23 所示，含有大肠杆菌 F 因子的复制起点 oriS 和 repE、分配基因 *parA* 和 *parB*（维持 F 质粒低拷贝和准确分到两个子细胞去的基因）以及氯霉素的抗性基因 clm^r。其装载容量可达 300kb。目前构建的 BAC 基因组文库的克隆片段平均长度通常在 125～150kb。BAC 是一种环状 DNA 分子，在大肠杆菌细胞内非常稳定，不会发生缺失或重排，而且容易分离纯化，近几年日益被研究者所接受。但是 YAC 文库数年来已有大量数据积累，人类基因组物理图谱仍然主要是靠 YAC 克隆构建的。BAC 并不能完全替代 YAC。

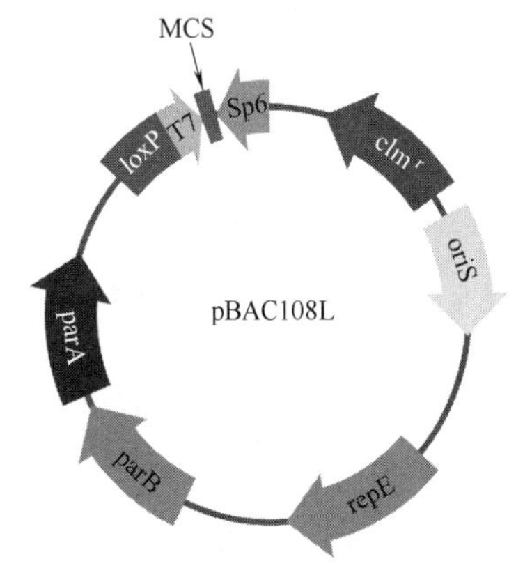

图 3.23 细菌人工染色体 pBAC108L 的结构示意图。它含有 F 因子的复制起点 oriS 和 repE、分配基因 *parA* 和 *parB* 及氯霉素的抗性基因 clm^r

由上可见，克隆载体经历了一系列的发展过程。现在人们普遍把质粒称为第一代克隆载体，装载容量为 8～10kb；经过改建的 λ 噬菌体为第二代克隆载体，装载容量

为 20kb 左右；人工构建的柯斯质粒为第三代克隆载体，装载容量为 30～40kb；酵母人工染色体（YAC）为第四代克隆载体，装载容量达 1～2Mb；包括 BAC、PAC、MAC 在内的新型载体为第五代克隆载体，装载容量适中，为 80～200kb。

3.2 表达载体

将外源目的基因导入受体细胞中进行克隆不是基因工程的最终目的，实现目的基因在受体细胞内的表达、产生新的基因产物并让受体生物获得新的可预期的性状才是基因工程操作的真正目的。含有各种表达调控元件、能够使目的基因在宿主细胞中表达的载体，被称为表达载体（expression vector）。

表达载体的结构比克隆载体复杂，除了必须具备与克隆载体相同的复制原点、多克隆位点和筛选标记基因以外，还必须具备控制目的基因表达的调控序列，包括启动子、转录终止子等。此外，克隆到表达载体上的目的基因也必须具有完整的起始密码子、终止密码子和核糖体结合位点，才能产生完整的目的蛋白。

外源基因表达的宿主细胞可用大肠杆菌、枯草杆菌、酵母、昆虫细胞、培养的哺乳类动物细胞以至整体动植物。对不同的表达系统，需要构建不同的表达载体。

3.2.1 原核表达载体

原核表达载体是指促使目的基因在原核细胞中表达的载体。原核表达载体上除了具有复制起点（ori）和筛选标记外，还必须具有原核细胞的启动子和终止子，才能实现基因的表达。其中启动子位于多克隆位点 MCS 的 5′端，终止子位于多克隆位点的 3′端，目的基因是插在多克隆位点上的。为了保证核糖体能够与目的基因的 mRNA 结合，进一步开启翻译的过程，往往还需要在多克隆位点上游加一个原核细胞核糖体识别和结合位点 SD。所以"启动子＋SD＋MCS＋终止子"就构成了目的基因在原核细胞的表达盒（图 3.24）。

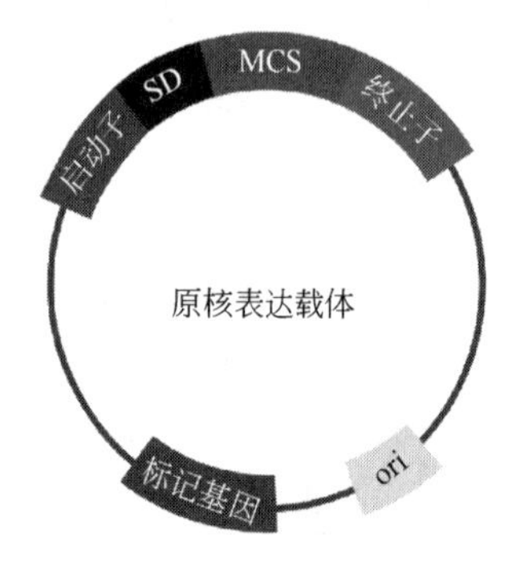

图 3.24 表达载体结构示意图。左侧为原核表达载体，基因表达盒除了含有启动子和转录终止子外，还必须含有核糖体结合位点 SD。右侧为真核表达载体，需要真核细胞的启动子和标记基因

大肠杆菌培养操作简单、生长繁殖快、价格低廉，人们用大肠杆菌作为外源基因的表达工具已有 20 多年的经验积累，大肠杆菌表达外源基因产物的水平远高于其他基因表达系统，表达的目的蛋白量甚至能超过细菌总蛋白量的 80%。因此，大肠杆菌是目前应用最广泛的蛋白质原核表达系统。大肠杆菌作为外源基因表达系统的优点是：①繁殖迅速、培养简单、操作方便、遗传稳定；②基因克隆及表达系统成熟完善；③全基因组测序完成，共有 4405 个开放阅读框架；④被美国 FDA 批准为安全的基因工程受体生物。

3.2.1.1 大肠杆菌表达载体的调控元件

大肠杆菌表达载体都是质粒载体。作为表达载体首先必须满足克隆载体的基本要求，即能将外源基因运载到大肠杆菌细胞中。其基本骨架是最简单的质粒克隆载体中的复制起点和氨苄青霉素抗性基因，相当于 pUC 类的载体。在基本骨架的基础上增加表达元件，就构成了表达载体。各种表达载体的不同之处在于其表达元件的差异。

（1）启动子

启动子是 DNA 链上一段能与 RNA 聚合酶结合并起始 RNA 合成的序列，它是基因表达不可缺少的重要调控序列。没有启动子，基因就不能转录。由于细菌 RNA 聚合酶不能识别真核基因的启动子，因此，原核表达载体所用的启动子必须是原核启动子。

原核启动子的核心序列是由两段彼此分开且又高度保守的核苷酸序列组成的，对 mRNA 的合成极为重要。在转录起始位点上游 5～10bp 处，有一段由 6～8 个碱基组成、富含 A 和 T 的区域，称为 Pribnow 盒，又名 TATA 盒或－10 区。来源不同的启动子，Pribnow 盒的碱基顺序稍有变化。在距转录起始位点上游 35bp 处，有另一段由 10bp 组成的区域，称为－35 区。转录时大肠杆菌 RNA 聚合酶识别并结合启动子。－35 区与 RNA 聚合酶 σ 亚基结合，－10 区与 RNA 聚合酶的核心酶结合，在转录起始位点附近 DNA 被解旋形成单链，RNA 聚合酶使第一和第二核苷酸形成磷酸二酯键，以后在 RNA 聚合酶的作用下向前推进，形成新生的 RNA 链。

原核表达系统中常使用的启动子包括 Lac（乳糖操纵子的启动子）、Trp（色氨酸操纵子的启动子）、Tac（乳糖和色氨酸操纵子的杂合启动子）、$P_{\lambda L}$（λ 噬菌体的左向启动子）以及 T_7 噬菌体启动子等（表 3.2）。

表 3.2 原核表达载体所用的启动子类型与结构组成

启动子	－35 区序列	－10 区序列	
$P_{\lambda L}$	T T G A C A	G A T A C T	
P_{recA}	T T G A T A	T A T A A T	
P_{traA}	T A G A C A	T A A T G T	
P_{trp}	T T G A C A	T T A A C T	
P_{lac}	T T T A C A	T A T A A T	
P_{tac}	T T G A C A	T A T A A T	

① lac 启动子（P_{lac}）。它来自大肠杆菌的乳糖操纵子，是 DNA 分子上一段有方向的核苷酸序列，由阻遏蛋白基因（*lacI*）、启动子（P_{lac}）、操作子序列（lacO）和编码 3 个与乳糖利用有关的酶的基因所组成。lac 启动子受分解代谢系统的正调控和阻遏物的负调控。正调控通过 CAP（catabolite gene activation protein）因子和 cAMP 来激活启动子，促使转录进行。负调控则是由调节基因 *lacI* 产生阻遏蛋白，该阻遏蛋白能与操作子序列 lacO 结合阻止转录。乳糖及某些类似物如 IPTG 可与阻遏蛋白形成复合物，使其构型改变而不能与操作子序列结合，从而解除这种阻遏，诱导转录发生。

② trp 启动子（P_{trp}）。它来自大肠杆菌的色氨酸操纵子，其阻遏蛋白必须与色氨酸结合才有活性。当缺乏色氨酸时，该启动子开始转录。当色氨酸较丰富时，则停止转录。β-吲哚丙烯酸可竞争性抑制色氨酸与阻遏蛋白的结合，解除阻遏蛋白的活性，促使 trp 启动子转录。

③ tac 启动子（P_{tac}）。tac 启动子是由 lac 和 trp 启动子人工构建的杂合启动子，受 Lac 阻遏蛋白的负调节，它的启动能力比 lac 和 trp 都强（分别是 P_{lac} 活性的 11 倍，P_{trp} 活性的

3倍)。其中 tac 1 是由 trp 启动子的－35 区加上一个合成的 46bp DNA 片段(包括 Pribnow 盒)和 lac 操作子序列构成的，tac 2 是由 trp 启动子的－35 区和 lac 启动子的－10 区，加上 lac 操纵子中的操作子序列和 SD 序列融合而成的。tac 启动子后面覆盖了 lacO 的序列，因此也受 IPTG 的诱导。

④ $P_{\lambda L}$ 启动子。它来自λ噬菌体早期左向转录启动子，是一种活性比 trp 启动子高 11 倍左右的强启动子。$P_{\lambda L}$ 启动子受控于温度敏感的阻遏物 cI ts857。在低温(30℃)时，cI ts857 阻遏蛋白可阻遏 $P_{\lambda L}$ 启动子的转录。在高温(45℃)时，cI ts857 蛋白失活，阻遏解除，促使 $P_{\lambda L}$ 启动子转录。系统由于受 cI ts857 作用，尤其适合于表达对大肠杆菌有毒的基因产物，缺点是温度转换不仅可诱导 $P_{\lambda L}$ 启动子，也可诱导热休克基因，其中有一些热休克基因编码蛋白酶。如果用λ噬菌体 cI^{+} 溶原菌，并用丝裂霉素 C 或萘啶酮酸进行诱导，可缓解这一矛盾。

(2) SD 序列

1974 年，Shine 和 Dalgarno 首先发现，在 mRNA 上有大肠杆菌核糖体的结合位点，它们是起始密码子 AUG 和一段位于 AUG 上游 3～10bp 处的由 3～9bp 组成的序列。这段序列富含嘌呤核苷酸，刚好与大肠杆菌核糖体小亚基中的 16S rRNA 3′端区域 3′-AUUCCUCC-5′互补并与之专一性结合，是大肠杆菌核糖体 RNA 的识别与结合位点。以后将此序列命名为 Shine-Dalgarno 序列，简称 SD 序列。它与起始密码子 AUG 之间的距离是影响 mRNA 转录、翻译成蛋白质的重要因素之一，某些蛋白质与 SD 序列结合也会影响 mRNA 与核糖体的结合，从而影响蛋白质的翻译。另外，真核基因的第二个密码子必须紧接在 AUG 之后，才能产生一个完整的蛋白质。

(3) 终止子

在一个基因的 3′末端或是一个操纵子的 3′末端往往有一段特定的核苷酸序列，具有终止转录功能，这一序列称为转录终止子，简称终止子(terminator)。转录终止过程包括 RNA 聚合酶停在 DNA 模板上不再前进，RNA 的延伸也停止在终止信号上，完成转录的 RNA 从 RNA 聚合酶上释放出来。对 RNA 聚合酶起强终止作用的终止子在结构上有一些共同的特点，即有一段富含 A/T 的区域和一段富含 G/C 的区域，G/C 富含区域又具有回文对称结构。这段终止子转录后形成的 RNA 具有茎环结构，并且有与 A/T 富含区对应的一串 U。转录终止的机制较为复杂，并且结论尚不统一。但在构建表达载体时，为了稳定载体系统，防止克隆的外源基因表达干扰载体的稳定性，一般都在多克隆位点的下游插入一段很强的 rrB 核糖体 RNA 的转录终止子。

3.2.1.2 诱导表达系统

lac 启动子和 tac 启动子都含有乳糖操纵子的 lacO 序列，可以受 *lacI* 产生的阻遏蛋白的负调节，而诱导物乳糖可以与阻遏蛋白结合，解除这种负调节。这便是乳糖操纵子的调控原理。乳糖操纵子的调控元件是由调节基因 *lacI*、启动子 lacP 和操作子 lacO 组成的。野生型状态时，乳糖是这个操纵子的诱导剂。在没有乳糖时，调节基因产生的阻遏蛋白会结合在操作子 lacO 上，阻止 RNA 聚合酶与启动子结合，启动子下游的目的基因只能基底水平转录。当有乳糖存在时，诱导剂与阻遏蛋白的亲和力高，把阻遏蛋白从操作子序列上拉下来，RNA 聚合酶就可以稳定地与启动子结合，促使目的基因高效转录。

在基因工程操作中，lac 启动子的诱导剂换成了 IPTG (isopropyl-β-D-thiogalactoside，异丙基-β-D-硫代半乳糖苷)，是一种乳糖类似物，与阻遏蛋白的亲和力比乳糖还要高，它就好比是控制乳糖启动子的开关。有 IPTG 诱导，lac 启动子和 tac 启动子下游的目的基因就会表达。无 IPTG 诱导，目的基因始终处于关闭的状态。通过这种诱导型启动子，可以实现目的基因表达的精确调控。此外，野生型乳糖操纵子的诱导表达除了依赖乳糖的诱导，还要依赖葡萄糖的水平，因为有葡萄糖存在时，细菌优先利用葡萄糖，不会利用乳糖。只有当葡萄糖不存在时，乳糖才具有开启启动子的功能。在基因工程操作中，乳糖操纵子的启动子经过了诱变改造，变成了突变型的启动子 P_{lac}UV5（图 3.25），启动子的 −10 区由野生型的 TATGTT 序列变成了一致序列 TATAAT。这一突变结果导致 P_{lac}UV5 的 −10 区与 RNA 聚合酶的 σ 因子亲和力增强，以至于 RNA 聚合酶不需要 CAP-cAMP 复合物的协助也能稳定结合到启动子上启动转录。因此，启动子 P_{lac}UV5 只受诱导剂 IPTG 的调控，而不再受葡萄糖水平的影响，因而更有利于人为操控基因的表达。

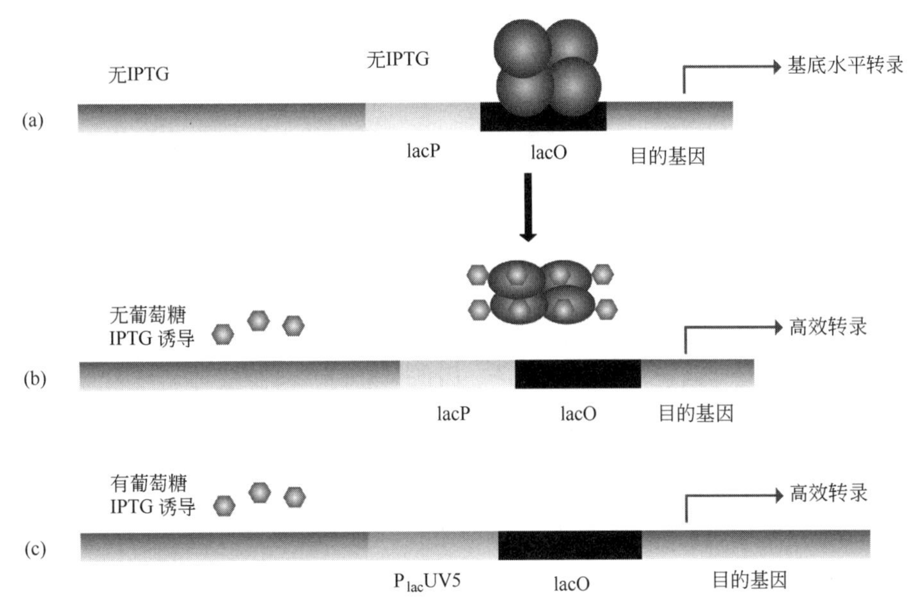

图 3.25　P_{lac} 诱导表达系统。P_{lac} 启动子后面有 lacO 序列，受 *lacI* 的阻遏蛋白调控。有 IPTG 诱导时，目的基因表达，高效转录

含有 lac 或 tac 启动子的载体系统有 pUC、pGEM、pM13、λ 噬菌体、pET、pGEX 等系列载体。它们都是可被 IPTG 诱导表达的载体。在这些诱导表达系统中，为了保证 IPTG 只能诱导载体上的目的基因表达，而对大肠杆菌基因组上野生型的乳糖操纵子不做反应，除了在载体启动子序列上进行改造之外，往往还需要把宿主菌染色体上的内源性的野生型乳糖操纵子进行突变，如常用的宿主表达菌 BL21 就是内源乳糖操纵子已经突变的宿主菌，这种细菌本身是不能分解和利用乳糖的。

大肠杆菌表达载体 pKK223-3 就是由 tac 启动子系统调控的（图 3.26）。pKK223-3 载体总长 4584bp，使用的启动子是 tac 强启动子，终止子是 5S rRNA 区域（rrnB 操纵子区域 rrnBT 和 rrnBT2）终止子（防止通读）。受 *lacI* 阻抑物调控，1～5mmol/L IPTG 诱导。可直接表达任何含 RBS（核糖体结合位点）和 ATG 的基因，若无 RBS，其 ATG 需与固有 RBS 相隔 5～13bp。

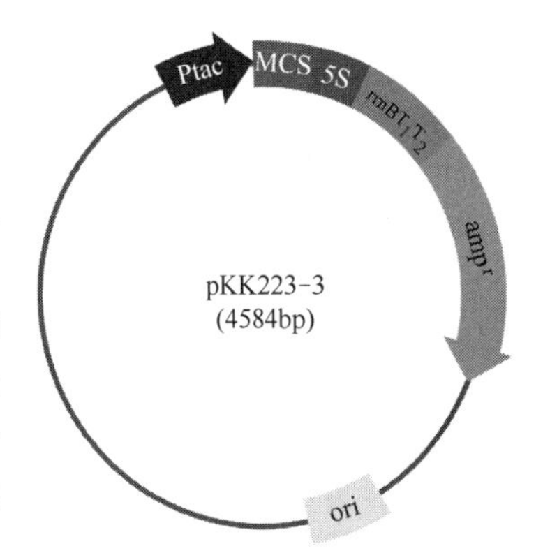

图 3.26　大肠杆菌表达载体 pKK223-3 结构示意图。含有 P_{tac} 诱导启动子

3.2.1.3　T_7 启动子表达系统

如上所述，大肠杆菌是一个非常成熟又简便的基因表达系统，大肠杆菌的 lac 启动子可诱导表达，便于人为操

控。细胞内又有现成的大肠杆菌 RNA 聚合酶可以使用，因此，任何外源目的基因都可以转入大肠杆菌细胞，开启它的表达。但是基因工程载体上的启动子大量使用大肠杆菌自身基因的启动子，也有不利的一面。一是载体既然使用大肠杆菌基因的启动子，就必定要使用大肠杆菌 RNA 聚合酶进行转录，而大肠杆菌细胞内的 RNA 聚合酶只有唯一的一种，除了要满足载体上目的基因的转录之外，还要保障大肠杆菌自身基因组上大量基因的转录，所以会“忙不过来”，工作效率不高。二是在诱导载体上目的基因表达的同时，大肠杆菌基因组基因也很容易被诱导表达，或者会渗漏表达（leaky expression，是指本来不表达或低表达的基因，在某些情况下意料之外的低表达），造成 RNA 聚合酶活性的浪费。三是既然基因组基因也表达，目的基因也表达，必然导致目的蛋白的表达量不高，且会混杂在众多基因组基因的表达产物中，分离也很困难。

如果载体携带目的基因进入大肠杆菌细胞后，只有载体上的目的基因专一表达，而细菌细胞内其他基因都不表达或少表达，将是目的基因理想的表达系统。T_7 启动子载体系统可望实现目的基因的专一性高效表达。

T_7 启动子来自于 T_7 噬菌体的启动子，具有高度的特异性，只有 T_7 RNA 聚合酶才能使其启动，故可以使载体上的目的基因独立于宿主细菌基因组之外得到表达。T_7 RNA 聚合酶合成 RNA 的效率比大肠杆菌 RNA 聚合酶高 5 倍左右，它能使质粒沿模板连续转录几周，许多外源终止子都不能有效地终止它的转录，因此，它可转录某些不能被大肠杆菌 RNA 聚合酶有效转录的序列。这个系统可以高效表达其他系统不能有效表达的基因。但要注意用这种启动子时宿主中必须含有 T_7 RNA 聚合酶。因此，应用 T_7 噬菌体表达系统需要 2 个条件：第一是宿主细胞必须具有 T_7 噬菌体 RNA 聚合酶，它可以由感染的 λ 噬菌体或 F 因子先将 T_7 RNA 聚合酶的基因事先转入大肠杆菌细胞；第二是在一个待表达基因上游带有 T_7 噬菌体启动子的载体。

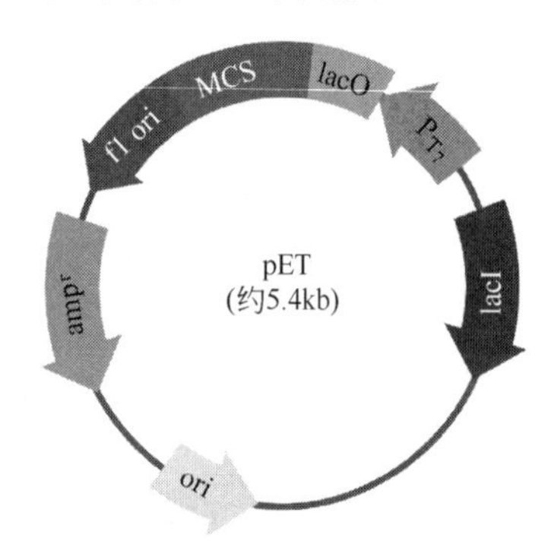

图 3.27 T_7 表达载体 pET 结构示意图。pET 载体上含有 T_7 启动子和 lacO 序列以及 *lacI* 阻遏物基因

pET 系列载体是带有 T_7 噬菌体启动子的载体，包括如 pET5、pET15、pET16、pET28、pET30、pET42 等，每套均由 a、b、c 3 个载体组成，以方便目的基因与 His6 标签序列组成一个不移码的开放阅读框融合表达。pET 载体的主要构成元件有 T_7 噬菌体启动子、*lacI* 和 lacO 组成的调控序列、pBR322 复制子 ori、f1 复制起点 ori、氨苄青霉素筛选标记序列 amp^r 及多克隆位点等（图 3.27）。pET 载体中应用比较多的有 pET28a，含有 T_7 噬菌体启动子、乳糖操纵子调控元件、核糖体结合位点、His6 标签序列、凝血酶切割位点、多克隆位点、T_7 噬菌体终止子及乳糖阻遏序列（*lacI*）、pBR322 复制子 ori、f1 噬菌体复制子、卡那霉素筛选标记序列等。T_7 噬菌体启动子、核糖体结合位点等引导目的基因高效转录和翻译。乳糖操纵子和乳糖阻遏序列（*lacI*）存在的意义主要在于，当目的蛋白对大肠杆菌有毒性时，可以通过添加阻遏物，控制目的蛋白以较低水平表达。His6 标签序列、凝血酶切割位点存在的意义主要在于方便利用针对 His6 的亲和色谱（His. Bind^{TM} 树脂）分离纯化蛋白，然后利用凝血酶切割去除标签蛋白。

大肠杆菌落 BL21（DE3）是常用的 pET 表达载体的宿主菌，该菌对 T_7 RNA 聚合酶和目的基因的转录实行多层次的调控。在该菌株染色体的 BL21 区整合有一个 λ 噬菌体 DNA，在 λ 噬菌体的 DE3 区有一个 T_7 RNA 聚合酶基因，该基因受 lacUV5 启动子控制（图

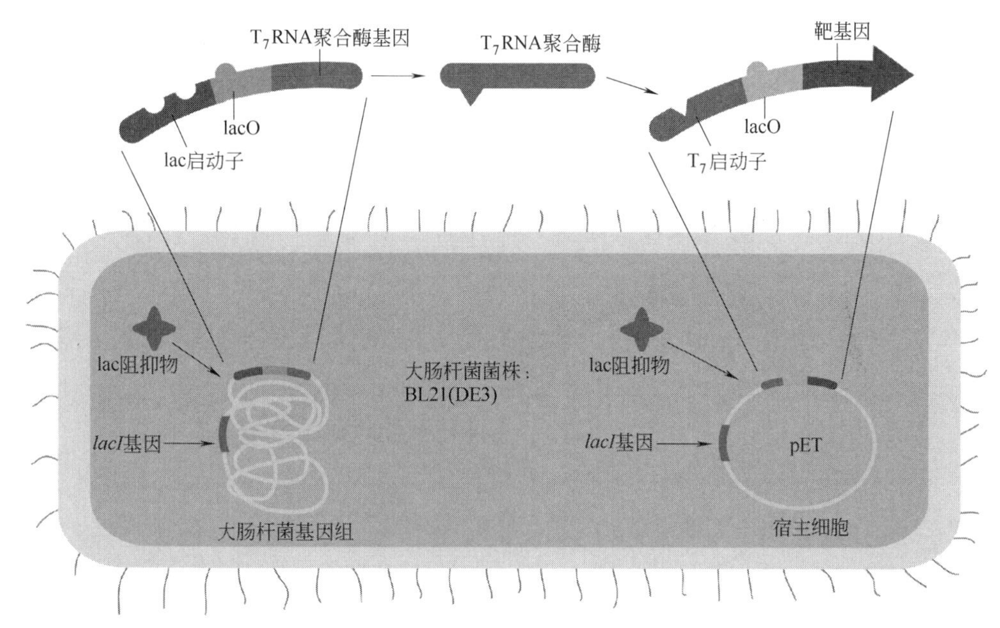

图 3.28 大肠杆菌 T_7 启动子高效表达系统。pET 载体上带有 T_7 启动子，大肠杆菌 BL21（DE3）染色体上整合有 T_7 RNA 聚合酶的基因。IPTG 诱导后，T_7 RNA 聚合酶基因表达，并结合到 T_7 启动子上，启动下游靶基因表达

3.28)。当 pET 载体进入 BL21（DE3）细胞后，由于宿主细胞的 *lacI* 基因表达产生阻抑物，从而抑制 T_7 RNA 聚合酶基因的表达，在载体上的目的基因也无法启动表达。当存在 IPTG 诱导物后，使阻抑物失去阻抑作用，T_7 RNA 聚合酶基因得以表达，产生 T_7 RNA 聚合酶，从而启动 T_7 启动子控制的外源靶基因的表达。T_7 RNA 聚合酶-BL21（DE3）是目前应用最广的大肠杆菌高效表达系统之一。

彩图3.28

T_7噬菌体 RNA 聚合酶高效表达系统的优点有：①T_7 噬菌体 RNA 聚合酶合成 RNA 的速度高于大肠杆菌 5 倍；②T_7 噬菌体 RNA 聚合酶只识别自己的启动子序列，不启动大肠杆菌 DNA 任何序列的转录；③T_7 噬菌体 RNA 聚合酶对抑制大肠杆菌 RNA 聚合酶的抗生素有抗性；④T_7 噬菌体 RNA 聚合酶/启动子系统在一定条件下，基因表达产物可占细胞总蛋白的 25%以上。

由于 T_7 启动子的专一性和高效性，T_7 启动子也常常被用于构建体外基因表达系统，如 pBC SK 体外转录质粒，以及真核细胞 pcDNA3.1 质粒，都在目的基因一端含有 T_7 启动子，只要加入成熟的 T_7 RNA 聚合酶，就可以在体外使目的基因转录，获得高表达的目的基因 RNA，制备杂交探针或 RNA 产品。

3.2.1.4 大肠杆菌融合蛋白表达系统

如前所述，目的基因被表达载体携带转入受体细胞后，可在 T_7 启动子等强启动子的带领下实现高表达。但是，目的基因是外源基因，表达产生的目的蛋白是异源蛋白，它在受体细胞内能稳定存在吗？目的蛋白是可溶的吗？当表达量高了以后，目的蛋白会不会聚集在一起形成不可溶的包涵体？目的蛋白在受体细胞内能不能形成有活性的空间结构？以及，目的蛋白表达后容易分离吗？尤其是对于真核生物的基因，被转入原核细胞进行表达后，不可避免地会出现此类问题。将目的基因与某些已知的、高表达的可溶性蛋白的基因进行融合表达，可有效解决这类问题。

(1) 融合蛋白表达的概念

蛋白质的融合表达是指外源基因与载体已有的担体蛋白的编码基因拼接在一起，并作为一个新的开放阅读框进行表达。载体的担体蛋白基因可以是上述的载体标记基因，从而可以通过标记基因的表达而直观地判断目的基因的表达情况。担体蛋白也可以是可溶性的高表达蛋白，从而保证跟目的蛋白融合后目的基因高表达且产生可溶性的目的蛋白。融合表达的时候，担体蛋白可以位于融合蛋白的 N 端，也可以位于融合蛋白的 C 端（图 3.29）。

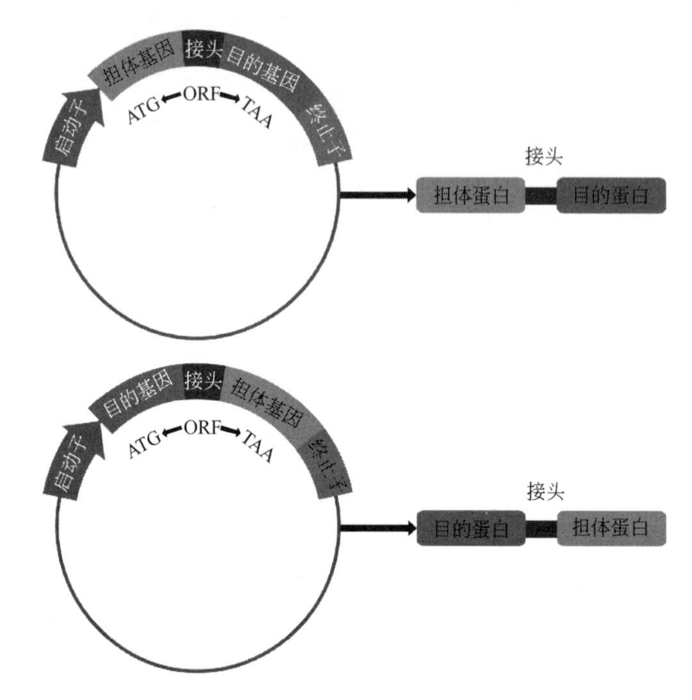

图 3.29 融合表达载体结构示意图。担体基因与目的基因组成一个开放阅读框，表达产生一个融合蛋白。担体基因可以位于目的基因的 5′端，也可以位于目的基因的 3′端

载体上的担体基因是什么？担体基因是指载体上携带的已被证明能稳定表达并产生可溶性蛋白产物的基因，比如 *lacZ* 基因，它表达产生可溶性的 β-半乳糖苷酶。当目的基因与 *lacZ* 基因融合表达后，目的蛋白也具有很好的可溶性。此外，担体基因往往还具备以下特点。

① 容易标识和跟踪。如 *lacZ* 和 *GFP* 基因，它们本身是载体上的标记基因，当与目的基因融合表达后，标记基因的产物不受影响，却很容易根据标记基因的表达情况追踪目的基因的表达。又如 FLAG 和 Myc 等标签蛋白基因，都有商业化生产的专一抗体提供。当这类标签蛋白基因与目的基因融合表达后，通过标签蛋白的专一抗体进行免疫检测，也很容易追踪到目的蛋白的表达情况（图 3.30）。

② 能够帮助目的蛋白形成正确的空间结构。这类担体基因包括谷胱甘肽 S 转移酶的基因 *GST*、硫氧还蛋白基因 *TrxA* 及小分子蛋白修饰基因 *SOMO* 和 *Ubi* 等。目的蛋白只有形成正确的空间结构，才会具有活性。但是，当真核生物基因转入原核细胞后，由于原核细胞内缺乏相应的蛋白质加工系统，导致目的蛋白常常不能形成有活性的空间结构而不能发挥正常的功能。而这些担体蛋白可以充当分子伴侣的作用，帮助目的蛋白正确折叠，形成有活性的空间结构。

③ 能够帮助目的蛋白容易从受体细胞总蛋白混合物中分离纯化出来（图 3.31）。担体蛋白要么具有专一性好的抗体，如 FLAG 和 Myc，可以利用结合有 FLAG 或 Myc 的专一抗体

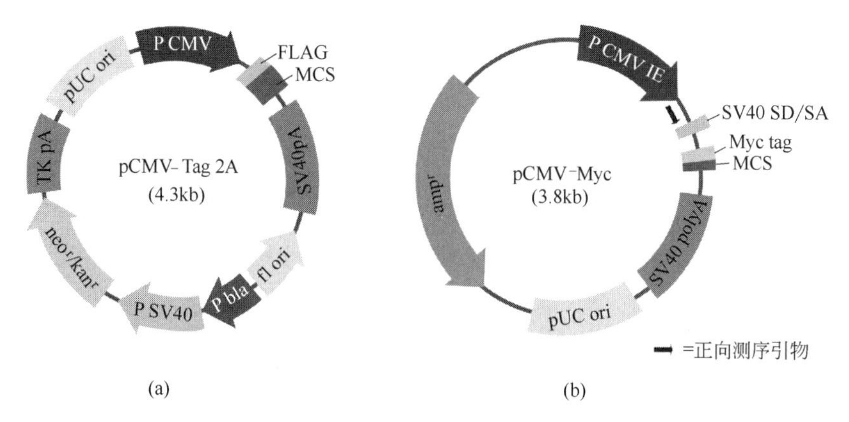

(a) (b)

图 3.30 标签蛋白融合表达载体示意图

(a) FLAG 标签蛋白载体；(b) Myc 标签蛋白载体

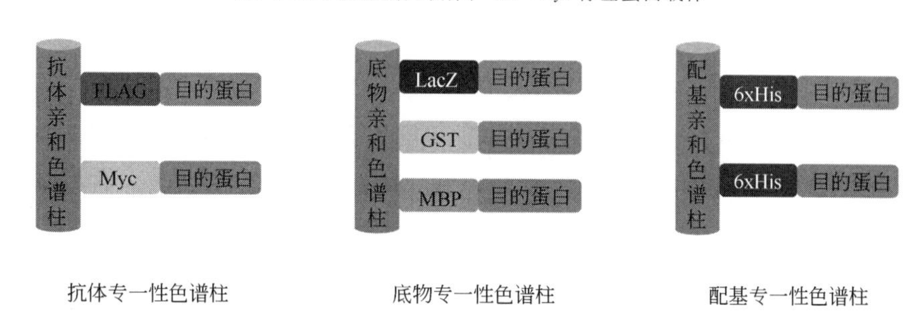

图 3.31 亲和色谱柱帮助融合蛋白从总蛋白混合物中分离出来

的琼脂糖柱，把带有 FLAG 和 Myc 标签的目的蛋白分离出来。要么具有专一作用的底物，如 *lacZ*、*GST* 和 *MBP* 基因等。*lacZ* 基因的产物 β-半乳糖苷酶，能特异结合乳糖及其类似物，把乳糖类似物如 β-硫代半乳糖苷交联在亲和色谱柱上，就可以把与 *lacZ* 融合表达的目的蛋白分离。同样地，GST 表达的谷胱甘肽 S 转移酶的作用底物是谷胱甘肽，融合蛋白可以通过交联有谷胱甘肽的琼脂糖柱子亲和色谱分离。麦芽糖结合蛋白 MBP 构建的融合蛋白则可以通过直链淀粉柱色谱分离。还有一种情况是担体蛋白具有专一性作用的配体或配基，如多聚组氨酸，能够特异结合二价镍离子，组氨酸标签的融合蛋白可以通过 Ni^{2+}-NTA 的琼脂糖柱分离。

(2) 融合蛋白表达载体

融合蛋白表达载体是应用最广泛的表达载体。融合表达载体的担体蛋白有时也被称为标签蛋白或标签多肽（Tag），常用的有谷胱甘肽 S 转移酶（glutathione S-transferase，GST）、六聚组氨酸肽（polyHis-6）标签、F_{lag} 标签、Myc 标签、蛋白质 A（protein A）、LacZ 和纤维素结合域（cellulose binding domain，CBD）等。

① GST 融合表达载体。谷胱甘肽 S 转移酶（GST）表达载体由原 Pharmacia 公司（2004 年并入 GE 医疗集团）开发的系列 pGEX 载体组成。如 pGEX-4T-1，在启动子 tac 和多克隆位点之间加入了 2 个与分离纯化有关的编码序列，其一是谷胱甘肽转移酶基因（*GST*），其二是凝血蛋白酶（thrombin）切割位点的编码序列（图 3.32）。当外源基因插入到多克隆位点后，可表达出由三部分序列组成的融合蛋白。GST 是来源于血吸虫的小分子酶（26×10^3），在 *E. coli* 易表达，在融合蛋白状态下保持酶学活性，对谷胱甘肽有很强的结合能力。将谷胱甘肽固定在琼脂糖树脂上形成亲和色谱柱，当表达融合蛋白的全细胞提取

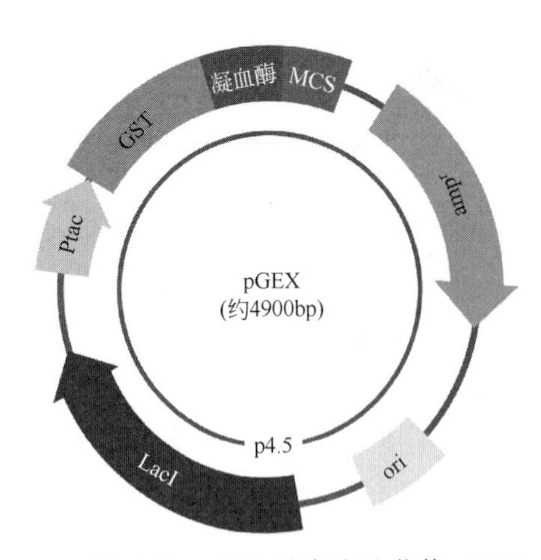

图 3.32 GST 融合表达载体 pGEX 结构示意图。GST 与插入 MCS 的目的基因通过凝血酶识别位点连接

物通过色谱柱时，融合蛋白将被吸附在树脂内，其他细胞蛋白就被洗脱出来。然后再用含游离的还原型谷胱甘肽的缓冲液洗脱，可将融合蛋白释放出来。再用凝血蛋白酶切割融合蛋白，便可获得纯化的目的蛋白。

② 组氨酸标签表达载体。利用组氨酸标签的表达载体有很多，在 pET 系列载体中也有，如前面叙述的 pET28a 及 pET16b。其主体框架与 pET5a 相似，除了多一个 *lacI* 基因外，主要差别在于在启动子下游含有一段编码 6 个组氨酸的序列和编码Ⅹa 因子酶切位点的序列。当外源基因插入到 *Bam*HⅠ等位点后，在 BL21（DE3）菌株中可表达出带 His-6 标签的融合蛋白。多聚组氨酸肽能与 2 价重金属阳离子结合，如镍离子（Ni^{2+}）。如镍离子固定在树脂上，便可对带 His 标签的融合蛋白进行亲和色谱分离。纯化的融合蛋白再用Ⅹa 因子处理可去除标签多肽，从而获得纯化的目的蛋白。

（3）目的蛋白与担体蛋白的分离

目前已经建立了数种对融合蛋白进行位点特异性裂解的方法。方法的选择常由特定蛋白的组成、序列及物理性质决定。基本方法有以下两种。

① 化学裂解。可采用诸如溴化氰（Met↓）、BNP-3-甲基吲哚（Trp↓）、羟胺（Asn↓Gly）等试剂或低 pH（Asp↓Pro）来进行融合蛋白的化学裂解。化学裂解的方法比较便宜而且有效，甚至常常可以在变性条件下裂解非变性不能溶解的蛋白质。但有时因目的蛋白中存在裂解位点，或者因为发生了副反应而导致对蛋白质进行了不需要的修饰，从而阻碍了它们的应用。

② 酶解。酶解的方法相对来说反应条件比较温和，更重要的是，普遍用于此用途的蛋白酶都具有高度专一性，酶处理法可以大大降低发生意外切割的可能性。其中常用的酶有凝血酶、肠激酶、Ⅹa 因子、凝乳酶、胶原酶等。所有这些酶都具有较长的底物识别序列（比如在凝乳酶中为 7 个氨基酸），从而降低了蛋白质中其他无关部位发生断裂的可能性。在上面所提及的各种酶中，肠激酶和凝血酶应用最多，因为它们切割各自的识别序列的羧基端，就使带有天然氨基端的被融合部分得以释放。凝血酶的识别和切割序列是 Leu-Val-Pro-Arg，Ⅹa 因子的识别和切割序列是 Ile-Glu-Gly-Arg。如 GST 融合系统的载体含有凝血酶裂解位点或Ⅹa 因子裂解位点（图 3.33）。

（4）融合表达系统的优点

蛋白质的融合表达有许多优点：①与高表达的担体蛋白共同表达，可以保证目的蛋白的表达率高，稳定性好；②担体蛋白常常是结构和功能研究得比较清楚的蛋白质，通过免疫亲和色谱等方法很容易对担体蛋白进行分离和纯化，从而将融合在一起的目的蛋白也有效分离出来；③还有一些担体蛋白能帮助目的蛋白生成折叠正确、有生物活性的蛋白质，形成正确的空间结构；④通过化学裂解和蛋白酶很容易将 N 端的担体蛋白部分从 C 端的目的蛋白中裂解出来，有利于对目的蛋白进行生物化学研究及功能分析。

（5）构建融合蛋白表达载体的注意事项

在分子克隆和基因工程操作中，融合蛋白表达载体是使用最多的工具载体。因此，在构建融合蛋白表达载体时一定要注意如下几点。

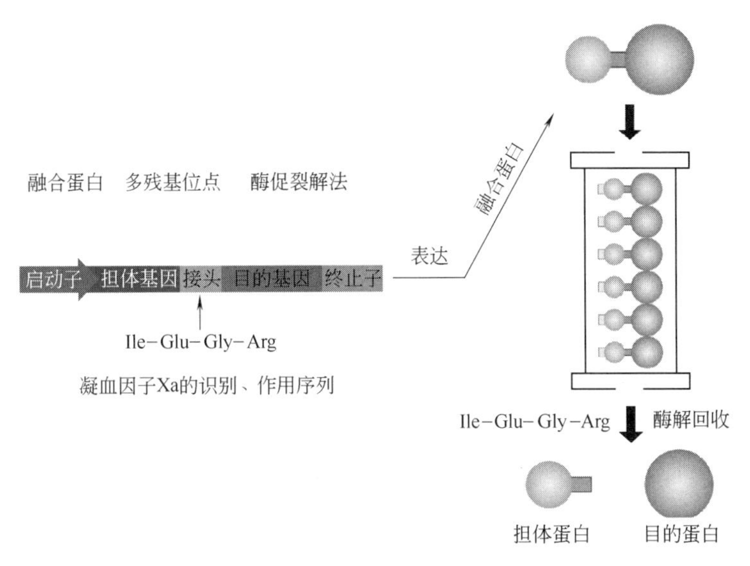

图 3.33　利用免疫亲和色谱和酶促裂解法分离融合蛋白

① 目的基因片段的插入方向。要保证目的片段正向插入载体的多克隆位点，在通过双酶切连接目的基因及载体时这一问题往往不用担心，在单酶切制备载体时需要对载体中目的基因的插入方向做进一步的鉴定，保证目的基因正向插入载体，而不是相反。

② 目的基因的移码问题。融合蛋白的表达就是由担体蛋白（融合标签）基因和目的蛋白基因共同组成一个开放阅读框（ORF）来表达的，如果担体蛋白（融合标签）基因在融合蛋白表达载体的表达调控启动子下游，担体蛋白基因下游是供目的基因连接的多克隆位点，融合蛋白表达 ORF 的起始密码子必须在担体基因上，与载体连接之后目的基因自身的 ORF 可能会存在移码的问题。

如果供目的基因连接的多克隆位点在融合蛋白表达载体的表达调控区域启动子下游，多克隆位点下游是担体蛋白（融合标签）基因，那么表达融合蛋白的 ORF 的起始密码子在目的基因上，与载体连接之后目的基因自身的 ORF 不存在移码的问题。但需要对目的基因 3′端的终止密码子进行点突变，且同样需要考虑担体蛋白基因的 ORF 移码问题。如当使用 pET28b 或 pET28c 载体时，有时需要在目的基因片段的下游引物上加上或减去一个碱基，以保证 C 端的 6 个 His 标签能完整表达。当使用 pET28a 时，只要目的基因正常读码，C 端的 His 标签就能完整表达。在实际操作中，我们可以通过软件分析连接后的载体的读码情况，判断融合标签及目的基因能否正常表达。

为了防止融合表达载体酶切后目的基因或担体基因移码，构建融合表达载体的多克隆位点时，一般会构建三个序列，以便适应不同的酶切要求。如 PinPoint Ⅹa-1 融合表达载体（图 3.34），含有控制融合基因表达的启动子 P_{tac} 以及可用于融合蛋白亲和色谱分离纯化的大肠杆菌生物素结合肽 Tag 的编码序列，其下游接有 Xa 因子识别序列和 3 套用于插入外源基因的多克隆位点（图 3.35），分别对应 3 种不同的翻译阅读框架（*Hin*d Ⅲ 酶切位点上游分别有 0 个、1 个、2 个 A 碱基）。此外，在 P_{tac} 启动子和多克隆位点的外侧，还分别装有 T_7 启动子和 SP6 启动子，可以使目的基因体外转录。pET28 载体有 a、b、c 三种，也是为了避免不同目的基因克隆之后不移码。

③ 终止密码子问题。当融合蛋白载体的结构是启动子-担体基因-目的基因这种类型时，担体蛋白一般带有起始密码子，但不会带终止密码子。在载体的多克隆位点后面可含有终止密码子，以保证空载体担体蛋白的表达。但很多时候要求目的基因必须带有终止密码子，才

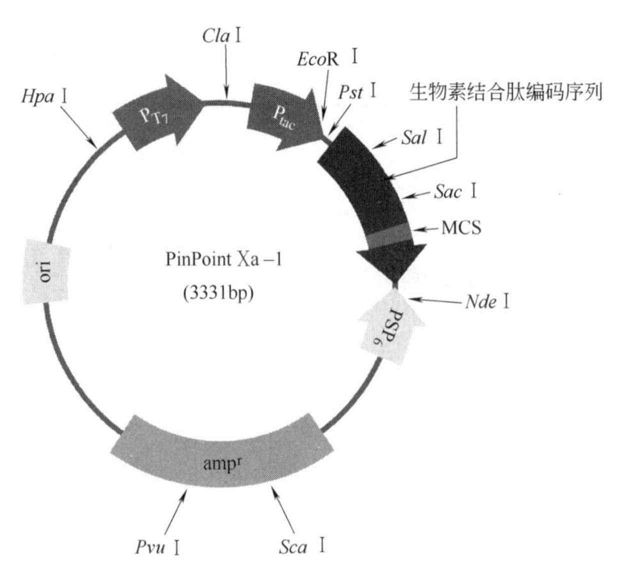

图 3.34　PinPoint Ⅹa-1 融合表达载体结构示意图。生物素结合肽是担体蛋白，位于 MCS 上游

PinPoint Xa-1：

Xa因子裂解位点

IleGluGlyArgGluAlaSerAlaGlyIleArgTyrArgTyrGlnIleSerArgGlyGlyArg

Nru Ⅰ　Hind Ⅲ　Pvu Ⅰ　BamH Ⅰ　Kpn Ⅰ　EcoR Ⅴ　Bgl Ⅱ　Sma Ⅰ　Not Ⅰ

PinPoint Xa-2：

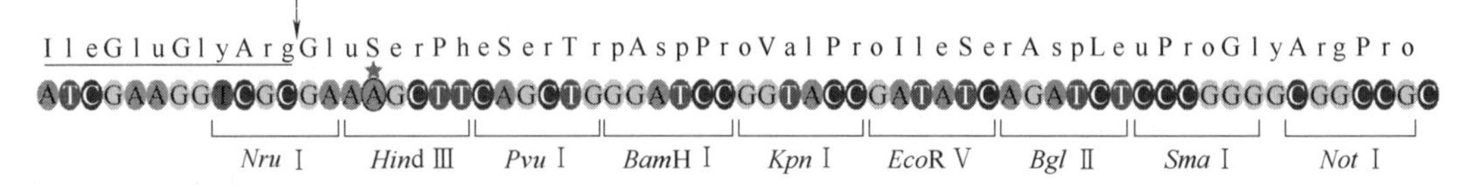

PinPoint Xa-3：

IleGluGlyArgGluLysProGlnLeuGlySerGlyThrAspIleArgSerProGlyAlaAla

Nru Ⅰ　Hind Ⅲ　Pvu Ⅰ　BamH Ⅰ　Kpn Ⅰ　EcoR Ⅴ　Bgl Ⅱ　Sma Ⅰ　Not Ⅰ

图 3.35　PinPoint Ⅹa-1 融合表达载体多克隆位点的三种序列（1、2、3）。带★的 A 碱基是为了防止目的基因移码提供的组成 3 的倍数的密码子碱基

能保证 ORF 的完整。如果载体的结构是启动子-目的基因-担体基因这种类型时，要求目的基因必须带起始密码子，但一定不能含有终止密码子，否则担体蛋白不能表达。

④ IRES 序列的引入。IRES 序列是指内部核糖体进入位点（internal ribosome entry site，IRES）。IRES 序列来源于脑心肌炎病毒，它可翻译一条 mRNA 上的两个开放阅读框，由其连接的两个基因的表达率相同。在构建融合蛋白表达载体时，以往都是将担体基因与目的基因共同构建一个开放阅读框，一个贡献起始密码子，另一个贡献终止密码子，组成融合蛋白表达。但是某些情况下，融合蛋白的表达形式可能会对目的蛋白的生

物活性产生影响，因此需要两者作为独立的ORF共同表达。IRES序列的引入可以很好地解决这个问题。例如将绿色荧光蛋白报告基因*GFP*与目的基因构建融合蛋白表达载体（图3.36），但是在两个基因之间加入IRES序列，目的基因和*GFP*基因各自拥有自己的起始密码子和终止密码子，两者都可以表达，通过检测GFP可以推知目的基因的表达情况，但是目的蛋白又是独立存在发挥活性的。许多真核细胞的融合表达载体都以这种方式表达目的蛋白。

⑤ 2A序列的引入。2A是一种具有自我加工能力的蛋白酶，在不同病毒中它的长度、作用位点各不相同。如在口蹄疫病毒中的2A序列有长短两种类型，长型有201bp，编码39个氨基酸，短型有96bp，编码17个氨基酸。两者作用相似，均可独立的用于构建双基因或多基因表达载体。构建载体时，将两基因分别克隆到2A序列的两侧，去除上游基因的终止密码子形成单一的开放阅读框（图3.37），翻译出的多聚蛋白可在编码2A区域的C末端被切割为两个蛋白，上游蛋白融合了2A的C端多肽，并释放出完整的下游蛋白。

引入2A序列的优点是：2A的切割位点在自身C端最末位的两个氨基酸之间（甘-脯），切割作用伴随翻译过程的完成，切割活性高达85%～99%，因此可用于与IRES序列一起构建多顺反子表达载体。研究表明，两个近邻的IRES序列可能会降低基因的表达。因此，2A序列在构建多顺反子时是IRES序列的有益补充。

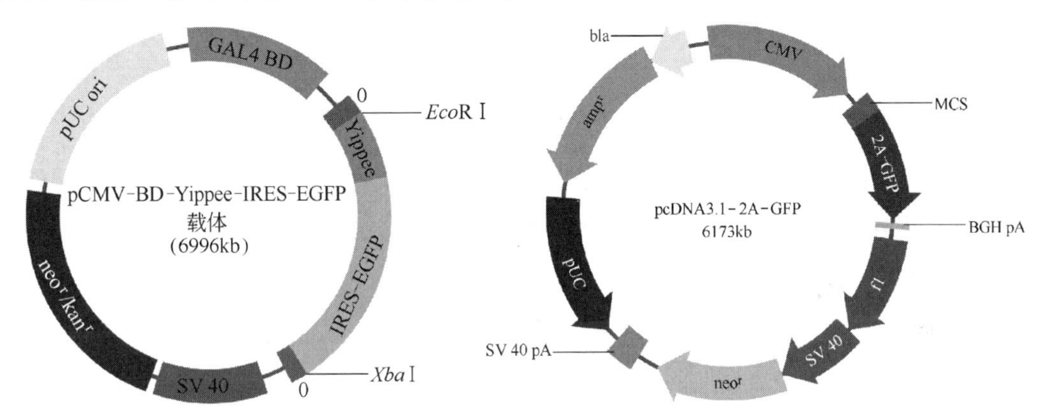

图3.36 pCMV-BD-Yippee-IRES-EGFP转基因载体含IRES序列。IRES序列位于EGFP和目的基因Yippee之间

图3.37 含有2A序列的pcDNA3.1-2A-GFP载体。2A序列既是连接子，又具有切割活性，可以帮助两个蛋白共同表达且有效分离

3.2.1.5 大肠杆菌分泌表达载体

将目的蛋白的基因置于原核蛋白信号肽序列的下游能够实现分泌表达。信号肽通常是由15～30个疏水氨基酸残基组成的，在其N端的小段肽链是以带正电荷的赖氨酸和精氨酸为特征，随后是一段以疏水氨基酸为主的肽段，在邻近切割位点处常有几个侧链很短的氨基酸，如甘氨酸、丙氨酸等。其中N端带正电荷的一段有助于新生肽链与带负电荷的细胞质膜结合；信号肽中的疏水肽段能够形成α螺旋结构，而且信号肽序列之后的一段氨基酸残基也能形成一段α螺旋，这两段螺旋以反平行的方式形成发夹结构之后，容易进入内膜的脂双层；邻近切割位点的氨基酸倾向于形成β折叠，这可能是信号肽酶所识别的结构。除此之外，信号肽后面的氨基酸也影响蛋白质的穿膜和随后的切割。

周质蛋白、细胞内膜蛋白和外膜蛋白以带有N端信号肽的前体形式在细胞质中合成，随后穿膜运送到周质或定位到内、外膜上。在穿膜的过程中，信号肽被信号肽酶切除。实现

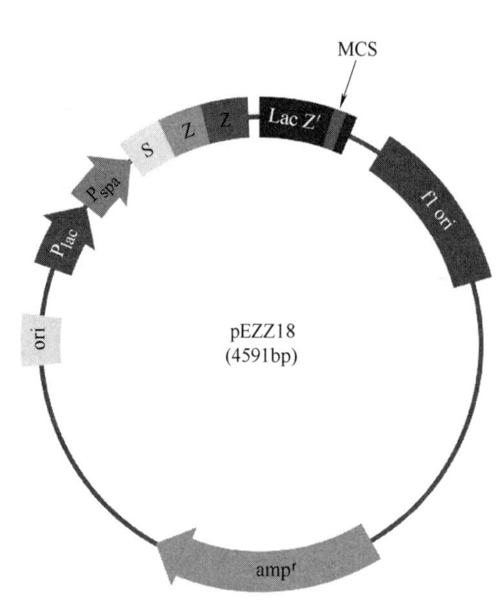

图 3.38　分泌表达载体 pEZZ18 结构示意图。S 表示信号肽序列，ZZ 结构域帮助色谱分离

蛋白质的分泌表达有许多优点：①在分泌过程中蛋白质前面的信号肽被切除后生成的蛋白质的 N 末端氨基酸残基和天然的产物是一致的；②周质空间中的蛋白酶的活性要比胞质中的低，这使所表达的蛋白能稳定的存在于周质中；③周质中只有少量的细菌蛋白，它们仅占细菌总蛋白的 4%，所以这使得重组蛋白更易纯化；④周质空间中提供了一个氧化的环境，更有利于二硫键的正确形成。鉴于以上这些优点，对于许多难以纯化的蛋白可以通过构建分泌型表达载体来实现分泌表达。

利用信号肽序列作为融合标签可将融合蛋白分泌到细胞外，可利用的信号肽有碱性磷酸酶的信号肽和蛋白质 A 的信号肽。Phamrmacia 公司的分泌表达载体 pEZZ18 就是利用了蛋白质 A 的信号肽（图 3.38）。

分泌表达载体 pEZZ18 的表达调控元件包括 lac 启动子、蛋白质 A 的信号肽序列（S）和两个合成的 Z 结构域。来自金黄色葡萄球菌（*Staphylococcus aureus*）的蛋白质 A 的 B 结构域具有与抗体 IgG 结合的能力，Z 片段就来源于蛋白质 A 的 B 结构域。融合蛋白表达后，在信号肽序列的指导下，分泌到培养基中。然后利用固定了 IgG 的琼脂糖色谱柱，通过与 ZZ 结构域结合而得到纯化的融合蛋白。而 ZZ 结构域对融合蛋白的正确折叠几乎没有影响。

3.2.2　真核表达载体

当要把真核生物基因放入原核细胞中表达产生蛋白质时，原核系统就表现出许多缺陷：①没有真核生物基因转录后加工的功能，不能进行 mRNA 的剪接，所以只能表达 cDNA 而不能表达真核生物的基因组基因；②没有真核生物蛋白质翻译后加工的功能，表达产生的蛋白质，不能进行糖基化、磷酸化等修饰，难以形成正确的二硫键配对和空间折叠构象，因而产生的蛋白质常没有足够的生物学活性；③表达的蛋白质经常是不溶的，会在细菌内聚集成包涵体（inclusion body），尤其是当表达目的蛋白量超过细菌体总蛋白量的 10%时，就很容易形成包涵体。生成包涵体的原因可能是蛋白质合成速度太快，多肽链相互缠绕，缺乏使多肽链正确折叠的因素，导致疏水基团外露等。细菌裂解后，包涵体能够被离心沉淀下来，虽然有利于目的蛋白的初步纯化，但无生物活性的不溶性蛋白，要经过复性（renaturation），使其重新散开、重新折叠成具有天然蛋白构象和良好生物活性的蛋白质，常常是一件很困难的事情。也可以设计载体使大肠杆菌分泌表达出可溶性目的蛋白，但表达量往往不高。

要表达真核生物的蛋白质，采用真核表达系统自然应比原核系统优越，常用的真核表达系统有酵母、昆虫、动物和哺乳动物细胞等表达系统。真核表达载体至少要包含两类序列：①原核质粒的序列，包括在大肠杆菌中起作用的复制起始序列、能用在细菌中筛选转化子克隆的抗药性标记基因等，以便插入真核基因后能先在大肠杆菌系统中筛选获得目的 DNA 重组克隆、并复制繁殖得到足够使用的数量。②在真核宿主细胞中表达目的基因所需要的元件，包括启动子、增强子、转录终止子和加 poly(A) 信号序列、mRNA 剪接信号序列、能在真核细胞中复制或增殖的序列、真核细胞中筛选的标记基因以及供外源基因插入的单一限制性内切酶酶切位点等。

3.2.2.1 真核表达载体的组成成分

(1) 原核 DNA 序列

为了能在大肠杆菌中增殖，得到大量能转染哺乳动物细胞的重组 DNA 分子，哺乳动物表达载体中通常有一段原核序列，包括一个能在大肠杆菌中自我复制的复制子、便于在细菌中挑选重组子的筛选标记基因以及便于把真核序列插入载体的多克隆位点。当具备这些序列以后，外源的真核基因序列可在多克隆位点插入载体中，形成的重组 DNA 可在大肠杆菌中增殖，经标记基因筛选后进行 DNA 提取、酶切或测序检测，一方面可以保证目的序列的正确性，另一方面可以增殖得到大量的目的基因的 DNA 序列。所以，真核表达载体往往是“穿梭载体”，即能够在两种或两种以上的不同宿主细胞中复制和增殖的载体。

(2) 启动子

真核生物的启动子区域位于 TATA 区上游 100～230bp 之间，TATA 区位于转录起始点上游 25～30bp 处。启动子的转录效率因细胞而异。因此需根据宿主细胞类型选择不同的启动子。如 PCMV 是真核表达载体常用的强启动子。另外也有许多组织和器官特异性的启动子，如心脏特异启动子 CMLC 启动子等。

(3) 增强子

增强子是使启动子的基因转录效率显著提高的一类顺式作用元件，由多个独立的核苷酸序列组成。它们的作用通常不具有方向性，在位于转录起始点的下游或离启动子很远的地方仍有活性。许多增强子只能在特定的组织或细胞中起作用，即具有组织表达的特异性，因此，在构建真核表达载体的时候，应根据宿主细胞来选择特异性表达的增强子。

(4) 剪接信号

真核生物基因往往由许多内含子和外显子组成。基因组基因被转录成 mRNA 前体以后，需通过剪除内含子、连接外显子才能成为成熟的 mRNA。一般 mRNA 拼接需要的基本序列位于内含子的 5′和 3′末端，因此，改变拼接位点 5′和 3′末端两侧的外显子序列可能会影响邻近拼接位点的使用效率，在替换外显子时应注意。

(5) 终止信号和多聚腺苷化的信号

转录的终止信号常常位于多聚腺苷化位点下游的一段长度为几百个核苷酸的 DNA 区域内。多聚腺苷化需要两种序列：位于腺苷化位点下游的 GU 丰富区或 U 丰富区和位于腺苷化位点上游 11～30 个核苷酸处的一个由 6 个碱基组成并高度保守的 AAUAAA 序列。为了保证目的基因的 mRNA 能有效地多聚腺苷化，真核表达载体上必须包括多聚腺苷化下游的一段序列。最常用的方法是用 SV40 的一段 237bp 长的 *Bam*H Ⅰ-*Bcl* Ⅰ 限制性片段，含有多聚腺苷化的信号。另一种方法是将全长 cDNA 与已组装在表达载体上一个顺式作用因子的部分片段融合，提供多聚腺苷化的信号。

(6) 遗传标记

哺乳动物细胞载体常用的标记基因有胸苷激酶基因（thymidine kinase，*TK*）、二氢叶酸还原酶基因（dihydrofolate reductase，*DHFR*）、氯霉素乙酰转移酶基因（chloramphenicol acetyltransferase，*CAT*）、新霉素抗性基因（neomycin resistance，*NEO*）等。酵母菌表达载体所采用的选择标记则常用营养缺陷型选择标记，如氨基酸和核苷酸生物合成基因 *LEU*、*TRP*、*HIS*、*LYS*、*URA*、*ADE* 等。

3.2.2.2 酵母细胞表达载体

（1）酵母表达载体概述

酵母表达系统能够克服大肠杆菌表达系统的不足，可以进行蛋白质翻译后的修饰和加工。而且像大肠杆菌一样，酵母细胞全基因组测序也已经完成，基因表达调控机理比较清楚，遗传操作简便，酿酒酵母的发酵历史悠久、技术成熟、工艺简单、成本低廉，能将外源基因表达产物分泌至培养基中，不含有特异性的病毒，不产生内毒素，也被美国 FDA 认定为安全的受体细胞。所以酵母表达系统也是基因工程广泛应用的表达系统之一。

酵母的表达载体主要有两类，一是自主复制型质粒载体（YRp），含有酵母基因组的 DNA 复制起始区、选择标记基因和基因克隆位点等元件，能够在酵母细胞中进行自我复制。在酵母细胞中的转化效率较高，每个细胞中的拷贝数可达 200 个，但经过多代培养后，子细胞中的拷贝数会迅速减少。二是整合型质粒载体（YIp），不含酵母 DNA 复制起始区，不能在酵母中进行自主复制，但含有整合介导区，可通过 DNA 的同源重组将外源基因和部分载体片段整合到酵母染色体上，并随染色体一起进行复制。

早期主要应用酿酒酵母表达系统，但也有其局限性，如缺乏强有力的启动子，分泌效率差，表达菌株不够稳定，表达质粒易于丢失等。有鉴于此，人们发展了新一代的酵母表达系统——巴斯德毕赤酵母（*Pichia pastoris*）表达系统。巴斯德毕赤酵母能利用甲醇作为唯一碳源提供能量，故又称它们为嗜甲醇酵母或甲醇酵母。

（2）甲醇酵母表达系统

甲醇酵母之所以能利用甲醇作为碳源，是因为甲醇酵母含有乙醇氧化酶基因。乙醇氧化酶能将甲醇氧化成甲醛，提供酵母生长的能量。甲醇酵母中有两个乙醇氧化酶基因：*AOX1* 和 *AOX2*。*AOX1* 的乙醇氧化酶活力很强。调控乙醇氧化酶基因表达的启动子是强启动子，可用来调控异源蛋白的表达。当以甲醇为唯一的生长碳源时，*AOX1* 基因的表达受甲醇严格调控，并被诱导到相当高的水平，表达的乙醇氧化酶可占整个细胞可溶蛋白的 30%以上。

甲醇酵母中没有稳定的质粒，所以其表达载体采用整合型质粒。Invitrogen 公司构建了多种甲醇酵母表达载体，如胞内表达的 pPIC3.5K 及分泌表达的 pPIC9K 载体等。

pPIC9K 载体的组成成分包括编码 α 因子 N 末端信号肽序列 Sig（S），可引导蛋白分泌；有卡那霉素基因，使得甲醇酵母阳性转化子能抗 G418，有助于筛选；5′*AOX1* 强启动子，可调控异源蛋白表达；MCS，多克隆位点，允许目的基因插入；TT，转录终止和多聚腺苷酸化序列，允许 mRNA 有效转录终止和多聚腺苷化；3′*AOX1* 及其 TT 序列下游区域；*His4*，编码组氨酸，提供转化子的筛选标记；amp^r，氨苄抗性基因，允许在大肠杆菌中筛选（图 3.39）。

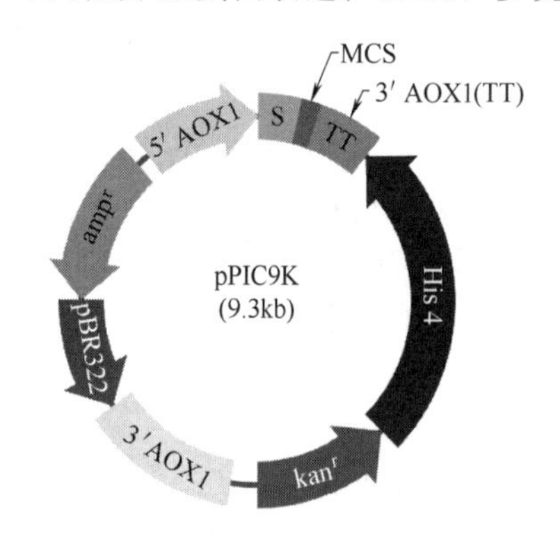

图 3.39 甲醇酵母表达载体 pPIC9K 结构图。*His4* 和 kan^r 是酵母细胞的筛选标记。5′*AOX1* 既是启动子区域，又是与 3′*AOX1* 一起构成与酵母染色体同源重组的序列

pPIC9K 载体是整合型载体，通过同源重组整合到酵母的染色体上。同源重组位点包括 5′*AOX1* 序列、3′*AOX1* 序列以及 *His4* 基因序列。甲醇酵母的受体细胞有 GS115、KM71 和 SMD1168 等，它们含有组氨酸缺陷型基因。pPIC9K 载体上组氨酸基因 *His4*，可补偿宿主的组氨酸缺陷，可以在不含组氨酸的培养基上筛选到转化子。此外，受体细胞基因组含有野生型 *AOX1* 基因。载体与酵母基因组的同源重组如果发生在 5′*AOX1* 序列和 3′*AOX1* 序列之间，就可以将 5′*AOX1* 强启动子下游的目的基因和 *His4* 标记基因整合到酵母基因组，从而实

现阳性转化子的正确筛选，以及目的基因在 *AOX1* 强启动子下可被甲醇诱导的高表达，而且能够稳定遗传下去。

3.2.2.3 哺乳动物细胞系表达载体

哺乳动物细胞表达系统是指采用某种方式将外源基因导入细胞，在哺乳动物细胞中表达获得具有一定功能的蛋白质，这一类真核基因的表达系统称为哺乳动物细胞表达系统。哺乳动物细胞不仅可以表达克隆的 cDNA 基因，而且还可以表达真核基因组的 DNA 基因。哺乳动物细胞表达的蛋白通常可以被适当的修饰，而且表达的蛋白质会恰当地分布在细胞的一定区域并积累。哺乳动物细胞系可以悬浮培养、生长快，能够连续传代，而且能够精确的糖基化，又能实现胞外表达，尤其是对于人类基因来说，人本身的细胞系就是人自身的表达系统，因此比其他真核生物更能反映人类自身活性蛋白的真实表达、加工、定位和精确修饰情况。目前已建立了许多哺乳动物和人细胞系，如 HeLa 细胞系、HEK293 细胞系、COS 细胞系、CHO 细胞系等。

哺乳动物细胞系的表达载体有两种，一类是瞬时转染载体，另一类是稳定转染（永久转染）载体。瞬时转染载体所携带的外源 DNA/RNA 不整合到宿主染色体中，因此一个宿主细胞中可存在多个拷贝数，产生高水平的表达，但通常只持续几天，多用于启动子和其他调控元件的分析。稳定转染载体的外源 DNA 既可以整合到宿主染色体中，也可作为一种附加体（episome）而稳定存在于细胞中。外源 DNA 整合到染色体中的概率很低，大约 $1/10^4$ 转染细胞能整合，所以通常需要通过一些选择性标记如潮霉素 B 磷酸转移酶（*HPH*）、胸苷激酶（*TK*）等基因反复筛选，得到稳定转染的同源细胞系。

pEGFP-N1 是一种 pEGFP 载体，即增强型绿色荧光蛋白表达载体（enhanced fluorecent protein vector）。该载体的特点是：含有增强型绿色荧光蛋白基因 *EGFP*，在 PCMV 启动子的驱动下能在真核细胞中高水平表达绿色荧光蛋白。载体骨架中的 SV40 ori 使该载体在任何表达 SV40 T 抗原的真核细胞内进行复制。Neo 抗性盒由 SV40 早期启动子、Tn5 的 *neo*/*kan* 抗性基因以及 *HSV-TK* 基因的多聚腺苷化信号组成，能应用 G418 筛选稳定转染的真核细胞株。此外，载体中的 pUC ori 能保证该载体在大肠杆菌中的复制，而位于此表达盒上游的细菌启动子能驱动 *kan* 抗性基因在大肠杆菌中的表达（图 3.40）。

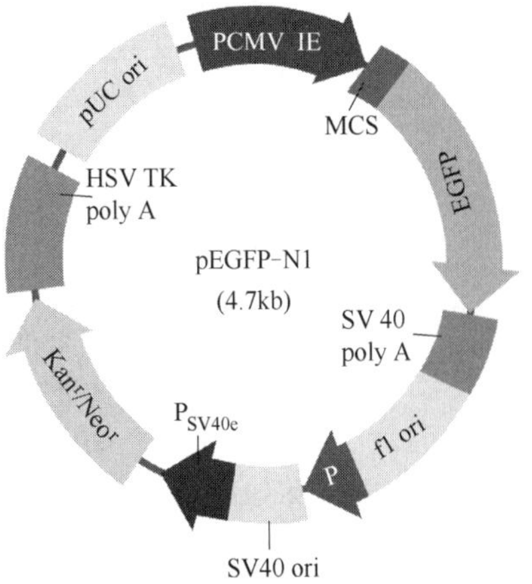

图 3.40 哺乳动物细胞系表达载体 pEGFP-N1 的结构示意图。载体的启动子是 PCMV。*EGFP* 是担体基因，也是哺乳动物细胞系的标记基因

pEGFP-N1 表达载体的应用主要是利用 EGFP 基因上游有多克隆位点 MCS，将外源基因插入后，能表达外源基因与 EGFP 的融合蛋白。根据绿色荧光蛋白的定位和强弱可确定外源基因在细胞内的表达或亚细胞定位情况。如图 3.41 所示，将人类锌指蛋白新基因 *ZNF307* 全长 ORF 及其 7 个锌指结构域 7ZNF 和 KRAB 结构域分别与 pEGFP-N1 载体相连，转染 COS7 细胞系，通过 EGFP 的表达检测，可以确定 *ZNF307* 及其 KRAB 结构域主要在细胞核表达，而其锌指结构域主要在细胞质表达。细胞系中的绿色荧光是 *EGFP* 表达的结果，蓝色是 DAPI 复染细胞核的结果。

彩图3.41

哺乳动物表达载体还有 SV40 病毒表达载体、逆转录病毒表达载体、腺病毒表达载体、疱疹病毒表达载体等，这些载体的构建与使用将在本书第 9 章转基因动物和第 10 章基因治疗的相关内容中介绍。

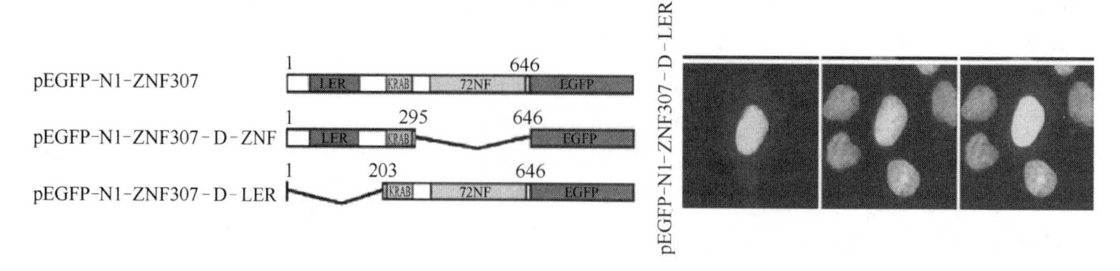

图 3.41 利用 pEGFP-N1-ZNF307 重组载体进行亚细胞定位（李静等，BBRC，2007）

本章小结

基因工程载体分为克隆载体和表达载体两种。克隆载体是能够帮助目的基因在受体细胞内复制和扩增的载体，包括质粒载体、噬菌体载体、黏粒及人工微小染色体。常用的克隆质粒包括 pBR322、pUC18/19、pMD18-T、pGEM 系列、pBluescript、ClonExpress 克隆快线新型质粒等，尽管它们的克隆操作方便，但却只能携带小于 10kb 的外源目的片段。λ 噬菌体载体有插入型和替换型两种，其中替换型载体具有 20kb 的装载容量，但是 M13 噬菌体的装载容量不到 1kb，主要用于扩增单链 DNA 目的片段。黏粒是由正常的质粒与 λ 噬菌体的 cos 位点构建而成的人工载体，具有 40kb 的装载容量。常用的人工微小染色体有 YAC 和 BAC,YAC 可携带 800kb 甚至 1Mb 的大的 DNA 片段，而 BAC 可携带 300kb 的 DNA 片段，所以它们常被用作高等动植物基因组 DNA 的克隆。

基因工程表达载体是能够使外源目的基因在受体细胞内表达产生基因产物的载体，因此，表达载体除了必须具有克隆载体相同的复制起始位点、选择标记基因和多克隆位点外，还必须具有控制外源基因表达的顺式调控元件和目的基因的完整 ORF 及核糖体结合位点等。目前绝大多数的表达载体是质粒。在原核表达系统中，常用的高效表达系统有诱导表达系统、T_7 启动子/RNA 聚合酶表达系统和融合蛋白表达系统，如 GST 融合表达载体、His 标签融合表达载体等。酵母的表达载体系统有甲醇酵母表达系统，外源目的基因在 *AOX1* 基因的强启动子下被甲醇诱导高效而稳定地表达。哺乳动物细胞系的表达载体往往是穿梭质粒，既能在大肠杆菌细胞中繁殖，也能在动物细胞中复制，如 pEGFP-N1 等，其 *EGFP* 标记基因能够与外源基因融合表达，所以常被用来检测外源基因的亚细胞定位。

复习题

1. 基因工程载体必须满足哪些基本条件?
2. 质粒载体有什么特征，有哪些主要类型?
3. 噬菌体载体有哪些? 携带能力分别有多大?
4. 什么是人工微小染色体? 有哪些类型?
5. 什么是穿梭载体?
6. 表达载体应该具备什么条件?
7. 请描述用载体 pUC18 来克隆 DNA 片段的过程。在这个克隆实验中，你怎样选择含有克隆片段的重组子?
8. 基于 T_7 噬菌体 RNA 聚合酶/启动子的大肠杆菌表达系统的主要优点是什么?
9. 蛋白质的融合表达的原理与优点是什么?
10. 甲醇酵母表达系统的高效表达原理是什么?
11. pEGFP-N1 载体结构有哪些特点?

4

目的基因的获取与制备

本章导读　目的基因的获取与制备是基因工程操作中最关键的环节。本章介绍了4种制备目的基因的方法，包括从基因文库中筛选目的基因，电子克隆目的基因，通过PCR技术扩增获取目的基因以及通过蛋白质工程改建目的基因等。其中PCR技术既可以克隆和扩增目的基因，又可以研究基因的表达和定位，还可以实施定点突变，是一种强大的基因操作工具。

基因工程的目的是通过合适的载体将目的基因导入到一个新的受体细胞中使之表达产生基因产物或产生一个由目的基因控制的新的遗传性状，因此，目的基因的获取和制备是基因工程操作的首要环节，也是基因工程能否成功的关键制约因素。在基因工程操作中所涉及的目的基因通常是指已知的基因，即或者目的基因的序列和结构是已知的，通过基因工程的操作可以研究该基因的功能和调控方式；或者目的基因的主要功能是确定的，因而可以通过基因工程将该基因导入到某些特定的受体细胞中去表达一个已知的产物（多肽、酶、抗体、大分子蛋白质甚至RNA）或使受体获得一个预期的新的遗传性状。而且目的基因的来源和供体是清楚的。在这种前提下，获取目的基因的途径通常有化学合成法、从基因组文库分离法、逆转录法或从cDNA文库筛选法、PCR直接扩增法、电子克隆法以及定点突变改造法等。

化学合成法首先是由A. R. Todd团队于1955年尝试创立的。他们把一个3′端由乙酰基团保护的胸腺嘧啶核苷（3′-*O*-乙酰胸苷）与另一个5′端被苄基氯保护的胸腺嘧啶核苷（胸苷3′-苄基氯-5′-二苄磷酸）缩合，然后去除保护基团获得一个由3′,5′-磷酸二酯键连接的胸腺嘧啶二核苷酸。1958年，Khorana根据同样的思路建立了二酯法合成寡核苷酸的方法。他们用乙酰基团保护一个核苷酸的3′端羟基，使之5′端磷酸基团游离。用三苯基保护另一个核苷的5′端，而使它的3′羟基游离。在二环已基碳二亚胺（DCC）或甲基磺酰氯的催化下，合成二核苷酸单磷酸。由于二酯法合成DNA的速度太慢，后来又相继建立了磷酸三酯法（Letsinger和Mahadeva，1966）和亚磷酸三酯法（Letsinger，1975）。其中亚磷酸三酯法合成DNA的速度快、反应干净、产物容易分离，且能合成长DNA链，还能以固相支持合成，成为自动化合成DNA的基础，并由此诞生了第一台DNA合成仪（Alvarado-Urbina，1981），能自动化合成14个核苷酸长度的寡聚DNA片段（邢万金，2018）。

1970年，Khorana用化学合成的方法首次完成了Ala-tRNA全长基因序列的合成

（77bp）。1977年，Itakura和Riggs利用化学合成法人工合成了一个生长激素释放抑制因子基因并在大肠杆菌中表达成功。1978年，他们用同样的方法合成了人胰岛素DNA序列，也在大肠杆菌细胞表达成功并于1982年成为第一个上市的基因工程药物。利用化学合成法获取目的基因的优点是时间短，基因序列可靠，基因分离纯化简单，而且价格低廉。但是它只能合成序列不超过200bp的短的基因，而且基因的全序列必须完全已知，因此适合小分子多肽类的基因。或者对于某些来源特异的小分子蛋白质，其氨基酸序列和功能已被研究清楚，而基因定位和基因序列尚不可知时，也可以采用简并密码子的方法设计一系列可能的基因序列，通过化学合成法合成后，分别作为探针与原蛋白质来源物种的基因组DNA杂交，从而确定正确的基因序列。目前化学合成法的实际用途主要用于体外DNA合成反应及PCR扩增反应的引物、核酸分子杂交的探针、重组DNA所需的各种人工接头（polylinker）以及基因定点突变之盒式突变中带有预定突变序列的寡核苷酸片段等。DNA的化学合成目前基本上采取市场化运作，主要由专职的生化制剂公司完成，因此，本章主要介绍从基因文库筛选目的基因、利用电子克隆获取目的基因、通过PCR直接扩增目的基因、通过蛋白质工程改建目的基因等目的基因的获取方法。

4.1 从基因文库获取目的基因

基因文库（gene library）或DNA文库（DNA library）是指在细菌中增殖来自某一生物的染色体DNA或cDNA所形成的全部DNA片段克隆的集合体。或者说，是将某个生物的基因组DNA或cDNA片段在体外与适当的载体通过重组后，转化宿主细胞，并通过一定的选择机制筛选后得到的大量的阳性菌落或噬菌体的集合体。因此，基因文库是人工构建的某一物种的全部DNA的集合体，它与基因库（gene pool）的区别在于后者是天然存在于该生物物种体内的全部完整DNA序列的基因的集合体，而前者是将该物种的DNA序列全部提取出来之后分段与载体结合保存在细菌菌落或噬菌体DNA中的集合体。严格说来，基因文库与基因银行（gene bank）也有区别。完整基因文库中应包含该物种的所有染色体DNA及cDNA序列，但不一定是全部经过了测序的，或者说不一定每段DNA的序列都是已知的。但是在基因银行中，所有物种的DNA或cDNA或mRNA的序列都是经过测定的，它包含了所有提交的已知序列的DNA及cDNA和mRNA的信息，因此它其实是一个序列信息数据库，所以基因银行被称为基因组数据库更合适一些。基因文库是一个DNA集合体的物质存在形式，而基因银行其实是一个DNA集合体的数据信息电子版存在形式。

根据外源DNA片段的来源不同，可将基因文库分为基因组DNA文库（genomic DNA library）和cDNA文库（complementary DNA library）。

4.1.1 基因组文库的构建与筛选

基因组文库的概念是指把某种生物的基因组DNA全部提取出来，切成适当大小的片段，分别与载体连接构建成重组DNA分子后，再导入到适宜的宿主细胞，形成克隆。汇集这些克隆，应包含基因组中的各种DNA序列，每种DNA序列至少有一份代表。这样的克隆片段的总汇，叫基因组文库。

4.1.1.1 基因组文库的构建过程

基因组文库的构建一般包括下列基本步骤：①细胞染色体大分子DNA的提取和大片段DNA的制备；②载体DNA的准备；③载体与基因组大片段DNA的连接；④体外包装及基因组DNA文库的扩增；⑤重组DNA的筛选和鉴定等。如图4.1所示。

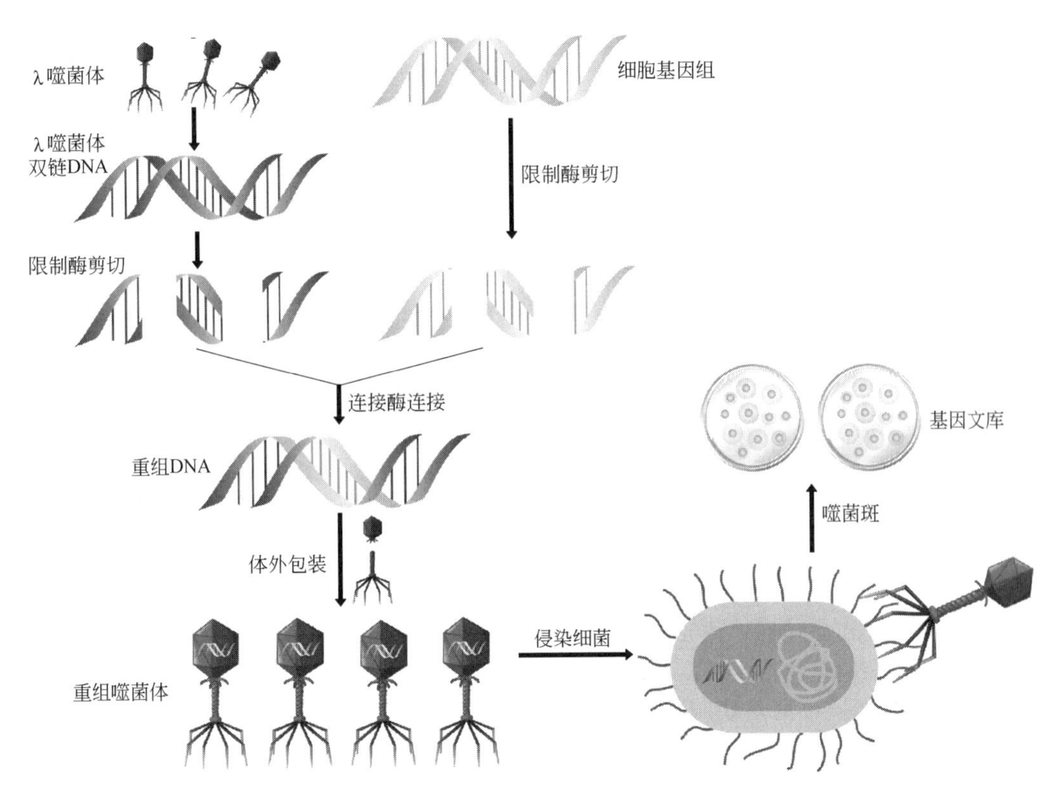

图 4.1　基因组文库构建过程示意图。分别提取细胞基因组 DNA 和 λ 噬菌体载体 DNA，分别酶切，再混合用连接酶连接，得到重组 DNA 分子，体外包装成重组噬菌体，侵染大肠杆菌，得到基因组 DNA 片段的全部克隆集合体

(1) 基因组 DNA 的制备

彩图4.1

为了最大限度地保证基因组 DNA 文库的完整性，在提取和制备构建基因组文库的基因组 DNA 时，应尽量保证 DNA 在长度和数量上是完整的，尽量减少提取过程中 DNA 的丢失。此外，为了保证基因组 DNA 与载体连接时片段大小是均一的，并且长度符合载体的要求，制备 DNA 时还要尽量保证 DNA 有足够的长度。如果构建 λ 噬菌体基因组文库，由于载体携带片段比较小，因此采用常规的组织破碎—蛋白酶裂解—苯酚氯仿抽提等真核染色体 DNA 提取方法，可以得到长度大于 20kb 的 DNA 片段，符合载体的要求。但是如果用人工染色体作载体构建基因组文库，由于载体的携带能力比较大，则采用常规的基因组 DNA 提取方法得到的 DNA 片段小于 100kb，将不符合载体的要求。这种情况下，需要用特殊的方法制备大片段的基因组 DNA。通常采用低熔点琼脂糖包埋固定法。这种方法首先将真核细胞包埋在低熔点琼脂糖凝胶块内，直接在凝胶块内完成细胞的裂解和蛋白质的消化等步骤，这样制备的染色体 DNA 为大分子量 DNA（HMW-DNA），长度可达 500kb。

(2) 基因组 DNA 的切割

为了将大片段的基因组 DNA 切割成大小均一的、长度符合载体要求的短片段 DNA，通常采用两种方法对基因组 DNA 进行切割：一是物理学方法，即利用机械力和超声波将 DNA 打断。如用超声波强烈作用于 DNA 溶液，可使 DNA 断裂成 300bp 的短片段。而在搅拌器中高速搅拌，以 1500r/min 的转速搅拌 30min，可得到平均长度为 8kb 左右的 DNA 分子群体。二是生物化学方法，即利用限制性核酸内切酶降解基因组 DNA。通常选择 4 碱基识别序列的限制性核酸内切酶，如 *Alu* Ⅰ、*Hae* Ⅱ、*Mbo* Ⅰ、*Sau*3A Ⅰ等，它们在 DNA 上的随机切割位点多，只要控制酶切消化的时间，就可做到基本上满足将 DNA 切割成均一的不同长度片段的随机性要求。如人的基因组 DNA 长度约为 3×10^9 bp，利用 4 碱基识别序列的限制性酶切，可以切成平均大小为 2×10^4 bp 的短片段，以满足 λ 噬菌体作载体的要求；如果用低浓度的酶将消化时间缩短，也可以切成大于 2×10^5 bp 长度的 DNA 大片段，以满足 YAC 或 BAC 载体的要求。

然而用机械或超声波的方法切割 DNA，往往造成 DNA 末端是平头末端或带有一个短的单链尾巴，这就需要首先用 DNA 聚合酶Ⅰ的 Klenow 片段将 DNA 末端补平，然后再与载体连接重组。对于用限制性核酸内切酶消化的 DNA 片段，因为其本身带有互补的黏性末端，可以通过用同一种酶或同尾酶酶切载体，直接与载体进行黏性末端的连接，无需其他修饰或处理。

(3) 载体和受体的选择

构建基因组文库所用的载体通常有三种：λ 噬菌体、柯斯质粒及人工微小染色体 YAC 和 BAC。有时候为了构建亚克隆文库，也会用到质粒作载体。除 YAC 作载体必须用酵母细胞作为受体细胞外，其余载体都用大肠杆菌作为受体细胞。

采用 λ 噬菌体作载体时，由于在载体左臂、右臂和中央片段的连接处通常有一个连接头 (polylinker)，在该连接头上含有多种限制性核酸内切酶的识别序列，如 *Sal* Ⅰ、*Bam*H Ⅰ、*Eco*RⅠ等，如果用这些酶酶切载体，将会将 λ 噬菌体载体切割成左、右两臂和中央片段三个部分。因此必须先经过密度梯度离心或凝胶电泳将两臂与中央片段分离开来，然后回收两臂，除去中央片段。载体两臂再与消化好的基因组 DNA 片段连接重组。一般 λ 噬菌体会选择用 *Bam*H Ⅰ酶切，这样产生的载体的黏性末端刚好可以与由 *Mbo* Ⅰ或 *Sau*3A Ⅰ切割的基因组 DNA 片段末端黏端相同，因而可以直接连接。而对于 λEMBL3、λEMBL4、Charon34 或 Charon35 等载体，还可以采用 *Bam*H Ⅰ和 *Eco*RⅠ双酶切的方法处理载体，这样做的好处是得到的噬菌体载体的两臂带有 *Bam*H Ⅰ末端，而中央片段则为 *Eco*RⅠ末端，从而使得载体两臂不会与中央片段自连，而当载体两臂与消化好的基因组 DNA 片段重组时，中央片段即便不除去也干扰不大。

柯斯质粒比 λ 噬菌体能容纳更大的外源 DNA 片段（30～45kb），因此，用于构建基因组文库时，也必须尽可能保证基因组 DNA 片段有足够的大小。但是载体重组时，柯斯质粒的载体处理要比噬菌体简单。因为只须用限制性核酸内切酶将载体切成线性 DNA 分子，而无需像 λ 噬菌体那样进一步分离酶解产物，除去中央片段。但是，为了降低柯斯质粒的自身连接，酶切后的柯斯质粒须用碱性磷酸酯酶处理，去除 5′磷酸基团。此外，连接重组时，为了保证较好的连接效率，柯斯质粒的 DNA 量要比插入片段的 DNA 量高 10 倍以上。

真核生物有不少长度超过 1000kb 的大基因，如果利用前述的柯斯质粒或 λ 噬菌体来克隆，就只会克隆到一组彼此重叠的基因片段，而不可能将一个完整的基因包含在一个克隆中。而且，基因组越大，载体的装载能力越小，基因组文库所需的克隆数就越多（见后面文库完整性的计算），导致从文库中筛选目的基因的工作量也就越大。为了克服这些问题，需要引入装载量很大的人工染色体载体。因此，一些高等生物的基因组文库就是采用 YAC 或 BAC 载体构建的。用人工微小染色体构建基因组文库时，例如 pYAC4，可先选用 *Bam*H Ⅰ和 *Eco*RⅠ对其双酶切消化，就会产生具有 *Eco*RⅠ黏性末端的两条载体臂和一段很短的端粒序列片段，其中在每一条臂分子中都带有一段端粒序列和一个选择标记（见图 3.22）。去除两条端粒序列间的 DNA 片段，分离回收 YAC 双臂，就可用于与基因组 DNA 片段的重组连接了。

(4) 基因组文库的保存

当基因组 DNA 片段与载体连接后，对于噬菌体载体和柯斯质粒，还需要完成体外包装的过程。λ 噬菌体的体外包装系统首先由瑞士的 Thomas Hohn 夫妇于 1974 年建立。他们构建了两种外壳蛋白有缺陷的 λ 噬菌体（$λD^-F^-$ 和 $λE^-$），其 D 基因和 F 基因及 E 基因分别有突变，不能产生完整的 D、E 头部蛋白和 F 尾部蛋白，所以这两种噬菌体都不能单独包装成有活性的 λ 噬菌体颗粒，而只能提供各自有缺陷的包装蛋白。当它们与 λ 噬菌体 DNA 混合时，可以在体外包装成有活性的 λ 噬菌体。后来，Nat Sternberg 和 Lynn Enquist 优化了 λ 噬菌体的体外包装系统（1977）。他们制备了 NS428 和 NS433 两种包装用突变体 λ 溶原化的宿主菌株，其 λ 原噬菌体不能从宿主细胞染色体上环化解离，只能以溶原状态永久存在，产生包装蛋白而不裂解细菌。诱导 NS428 菌株表达，可得到除 A 蛋白外的其他全部 λ 噬菌体外壳蛋白。诱导 NS433 菌株表达，可得到除 E 蛋白外其他所有的 λ 噬菌体外壳蛋白。分别从 NS428 和 NS433 菌株中提取包装用的 λ 噬菌体外壳蛋白，与重组 λ 噬菌体 DNA 混合即可体外包装成有感染能力的重组 λ 噬菌体颗粒。

噬菌体粒子感染细菌的转导效率比重组 DNA 直接感染细菌的效率可提高 100～1000 倍。而且噬菌体感染细菌后涂成平板会形成噬菌斑形式的克隆，这种噬菌斑几乎可以无限期地储藏，比以细菌菌落形式保存的克隆要稳定许多。因为菌落克隆经过储藏后，细菌的成活率会剧烈下降，而且菌落克隆群体在增殖过程中，并不是所有重组子成员都是等速增殖的。虽然文库保存的方法与所使用的载体和宿主相关，不同文库的保存方法不同，但长期保存的温度都必须在－80℃。

以噬菌体或其衍生载体构建的 DNA 文库的保存除了噬菌斑形式外，还可以收集噬菌体液分装成小份，加入 2%～3%的氯仿可在 4℃下保存数月，添加 7%的二甲基亚砜（DMSO）可在－80℃保存数年。而对 BAC 文库来说，保存时先用手工或机器手将重组克隆挑至含抗冻液和抗生素的液体培养基的 384 孔板或 96 孔板过夜培养，待培养液浑浊后，用 384 针或 96 针复制器制备多个拷贝，按编号保存于－80℃超低温冰箱。由于文库反复冻融会影响细菌的活性，一般文库的原始拷贝留在超低温冰箱内不让其发生冻融，只取一个拷贝用于后续的操作，例如文库筛选和完整性检测等。

4.1.1.2 基因组文库的完整性测定

基因组文库构建好后，文库是不是可用和有效的，要看这个文库是不是完整的。基因组文库的完整性包括两层含义：一是文库具有代表性，即文库中所有克隆所携带的 DNA 片段重新组合起来可以覆盖整个基因组，或者说基因组中的任何一段 DNA 都可以从文库中分离得到。二是具有随机性，即基因组每段 DNA 在文库中出现的频率都应该是均等的。

通常根据文库所包含的总的克隆数目来预测一个基因组文库的完整性。对于完整文库应该具备的克隆数目，Clarke 和 Carbon 于 1975 年提出了如下的计算公式：

$$N=\ln(1-p)/\ln(1-f)$$

式中，N 为一个完整基因组文库所应该包含的重组克隆总数；p 为该文库理论上囊括基因组所有片段的概率，如果是完整文库，则此概率一般规定为 99%甚至 99.99%；f 为重组克隆平均插入片段的长度与基因组 DNA 总长度的比值。

例如，人的基因组总长度为 3×10^9 bp，$p=99\%$，假如以噬菌体作载体构建基因组文库，插入片段平均长度为 1.7×10^4 bp，则 $f=1.7\times10^4/(3\times10^9)$。代入上述公式，算出

$$N=\ln(1-0.99)/\ln[1-1.7\times10^4/(3\times10^9)]=8.1\times10^5$$

即若用噬菌体作载体构建人的基因组文库，至少需要81万个克隆数目才有99%的概率从文库中筛选到任何一个目的DNA片段，所以完整基因组文库的克隆数目为81万个。

从以上公式也可以看出，如果载体容纳外源片段的能力越大，完整文库所需的克隆数目越小，从文库中筛选目的DNA片段的工作量越小；反之，载体容纳外源片段的能力越小，完整文库所需的克隆数目越大，从文库筛选到目的DNA片段的工作量就越大。

4.1.1.3　从基因组文库中筛选目的基因

由于基因组文库是以噬菌斑或菌落的形式保存的，在文库中将目的基因筛选出来的方法通常采用菌落（噬菌斑）原位杂交法。菌落（噬菌斑）原位杂交是直接以菌落或噬菌斑为对象来检测目的基因重组子的技术，它能从成千上万个重组子中迅速检测出期望的、与探针序列同源的目的基因的重组子（图4.2）。首先在含有选择性抗生素的琼脂平板上放一张硝酸纤维素滤膜，将菌落点在硝酸纤维素滤膜上倒置平板，于37℃培养至细菌菌落生长到0.5～1.0mm的大小。或者先将在平板上生长的细菌菌落通过影印的方法将菌落转移到硝酸纤维素滤膜上。然后用0.5mol/L NaOH裂解菌落释放变性的DNA并使DNA结合于硝酸纤维素滤膜上，用Tris-HCl（pH 7.4）中和后置于室温放置20～30min，使滤膜干燥。将滤膜夹在两张干的滤纸之间，在真空烤箱中于80℃烘烤2h，固定DNA。然后用目的基因的一段特异序列设计探针，进行同位素标记，用标记好的探针与滤膜杂交。如果出现阳性杂交信号，说明目的基因在文库中。根据滤膜上阳性克隆的位置找出对应于平板上菌落的位置，挑该菌落出来扩增培养，酶切得到目的片段。

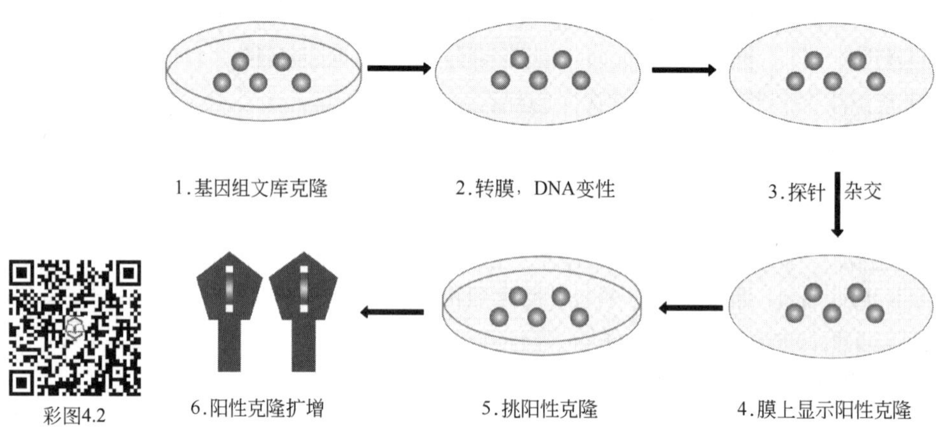

图4.2　菌落原位杂交筛选基因组文库

4.1.1.4　基因组文库的应用

构建基因组文库是为了方便获取目的基因，但是基因组文库的应用远不局限于此。基因组文库是将基因组DNA切成片段构建的克隆群体，因此，文库中的DNA代表了基因组DNA的全部信息，除了可以用于分离特定的基因片段，还可以用于分析特定基因的结构，如编码区和非编码区的组成，内含子和外显子的信息，调控序列的信息等。通过比较不同物种或近缘种的基因组序列，基因组文库也可用于研究基因的起源与进化。同时，由于基因组大量重复序列、非编码序列和基因间隔序列的存在，它们可能代表了不同种类的基因表达调控方式，因此，基因组文库也可以用于研究基因的表达调控等信息。

在人类基因组计划实施过程中，HGP的测序路线分两种，一种是定位克隆霰弹法（mapped clone shotgun），另一种是全基因组霰弹法（whole genome shotgun）。其中定位克隆霰弹法就是首先要建立人类基因组DNA的BAC文库，然后用限制性核酸内切酶*Hin*dⅢ消化BAC文库中的每一个BAC克隆，根据限制酶切图谱和物理图谱上STR及STS路标做

Southern 杂交提供的信息，建立物理图谱对应的“重叠克隆群”，再对每个初步定位的克隆进行测序，将所有相关克隆的一致性序列组装成一个序列重叠群（contig），最后拼接成人类基因组全长序列。定位克隆霰弹法把遗传图、物理图和序列图有机结合，保证了人类全基因组序列图的准确性和说服力。因此，建立基因组文库是与基因组测序紧密相连的，可用于基因组物理图谱的构建和大规模基因组测序。

4.1.2 cDNA 基因文库的构建与筛选

由于真核生物基因组 DNA 十分庞大，一般含有数万种不同的基因，并且含有大量的重复序列和非编码序列，因此，真核生物基因组文库所包含的克隆数目也是十分庞大的，从中筛选目的基因的工作量很大。但是，在不同的组织中基因的表达却是有选择性的，通常表达的基因只占总基因数的 15%左右，每种特定组织中大约只有 15000 种不同的 mRNA 分子。如果从 mRNA 出发分离目的基因，将可以大大缩小搜寻目的基因的范围，降低分离目的基因的难度。然而由于耐热的 RNA 酶的存在，又使得 mRNA 很容易降解，导致操作不方便。如果把 mRNA 先转录成互补的 cDNA（complementary DNA），既可以克服这个难题，又可以构建成复杂性较低的 cDNA 基因文库，简化目的基因的筛选工作。

将生物某一组织细胞中的全部 mRNA 分离出来作为模板，在体外用反转录酶合成与之互补的 cDNA 第一条链，再在 DNA 聚合酶Ⅰ的作用下合成 cDNA 的第二条链。然后将双链 cDNA 分子连接到合适的载体上，转入到宿主细胞后形成的克隆的集合体就叫 cDNA 文库。cDNA 序列只与基因的编码序列有关，不能反映基因的内含子、转录启动子、终止子甚至核糖体识别序列等信息，但是由于文库的复杂性低，非常适用于真核生物的特异基因的分离和筛选，而且从 cDNA 文库中筛选分离的目的基因可直接用于表达。

cDNA 基因文库可分为表达型和非表达型两类。表达型 cDNA 文库采用表达型载体构建，插入的 cDNA 片段可直接表达产生融合蛋白（fusion protein，详见本书第 3 章），具有抗原性或生物活性。这类 cDNA 文库适用于哪些蛋白质的氨基酸序列目前尚未完全了解，因而不能采用核苷酸探针筛选目的基因，而只能采用能与表达产物发生特异性结合的抗体或化合物进行标记筛选的基因。非表达型 cDNA 文库采用克隆载体构建，无需表达 cDNA 产物，直接根据目的基因的部分核苷酸序列作为探针来杂交筛选文库。

4.1.2.1 cDNA 基因文库的构建过程

cDNA 文库的构建共分四步：①细胞总 RNA 的提取和 mRNA 的分离；②cDNA 第一链的合成；③cDNA 第二链的合成；④双链 cDNA 克隆进质粒或噬菌体载体并导入宿主细胞中繁殖。

（1）总 RNA 的提取与 mRNA 的分离

细胞中总 RNA 包括 mRNA、tRNA、rRNA 和其他各种非编码 RNA。构建 cDNA 文库的第一个步骤是分离细胞总 RNA，然后将 mRNA 从 tRNA 和 rRNA 等 RNA 的混合物中分离出来。分离总 RNA 比分离总 DNA 困难的一个主要原因是无处不在的、耐高温的 RNA 酶的存在。利用真核 mRNA 分子的 3′端有 poly(A) 尾结构，根据碱基 A 和 T 配对原理，可以方便地从大量的 tRNA 和 rRNA 混合物中分离出 mRNA。目前纯化 mRNA 的方法都是在固体支持物表面共价结合固定一段由脱氧胸腺嘧啶核苷组成的寡聚核苷酸［oligo(dT)］链，由它与 mRNA 的 poly(A) 尾巴杂交，从而吸附固定住 mRNA，进而将 mRNA 从其他组分中分离出来的。应用比较广的是同纤维素分子或琼脂糖共价结合制成的纤维素色谱柱。当分离的细胞总 RNA 溶液通过这种纤维素柱时，mRNA 分子的 poly(A) 尾巴会同 oligo(dT) 序列互补配对杂交而黏附在纤维素柱子上，而其他 rRNA 和 tRNA 分子则流出柱外，再用一定浓度的盐溶液洗涤柱子，之后用低离子强度的TE缓冲液（10mmol/L Tris-HCl、1mmol/L EDTA）洗脱mRNA，就可以获得细胞内的mRNA了（图4.3）。

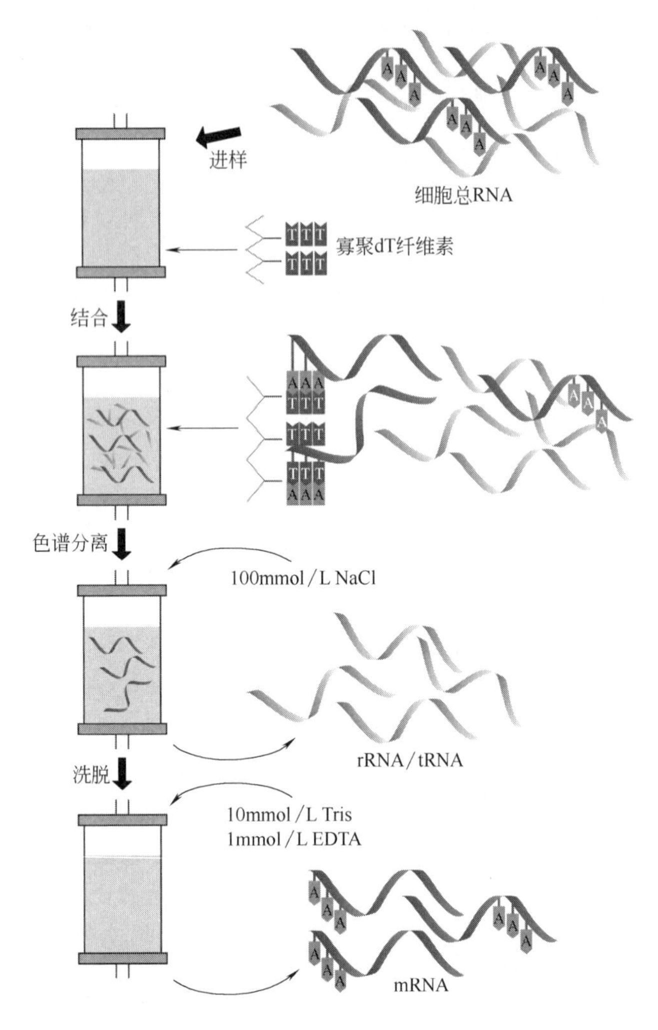

图4.3　通过结合有oligo（dT）的纤维素色谱柱将mRNA从总RNA中分离出来

（2）cDNA第一链的合成

从mRNA到合成cDNA的过程称为反转录，是由反转录酶（reverse transcriptase）催化的。常用的反转录酶有两种，即AMV（来自禽成髓细胞瘤病毒）和MLV（来自Moloey鼠白血病病毒），二者都是依赖于RNA的DNA聚合酶。同依赖于DNA模板的DNA聚合酶一样，逆转录酶具有5′→3′ DNA聚合酶活性，但不具有3′→5′DNA核酸外切酶的活性，因此，它像*Taq*酶一样缺乏错配碱基修复的能力，在高浓度dNTP和Mn^{2+}存在时，每500个碱基就会有一个错误碱基掺入。反转录酶虽然没有3′→5′DNA外切酶的活性，但是它具有5′→3′以及3′→5′RNA外切酶的活性（即RNAaseH的活性），可以从两端降解DNA-RNA杂交双链中的RNA链。逆转录酶合成DNA时需要引物引导，目前常用的引物主要有两种，即oligo(dT)和随机引物，有时候也会用到某个基因的特定序列作引物。oligo(dT)引物一般包含10～20个脱氧胸腺嘧啶核苷和一段带有稀有酶切位点的引物共同组成，随机引物一般是包含6～10个碱基的寡核苷酸短片段。

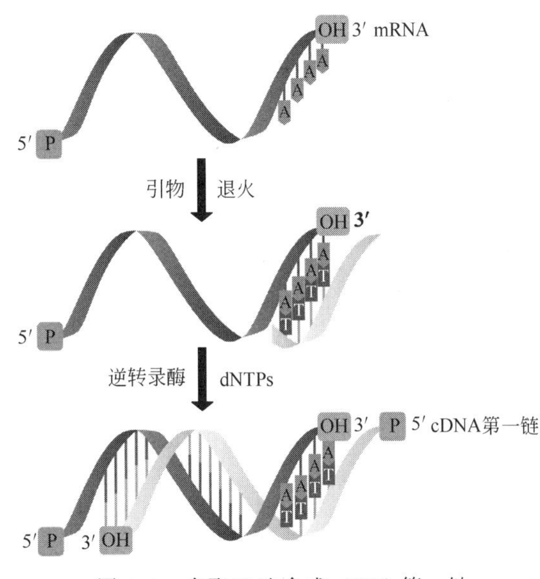

图 4.4 多聚 T 法合成 cDNA 第一链

以 oligo(dT) 作引物合成 cDNA 的第一条链时，oligo(dT) 结合在 mRNA 的 3′端，因此得到的 cDNA 的第一条链的 5′端往往是完整的（图 4.4）。但是合成全长的 cDNA 需要反转录酶从 mRNA 分子的 3′端慢慢移动到 5′端，有时逆转录酶容易从 mRNA 分子上脱离，这就导致全长 cDNA 的合成难以实现，特别是 mRNA 链很长时，可能会导致 cDNA 的第一条链的 3′端不一定是完整的。

随机引物引导的 cDNA 合成法（randomly primed cDNA synthesis）的基本原理是根据各种可能的序列，合成 6～10 个碱基长度的寡核苷酸片段作为随机引物，这种随机短片段的混合物往往可以同时和 mRNA 模板上的许多位点结合，而不仅仅从 3′末端的 poly(A) 处开始合成，因此，这种方法对于长的 mRNA 分子来说，容易获得靠近 mRNA 5′端的比较完整的序列（图 4.5）。

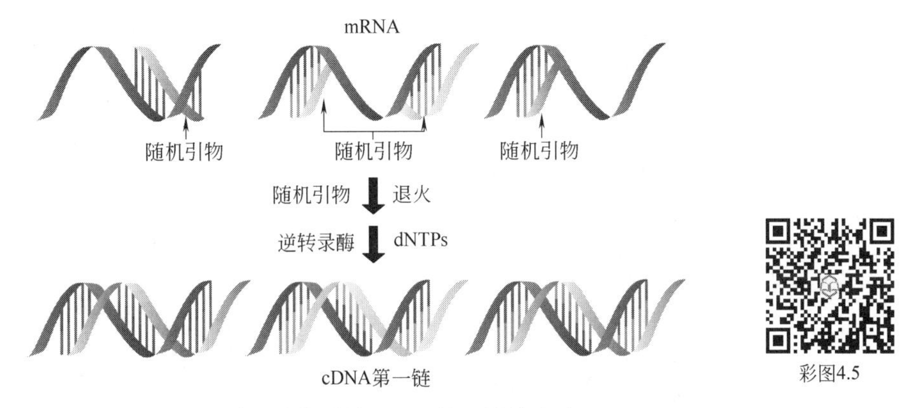

图 4.5 随机引物引导 cDNA 第一链的合成

（3）cDNA 第二链的合成

当用逆转录酶以 mRNA 为模板合成了 cDNA 第一条链后，cDNA 与 mRNA 之间形成了杂合双链。为了得到能够与载体克隆的双链 cDNA，首先必须将杂交双链中的 mRNA 降解去除，然后再在 DNA 聚合酶 Ⅰ 或其大片段 Klenow 片段的作用下合成 cDNA 的第二条链。cDNA 的第二条链的合成通常有三种方法，分别介绍如下。

① 自身引导合成法。首先用氢氧化钠等碱溶液消化杂合双链中的 mRNA 链，从而导致 cDNA 第一链的解离。单链 cDNA 容易在其 3′-末端发生自身环化，形成一个发夹环（hairpin loop）结构。发夹环的产生是第一链 cDNA 合成时的特性，原因至今未知，据推测，可能与 mRNA 的 5′帽子的特殊结构及逆转录酶本身具有的“转弯”效应有关。但是发夹环的出现为 cDNA 第二条链的合成提供了十分方便的引物。DNA 聚合酶 Ⅰ 会同时以 cDNA 第一链作为引物和模板复制出 cDNA 第二链，此时形成的双链 cDNA 是通过发夹环连接在一起的，利用单链核酸酶 S1 就可将连接处的单链发夹切断，形成双链 cDNA 分子

（图 4.6）。

自身引导合成法在早期的 cDNA 文库构建过程中几乎是唯一的选择，但是由于核酸酶 S1 的切割作用，往往导致双链 cDNA 分子的 5′端（即对应于 mRNA 分子的 5′端）的不规则碱基缺失，从而形成 5′端不完整的双链 cDNA 分子。

② 置换合成法。置换合成法是由 Okayama 和 Berg 于 1982 年首先提出，并由 Gubler 和 Hoffman 于 1983 年修订而成的。其基本步骤是先用 RNA 酶 H（RNaseH）将 mRNA-cDNA 杂合双链中的 mRNA 部分降解，形成一些 RNA 的小片段。由于这些 mRNA 短片段仍然与 cDNA 第一链杂交结合，因此，这些小片段可直接作为大肠杆菌 DNA 聚合酶Ⅰ合成 cDNA 第二链的引物。大肠杆菌 DNA 聚合酶Ⅰ 以第一链 cDNA 为模板合成一段段不连续的 cDNA 第二链的片段。DNA 聚合酶Ⅰ在发挥 5′→3′聚合作用的同时也发挥 5′→3′核酸外切酶的活性，将作为引物的 mRNA 短片段逐一降解。形成的不连续的 cDNA 第二链片段犹如在细胞内复制所产生的冈崎片段，需要通过 DNA 连接酶将这些片段连接成一条完整的 cDNA 第二链（图 4.7）。遗留在 5′-末端的一段很小的 mRNA 也被 DNA 聚合酶Ⅰ的 5′→3′核酸外切酶活性和 RNA 酶 H 降解，暴露出与第一链 cDNA 3′端对应的部分序列，这个 cDNA 第一链的 3′端突出序列也可用 DNA 聚合酶Ⅰ的 3′→5′ 核酸外切酶的活性降解，从而形成双链 cDNA 分子的 5′平端或差不多的平端。用置换合成法合成的双链 cDNA 分子在 5′端也会存在几个核苷酸的缺失，但一般不影响编码区的完整。

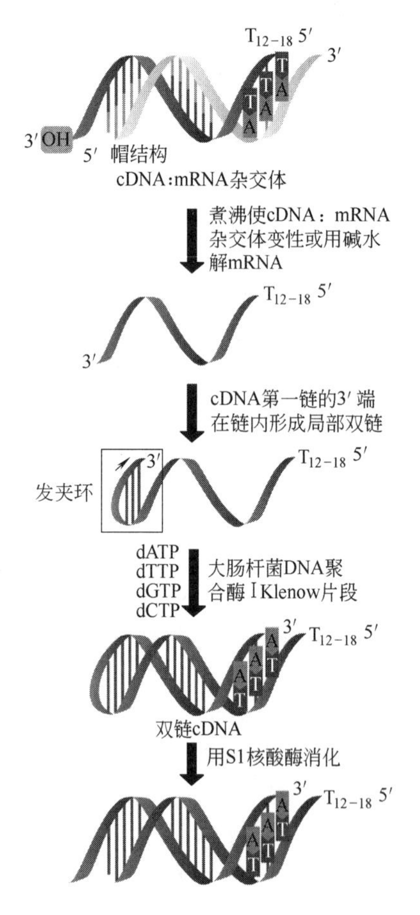

图 4.6　自身引导合成法合成 cDNA 第二链

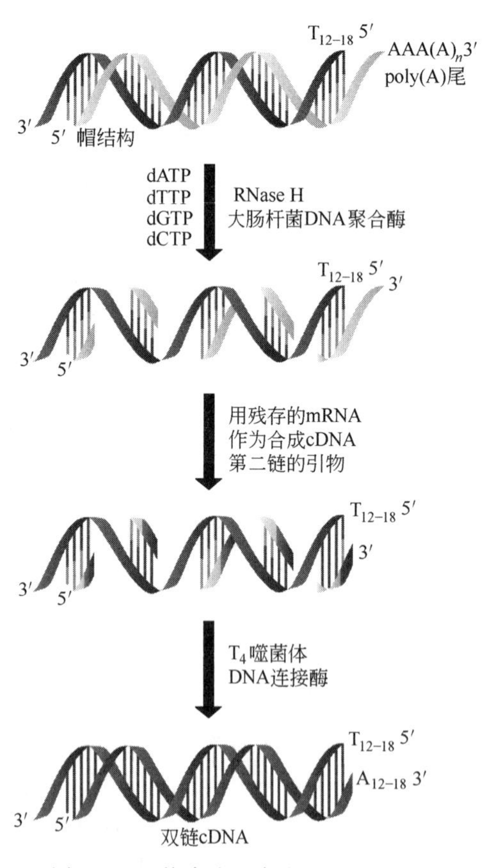

图 4.7　置换合成法合成 cDNA 第二链

③ 引导合成法。引导合成法是指通过一段 Poly(dG) 的直接引导合成全长双链 cDNA 分子的方法。首先制备两段引物：一端带有 Poly（dT）的引物片段Ⅰ与一端带有 Poly（dG）的引物片段Ⅱ。利用引物片段Ⅰ引导 cDNA 第一链的合成，在 cDNA 第一链合成后直接采用末端转移酶（TdT）在其 3′端加上一段 Poly(dC) 的尾巴。然后通过碱性蔗糖梯度离心处理，使 mRNA 模板分子发生降解，回收全长的 cDNA 第一链。再以互补的 Poly（dG）的引物片段 Ⅱ引导 cDNA 第二链的合成。这种方法的优点是合成全长 cDNA 的比例较高，但操作稍微复杂，且形成的 cDNA 克隆中都带有一段 Poly(dC)/(dA)，对重组子的复制和测序都不利。对这个方法的进一步改进策略是，在 Poly(dT) 的引物与 Poly（dG）的引物 5′端分别各再加一段含有特定限制性核酸内切酶识别和切割位点的衔接子（linker）序列，就可以直接通过酶切的方法将双链 cDNA 分子克隆到载体中去了（如图 4.8 所示）。

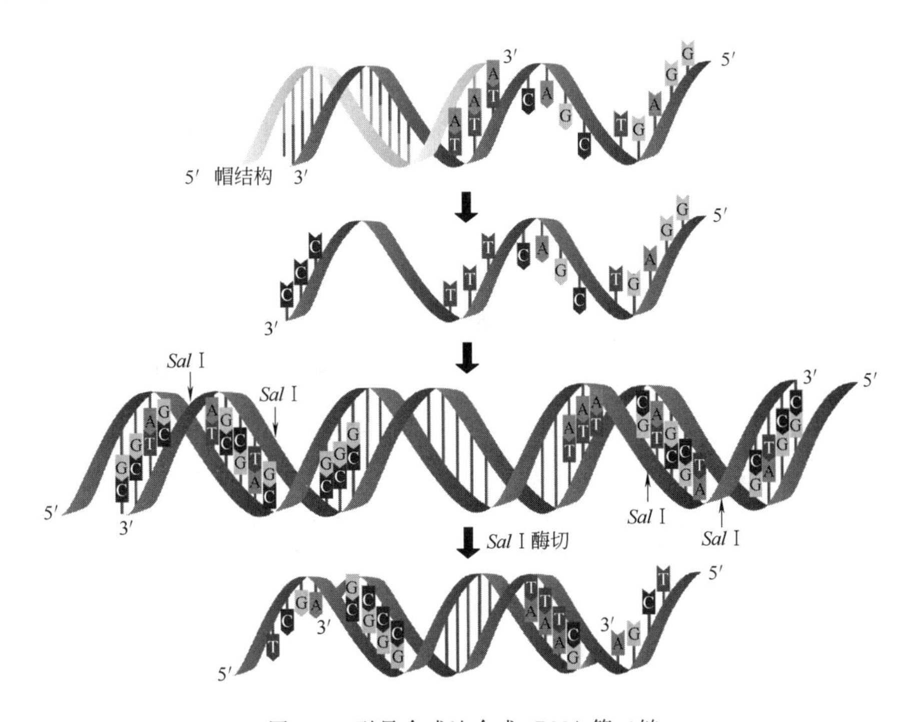

图 4.8 引导合成法合成 cDNA 第二链

（4）双链 cDNA 与载体的连接

得到双链 cDNA 分子之后，还需要将双链 cDNA 分子与适当的载体连接形成重组载体分子，再导入到宿主细胞中扩增形成克隆。对于由自身引导法和置换合成法得到的双链 cDNA 分子，其 5′端被单链核酸酶或 DNA 聚合酶Ⅰ消化之后形成了平末端，且 cDNA 分子的 3′端往往带有 poly(A/T)，两端均没有合适的限制性核酸内切酶的酶切位点，因此，在克隆到载体之前还需要采用末端转移酶加尾或用 T_4 DNA 连接酶在 3′和 5′端加上适当的衔接头（图 4.9），才能与具有相应末端的载体分子连接。

构建 cDNA 基因文库的载体通常有两种：质粒载体和 λ 噬菌体载体。由于质粒载体在标记基因、克隆位点以及表达调控序列的选择方面范围较广，质粒改造的可塑性强，因此，选择构建质粒 cDNA 文库会为重组子的鉴定和文库扩增工作带来极大的方便，但是质粒 cDNA 文库的克隆效率不高。相同条件下，所得到的 cDNA 克隆数一般较用 λ 噬菌体载体构建文库以质粒载体构建文库要高 10～50 倍。而用 λ 噬菌体载体构建 cDNA 文库时，虽然在重组子鉴定及文库扩增等操作方面较为烦琐，但其克隆效率高，可达 10^7 克隆子/μg cDNA。所以目前通常用 λgt10/λgt11 及其相似的载体来构建 cDNA 文库。

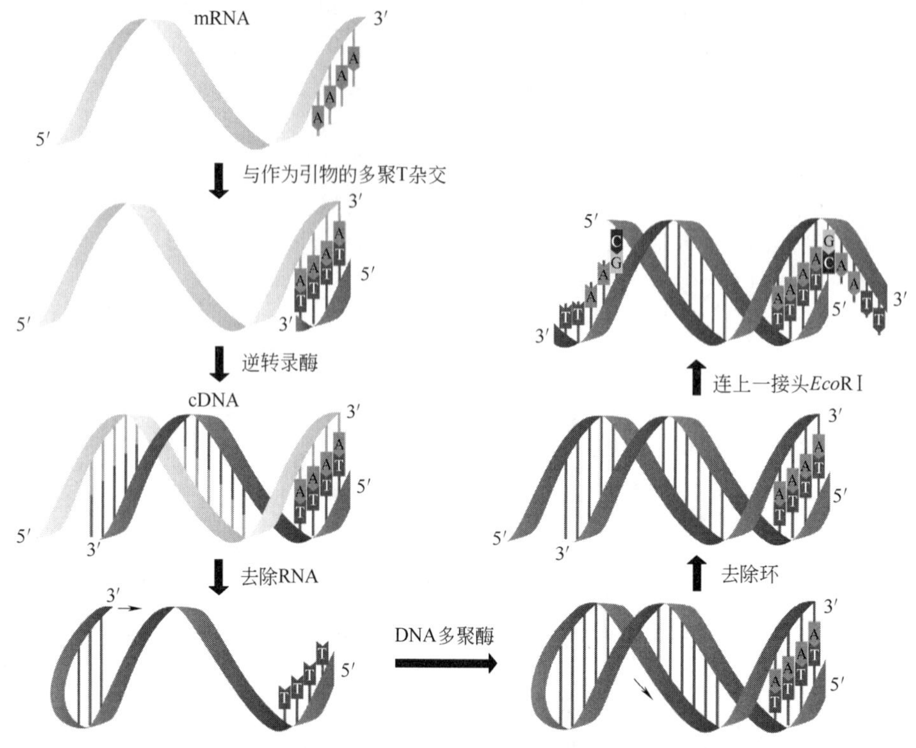

图 4.9 双链 cDNA 末端增加酶切位点的接头以便与载体连接

4.1.2.2 cDNA 基因文库的完整性

在一个细胞中往往有上万种 mRNA，但是各种 mRNA 的拷贝数是不同的，也就是丰度不同。一般可以将细胞内的 mRNA 分为高丰度、中丰度和低丰度三种类型，如人的成纤维细胞中各种 mRNA 的丰度如表 4.1 所示。

表 4.1 人的成纤维细胞 mRNA 群体的丰度等级分类

丰度等级	每个细胞含相应丰度 mRNA 分子的拷贝数/个	每个细胞相应丰度等级 mRNA 分子的种类/种	相应丰度等级 mRNA 群体占总 mRNA 的百分数/%
高丰度	3500	30	22
中丰度	230	1090	49
低丰度	14	10670	29

一个完整的 cDNA 文库不仅应该包含高丰度的 mRNA 基因，也应该包含低丰度的 mRNA 基因。为了能获得不同丰度的 mRNA 基因，应构建的 cDNA 基因文库的大小不同。cDNA 文库大小可按以下理论公式估算：

文库中 cDNA 的克隆数＝细胞总 mRNA 分子数/细胞中某种 mRNA 的拷贝数

例如，某个细胞的总 mRNA 分子数为 500500 个，为获得某个丰度为 3500 拷贝/细胞的 mRNA 基因，应构建的 cDNA 文库的最小值为 500500/3500＝143，即由 143 个克隆组成的 cDNA 文库就会包含一个此丰度的 mRNA 基因。而要获得丰度为 14 拷贝/细胞的 mRNA 基因，应构建的 cDNA 文库的最小值是 500500/14＝35750。但是如果构建一个完整的 cDNA

基因文库，就应该保证该文库中不论是低丰度的 mRNA 基因还是高丰度的 mRNA 基因，都应该至少各包含一份，于是同基因组文库的完整性计算公式一样，cDNA 文库的完整性也可以通过如下公式来计算：

$$N=\ln(1-p)/\ln(1-1/n)$$

式中，N 为完整文库所需的克隆数；p 为得到完整文库的概率，比如 0.99 或 99%；$1/n$ 为包含某一种低含量的 mRNA 分子在内的最小克隆数的倒数。

例如，人的成纤维细胞大约含有 12000 种 mRNA 分子，每个细胞内不到 14 份拷贝的低丰度 mRNA 分子约占整个 mRNA 中的 30%，这种 mRNA 大约有 11000 种。因此，如要包含所有这类低丰度 mRNA 分子在内的克隆数至少应有 11000/30%≈37000 个。$1/n$ 即是 1/37000，代入公式

$$N=\ln(1-0.99)/\ln(1-1/37000)=1.7\times10^5$$

即意味着要构建包含人成纤维细胞内所有高丰度和低丰度 mRNA 所对应的 cDNA 分子在内的完整 cDNA 文库，至少必须具有 17 万个克隆数。

4.1.2.3 cDNA 基因文库的优越性

与基因组文库相比，构建 cDNA 基因文库具有许多优越性。

① cDNA 基因文库的筛选比较简单易行。一个完整的 cDNA 基因文库所包含的克隆数要比一个完整的基因组文库所包含的克隆数少很多，从而大大简化了筛选特定目的基因序列克隆的工作量。

② 真核生物 cDNA 基因文库可用于在原核细胞中表达的克隆，直接用于基因工程操作。因为真核生物的基因组基因往往具有内含子和成熟 mRNA 的加工剪接信号，而原核生物的基因没有，因此，原核细胞缺乏对真核生物基因组基因表达的 mRNA 进行加工剪切和修饰的系统，但是 cDNA 基因却可以直接在原核细胞中表达，无需经过加工剪切和修饰就能获得具有活性的蛋白质产物。因此，用 cDNA 基因作为真核生物的目的基因具有优越性。

③ cDNA 基因文库还可用于真核细胞 mRNA 的结构和功能研究。一种特异的 mRNA 在细胞中往往仅占很小的比例，难以直接研究其序列、结构和功能。而相应的 cDNA 则可方便地进行序列分析，初步确定 mRNA 的起始、编码、转录与翻译的终止序列。

值得注意的是，由于 cDNA 文库中只包含某种生物体特定组织、特定发育阶段表达的基因，因此，不同的组织、不同的发育阶段的 cDNA 文库是有所差异的。而基因组文库则不同，它的出发材料是完整的生物基因组 DNA，每一个基因都存在于完全的基因组文库中，并不受生物组织或发育阶段不同的影响。

4.1.2.4 cDNA 基因文库的改良

从前述 cDNA 基因文库的构建过程不难看出，合成 cDNA 第一链和第二链的方法不同，可能会导致有些时候不能得到全长的 cDNA，因此，如何保证文库中所有 cDNA 分子的长度都是完整的，是构建 cDNA 基因文库需要克服的一个重要问题。另外，完整的 cDNA 基因文库虽然能保证细胞中每一种 cDNA 分子都至少有一个克隆，但是很显然，高丰度的 mRNA 所对应的 cDNA 克隆数要远远多于低丰度的 mRNA 所对应的 cDNA 克隆数（图 4.10），因此，在常规的 cDNA 基因文库中，要想筛选到低丰度 mRNA 的基因，难度是很大的。建立均一化的 cDNA 基因文库和 SMART 全长 cDNA 基因文库可以克服常规的 cDNA 基因文库的这两个不足。

（1）均一化 cDNA 基因文库

所谓 cDNA 基因文库的均一化处理，就是指将 cDNA 基因文库中高拷贝 cDNA 分子数减少，使得文库中的每一种 cDNA 分子拷贝数比较接近，从而便于筛选低丰度的 mRNA 基

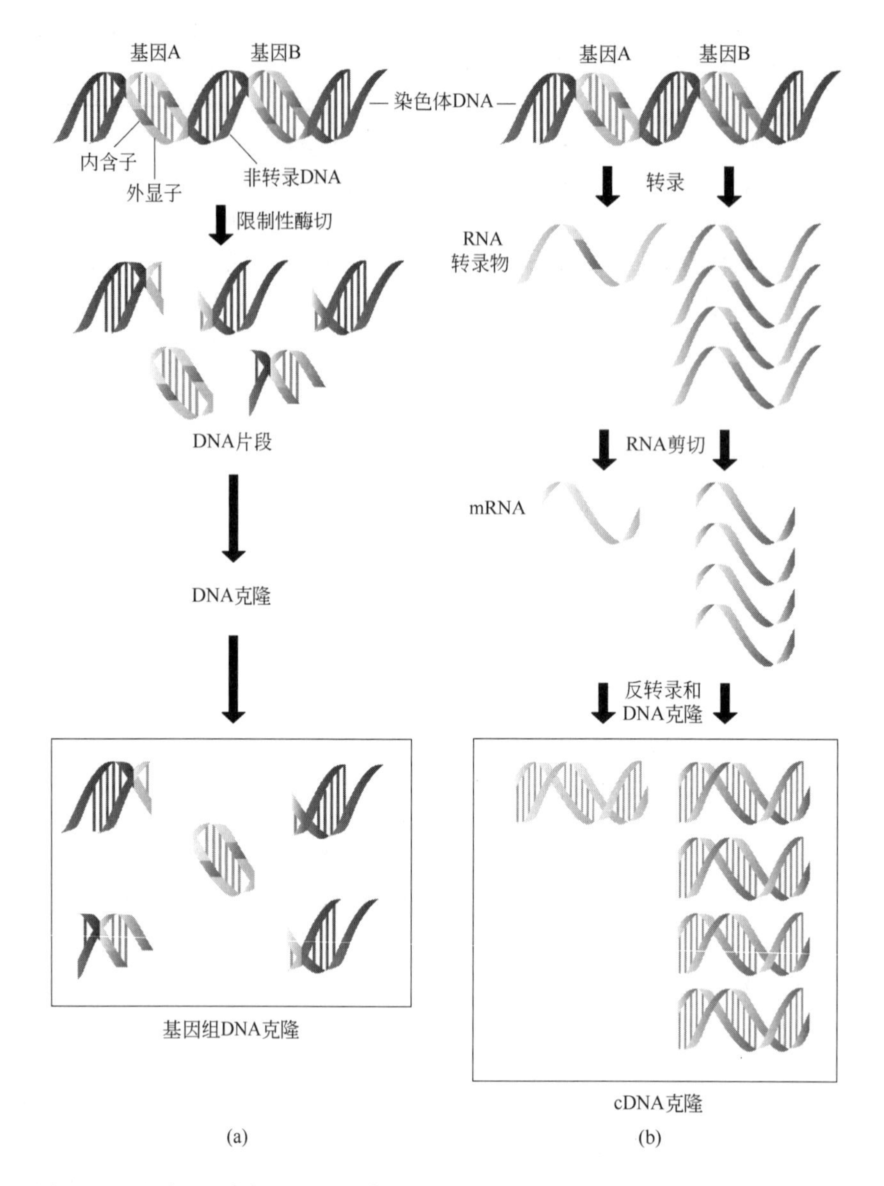

图 4.10 基因组文库与 cDNA 文库的均一性比较。(a) 为基因组文库，基因 A 与基因 B 在基因组文库中含量一致，均一性好。(b) 为 cDNA 文库，如果基因 A 表达量低、基因 B 表达量高，则在 cDNA 文库中，B 基因的克隆数远远多于 A 基因的克隆数，表明 cDNA 文库的均一性不好

彩图4.10

因的 cDNA 克隆。cDNA 文库均一化处理的方法目前常用基因组 DNA 饱和杂交法。首先，将基因组 DNA 用限制性核酸内切酶消化固定，再将消化后的基因组 DNA 变性为相对较短的单链，保证消化后的 DNA 片段最大可能地覆盖整个基因组。然后，分离纯化独立 cDNA 文库的混合质粒。最后，将文库的 cDNA 与固定的基因组 DNA 充分饱和杂交，固定住相应的 cDNA 质粒，再将它们洗脱下来重新转化受体菌（图 4.11）。由于基因组 DNA 的各片段是均一的固定浓度，只能固定均一浓度的 cDNA 分子，多余的 cDNA 分子会被洗去，通过这种饱和杂交得到的 cDNA 克隆数目应该是一致的，由此可以得到均一化的 cDNA 基因文库。

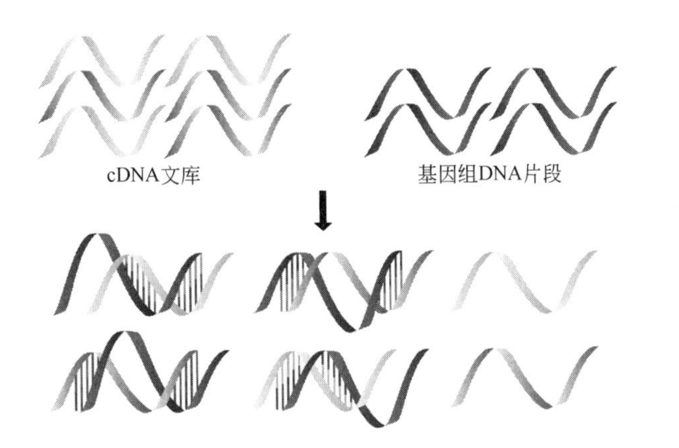

彩图4.11

图 4.11　cDNA 基因文库的均一化处理。左边为均一性不好的 cDNA 文库，右边为变性的均一性基因组 DNA 片段。将两者杂交，多余的 cDNA 单链分子游离出来。通过羟基磷灰石柱可以绑定结合杂交的双链，多余的 cDNA 单链可被洗脱除去。最后将双链洗脱收集，除去基因组 DNA，便可获得均一化的 cDNA 文库

（2）扣除杂交 cDNA 文库

在某些情况下，目的基因只在特定发育时期的器官或组织特异表达，由于表达量低，从普通 cDNA 文库筛选困难。扣除杂交 cDNA 文库可以巧妙而方便地筛选到特异的目的基因的克隆。构建这种 cDNA 文库的关键是，先分别获得表达目的基因的组织或器官的 mRNA 群体及不表达目的基因但表达谱相近的组织或器官的 mRNA 群体，分别构建 cDNA 文库。含目的基因的文库作为待测样本，不含目的基因的文库作为对照样本，将待测样本与对照样本的 cDNA 进行多次杂交，去掉二者之间都共同表达的基因，而保留二者之间具差异表达的基因，这样得到的保留下来的 cDNA 克隆就是扣除杂交 cDNA 文库（图 4.12），在此文库中，低丰度的基因在文库中的比例将大大提高，筛选到差异表达基因的可能性也将大大提高。

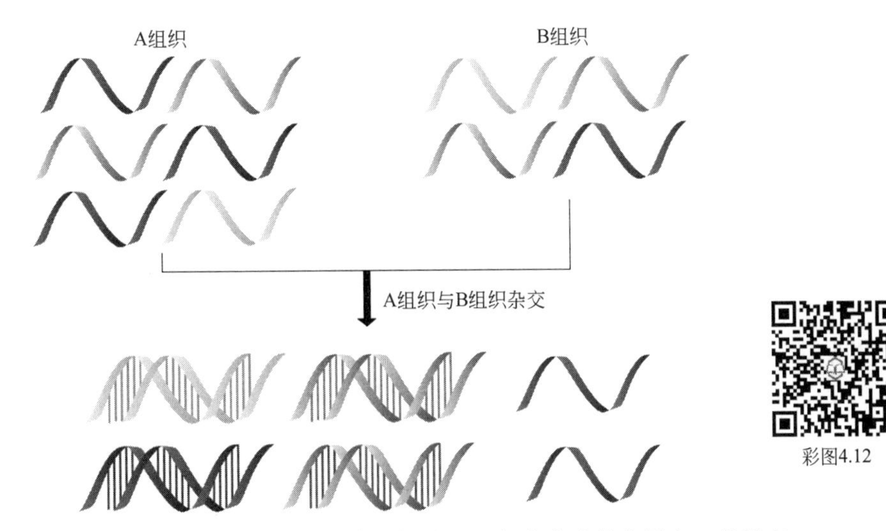

彩图4.12

图 4.12　扣除杂交 cDNA 文库的构建。如果 A 组织高表达的基因在 B 组织表达量低，将两个组织 cDNA 杂交后，高表达基因的 cDNA 就会游离出来（图中下排的单链），收集它们，可以获得扣除杂交的特异高表达基因的 cDNA 文库

(3) SMART 全长 cDNA 文库

这种全长 cDNA 文库的构建方法同引导合成法合成 cDNA 第二链相似，首先是在 cDNA 第一链合成时，利用逆转录酶带有末端转移酶的活性，当逆转录酶反转录 mRNA 到达其 5′端时会自动在 cDNA 第一链的 3′末端加上几个 d(C) 碱基。在反应体系中加入带有几个 d(G) 碱基的特异性引物，该引物就会通过 G/C 配对与 cDNA 第一链的 3′末端 d(C) 互补结合，从而使逆转录酶转移模板，以此特异引物作模板继续 cDNA 第一链的 3′末端的延伸（图 4.13）。由于在 Poly(dT) 的引物与 Poly(dG) 的引物 5′端分别各再加了一段含有特定限制性核酸内切酶识别和切割位点的衔接子（linker）序列，不仅可以直接通过酶切的方法将双链 cDNA 分子克隆到载体中去，而且由于该方法巧妙地利用了逆转录酶具有末端转移酶的活性和具有转移模板的特性，采用接头锚定的方法，使得全长 cDNA 的比例得到大幅度提高。

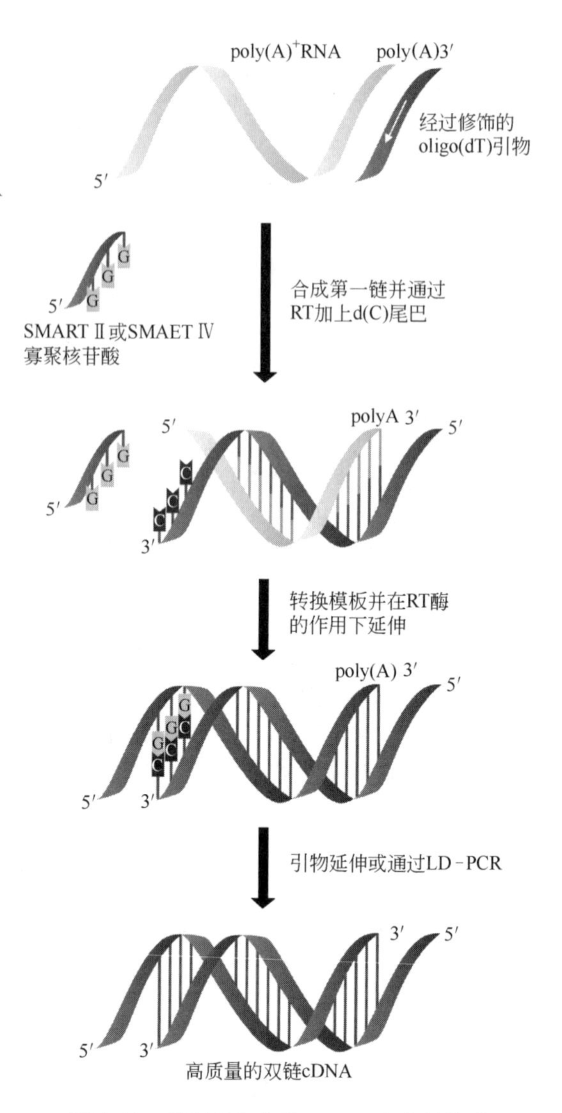

图 4.13 SMART 全长 cDNA 文库的构建

4.2 电子克隆法获取目的基因

随着基因定位（连锁图谱、物理图谱、转录图谱）和人类基因组测序及生物信息技术的迅猛发展，特别是人类基因组计划的完成，表达序列标签（expressed sequence tag，EST）已成为人类寻找未知功能的新基因，以及克隆不同时空差异表达基因和疾病相关基因的重要标志物。电子克隆（in silico cloning）是新的基因组时代基于表达序列标签（EST）和基因组数据库发展起来的一种快速基因克隆新技术。其技术核心是利用生物信息学技术组装延伸 EST 序列，获得基因的部分乃至全长 cDNA 序列后进一步利用 RT-PCR 的方法进行克隆分析和验证，具有效率高、成本低、针对性强等特点。

电子克隆目的基因的原理主要是借助计算机和 EST 分析从而克隆基因。基因表达序列标签 EST 是从 cDNA 克隆中随机挑选出来进行一次性测序获得的结果，一般长约 200～500bp，通常作为基因的标志。由于 EST 数据库中有大量来源于各种生物、各种不同发育阶段和不同组织的 ESTs，所以同一个基因会有许多相互重叠的 EST 序列，因此可以采用头尾相接的方法不断延伸从而用它们来构建重叠克隆群（contig），再以该重叠克隆群产生的新生序列为种子，重复上述过程，直至不能延伸，最后生成的新生序列便是种子序列的延伸产物。在这么多的 EST 中，通过仔细的筛选，有可能找出一个基因的大部分序列，甚至 cDNA 全长序列的信息。

4.2.1 利用EST数据库进行电子克隆

由于新的基因组时代EST数据库容量扩增迅速，在EST数据库的基础上，通过生物信息学的方法由一个已知的基因进行功能基因的电子克隆已经成为目前最常用的基因克隆手段，许多新基因就是通过EST序列的拼接发现的。

基于EST数据库进行电子克隆的大致步骤如下：第一步，选择其他物种尤其是亲缘关系较近的物种某基因全长cDNA序列查询探针，或者以该物种某基因EST为查询探针，搜索EST数据库进行Blast比对，得到许多EST序列，从中寻找感兴趣的EST（通常为：同源长度≥100bp，同源性50%以上，85%以下）。第二步，把感兴趣的EST基于基因银行（Genbank）中的非冗余数据库进行Blast分析，判断其是否是已知基因的一部分，筛选出新的EST。第三步，将筛选出的EST在该物种的EST数据库中进行搜索，找到部分重叠的EST进行拼接。经严格分析，尽量避免含有旁系同源基因，拼接后产生的序列重叠群，相当于实验中的一部分cDNA步移工作。第四步，以新获得的重叠群为新的查询探针，继续搜索EST数据库，直到没有新的EST可供拼接为止。将拼接得到的序列对非冗余数据库进行搜索，以证明这是一个全新的序列。这种策略也存在一定的局限性，许多拷贝数较低的基因很难涵盖在EST数据库中，这些基因只能通过分析基因组序列才能被发现。

EST序列的拼接是电子克隆中非常重要的环节，得到EST相应的同源序列后，就需要把它们拼接起来，常用的拼接软件有很多，表4.2列出了一些比较常用的拼接软件和网址，使用者可按具体情况选择不同的拼接软件以得到最好的结果。另外，还可以将序列提交到NCBI的UniGene数据库上。NCBI的UniGene系统是GenBank中的序列另外分离出来形成的一个非冗余的基因簇。数据库中除包含已确定的基因以外，还包括数以万计的表达序列标签，每个簇包含唯一的非冗余的基因序列、表达的组织类型和基因图谱位点。现在数据库中已经包括大量模式生物或重要生物的EST序列，其中人类、小鼠和水稻的序列最多。

表4.2 常用EST拼接软件和网址

程序名称	网址	备注
Phrap	http://www.phrap.org/phrap.docs/phrap.html.	常用于基因组序列拼接
TIGR	http://www.tigr.org/tdb/hcd/overview.html	常用于基因组序列拼接
CAP	http://bioinfomatics.iastate.edu/aat/sas.html	专门针对EST序列的拼接
BioEclone	http://www.biosino.org/	用于EST序列匹配和拼接
zEST assembler	http://mapage.noos.fr/hubert.wassner/ESTclusters/zEST-intro.html	专门针对EST序列的拼接
ESTBLAST	http://bioinfo.biosino.org:9090/bioelone.html	用于EST序列的拼接并对拼接结果做检测

4.2.2 利用基因组数据库进行电子克隆

基因组数据库是大分子生物信息数据库的重要组成部分。它内容丰富、名目繁多、格式不一，分布在世界各地的信息中心、测序中心以及和医学、生物学、农业等有关的研究机构和大学。基因组数据库的主体是模式生物基因组数据库，其中最主要的是由世界各国的人类基因组研究中心、测序中心构建的各种人类基因组数据库。小鼠、斑马鱼、拟南芥、水稻、线虫、果蝇、酵母、大肠杆菌等各种模式生物基因组数据库或基因组信息资源也都可以在网上找到。随着资源基因组计划的普遍实施，各种动物、植物基因组数据库也纷纷上网，如英国 Roslin 研究所的 ArkDB 包括了猪、牛、绵羊、山羊、马等家畜以及鹿、狗、鸡等基因组数据库，美国、英国、日本等国的基因组中心建立的斑马鱼、罗非鱼（tilapia）、青鳉鱼（medaka）、鲑鱼（salmon）等鱼类基因组数据库，英国谷物网络组织（CropNet）建有玉米、大麦、高粱、菜豆农作物以及苜蓿（alfalfa）、牧草（forage）、玫瑰等基因组数据库。这些序列都可以从 EMBL、GenBank、DDBJ 获得。

Genbank（https：//www.ncbi.nlm.nih.gov/）始建于 1988 年，是由美国国立卫生研究院（NIH）和美国国立生物技术信息中心（NCBI）建立和维护的基因序列数据库，它是一个综合性的公共核苷酸和蛋白质序列数据库，包含了所有已知的核酸序列和蛋白质序列，并提供相关的文献目录和生物学注释。Genbank 库与日本 DNA 数据库（DNA Data Bank of Japan，DDBJ）以及欧洲生物信息研究所的欧洲分子生物学实验室核苷酸数据库（European Molecular Biology Laboratory，EMBL）一起，都是国际核苷酸序列数据库合作的成员。Genbank 的数据直接来源于测序工作者提交的序列，或由测序中心提交的大量 EST 序列和其他测序数据以及与其他数据机构协作交换数据。Genbank 每天都会与欧洲分子生物学实验室（EMBL）的数据库及日本的 DNA 数据库（DDBJ）交换数据，使这三个数据库的数据同步。

Genbank 库里的数据来源于约 55000 个物种，其中 56%是人类的基因组序列（所有序列中的 34%是人类的 EST 序列）。每条 Genbank 数据记录包含了对序列的简要描述，它的科学命名，物种分类名称，参考文献，序列特征表，以及序列本身。序列特征表里包含对序列生物学特征注释，如编码区、转录单元、重复区域、突变位点或修饰位点等。所有数据记录被划分在若干个文件里，如细菌类、病毒类、灵长类、啮齿类，以及 EST 数据、基因组测序数据、大规模基因组序列数据等 16 类，其中 EST 数据等又被各自分成若干个文件。

人类基因组及其他许多模式生物、重要物种基因组测序工作的完成，基于基因组序列的新基因预测软件的开发为我们利用生物信息学的方法克隆新基因带来了新的策略。近年来，许多新基因就是通过分析基因组序列发现的。

基于基因组数据库的电子克隆大致步骤如下：第一步，选择其他物种尤其是亲缘关系较近的物种某基因全长 cDNA 序列或 EST 序列为查询探针，或者以该物种某基因 EST 为查询探针，基于 http：//www.ncbi.nlm.nih.gov/的 GenBank 中的非冗余数据库 nr（核酸）进行 Blast 分析，从结果中筛选出同源性较高、含外显子的该物种基因组重叠群或 BAC 克隆，并通过超级链接得到其所在的基因组序列，同时根据比对的结果对基因组序列可能造成的移码测序错误进行修正。第二步，将这些序列根据内含子和外显子的剪接特征“GT…AG”，通过人工拼接，或者通过基因预测软件预测，得到可能的新基因序列。第三步，把可能的新基因序列基于非冗余数据库做 Blast 分析，检验其新颖性。第四步，把筛选后的新基因序列提交到 dbEST 数据库做 Blast 分析并延伸，进一步确认其真实度。

4.2.3 全长 cDNA 的判断

运用上述方法得到的 cDNA 序列还不能确定其为全长的 cDNA 序列，需要进行判断。直接从序列上可以从如下几个方面进行判断。5′端：①有同源全长基因的比较，通过与其他生物已有的对应基因末端进行 Blast 来判断。②无同源基因的新基因。第一步，判断编码框架是否完整。首先看起始密码子。在开放阅读框架的第一个 ATG 上游有同框架的终止密码，需要注意的是，有时真正的翻译起始密码子并非是出现在 mRNA 中的第一个 ATG，在有的真核细胞中，在起始密码子 ATG 的上游非编码区会有可能出现一到几个 ATG，这称为非编码的 5′ATG。这种 5′ATG 并不是真实的起始密码子，以其开始的开放阅读框常常很快遇到终止密码子。其次，看终止密码子。无终止密码的则考虑是否有保守的 Kozak 序列。第二步，判断是否有转录起始位点。有资料表明，在 5′帽结构后一般都有一段富含嘧啶的区域，另外，如果 cDNA 5′序列与基因组序列中经 S1 酶切保护的部分相同，则可以确定得到的 cDNA 是全长的。3′端：①有同源全长基因的比较，方法同5′端；②编码框架的下游有终止密码子；③有一个以上的 poly（A）加尾信号；④无明显加尾信号的则也有 poly（A）尾。

通过电子克隆确定得到的全长的 cDNA 序列还只是在计算机上的“虚拟克隆”，最终还必须通过 RT-RCR、RACE-PCR、序列测定和 Northern 杂交等方法进行实验验证，以保证序列的准确性。

4.2.4 电子克隆基因的生物信息学分析

通过电子克隆获得一个基因的序列后，还需要对其进行生物信息学分析，从中尽量发掘信息，从而进一步指导分子克隆和基因功能研究。比如通过染色体定位分析、内含子/外显子分析、开放阅读框架分析以及基因表达谱分析等，能够阐明基因的基本信息。通过启动子预测、CpG 岛分析和转录因子分析等，识别调控区的顺式作用元件，可以为基因的表达调控研究提供线索。通过蛋白质基本性质分析，如亲水性分析、跨膜区预测、信号肽预测、亚细胞定位预测、抗原性位点预测等，可以对基因编码的蛋白质的性质和功能做出初步预测等。因此，对一个新基因进行生物信息学分析，基本内容通常包括：①基因的开放阅读框分析；②基因的数字化表达图谱分析；③基因的染色体定位分析；④基因的酶切位点图谱分析；⑤基因的 CpG 岛的计算机分析；⑥基因的启动子预测分析；⑦基因表达蛋白质序列的计算机分析，包括蛋白质的理化特征、蛋白基序分析、蛋白质的跨膜区分析、蛋白质的疏水性分析、蛋白质的同源性分析、蛋白质的细胞内定位预测等。

4.3 PCR 获取与扩增目的基因

PCR 技术是 1985 年由美国 PE-Cetus 公司人类遗传学研究室的年轻科学家 K. B. Mullis 发明的。1983 年晚春的一个周末晚上，当 Mullis 驾车在美国加州乡村公路蜿蜒前行的时候，一个关于在体外链式扩增 DNA 的奇思妙想浮现在他的脑海中。经过与 Cetus 公司合作，尤其是在从嗜热水生菌（*Thermus aquaticus*）中分离到耐高温的 *Taq* DNA 聚合酶后，最终促使这项伟大的发明于 1985 年诞生。PCR 技术应用十分广泛，几乎包括生物技术的各个方面，例如分离与扩增目的基因、转化子与转基因动植物的检测、基因表达谱的研究、基因定点突变研究、DNA 指纹图谱的建立、DNA 测序以及基因诊断等。因为 Mullis 的杰出贡献，使得 PE-Cetus 公司于 1989 年获得 PCR 技术、天然 *Taq* DNA 聚合酶及重组 *Taq* DNA 聚合酶三项专利，也使得他本人荣获了 1993 年的诺贝尔化学奖。

4.3.1 常规 PCR

4.3.1.1 PCR 的概念与原理

PCR 叫多聚酶链式反应（polymerase chain reaction），是利用碱基互补配对的原则，经过高温变性、低温复性、子链延伸的不断循环，在体外快速、选择性地特异扩增目的基因和目的 DNA 的一种方法。PCR 扩增的原理是：首先，分别在待扩增的模板 DNA 分子的目的基因两端各设计一条引物，引物 1 和引物 2，将引物 1 和引物 2 按 5′→3′方向相向配置。然后在含有引物、DNA 合成底物 dNTP（dATP、dCTP、dGTP、dTTP 4 种脱氧核糖核苷酸等摩尔数混合物）的缓冲液中，通过高温变性、使双链 DNA 变成单链 DNA 模板，降低温度复性、使引物与模板 DNA 配对，最后利用耐热的 DNA 聚合酶便可以合成与目的基因互补的 DNA。这样，1 个模板 DNA 分子就变成了 2 个。经过第二轮循环，2 个 DNA 分子就变成 4 个（图 4.14）。若引物和 dNTP 过量，则在同一反应体系中可重复高温变性、低温复性和 DNA 合成这一循环，使产物 DNA 重复合成，并且在重复过程中，前一循环的产物 DNA 可作为后一循环的模板 DNA 参与 DNA 的合成，使产物 DNA 的量按 2^n 方式扩增。

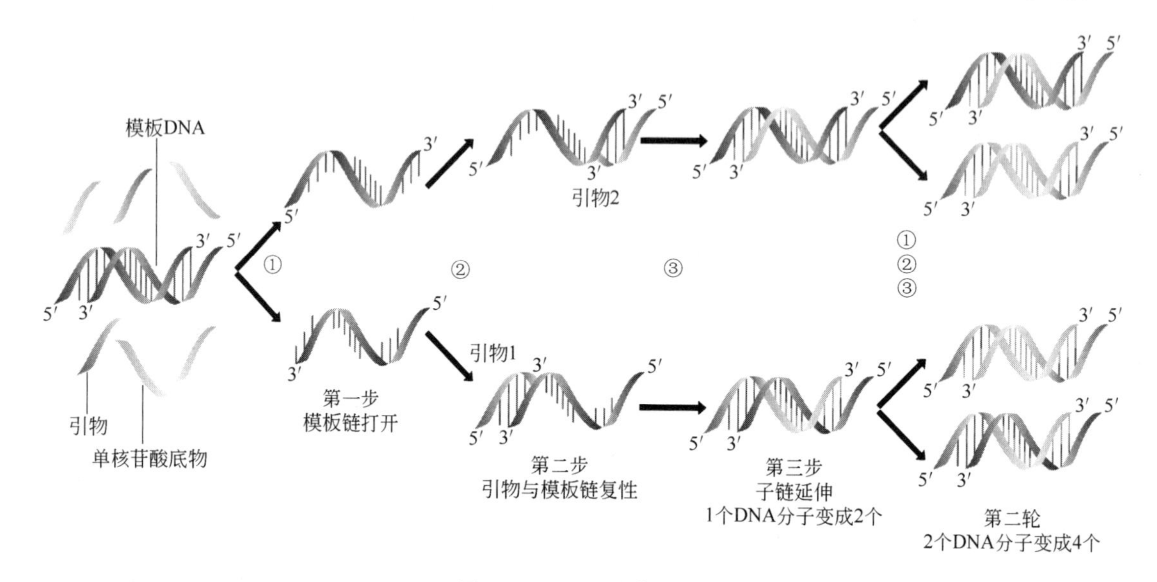

图 4.14 PCR 反应原理

4.3.1.2 常规 PCR 反应体系

PCR 反应体系中通常包括 7 种成分：待扩增的模板 DNA、一对寡聚核苷酸引物、4 种脱氧核苷酸底物、耐高温的 *Taq* DNA 聚合酶、酶所需要的缓冲液、Mg^{2+} 及纯净水。下面分别叙述如下。

（1）引物

PCR 反应的特异性非常高，而 PCR 的特异性是由引物决定的（图 4.15），因此，在 PCR 反应中，引物设计与选择是决定 PCR 成败的关键因素。引物设计一般要考虑以下几个问题。

① 引物长度。通常引物长度至少 16bp，常见的长度范围是 18～30bp。有时候因为特殊目的如加上启动子序列或人工接头等可使引物达到 50bp。一般引物越长，与模板配对的特异性越好，PCR 扩增的特异性越高；相反，引物越短，与模板配对的特异性越差，PCR 扩增的特异性越差，非特异性扩增效率越高。

② 解链温度（T_m 值）与复性温度。引物的 T_m 值是一个非常重要的参数，T_m 值的高低决定退火（复性）的温度。通常 PCR 的复性温度要求高于 55℃。两个引物之间的 T_m 值差异最好在 2～5℃，这样能保证两个引物正确退火。引物的 T_m 值有很多计算方法，对于小于 20 个碱基的引物其 T_m 值可用简易公式计算，即 $T_m=4(G+C)+2(A+T)$。对于 14～70 个核苷酸的引物可用以下公式计算：

$$T_m=81.5+16.6(\lg[K^+])+0.41(G+C)\%-(675/N)$$

式中，N 为引物的核苷酸数目；$[K^+]$ 为单价离子即钾离子的浓度。例如，如果 $N=20$，$(G+C)\%=50\%$，$[K^+]=50mmol/L$，那么 $T_m=46.7℃$。不过，利用这个公式计算

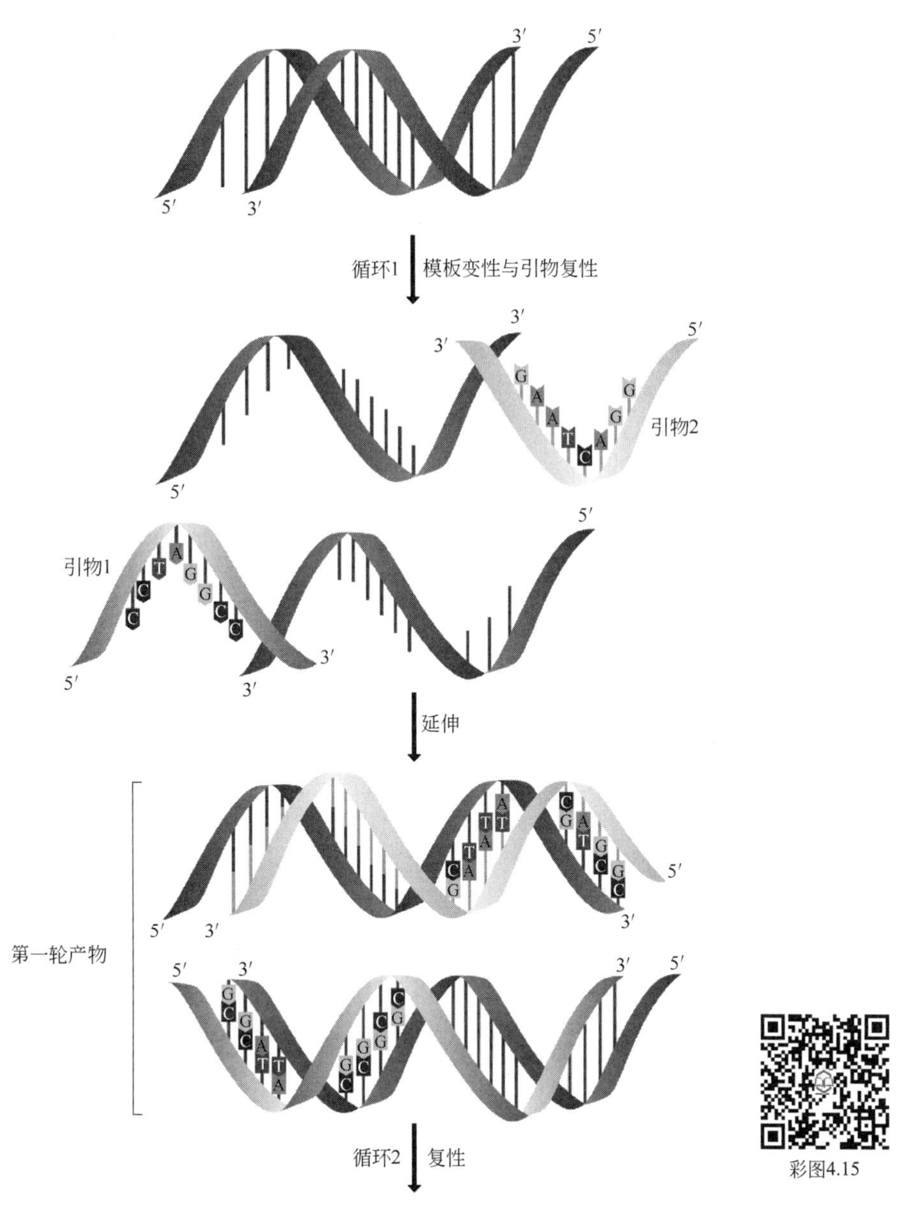

图 4.15　PCR 反应的特异性由引物决定

T_m 值只能用作参考，在有些书籍和引物合成公司，公式中的 675 改成了 600 或 500，所以该公式用于计算两个引物的 T_m 值差异可能更合适。

③ 引物的 G+C 含量。为了保证引物有较高的退火温度，要求引物的 G+C 含量尽量控制在 40%～60%之间，4 种碱基的分布应尽可能均匀。尽量避免嘌呤或嘧啶的连续排列，以及 T 在 3′末端的重复排列。引物的 3′末端最好是 G 或 C，但不要 GC 连排。

④ 引物的内配对。要尽量避免引物内部或引物之间存在互补序列，要求两条引物之间的内配对碱基不多于 3 个碱基，从而减少引物二聚体的形成以及引物内部二级结构的形成。

⑤ 引物与模板的非特异性配对。尽量减少引物与模板的非特异性配对位点，减少 PCR 反应的非特异性。合理的引物设计可在扩增的特异性和有效性（efficiency）之间找到平衡点。特异性是指引物和模板之间错配的频率，有效性反映 PCR 扩增中产物是否正常累积。

⑥引物浓度。通常使用的引物浓度为各 1μmol/L，即 1pmol/μL，在 100μL 反应体系中相当于 6×10^{13} 个分子。但是 PCR 反应的特异性与引物与模板的配对特异性成正比，而与引物的浓度成反比。

在生物信息学发展的基础上，目前有许多引物自动设计的辅助软件与网站，如 Primer premier、Oligo 等，在这些在线软件的帮助下，使得 PCR 引物设计方便简单多了，而且可靠性好。

（2）模板

PCR 的模板是含有待扩增序列的基因组 DNA 或从 mRNA 反转录来的 cDNA。由于 PCR 反应极其灵敏，因此对模板的纯度要求不是非常高。对于来源于组织细胞的模板 DNA，只要先溶细胞，经蛋白酶消化去除蛋白质，再用酚、氯仿抽提，经乙醇沉淀的模板即可应用。但是 DNA 溶液中蛋白酶、核酸酶、结合 DNA 的蛋白质以及十二烷基硫酸钠、尿素等物质以及二价金属离子络合剂如 EDTA 等的存在会影响 *Taq* DNA 聚合酶的活性及 PCR 扩增效率。此外，DNA 模板的数量会直接影响扩增的效果。对于一般的 PCR 扩增，$10^4\sim10^7$ 个模板分子可达到满意的效果。用人类或哺乳动物基因组 DNA 进行扩增时，一般使用 1μg DNA，相当于单拷贝基因有 3×10^5 个拷贝。以酵母菌、细菌、质粒和 M13 噬菌体噬菌斑的 DNA 作模板时，要达到这么多拷贝数分别需要 10ng、1ng、1pg 和 1%噬菌斑。

对于模板而言，PCR 特异性与模板特异性成正比，与模板浓度成反比。但是，模板浓度太低，又会影响扩增效率。在一定浓度范围内，PCR 产率与模板浓度成正比。

（3）脱氧三磷酸核苷

脱氧三磷酸核苷（dNTP）是 DNA 合成的底物，标准的 PCR 反应体系中含有等摩尔浓度的 4 种 dNTP，即 dATP、dTTP、dCTP 和 dGTP，终浓度一般为 200μmol/L（即饱和浓度）。dNTP 的浓度会影响扩增的产量、特异性（specificity）和保真度（ndelity）。PCR 特异性与 dNTP 浓度成反比。

（4）DNA 聚合酶

PCR 反应中使用的 DNA 聚合酶是耐高温的，在 90℃ 以上的高温下仍能有活性。也正是高温 DNA 聚合酶的应用才使得 PCR 技术得以推广。在高温 DNA 聚合酶发现以前，是通过 Klenow DNA 聚合酶来完成的，但每一轮反应结束后要重新添加新鲜的酶。目前使用的高温 DNA 聚合酶有很多种，介绍如下。

① *Taq* DNA 聚合酶。*Taq* DNA 聚合酶是 PCR 中最常用的 DNA 聚合酶，来自古细菌嗜热水生菌（*Thermus aquaticus*）。该菌于 1967 年从温泉中分离，最适生长温度为 70℃，产耐高温的 DNA 聚合酶。*Taq* DNA 聚合酶的分子量为 94×10^3，为单分子酶，在 75℃ 活性最强。具有 5′→3′聚合酶活性和 5′→3′外切酶活性，但是无 3′→5′外切酶活性。在 95℃ 的半衰期为 40min。启动 PCR 反应的能力很强，聚合速度快，在 72℃ 的聚合速度为每秒 30～100 个碱基。由于没有 3′→5′外切酶活性，在扩增过程中有 $8.9\times10^{-5}\sim1.1\times10^{-4}$ 的错配概率。

现在使用的 *Taq* DNA 聚合酶都是基因工程产品，有些还做了遗传修饰，在扩增效率和保真度方面有一定的差异。

② *Pwo* DNA 聚合酶。*Pwo* DNA 聚合酶来自嗜热细菌（*Pyrococcus woesei*），分子量为 90×10^3，在 100℃ 的半衰期大于 2h，出错率低。它是使用较多的具有 3′→5′外切酶活性且具有高保真度的 PCR 酶。

③ *Pfu* DNA 聚合酶。*Pfu* DNA 聚合酶来自激烈热球菌（*Pyrococcus fariosus*），具有理想的扩增保真度，具有极高的热稳定性，是目前使用最广泛的具有 3′→5′外切酶活性的

PCR 酶，其开发商认为是到目前为止发现的错配率最低的高温 DNA 聚合酶。

④ *Tth* DNA 聚合酶。*Tth* DNA 聚合酶来自嗜热热细菌（*Thermus thermophilus*）HB8，分子量为 94×10^3，在 74℃下进行扩增，在 95℃的半衰期为 20min。在 Mg^{2+} 存在条件下，以 DNA 为模板合成 DNA，而在 $MnCl_2$ 存在下可以 RNA 为模板合成 cDNA。因此，可在高温下做 RT-PCR、反转录和引物延伸反应，避免 RNA 反转录过程中形成的二级结构。

⑤ Vent DNA 聚合酶。Vent DNA 聚合酶是从由火山口分离的嗜热高温球菌（*Thermococcus litoralis*）中分离的第一个具有 3′→5′外切酶活性的高温 DNA 聚合酶。酶的分子量为 85×10^3，具有更长的半衰期，在 100℃（使用 $MgSO_4$）时，其半衰期为 1.8h，而与之相比的 *Taq* DNA 聚合酶仅为 5min。由于具有 3′→5′外切酶活性，在一定程度上保证其具有很高的保真度，比 *Taq* DNA 聚合酶高 5～15 倍。

⑥ 商用混合酶。为了提高扩增的保真度或扩增较长的 DNA 片段，将 *Taq* DNA 聚合酶的强启动能力和具有 3′→5′外切酶活性的高温 DNA 聚合酶的高持续活性和校正功能结合起来，可以达到很好的效果。

（5）缓冲液

任何一个生物化学反应都在一定的缓冲体系中进行，缓冲液除了提供 pH 缓冲能力外，还有一些有助于反应进行的成分。标准的 PCR 缓冲液含 10mmol/L Tris-HCl，pH 为 8.3～9.0（室温），而在延伸温度（72℃）下 pH 接近 7.2。缓冲液中含有一种二价阳离子，用于激活 DNA 聚合酶的活性中心，一般使用 Mg^{2+}，有时使用 Mn^{2+}。一般以 $MgCl_2$ 的形式提供，标准浓度为 1.5mmol/L。Mg^{2+} 浓度的高低会影响扩增的特异性和产率，直接影响扩增的成败，因此要求做预备试验寻找最佳浓度。缓冲液中还含有 50mmol/L 的钾离子。有些缓冲液中还加入一些添加剂和共溶剂降低错配率，提高富含 G+C 模板的扩增效率。

4.3.1.3 常规 PCR 反应程序

PCR 反应主要含有三大步骤：高温变性、低温复性及 72℃子链延伸。以基因组 DNA 作模板的常见 PCR 反应程序如下：

1=94℃	2min
2=94℃	30s
3=55～65℃	30s
4=72℃	1min
5=重复 2，	30 个循环
6=72℃	5～10min
4℃	保存

即 PCR 反应的第一步是在 PCR 仪中于 94℃预加热 2min，使模板 DNA 充分变性，然后进入扩增循环。在每一个循环中，先于 94℃保持 30s 使模板变性，然后将温度降到复性温度（一般 55～65℃之间），一般保持 30s，使引物与模板充分退火；在 72℃保持 1min（1min 大约扩增 1kb 片段，延伸时间的长短与 PCR 产物的长度相关），使引物在模板上延伸，合成 DNA，完成一个循环。重复这样的循环 25～35 次，使扩增的 DNA 片段大量累积。最后，在 72℃保持 5～10min，使产物延伸完整，4℃保存。所有温度的转换和停留时间都可以在仪器上进行设定，自动运行。

4.3.1.4 常规 PCR 的应用

（1）从供体基因组 DNA 扩增获取目的基因

由于 PCR 反应灵敏度高，特异性强，操作简便，产物易于纯化分离，因此 PCR 已被广泛应用于目的基因的获取、制备与扩增。只要已知目的基因的序列组成，就可以采用 PCR 的方法从基因组中把该目的基因特异性地扩增出来。有时候甚至只知道目的基因的部分 DNA 序列，或者只知道其同源基因的序列，也可以根据同源区域设计引物扩增得到目的基因。可以说 PCR 技术已经成为扩增和制备目的基因的首选方法（图 4.16）。利用 PCR 方法也可以获取未知序列的目的基因，例如反向 PCR 法。或者从 RNA 出发，通过逆转录 PCR 获取目的基因。反向 PCR 和反转录 PCR 将在后面介绍。

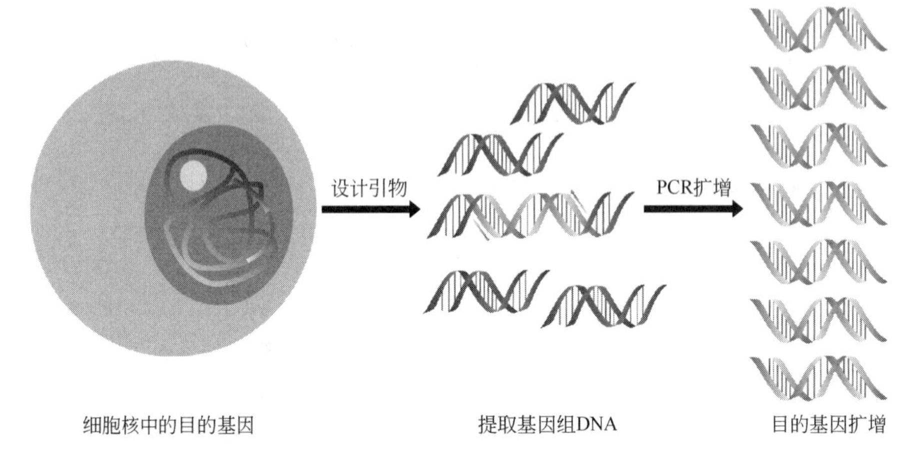

图 4.16　利用 PCR 反应快速获取和扩增目的基因

利用 PCR 技术将目的基因扩增出来后，PCR 产物经过纯化后需要再克隆到载体上。目前 PCR 产物与载体克隆重组主要有两种方法。

① 在 PCR 产物两端添加限制性酶切位点。为了使 PCR 产物能够方便地装载到克隆载体上，可在扩增的过程中在其两端添加限制性酶切位点。因为在 PCR 扩增中，对引物 3′末端的序列要求很高，必须跟模板百分之百互补配对，而 5′末端含有不匹配的序列不会影响正常扩增。这是因为足够长度的 3′末端与模板完全互补配对形成双链才能保证 DNA 聚合酶与双链区域结合来启动延伸反应。所以在设计引物时，可在引物的 5′末端添加某种限制性酶的酶切位点以及保护序列。但是在选择酶切位点的种类时，要保证所选的酶切位点在扩增的 DNA 片段内部不存在。如果对扩增的 DNA 片段的序列不清楚，可优先选用切割频率相对较少或酶切位点为 8 个碱基序列的酶切位点。一般情况下，在酶切位点的外侧添加 3～4 个碱基的保护序列可保证切割顺利进行（图 4.17）。

② A/T 克隆法。A/T 克隆法是目前使用最广泛的 PCR 产物克隆方法，无须在产物末端添加酶切位点，对任何引物扩增的产物都可克隆。该方法目前主要适用于 *Taq* DNA 聚合酶扩增的产物。*Taq* DNA 聚合酶具有末端转移酶的活性，可在 DNA 片段的 3′末端添加一个核苷酸，通常为 A。因此，*Taq* DNA 聚合酶扩增的产物可与 T 载体进行黏端互补连接，达到高效克隆的目的（图 4.18）。

（2）目的基因的筛选和鉴定

当外源目的基因被导入到受体细胞以后，目的基因是否被成功导入以及是否成功整合到受体细胞的基因组上需要被及时鉴定。PCR 是鉴定外源目的基因的有效方法之一。通常基因工程的操作中，目的基因应该是被导入到原先没有这类基因的受体细胞中，因此，如果设计该目的基因的特异序列作引物，提取受体细胞的基因组 DNA 进行 PCR 扩增，当条件正确时，只要外源基因进入到受体细胞或整合到受体基因组上，就能扩增出目的基因的特异产物

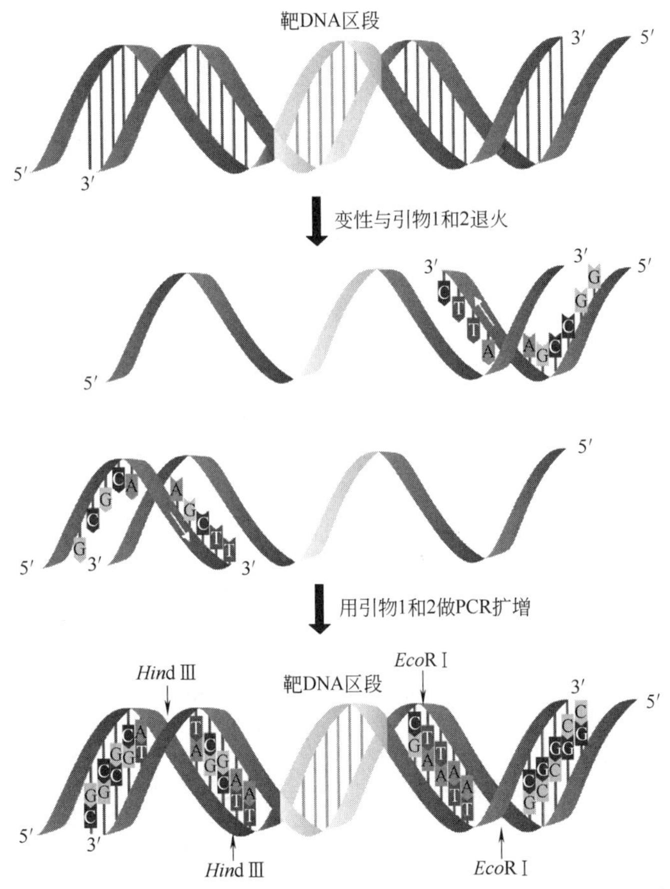

图 4.17 PCR 引物两端增加含酶切位点的接头子。单链模板变性后，与引物复性。一对引物的两个 5′端分别带有 *Hin*d Ⅲ 和 *Eco*R Ⅰ 的酶切位点

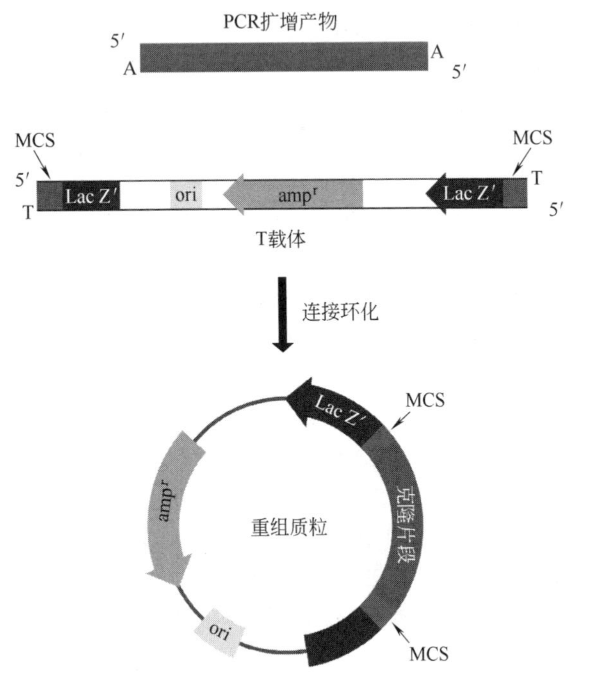

图 4.18 PCR 产物的 A/T 克隆

彩图4.18

带，否则，目的基因若没有有效导入，将没有任何扩增产物出现。因此，PCR 是鉴定阳性转化子（重组子）、转基因植物及转基因动物（整合子）的常用方法。利用 PCR 技术鉴定重组子或整合子时，引物的设计如图 4.19 所示，引物可以设计在目的基因片段两端，或者目的基因插入位点的载体上（目的基因两侧），或由插入的载体序列和目的基因序列组成，都可以扩增重组子的带，而空载体或非期望重组子是扩增不出来的。

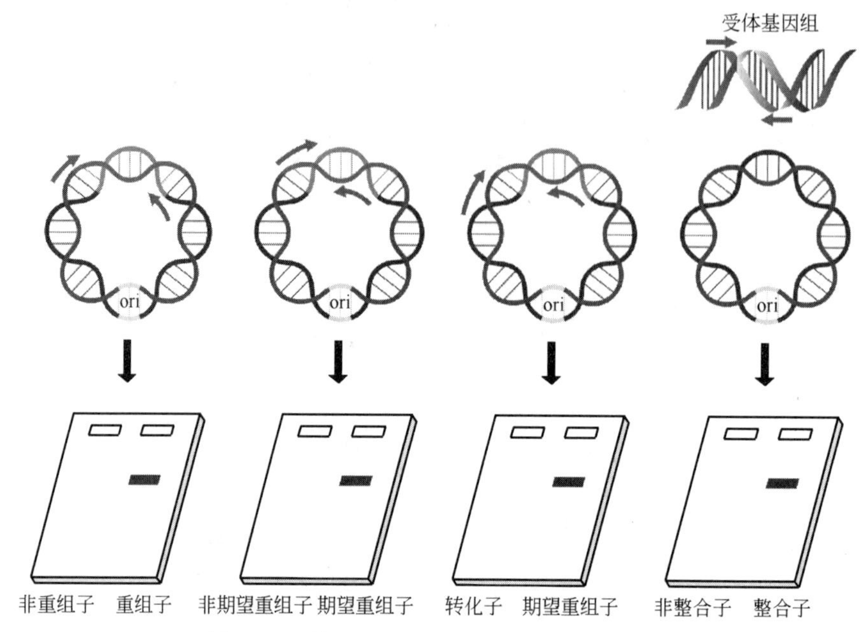

图 4.19　利用 PCR 技术鉴定重组子和整合子

（3）基因诊断

由于 PCR 技术成本低，方法简便，快速易行，结果明确，对样本的质量和数量都要求不高，所以此项技术很快被应用到医学诊断上，如病原体的检测、遗传性疾病的诊断、病原微生物的种型鉴定、癌基因的点突变研究、法医学中亲子鉴定和犯罪嫌疑人的排查等。1989 年，日本的 M. Orita 建立的单链构象多态性（single-strand conformational polymorphism，SSCP）就是将 PCR 技术与聚丙烯酰胺凝胶电泳结合用于检测遗传性疾病基因点突变的好方法。SSCP 的原理是首先通过 PCR 将病人的疾病基因和正常人的基因都扩增出来，PCR 产物经过变性成为单链后，由于单个碱基的改变或缺失就会导致单链构象的改变，通过非变性聚丙烯酰胺凝胶电泳（PAGE）可以将不同构象的单链区分开来，从而判断病人的基因是否存在点突变。除了利用 SSCP 或 SNP（single nucleotide polymorphism，单核苷酸多态性）等常规 PCR 技术进行基因诊断外，也可以采用多重 PCR 或核酸分子探针技术进行基因诊断。多重 PCR 将在后面介绍。

4.3.2　反向 PCR

如果想扩增一段本身序列未知的 DNA 片段，常规的 PCR 通常就无法做到了，主要困难是拿不到特定的引物序列，所以扩增无法进行。但是，如果这段 DNA 附近碰巧有一段已知的 DNA 序列呢？如图 4.20 所示，在一段基因组 DNA 中，如果想要扩增一段未知序列（图中标记为黄色左侧序列和红色右侧序列），但是对这段序列的信息一无所知。不过这段未知序列的中间有一段已知的序列，就是图中紫色标记的序列，可以提供序列设计引物。扩增思路是：先利用基因组 DNA 上的一些随机分布的限制性酶切位点把这个基因组 DNA 切成片段，如图 4.20 第一步所示。然后再通过 DNA 连接酶将 DNA 片段环化，如图 4.20 第二步所示。再利用已知序列的两个末端设计一对引物，就是图中的引物 1 和引物 2，只不过这对引物是反向配置的。引物 1 和引物 2 相对于已知序列是反向配置的，但相对于两侧的未知序列，却是相向配置的。用这对引物做 PCR 扩增，那么它将会以未知序列为模板，将未知序列和已知序列都扩增出来。像这种通过已知序列设计引物，扩增已知序列两侧的未知序列的 PCR，被称为反向 PCR。即根据已知片段两端的序列设计一对反向配置的引物，可将邻近的未知序列的 DNA 片段扩增出来。为了提高反应的特异性，可再做一次巢式 PCR。反向 PCR 技术主要用于克隆已知 DNA 片段周边的未知 DNA 片段，例如检测目的基因转入受体细胞基因组后的插入位点，以及从总 RNA 中克隆未知 cDNA 序列，研究病毒序列、转基因和转座子等的整合位点区域的序列。

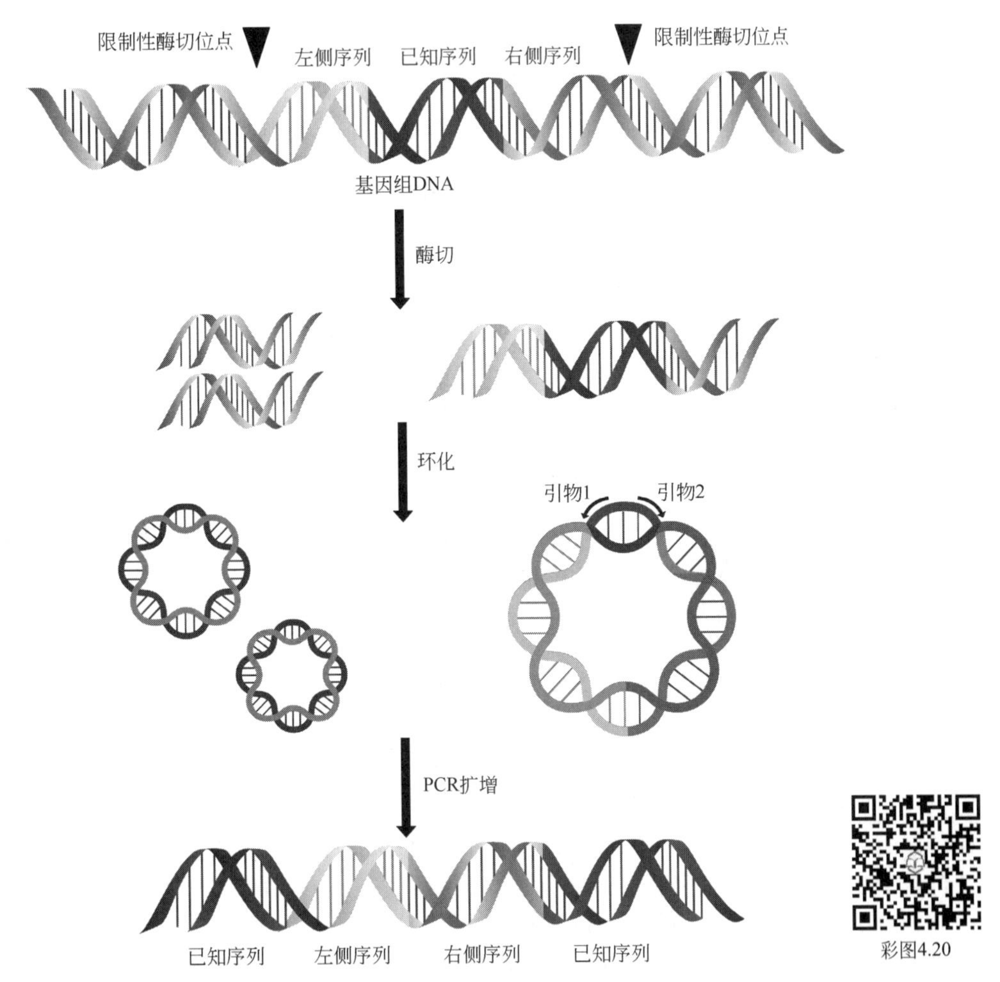

图 4.20 反向 PCR 的原理。通过已知序列扩增左侧和右侧未知序列。先用限制性酶将基因组 DNA 切断，连接成环状 DNA 分子。利用左侧和右侧未知序列中间的已知序列（紫色）末端设计反向配置的引物，进行 PCR 扩增，将未知序列和已知序列都扩增出来，进行测序可以鉴定未知序列是什么。基因组其他序列被酶切后，也能环化（左边蓝色），但因为没有引物匹配，不能扩增

例如果蝇 P 转座子插入的质粒获救法（plasmid rescue），就是把 P 转座子插入位点的 DNA 片段克隆出来，确定 P 转座子的插入位点。以 3′质粒获救为例，首先通过 P 转座子序列及基因组上的 *Eco*R Ⅰ 酶切位点将基因组 DNA 切开，连成环状 DNA 分子。然后通过 P

转座子 3′末端序列和 P 转座子的 *Eco*R Ⅰ位点与复制原点之间的已知序列设计一对反向引物，就可以将 P 转座子 3′端外侧的未知序列克隆出来（图 4.21）。测序后比对果蝇基因组，就能确定 P 转座子插入的位置了。由于 P 转座子插入会引起插入位点的基因突变，那么通过反向 PCR 就可以判断 P 转座子插入引起的突变基因是哪一个。

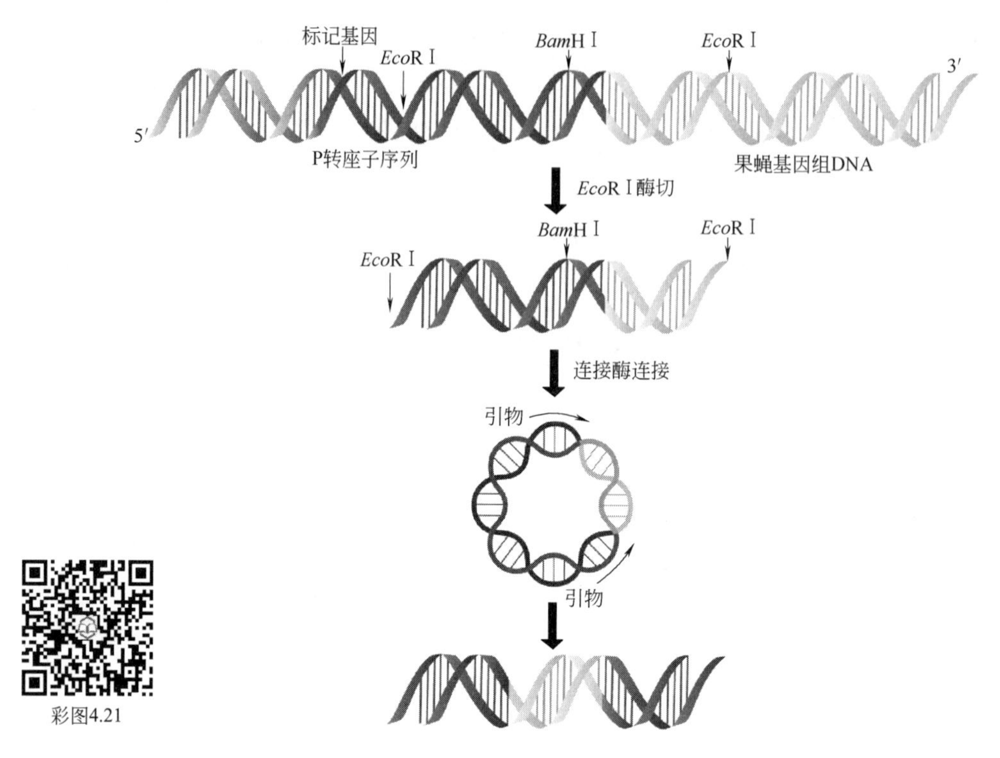

图 4.21 果蝇 P 转座子插入序列 3′端的反向 PCR。利用 *Eco*R Ⅰ将 P 转座子和基因组 DNA 切断，连接成环。通过 P 转座子序列设计引物扩增，把 P 转座子插入位点 3′端的序列扩增出来进行测序，确定 P 转座子的插入位点

4.3.3 反转录 PCR

反转录 PCR 又叫逆转录 PCR（reverse transcriptase-PCR，RT-PCR），是以 mRNA 为模板进行的特殊 PCR。逆转录 PCR 一般分两个步骤，第一步是在 42℃以 mRNA 为模板用逆转录酶合成 cDNA 的第一条链，第二步再以 cDNA 的第一条链为模板做常规 PCR，从而获得双链 cDNA 分子。逆转录 PCR 是获得特异双链 cDNA 分子的有效方法。在进行逆转录反应时，引物可用 poly（T），也可用目的基因 3′端特异序列。如果用 poly（T）作引物反转录合成的 cDNA 将会有许多种，要求做第二步 PCR 时必须用目的基因的一对特异引物才能将目的基因特异扩增出来。如果反转录引物就用目的基因 3′端的特异序列，那么通常只会反转录得到目的基因的 cDNA 第一链，该引物就可同时用于第二步 PCR 的特异扩增。不管逆转录采用哪种方式，第二步 PCR 必须有目的基因的一对特异引物。在 PCR 反应的初期，只有一条模板链，所以是不对称扩增的。但是经过几轮反应之后，两条模板链都起作用，最终得到双链 cDNA 分子（图 4.22）。

逆转录 PCR 主要有两个应用。一是从 mRNA 出发获取目的基因。二是研究基因的表达情况。前已述及，PCR 反应时，在一定的浓度范围内，模板浓度与 PCR 产物的产率成正

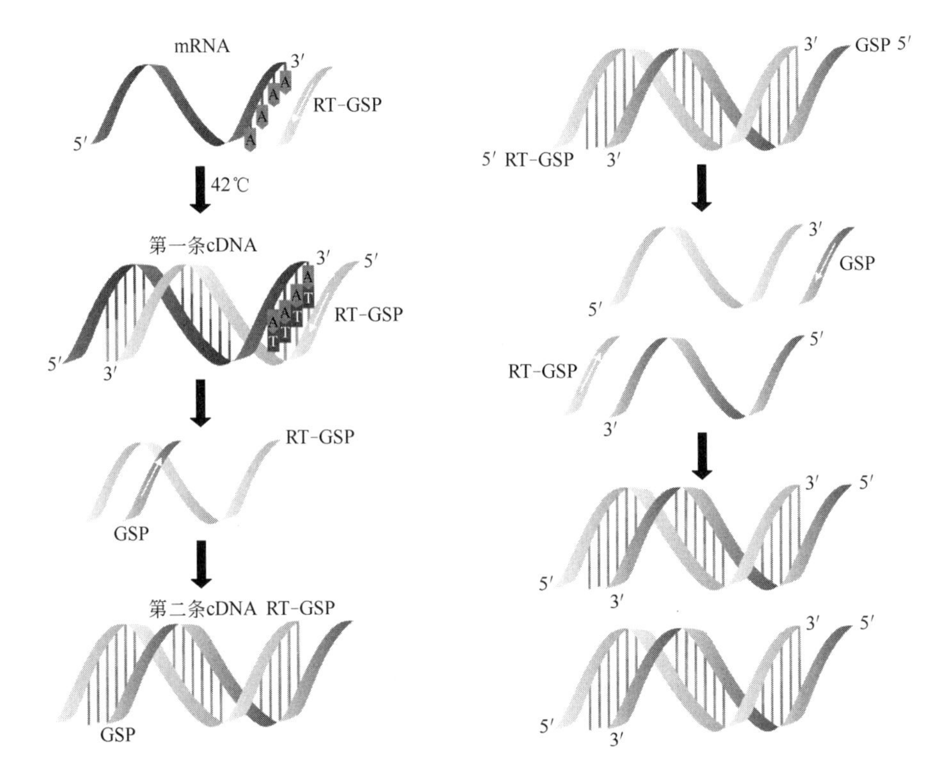

图 4.22　逆转录 PCR。目的基因的一对特异引物为 RT-GSP 和 GSP。左边为逆转录的过程，右边为常规 PCR 扩增的过程

彩图4.22

比。因此，根据 PCR 产物的浓度可以估算起始 mRNA 模板的浓度，而 mRNA 模板的浓度就代表了在特定组织中目的基因表达量的高低。如图 4.23 (a) 所示，含大量模板分子的样品得到的 PCR 产物浓度远远高于含少量模板分子的样品扩增产物。因此，以同一对目的基因的引物分别以某组织中 mRNA 及不同浓度梯度的基因组 DNA 作模板，分别进行 PCR 扩增，然后在同一模板上进行 PCR 产物电泳，比较 mRNA 扩增产物的带与哪一个浓度梯度的基因组 DNA 扩增的带亮度相同，就可估算出该组织中目的基因表达的 mRNA 的量的多少［图 4.23 (b)］。这就是逆转录定量 PCR 的原理。定量 RT-PCR 是目前常用的非常简便的检测基因表达程度的定量方法，通过与 Northern blot 的结果比较，发现它们具有很好的一致性。

4.3.4　实时荧光定量 PCR

实时荧光定量 PCR 是在逆转录定量 PCR 的基础上发展起来的。逆转录定量 PCR 是通过 PCR 产物电泳带的亮度来估算模板 mRNA 的量的。其局限性主要表现在两点上，一是通过比较凝胶上产物电泳带的亮度来推算产物的浓度误差比较大，二是在 PCR 扩增过程中不可能每一轮反应的扩增效率都是 100%，在任何一个循环中扩增效率的细微差异都可能导致最终扩增产物累积的差异。通过特定设计的 PCR 仪器来实时检测 PCR 扩增过程每一轮循环产物的累积数量，可以比较精确地推算模板的起始浓度。

荧光定量 PCR 就是通过荧光染料或荧光标记的特异性的探针，对 PCR 产物进行标记跟踪，实时在线监控反应过程，结合相应的软件可以对每一轮 PCR 产物进行分析，从而精确定量计算待测样品的初始模板量的方法。该技术于 1996 年由美国 Applied Biosystems 公司设计并

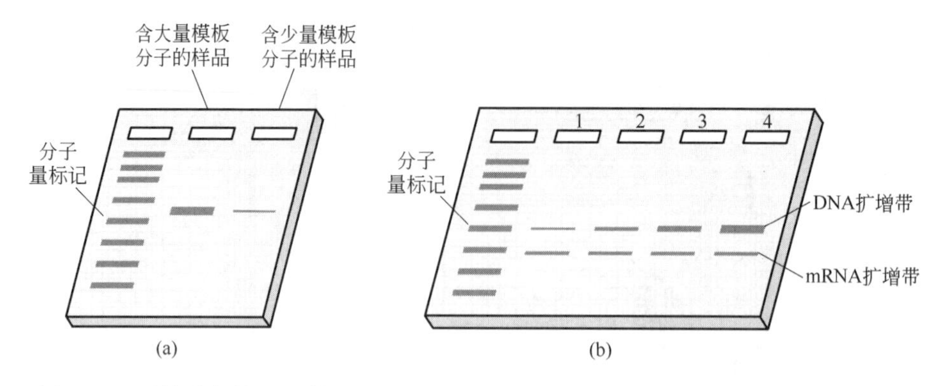

图 4.23　逆转录定量 PCR 的原理。(a) 表示两个泳道由于模板分子数不同，扩增产物的带也有明显差异。(b) 表示同一个基因的 DNA 样品和 mRNA 样品扩增的 PCR 产物，其中 DNA 模板具有浓度梯度，因此其扩增产物也有量的差异。而 mRNA 扩增产物与某一个浓度的 DNA 扩增产物量相近，可以估算模板 mRNA 的浓度

推出，实现了 PCR 从定性到定量的飞跃。实时定量 PCR 提供 PCR 扩增的瞬时信息，可以在一种巨大的动力学范围内测量核酸分子的浓度，能够识别扩增效率的差异并对其进行补偿。

4.3.4.1　荧光标记方式

通过一定方式的荧光标记，其荧光强度可以反映 PCR 产物的数量或特定 PCR 产物的数量。主要有 3 种荧光标记方式。

彩图4.24

(1) SYBR 荧光染料

SYBR 荧光染料（SYBR Green 1）可结合到双链 DNA 的小沟中，与双链 DNA 结合后才发荧光，不掺入链中的 SYBR 染料分子不会发射荧光信号（图 4.24）。因此，通过荧光强度的变化，可探测产物增长的数量。该荧光染料的最大吸收波长约为 497nm，最大发射波长约为 520nm。SYBR 荧光染料在核酸的实时检测方面有很多优点，如通用性好、灵敏度很高、价格相对较低。但由于对 DNA 模板没有选择性，因此特异性不强，无法区分双链是特异扩增形成的，还是非特异扩增形成的，或者是由引物二聚体形成的。加上荧光染料本身存在本底背景，使得荧光染料标记的荧光定量 PCR 应用受到限制。因此，要想得到比较好的定量结果，对 PCR 引物设计的特异性和 PCR 反应的质量要求比较高。

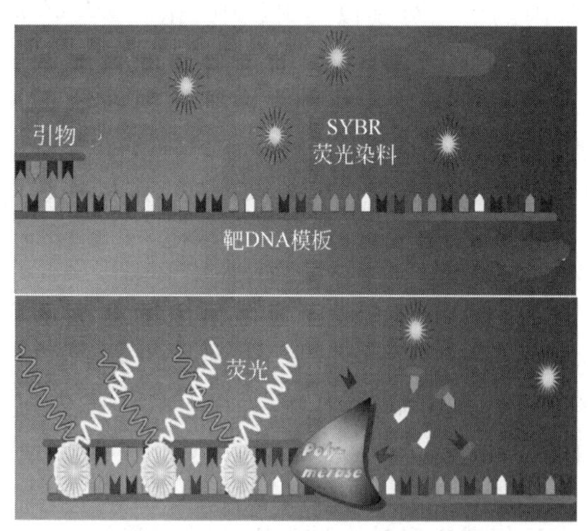

图 4.24　SYBR 标记的荧光定量 PCR。模板链变性时，SYBR 不与 DNA 结合，检测不到荧光。当子链延伸时，SYBR 与 DNA 双链区域结合，发出荧光。模板分子越多，SYBR 结合量越多，荧光强度越强

(2) 水解探针（TaqMan 探针）

为了增加荧光标记的特异性，同时降低荧光本底背景，美国 Cetus 公司设计了一种荧光标记的 TaqMan 探针来解决这个问题。TaqMan 探针是一种寡核苷酸探针，其序列对应于待扩增的目的 DNA 内部的序列。在其 5′末端连接一个荧光基团（reporter，R），而在 3′末端则连接一个荧光猝灭剂（quencher，Q）。当完整的

探针处于游离或与目的序列配对时，荧光基团与猝灭剂接近，发射的荧光被猝灭剂吸收，荧光强度很低。但在进行 PCR 的延伸反应时，PCR 的一对引物与模板链复性，同时探针也与模板链复性结合。在子链延伸阶段，当延伸到探针结合的位置时，*Taq* 酶一方面发挥 5′→3′聚合酶的活性，延伸子链。另一方面发挥 5′→3′外切酶的活性，将探针分子的核苷酸从 5′端一个一个切断，释放荧光基团。荧光基团 R 从探针分子的 5′端切离后，脱离了 3′端的猝灭基团，从而发出荧光（图 4.25）。随着 PCR 循环数的增多，子链合成越来越多，释放的荧光基团也越来越多，荧光越来越强。因而荧光强度一样能反映 PCR 产物的数量。不仅如此，还因为探针序列与引物序列都是与目的基因的特异序列互补的，这种双重特异性，保障了荧光的产生一定是特异性扩增产生的，从而增加了荧光定量 PCR 检测的精确性和特异性。

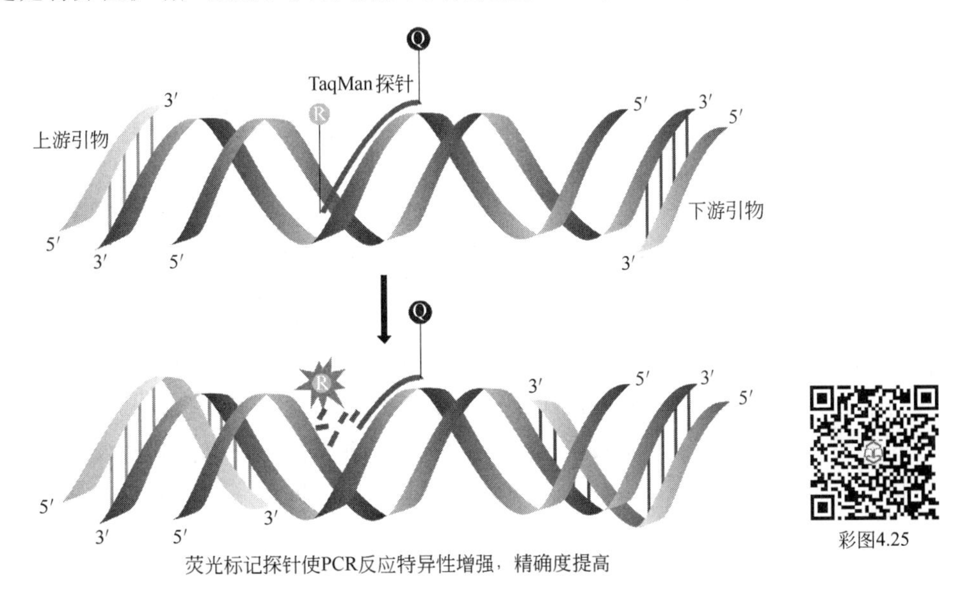

图 4.25　TaqMan 探针标记的荧光定量 PCR。当上游引物与下游引物分别与模板链复性时，荧光基团（R）标记的探针序列也与模板链复性。由于探针序列同时具有荧光猝灭基团（Q），游离探针的荧光很弱。但是当子链延伸时，DNA 聚合酶将探针 5′端的 R 基团切除，R 基团脱离了 Q 基团的抑制，发出荧光

TaqMan 探针工作方式可应用于定量起始模板浓度、基因型分析、产物鉴定以及单核苷酸多态性（SNP）分析。对目的序列的特异性很高，特别适合于 SNP 检测，与发夹型杂交探针相比设计相对简单。但使用成本较高，只适合于一个特定的目标基因，且不能进行熔解曲线分析。

（3）发夹型杂交探针

为了进一步降低荧光本底，美国纽约公共卫生研究所的研究人员设计了一种茎环状结构的发卡探针。发夹型杂交探针（molecular beacons）也是加入了荧光基团和猝灭基团的探针。但游离探针在结构上是环状的寡核苷酸探针，由茎部和环部组成，其中茎由互补内配对的序列组成，环与目的基因序列完全配对（图 4.26）。探针分子的两端分别标记荧光报告基团和荧光猝灭基团，探针游离时检测不到荧光信号。当探针与靶序列结合后，荧光基团和猝灭基团分开，从而产生荧光，荧光信号的强弱代表了靶序列的多少。

发夹型杂交探针可用于定量起始模板浓度、基因型分析、鉴定产物、SNP 检测。其优点在于对目的序列有很高的特异性，是用于 SNP 检测的最灵敏的试剂之一，荧光背景低。但探针的设计困难，无终点分析功能，只能用于一个特定的目标，价格较高。

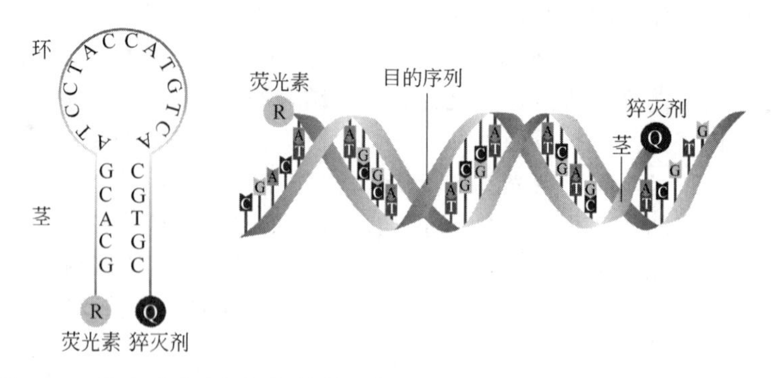

图 4.26　发夹型荧光标记探针的工作原理。发夹探针的茎是内配对的碱基序列，环是与目的基因互补的探针序列。茎的形式使荧光猝灭效果更好，荧光本底降低。当探针与目标序列复性后，延伸导致 R 基团脱离，发出荧光

4.3.4.2　荧光 PCR 的定量方式

实时荧光定量 PCR 依赖于荧光定量 PCR 仪，它是一种带有激发光源和荧光信号检测系统的 PCR 仪，通常配有电脑系统及相应的分析软件。该仪器可同时进行 PCR 扩增和荧光产物浓度的检测，能记录整个扩增过程中产物累积的动态变化。

在荧光定量 PCR 过程中，通过荧光信号的强度来显示在每一轮反应中新增产物的数量。在 PCR 扩增的前期循环中，荧光信号的强度呈现平缓的波动状态，经过一定数量的扩增循环后，荧光信号的强度由本底进入指数增长阶段。由图 4.27 可以看出，虽然标准 DNA 模板的浓度不同，但是每一个模板 DNA 扩增产生的荧光强度都是指数级增长曲线，与 PCR 产物扩增曲线一致，所以荧光强度真实反映了 PCR 扩增产物的量。只是不同浓度的标准

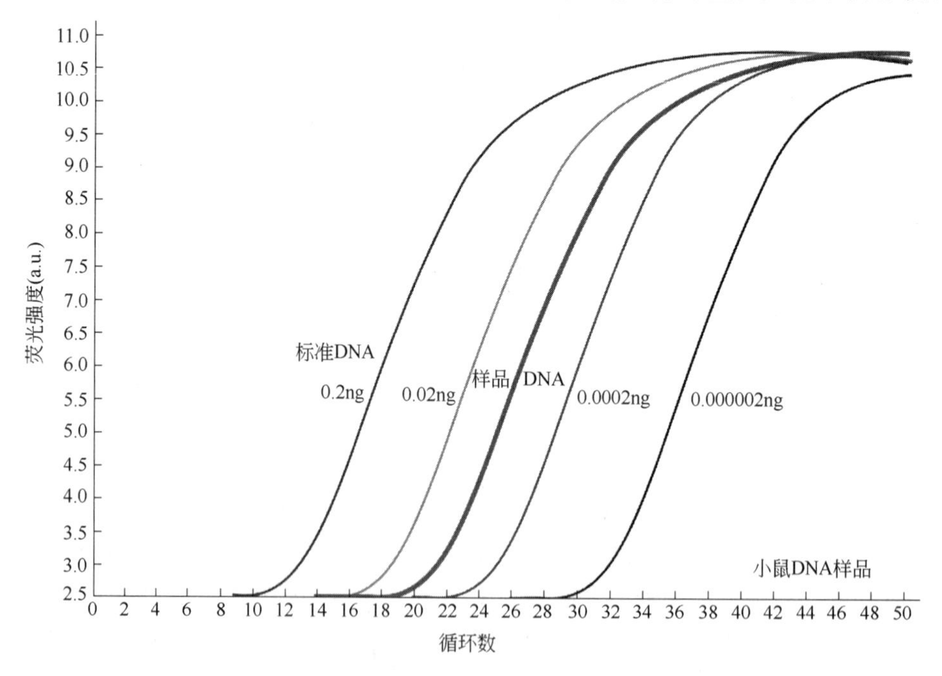

图 4.27　荧光定量 PCR 的荧光强度曲线。标准浓度 DNA 作模板扩增得到的荧光强度曲线。不管起始模板浓度是高（如 0.2ng）还是低（0.00002ng），PCR 扩增得到的荧光强度曲线是一致的，不同的是到达同一个荧光强度所经历的循环数不同

DNA 扩增达到同一个荧光强度所需要的循环数不同，这说明荧光强度、模板浓度与扩增循环数之间存在有规律的对应关系。

为了探究荧光强度、模板浓度和扩增循环数之间的关系，人为地设定了一个荧光强度阈值（threshold）。阈值的设定非常重要，一般 PCR 反应的前 15 个循环的荧光信号作为荧光本底信号，荧光阈值定义为基线范围内荧光信号强度标准偏差的 10 倍（图 4.28）。基线范围是指从第 3 个循环起到 Ct 值前 3 个循环止，其终点要根据每次实验的具体数据调整，一般取第 3～15 个循环之间。早于 3 个循环时，荧光信号很弱，扣除背景后的校正信号往往波动比较大，不是真正的基线高度；而在 Ct 值前 3 个循环之内，大多数情况下荧光信号已经开始增强，超过了基线高度，不宜当作基线来处理。通常阈值对应的是荧光信号由本底进入指数增长阶段的拐点时的荧光强度值。

Ct 值是指荧光信号达到阈值所对应的循环次数。即 Ct 值是指荧光阈值循环数，是指每个反应管内的荧光信号到达设定阈值时所经历的循环数（图 4.28）。在指数扩增的开始阶段，样品间的细小误差尚未放大，因此 Ct 值具有极好的重复性。Ct 值取决于阈值，阈值取决于基线，基线取决于实验的质量，Ct 值是一个完全客观的参数。正常的 Ct 值范围在 18～30 之间，过大或过小都将影响实验数据的精度。

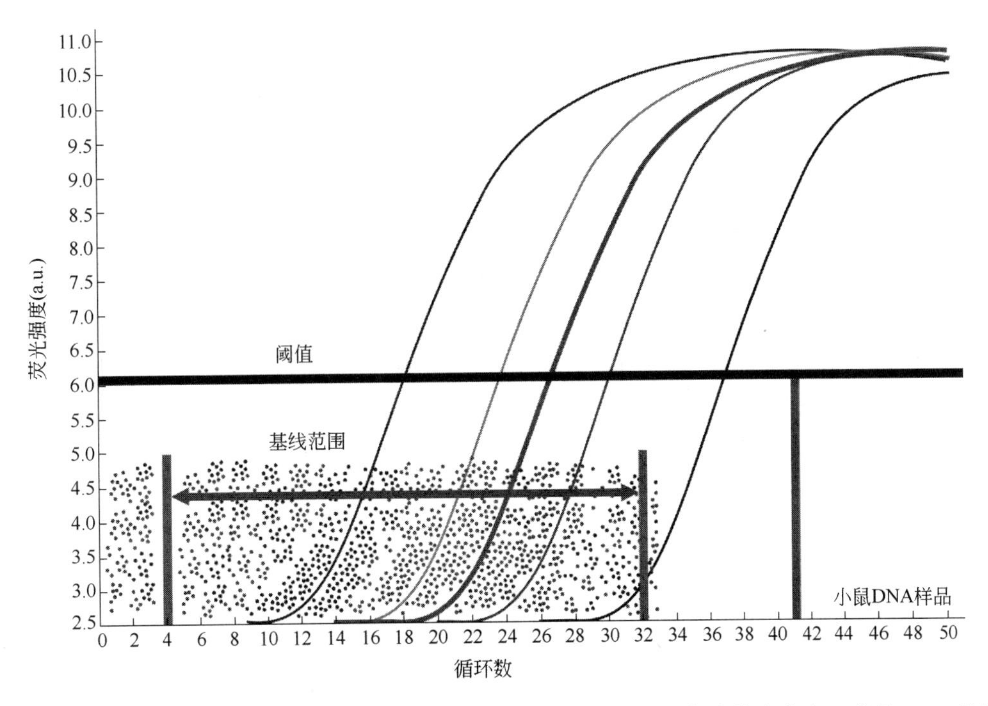

图 4.28 荧光定量 PCR 的荧光阈值的设定。基线范围的荧光值为荧光本底（背景），一般将基线范围荧光值的 10 倍设为荧光阈值

计算发现，Ct 值与起始模板拷贝数（浓度）的对数成线性关系。起始拷贝数越多，Ct 值越小。利用已知起始拷贝数的标准样品可作出标准曲线，只要获得未知样品的 Ct 值即可从标准曲线上计算出该样品的起始拷贝数（图 4.29）。

4.3.4.3 荧光定量 PCR 的优点

荧光定量 PCR 具有许多优点：①全封闭的 PCR 过程，无需跑胶，无需后处理；②实时在线监控，对样品扩增的整个过程进行实时监控，能够实时地观察到产物的增加，直观地看到反应的对数期；③降低反应的非特异性，使用引物和荧

彩图4.29

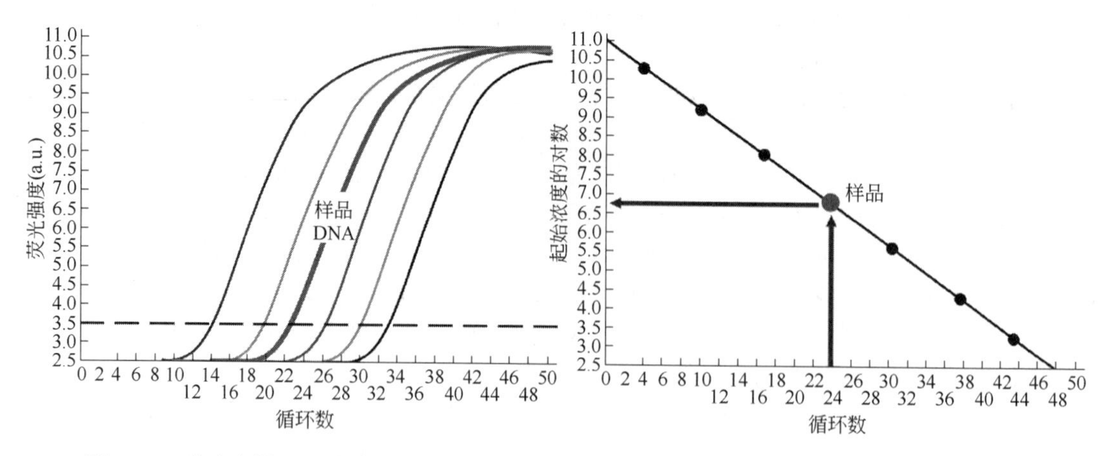

图 4.29　荧光定量 PCR 的标准曲线制作。Ct 值与起始模板浓度的对数成线性关系。利用已知起始模板的标准样品作标准曲线，根据未知样品的 Ct 值即可根据标准曲线计算出待测样品的起始浓度

光探针同时与模板特异性结合，提高 PCR 反应的特异性；④增加定量的精确性，在样品扩增反应的最佳时段（对数期）进行采集数据，而不是传统的终点法；⑤线性关系直接，到达阈值的循环数和样品的起始模板浓度之间具有线性关系；⑥结果分析更加快捷方便。

由于荧光定量 PCR 实时在线监控 PCR 过程，无需跑胶，直接用荧光强度精确计算模板浓度，操作简便快捷，特异性强，是目前从 mRNA 水平快速检测基因表达量最方便、最可靠的方法之一。

4.3.5　多重 PCR

在一个反应体系中使用一对以上引物对同一模板 DNA 进行扩增的 PCR 就称为多重 PCR（multiplex PCR），其结果是产生多个 PCR 产物（图 4.30）。通过比较扩增产物的大小和预期设计片段的大小，可以判断样品中含有哪些基因。例如，同时设计 3 对引物扩增同一个 DNA 分子，只要保证反应条件适宜，3 对引物将扩增产生 3 个 PCR 产物，电泳时将会产生 3 条扩增带，如图 4.31 泳道 1 所示。如果某一个 DNA 样本在某对引物结合处有基因突变，那么这对引物将不能结合模板 DNA，导致这条扩增带不能产生。如图 4.31 泳道 2，最长的第一条带没有扩增出来；泳道 3，中间大小的第二条带没有扩增出来；泳道 4，最短的那条带没有扩增出来。如果已知 3 对引物分别对应哪 3 个基因，那么根据一次 PCR 扩增就可以判断这些 DNA 样本的哪个基因出现了突变。因此，多重 PCR 可用于等位基因和突变基因的鉴定。

例如，杜氏肌营养不良症（DMD），是一种 X 连锁隐性遗传病，在男婴中的发病率达到 1/3500，是发病率最高的一种罕见遗传病。一般患儿在 3～5 岁发病，肌肉渐渐萎缩，慢慢丧失行走和其他运动能力，20 岁左右常因心肺衰竭而死亡。DMD 基因也是人类最大的基因，cDNA 全长达到 13993bp。DMD 基因的多个外显子都可能发生突变，从而表现相似的病症。如果针对 DMD 基因的不同外显子设计引物做多重 PCR，分别对不同患者进行基因诊断，可以发现不同病人在不同的外显子处可能会有 1～2 个位点的突变。基因诊断可以及早发现和诊断遗传病，从而在早期采取针对性的防治措施。

DNA 亲子鉴定也是通过多重 PCR 实现的。我们每个人的基因组 DNA 上都有很多微卫星 DNA 的串联重复 STR，这些 STR 的重复次数在不同个体中具有多态性，同时在家系亲子世代之间的传递又具有相对稳定性，因此，如果在 STR 序列两侧设计引物进行 PCR 扩

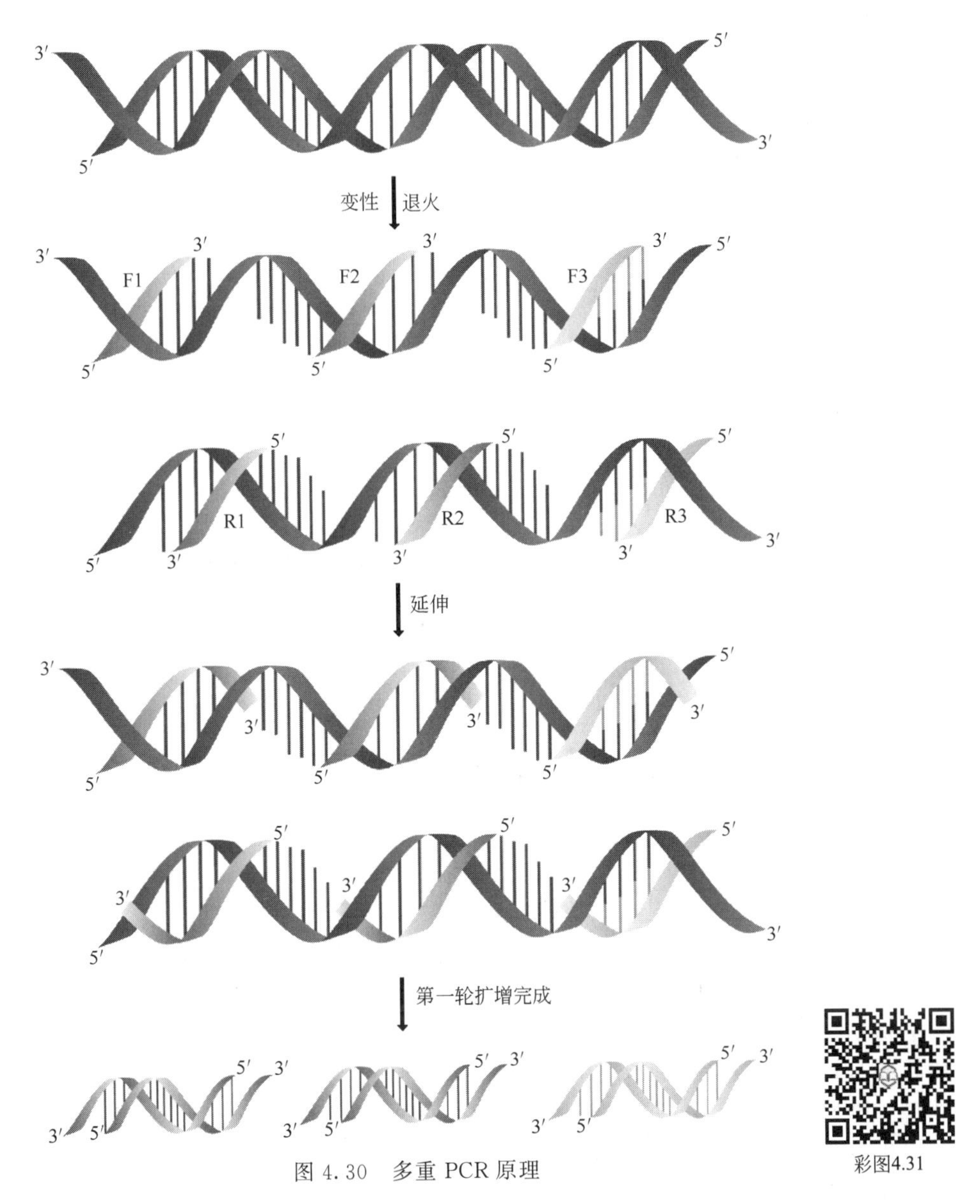

图 4.30　多重 PCR 原理

增，不仅能够确定某一个基因座位的 STR 基因型，也能确定亲子世代之间是否具有真实遗传的亲缘关系。

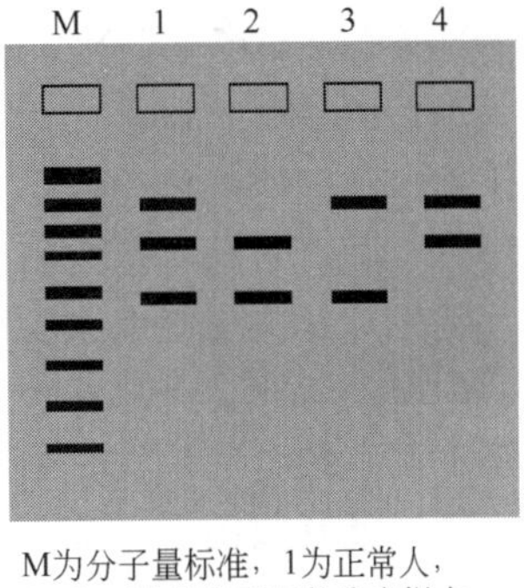

如图 4.32 所示，等位基因 a 处的 STR 含有 6 个重复，等位基因 b 处的 STR 含有 8 个串联重复。在该等位基因两侧设计一对引物进行 PCR 扩增，两个等位基因扩增出来的片段大小 有差异，电泳将产生两条条带。如果该个体是杂合体，将会扩增 a、b 两条条带出来，如果是纯合体，那么就只会扩增一条 a 带或一条 b 带出来。那么这个个体的后代在这个位点则要么含有一条 a 带，要么含有一条 b 带。如果同时在 N 个不同的 STR 多态性位点设计 N 对引物进行多重 PCR，由于每个位点都会出现两种纯合体和一种杂合体三种基因型的可能性，N 个位点将会出现 3^N 种不同的基因型组合的可能

M　1　2　3　4

M为分子量标准，1为正常人，2、3、4分别为不同的患者样本

图 4.31　多重 PCR 用于疾病基因检测

性。例如目前亲子鉴定采用的STR位点一般选择21个位点，产生的基因型组合为3^{21}，约等于104亿，足以区分地球上70亿人口的每个个体DNA。因此，由这样的多态性位点进行多重PCR得到的个体DNA基因型也被称为DNA指纹，它代表了每个个体独特的DNA多态性信息，可以用来鉴定亲子关系和制作基因身份证。

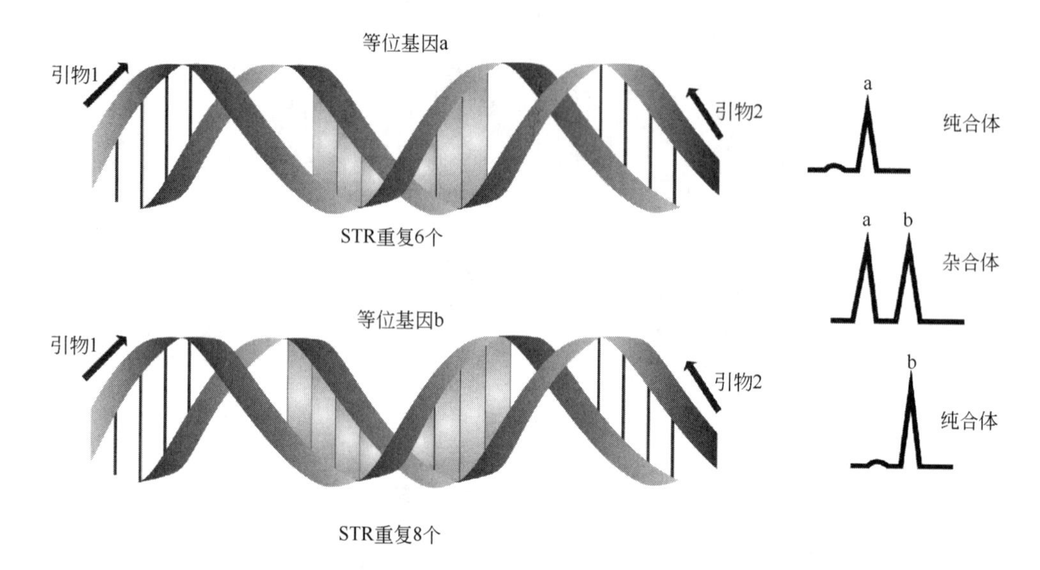

图4.32　多重PCR用于亲子鉴定的原理。假定等位基因a含有6个STR，等位基因b含有8个STR，那么用基因两侧的一对引物（引物1和引物2）去扩增这一对基因时，杂合体会产生a、b两条带，纯合体只会产生一条带，要么a带，要么b带

除了多重PCR能够建立DNA指纹，另外两种PCR技术也能建立DNA指纹。一种是随机扩增多态性DNA（random amplified polymorphic DNA，RAPD），另一种是扩增片段长度多态性（amplified fragment length polymorphism，AFLP）。在常规PCR扩增中所用的引物一般是序列特异性的，是针对某个基因或DNA序列而设计的。其长度一般在20个核苷酸左右。随着引物的长度缩短，在基因组DNA上出现与之互补配对序列的概率进一步增加，PCR扩增后产物的数量也随之增加。当引物的长度缩短到一定程度后，单一引物就可以扩增出多个DNA产物。随机扩增多态性DNA（RAPD）就是根据这一原理来扩增多态性DNA的。

用长度为10个或11个碱基的单一固定序列引物（arbitrary primer）可扩增出随机大小的DNA片段，产生DNA片段的多态性，也就是DNA指纹。常用作遗传学上的分子标记，用于遗传图谱分析或基因组DNA的多态性分析。对遗传背景相似的不同样品，用不同的引物扩增可产生不同的指纹，也可能产生相同或相似的指纹。因此，在做多态性分析时，要对引物进行筛选，找到最大限度展示多态性的引物或引物组合。

随机选择的引物在一定反应条件下只要求引物能起始DNA合成，而不管此时引物和模板的配对是否完全。对任一特定引物，它同模板DNA有多个特定的结合位点，在模板的两条链上都有结合的位置，当引物的3′端相距在一定的长度范围之内，就可以扩增出DNA片段，其中最有效的那些反应在扩增过程中互相竞争而产生PCR产物，有的只有几个主要PCR产物，有的则包括100多个。

扩增片段长度多态性分析是针对基因组DNA的限制性酶切片段进行选择性PCR扩增而建立DNA指纹的技术。首先将基因组DNA以两种限制性内切酶完全切割，之后再将合成的并与这两个限制酶产生的末端相对应的接头（adapter）与酶切 DNA 片段的两端连接。然后以含有接头序列和酶切位点序列的引物对连接产物做 PCR 扩增。最后利用聚丙烯胺凝胶电泳对 PCR 产物进行分离，从而产生 DNA 指纹。

在该技术中，PCR 引物的设计是一项关键因素。如果引物的序列完全由接头的序列和酶切位点的序列组成，那么 PCR 扩增将没有选择性，对所有的模板都可能扩增，这样扩增出来的产物数量将太大，难以对产物用聚丙烯酰胺凝胶电泳进行分离，达不到建立指纹的目的。为此，在引物的 3′末端增加 2～3 个碱基（其序列可自行设计），从而选择性地扩增，产生 50～100 个产物。这些产物可有效地进行分离检测，进而建立 DNA 指纹。典型的操作是将基因组 DNA 用 *Eco*R Ⅰ和 *Mse* Ⅰ做双酶切，然后用合成的接头与酶切产物连接。PCR 引物由 3 部分组成，其 5′端核心部分为对应接头的序列，紧接 3′端为酶切位点的序列，3′末端为 3 个选择性核苷酸序列，其序列延伸至酶切片段内部。选用不同的选择性核苷酸序列会产生不同的 DNA 指纹。

由此可以看出，AFLP 是针对基因组限制性酶切片段进行 PCR 扩增的技术，因此亦属于以 PCR 反应为基础的分子标记。与 RAPD 相比，结果的重复性进一步提高，蕴藏的信息以及指纹的精确度也进一步加大。

4.3.6 巢式 PCR

巢式 PCR（nested PCR）也称嵌套 PCR，是指用目的基因外侧的一对引物完成 PCR 扩增以后，以 PCR 产物为模板，根据第一对引物内侧的序列再设计一对新引物所做的 PCR（图 4.33）。巢式 PCR 中的第二次扩增可减少或排除第一次扩增中出现的非特异性扩增，因而是提高 PCR 扩增特异性常用的方法。

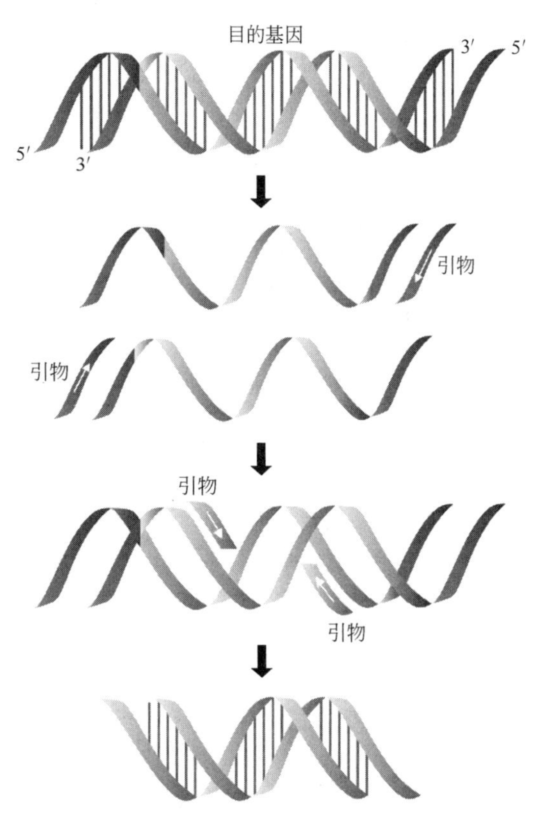

图 4.33 巢式 PCR 的原理。用两对引物分两次扩增目的片段。第一次扩增的引物在外侧，第二次扩增的引物在内侧，用于提高 PCR 扩增的特异性

4.3.7 不对称 PCR

正常的 PCR 反应需要一对相向配置的引物同时扩增两条模板链。如果只加入一条引物，那么将会只扩增一条模板链。像这种加一条引物扩增的 PCR 反应叫不对称 PCR（asymmetric PCR），主要只扩增一条模板链（图 4.34）。例如 DNA 测序反应或定点突变需要大量的单链模板，早期是通过 M13 单链噬菌体载体实现单链模板的扩增的。PCR 技术诞生以后，利用不对称 PCR 可以同样得到大量的单链模板。实际操作时，为了使模板量增加，也可以加一对引物扩增，只是这一对引物在浓度上有差异，例如以（50～100）∶1 的浓度，主要就只会扩增一条链。

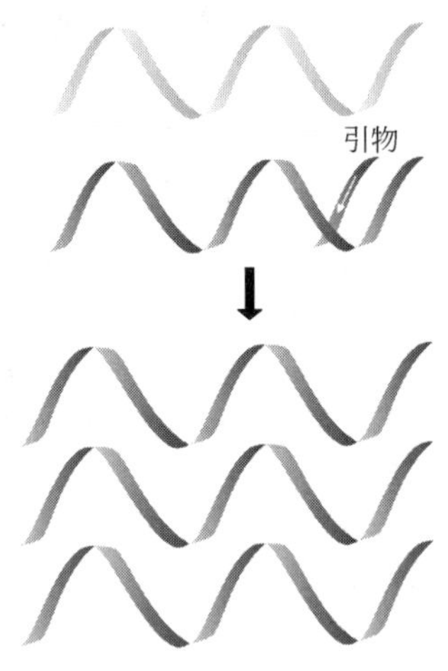

图 4.34 不对称 PCR 的原理。只加一条引物扩增，主要扩增一条链

4.3.8 RACE-PCR

RACE-PCR（rapid amplification of cDNA end，RACE）是指 cDNA 末端的快速扩增 PCR。在 cDNA 克隆时常出现丢失末端序列的现象，需较长时间获得全长 cDNA 克隆，并且筛选文库只能回收一个或几个 cDNA 克隆，这是 cDNA 文库构建时常常难于避免的局限性，因此导致基因组数据库中的许多 cDNA 序列末端的不确定性。不完整末端或者不确定序列的末端会给目的基因的克隆带来困难，因此，需要获得全长 cDNA 末端或者完整末端序列时，RACE-PCR 的引入能有效解决这一难题，并且可以获得大量的独立克隆。

4.3.8.1 cDNA 5′末端的快速扩增（5′-RACE）

在 cDNA 克隆过程中，由于反转录酶可能没有沿 mRNA 模板合成全长的 cDNA 第一条链，常常导致克隆得到的双链 cDNA 的 5′末端不完整（双链 cDNA 5′末端是指双链 cDNA 对应于 mRNA 的 5′末端，但是每条 cDNA 单链有自己的 5′末端）。5′-RACE 提供了一种快速扩增 cDNA 5′末端的好方法。

首先测定已经得到的 cDNA 的核苷酸序列，根据这个序列设计一个与靠近 cDNA 第一链 5′末端区域序列对应的特异性引物（如 GSP1），并以这个引物引导反转录合成新的 cDNA 第一链，如图 4.35（左）所示。然后用 RNase 降解模板 mRNA，并纯化 cDNA 第一链；用末端转移酶在 cDNA 第一链 3′末端加上同聚物尾，如 poly（C）。最后用特异性引物 GSP2（该引物由两部分组成，靠 3′末端为同聚物 G，靠 5′末端为带有酶切位点的固定序列）对加了尾的 cDNA 第一链模板做 PCR 扩增，从而得到含有双链 cDNA 5′末端的 DNA 片段。为了提高反应的特异性可再做一次巢式 PCR，从而获得序列完整的双链 cDNA 5′末端，通过测序可以获得 cDNA 5′末端的序列。

4.3.8.2 cDNA 3′末端的快速扩增（3′-RACE）

cDNA 克隆时偶尔会得到双链 cDNA 3′末端序列缺失的克隆（双链 cDNA 3′末端是指双链 cDNA 对应于 mRNA 的 3′末端，也就是第二链 cDNA 的 3′末端），利用类似 5′-RACE 的方法，3′-RACE 可以快速扩增 cDNA 的 3′末端序列。首先用一个接头引物 GSP1 合成 cDNA 第一链。该引物由两部分组成，靠 3′端为同聚物 T，靠 5′端为带有酶切位点的固定序列。然后用 RNase 降解模板 mRNA，纯化 cDNA 第一链；用根据 mRNA 5′端已知序列合成的特异性引物 GSP2 对 cDNA 第一链的模板做 PCR 扩增，从而得到含有双链 cDNA 3′末端的 DNA 片段。同样，为了提高反应的特异性可再做一次巢式 PCR。图 4.35（右）为 3′-RACE 的原理示意图。

4.3.9 原位 PCR

原位 PCR（in situ PCR）是将 PCR 的高效扩增技术与原位杂交的细胞定位相结合的技术。原位杂交是用标记的 DNA 或 RNA 作探针，能在原位检测组织细胞内特定的 DNA 或 RNA 序列（图 4.36）。原位杂交是检测基因时空表达的常用技术（详见本书第 6 章）。但是有时候，可能目的基因的量或表达量非常低，如细胞内单拷贝 DNA 序列或低于 10～20 拷贝的 RNA 序列，很难通过原位杂交检测出来阳性结果。而 PCR 的敏感性非常高，哪怕是单拷贝的靶序列都可能经过 PCR 扩增出大量的产物，因此，如果将 PCR 技术与原位杂交技术相结合，就可以实现对低表达量的基因进行原位检测了。但是常规 PCR 反应是在液相中

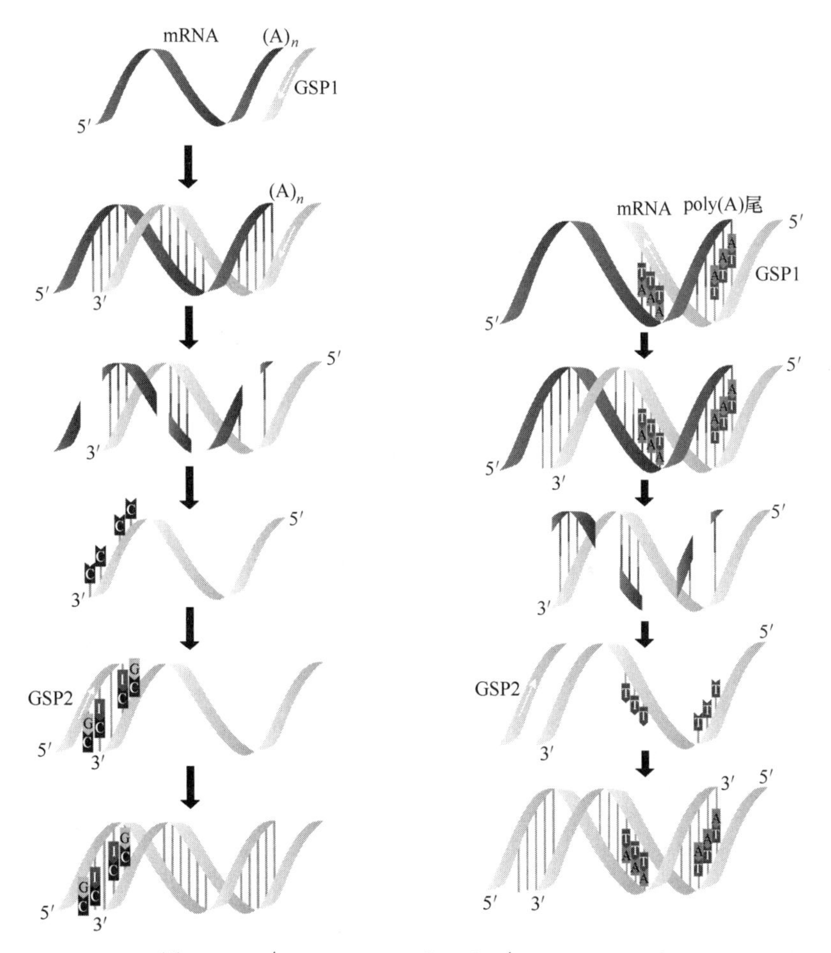

图 4.35　5′RACE-PCR（左）和 3′RACE-PCR（右）

进行的，必须把模板 DNA 或 RNA 提取出来配成 PCR 反应液。原位 PCR 则要求做固相 PCR，对于 PCR 技术来说，这也算是一种挑战。

原位 PCR 的待测样本一般需先经化学固定，以保持组织细胞良好的形态结构。细胞膜和核膜有一定的通透性，PCR 扩增所需的各种成分，如引物、DNA 聚合酶、4 种三磷酸脱氧核苷等进入细胞内或核内，以固定的 DNA 或 RNA 为模板，在原位进行 PCR 扩增。PCR 反应在由细胞膜组成的“囊袋”内进行。PCR 扩增产物因分子较大或互相交织，不易透过细胞膜向外弥散，从而原位保留下来。经过 PCR 反应，原来细胞内单拷贝或低拷贝的特定 DNA 或 RNA 序列成指数级增长，使得很容易通过原位杂交技术将其检出。根据扩增反应中所用的三磷酸核苷酸的底物或引物是否标记，原位 PCR 可分为直接法和间接法两种。

（1）直接法原位 PCR

直接法原位 PCR 是使用标记的三磷酸核苷酸作引物或底物，从而使扩增产物直接携带标记分子。放射性同位素 ^{35}S、生物素和地高辛是三种常用的标记物。当标本进行 PCR 扩增时，标记分子就直接掺入到扩增产物中。扩增产物的检测根据标记物的性质设定，可用放射自显影、免疫组织化学或亲和组织化学等方法。直接法原位 PCR 的优点是操作简便、流程短、省时，缺点是特异性较差、容易出现假阳性，且扩增效率较低。

（2）间接法原位 PCR

间接法原位 PCR 的反应体系与常规 PCR 相同，所用的引物和三磷酸核苷酸底物都不带

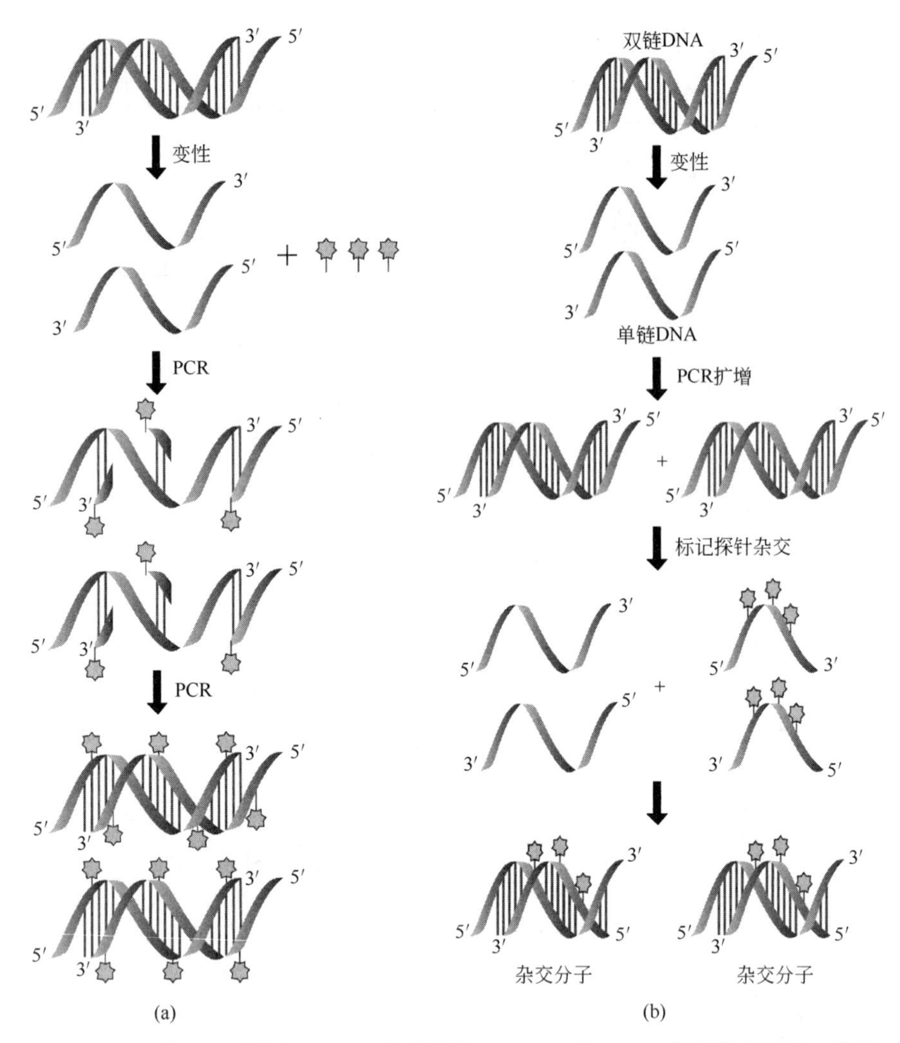

图 4.36 原位 PCR 的原理。(a) 直接原位 PCR。4 种 dNTP 底物带有标记，使得 PCR 扩增产物带有标记，通过放射自显影或荧光检测仪可以检测出来。(b) 间接原位 PCR。先做普通 PCR 扩增，再用标记探针与变性的扩增产物杂交，最后对杂交分子进行检测

有任何标记物。当 PCR 原位扩增结束后，再用原位杂交技术检测特异性扩增产物。所以间接法原位 PCR 实际上是 PCR 与原位杂交技术的结合，故亦称为 PCR 原位杂交（PCR in situ hybridization，PISH）。虽然间接法原位 PCR 较直接法要复杂些，多了原位杂交检测的步骤，但是它的扩增效率高，特异性好。因此，间接法原位 PCR 是目前应用最广泛的靶序列原位扩增技术。

4.4 通过蛋白质工程改建目的基因

4.4.1 蛋白质工程的概念

蛋白质工程是基于对蛋白质结构和功能关系的认识，进行分子设计，通过基因工程途径定向地改造蛋白质或创造合乎人类需要的新的突变蛋白质的理论及实践。

蛋白质是生物体内一切生理生化活动及性状表现的执行者，蛋白质的功能由蛋白质的空

间结构决定。蛋白质的氨基酸序列决定蛋白质的一级结构，而蛋白质的一级结构是空间结构的基础，空间结构又决定其功能。蛋白质工程依据中心法则的思想，由 DNA 指导合成蛋白质，为使改造或新合成出来的蛋白质的结构与功能符合人们的要求，需要对负责编码该种蛋白质的基因进行重新设计。归根结底，改造蛋白质的实践是通过改造基因序列实现的。因此，蛋白质工程是改造基因、创造新的目的基因的一条途径。

目前实施基因改造或基因改建的途径主要有两条。一是在确知蛋白质结构域与功能对应关系的基础上，通过定点突变改变某个基因中的某个或某几个碱基，导致对应的蛋白质氨基酸组成发生改变，产生新的蛋白质或使原蛋白质产生新的功能，即所谓基因定点突变技术。二是不确定蛋白质某个特定功能是由哪段氨基酸序列决定的，此时只能将该蛋白质基因实施大量随机突变，在各种突变后代中筛选预期功能改变的特种突变类型，即定向进化技术。下面分别介绍基因定点突变技术与定向进化技术。

4.4.2 蛋白质工程的定点突变技术

蛋白质工程的定点突变技术即是基因定点突变技术。通常有下面三种方法。

（1）寡核苷酸引物介导的定点突变

蛋白质中的氨基酸是由基因中的三联体密码决定的，因此，只要改变密码子中的一个或两个碱基就可以改变蛋白质中某个氨基酸的组成。寡核苷酸引物介导的定点突变是用含有突变碱基的寡核苷酸片段作引物，在 DNA 聚合酶的作用下启动 DNA 分子进行复制，从而获得带有突变碱基的目的 DNA 分子。但是要把带有突变碱基的引物引入到细胞内，生物体内存在的严谨的错配修复机制必会将错配的突变碱基切除，因此，导致寡核苷酸引物介导的定点突变产生的突变效率非常低。如果引入的突变碱基能够躲避 DNA 复制修复机制，将会大大提高突变基因的产生效率。

针对这一问题，Kunkel 对寡核苷酸引物介导的定点突变进行了改进。见图 4.37。第一步，将待突变的目的基因克隆入 RF-M13 DNA 载体上，导入到具有 dUTP 酶和 *N*-尿嘧啶脱糖苷酶双突变缺陷的大肠杆菌菌株（*dut*-，*ung*-）内。在该菌株内，dUTP 酶缺陷导致细胞内 dUTP 上升，以致 dUTP 会部分取代 dTTP 掺入到合成的 DNA 新生链中，使含目的基因的 RF-M13 DNA 载体的单链 DNA 链含有约 1%的 U 碱基。正常菌株由于有 *N*-尿嘧啶脱糖苷酶的存在，会将 DNA 链中的 U 碱基切除修复，但是由于现导入的菌株是 *N*-尿嘧啶脱糖苷酶也缺陷的，因此，DNA 链中的 U 碱基被保留了下来。第二步，将用双酶缺陷菌株克隆获得的含目的基因的单链 DNA 作模板在体外引导互补链的合成，此时互补链的引物中在目的基因的特定位点处引入了一个突变碱基（如野生型基因原本是 A，而引物在此处加一个 G 碱基），因此，合成的双链 DNA 有两大特点：一是模板链含有一部分 U 碱基，但基因不含突变位点 G；二是新生链不含有 U 碱基而是含有正常的 T 碱基，但是新生链的目的基因位点含有一个突变的不配对的 G 碱基。第三步，将体外合成的杂交双链 DNA 再导入正常的大肠杆菌细胞中，由于正常的 *N*-尿嘧啶脱糖苷酶的存在，将会将含有 U 碱基的 DNA 链降解，而留下含有突变 G 碱基的目的基因的新生链作模板，最后合成的 DNA 分子双链都将带有互补的目的基因的定点突变（GC 碱基对）。这种方法产生的 M13 噬菌体中含突变 DNA 的比例大大增加。

（2）PCR 介导的定点突变

利用 PCR 反应在体外合成和体外引入引物的特点，可以利用 PCR 技术介导定点突变的发生。只要同上述寡核苷酸引物介导的定点突变一样，在引物的某个特定位点引入一个到多个待突变的不匹配碱基，就可以在新生链中带来定点的突变，因为体外系统中无 DNA 修复酶系存在，使得 PCR 介导的定点突变不仅操作简单方便，而且可以使点突变有效地保留下来。

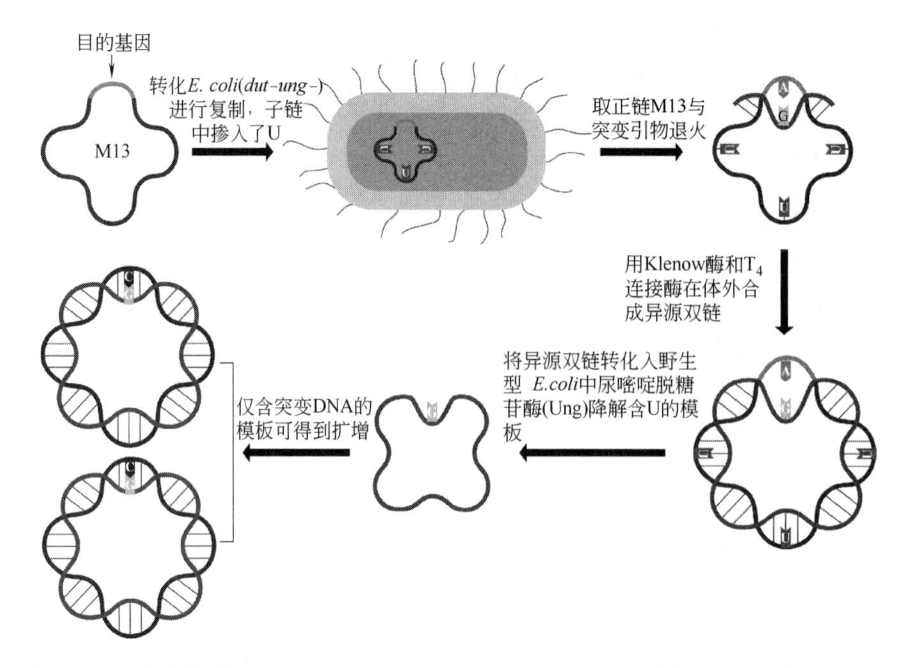

图 4.37 寡核苷酸引物介导的 Kunkle 定点突变。含正常目的基因的 M13 噬菌体导入双酶缺陷的大肠杆菌，细胞内复制的单链产物含有少量的随机分布的 U 碱基。再把这种含 U 碱基的单链取出，在体外作模板，引导互补链的合成。体外合成时，目的基因特定位点的引物引入了突变碱基 G。待合成结束后，把双链 DNA 导入到 *N*-尿嘧啶脱糖苷酶正常的野生型大肠杆菌中，那么含 U 碱基的一条链会被降解。保留下来的是不含 U 碱基的新生链，但它含有目的基因定点突变的 G 碱基

彩图4.37

但是，由于 PCR 引物往往选择目的基因的两个近末端的序列，因此，在基因的两端序列中引入点突变是比较方便的，而在目的基因的中间任何一点引入点突变就必须在常规 PCR 基础上进行适当的改进。改进的思路是设计 4 个引物组成三对组合相继进行三轮 PCR 扩增。如图 4.38 所示，其中一对引物设计在基因需要突变的位点，序列反向互补，在这对引物中分别引入一对互补的突变碱基（图中为引物 2 和引物 2′）。另一对引物不带有突变碱基，设计在基因完整序列的两个末端，相向配置（图中为引物 1 和引物 1′）。然后由引物 1 和引物 2，以及引物 1′和引物 2′分两段扩增目的基因。因为引物 2 和引物 2′都含有突变碱基，这样就使得两个 PCR 扩增产物中都含有特定位置的突变碱基。扩增完成后，再把两段 PCR 产物混合，因为它们含有重叠的一段序列，在引物 2 和引物 2′的位置可以互补配对，所以用 DNA 聚合酶延伸，可以延伸形成完整的基因全长序列。最后再用基因两端这对正常序列的引物（就是引物 1 和引物 1′）完成全长基因的 PCR 扩增，新产生的目的基因在预设的位点就会实现碱基的替换，实现定点突变。PCR 介导的定点突变是目前常用的体外定点诱变的方法，操作简单，流程快捷，突变引入效率高，突变的成功率可达 100%。

虽然 PCR 体外扩增可以很容易地获得定点突变的基因，但是 PCR 扩增产物中，还是有少部分的序列不含有突变位点（就是由引物 1 和引物 1′根据野生型的模板 DNA 扩增出来的产物），导致需要在后期筛选和分离突变基因及野生型基因。利用 *Dpn* Ⅰ这种限制性核酸内切酶可以克服这个弊端。*Dpn* Ⅰ识别 GATC 四个碱基序列，但与别的限制性酶不同，*Dpn* Ⅰ只能切割甲基化了的这四个碱基序列。如果先把含有目的基因的重组质粒转化到细菌内大

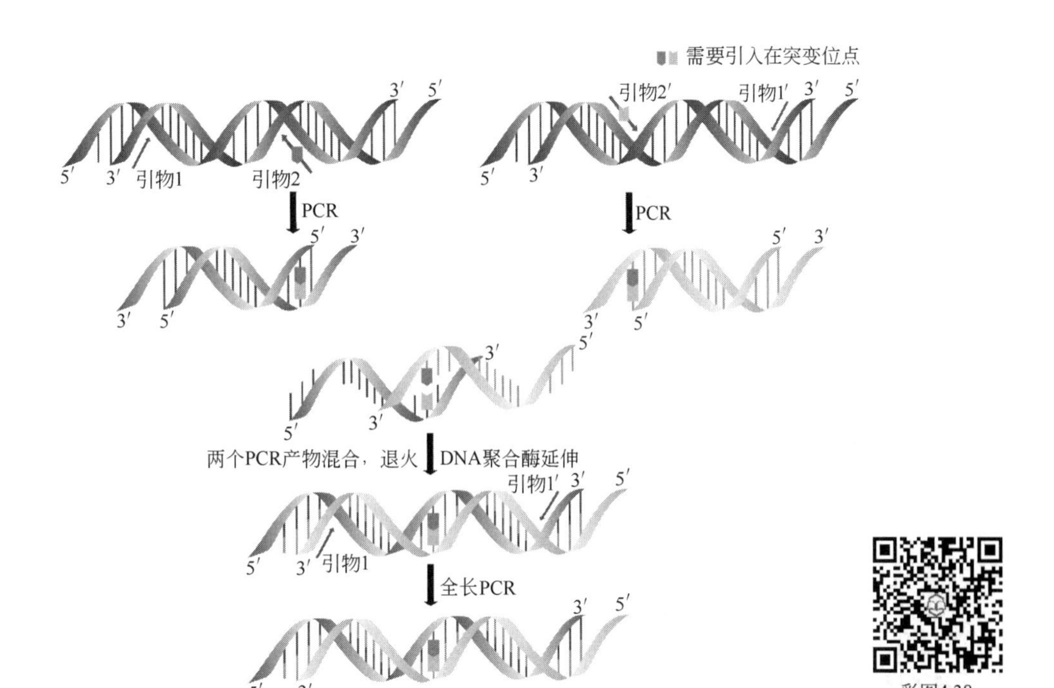

图 4.38　PCR 介导的定点突变。在目的基因两端和拟突变位点设计两对引物，其中引物 1 和引物 1′位于目的基因两端，引物 2 和引物 2′位于目的基因待突变的位点，方向重叠互补，且各含有一个突变的碱基。先将目的基因分两段扩增，引物 1 与引物 2 扩增目的基因的左段，引物 1′和引物 2′扩增目的基因的右段。扩增完成后，将两个含有突变碱基的扩增产物混合，由于引物 2 和引物 2′是重叠互补的序列，两个扩增产物就在此处互补连接。在 DNA 聚合酶作用下各自往 3′端延伸，得到全长目的基因的片段。最后通过目的基因两端的引物（引物 1 和引物 1′）做第三次 PCR，得到大量定点突变的目的基因

量扩增，那么细菌体内扩增的 DNA 分子将会带有甲基化修饰。然后提取这种重组质粒作模板，用一对带有定点突变碱基的引物在体外做全长 PCR 扩增，那么凡是在体外新合成的 DNA 链将不会甲基化，却都带有突变碱基。凡是由细菌细胞提取出来的模板链都不含有突变碱基，但却是甲基化的 DNA 序列。PCR 扩增结束后，将这两种 DNA 分子重新退火，用 *Dpn* Ⅰ酶切消化，甲基化的模板链即野生型基因将会被消化掉，而新合成的带有定点突变的目的基因将不会被消化，所以保留下来的都是定点突变的目的基因，从而巧妙地实现了定点突变和突变基因筛选的完美结合（图 4.39）。

（3）盒式突变

盒式突变是利用一段人工合成的含基因突变序列的寡核苷酸片段，取代野生型基因中的相应序列。先用定位突变在拟改造的氨基酸密码子两侧添加两个在原基因和载体上都没有的限制性内切酶切点，用该内切酶消化基因，再用体外合成的发生系列突变的双链 DNA 片段替代被消化的部分（图 4.40）。这样一次处理就可以得到多种突变型基因。并且由于这种突变的寡核苷酸是由两条互补的寡核苷酸链组成的，当它们退火时，按设计要求产生克隆需要的黏性末端。由于不存在异源双链的中间体，因此重组质粒全部是突变体。如果将简并密码子的突变寡核苷酸插入到质粒载体分子上，在一次的实验中便可以获得数量众多的突变体，大大减少了突变需要的次数。这对于确定蛋白质分子中不同位点氨基酸的作用是非常有用的方法。

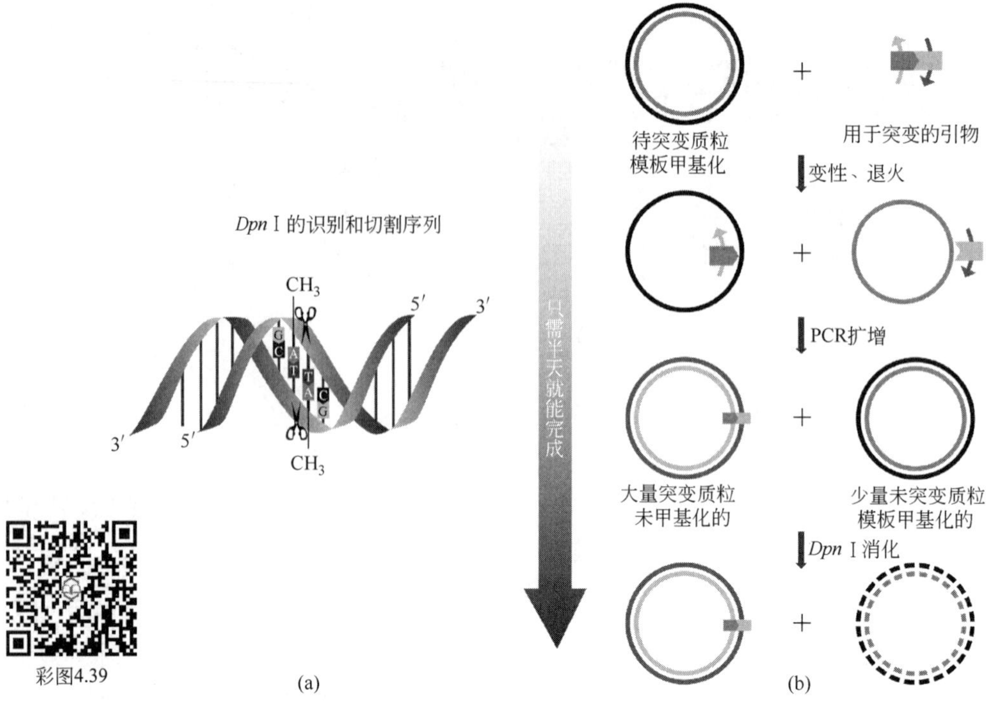

图 4.39　*Dpn* Ⅰ介导的定点突变。(a) *Dpn* Ⅰ的识别和切割位点；(b) *Dpn* Ⅰ介导的 PCR 定点突变。首先，带有目的基因的重组质粒经过在细菌细胞内扩增，被甲基化修饰了。取出模板在体外扩增，扩增引物在目的基因待突变位点引入一对突变碱基。体外扩增的链不会被甲基化。重新退火，含有定点突变碱基的两条新生链复性，不带定点突变碱基的甲基化的模板链复性。最后用 *Dpn* Ⅰ酶切，甲基化的野生型模板链被消化了，保留下来都是没有甲基化但带有目的基因突变碱基的质粒 DNA

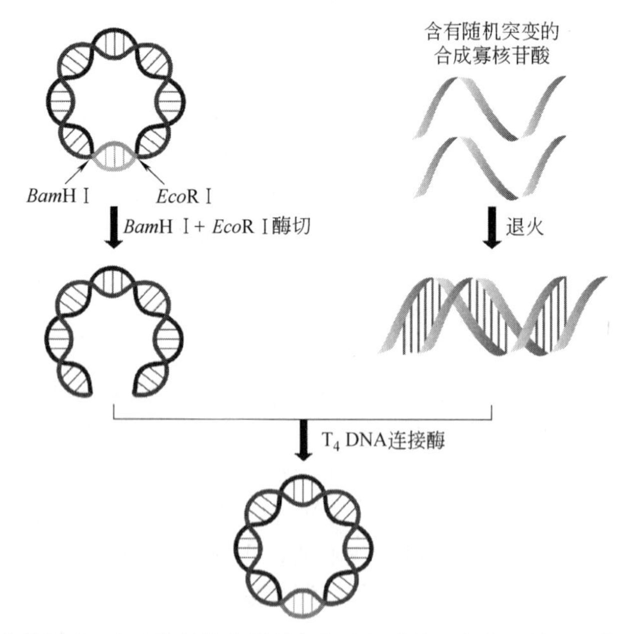

图 4.40　盒式突变的原理。左边是目的基因所在的重组质粒。先在目的基因待突变的区段两侧引入两个新的酶切位点，如 *Bam*H Ⅰ和 *Eco*R Ⅰ。用 *Bam*H Ⅰ和 *Eco*R Ⅰ把目的基因的野生型片段切下。右边是体外化学合成的含许多突变位点的目的基因突变区，两端也带有 *Bam*H Ⅰ和 *Eco*R Ⅰ酶切位点。将体外合成的这段突变基因插入载体，转入细菌细胞大量扩增，可以获得多位点突变的大量的盒式突变的目的基因

4.4.3 蛋白质工程的定向进化技术

蛋白质的体外定向进化（directed evolution *in vitro*），是指在不十分明确蛋白质的氨基酸序列与特异功能相对应的关系时，要改造蛋白质只能选择随机改造的方法，即先产生大量随机突变，再在突变体中筛选符合人类需要的特殊功能的突变体。简言之，定向进化＝随机突变＋选择。例如酶的体外定向进化，如果事先不了解酶的空间结构和催化机制，则通过人为地创造特殊的条件，模拟自然进化机制（随机突变、重组和自然选择），在体外改造酶基因，并定向选择出所需性质的突变酶。

目前体外随机引入突变的方法主要是利用 *Taq* DNA 聚合酶不具有 3′→5′校对功能的性质，配合适当条件，以很低的比率向目的基因中随机引入突变，构建突变库，凭借定向的选择方法，选出所需性质的蛋白质，从而排除其他突变体。常用的随机引入突变的 PCR 方法有以下三种。

（1）易错 PCR

易错 PCR（error prone PCR）是一种简单、快速、廉价的随机突变方法。它通过改变 PCR 的条件，通常降低一种 dNTP 的量（降至5%～10%），使 PCR 易于出错，达到随机突变的目的。还可以加入 dITP（次黄嘌呤脱氧核糖核苷酸）来代替被减少的 dNTP。dITP 的导入，又会使下一轮 PCR 循环中出现更多的错误（图 4.41）。在 PCR

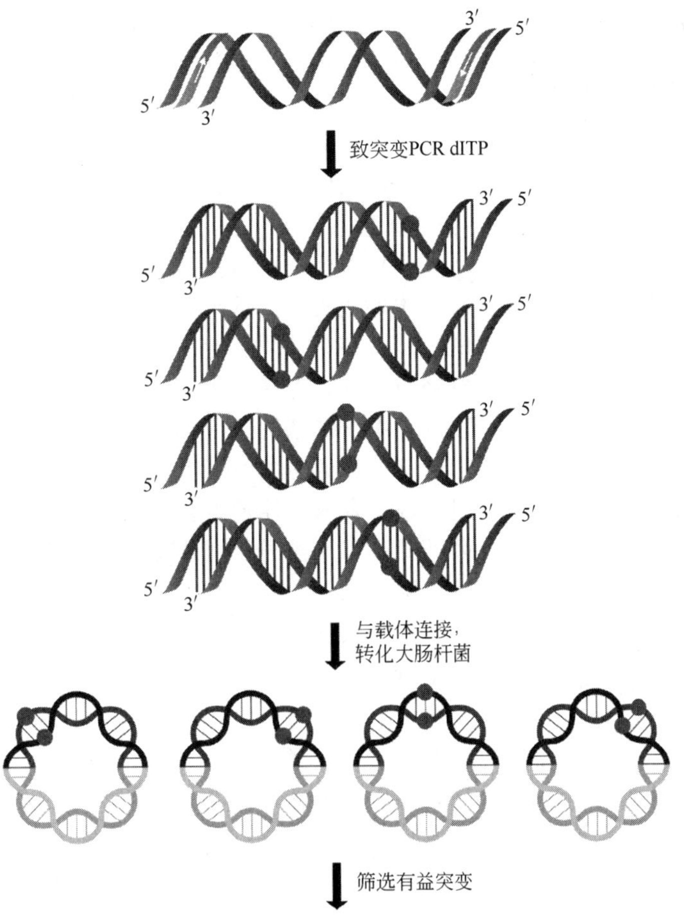

图 4.41 易错 PCR 原理。在 PCR 反应体系中加入 dITP，由于 I 与 T 或 C 都可能配对，可以增加 PCR 出错的概率

缓冲液中另加 0.5mmol/L Mn^{2+}，也有利于提高突变率。用易错 PCR 法进行定向改造的关键在于突变率的控制。一般而言，有意义的突变只占极少数，而有意义的突变如果和不利的突变组合在一起又将使酶失活。因此，突变率太高不利于发现有用的突变株，太低则出现的大多是野生型。一般认为，理想的突变率为每个目的基因的碱基替代在 5～15 个。

(2) DNA 改组

DNA 改组（DNA shuffling），即将 DNA 拆散后重排。DNA 改组技术是由 Stemmer 于 1994 年建立的一种模仿自然进化的体外 DNA 重组的新技术。这种方法不仅可以对一种基因人为进化，而且可以将具有结构同源性的几种基因进行重组，共同进化出一种新的蛋白质。在实验室中把 DNA 改组与强有力的筛选方法结合起来可为多领域的应用快速进化基因。

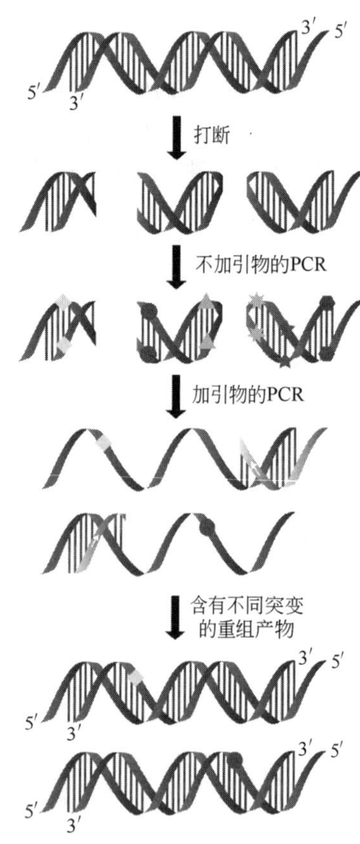

图 4.42 DNA 改组的原理。首先，DNA 被打碎成片段，让这些片段互为模板和引物，进行不加引物的 PCR，可以获得 DNA 片段多种改组重排方式。最后用目的基因两端的一对引物扩增，可以获得多种突变序列的 DNA。小圆点、方形、三角形、星形都代表不同的突变位点

DNA 改组的具体过程如图 4.42 所示。第一步，准备目的基因片段。根据不同的需要选择一个基因或其片段，也可以是几个序列上具有较高同源性的基因。第二步，将目的基因用 DNase Ⅰ 酶切，将基因随机切割成 10～50bp 或 300bp 左右的小片段，得到随机 DNA 片段库。第三步，进行不加引物的 PCR。在 *Taq* 酶的作用下将切割后的 DNA 重叠小片段互为模板和引物进行 PCR 扩增，使酶切后的片段重新连接起来，产生多种重组类型，从而引入多种突变。第四步，进行加引物的 PCR。加入目的基因片段两端的特异引物，使各种重组连接的 DNA 作为模板进行扩增，从而得到各种各样目的基因的突变片段的集合体（重组子库）。

(3) 体外随机引发重组

体外随机引发重组（random priming *in vitro* recombination，RPR），是指以单链 DNA 为模板，配合一套随机序列引物，先产生大量互补于模板不同位点的短 DNA 片段，由于碱基的错配和错误引发，这些短 DNA 片段中也会有少量的点突变，在随后的 PCR 反应中，它们互为引物进行合成，伴随组合，再组装成完整的基因长度。如果需要，可反复进行上述过程，直到获得满意的随机突变库，见图 4.43。

该法优于 DNA 改组法的特点在于：①RPR 可以利用单链 DNA 为模板，故可 10～20 倍地降低亲本 DNA 的量；②在 DNA 改组中，片段重新组装前必须彻底除去 DNase Ⅰ，故 RPR 方法更简单；③合成的随机引物具有同样的长度，无顺序倾向性，在理论上，PCR 扩增时模板上每个碱基都应被复制或以相似的频率发生突变；④随机引发的 DNA 合成不受 DNA 模板长度的限制。

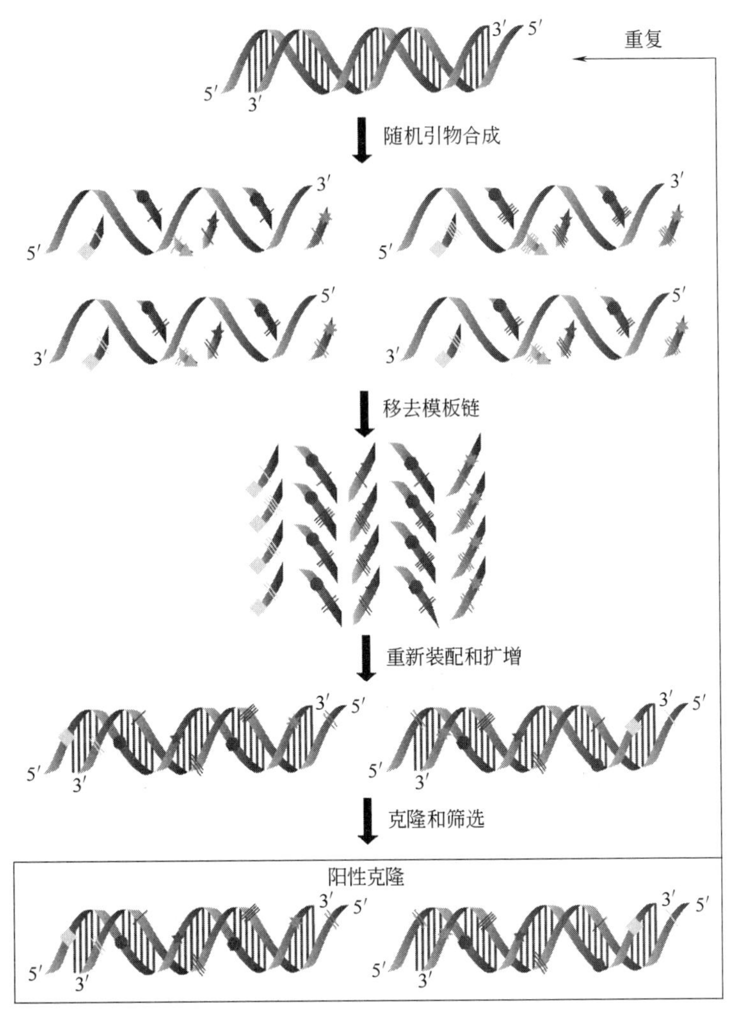

图 4.43 体外随机引发重组。先用随机引物扩增，得到系列短片段的扩增产物。再让短片段互为模板和引物扩增，可以获得更多的重组序列

本章小结

获取目的基因的主要途径包括从基因文库中筛选和分离目的基因、电子克隆法获取目的基因、通过 PCR 扩增目的基因以及通过蛋白质工程改建目的基因等。

基因组文库是将特定生物物种的基因组 DNA 提取、切割之后，分别与载体构成重组分子导入到细菌或酵母细胞中形成的克隆总汇。而 cDNA 文库则是将某一特定组织的所有 mRNA 反转录成 cDNA 以后再与载体重组、转化细菌细胞得到的克隆集合体。cDNA 基因不像基因组 DNA 有内含子，可以直接导入原核细胞进行表达。

人类基因组计划完成后，人类和模式生物的基因组序列都可以在基因组数据中得到，电子克隆或计算机克隆就是利用生物信息学方法对 EST 或基因组数据进行同源性比较分析，整理拼接出新基因的编码序列，确认完整后根据序列设计引物进行 PCR 验证获得全长基因的新型克隆技术，是获取目的基因最迅捷的途径。

PCR 是最常用最便捷的分子克隆技术，除了可以用于快速获取和扩增外源目的基因之外，近年发展起来的许多新型 PCR 技术如逆转录 PCR、荧光定量 PCR、反向 PCR、多重 PCR、巢式 PCR、不对称 PCR 和 RACE-PCR 等还可以针对不同的特殊用途进行未知序列基因扩增、基因表达定量测定、全长 cDNA 获取以及基因诊

断和 DNA 指纹图谱的构建等。

通过基因工程技术实施基因定点突变和定向进化是改造蛋白质或创造新的突变蛋白质的重要手段，也是改造和创建新的目的基因的主要方法。常用的基因定点突变技术有寡核苷酸引物和 PCR 介导的定点突变、盒式突变等。PCR 介导的定点突变还是基因功能研究的重要手段。

复习题

1. 什么是基因组文库？ 其构建方法是怎样的？
2. 什么是 cDNA 文库？ 它的构建流程是什么？
3. 构建 cDNA 文库需要用到哪些工具酶？
4. 合成 cDNA 第二条链有哪些方法？
5. 简述 PCR 技术的基本原理。
6. PCR 反应体系的主要成分与主要程序是怎样的？
7. 什么是逆转录 PCR？
8. 反向 PCR 有什么应用？
9. 多重 PCR 的主要应用有哪些？
10. 什么是荧光定量 PCR？ 荧光定量 PCR 有什么优点？
11. 蛋白质工程有哪些策略？
12. PCR 介导的定点突变是如何实现的？

5 目的基因导入受体细胞的方法

本章导读　外源基因导入受体细胞有多种方法，细胞类型不同，载体不同，导入方法也有差异。本章主要介绍将外源基因导入大肠杆菌细胞、导入酵母细胞、导入植物细胞以及导入动物细胞的不同方法。每种方法都有其独特的优点，但也有不足，因此，选择什么样的方法将外源基因导入受体细胞，需要根据具体情况来确定。

外源目的基因与载体在体外连接构建成重组体 DNA 分子以后，需要将重组 DNA 分子导入受体细胞进行扩增（amplification）和筛选，得到大量、单一的重组体分子，即阳性克隆。最后，重组 DNA 分子还要导入到受体细胞内实现高效表达，产生基因产物或改变受体生物的遗传性状。将重组 DNA 分子导入受体细胞的方法，根据载体和受体细胞的不同，也会有很大的差异。

受体细胞也叫宿主细胞，包含原核受体细胞和真核受体细胞。所有的受体细胞必须具备以下一些特征：遗传稳定性高，易于扩大培养或发酵生长；便于重组 DNA 分子的导入并使重组 DNA 分子稳定存在于细胞中；便于重组体的筛选；利于外源基因蛋白质表达产物在细胞内积累，或促进外源基因的高效分泌表达；具有较好的翻译后加工机制，便于真核目的基因的高效表达；安全性高，无致病性，不会对外界环境造成生物污染；在理论研究和生产实践上有较高的应用价值。

在 DNA 分子克隆中，通常将导入外源 DNA 分子后能稳定存在的受体细胞称为转化子（transformant），而含有目的基因重组 DNA 分子的转化子被称为重组子（recombinant）。在重组 DNA 分子的转化、转染或转导过程中，并非所有的受体细胞都能被重组 DNA 分子导入。相对数量极大的受体细胞而言，仅有少数外源 DNA 分子能够进入，同时也只有极少数的受体细胞在吸纳外源 DNA 分子之后能稳定增殖为转化子。

重组率是指含有外源 DNA 重组分子占所有载体分子的百分数，即重组率＝含有外源 DNA 的重组分子数/载体分子总数。在常规实验条件下，重组率一般为 25%～75%。提高重组率的方法包括：①提高外源 DNA 片段与载体的分子比，如将两者比例设为 5∶1～10∶1。②载体 DNA 分子在连接前先用碱性磷酸酶处理除去磷酸基团，防止载体自连。③平头末端的 DNA 分子连接效率低，则通过添加同聚物尾巴的方式来提高重组率。

转化率是指每微克载体 DNA 分子在最佳转化条件下进入受体细胞的分子数。由于在一般的转化实验规模下，每个受体细胞最多只能接受一个载体 DNA 分子，因此，转化率的定义也可以表征为每微克载体 DNA 分子转化后，受体细胞接纳 DNA 分子的个数，即获得的受体细胞克隆数。例如，质粒 pUC18 对大肠杆菌的转化率为 10^8，意味着每微克 pUC18 质粒中只有 10^8 个分子能进入受体细胞，获得 10^8 个阳性转化子克隆。由于 1μg pUC18 质粒共有 3.4×10^{11} 个分子 [$6.02\times10^{17}/(2686\times660)$]，也就是说，每 3400 个 pUC18 分子才有一个分子进入受体细胞。另外，在实际操作过程中，转化 1μg 的 pUC18 质粒共需 2mL 感受态细胞，大约含有 2×10^{10} 个大肠杆菌细胞，也就是说，每 200 个受体细胞只有 1 个细胞能接纳 pUC18 DNA 分子。

5.1 把目的基因导入大肠杆菌

把目的基因导入大肠杆菌细胞是基因工程使用最多的方法。一方面，大肠杆菌是使用最多也最方便和成熟的原核表达系统，生长迅速，遗传背景清楚，异源蛋白能实现高效表达；另一方面，任何重组 DNA 分子的扩增和检测都要依赖大肠杆菌细胞，在大肠杆菌细胞中克隆后再进行重组子的检测和鉴定。

大肠杆菌属革兰氏阴性菌，具有繁殖迅速、培养简便、代谢易于控制等优点。在自然界，外源 DNA 进入大肠杆菌细胞的方法主要有 3 种：①转化（transformation），即 DNA 分子直接从培养基中进入细菌细胞的现象，最先由英国微生物学家 Frederick Griffith（1928）报道，后来由洛克菲勒大学的 Avery 等进一步证实。细菌转化的本质是指受体细胞直接摄取供体细胞的遗传物质（DNA 片段），将其同源部分进行碱基配对，组合到自己的基因中，从而获得供体细胞的某些遗传性状。②接合（conjugation），即两个细菌细胞借助接合管通道直接接触传递 DNA 的现象，是 Lederberg 和 Tatum（1946）在大肠杆菌中发现的。③转导（transduction），即外源 DNA 被噬菌体携带并被注入细菌细胞的现象，是 Zinder 和 Lederberg（1952）在沙门菌（*Salmonella typhimurium*）中首先发现的。

5.1.1 自然条件下的转化过程

在自然条件下，转化因子一般是由供体菌裂解产生的基因组 DNA 片段。具有转化能力的 DNA 片段常常是双链 DNA 分子，因为单链 DNA 分子很难甚至根本不能转化受体细胞。很多种类的细菌都能从其所在的培养基中吸收 DNA 分子，但所捕获的外源 DNA 往往在细胞中被降解或丢失，只留下带有细菌细胞能识别的具有复制起点或最终整合到宿主染色体上的外源 DNA。细菌能从其胞外环境中直接吸收裸露的 DNA 的状态被称为感受态（competence），是一种特殊的生理状态。这种特殊的生理状态可能是在细菌高细胞密度培养或营养缺乏时。例如流感嗜血杆菌（*Haemophilus influenzae*）、枯草杆菌（*Bacillus subtilis*）及多种链球菌（*Streptococcus*）都是在对数生长结束后面临营养饥饿时最易获得外源 DNA。细菌从外界吸收 DNA 可能是以外源 DNA 为食物缓解营养缺乏，或增加遗传多样性的需要，也可能是借助外源 DNA 对自身的 DNA 损伤进行修复。

自然界细菌的转化过程一般包括 5 个步骤。

① 细菌感受态的形成。典型的革兰氏阳性菌在形成感受态时，细胞表面会发生明显的变化，出现各种蛋白质和酶类，负责转化因子的结合、切割和加工等事件。当转化因子接近细菌细胞时，受体细胞分泌感受因子或激活蛋白。它们能与细胞表面受体结合，诱导某些与感受态有关的特征性蛋白质（如细菌溶素）的合成，溶解细菌细胞壁部分，暴露出细胞膜上的 DNA 结合蛋白和核酸酶等，此时细菌细胞处于感受态，极易接纳周围环境中的转化因子以实现转化。

② 转化因子的吸收。受体细胞膜上的 DNA 结合蛋白可与转化因子的双链 DNA 结构特

异性结合，然后激活邻近的核酸酶，将双链 DNA 分子中的一条链逐步降解，同时将另一条链逐步转移到受体菌内。研究发现，受体菌细胞膜上的 DNA 结合蛋白只能结合双链 DNA，而不能结合单链 DNA 或 RNA，也不能结合双链 RNA 或 DNA-RNA 杂合双链。

③ 整合复合物前体的形成。进入受体细胞的单链 DNA 与另一种游离的蛋白质因子结合，形成整合复合物前体，它能有效地保护单链 DNA 免受各种胞内核酸酶的降解，并将其引导至受体染色体 DNA 处。

④ 单链 DNA 转化因子的整合。整合复合物前体中的单链 DNA 片段可以通过同源重组，置换受体细胞染色体 DNA 的同源区域，形成异源杂合双链 DNA 结构。

⑤ 转化子的形成。受体染色体组进行复制，杂合区段也随之进行半保留复制，当细胞分裂后，该染色体发生分离，形成一个新的转化子。

虽然原核细菌的转化是一种较为普遍的遗传变异现象，但是却发现只有部分细菌的种属容易实现天然的转化过程，如肺炎链球菌、芽孢杆菌、链球菌、假单胞杆菌以及放线菌等。而在大肠杆菌等肠杆菌科的细菌却很难实现天然的转化事件，分析原因可能一方面是转化因子难于被吸收，另一方面是受体细胞内往往存在着降解线状转化因子的核酸酶系统。

基因工程操作中提到的质粒转化（图 5.1）的概念跟自然界的细菌转化的概念有着本质的不同。基因工程技术中提到的转化是指重组 DNA 分子人工导入受体细胞的方法，包括转化、转染、接合和其他物理手段等，其中导入的外源基因一般不整合到细菌细胞的基因组中去，而且受体细胞也是经过了特殊的遗传变异处理，使之丧失了对外源 DNA 分子的降解作

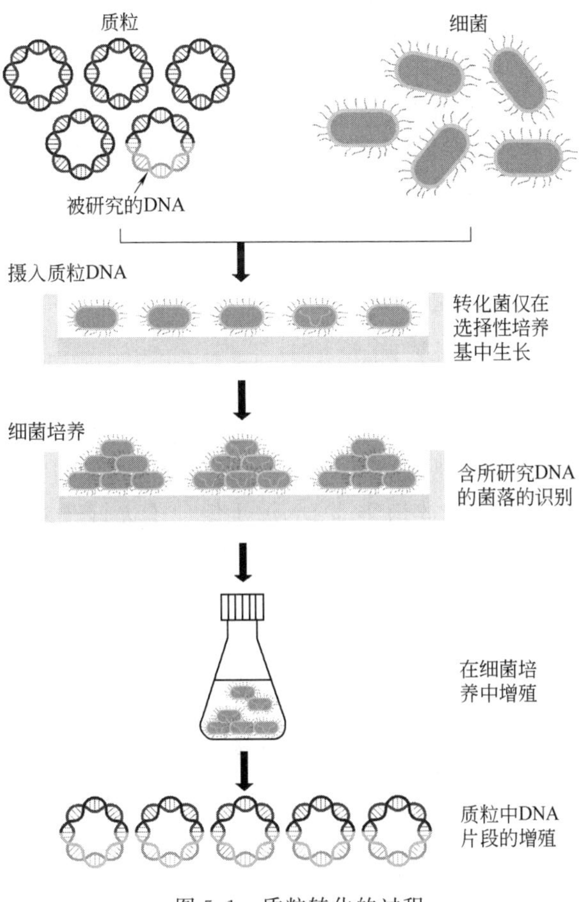

图 5.1　质粒转化的过程

用，才能保证较高的转化率。

5.1.2 感受态受体细胞的选择

由于野生型大肠杆菌的转化效率很低，一般不能用于基因工程的受体细胞，必须通过诱变手段对野生型细菌进行遗传性状改造，才能用于基因工程转化实验的操作。分子克隆常用的克隆宿主菌是大肠杆菌 K12 的一些菌株，这些菌株除了限制修饰系统缺陷外还带有多种营养缺陷型突变，因而不能在大自然中独立生存，以确保基因克隆的安全性。常见的受体细胞改造性状包括以下几种。

（1）限制缺陷型

由于野生型细菌具有针对外源 DNA 的限制和修饰系统，如果从大肠杆菌 C600 株中提取质粒 DNA 去转化大肠杆菌 K12 株，后者的限制系统便会切开大肠杆菌 C600 株来源的质粒 DNA，使之不能在细胞中有效复制，因此转化效率很低。同样，来自不同生物的外源 DNA 或重组 DNA 转化野生型大肠杆菌，也会遇到受体细胞限制系统的降解。为了打破细菌转化的种属特异性，提高任何来源的 DNA 分子的转化效率，通常选用限制系统缺陷型的受体细胞。大肠杆菌的限制系统主要由 *hsdR* 基因编码，因此，具有 $hsdR^-$ 突变基因型的各种大肠杆菌菌株均丧失了降解外源 DNA 的能力，能大大增加外源 DNA 的可转化性。

（2）重组缺陷型

野生型细菌在转化过程中接纳的外源 DNA 分子能与染色体 DNA 发生体内同源重组，这个过程是自发进行的，由 *rec* 基因家族的编码产物驱动。大肠杆菌中存在着两条体内同源重组的途径，即 RecBCD 途径和 RecEF 途径，两条途径均需要 RecA 重组蛋白参与。RecA 是一个单链蛋白，在同源重组过程中能促进 DNA 分子之间同源联会和 DNA 单链交换，$recA^-$ 型的突变使大肠杆菌细胞内的遗传重组频率降低至 $1/10^6$ 倍。大肠杆菌的 *recB*、*recC*、*recD* 基因分别编码不同分子量的多肽链，三者构成一个在同源重组中的统一功能单位——RecBCD 蛋白（核酸酶Ⅴ），它具有依赖于 ATP 的双链 DNA 外切酶和单链 DNA 内切酶双重活性，这两种活性也是同源遗传重组所必需的。外源基因克隆到受体细胞内是以扩增和表达为目的的基因工程操作，而不需要外源基因与内源基因发生同源重组，因此，受体细胞必须选择体内同源重组缺陷型的遗传表型，其相应的基因型为 $recA^-$、$recB^-$ 或 $recC^-$，有些大肠杆菌受体细胞则三个基因同时被灭活。

（3）转化亲和型

用于基因工程的受体细胞必须对重组 DNA 分子具有较高的可转化性，这种特性主要表现在细胞壁和细胞膜的结构上。利用遗传诱变技术可以改变受体细胞壁的通透性，从而提高其转化效率。在用噬菌体 DNA 载体构建的 DNA 重组分子进行转染时，受体细胞膜上还必须具有噬菌体的特异性吸附受体，如对应于 λ 噬菌体的大肠杆菌膜蛋白 LamB 等。

（4）遗传互补型

受体细胞必须具有与载体所携带的选择标记遗传互补的性状，才能使转化细胞的筛选成为可能。例如，若载体 DNA 上含有氨苄青霉素抗性基因（amp^r），则所选用的受体细胞应对这种抗生素敏感，当重组分子转入受体细胞后，载体上的标记基因赋予受体细胞抗生素的抗性特征，以区分转化细胞与非转化细胞。更为理想的受体细胞是具有与外源基因表达产物活性互补的遗传特征，如 *lacZ* 基因的 α 互补，这样便可直接筛选到外源基因表达的转化细胞。

（5）感染寄生缺陷型

有些细菌细胞对其他生物如人和牲畜具有感染和寄生效应，重组 DNA 分子导入这些受体细菌中后，极有可能随着受体菌的感染寄生作用，进入生物体内，并广泛传播。如果外源基因对人体和牲畜有害，则会导致一场灾难，因此，从安全的角度考虑，受体细胞不能具有感染寄生性。

在 DNA 重组实验中常见的大肠杆菌受体细胞及其基因型如表 5.1 所示。

表 5.1 实验室常见大肠杆菌受体及其基因型

菌株	基 因 型
BL21(DE3)	F^{-} *ompTgaldcmlonhsdS*$_{B}$(*r*$_{B}^{-}$,*m*$_{B}^{-}$)λ(*DE*3[*lacUV*5-*T*7 *gene* 1 *ind*1 *sam*7 *nin*5])
C600	F^{-} *tonA*21*thi*-1*thr*-1*leuB*6*lacY*1*supE*44*rfbC*1*fhuA*1λ^{-}
DH5α	F^{-} *endA*1*supE*44*thi*-1*recA*1*relA*1*gyrA*96*deoR*Φ80*dlacZ*ΔM15Δ(*lacZYA-argF*)*U*169*hsdR*17(*r*$_{k}^{-}$ *m*$_{k}^{+}$)λ^{-}
JM83	*rpsLara*Δ(*lac-proAB*)Φ80*dlacZ*ΔM15*thi*(*Str*^{r})
JM101	*supE*44*thi*-1Δ(*lac-proAB*)*F*′[*lacI*^{q}*Z*ΔM15*traD*36*proAB*$^{+}$]
JM107	*endA*1*supE*44*thi*-1*relA*1*gyrA*96Δ(*lac-proAB*)[*F*′ *traD*36*proAB*$^{+}$ *lacI*^{q}*lacZ* ΔM15]*hsdR*17(*r*$_{k}^{-}$ *m*$_{k}^{+}$)λ^{-}
JM109(DE3)	*endA*1*supE*44*thi*-1*relA*1*gyrA*96*recA*1*mcrB*$^{+}$Δ(*lac-proAB*)*e*14^{-}[*F*′*traD*36*proAB*$^{+}$*lacI*^{q}*lacZ*ΔM15] *hsdR*17(*r*$_{k}^{-}$ *m*$_{k}^{+}$)λ^{-}(*DE*3)
LE392	*supE*44 *supF*58(*lacY*1 *or* Δ*lacIZY*)*galK*2*galT*22*metB*1*trpR*55*hsdR*514(*r*$_{k}^{-}$ *m*$_{k}^{+}$)
TOP10	F^{-} *mcrA*Δ(*mrr*$^{-}$ *hsdRMS*$^{-}$ *mcrBC*)Φ80*dlacZ*ΔM15Δ*lacX*74*nupGrecA*1*araD*139Δ(*ara-leu*)7697*galE*15 *galK*16*rpsL*(*Str*^{r})*endA*1λ^{-}

DH5α 是最常用的大肠杆菌受体菌，如表 5.1 所示，其基因型为 F^{-} *endA*1*supE*44*thi*-1*recA*1*relA*1*gyrA*96*deoR*Φ80*dlacZ*ΔM15Δ（*lacZYA-argF*）*U*169*hsdR*17（*r*$_{k}^{-}$ *m*$_{k}^{+}$）λ^{-}，其中各基因型符号的含义分别是：F^{-} 表示该菌株不携带 F 因子；*endA*1 表示缺失非特异性核酸内切酶；*supE*44 表示该菌株有一个利用插入谷氨酰胺（glutamine）来抑制琥珀型终止密码（UAG）的突变；*thi*-1 表示该菌株是硫胺素（thiamine）营养缺陷型，自身不能合成硫胺素，需要培养基提供硫胺素；*recA*1 表示缺失大肠杆菌的 DNA 修复蛋白 RecA，以降低所克隆进来的外源 DNA 与细菌 DNA 同源重组的可能性，也正是由于 DNA 修复缺陷，该菌株对紫外线敏感；*relA*1 表示该菌株无蛋白质合成的时候仍然能进行 RNA 合成的松弛型表型（relaxed phenotype）；*gyrA*96 表示该菌株的 DNA 旋转酶（gyrase）有突变，导致对萘啶酸（nalidixic acid）有抗性；基因型 *deoR* 使脱氧核糖合成有关的基因组成型表达，有利于转化进来的外源质粒复制；Φ80*dlacZ*ΔM15 表示带有原噬菌体 Φ80，其自身的 β-半乳糖苷酶（*lacZ*）的 N 端缺失第 11～41 氨基酸残基，因而丧失了酶活性，但能与 α 肽互补恢复酶活性，从而进行蓝白斑筛选；Δ(*lacZYA-argF*）*U*169 也称 Δ*katC*，表示该菌株的基因组乳糖操纵子的结构基因 *lacZYA* 至参与合成精氨酸的鸟氨酸氨甲酰转移酶（ornithine carbamoyltransferase，OCT）基因之间的约 70kb 片段缺失；*hsdR*17(*r*$_{k}^{-}$ *m*$_{k}^{+}$）λ^{-} 表示丧失了 *Eco*KⅠ限制系统，但修饰系统还正常，在 *Eco*K 位点处未甲基化的转化 DNA 也不会遭受 *Eco*K 内切酶的切割。

5.1.3 外源目的基因转化进入大肠杆菌细胞的方法

大肠杆菌是一种革兰氏阴性菌，转化因子的吸收较为困难，自然条件下难以进行高效转化。在基因工程操作中，转化大肠杆菌细胞的是含有外源目的基因的重组质粒 DNA 分子，而非来自供体菌的游离 DNA 片段。因此，在大肠杆菌的转化实验中，通常的做法是首先采用人工的方法制备感受态细胞，然后进行转化处理，其中常用的有代表性的方法是 Ca^{2+} 诱导的大肠杆菌转化法和电穿孔转化法。

(1) Ca^{2+} 诱导的大肠杆菌转化法

1970 年，Mandel 和 Higa 发现用 $CaCl_2$ 处理过的大肠杆菌能够吸收 λ 噬菌体 DNA。1972 年，Stanley Cohen 团队发现 $CaCl_2$ 处理大肠杆菌也能促进 R 质粒 DNA 转化。他们发现延长 $CaCl_2$ 冰冷孵育 60min，并在冷孵育后添加一步放入 42℃、2min 的热脉冲操作，能大大提高外源 DNA 转化大肠杆菌细胞的效率。此后，Cohen 团队的这一套用冰冷的 $CaCl_2$ 孵育大肠杆菌细胞，然后再将其与质粒 DNA 在一起冷孵育，最后瞬间升温至 42℃进行热休克的转化方法成为分子克隆实验的常规转化方法，一直沿用至今。该法重复性好，操作简便快捷，适用于成批制备感受态细胞。

Ca^{2+} 诱导的大肠杆菌转化法的整个操作程序为：①将处于对数生长期的细菌细胞置入 0℃的 $CaCl_2$ 低渗溶液中，使细胞膨胀，同时 Ca^{2+} 使细胞膜磷脂层形成半晶格状态，使得位于外膜与内膜间隙中的部分核酸酶离开所在区域，构成大肠杆菌人工诱导的感受态；②此时加入 DNA，Ca^{2+} 又与 DNA 结合形成抗脱氧核糖核酸酶（DNase）的羟基-磷酸钙复合物，并黏附在细菌细胞膜的外表面上；③经短暂的 42℃热激处理后，细菌细胞膜的半晶格状态变成流动性，并出现许多间隙，致使膜通透性增加，DNA 分子便趁机进入细胞内。见图 5.2。

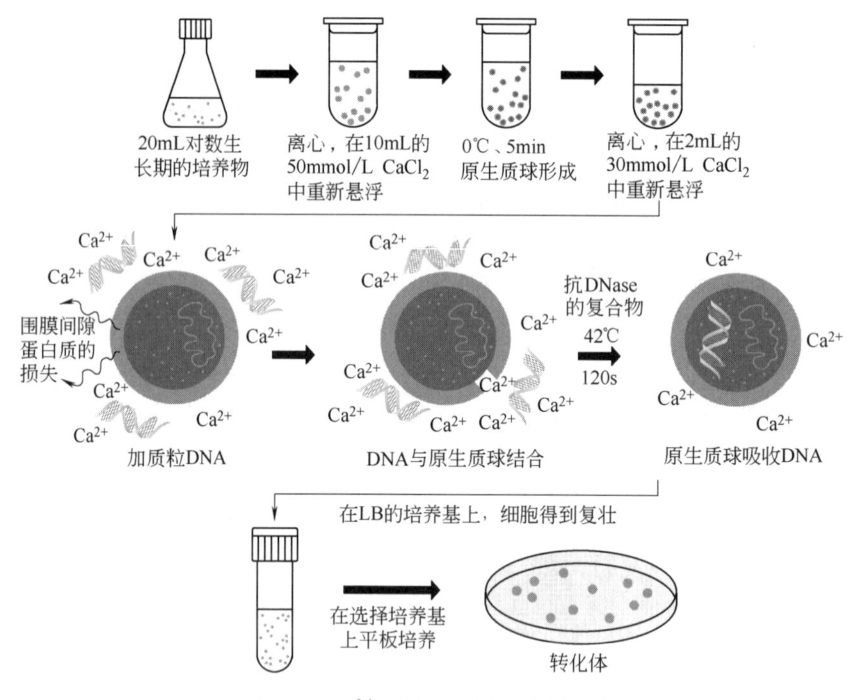

图 5.2　Ca^{2+} 诱导的大肠杆菌转化法

二价阳离子（Ca^{2+}）处理大肠杆菌能增加大肠杆菌吸收外源 DNA 的详细分子机理仍不清楚。推测可能是阳离子中和了大肠杆菌外膜表面的负电荷。大肠杆菌的外膜与内膜之间有由多种脂蛋白质组成的通道，穿过由肽聚糖（peptidoglycan）组成的细胞壁，这些通道可能成为外源 DNA 进入大肠杆菌细胞内的途径。外膜表面有很多脂多糖（lipopolysaccharide），含有大量带负电的基团。如果带负电的 DNA 分子靠近这些脂多糖，就会受到脂多糖的负电荷排斥。当大肠杆菌细胞受到 $CaCl_2$ 处理，其外膜表面的脂多糖的负电荷被 Ca^{2+} 中和，同时冰点的温度使大肠杆菌细胞膜的磷脂双分子层成为半晶格状态，维持脂多糖的电中性状态和膜结构。此时外源 DNA 分子能进入脂多糖内并贴附在磷脂双分子层外侧，当温度突然升至 42℃，半晶格的磷脂双分子层变为液态流动状态，DNA 分子趁机穿过细胞膜上的通道进入细胞内。

在上述转化过程中，Mg^{2+} 的存在对 DNA 的稳定性起很大的作用，$CaCl_2$ 与 $MgCl_2$ 似乎对大肠杆菌某些菌株感受态细胞的建立具有独特的协同效应。1983 年，Hanahan 除了用 $CaCl_2$ 和 $MgCl_2$ 处理细胞外，还设计了用二甲基亚砜（DMSO）和二巯基苏糖醇（DTT）进一步诱导细胞产生高频感受态的方法，从而大大提高了大肠杆菌的转化效率。对这种感受态细胞进行转化，每微克质粒 DNA 可以获得 $5\times10^6\sim2\times10^7$ 个转化菌落，完全可以满足质粒的常规克隆的需要。

转化处理过程中，可能感染杂菌，导致假阳性转化子的出现，因此须设以下几种对照处理：①DNA 对照处理：转化处理液中用 0.2mL 无菌水代替 0.2mL 感受态细胞，检验 DNA 溶液是否染菌；②感受态细胞对照处理：转化处理液中用 0.1mL NTE 缓冲液代替 0.1mL DNA 溶液，检验感受态细胞是否染菌；③感受态细胞有效性对照处理：在 0.2mL 感受态细胞中加入 0.1mL 已知容易转化这种感受态细胞的质粒 DNA。

（2）电穿孔转化法

电穿孔（electroporation）是一种电场介导的细胞膜可渗透化处理技术。受体细胞在电场脉冲的作用下，细胞壁和细胞膜上瞬间形成一些可逆的微孔通道，使得 DNA 分子直接与裸露的细胞膜磷脂双分子结构接触，并引发吸收过程。

由于电穿孔转化法是利用瞬间高压和电脉冲在细胞壁和细胞膜上打孔，使 DNA 在电场力的作用下进入细胞，随后细胞复苏和弥合，从而实现质粒 DNA 的物理转移。为避免电击时出现“击穿”产生电流的情况，细胞悬浮液中应含有尽量少的导电离子。为此，处于对数生长期的细胞在制备感受态细胞时要用 10%甘油重悬。

电穿孔转化法的步骤也是分两步进行的。第一步，制备感受态细胞。选取对数生长期的大肠杆菌细胞低温离心，弃上清液。用 ddH_2O 或低盐缓冲液充分清洗，降低细胞悬浮液的离子强度。并用 10%甘油重悬细胞，使其细胞浓度为 3×10^{10} 个/mL。分装，在干冰上速冻后置于－70～－80℃储存。这样，每小份细胞溶解后即可用于转化，有效期达 6 个月以上。第二步，在低温下（0～4℃）进行电场转化。从－80℃冰箱中取出感受态细胞，置于冰上解冻，加入待转化的质粒 DNA，冰浴。同时将电转化杯进行冰浴。将冰浴后的感受态细胞和质粒 DNA 转移至电转化杯中，轻轻混匀，推入电转仪中。打开电转仪，调节合适的电转参数（如 25μF、2.5kV、200Ω 的电场处理 4.6ms），即可获得理想的电场转化效率。

电穿孔转化法的效率受电场强度、电脉冲时间、外源 DNA 浓度、DNA 的拓扑结构、温度、宿主细胞的遗传背景和生长状态等参数的影响，通过优化这些参数，每微克 DNA 可以得到 $10^9\sim10^{10}$ 个转化子。与 $CaCl_2$ 转化法相比，电穿孔的转化效率较高，尤其是能转化近 1000kb 的大分子 DNA，适合于大分子克隆，其转化 240kb 的大分子 DNA 的效率也能达到 10^6CFU/μg DNA（CFU：colony-forming units，即克隆数）。

5.1.4 外源基因通过噬菌体转导进入受体细胞

噬菌体感染细菌后把噬菌体基因组注入受体细菌内进行复制和表达，在细菌细胞内包装成子代噬菌体颗粒，裂解细菌细胞后继续感染其他细菌。如果子代噬菌体基因组中重组了被裂解的供体细菌的 DNA 片段，并在感染其他溶原性细菌细胞时把所携带的供体菌的 DNA 片段带入受体菌细胞内，整合到受体细菌染色体上，这个过程被称为噬菌体介导的基因转导（transduction）。普遍性转导的原理见图 5.3。

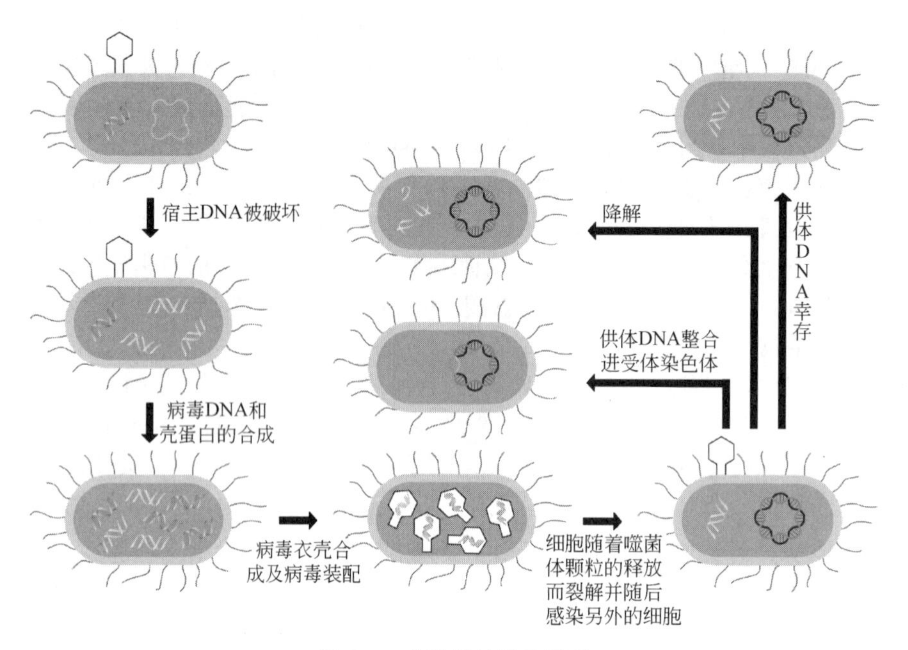

图 5.3 普遍性转导的原理

彩图5.3

在基因工程操作中，基因转导常用的噬菌体是λ噬菌体。λ噬菌体是大肠杆菌的一种双链DNA噬菌体，其分子量为31×10^6，基因组DNA分子的长度为48.5kb，是一种中等大小的温和噬菌体。λ噬菌体感染大肠杆菌的过程也是先通过噬菌体侵染细菌，注入自身DNA，降解细菌的染色体，在细菌细胞内复制噬菌体DNA。包装成子代噬菌体颗粒后溶解细菌，释放出子代噬菌体。因此，λ噬菌体是常用的一种噬菌体载体，具有很高的感染效率，在构建基因组文库时有广泛的用途。用λ噬菌体作载体时，要通过λ噬菌体的包装蛋白包装重组DNA分子，因此，重组DNA分子上要有λ噬菌体包装蛋白的包装识别信号（cos序列），还要求重组DNA的长度必须在λ噬菌体野生型基因组的75%～105%范围内（38～50kb）。重组λ噬菌体颗粒感染受体细胞，首先必须将重组λ噬菌体DNA分子进行体外包装（*in vitro* packaging）。所谓体外包装，是指在体外模拟λ噬菌体DNA分子在受体细胞内发生的一系列特殊的包装反应过程，将重组λ噬菌体DNA分子包装为成熟的具有感染能力的λ噬菌体颗粒的技术。该技术首先由瑞士的Thomas Hohn夫妇于1974年建立，目前经过多方面的改进后，已经发展成为一种能够高效地转移大分子量重组DNA分子的实验手段。λ噬菌体介导的局限性转导过程见图5.4。

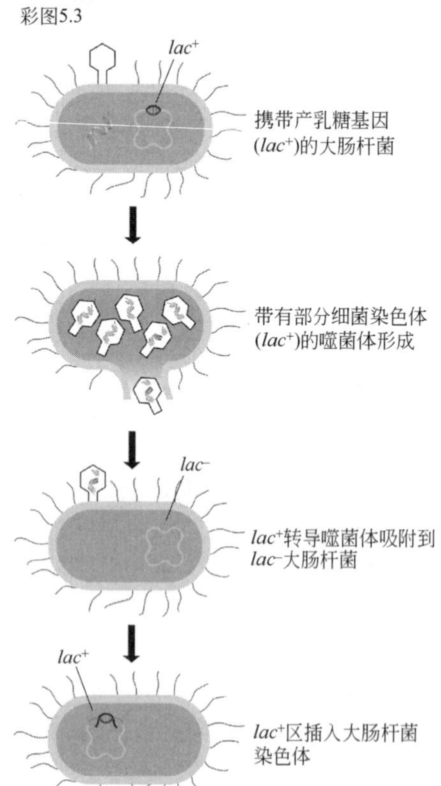

图 5.4 λ噬菌体介导的局限性转导过程

λ噬菌体的体外包装过程是根据λ噬菌体DNA体内包装的途径，分别获得缺失D包装蛋白的λ噬菌体突变株和缺失 E 包装蛋白的 λ 噬菌体突变株。由于不具备完整的包装蛋白，这两种突变株在细菌内均不能单独地包装 λ 噬菌体 DNA，但将两种突变株分别感染大肠杆菌，分别提取缺失 D 蛋白的包装物（含有正常 E 蛋白）和缺失 E 蛋白的包装物（含有正常 D 蛋白），两者混合后就能包装重组 λ 噬菌体 DNA。经过体外包装的噬菌体颗粒可以感染适当的受体菌细胞，并将重组 λ 噬菌体 DNA 分子高效导入细胞中。在良好的体外包装反应条件下，每微克野生型的 λ 噬菌体 DNA 可形成 10^8 ～ 10^9 PFU（plaque-forming units，即噬菌斑克隆数）。而对于重组的 λ 噬菌体 DNA，包装后的成斑率要比野生型的有所下降，但仍可达到 10^6～10^7 PFU，完全可以满足构建真核组基因文库的要求。

5.2 把目的基因导入酵母细胞

酵母是一群以芽殖或裂殖进行无性繁殖的单细胞真核微生物，分属于子囊菌纲（子囊菌酵母)、担子菌纲（担子菌酵母）和半知菌类（半知菌酵母）。酵母是结构最为简单的真核生物之一，作为一个真核生物表达系统，酵母的优势是：①基因表达调控机理比较清楚，并且遗传操作相对简单；②具有原核细菌无法比拟的真核生物蛋白质翻译后修饰加工系统；③不含有特异性的病毒，不产生毒素，有些酵母属（如酿酒酵母等）在食品工业中有着几百年的应用历史，属于安全型基因工程受体系统；④大规模发酵工艺简单，成本低廉；⑤能将外源基因表达产物分泌至培养基中，便于产物的提取和加工；⑥利用酵母表达动植物基因能在相当大的程度上阐明高等真核生物乃至人类基因表达调控的基本原理以及基因编码产物结构与功能之间的关系。因此，酵母是外源真核基因最理想的表达系统，在基因工程上具有极为重要的经济意义和学术价值。

目前已广泛用于外源基因表达的酵母有酵母属（如酿酒酵母 *Saccharomyces cerevisiae*)、克鲁维酵母属（如乳酸克鲁维酵母 *Kluyveromyces lactis*)、毕赤酵母属（如巴斯德毕赤酵母 *Pichia pastoris*)、裂殖酵母属（如非洲粟酒裂殖酵母 *Schizosaccharomyces pombe*）和汉逊酵母属（如多态汉逊酵母 *Hansenula polymorpha*）等，其中酿酒酵母的遗传学和分子生物学研究得最为详尽。利用经典诱变技术对野生型菌株进行多次改良，酿酒酵母已成为酵母中高效表达外源基因，尤其是高等真核生物基因的优良宿主系统。

在进行酵母受体菌株选择时通常选取转化率高的菌株，同时考虑与导入的载体基因互补的菌株以及不会与其他酵母接合的菌株，如 *ura*3-52、*trp*1-289、*leu*2-3、*leu*2-112 等突变基因型的酵母菌株等。酵母的转化方法通常有以下两种。

5.2.1 聚乙二醇介导的酵母转化

酵母具有主要由多糖（polysaccharide）和糖蛋白（lycoprotein）组成的细胞壁，如葡聚糖、几丁质和甘露糖蛋白等。对于这类有细胞壁的生物，外源基因不容易转入。因此，早在 1957 年，英国酿酒工业研究基金会的 Eddy 和 Williamson 就建立了一套用蜗牛酶消化酵母细胞壁以获得酵母原生质体（protoplast）的方法。但是这种原生质体仍然残留部分细胞壁，所以也被称为球浆体（spheroplast)。用蜗牛酶处理得到的酵母原生质体可以在 30%的明胶或 2%的琼脂中再生其细胞壁。

聚乙二醇（polyethylene glycol，PEG）能高效介导植物细胞和真菌细胞的原生质体融合，因此也被用于诱导酵母的原生质体或球浆体的融合。1978 年，美国康奈尔大学的 Gerald Fink 团队首次建立利用聚乙二醇转化酵母球浆体的技术。他们用蜗牛酶除去 leu^- 酵母的细胞壁，把酵母球浆体放在 1mol/L 的山梨醇中，然后在 0.5mL 含有 1mol/L 山梨醇、

10mmol/L Tris-HCl 和 10mmol/L $CaCl_2$ 的溶液（pH 7.5）中重悬，加入终浓度为 10～20μg/mL 的酵母 pYeleu10 质粒 DNA，室温下放置 5min，再加入 5mL 含有 40%的聚乙二醇 PEG 4000、10mmol/L Tris-HCl 和 10mmol/L $CaCl_2$ 的溶液（pH 7.5）处理 10min，最后离心收集菌体，放入含有 3%琼脂的基本培养基上筛选恢复野生型的酵母，并重生细胞壁。

虽然聚乙二醇介导酵母球浆体转化法应用广泛，但是聚乙二醇转化酵母细胞的转化率并不高，对酵母整合型质粒（YIp），只能获得 1～10 个转化子/μg DNA；酵母复制型质粒（YRp）的转化率能达到 0.5×10^3～2.0×10^3 个转化子/μg DNA；酵母附加体质粒（YEp）的转化效率最高，但也只能达到 0.5×10^4～2.0×10^4 个转化子/μg DNA。而且聚乙二醇转化法有两个缺点，一是转化后的酵母细胞需要在含琼脂的培养基中再生细胞壁；二是由于使用 PEG 会导致球浆体融合，得到的转化子中相同基因的二倍体甚至多倍体占很高的比例。因此，这种方法后来逐渐被其他高效转化的方法替代。

5.2.2 金属阳离子介导的酵母转化

最早尝试用金属阳离子介导酵母转化的实验是日本国家酿酒研究所的 Iimura 等于 1983 年进行的。他们仿照用 $CaCl_2$ 处理转化大肠杆菌的方法，也用冰冷 $CaCl_2$ 和热休克法转化完整的酵母细胞。首先用 pH 6.0 的 200mmol/L $CaCl_2$ 溶液 0℃处理完整的酿酒酵母 JH 菌株细胞 15min，然后与在相同浓度 $CaCl_2$、10mmol/L Tris-HCl 和 10mmol/L $MgCl_2$ 溶液中 0℃处理 20min 的 1～10μg 酵母 YRp7 质粒 DNA 混合，再把温度升至 37～45℃热休克 5min 进行转化，最后涂到选择平板上 30℃培养 3～5d。他们发现用 1μg DNA 转化 10^8 个酵母细胞只能得到 50～60 个转化子。

同年，Kousaku Murata 团队（1983）也试验了用多种金属阳离子处理酵母细胞，制备酵母感受态的方法。他们发现，Ca^{2+} 或 Zn^{2+} 虽然能诱导大肠杆菌甚至植物细胞成为感受态，但对酵母细胞无能为力，而某些单价碱性阳离子（如 Na^+、K^+、Rb^+、Cs^+、Li^+）与 PEG 合用则能刺激完整的酿酒酵母 D13-1A 和 AH-22 细胞吸收质粒 DNA。他们先用 100mmol/L 的阳离子溶液处理酵母细胞，然后加入质粒 DNA 和终浓度为 35%的聚乙二醇 PEG 4000 在 30℃孵育 1h，最后放入 42℃水浴中热休克 5min，立刻降至室温，直接涂板筛选。结果发现 PEG 处理和 42℃热休克处理是不可或缺的步骤。在 NaCl、KCl、RbCl、CsCl、LiCl、CH_3COOLi 处理过的 D13-1A 酵母细胞中，用 CH_3COOLi 处理得到的转化子最多，能得到 400 个转化子/μg DNA。后来经过大量的摸索和改进，逐渐把转化率提高至 10^4 个转化子/μg DNA。CH_3COOLi 与 PEG 联用转化酵母细胞的最大优点在于此法可转化完整的带细胞壁的酵母细胞，因而无需对酵母细胞进行原生质体处理。现在用 CH_3COOLi 处理已成为酵母转化的常规步骤。据分析，CH_3COOLi 处理可使酵母细胞产生一种短暂的感受态，能够更容易摄取外源性 DNA。加入 PEG 处理则可在高浓度 CH_3COOLi 环境中保护酵母细胞膜，减少 CH_3COO Li 对细胞膜结构的过度损伤，同时促进质粒与细胞膜接触更紧密。

5.3 把目的基因导入植物细胞

外源基因导入植物细胞的方法可分为 DNA 直接转移（naked DNA transfer）和以载体为媒介的基因转化（vector mediated gene transfer）两大类型。

5.3.1 DNA 直接转移法

DNA 的直接转移是通过物理或化学方法将外源基因转入植物受体细胞的技术。常用的方法有化学刺激法、脂质体法、显微注射法和基因枪法等，这些方法的最大特点是无宿主范围限制，可以直接将植物细胞原生质体与 DNA 分子共培养，利用物理或化学方法暂时改变细胞膜的通透性，使 DNA 进入细胞，并最终整合到植物基因组中。这些方法适用于各种植物，特别是能应用于单子叶植物。

（1）化学刺激法

化学刺激法是植物遗传转化研究中建立较早、应用广泛的转化方法。它的主要原理是植物细胞的原生质体经过某些化学药品（PEG、磷酸钙、氯化钙）处理后，能够捕获外源 DNA。此法对细胞伤害少，可避免嵌合体产生，易于选择转化体，受体植物不受种类限制。用这种方法已成功转化了包括玉米、水稻、小麦等多种植物的原生质体。

（2）电击法

电击法是一种直接转移外源基因进入受体植物细胞的方法，这种方法可适用于单子叶植物及双子叶植物细胞原生质体的转化。其基本原理是在适当的外加电压下，细胞膜有可能被击穿，但不影响或很少影响细胞质的生命活动，移去外加电压后，膜孔在一定时间内可以自动恢复，细胞膜透性的这种可逆变化使得溶液中的大分子物质（如 DNA）进入细胞，并改变细胞的遗传物质构成。可逆击穿的临界电压、脉冲时间长度、温度（包括热激及冷淬处理）、PEG 的浓度和处理时间、各成分的添加顺序、溶液性质及细胞类型等因素都影响转化的频率。不同研究者所得的最佳转化条件也不一样。利用这一技术已经成功地转化了烟草、玉米和水稻的原生质体，其转化效率在 0.1%～1.0%之间。本法具有简单方便、细胞毒性低等优点。但转化效率较低，且仅限于能由原生质体再生出植株的植物。

（3）显微注射法

显微注射是一种经典的物理转基因技术，它是借助显微注射仪，将外源 DNA 或 mRNA 通过机械方法直接注射到受体细胞。适用于此方法的植物样品有游离细胞、原生质体、分生组织和胚胎组织等多细胞结构。显微注射法的一个突出优点是转化效率高，可达 60%以上，使用范围广，但该法需要进行原生质体、带壁细胞或细胞团的固定，因缺乏有效的固定胚性细胞团的方法而受到很大限制。而且对操作者的技术要求较高，费时费力，每次只能处理一个细胞，因此在植物转基因操作中使用很少。

（4）基因枪法

基因枪（biolistic）技术也称微粒轰击法（microprojectile bombardment），是一种快速有效的植物 DNA 转移系统之一。基因枪主要由真空泵、弹药室、挡板、样品台和真空室组成（图 5.5），是利用真空泵产生的高压气体把目的基因的 DNA 溶液快速推入植物细胞的方法。惰性金属金粉和钨粉相当于打进植物细胞的子弹。先用 $CaCl_2$、亚精胺（spermidine）或聚乙烯醇沉淀外源 DNA，然后将外源 DNA 溶液与直径 1～4μm 的球状钨、金等金属颗粒共同温育，使 DNA 吸附于金属表面，制成 DNA 子弹。再利用基因枪装置以火药爆炸力或压缩氦气为动力加速包裹了外源 DNA 的金粉或钨粉颗粒到 300～600m/s 的高速度，使之穿过植物细胞的细胞壁及细胞膜，进入受体细胞。DNA 进入植物细胞后发生随机整合，通

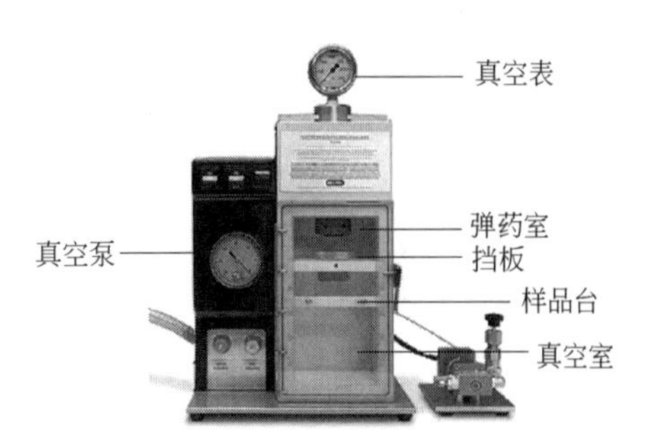

图 5.5　PSD-1000 基因枪装置图

过培养基筛选转基因阳性细胞，再经过分化培养，最后得到转基因植株。

近年来，用基因枪法转基因成为转基因植物制备的常用方法之一（图 5.6），这与基因枪转化中元素系统不断优化有关，如微显靶（microtargeting）用高压氦气或高电压代替火药以提高基因枪动力的空控性，用钨颗粒代替金颗粒以降低成本；还有筛选系统（如用 bialaphos、潮霉素）的完善等。通过基因枪技术，很多种植物都可以得到转化，如水稻、玉米、小麦、高粱、大麦、甘蔗、大豆、棉花、杨树、云杉、番木瓜、大果越橘等。此外，基因枪技术还可用来将基因转入叶绿体和线粒体，从而使转化细胞器成为可能。这种转基因方法的主要优点是转化受体迅速、简单、取材广泛（包括细胞悬浮培养物、愈伤组织、分生组织、未成熟胚等）、不受基因型限制、金属微粒的喷射面广、植株可育性高、转化频率高等。但它也存在许多缺点，如转化效率低（通常在 0.1%～1%之间）、仪器设备昂贵、转化后不易获得再生植株、可能发生共抑制现象（co-suppression）等。

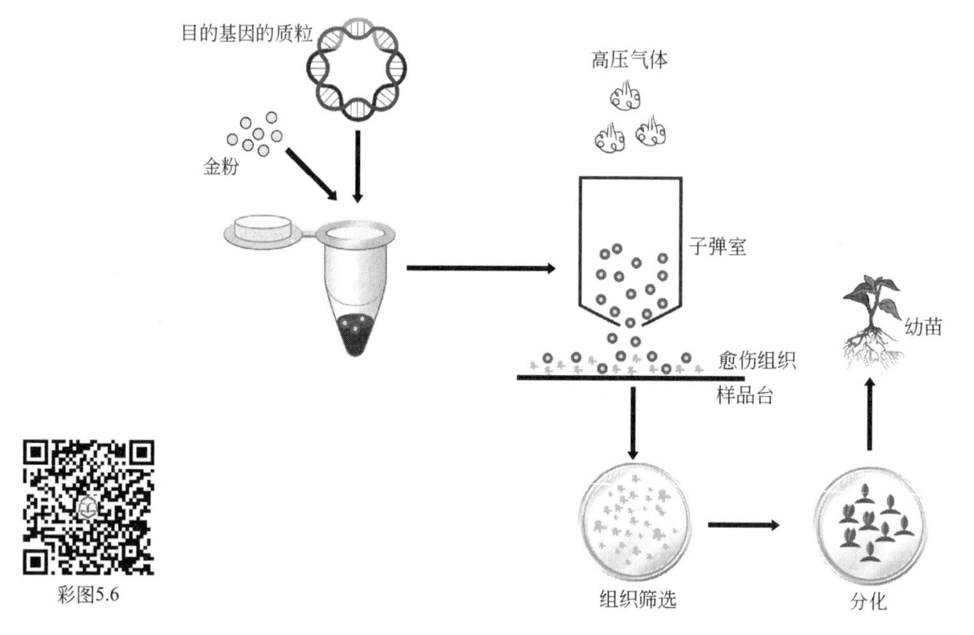

图 5.6 基因枪介导基因转移到植物细胞。首先将目的基因的质粒 DNA 包裹在惰性金属金粉微粒或钨粉微粒的外面，转移至基因枪的子弹室。在高压气体作用下，超快速把金粉子弹推进样品台上的植物愈伤组织细胞。DNA 子弹进入植物细胞以后，随机整合，通过组织筛选和分化培养，最后可望得到转基因幼苗植株

（5）脂质体介导法

脂质体法是近年来化学转化法中应用最广泛的方法。脂质体（liposome）是由人工构建的磷脂双分子层组成的膜状结构，包装在脂质体内的外源 DNA 可以免受 DNA 酶的降解。当脂质体与植物原生质体共温育时，脂质体与原生质体膜结构之间发生相互作用，脂质体内的外源 DNA 通过融合或吞噬作用高效率地转运到原生质体细胞质和细胞核内。脂质体转化法的转化效率较高（可达 14%），适用植物种类广泛，重复性高，简单易操作，可用于基因的瞬时表达检测。但是化学法的一个共同的局限性是只能用于有原生质体再生出植株的植物，而原生体的分离和培养技术难度大，实验条件要求复杂，不容易被掌握。

（6）激光微束法

激光微束法的原理是利用激光微束脉冲引起细胞膜可逆性穿孔，从而将外源 DNA 导入

受体细胞。其基本操作程序是：在荧光显微镜下找出合适的细胞，然后用激光光源替代荧光光源，使目的细胞的细胞壁在激光微束脉冲作用下被击穿，从而使外源 DNA 进入受体细胞。

（7）花粉管通道法

花粉通道法（pollen-tube pathway）是将外源 DNA 片段在自花授粉后的特定时期注入植物柱头或花柱，外源 DNA 沿花粉管通道或传递组织通过珠心进入胚囊，转化不具备正常细胞壁的受精卵、合子及早期的胚体细胞（图 5.7）。这一技术可应用于任何开花植物。该法的特点是参与了被转化植物的生殖过程，直接操作于整体植株，避免了传统的基因枪法和土壤农杆菌法转化要求的组织培养技术，转化方法简单、易操作，单双子叶植物都可应用，育种时间缩短，具有很强的实用性。虽然这种方法仍存在争议，一些理论问题尚未得到圆满解释，但目前已有大量实践证实了这种方法的可行性，特别是该转化系统利用植物自身的生殖系统作为转化载体是得天独厚的长处。由于目前对高等植物基因表达调控的研究没有达到定向改变某一性状的水平，加之对基因与性状的联系所知有限，因此，这种类似鸟枪法的方法是改变植物遗传性状、培育优良品种切实可行的方法。

彩图5.7

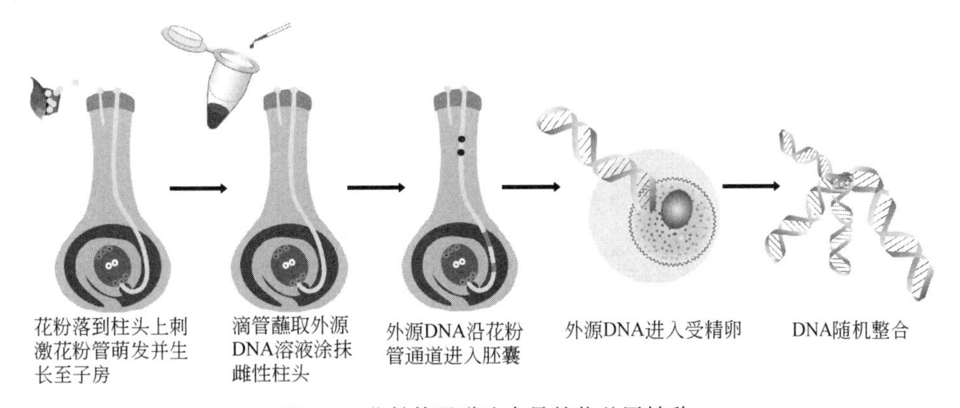

图 5.7　花粉管通道法介导植物基因转移

除了以上介绍的植物遗传转化法以外，为提高转化效率、简化操作程序及避免组培再生困难，新的转化方法，如超声波法、气枪法、涡流法等正在不断涌现，老方法也在不断完善。可以肯定，植物的遗传转化将会变得越来越容易。

5.3.2　农杆菌 Ti 质粒载体介导法

土壤农杆菌介导的基因转移是目前最常用的获得转基因植物的方法，它主要用于双子叶植物系统。利用土壤农杆菌介导的基因转移的再生效率很高，且外源基因在转入并整合到植物基因组中后未发生任何重大的修饰改变。一般来说，使用土壤农杆菌介导的基因转移方法所转入的外源基因一般拷贝数较低，大多是单拷贝转移。

（1）Ti 质粒的结构组成

根瘤农杆菌（*Agrobacterium tumerfaciens*）可以引发植物产生冠瘿瘤（crown gall），干扰被侵染植物的正常生长。它可以使上百种不同科的双子叶植物形成冠瘿瘤，但很少感染单子叶植物。多数农杆菌携带有一种称为 Ti 的质粒（tumor inducing plasmid），它是一种双链环状 DNA 分子，长 200～250kb，根据合成冠瘿碱种类的不同，Ti 质粒可分 4 种：章鱼碱型（octopine）、胭脂碱型（nopaline）、农杆菌素碱型（agropine）和琥珀碱型（succinamopine）。冠瘿碱为一些谷氨酸的双环糖衍生物，如胭脂碱是由精氨酸和 α-酮戊二酸缩合形成的物质，可以为农杆菌的生长提供能源。

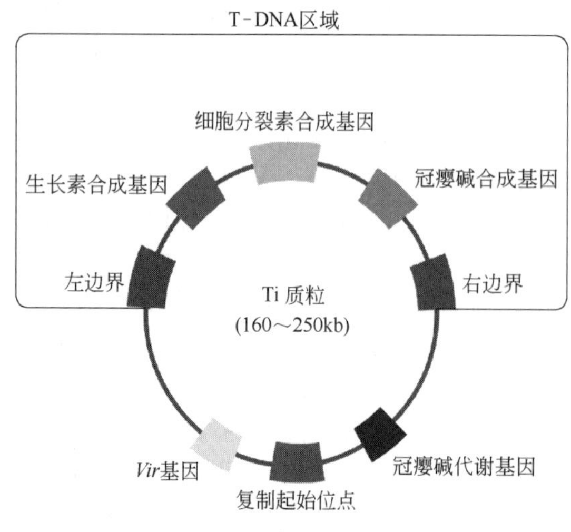

图 5.8 Ti 质粒结构示意图

常见的一种野生型 Ti 质粒是一个 194kb 大小的大型环状质粒，约有 196 个基因，编码 195 个蛋白质。天然 Ti 质粒的结构可分 4 个区：复制起始区（origin of replication，ori 区），该区段基因调控 Ti 质粒的自我复制；结合转移区（region encoding conjugation，Con 区），该区段存在着与细菌间接合转移的有关基因，调控 Ti 质粒在农杆菌之间的转移；转移 DNA 区（transferred-DNA region，T-DNA 区），T-DNA 是农杆菌感染植物细胞时，从 Ti 质粒上切割下来转移到植物细胞的一段 DNA；毒性区（virulence region，Vir 区），该区段上的基因能激活 T-DNA 转移，使农杆菌显出毒性（图 5.8）。

（2）T-DNA 的结构与功能

T-DNA 能够转移并整合进植物基因组中，并导致冠瘿瘤的形成。T-DNA 的长度在 12～24kb 之间。T-DNA 的两端左右边界各为 25bp 的重复序列，分别称为左边界（LB 或 LT）和右边界（RB 或 RT）。右边界在 T-DNA 转移中起着重要作用。在章鱼碱型 T-DNA 的右边界的右边还存在一个约 15bp 的超驱动序列（overdrive），为有效转移 LT、RT、T-DNA 所必需，起增强子作用。T-DNA 的 5′端和 3′端都有真核表达信号，如 TATA box、AATAA box 及 poly(A) 等。

在 T-DNA 左右边界之间，含有三类结构基因，即生长素合成基因、细胞分裂素合成基因和冠瘿碱合成基因。这些基因的表达产物与植物产生冠瘿瘤密切相关。当三个结构基因随着 T-DNA 转移并整合至植物基因组上后，生长素基因和细胞分裂素基因的表达产物引起质粒转化区植物细胞不断分裂与生长，加上冠瘿碱合成基因不断利用植物细胞的氨基酸（精氨酸、丙氨酸、谷氨酰胺）合成冠瘿碱并不断积累，导致植物细胞感染处冠瘿瘤的形成。

（3）毒性区的基因与功能

Vir 区位于 T-DNA 区以外，长约 40kb，由 7 个操纵子组成，分别是 *VirA*、*VirB*、*VirC*、*VirD*、*VirE*、*VirF*、*VirG*。在这 7 个操纵子中，*VirA*、*VirB*、*VirD*、*VirE* 及 *VirG* 对于 T-DNA 的转移和肿瘤的诱导是绝对必需的。其中 *VirA* 和 *VirG* 编码的两个蛋白质在出现酚类化合物时，对其他毒性基因的调节和表达起激活作用。*VirA* 编码一个跨膜组氨酸蛋白激酶（histidine protein kinase），定位于细菌细胞膜上。*VirG* 是一个细胞质应答调节因子（cytoplasmic response regulator）。*VirA* 被激活后即可激活 *VirG*。*VirG* 进一步激活其他 *Vir* 基因的表达。在双子叶植物中，酚类化合物乙酰丁香酮（acetosyringone，As）和羟基乙酰丁香酮（hydroxyacetosyringone，OH-As）对于激活毒性基因有重要作用。*VirB* 含 11 个开放阅读框（ORF），其所编码的蛋白质被运输到细胞膜或周质中，在农杆菌细胞膜上形成通道，是 T-DNA 从农杆菌运输到植物细胞的通道。*VirD* 含 5 个开放阅读框（ORF），编码蛋白质 VirD1～VirD5，其中 VirD2 蛋白具有特异性的核酸内切酶活性，识别 T-DNA 右边界重复序列，并在此处把 T-DNA 切开一个切口，并与切口的 5′端结合。*VirE* 含 2 个 ORF，其中 VirE2 为单链结合蛋白，多个 VirE2 蛋白质分子结合在单链 T-DNA 上，形成核蛋白丝（nucleoprotein-filaments）。VirD2 和 VirE2 都有植物细胞核定位信号，能护送 T-DNA 进入植物细胞核内。毒性区基因相互作用，从而形成了由 VirD2 蛋白牵头、VirE2 蛋白作为外壳的单链 T-DNA 转移复合体，这一复合体不仅可穿过 VirB 在农杆菌细胞膜上形成的通道到达植物细胞，而且还可保护 T-DNA 不被植物核酸水解酶降解。

（4）T-DNA 整合机制与诱导植物致瘤的过程

农杆菌 Ti 质粒上 T-DNA 导入植物基因组的整个过程大致可分为以下 6 个步骤：①农杆菌对受体细胞的识别；②农杆菌附着到植物受体细胞；③诱导启动毒性区基因表达；④通道复合体的合成和装配；⑤T-DNA 的加工和转运；⑥T-DNA 的整合（图 5.9）。

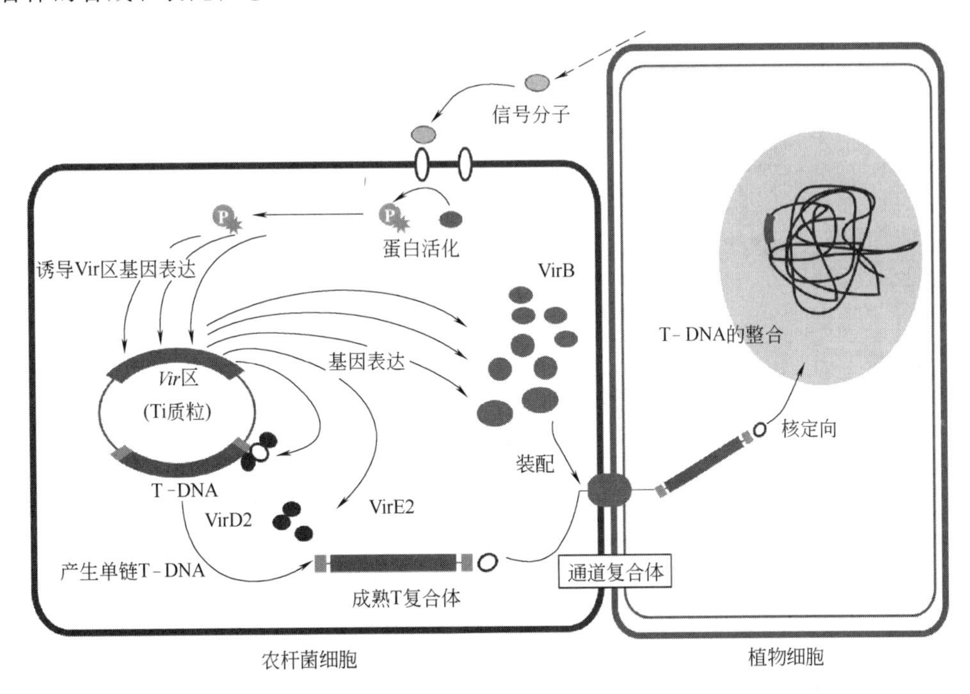

图 5.9　Ti 质粒 T-DNA 整合到植物基因组的分子机制

农杆菌对植物受体识别的基础是细菌的趋化性，即菌株对植物细胞所释放的化学物质产生趋向性反应。受伤植物组织产生的一些糖类、氨基酸类、酚类物质具有趋化作用。在植物创伤部位生存了 8～16h 之后的农杆菌处于细胞调节期，细菌会产生细微的纤丝将自身缚附在植物细胞壁表面。接着植物受伤细胞分泌的乙酰丁香酮和羟基乙酰丁香酮等酚类物质诱导 Ti 质粒上毒性区基因表达，VirD2 蛋白将 T-DNA 从边界的特定位点上（现在一般认为是边界末端第 3 和第 4 碱基处）切下单链 T-DNA。同时单链 T-DNA 与 VirE2 蛋白形成单链 T-DNA 转移复合体，穿过 VirB 蛋白在细胞膜上形成的通道，到达植物细胞，使 T-DNA 与植物基因组整合。T-DNA 上的三个结构基因在植物细胞内表达，使植物形成冠瘿瘤。

（5）Ti 质粒衍生的载体系统

Ti 质粒虽然是一种有效的天然载体，但是把它用作常规的克隆载体也有几个缺陷，如转化细胞生长过程中产生的植物激素会阻碍转化细胞的再生；冠瘿碱合成会消耗能源，降低植物的产量；Ti 质粒过于庞大（大于 200kb）不利于操作；Ti 质粒在大肠杆菌中不能复制，在细菌中操作和保存会很困难。因此，Ti 质粒必须改建才能满足转基因制作的要求。

改建 Ti 质粒载体的基本原则是：①使载体具备 2 个 DNA 复制原点。一个作为大肠杆菌的复制位点，另一个作为农杆菌的复制位点，即构建成为大肠杆菌-农杆菌穿梭载体。②至少具备 2 个筛选标记：一个是植物细胞选择标记基因，便于转化植物细胞后的选择；另一个是大肠杆菌和农杆菌的选择标记，便于载体构建和克隆的筛选。③减小质粒分子量。天然质粒由于分子量太大不利于克隆操作，因此要尽量减小质粒分子量。通常将 T-DNA 上的三个结构基因去除，代之以目的基因和植物细胞筛选标记。同时将 Ti 质粒上其他非必需序列也要去除。④删除质粒上多余的酶切位点，增加多种酶的单一酶切位点即多克隆位点。多克隆位点一般插在 T-DNA 序列上，便于外源基因的克隆和转入。

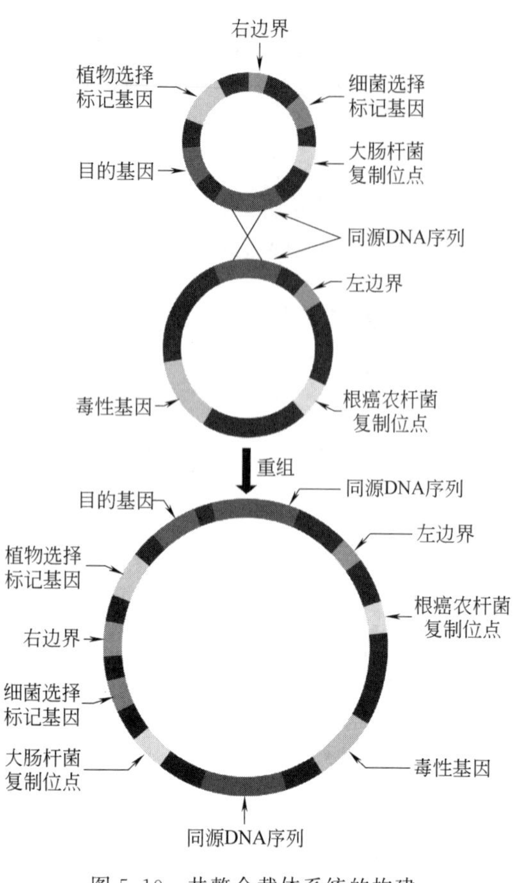

图 5.10　共整合载体系统的构建

目前改建的 Ti 质粒载体主要有两类，即共整合载体系统和双元载体系统。共整合载体系统如图 5.10 所示。先通过大肠杆菌质粒如 pBR322 等来源的中间载体以同源重组或克隆方式插入一段与 Ti 质粒同源的区段，通常是不完整的 T-DNA 区段。由于这样的中间载体只能在大肠杆菌中复制而不能在农杆菌中复制，因此，含有中间载体的大肠杆菌必须与含有 Ti 质粒的农杆菌进行细菌融合，融合后中间载体与 Ti 质粒由于共同拥有 T-DNA 的区段而发生同源重组，最后在农杆菌内得到整合的 Ti 质粒载体，含有 T-DNA 的左边界和右边界、植物细胞筛选标记和目的基因、毒性区基因，以及大肠杆菌和农杆菌的复制位点及筛选标记，可用于感染植物细胞，转移目的基因。

双元载体的工作的原理是基于 Ti 质粒上的 *vir* 基因可以反式激活 T-DNA 区段序列的转移而设计的。因此，双元表达载体是把同时包含 *vir* 基因和 T-DNA 区段序列的野生型 Ti 质粒改造成两种质粒：一种为 *vir* 基因协助质粒，这类 Ti 质粒缺失了 T-DNA 区域，完全丧失了致瘤作用，主要只提供 *vir* 基因产物和功能，激活处于反式位置上的 T-DNA 的转移，如 pAL4404。基因工程改造的农杆菌带有 *vir* 基因协助质粒，如农杆菌菌株 LBA4404，带有这种 T-DNA 缺失而 *vir* 基因保留的质粒 pAL4404。另一种是微型 Ti 质粒（mini-Ti plasmid），只含 T-DNA 区，而不含 Vir 区的基因，比如，Bevan 构建的 pBIN19，Jefferson 构建的 pBI121（图 5.11）。它在 T-DNA 左右边界序列之间提供植株细胞选择标记如 *NPT Ⅱ* 基因或 *lacZ* 基因，并加上多克隆位点 MCS 以便克隆目的基因等。T-DNA 区段之外包含了大肠杆菌的复制原点和筛选标记，便于克隆筛选。同时含有农杆菌的复制子和筛选标记，便于微型 Ti 质粒与 *vir* 基因协助质粒在农杆菌内的反式互补以及质粒从农杆菌转移至植物细胞。因此，只要把目的基因置于微型 Ti 质粒 T-DNA 区段内，转入合适的含 *vir* 基因协助质粒的农杆菌中，再转化植物，即可获得转基因植物（图 5.12）。由于双元载体操作方便，灵活性强，目前在植物基因转化中大都使用双元载体系统。

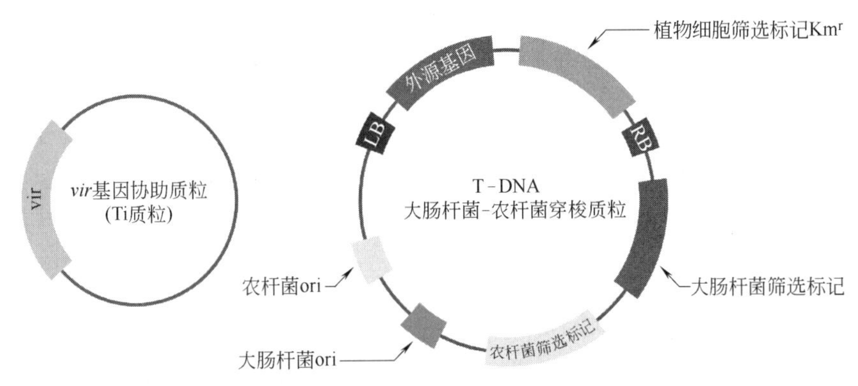

图 5.11 双元载体结构示意图。Ti 质粒协助质粒只含有 Vir 区的基因，产生 Vir 多种蛋白帮助微型 Ti 质粒转移。微型 Ti 质粒含有 T-DNA 的左边界和右边界（LB 和 RB），以及 T-DNA 中间的外源基因和植物细胞筛选标记。同时含有大肠杆菌和农杆菌的复制子及筛选标记

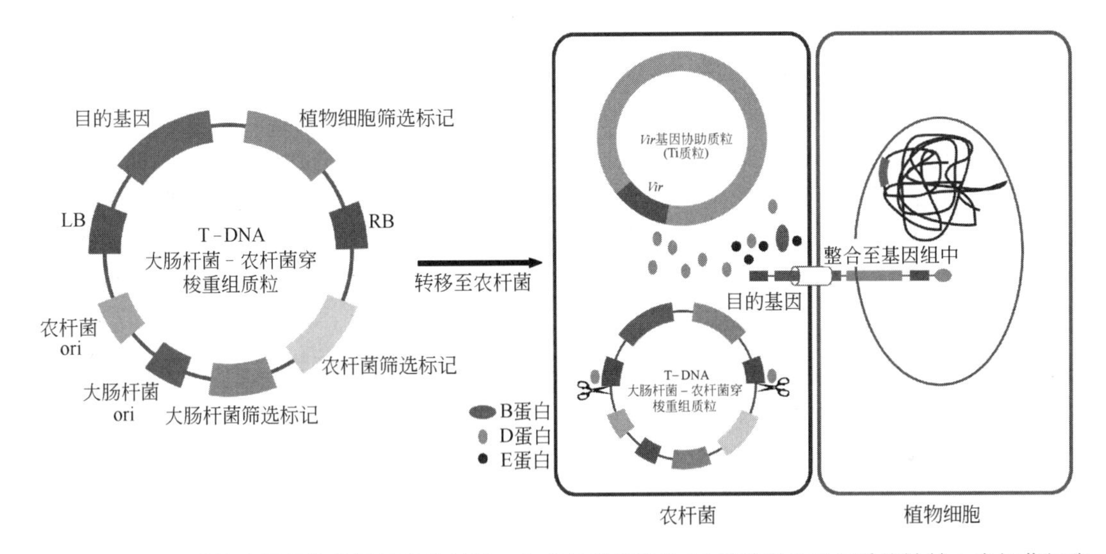

图 5.12 Ti 质粒介导植物基因转移的过程。含有目的基因的 Ti 质粒穿梭重组质粒被转入农杆菌细胞后，在农杆菌细胞内协助质粒表达的多种 Vir 蛋白的帮助之下，带有目的基因的 T-DNA 被切下来，并由 VirD2 和 VirE 蛋白保护，穿过 VirB 组成的通道，进入植物细胞，最终整合到植物细胞基因组上

现在，农杆菌介导的遗传转化已在许多植物上被广泛采用，外植体种类逐渐扩展到叶柄、子叶、子叶柄、下胚轴、茎段、茎尖分生组织、表皮薄壁细胞、块茎、匍匐茎节段、愈伤组织及胚性悬浮细胞、原生质体等。虽然长期以来，用土壤农杆菌介导的基因转移都局限在双子叶植物的范围内，但是近几年，用土壤农杆菌转化单子叶植物也取得了重大的突破。许多实验已经证明，土壤农杆菌可以将 T-DNA 转入玉米细胞中，并在其中稳定表达；利用土壤农杆菌转化的水稻中，外源基因也能稳定表达，转基因水稻植株的再生频率可以达到 10%～30%。现在看来，土壤农杆菌介导的基因转化，其成功的关键在于找到合适的组织培养和再生技术。

彩图5.12

5.4 把目的基因导入动物细胞

把外源基因导入动物细胞分两种情况，一是把外源基因导入体外培养的离体动物细胞，

如体外培养的小鼠细胞和人类各种肿瘤细胞系，常见的包括小鼠L细胞、猴肾细胞、中国仓鼠卵巢细胞（CHO），人HeLa细胞、成纤维细胞、骨髓细胞系等，基因导入的方法通常有化学试剂介导、病毒载体介导和物理方法介导等几种类型。现在把这种通过各种方法将外源目的DNA直接导入动物细胞的方法统称为转染（transfection）。二是把外源目的基因导入动物受精卵、早期胚胎或胚胎干细胞（ES细胞）等制备活体转基因动物。转基因动物的基因导入方法主要有显微注射法、体细胞核移植法、胚胎干细胞法、逆转录病毒感染法和精子载体法等。

5.4.1 外源基因导入离体培养的动物细胞

动物细胞，尤其是哺乳动物细胞作为受体细胞具有以下优点：①能识别和除去外源真核基因中的内含子，剪切和加工成熟的mRNA；②真核基因表达的蛋白质在翻译后能被正确加工或修饰，产物具有较好的蛋白质免疫原性，为酵母细胞的16～20倍；③易被重组DNA质粒转染，具有遗传稳定性和可重复性；④经转化的动物细胞可将表达产物分泌到培养基中，便于提纯和加工，成本低。因此，离体培养的哺乳动物细胞是优良的真核基因表达系统，不仅可用于基因表达调控的研究，也可用于生产重组蛋白药物。

外源目的基因转染离体培养的动物细胞的方法主要有以下几种。

（1）磷酸钙共沉淀法

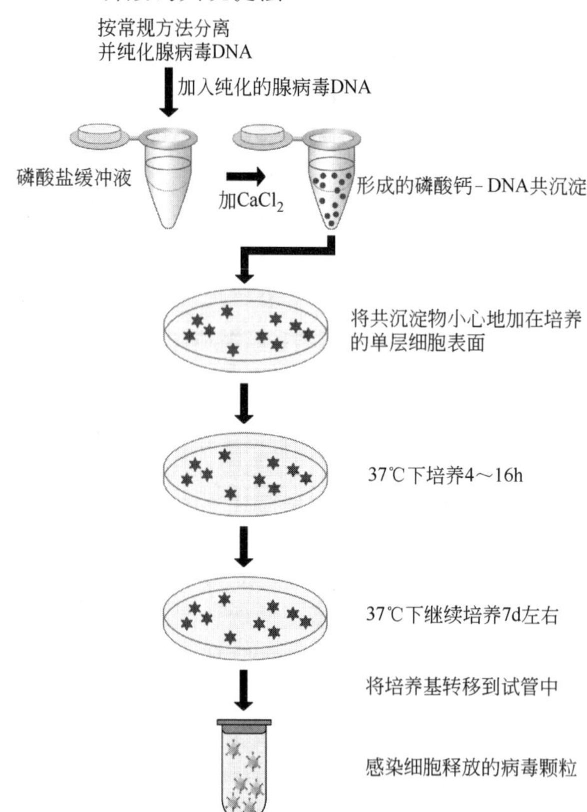

图5.13 磷酸钙共沉淀法介导基因转移的原理。先把腺病毒携带的DNA加入到磷酸盐缓冲液中，然后加入$CaCl_2$，形成磷酸钙-DNA共沉淀。将磷酸钙沉淀加入培养的细胞表面，DNA进入细胞内，复制后释放病毒颗粒

磷酸钙共沉淀法由荷兰的Graham和van der Eb于1973年首先建立。他们用二乙氨乙基葡聚糖（DEAE-dextran）转染腺病毒5（Ad5）DNA到人类KB细胞时，发现转染效率较低，于是他们尝试使用$CaCl_2$来增加转染效率。结果发现$CaCl_2$与磷酸缓冲液形成磷酸钙沉淀后与DNA混合，再转染单层KB细胞的效率比用DEAE-dextran法高10～20倍，甚至高100倍，自此创立了磷酸钙共沉淀法转染动物细胞。磷酸钙共沉淀法的操作流程是先把病毒DNA或质粒DNA溶入pH 7.05的HEPES磷酸盐缓冲液中，然后加入终浓度125mmol/L的$CaCl_2$溶液，室温混合30～40min后产生非常细小的磷酸钙沉淀。弃掉贴壁细胞上的培养基，换成磷酸钙沉淀溶液，DNA附着在磷酸钙表面共沉淀到细胞表面。20min后细胞通过某种方式把沉淀和所携带的DNA摄入（图5.13）。磷酸钙共沉淀法由于操作简单，对细胞和载体类型没有限制，因此变成真核细胞常用的转染方法。

(2) 脂质体介导法

脂质体是由脂类形成的一种可以高效包装DNA的人造单层膜，是一种脂质双层包围水溶液的脂质微球。其结构和性质与细胞膜极为相似，二者易于融合，DNA由于细胞的内吞作用进入细胞。脂质体介导DNA转移的方法首先由Robert T. Fraley于1979年创立，他用脂质体包埋pBR322质粒成功转化了大肠杆菌SF8菌株。后来为了提高脂质体的转染效率，开始人工合成带正电荷的阳性脂质体，如DOTMA（2,3-二油氧基丙基三甲基氯化铵）。带正电的脂质体与带负电的核酸更容易结合，形成脂-DNA复合物（lipid-DNA complex，lipoplex），进入细胞内。阳性脂质体的转染率比磷酸钙和DEAE-dextran法高5～10倍，成为一种简便、高效、低毒的转染方法。脂质体介导的基因转移见图5.14。

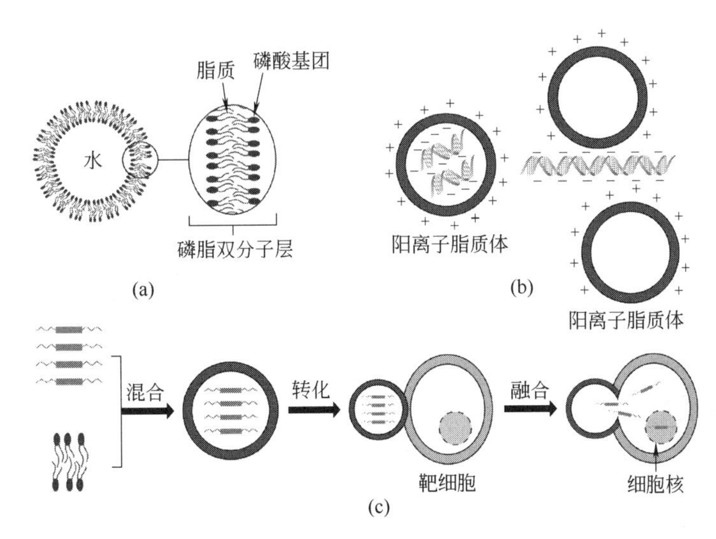

图5.14 脂质体介导的基因转移。(a) 磷脂双分子层构建脂质体。(b) 脂质体经阳离子修饰，更容易与DNA结合。(c) 带有DNA的脂质体与靶细胞靠近，细胞膜溶解，DNA进入细胞内

由于阳性脂质体DNA基因转移系统在体外研究中的应用已趋于成熟，脂质体转染法不仅用于转染动物细胞，也用于人体细胞的基因治疗载体。用于基因治疗的人工脂质体膜具有如下特点：①与体细胞相容，无毒性和免疫原性；②可生物降解，不会在体内堆积；③可制成球状（0.03～50nm），包容大小不同的生物活性分子；④可带有不同的电荷；⑤具有不同的膜脂流动性、稳定性及温度敏感性，能适应不同的生理要求。

(3) 电穿孔法

电穿孔法可以转化大肠杆菌细胞，也可以转化酵母细胞和植物原生质体。德国马普研究所Neumann团队于1982年首次用电穿孔法把带有单纯疱疹病毒*TK*基因的质粒pTK2转化小鼠LM（TK^-）细胞，用HAT培养基筛选到了TK^+细胞，说明电穿孔法也可以转染动物细胞。

与电穿孔法的原理类似，日本的Shirahata等（2001）发明了激光介导转染动物细胞的方法，利用脉冲激光在细胞膜上打微孔，使细胞外的质粒pEGFP-N1进入动物细胞内。以及利用强顺磁性纳米颗粒也能把外源DNA转染进动物细胞，如德国的Scherer等（2002）在直径约200nm的强顺磁性纳米颗粒上包被带正电的聚乙烯亚胺（polyethylenimine），与带负电的DNA结合，用强磁场吸引磁性纳米颗粒，使之聚集到培养的细胞表面，促进细胞吞噬，增加转染效率。

（4）病毒载体法

动物病毒颗粒能高效地感染特定种类的动物细胞，并携带病毒基因组进入宿主细胞内，把基因组整合到宿主基因组中。基因工程可以利用动物病毒这种感染机制进行转导，即用病毒外壳蛋白包装重组病毒 DNA 去感染靶细胞，借此把外源 DNA 送入靶细胞中。如目前使用较多的病毒载体有慢病毒载体和腺病毒载体。腺病毒于 1953 年首先被发现，至今已发现了 40 多种不同血清型和 93 种不同种类的腺病毒，它们通常能感染眼、呼吸道或胃肠上皮细胞。病毒载体介导基因转移的过程和原理与制备转基因动物类似，详见转基因动物及基因治疗一章。

5.4.2 外源基因导入在体动物细胞

将外源目的基因导入动物细胞制备转基因动物的方法比较经典的有显微注射法、逆转录病毒法、体细胞核移植法、精子载体法以及胚胎干细胞法。其中胚胎干细胞法是将外源基因先转入胚胎干细胞，然后筛选带有外源基因的 ES 细胞并将它们移植到囊胚，得到嵌合体后代后再杂交筛选转基因个体。而外源基因转染 ES 细胞的方法与转染离体动物细胞是一样的。

彩图5.15

（1）显微注射法

显微注射法（microinjection）是指将在体外构建的外源目的基因，在显微操作仪下用极细的注射针注射到动物受精卵中，使之通过 DNA 复制整合到动物基因组中，最后通过胚胎移植技术将注射了外源基因的受精卵移植到受体动物的子宫内继续发育，通过对后代筛选和鉴定得到转基因动物的方法。见图 5.15。

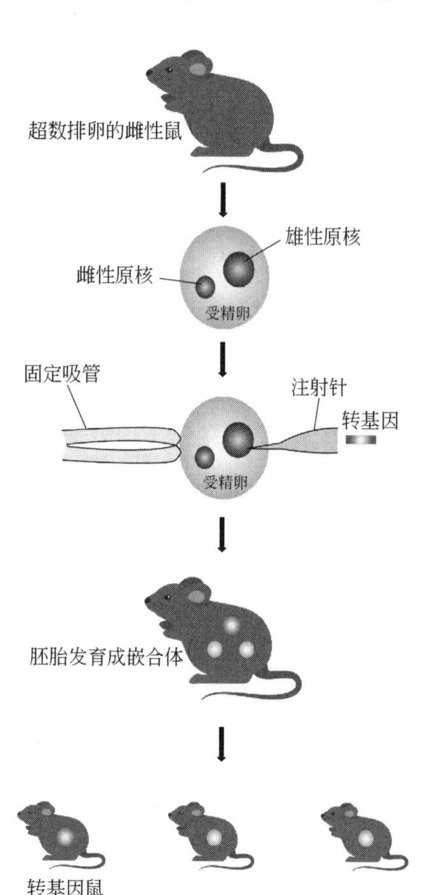

图 5.15 显微注射法制备转基因动物的流程

显微注射法是制备转基因动物最早、最经典、应用最广泛的方法，采用显微技术把外源基因注射进受精卵的雄原核。注入雄原核的外源基因会整合进入胚胎部分细胞的基因组中，从而在后代中获得一定比例的转基因个体。显微注射法的优点是：转移率高，实验周期相对较短，导入过程直观，外源基因（DNA）的大小不受限制，没有化学试剂等对细胞的毒性作用等。但它的缺点也比较明显：一是需要昂贵的设备，而且操作复杂，技术难度较高；二是胚胎受到的机械损伤较大而存活率下降；三是只能增加 DNA，不能删除或定点进行基因修饰；四是外源基因随机整合，基因的表达和遗传稳定性没有保证，随机整合也可能破坏内源基因或激活癌基因，甚至导入基因可能会发生沉默，而且整合率低，对大动物进行显微注射尤其困难。如针对鱼类的外源基因整合率通常可达 10%～15%，小鼠为 6%～10%，猪和羊分别只有 0.98%和 1%，所以对比较大的动物，通过显微注射来得到转基因动物的效率不高。

（2）逆转录病毒载体法

逆转录病毒是一类RNA病毒，由外壳蛋白、核心蛋白和基因组RNA三部分组成。逆转录病毒含有逆转录酶，病毒的RNA进入宿主细胞后，在逆转录酶的催化下合成病毒DNA，病毒DNA会整合到动物细胞的基因组上，因此，逆转录病毒可以用于感染动物细胞制备转基因动物。

逆转录病毒能够感染动物细胞并将自身DNA整合进宿主基因组，因此，可以把外源基因插入病毒长末端重复序列的下游，这种重组病毒感染受精卵或早期胚胎后，就有可能获得转基因嵌合体后代，再经过一代繁殖得到转基因动物（图5.16）。在各种基因转移的方法中，通过逆转录病毒载体将基因整合入宿主细胞基因组，是最为有效的方法之一。慢病毒载体也是一种逆转录病毒载体，因为它的整合和表达效率高而受到特别关注。据报道（2002），重组的慢病毒颗粒注射小鼠受精卵，能够高效获得转基因小鼠，利用这种方法也相继高效获得了转基因大鼠、转基因牛和转基因猪等。慢病毒载体法还特别适用于家禽的转基因动物制备。因为对家禽而言，只需在新生受精蛋的胚盘下腔注入重组慢病毒载体，就能高效获得转基因鸡嵌合体，并且生殖嵌合的比例很高。

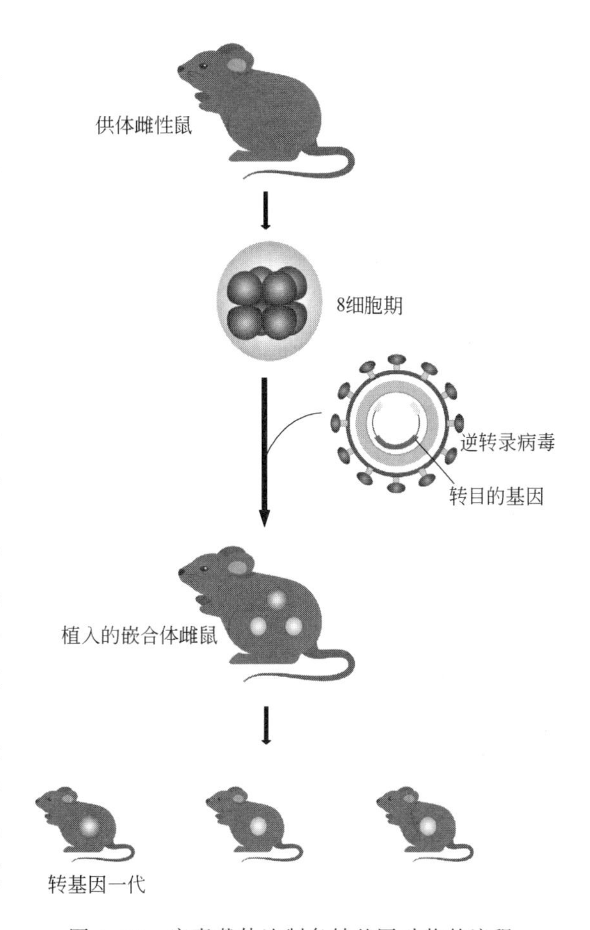

图5.16　病毒载体法制备转基因动物的流程

逆转录病毒载体的优点是：宿主范围广，操作简单，外源基因的整合效率高，而且多为单拷贝整合。但这种方法的缺陷在于：导入的外源基因较小，一般不超过10kb。病毒载体可能会激活原癌基因或其他有害基因，有一定的安全隐患。病毒载体整合后，DNA序列可能发生甲基化，导致基因表达沉默，表达率低，以及病毒载体的长末端重复序列可能会抑制内源基因的表达，等等。

（3）体细胞核移植法

体细胞核移植（somatic cell nuclear transplantation，NT）是指将动物早期胚胎卵裂球或动物体细胞的细胞核移植到去核的受精卵或成熟的卵母细胞胞质中，从而获得重构卵，并使其恢复细胞分裂，继续发育成与供体细胞基因型完全相同的后代的技术。

1997年，英国PPL公司的科学家Schnieke与罗斯林研究所的Wilmut等通过体细胞核移植技术利用绵羊乳腺细胞率先在世界上成功制作了第一只体细胞克隆绵羊“多莉”（Dolly，图5.17），这一成果开哺乳动物核移植之先河。随后Wilmut研究小组于1997年6月报道用胚胎细胞为核供体，获得了表达治疗人血友病的凝血因子Ⅸ转基因克隆绵羊“波莉”（Polly）。紧接着，Gibelli等（1998）通过该技术制作成功含有*lacZ*基因的转基因牛；Alexander等（1999）制作了3只含有人抗胰蛋白酶（hAT）基因的转基因奶山羊等。体细胞核移植技术已经成为制备大型转基因哺乳动物的有效方法。

体细胞核移植法的优点是：适用于大多数物种，试验周期短，无需进行嵌合体育种就可

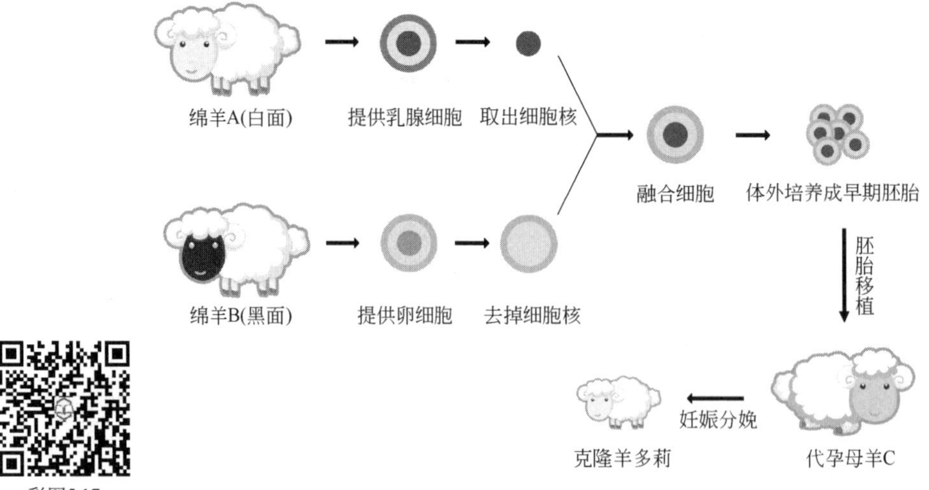

图 5.17　体细胞核移植法制备多莉绵羊的流程

直接获得转基因个体，且转基因动物的遗传背景相同，便于大规模育种。可以在细胞水平检测外源基因是否整合，从而大大缩短转基因动物的制备流程。多种细胞类型都可以用来作为细胞核的供体，容易获得且可以冻存，而且操作时间从容，不受胚胎发育规律制约。但体细胞克隆法也有一些缺陷：比如操作程序复杂，对设备和技术的要求比较高。还由于体细胞核移植涉及细胞重编程、细胞核与细胞质的相互作用，因此，有些转基因动物可能会表现出生理缺陷，克隆效率不高，胚胎流产率高，等等。

（4）精子载体法

制备转基因动物还有一种非常简便的方法就是精子载体法。这种方法是把成熟的精子与外源 DNA 进行预培养后，使精子有能力携带外源 DNA 进入卵细胞中，使之受精，并使外源 DNA 整合到染色体中（图 5.18）。这种方法利用精子的自然属性来克服人为机械操作对胚胎的损伤，具有简便易行、耗费低、转染率高和适应性广等优点，对大动物的转基因具有重要意义。到目前为止，至少在 12 种动物中获得了转基因后代，其中包括小鼠、家兔、牛、猪和鸡等，在小鼠、家兔中的整合率可以达到 30%以上。但这种方法不够稳定，而且仍然存在外源基因随机整合进宿主基因组的问题，因此，目前还无法利用此方法随意地获得理想的转基因动物。

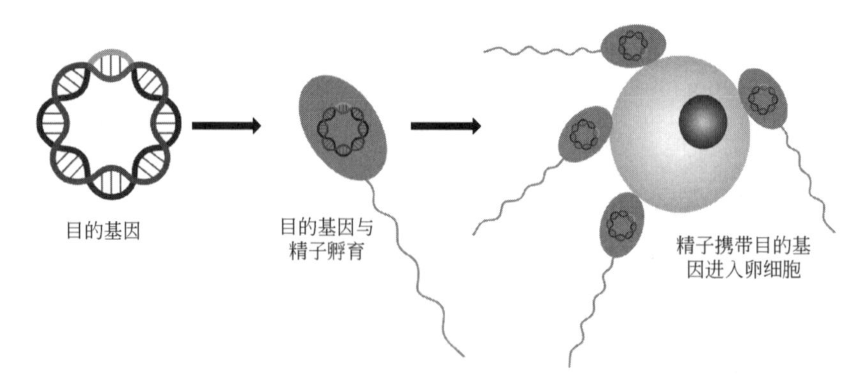

图 5.18　精子载体法制备转基因动物的流程

本章小结

基因工程操作的受体细胞主要包括大肠杆菌细胞、酵母细胞、植物细胞和动物细胞。将外源基因导入这些细胞可以有相同的方法，也可以有特殊的不同的方法。将外源基因导入大肠杆菌细胞目前常用的方法是 $CaCl_2$ 介导的转化法、电场转化法和噬菌体介导的转导法，以电穿孔介导的电场转化率最高。外源基因导入酵母细胞也可以用化学试剂介导和电穿孔介导，常用 CH_3COO Li 和 PEG 处理介导外源基因转入酵母细胞。将外源基因导入植物细胞则有多种方法，包括化学试剂和脂质体介导、电场转化、激光束打孔、基因枪法、花粉管通道法以及 Ti 质粒介导法。其中基因枪法适用于各种植物细胞和各种组织，转移基因效率高，而 Ti 质粒介导的基因转移则能高效整合到植物细胞基因组中。外源基因进入动物细胞则有磷酸钙共沉淀法、显微注射法、逆转录病毒法、体细胞核移植法、胚胎干细胞法和精子载体法。显微注射法是最经典的方法，适合多种动物细胞。而体细胞核移植法则适合大型动物的转基因制作和克隆动物制作。

复习题

1. 感受态细胞制备有哪些方法?
2. 外源基因导入大肠杆菌细胞有哪些方法?
3. 转导有哪些类型?
4. 如何将外源基因导入到酵母细胞?
5. 花粉管通道法的原理是什么?
6. 基因枪法的设置包括哪些部分?
7. Ti 质粒致瘤的机理是怎样的?
8. 如何构建 Ti 质粒的双元载体系统?
9. 显微注射法的优缺点是什么?
10. 病毒载体法有哪些局限性?
11. 体细胞克隆法的优势是什么?

6 阳性转化子的鉴定

本章导读 目的基因导入受体细胞后，通常通过遗传检测、酶切电泳检测、PCR 检测、核酸分子杂交检测及 DNA 序列测定等筛选和鉴定阳性转基因的细胞、克隆和个体，本章分别介绍了这些目的基因的鉴定方法，并对 DNA 测序技术的最新进展和应用做了一个简单介绍。

如前所述，转化子（transformant）是指外源 DNA 分子导入后能稳定存在的受体细胞，重组子（recombinant）是指含有目的基因的重组 DNA 分子的转化子。在重组 DNA 分子的转化、转染或转导过程中，并非所有的受体细胞都能被重组 DNA 分子转入。相对数量极大的受体细胞而言，仅有少数外源 DNA 分子能够进入，同时也只有极少数的受体细胞在吸纳外源 DNA 分子之后能稳定增殖为转化子。

转化子相对某种特定重组子又成为数量巨大的群体。在大量的转化子中，会接纳多种类型的 DNA 分子，其中包括：①不带任何外源 DNA 插入片段，仅是由线性载体分子自身连接形成的环状 DNA 分子。②由一个载体分子和一个或数个外源 DNA 片段构成的重组 DNA 分子，这通常是我们需要的重组 DNA 分子。③单纯由数个外源 DNA 片段彼此连接形成的多聚 DNA 分子。当然，最后这类多聚 DNA 分子不具备复制基因和复制起点，不能在转化子中长期存留，最终由于细胞分裂被消耗掉，成为无用分子。因此，面对这种混合的 DNA 制剂转化来的大量克隆群体，需要采取一套行之有效的方法，筛选出可能含有外源 DNA 片段的重组子克隆，然后用特殊的方法鉴定含有目的基因的期望重组子。

目前筛选和鉴定目的基因重组子克隆的方法主要包括遗传表型检测法、酶切电泳检测法、PCR 鉴定法、核酸分子杂交法、免疫化学检测法以及 DNA 序列测定法等。

6.1 遗传表型检测法

所谓表型（phenotype），是指生命体的遗传组成（基因型或基因组成）与环境相互作用后所产生的外观或其他特征。供转化子筛选用的表型特征主要来自两个方面：一个是载体上筛选标记基因提供的表型，应用最广泛；另一个是插入的外源 DNA 序列本身提供的表型特征用于筛选，相对来说数量较少。

6.1.1 利用载体提供的表型特征筛选和鉴定重组 DNA 分子

天然质粒和野生型噬菌体都不适合作基因克隆的载体，在基因工程中所使用的都是经过人工构建和改造的载体分子，这些载体基本上都带有可供筛选的遗传标记或表型特征。例如，质粒以及柯斯质粒具有抗药性筛选标记，噬菌体具有噬菌斑特征的筛选标记。一般的做法是将转化处理后的受体菌液（包括对照处理）适量涂布在选择培养基上（主要是抗生素或显色剂等），在最适生长条件下培养一定的时间，观察菌落生长情况，根据载体标记基因提供的表型即可挑选出转化子。根据载体分子所提供的遗传特性进行选择，是获得重组子 DNA 转化子群必不可少的条件之一。它能够在数量巨大的群体中直接、快速选择，是一种十分高效直观的方法。

（1）抗药性基因

抗药性基因表型是重组质粒 DNA 转化子筛选应用最多的表型。因为质粒 DNA 分子携带特定的抗药性标记基因，转化受体菌后能使后者在含有相应选择药物的培养基上正常生长，而不含抗性质粒 DNA 分子的受体菌则不能存活。这是一种正向选择方式。

人工构建的质粒载体、噬菌粒载体、柯斯质粒载体一般都带有 1～3 个抗药性基因作为选择标记。载体中常用的抗性基因遗传标记与对应抗生素的使用简单介绍如下。

① 氨苄青霉素抗性基因（ampicillin，Ap^r 或 Amp^r）。细菌 DD 转肽酶（DD-transpeptidase）也称青霉素结合蛋白（penicillin-binding proteins，PBP），催化肽聚糖（peptidoglycan，PGN）交联，形成网状的刚性细胞壁。氨苄青霉素能与细菌 DD 转肽酶结合形成稳定的青霉噻唑基酶（penicilloyl-enzyme）中间体，从而可逆地抑制 DD 转肽酶的活性，使细菌子细胞分裂后无法合成细胞壁而裂解死亡。氨苄青霉素抗性基因（Amp^r）能表达产生 β-内酰胺酶（β-lactamase TEM），该酶分泌到细胞外，可水解环境中的氨苄青霉素的 β-内酰胺环，降解 Amp。即 Amp^r 抗性的细菌能继续利用 DD 转肽酶合成细胞壁，从而在含有氨苄青霉素的培养基中分裂生长。抗 Amp 菌落的选择剂量为终浓度 30～50ng/mL。

② 四环素抗性基因（tetracymic，Tc^r 或 Tet^r）。四环素是一类广谱聚酮类化合物。四环素进入细胞后，能与原核生物的 30S 亚基结合，阻止氨酰 tRNA 进入 A 位，使新的氨基酸无法接到正在合成的肽链上，抑制蛋白质合成，从而抑制细菌生长。四环素抗性基因（Tet^r）编码 Tet 蛋白，该蛋白定位于细胞膜上，是一个耗能的外排蛋白，能防止四环素进入细胞或者将四环素从细胞内外排出去。抗 Tet 菌落的选择剂量为终浓度 12.5～15.0μg/mL。含 Tet 的培养基中勿加镁盐，因为镁盐拮抗 Tet。Tet 对光敏感，含 Tet 的溶液或培养基均须在暗处存放。

③ 氯霉素抗性基因（chloramphenicol，Cm^r 或 Cmp^r）。氯霉素能特异性地与细菌的 50S 核糖体亚基中的 23S rRNA 的 A2451 和 A2452 残基结合，抑制细菌核糖体的肽酰转移酶的活性，防止氨基酸之间形成肽键，阻止肽链延伸，从而抑制细菌的生长。但氯霉素只抑制新的肽链的合成，而不破坏已经合成的肽链，所以只抑制细菌的生长和增殖，并不杀死现存的菌落。含氯霉素抗性的基因 *cat* 能转译氯霉素乙酰转移酶（chloramphenicol acetyltransferase，CAT），使氯霉素乙酰化而失效。抗 Cmp 菌落的选择剂量为终浓度 30μg/mL。

④ 卡那霉素抗性基因（kanamycin，Kn^r 或 Kan^r）。卡那霉素是最先从卡那霉素链霉菌中分离的抗生素，带正电荷，与原核生物核糖体 30S 亚基上带负电荷的 16S RNA 相互作用，导致核糖体解读 mRNA 密码时频繁出错，干扰蛋白质合成，抑制细菌生长。含卡那霉素抗性基因（Kan^r）的菌体转译一种能修饰卡那霉素的酶，该酶使卡那霉素-6-氨基-6-脱氧-D-葡萄糖上的 3′-OH 磷酸化，灭活卡那霉素，阻碍卡那霉素对核糖体的干扰。抗 Kan 菌落

的选择剂量为终浓度 5μg/mL。

⑤ 新霉素抗性基因（neomycin，*Neo*^{r}）。大肠杆菌 R 质粒上还含有两个复合抗生素抗性基因，分别是新霉素-卡那霉素磷酸转移酶Ⅰ和新霉素-卡那霉素磷酸转移酶Ⅱ的基因，其中新霉素-卡那霉素磷酸转移酶Ⅰ能灭活卡那霉素和新霉素，新霉素-卡那霉素磷酸转移酶Ⅱ能灭活卡那霉素、新霉素和丁酰苷菌素。因此，有时候载体上的抗性标记基因会显示 *Kan*^{r}/*Neo*^{r} 抗性，指的就是这类抗性基因。*Neo*^{r} 常用作真核细胞的抗性筛选标记，能抵抗 G418 活性，在含 G418 的培养基上能生长。G418 是一种遗传霉素（geneticin)，是从红橙小单胞菌（*M. rhodorangea*）中分离到的一种氨基糖苷类抗生素，能与真核细胞核糖体 A 位结合，干扰蛋白质的合成，抑制真核细胞生长。*Neo*^{r} 编码产物能使 G418 磷酸化，使之失去抑制蛋白质合成的能力。

（2）抗药性筛选

抗药性筛选通常是通过选择培养基来进行筛选的。例如质粒 pBR322 含有编码四环素抗性（*Tet*^{r}）和氨苄青霉素抗性（*Amp*^{r}）两个基因。如果外源 DNA 片段插入 pBR322 的 *Bam*H Ⅰ位点上，破坏了四环素抗性基因，则可将转化反应物涂布在含有 Amp 的选择培养基固体平板上，长出的菌落便是转化子。如果外源 DNA 插在 pBR322 的 *Pst* Ⅰ位点上，破坏了氨苄青霉素抗性基因，则可利用 Tet 进行转化子的正向选择。

使用抗药性筛选一般要做好两个对照。一个是以受体菌涂布在选择平板上，同步保温培养后不应长出菌落即阴性对照（空白)，用以证明受体菌的纯度、抗生素的有效性和操作方法的可靠性。另一个是将载体转化感受态细胞后，涂布选择平板，经同步保温培养后应长出菌落即阳性对照，用以证明感受态细胞的制备、转化操作过程、抗生素使用浓度等是正确可靠的。只有建立在空白与阳性对照结果明确和认真分析的基础上，进行转化子的抗性筛选才有意义。

还有两个问题值得注意：①以 pBR322 为载体的基因克隆，通过抗药性筛选得到的只是转化子，如果要确定重组子还需进一步鉴定；②使用 Amp、Tet 等抗生素作为选择药物，观察和确定转化子菌落的培养时间不能过长，以 12～16h 为宜，否则会出现假转化子菌落。这是因为转化子菌落会降解选择药物，导致菌落周围选择药物的浓度降低，从而长出非抗性的菌落，如 β-内酰胺酶降解菌落周围的氨苄青霉素而使其周边生长出小的卫星菌落。此外，在培养过程中这些选择性药物会自然降解，导致药物浓度和药效降低，长出假转化子菌落。所以，抗药性筛选只是初步筛选。

（3）插入效应筛选

插入效应筛选主要是利用外源 DNA 片段与载体的特定结构部位连接后，引发载体相关功能的改变，为重组子的筛选提供信息。常用的有插入失活法、插入表达筛选法以及噬菌斑筛选法等。

① 插入失活法（insertional inactivation)。插入失活指的是外源 DNA 插入载体的抗药性标记基因序列中，导致该基因结构破坏而失活，使细胞丧失对抗生素抗性的功能，是检测外源 DNA 插入作用的一种通用方法。

例如，在 pBR322 载体 DNA 序列上有许多限制性核酸内切酶的识别位点，都可以接受外源 DNA 的插入。在 *Tet*^{r} 基因内也有 *Bam*H Ⅰ、*Sal* Ⅰ等多种限制酶的单一识别位点。在这些识别位点的任何位置插入一定大小的外源 DNA 片段（不能太小）都会导致 *Tet*^{r} 基因出现功能性失活，于是所形成的重组质粒都将具有 Amp^{r}Tet^s 的表型。如果受体细胞（Amp^{s}Tet^s）用已被 *Bam*H Ⅰ或 *Sal* Ⅰ切割过的并与外源 DNA 的限制酶切片段连接的重组 pBR322 质粒 DNA 转化，然后涂布在含有氨苄青霉素的琼脂平板上，那么存活的 Amp^r

菌落就可能是已经获得了这种重组子外源质粒 DNA 的转化子克隆。接着进一步检测这些菌落对四环素的敏感性，在含有四环素平板上不能存活的菌落理论上应该是在 Tet^r 基因中插入外源 DNA 片段的重组子菌落。也就是说，通过宿主细胞的 Amp^rTet^s 表型可检测出重组子菌落（图 6.1）。

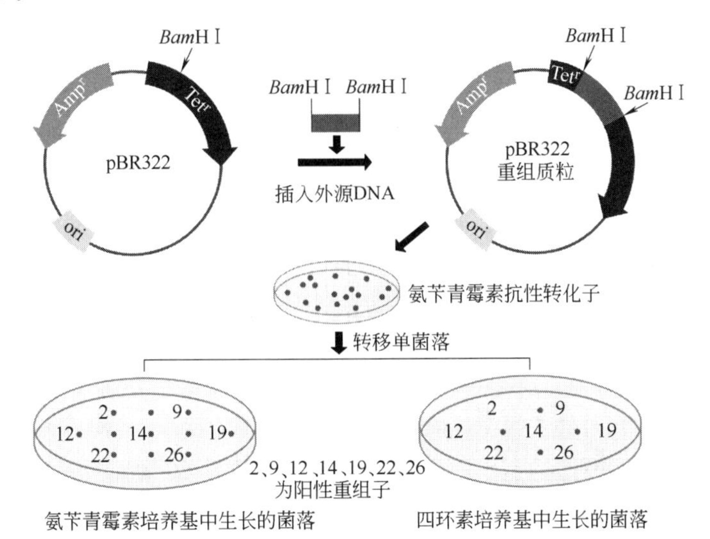

图 6.1 插入失活法筛选重组 pBR322 质粒。外源 DNA 和 pBR322 都用 *Bam*H Ⅰ 酶切后连接，将连接混合物涂布含氨苄青霉素的平板上，长出的菌落是转化子（含空载体或重组载体）。进一步将每个菌落分两份，一份涂布氨苄青霉素的平板，另一份涂布四环素的平板。只有在氨苄平板上能生长但在四环素平板上不生长的菌落，才是重组子，如菌落 2、9、12、14、19、22 和 26

② 插入失活法的改良——环丝氨酸筛选法。如图 6.1 所示，利用插入失活效应筛选，需要将菌落点种或影印到两个不同抗性的平板上对比菌落的生长情况。如上例中的 Amp^rTet^s 表型细胞的筛选，只有在 Amp 平板上能够生长而在 Tet 平板上不能生长的菌落，才是带有重组子质粒的转化子克隆。然而从 Tet 琼脂平板中检测 Tet^s 菌（看不见菌落）是很麻烦的一步，容易造成菌落遗漏或混杂，若把转化的细胞接种在加有环丝氨酸和四环素的培养基中生长，会简化这种插入失活筛选法的程序。因为四环素是抑菌型的抗生素，能通过抑制细胞蛋白质的合成迫使细菌停止生长和分裂，但不致细胞死亡。环丝氨酸是结构上与丝氨酸相近的氨基酸类似物，如果在细胞生长分裂过程中掺入到新合成的多肽链，会影响多肽正确折叠形成有功能的蛋白质，最终导致细菌死亡。即环丝氨酸会使生长的细胞致死，而四环素则仅仅是抑制 Tet^s 细胞的生长而非致死。因此，如果把菌落接种在含有氨苄青霉素、环丝氨酸和四环素的培养基中，Amp^sTet^s 的非转化子受体细胞因为不抗青霉素也不抗四环素，会死亡。不含插入片段的 Amp^rTet^r 的空载体转化子细胞，由于对四环素有抗性能够生长，但生长后便被环境中的环丝氨酸所杀死。含外源基因插入片段的 Amp^rTet^s 重组子转化子细胞由于不抗四环素，生长受到抑制，从而避免了环丝氨酸的致死作用，结果反而存活下来，是经过如此处理后唯一存活的细胞。把这些细胞涂布在含有氨苄青霉素的琼脂平板上，能够生长形成 Amp^rTet^s 表型菌落的，就都是带有外源 DNA 插入片段的重组 pBR322 质粒分子。这样一步筛选即可获得重组子的菌落，简化了程序。

③ 插入表达筛选法。插入表达效应与插入失活效应的表型特征正好相反，插入表达是利用外源 DNA 片段插入特定载体后能激活标记基因的表达，利用标记基因表达产物的功能或信号进行转化子的筛选。这类载体在构建时将一段负调控序列重组到标记基因上游

用于抑制载体标记基因的表达。当外源 DNA 插入在负调控序列内使其失活时，位于下游的标记基因才能表达。pTR262 质粒载体由 pBR322 衍生而来，其 Tet^r 基因的上游含有一段 λ 噬菌体 DNA 的 CI 阻遏蛋白编码基因及其调控序列，*CI* 基因表达的阻遏蛋白可以抑制 Tet^r 基因的表达。当外源 DNA 片段插入位于 *CI* 基因序列中的 *Hin*d Ⅲ或 *Bgl* Ⅰ位点时，*CI* 基因失活，不能产生有活性的阻遏蛋白，使四环素抗性基因解除抑制而表达，菌体呈现对四环素的抗性。故阳性重组子带给细胞为 Tet^r 表型，而空质粒带给细胞为 Tet^s 表型。当转化细菌涂布在 Tet 平板上时，只有含外源 DNA 插入片段的重组子转化菌才能生长成菌落。

要注意的是，插入失活法或插入表达法筛选出来的克隆并不一定 100%是含有目的基因的重组子。由于所使用的试剂质量（如限制性内切酶和连接酶的活性与纯度）或操作方面的问题，自身环化的载体分子有时也会失去特定的遗传标记。尽管如此，作为初级筛选，插入失活或插入表达筛选无疑是一种简便快速的方法，使后续鉴定提高了效率，减少了工作量和盲目性。

④ 噬菌斑筛选法。用 λDNA 载体克隆目的基因时，多用体外包装形成完整噬菌体颗粒转导宿主细胞的方法。当外源 DNA 片段插入 λ 噬菌体载体后，其构成的 DNA 分子大小必须在野生型 λDNA 长度的 75%～105%范围内，才能在体外包装成具有感染活性的噬菌体颗粒。经转导宿主细胞后，转化子在培养基平板上被裂解形成清晰的噬菌斑，而非转化子（未感染）细胞能正常生长，无噬菌斑，二者很容易区分。如果在重组过程中使用的是替换型 λ 载体，则噬菌斑中的 λ 噬菌体即为重组子。因为空载的 λDNA 分子太小不能被包装，难以进入受体细胞产生噬菌斑，所以对替换型载体而言，经体外包装转导后能否形成清晰的噬菌斑这本身就是一种可利用的选择标记。如果使用插入型 λ 噬菌体载体，由于空载的 λDNA 大于包装下限，也能被包装成噬菌体颗粒并产生噬菌斑，此时筛选重组子可以利用 λ 噬菌体载体上的标记基因（如 *lacZ* 等）筛选。当外源 DNA 片段插入 *lacZ* 基因内时，重组噬菌斑无色透明，而非重组噬菌斑则呈蓝色（蓝白噬菌斑筛选）。

（4）蓝白斑显色筛选法

当前广泛使用的许多载体（如质粒载体 pUC 系列、pGEM 系列、噬菌粒载体）的组成结构中都带有编码 β-半乳糖苷酶的不完全基因，记为 *lacZ′*。蓝白斑筛选的实质是利用 *lacZ* 基因表达 β-半乳糖苷酶催化显色底物为标记，以呈现颜色来提供选择信息。

β-半乳糖苷酶由大肠杆菌乳糖操纵子（lac）中的 *lacZ* 基因编码。在正常情况下，底物乳糖可诱导 lac 操纵子产生 β-半乳糖苷酶，分解乳糖为半乳糖和葡萄糖。在筛选用显色反应中，通常以一种含硫的乳糖类似物 IPTG（isopropyl-β-D-thioagalactoside，异丙基-β-D-硫代半乳糖苷）代替乳糖诱导细胞产生 β-半乳糖苷酶，而 IPTG 不发生代谢变化。

常用的显色剂是 X-gal（5-bromo-4-chloro-3-indolyl-β-D-galactoside，5-溴-4-氯-3-吲哚-β-D-硫代半乳糖苷）。X-gal 是无色的，但是在 β-半乳糖苷酶的作用下，它能生产蓝色产物（5-溴-4-氯-靛蓝）。具有完整乳糖操纵子的细菌细胞能转译 β-半乳糖苷酶（*lacZ*）、透膜酶（*lacY*）和乙酰基转移酶（*lacA*）。当培养基中存在诱导物 IPTG 和 X-gal 时，可产生蓝色菌落。

编码 β-半乳糖苷酶的 *lacZ* 野生型基因约 3kb 大小，构建 λDNA 载体可以使用完整的 *lacZ* 作为标记基因。但质粒载体、M13 载体等由于本身分子量所限，一般选择 *lacZ* 基因的不完整片段作为选择标记使用。用限制性酶 *Hae* Ⅱ酶切 lac 操纵子，得到的片段长度为 450bp，包括 lac 启动区、lac 操作区和 *lacZ* 基因开始部分为 59 个密码子区段称为 α 序列，α 序列编码的肽段共含有 β-半乳糖苷酶 N 端的 59 个氨基酸。把该不完整的 β-半乳糖苷酶基

因记为 *lacZ*′。由它编码的产物不具有完整 β-半乳糖苷酶活性，所以不能使 X-gal 显色，菌落是白色的。另有一些变异的大肠杆菌菌株如 JM101、JM103、JM105、JM109、NM522 等，宿主染色体或 F 因子上含有 N 端突变的 *lacZ* 基因，被称为 *lacZ*Δ*M*15，它产生的 β-半乳糖苷酶也是不完整的，缺失了 N 端第 11～41 个氨基酸，被称为 ω 或 β 片段。它也不能使 X-gal 显色，菌落也是白色的。但是如果把带有 *lacZ*′选择标记基因的空载体导入含有 *lacZ*Δ*M*15 基因的宿主细菌，α 片段与 ω 片段就会发生基因内的互补（intra-allelic complementation），形成有功能活性的 β-半乳糖苷酶，使受体细胞具有 $lacZ^{+}$ 表型，在 X-gal 平板上菌落会显示蓝色（图 6.2）。而如果把带有 *lacZ*′选择标记的重组载体导入含有 *lacZ*Δ*M*15 基因的宿主细菌，由于 α 片段被外源目的基因破坏，失去基因内的互补作用，菌落是白色的。所谓基因内互补作用，是指 2 个彼此互补的突变基因各自编码产生不完整的多肽产物，各自都没有活性，但两者能够结合形成一种有功能活性的蛋白质分子，而使个体呈现正常的野生型表型的生命现象。两个缺陷 *lacZ* 基因的这种互补作用，也被称为 α-互补。*lacZ*′编码区上游插入一小段 DNA 片段作为多克隆位点 MCS(57bp)，不影响 β-半乳糖苷酶的功能内互补。

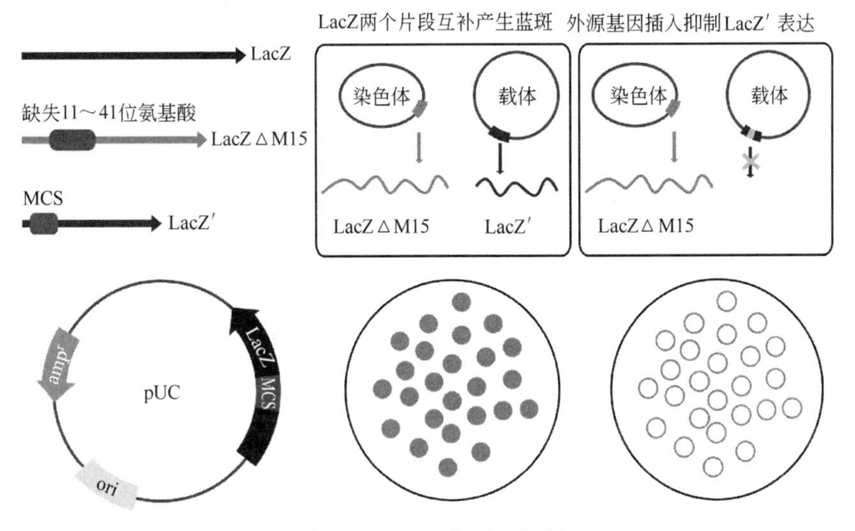

图 6.2　α 互补作用的原理

以 pUC 系列载体为例（图 6.3），归纳蓝白斑显色筛选的应用过程。以 X-gal 为显色剂进行筛选，同样要根据载体提供的抗性特征先在培养基中加入相应的抗生素，用以抑制大量的未转化受体细胞。还要做感受态细胞对照实验，结果应为筛选平板不出现任何菌落，证明器皿以及操作过程未污染，也说明受体细胞的纯度、试剂（抗生素）等的有效性。同时将空载体转化受体细胞做阳性对照实验，其结果应为全部蓝色菌落，用以证明制剂（诱导剂、显色剂、转化体系等）的有效性以及转化操作和载体功能的可靠性。重组子转化的结果一般有蓝有白，其蓝白菌落的比例依转化率不同相差很大。

被转化的基因产物作用于 X-gal 需要较长的时间，因此观察和确定转化子菌落的培养时间可适当延长。但是必须严格挑取单菌落作为转化子供进一步实验。

6.1.2　利用外源目的基因本身的序列提供的表型特征筛选

利用外源基因序列表型特征选择法依据的基本原理是：转化进入细胞的外源 DNA 编码基因能够对大肠杆菌宿主菌株所具有的突变发生体内抑制或互补效应，从而使接受转化的宿

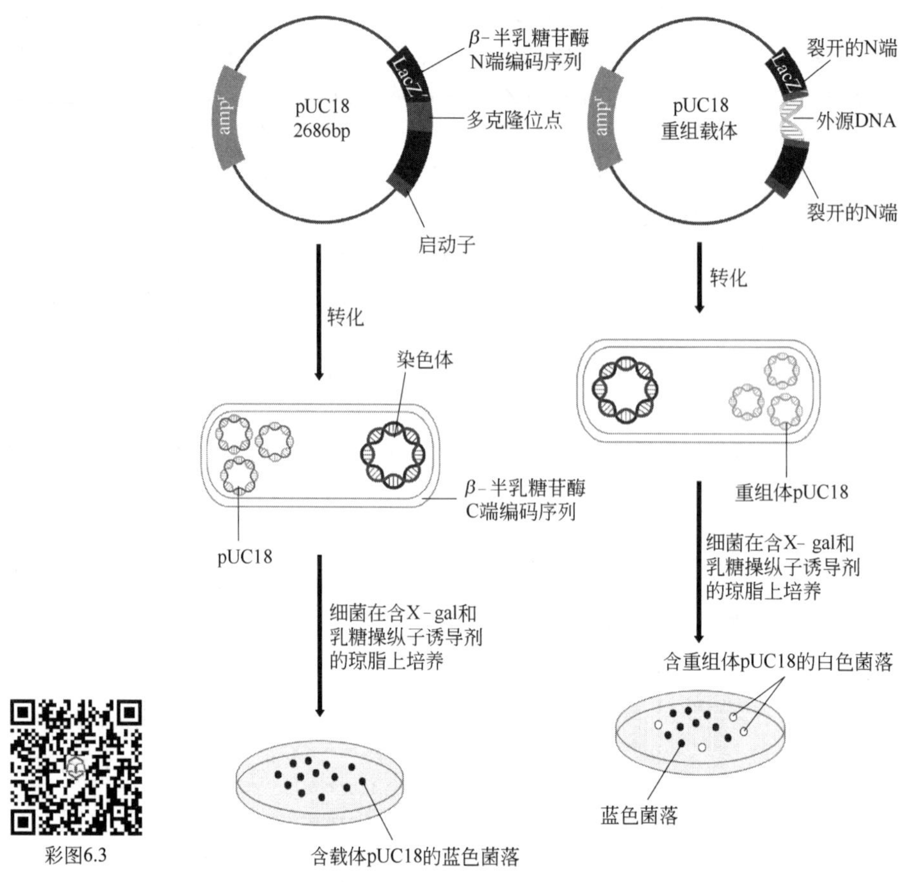

图 6.3 pUC18 质粒蓝白斑筛选实例。空的 pUC18 质粒转化子在 X-gal 平板上表现为蓝色菌落，插入外源基因的重组 pUC18 质粒转化子在 X-gal 平板上表现为白色菌落（见彩图）

主细胞表现出外源基因编码的表型特征。例如，含有编码大肠杆菌生物合成相关基因的外源 DNA 片段，对于大肠杆菌携带不可逆的营养缺陷突变的宿主菌具有互补的功能，便可以分离到这种基因的重组子克隆。目前已拥有相当数量的对其突变做了详尽研究的大肠杆菌实用菌株，而且其中有些类型的突变，只要克隆的外源基因获得低水平的表达产物，便会被抑制或发生互补作用。

lacY 是大肠杆菌乳糖操纵子中编码透性酶的结构基因，其大小约为 1.3kb。野生型大肠杆菌基因组约为 4000kb，用限制酶 *Eco*RⅠ切割会得到大约 1000 个大小不同的片段，其中某一片段上可能携带野生型 *lacY* 基因。用 pBR322 作载体，将外源 DNA 片段插入 *Eco*RⅠ切点上，再把所有重组子 DNA 通过转化导入另一个宿主细胞。该宿主细胞具有两个遗传标记：一是对氨苄青霉素敏感（Amp^{s}）；二是不能合成 β-半乳糖苷透性酶（$lacY^{-}$），即不能利用乳糖。当涂布在含有氨苄青霉素和乳糖培养基上进行选择时，只有 Amp^{r} 和 $lacY^{+}$ 细胞才能生长。就是说，只有接受了携带野生型 *lacY* 基因的 pBR322 的宿主细胞才能生长。这是因为 pBR322 的 Amp^{r} 基因赋予宿主细胞以氨苄青霉素抗性，而携带的 *lacY* 基因则弥补了宿主细胞的遗传缺陷。

当然，用上面方法筛选得到的还不是 *lacY* 基因本身，而是内含该基因的 DNA 片段。因此，需要对它做进一步修剪（亚克隆），最后得到纯的 *lacY* 基因片段。

6.2 酶切电泳检测

根据载体上的标记基因很容易筛选已经转入载体分子的受体细胞和没有接受载体分子的受体细胞，所以标记基因筛选是鉴定阳性转化子的第一步。但是仅仅根据标记基因筛选，有时候并不能区分空载体和重组载体，因此还需要更精确的鉴定重组子和阳性转化子的方法。酶切电泳检测可以根据载体的分子大小和结构变化来区分空载体和重组载体，是目前很常用的检测重组载体的方法。

DNA 的重组过程必然伴随着分子结构的变化。依据结构变化的特征分析筛选重组子也是一条重要途径。通过电泳观察、限制酶谱分析、PCR 扩增检测等技术，均可以通过结构变化特征确定重组子克隆。但由于这些技术基本上是对转化子个体操作，更适合小批量转化子或在初筛基础上进一步对重组子的检测与鉴定。

6.2.1 凝胶电泳检测筛选

带有插入片段的重组子在分子量上会有所增加，因而提取质粒 DNA 并测定其分子长度是一种直截了当的方法。通常用凝胶电泳进行检测。

电泳法筛选比抗药性插入失活平板筛选更进了一步。有些假阳性转化菌落（如自我连接载体、缺失连接载体、未消化载体、两个互相连接的载体以及两个外源片段插入的载体等）用抗性平板法筛选不易鉴别，但可以被电泳法淘汰。因为由这些转化菌落提取出来的质粒 DNA 分子的大小各不相同，与真正的阳性重组子 DNA 比较，前三种的 DNA 分子较小，在电泳时的泳动速度较快，其 DNA 带的位置高于阳性重组 DNA 带（跑在前面）；相反，后两种 DNA 分子较大，泳动速度较慢，其 DNA 带的位置低于真阳性重组 DNA 带（跑在后面）。所以，电泳法能筛选出有插入片段的阳性重组子（图 6.4）。如果插入片段是大小相近的非目的基因片段，电泳法仍不能鉴别这样的假阳性重组子，只有用核酸分子杂交即以目的基因片段制备放射性探针和电泳筛选出的重组子 DNA 杂交，才能最终确定真正期望的重组子。

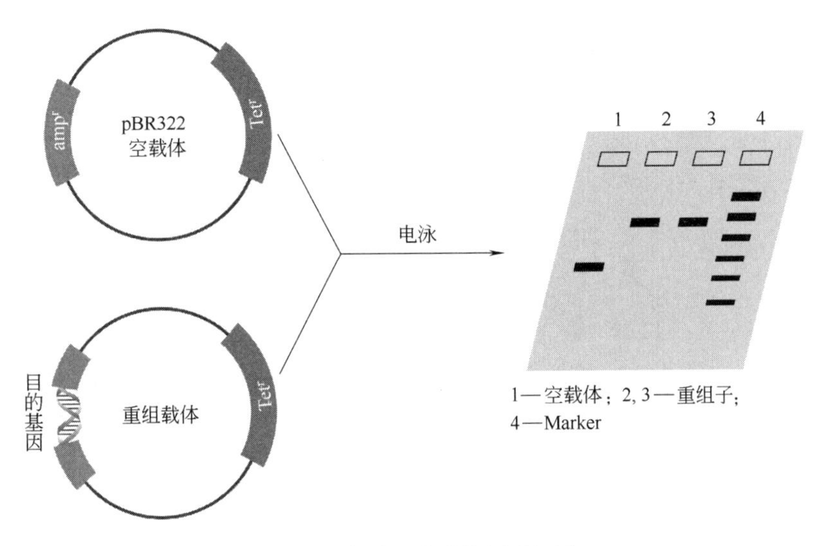

图 6.4 凝胶电泳法检测重组子

电泳筛选法首先需要制备转化子单菌落的溶菌物，通常是一次制备12个不同单菌落的溶菌样品，同时进行电泳分析测定。一个直径1～2mm的单菌落含有大量的质粒DNA，挑取单菌落裂解细胞，抽提质粒DNA，足以在1%琼脂糖（含EB）凝胶电泳中形成一条清晰的电泳谱带。对于数量较多的转化子群，可以在培养皿平板背面标记“十”字或“井”字，将转化子分为几个组群，每组内的所有转化子菌落放在一起作为一个样品处理，经电泳分析检测到含有重组子的组后，再将这个组的每个转化子菌落进行第二次电泳检测，最终确定阳性克隆（重组子）单菌落。

6.2.2 限制性核酸内切酶酶切分析筛选

限制酶谱分析是目前分子克隆中最常用的检测重组子的方法，适用于转化子中期望重组子比率高的菌落群，或进一步分析鉴定重组子，并能判断外源DNA片段的插入方向及分子量大小等。其基本做法是从转化菌落中随机挑选出少数单菌落，分别快速提取质粒DNA，然后用一种或多种限制性核酸内切酶酶解，并通过凝胶电泳分析酶切图谱条带用以确定是否有外源DNA片段插入及其插入方向等。根据限制酶的种类、数量及所在位点又可以将酶切电泳分为单酶切电泳检测、双酶切电泳检测和目的基因内部酶切位点电泳检测等三种情况。

（1）单酶切电泳检测

单酶切电泳检测是指目的基因和载体用同一种限制酶酶切之后连接形成的重组载体，转化受体细胞后进行重组子的酶切电泳检测时，还是用同一种限制酶酶切来分析鉴定。如图6.5所示，目的基因和载体都用*Pst* Ⅰ酶切之后连接形成了重组载体，转化受体细胞后，依然可以用*Pst* Ⅰ酶切电泳来区分空载体和重组子。*Pst* Ⅰ酶切后，空载体会跑出一条带，如泳道1所示。重组载体将会跑出两条带，一条是空载体大小的带，另一条是目的基因大小的带，如泳道2和泳道3所示。所以根据带的数目、大小和带型能够区分空载体和重组载体。

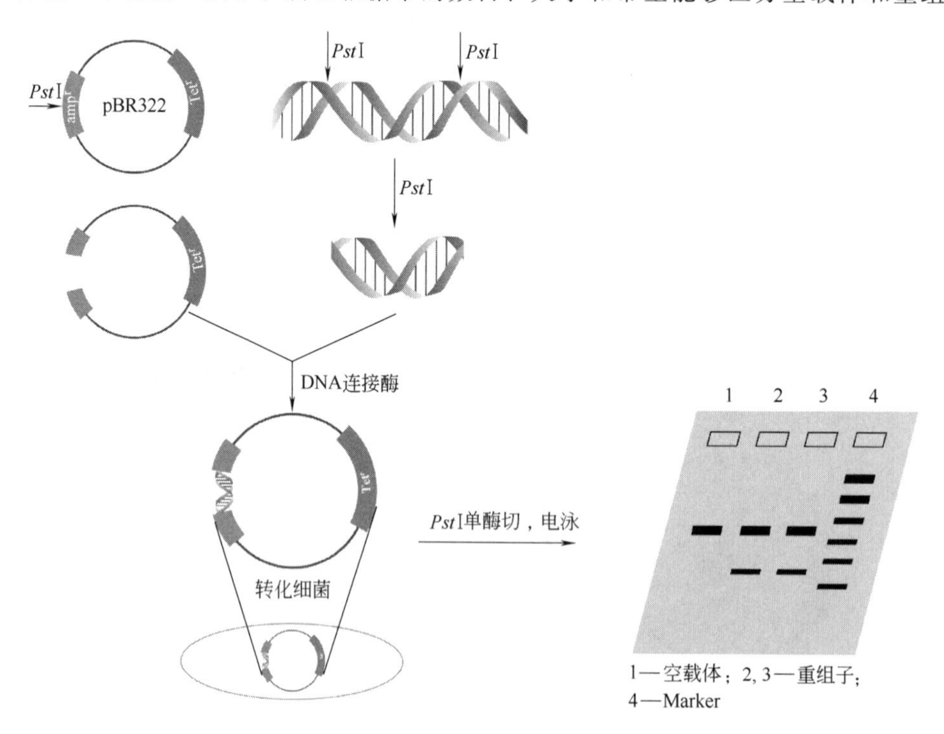

图6.5 单酶切电泳检测重组子

不过，虽然单酶切可以区分空载体和重组载体，但是由于目的基因单酶切的两个末端一样，会形成正连和反连两种重组子，单酶切检测是无法区分正连和反连的重组子的。

(2) 双酶切电泳检测

双酶切则可以克服单酶切无法解决的正连和反连的问题，因此，双酶切电泳检测也是根据目的基因和载体分别用双酶切形成的重组子来进行检测的。如图6.6所示，目的基因是ZNF325的开放阅读框，其两端分别用*Sac* Ⅰ和*Pst* Ⅰ酶切，产生了两个不同的末端。载体是pEGFP-N1，它的多克隆位点处也含有*Sac* Ⅰ和*Pst* Ⅰ两种酶切位点，用这两种酶酶切，目的基因只会按正确的正连方向插入载体。构建重组载体后，进行重组子检测时，可以选择*Sac* Ⅰ或*Pst* Ⅰ单酶切，那么空载体还是只有一条带，4700bp，为泳道1，而重组载体也是一条带，不过带要大一些，6100bp，为泳道2。一般会选择用*Sac* Ⅰ和*Pst* Ⅰ双酶切，则重组载体会产生两条带，载体DNA的带和目的基因的带，为泳道3。

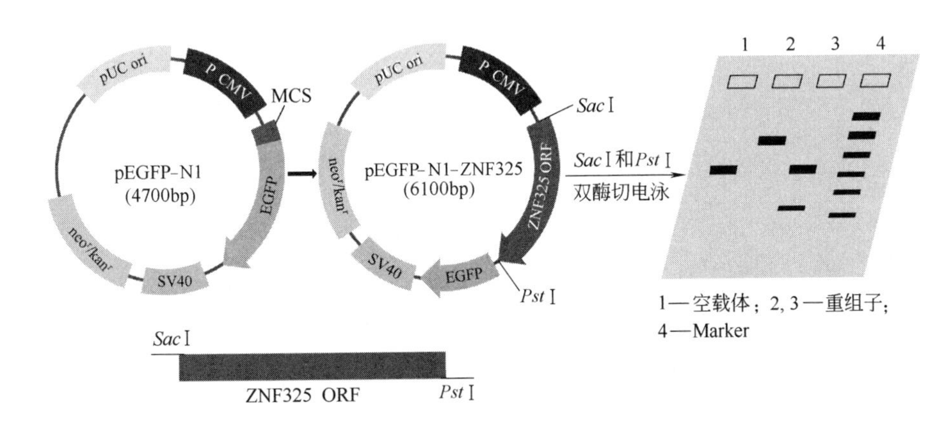

图6.6　双酶切电泳检测重组子

(3) 选取目的基因内部酶切位点电泳检测

不论是单酶切检测，还是双酶切检测，依据的原则依然是载体和目的基因分子量的大小。如果某一个DNA片段的大小碰巧和目的基因一样，两端加上的酶切位点也一样，那么将会产生假阳性重组子，而这两种酶切检测方式都不能将这种假阳性区分出来。如果选择目的基因内部的酶切位点来进行酶切电泳检测，将可以有效区分真正的重组子和外源片段大小相似的假阳性重组子，因为就算一个DNA片段大小可能跟目的基因相近，两端外加的酶切位点也可能跟目的基因一样（例如PCR非特异性扩增就有可能产生此种情形），但是这个DNA片段内部居然能在目的基因同样的位置拥有相同的一种限制酶的识别位点，可能性是非常低的。

如图6.7所示，目的基因和载体都是用*Pst* Ⅰ酶切，连接形成重组载体后，在进行酶切检测时，选用了目的基因内部一个新的酶切位点，*Sac* Ⅰ，它距目的基因两个*Pst* Ⅰ末端分别为500bp和700bp。但是载体上必须没有*Sac* Ⅰ的酶切位点。酶切检测时，可以选用*Sac* Ⅰ单酶切，那么将会把重组载体切开成一条带，5563bp，如泳道2所示。而用*Sac* Ⅰ酶切空载体，将会切不开，空载体只能跑出一条带。当然最好用*Sac* Ⅰ和*Pst* Ⅰ同时双酶切，那么空载体被*Pst* Ⅰ切开，还是一条带，如泳道1。重组载体将会产生3条带，500bp和700bp目的基因的带，以及4363bp空载体的带。因此，利用目的基因内部酶切位点电泳检测不仅考虑了目的基因和载体的分子量大小，也同时考虑了目的基因序列的特异性，所以是酶切电泳检测中最准确和最可靠的一种方法，也是一般推荐使用的方法。

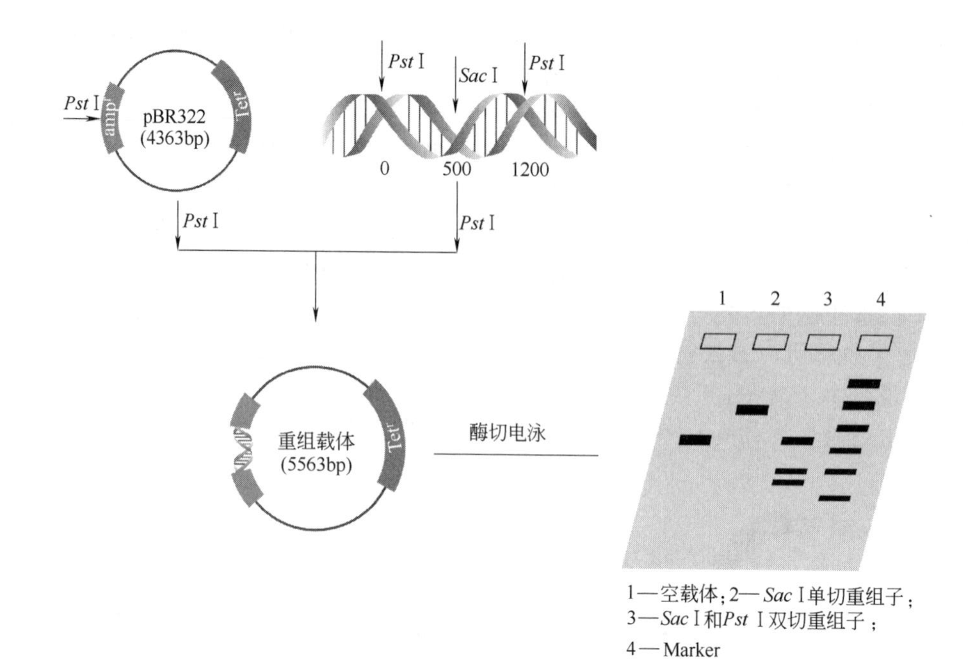

图 6.7 利用目的基因内部酶切位点检测重组子

在实际应用中，由于限制酶消化不完全、酶的星号活性或甲基化作用以及酶切位点相距太近等多种因素，限制酶片段电泳谱带分析鉴定是比较复杂的，须做严格对照处理，排除假象以获取真实的结果。

6.3 核酸分子杂交

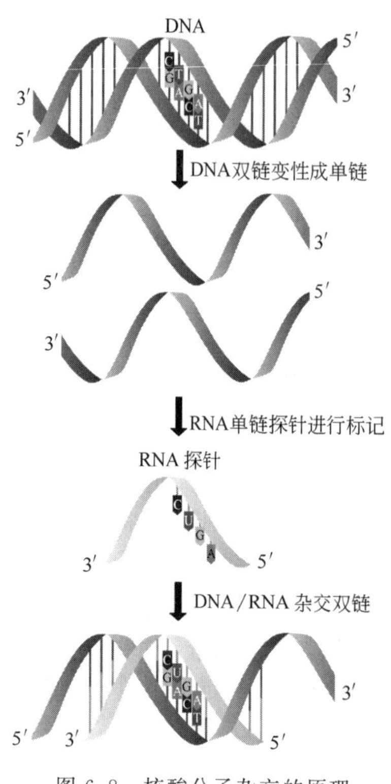

图 6.8 核酸分子杂交的原理

核酸分子杂交是当前应用极为广泛的筛选重组子的方法之一。其基本原理是：根据两条单链 DNA（或 DNA 与 RNA）中互补碱基序列能专一配对的原理，在一定条件下，单链 DNA 或 RNA 能与另一条具有同源序列的单链 DNA 互补配对，从而使两条单链杂交形成双链 DNA 或 DNA-RNA 杂交分子（图 6.8）。通常利用已标记的某一 DNA 或 RNA 片段作为探针，探测重组 DNA 分子中是否有 DNA 片段与探针发生同源性杂交，再利用放射自显影等方法鉴定。在重组子的筛选和鉴定中，其杂交的双方是待测的转化子目的基因序列和经过标记的目的基因特定序列片段（称为探针）。只要选择特定序列的 DNA 探针或 RNA 探针，就可以检测转化子中是否含有目的基因。

根据待测核酸的来源以及将其分子结合到固相支持物的方法不同，核酸分子杂交检测法可分为四类，即斑点印迹杂交、Southern 印迹杂交、Northern 印迹杂交，以及菌落原位杂交技术。菌落原位杂交在基因组文库的筛选中已经介绍，所以本节主要介绍 Southern 印迹杂交和 Northern 印迹杂交。此外，与这两个印迹杂交方法和流程很类似、但反应原理不同的蛋白质印迹分析（Western blot）也在此一并做介绍。

6.3.1 Southern 印迹杂交

Southern 印迹杂交（Southern blot）又称凝胶电泳压印杂交技术，是 Southern 于 1975 年建立的一种 DNA 转移方法。该法利用硝酸纤维素膜或经特殊处理的滤纸或尼龙膜具有吸附 DNA 的能力，先做 DNA 片段的凝胶电泳，并将凝胶电泳中的 DNA 区带吸附到膜上，然后直接在膜上进行同位素标记的核酸探针与被测样品之间的杂交，再通过放射自显影对杂交结果进行检测。Southern blot 不仅可以定位地确定 DNA 中的特异序列，而且还可根据 DNA 片段在凝胶中的泳动距离，确定特异 DNA 片段分子量的大小及其含量。

（1）核酸探针的制备

核酸杂交技术是对基因序列的检测，因其灵敏度高、特异性强而广泛应用于分子生物学研究、生物进化、临床诊断、法医鉴别等多个领域。进行基因检测有两个必要的条件：一是必须有特异的 DNA 探针；二是要有基因组 DNA，即待检测的核酸样品。可以看出，探针的获得是应用核酸杂交技术至关重要的前提。

探针（probe）是带有检测标记的且与目的基因或目的 DNA 片段同源互补的一段核苷酸序列。考虑杂交反应中的穿透性和敏感性，探针长度一般以 50～300bp 的片段最为适宜。

核酸分子探针的制备首先要具有所需特异性核酸片段或其核苷酸排列顺序，可通过多种途径获得。现成可用的完整基因或基因的一部分，可以是 DNA 也可以是 RNA。例如通过文献或 Genbank 查询所需基因的核苷酸序列，人工合成或 PCR 扩增获得用于探针的小片段。或者通过亲缘关系密切的生物基因资料，获得具有一定同源性的相关基因序列，合成用于探针的小片段。甚至还可以根据目的蛋白的已知氨基酸序列推导合成一小段寡核苷酸序列，其长度一般为 20～50bp。由于遗传密码子的简并性，要精确推测其唯一的目的序列极为困难。一般可选用简并度低的密码子以缩小可能的核苷酸范围，也可以采用中性核苷酸（如次黄嘌呤等）代替简并度高的密码子以增加杂交体的稳定性，但通常使用一组寡核苷酸的混合物作为探针，用于基因组文库或 cDNA 文库的筛选。cDNA 是基因表达 mRNA 逆转录的产物，选择特定的组织细胞获取 cDNA，以及通过 mRNA 差别显示法等从目的细胞中筛选获得某些特异性的 cDNA 片段等，均可以作为探针使用。RNA 探针的制备，则可以将目的 cDNA 片段插入某些能够体外转录的载体中（如 pGEM 系列），在 RNA 聚合酶的作用下产生 cDNA 编码的 RNA，经标记后用作探针。

（2）核酸探针的标记

将获取的特异序列核酸片段与放射性或非放射性标记物连接以提供识别信号，构成分子杂交筛选用的探针。理想的探针标记物应具备以下几个条件：①标记物不会影响探针的主要功能，如杂交特异性、稳定性及酶反应特征等；②检测灵敏度高、特异性强、本底低、重复性好；③操作简便、省时、经济实用；④化学稳定性高、易于长期保存；⑤安全、无环境污染。

① 放射性标记探针。放射性标记探针是通过切口平移标记、末端标记、随机引物标记、PCR 扩增等方法，将内含放射性核素的单核苷酸（如 α-^{32}P-dCTP、α-^{35}S-dCTP、γ-^{32}P-dATP）引入特异性核酸片段构成探针。常见的放射性同位素有 ^{32}P、^{3}H、^{35}S、^{14}C、^{125}I 等，其中以 ^{32}P、^{3}H、^{35}S 最为常用。

^{32}P 标记的核苷酸具有高放射性，放射自显影检测灵敏度高，但其分辨率低，半衰期短

(14.3d)，探针不能长期保存。与^{32}P标记物相比，^{35}S的放射性较弱，检测灵敏度低于^{32}P，但其分辨率高，放射自显影的本底低，适于细胞原位杂交等。此外，^{35}S的半衰期较长(87.1d)，辐射危害较小，使用较为方便安全。^{3}H主要用于制备高分辨率的原位杂交探针，其释放的放射能很低，放射自显影的本底也不高，但却需较长的曝光时间。同时，^{3}H的半衰期长（12.3年），标记探针可较长时间保存。

放射性同位素标记探针的使用主要通过盖革计数器、液体闪烁计数器以及放射自显影技术探测显示实验结果。后期的检测多为物理反应，具有灵敏度高、受干扰少的优点。但其放射性辐射对人体有一定的损害，操作需要较严格的防护以及特殊的环境条件要求。这些在一定程度上也限制了放射性标记探针的广泛使用。

② 非放射性标记探针。非放射性标记探针是通过酶促标记法、化学标记法和光敏标记法等技术，将预先连接好非放射性标记物的核苷酸或非放射标记物直接掺入特异性核酸片段中构成探针。目前广泛应用的非放射性标记物有生物素（biotin）、地高辛（digoxigenin）和荧光素（fluorescein）以及它们预先标记的核苷酸等（图6.9）。

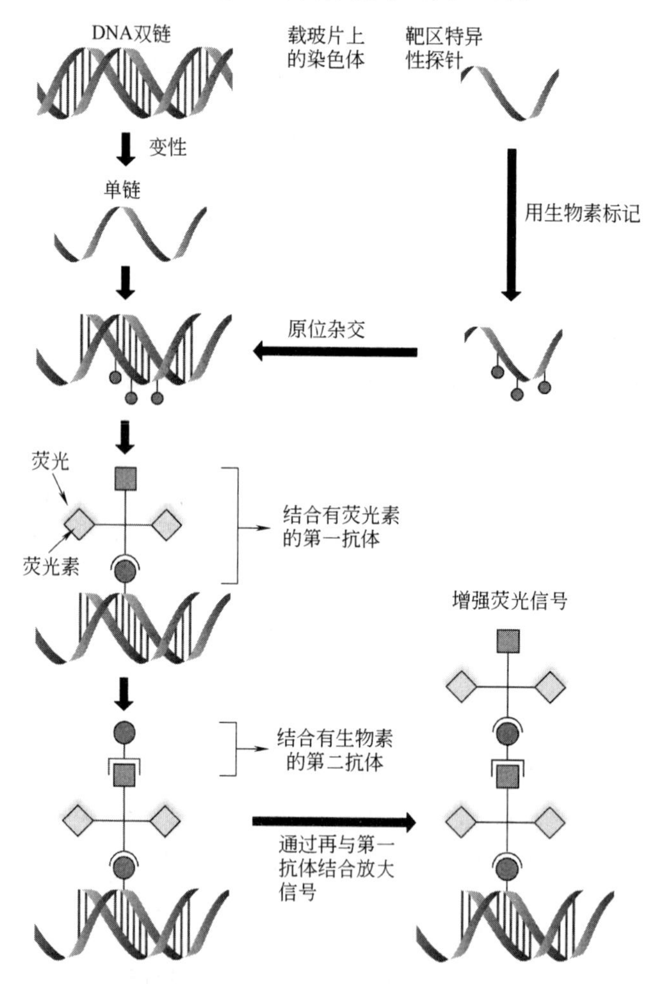

图6.9　荧光素间接标记探针的原理。目的基因经过变性处理后，与生物素标记的单链探针杂交。带有荧光素标记的生物素抗体与生物素结合，在杂交位点处可以检测到荧光。为了放大荧光信号，还可以与生物素标记的二抗继续结合，生物素抗体再一次与生物素结合，杂交位点荧光信号可得到加强

生物素（biotin）是一种水溶性维生素，其分子中的戊酸羟基经化学修饰活化后可携带多种活性基团，能与核苷酸或核酸等多种物质发生偶联，从而使这些物质带上生物素标记。生物素与 dUTP 分子中嘧啶碱基的第 5 位碳原子通过一个碳链连接臂共价结合，形成 biotin-11-dUTP 及 biotin-16-dUTP，这是最为常用的生物素标记物。生物素标记的探针可通过生物素-抗生物素蛋白的亲和系统检出。抗生物素蛋白（avidin）又称亲和素、卵白素等，是一种从卵清中提取的碱性四聚体糖蛋白，与生物素分子有极高的亲和力，具有专一、迅速及稳定的特点。同时，抗生物素蛋白还可与酶、荧光素等检测标记物结合，利用这些检测标记物即可确定生物素标记探针或与靶 DNA 形成的杂交复合体的位置信息等。

地高辛（DIG）是一种类固醇类的半抗原，又称为异羟基洋地黄苷配基，自然界中仅在洋地黄植物中发现，其他生物中不含有抗地高辛的抗体，从而避免了采用其他半抗原作标记可能带来的背景问题。地高辛配基通过一个由 11 个碳原子组成的连接臂与尿嘧啶核苷酸嘧啶环上的第 5 个碳原子相连，形成地高辛标记的尿嘧啶核苷酸。地高辛与抗地高辛抗体能发生免疫结合，利用抗地高辛抗体上连接显色酶就可进行探针的检测（图 6.10）。

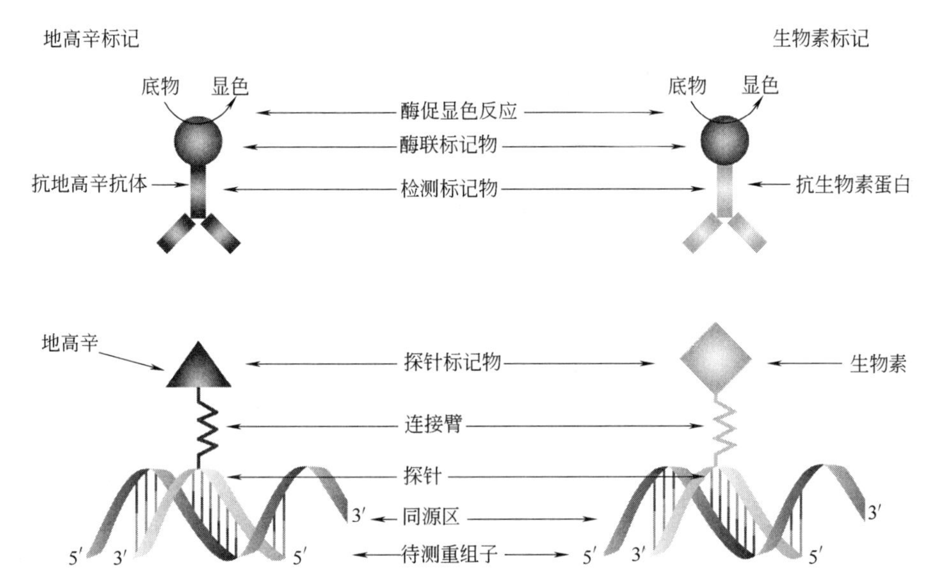

图 6.10 生物素与地高辛标记的核酸分子探针。地高辛（左）或生物素（右）标记的探针与靶 DNA 杂交后，地高辛抗体或抗生物素蛋白分别与它们结合，地高辛抗体及抗生物素蛋白上结合有显色酶或荧光素，酶促底物显色，即可在杂交位点检测到显色反应或荧光

荧光素是一类能在激发光作用下发射出荧光的物质，包括异硫氰酸荧光素、羟基香豆素、罗达明等。荧光素与核苷酸结合后即可作为探针标记物，主要用于原位杂交检测。荧光素标记探针可通过荧光显微镜观察检出，或通过免疫组织化学法来检测。

应用非放射性探针做分子杂交与放射性探针相比，具有安全性相对较高、标记底物可长期稳定保存、使用方便、检测时间大大缩短并且检测信号可以不断级联放大等优点，灵敏度和特异性也几乎可与放射性标记探针相媲美，因而是一种应用很广泛的方法。

（3）核酸探针的标记方法

探针的标记是指将带有同位素标记或荧光素及生物素和地高辛标记的底物加在特定探针序列上，以便能够跟踪检测。探针的标记方法很多，例如末端转移酶法、碱性磷酸酯酶与多核苷酸激酶相结合的方法、反转录法、PCR 法等，凡是能够合成或延伸 DNA 分子链的反应都可以使探针带有标记。本节主要介绍常用的切口平移法、随机引物法及 PCR 法。

① 切口平移标记。切口平移法是目前常用的探针标记方法。首先控制 DNase Ⅰ 的浓度，使之作用于双链 DNA 分子的一条链的某些位点上打开切口，形成 3′-OH 末端和 5′-P 末端。DNA 聚合酶Ⅰ结合到这个双链 DNA 的切口处，先发挥它的 5′→3′核酸外切酶活性将 DNA 有切口的这条链的核苷酸一个一个的切除，同时暴露出另一条单链 DNA。这条 DNA 链可以作为合成 DNA 的模板，DNA 聚合酶Ⅰ以切开的 3′-OH 末端为引物，以互补链为模板，再发挥它的 5′→3′DNA 聚合酶活性把一个个带有标记物的 dNTP 加在那个引物链的 3′-OH 末端，其结果使一条 DNA 的切口从左到右沿着 DNA 平移，这就叫切口平移（nick translation），并得到在切口处平移标记的探针分子（图 6.11 星号标记）。

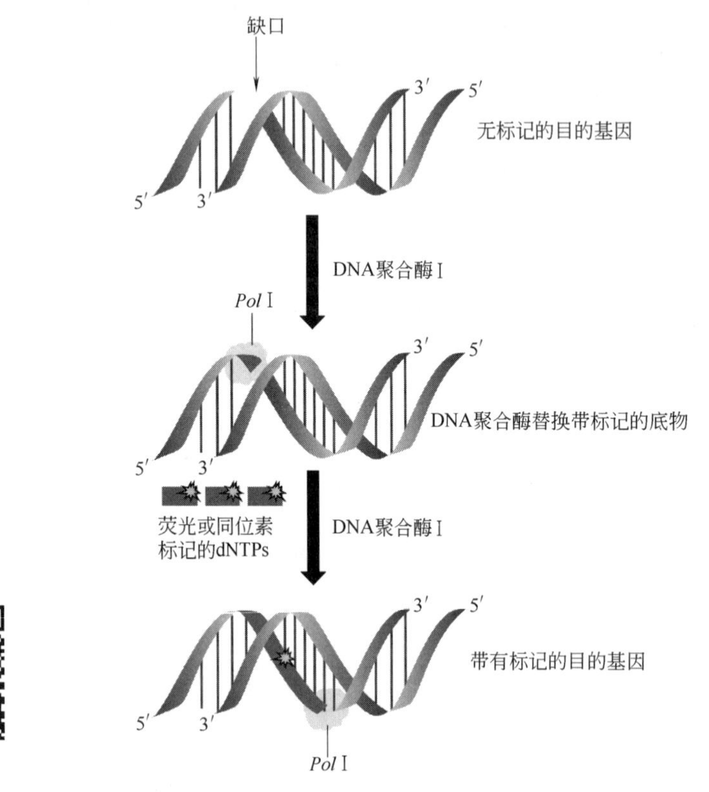

彩图6.11

图 6.11 切口平移法制备目的基因探针。DNase Ⅰ 先在双链 DNA 上产生切口或缺口，DNA 聚合酶Ⅰ发挥 5′→3′核酸外切酶活性将切口处的核苷酸一个一个切除，再发挥 5′→3′ DNA 聚合酶活性把一个个带有标记物的 dNTP 加上去，延伸的新链片段就带有标记了

② 随机引物标记。能与任何 DNA 模板的多个位点配对互补的多个不均一序列寡聚核苷酸 DNA 片段叫随机引物。DNA 聚合酶 Klenow 大片段能在随机引物的引导下以带有标记物的 dNTP 为原料合成新的与模板 DNA 互补的探针（图 6.12）。随机引物标记法比切口平移标记法有一些优点，随机引物标记仅仅需要一种酶，所以更为简单，而且条件易于控制，同时，探针的长度较为均一，杂交的重复性好。

③ PCR 扩增标记。在 PCR 扩增时加入标记的 dNTP，不仅能对探针 DNA 进行标记，还可对探针进行大量扩增，尤其适合于探针 DNA 浓度很低的情形进行标记。逆转录 PCR 也可以合成起始于 mRNA 的探针（图 6.13）。

（4）Southern blot 的流程

在进行 Southern blot 时，先以限制性内切酶消化待检的 DNA 片段，然后进行琼脂糖凝胶电泳。电泳完毕后，将凝胶放入碱性溶液中，使 DNA 双链变性，解离为两条单链。再在

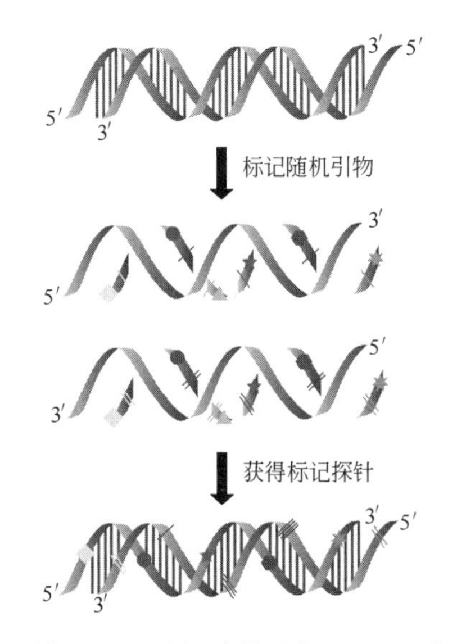

图 6.12 随机引物法标记 DNA 探针。DNA 双链先变性，然后与带有标记的随机引物结合，通过 Klenow 大片段延伸，新产生的链就带有标记了。图中用星号、小圆形、小方形或斜线表示标记的引物和新链 DNA

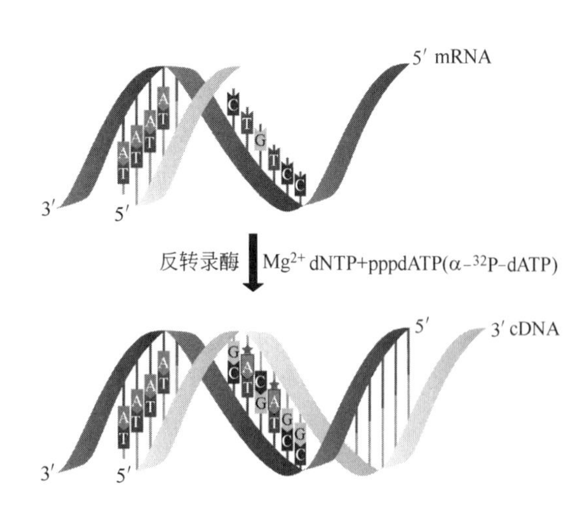

图 6.13 逆转录 PCR 标记 cDNA 探针。反转录酶进行逆转录反应时，如果底物带有同位素标记，新合成的 cDNA 链就带有标记了

凝胶上贴盖硝酸纤维素膜，使凝胶上的单链 DNA 区带按原来的位置吸印到膜上。再将此膜置于含有同位素标记的核酸探针的杂交液中进行分子杂交反应。按照碱基配对原理，如果被检 DNA 片段与核酸探针具有互补序列，就能在被检 DNA 的区带部位结合探针变成双链的杂交分子，再通过放射自显影显示出来（图 6.14）。

彩图6.14

① 电泳。首先将受体细胞的基因组 DNA 提取出来，用限制性核酸内切酶酶切，酶切片

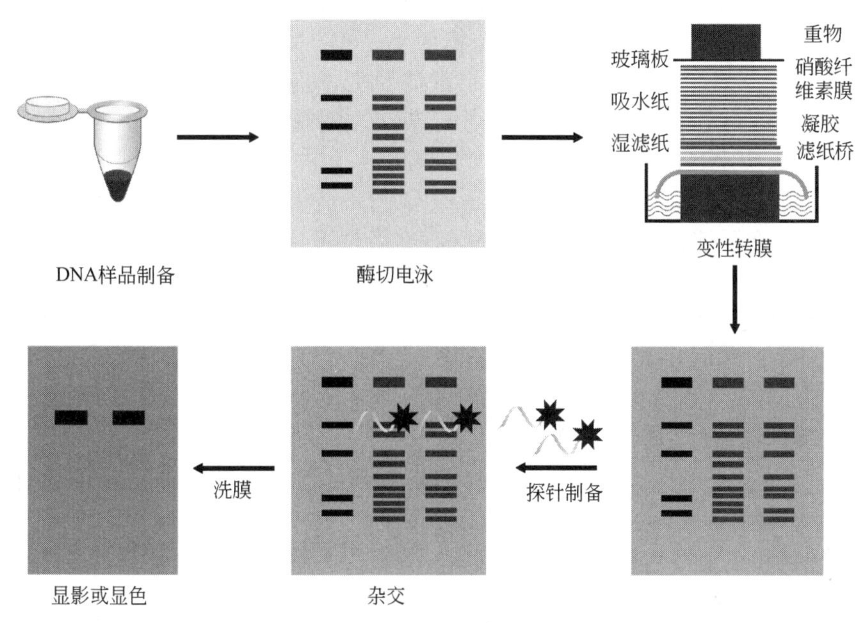

图 6.14 Southern 印迹的流程

段进行琼脂糖凝胶电泳。电泳足够长的时间，保证基因组所有 DNA 片段能够分开，但是最短的片段没有跑出胶外。

② 转膜。当目标 DNA 经过限制性酶切并通过琼脂糖凝胶电泳以后，在 0.4mol/L NaOH 碱性条件下变性，再在 1.5mol/L NaCl-1mol/L Tris（pH7.4）条件下中和使 DNA 仍保持单链状态。然后通过毛细管渗吸或电转移或真空转移的方式，将凝胶上的 DNA 转移到硝酸纤维素滤膜或尼龙膜上。最后通过 80℃ 处理或紫外线照射将 DNA 固定在滤膜上。转膜时要保证凝胶的下面一层朝上，与膜接触，保证 DNA 有效转移到膜上。

③ 预杂交。将结合了 DNA 分子的滤膜先与特定的预杂交液进行预杂交，主要是为了将转移到滤膜上的非特异性基因组 DNA 用不同的其他非特异性 DNA 库（如鱼精 DNA 或小牛胸腺 DNA 等）封闭起来，防止在杂交过程中由于非特异性杂交带来的很高的背景。由于大量随机序列的存在，鱼精 DNA 等非特异性 DNA 库与膜上基因组 DNA 能进行非特异性杂交结合，当然也会包括目的基因本身。但是当目的基因的特异探针来杂交后，同源性不高的非特异性杂交将会被特异性探针竞争替换下来，从而保证了预杂交中的 DNA 库既能封闭膜上非目的 DNA 与特异探针的非特异性杂交，又不影响特异探针与目的 DNA 的特异杂交的目的。

④ 杂交。在一定的溶液条件和温度下，将放射性或非放射性标记的目的基因特异核酸探针与滤膜混合，如果滤膜上的 DNA 分子存在与探针同源的序列，那么探针将与该分子形成杂合双链，从而吸附在滤膜上。

⑤ 洗膜。经过一定的洗涤程序将游离的探针分子除去，以免游离探针的存在带来高背景。洗膜需要借助经验，若洗不彻底，将会导致杂交背景高；若洗得太彻底，杂交双链中的探针也可能被洗去，导致信号很弱。

⑥ 检测。根据探针标记的种类，选择合适的方法进行杂交信号的检测。Southern 杂交条带清晰，特异性非常好，目的基因检测结果的可靠性高。

6.3.2 Northern 印迹杂交

Northern 印迹杂交试验（Northern blot）又称为 RNA 印迹法，是对应于 Southern blot 而命名的。它的特点是电泳结果为 RNA 图谱而不是 DNA 图谱，即是将 RNA 样品通过琼脂糖凝胶电泳进行分离，再转移到硝酸纤维素滤膜上，用同位素或生物素标记的 DNA 或 RNA 特异探针针对固定于膜上的 mRNA 进行杂交，洗脱除去非特异性杂交信号，对杂交信号进行分析，以确定目的基因的表达组织和表达量。

Northern 印迹杂交的操作流程与 Southern 印迹完全相同，先提取生物组织或细胞的总 RNA 或 mRNA，在强变性剂如甲基汞或甲醛存在条件下（防止 RNA 形成二级结构环），进行琼脂糖凝胶电泳。电泳后，将胶上分离开的 RNA 吸印到化学处理过的硝酸纤维膜上，用标记的探针进行杂交，然后检测，这样可以在分子大小上将 mRNA 与相应克隆的 cDNA 进行比较（图 6.15）。Northern 印迹转移的结果一方面可以用于确定克隆的 cDNA 是否达到 mRNA 的全长，另一方面可以确定外源基因或内源基因在不同组织或不同发育时期的表达情况，是基因表达谱研究的常用方法。

Northern 印迹杂交的探针选择、探针标记及杂交过程与 Southern 印迹基本相同，但是由于杂交对象是 RNA，因此，为了防止无处不在的 RNA 酶对 RNA 的降解和损伤，在 RNA 电泳、转膜和杂交过程中要注意抑制 RNA 酶的活性，所有的试剂都必须含有 DEPC（焦碳酸二乙酯）或 RNA 酶抑制剂，并且为了保证 RNA 不会产生自身的二级结构，电泳缓冲液要加甲醛，保证 RNA 处于单链状态。

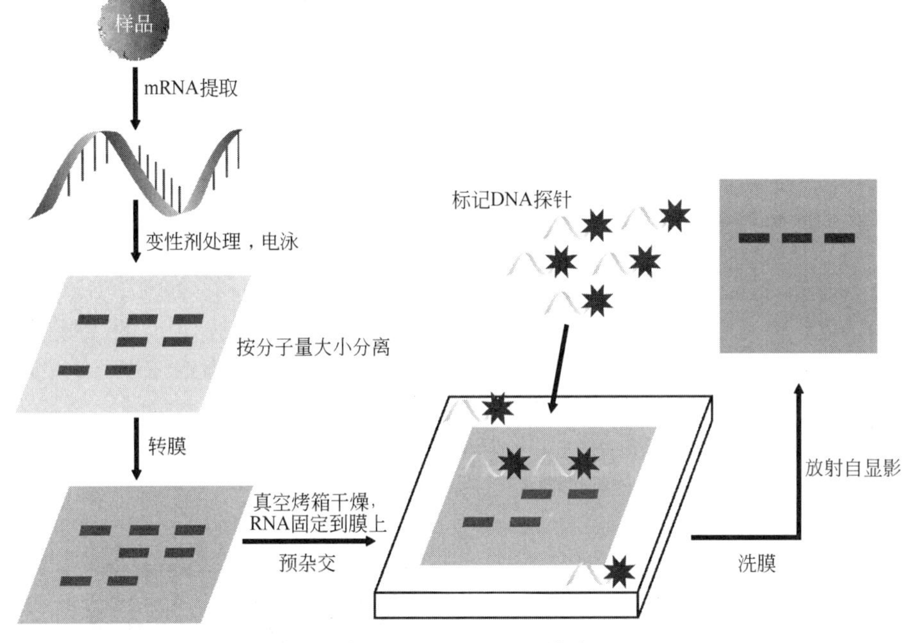

图 6.15　Northern blot 的流程

图 6.16 是笔者用 Northern 印迹对克隆的一个小鼠基因在小鼠胚胎各组织的表达情况进行检测的结果。可以看出该基因在小鼠胚胎的肝脏、骨骼肌、脑、心脏和小肠等组织中有特异的表达，而在肺和肾脏中无表达。实验时用广泛表达的持家基因 β-actin 作为内参，以便排除杂交技术本身带来的干扰和误差。与 Southern 印迹结果相比，Northern 印迹的条带比较弥散，亮度较低，这是因为 RNA 很容易被 RNA 酶降解的缘故。

彩图6.15

肺　肾脏　肝脏　骨骼肌　脑　心脏　小肠

2.4kb

β-actin

图 6.16　Northern 印迹检测结果（笔者提供）

由于早期用于 Northern 印迹的探针都是用同位素标记的，需要在同位素室严格的防护条件下完成整个操作，相对比较麻烦，且安全性不高。而且 Northern 印迹检测的结果只能定性分析，不能精确定量。在 RT-PCR 技术发展之后，基因 mRNA 表达的分析逐渐被相对安全的组织原位杂交、RT-PCR 和荧光定量 PCR 替代。但是当 miRNA 研究日益增多以后，需要对 miRNA 的表达谱进行分析，而成熟的 miRNA 太短（22nt 左右），不方便设计引物进行 PCR 扩增，于是研究者们又发展了 Northern 印迹技术来检测 miRNA 的表达谱。例如，将传统的 Northern 印迹与杂交链反应（hybridization chain reaction，HCR）结合，不仅可以定量检测 miRNA 的表达量，还可以通过荧光标记使杂交信号级联放大，提高信号的灵敏度，并且利用不同荧光标记可以同时杂交多个靶标 miRNA。

杂交链反应 HCR 结合的 Northern 印迹原理如下：先设计两条 50nt 左右长度的 DNA 链，分别命名为 H1 和 H2，由于这两条 DNA 链存在链内配对的区段［a 与 a*，b 与 b*，c 与 c*，图 6.17（a）］，因此，两者都会形成链内配对的发卡结构（hairpin）。另合成一段 25nt 左右长度的起始序列 DNA，命名为 I（initiator sequence），它也含有与 H1 互补的区段（a*、b*），因此也会跟 H1 互补杂交。将 I 与 H1 杂交，H1 发卡打开，暴露出 c* 和 b* 的单链区段，于是 H2 的 c 和 b 序列就可以与 H1 的 c* 和 b* 的区段互补杂交。H2 发夹打开，H2 的 a* 和 b* 段又变成单链，H1 的 a 与 b 段再与之杂交。于是 H1 和 H2 就可以不断杂交下去，形成杂交链级联反应，被称为杂交链反应 HCR。如果 H1 和 H2 都带有荧光基团标记，那么荧光信号就会在杂交链反应中级联放大，很适合检测含量少、分子量又小的 miRNA。如图 6.17（b）所示，三个不同分子大小的 miRNA（图中为靶标 X、靶标 Y 和靶标 Z）经电泳分离后，分别与各自的探针杂交。三个探针两端各自带有不同的起始序列 I，对应三对 HCR 的发卡 DNA，且三对发卡 DNA 标记的荧光种类各不相同。当三个探针分别与三个靶标 miRNA 杂交后，三个起始序列会启动 3 对发卡 DNA 的 HCR，于是三种荧光不断级联放大，从而非常灵敏地检测到靶标 miRNA 的表达组织与表达量。图 6.17（c）是 HCR 结合的 Northern 印迹实例。分别在 293T 细胞和 HeLa 细胞中提取总 RNA 后，电泳分离 RNA 并转膜，然后分别用 U6（小分子 RNA 内参，黄色荧光标记）、RNU48（新型小分子 RNA 内参，玫红荧光标记）和 miR-18a（靶标 miRNA，蓝色荧光标记）的探针杂交，杂交之后做三种荧光标记 HCR，最后通过荧光检测可以清晰地区分 293T 细胞和 HeLa 细胞系中黄色的 U6 的杂交信号、红色的 RNU48 杂交信号以及蓝色的 miR-18a 杂交信号，且可区分 miR-18a 在两个细胞系中的表达量明显有差异。通过荧光标记的小分子 RNA 标准，可以区分三条带的大小。

彩图6.17

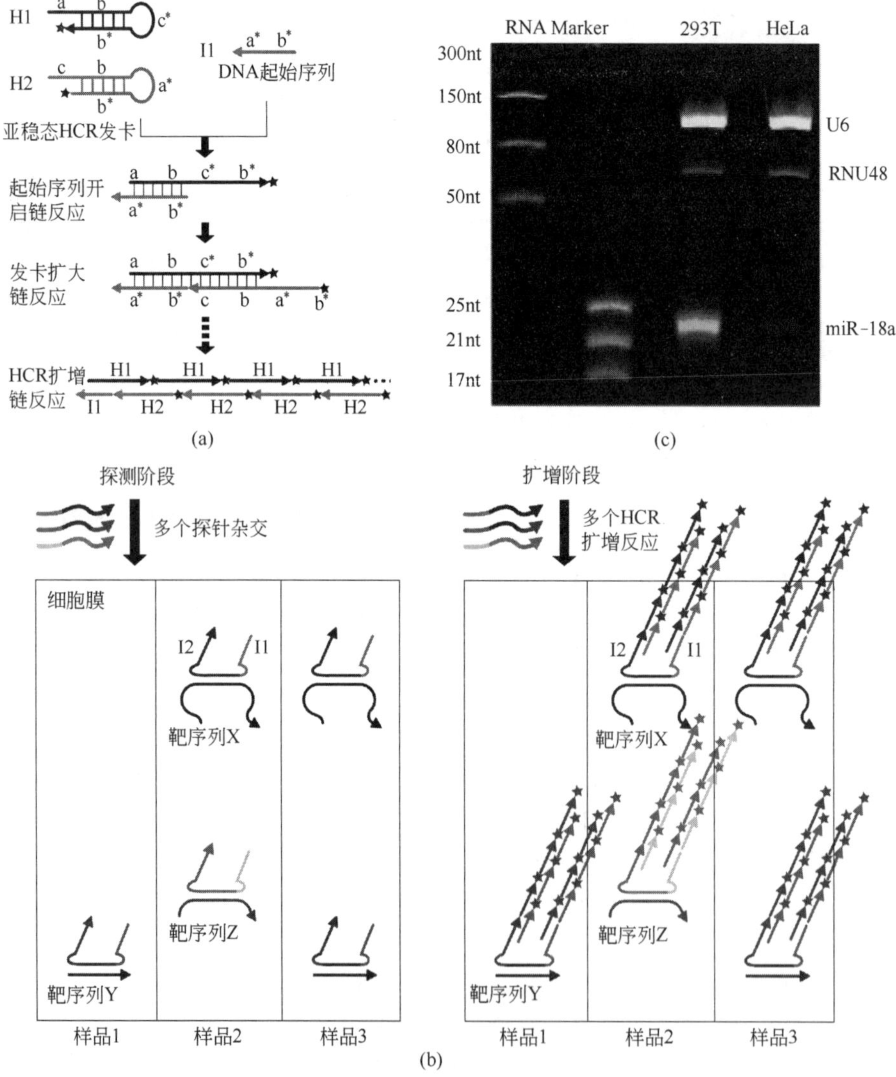

图 6.17 HCR 结合的 Northern blot 及应用（引自 R. M. Dirks 和 N. A. Pierce，PNAS，2004；M. Schwarzkopf 和 N. A. Pierce，Nucleic Acids Research，2016）

6.3.3 蛋白质印迹分析

免疫学方法是一种专一性很强、灵敏度很高的检测方法。基本原理是：以目的基因在宿主细胞中的表达产物（多肽）作抗原，以该基因产物的免疫血清作抗体，通过抗原抗体反应将目的基因的克隆或表达产物检出（图 6.18）。

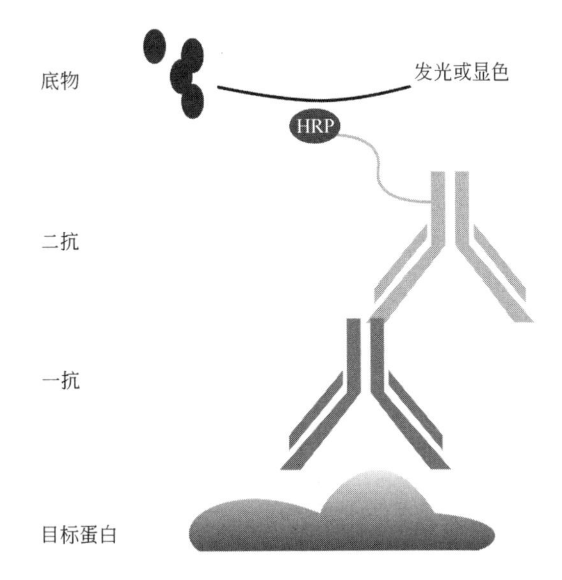

图 6.18 Western blot 原理图。一抗是目标蛋白特异的抗体，只能特异与目标蛋白起免疫反应。二抗是针对一抗血清的抗体，二抗带有酶［如辣根过氧化酶（HRP）］，它能使特定底物发生显色反应，从而能够检测到目标蛋白位点的特异信号

如果所要检测的重组克隆既无任何可供选择的标记基因表型特征，又无得心应手的探针可用，那么免疫学方法则是筛选重组子的重要途径。它能直接检测重组克隆所表达的蛋白产物，而且从克隆体中获取基因产物的最终目的来看，免疫检测是其他任何检测方法所不能取代的。使用这种方法的前提条件是克隆基因可在宿主细胞内表达，并且必须具备有效的特异性抗体。

蛋白质印迹分析（Western blot）就是一种免疫学检测方法，是指经过 SDS-PAGE 分离（变性聚丙烯酰胺凝胶电泳）的蛋白质样品，转移到固相载体（如硝酸纤维素薄膜）上，固相载体以非共价键形式吸附蛋白质，且能保持电泳分离的多肽类型及其生物学活性不变。以固相载体上的蛋白质或多肽作为抗原与目的基因对应的特异抗体起免疫反应，再与荧光素或酶或同位素标记的第二抗体起反应，经过底物显色或放射自显影以检查电泳分离的特异性目的基因的表达蛋白成分。

分离蛋白质的时候之所以用 SDS-PAGE，是因为首先要将细胞内蛋白质的二级结构及高级结构破坏，这样不同种类的蛋白质就可以只要根据分子量大小进行电泳分离，蛋白分子在电泳中的迁移速度与蛋白分子量成线性关系，便于区分细胞中各种复杂结构和不同电荷的蛋白质。因此，Western blot 一方面可以根据印迹结果确定蛋白质的分子量大小，另一方面可以判断不同组织和不同时期目的蛋白的表达情况，是迄今为止检测特定目标蛋白最常用的方法。

虽然 Western blot 的原理与核酸分子杂交不同，但操作流程通常是相似的。首先进行聚丙烯酰胺凝胶电泳分离蛋白质，用考马斯亮蓝染色，检查蛋白质分离的效果。然后可以采用类似于 Southern blot 的毛细管渗透方法转膜，但是由于蛋白质的分子量往往比较大，毛细管渗透转膜的效率比较差，要花很长时间，因此，蛋白质的转膜往往采用电转膜的方法。即是在电场作用下用两块筛孔板夹住两层海绵，海绵内侧放置两叠滤纸，把凝胶和膜夹在中间，其中凝胶位于负极一侧，膜位于正极一侧进行电转膜，把胶上的蛋白质转移到硝酸纤维素膜上。纤维素膜用 10%小牛血清（BSA）或其他非特异性蛋白质封闭 30min，以封闭非特异性蛋白质及未吸附蛋白质的部位，再将纤维素膜与第一抗体温育，冲洗后再封闭。接着与酶标第二抗体温育，最后加入酶促底物显色（图 6.19）。

图 6.20 是用 Western blot 技术对艾滋病毒感染者进行的一个分子检测。其中泳道 1 是艾滋病毒的多种特异蛋白对照，泳道 2 是正常人对照，泳道 A、B、C 分别是不同艾滋病毒

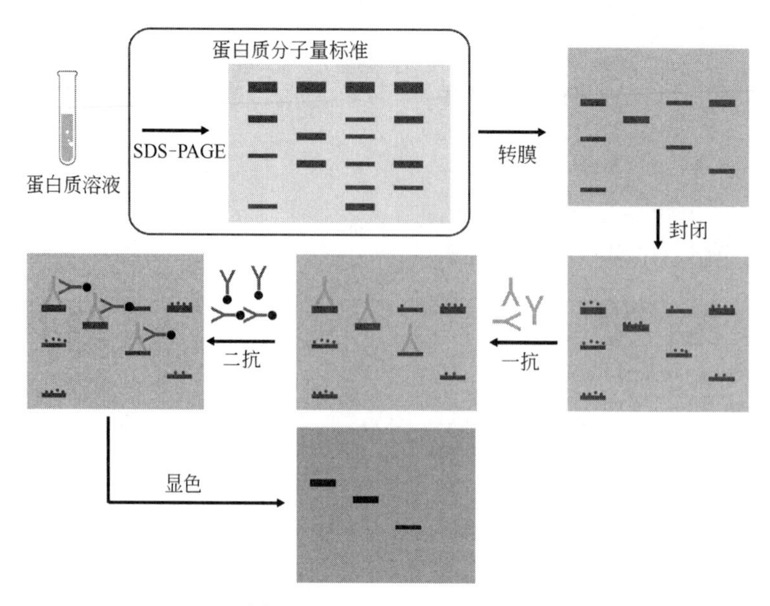

图 6.19 Western blot 流程

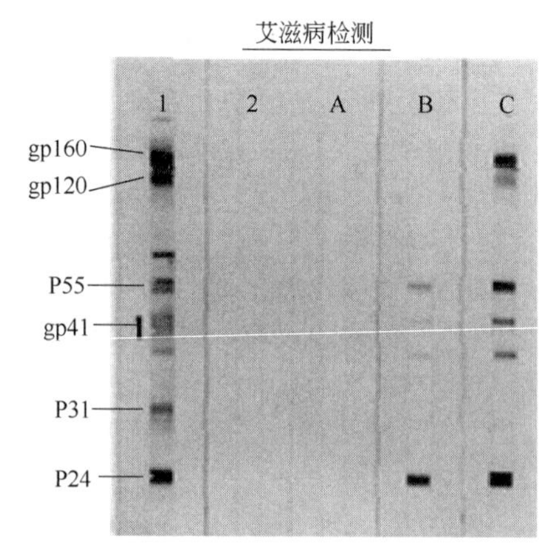

图 6.20 Western blot 检测艾滋病患者体内病毒复制结果

感染者。从检测结果可知，感染者 A 体内的艾滋病毒尚未表达病毒蛋白，而 B 和 C 已经表达艾滋病毒蛋白产物，尤其是感染者 C，可能是处于艾滋病毒的复制高峰期，已经成为艾滋病患者。

6.4 PCR 扩增鉴定筛选

PCR 法以其快速、灵敏被广泛用于转化子的筛选。在 PCR 扩增鉴定中，引物设计尤为重要。鉴定用引物既可以是外源插入基因的特异序列，也可以是载体多克隆位点两侧的序列（如 T_7、T_3、SP6 启动子序列等）。采用插入基因特异引物可直接筛选出目的克隆，而用载体多克隆位点两侧序列为引物可以得到插入片段长度的信息。PCR 对模板的纯度要求不高，因此可以直接用菌落裂解后的提取液扩增，而不用进一步提取质粒再扩增筛选。现在所用的载体绝大多数都是人工构建已知序列的，有些载体的多克隆位点两侧序列已成为通用型引物被广泛应用。如 pGEM 系列载体的多克隆位点两侧分别是 SP6 和 T_7 启动子序列，依据两个启动子序列设计引物，提取少量待检转化子质粒 DNA 为模板，通过对 PCR 产物的电泳分析就可以确定是否为重组子菌落（见图 4.19）。PCR 扩增方法不但可以快速获得插入片段，而且可以直接进行 DNA 序列分析，从而获得插入片段是否正确的最终结果。

6.5 DNA 序列测定

在基因工程研究中，DNA 序列测定（DNA sequencing）是鉴定目的基因最准确的方法。最早建立的 DNA 测序方法有两种，即 Sanger 双脱氧末端终止法和化学降解法。末端终止法又称为酶法测序，是由英国剑桥大学 Sanger 等于 1977 年首先创立的；而化学法测序也是 1977 年由美国哈佛大学 Maxam 和 Gilbert 等创立的。人类基因组计划的实施与完成，推动了 DNA 测序技术的飞速发展，如今在第一代测序技术的基础上，已经发展到二代测序、三代单分子测序和单细胞测序的时代。

6.5.1 Sanger 双脱氧末端终止法

双脱氧末端终止法 DNA 测序又称为酶合成法测序，它的原理是在 DNA 合成反应中，利用 2′,3′-双脱氧核糖核苷三磷酸（ddNTP）不会与正常的脱氧核糖核苷三磷酸（dNTP）形成磷酸二酯键，从而使新合成的链可以随机终止来获得新合成的有规律终止于某一种单核苷酸的方法。只要建立 4 个反应系统，就可得到分别终止于 A、T、C、G 核苷酸的 4 个套组(nested sets)。最后采用聚丙烯酰胺凝胶电泳区分长度仅差一个碱基的单链 DNA，在同一个胶板上对 4 个套组同时电泳，就可读出模板链的互补链的顺序。

2′,3′-双脱氧核苷三磷酸（ddNTP）与 DNA 聚合反应所需的底物 2′-脱氧核苷三磷酸（dNTP）的结构相同，只有在 3′位是氢原子而不是羟基（图 6.21）。但在 DNA 聚合酶的作用下，它们都能通过其 5′三磷酸基团掺入到正在增长的 DNA 的链中，形成磷酸二酯键，由于 ddNTP 缺乏 3′羟基而不能同后续的 dNTP 或 ddNTP 形成磷酸二酯键，因此，一旦 ddNTP 掺入到 DNA 的新生链中，聚合反应就会立即终止，也即在本来应是某个 2′-脱氧核苷三磷酸（dNTP）掺入的位置上，便发生了特异性的链终止效应（如 A 碱基，图 6.21）。如果在 4 个反应管中，同时加入一种 DNA 合成的引物和待测序的 DNA 模板、DNA 聚合酶Ⅰ、4 种脱氧核苷酸三磷酸（dTTP、dATP、dGTP、dCTP），并且在这 4 个管子中分别加入 4 种不同的 2′,3′-双脱氧核苷三磷酸（ddNTP，即 ddTTP、ddATP、ddGTP、ddCTP。通常 ddNTP 与 dNTP 的浓度之比为 1∶10），另外，引物应该带有标记。那么经过反应后，将会产生出不同长度的 DNA 片段混合物。它们都具有同样的 5′末端，带有 ddNTP 的 3′末端。4 个反应系统，就带有分别终止于 4 种 ddNTP 的 3′末端。将这些混合物加到聚丙烯酰胺变性凝胶上进行电泳分离，就可以获得一系列不同长度的 DNA 谱带。然后再通过放射自显影术，检测单链 DNA 片段的放射性带。最后可以在放射性 X 光底片上，直接读出 DNA 序列（图 6.22）。

Sanger 双脱氧末端终止法测序需要大量的单链 DNA 模板。单链模板的来源可以是用 M13 单链噬菌体对测序模板进行克隆扩增，也可以用 PCR 方法实现。通常 PCR 反应是用一对浓度相同的引物扩增双链 DNA 模板，PCR 扩增产物也是双链的。如果在 PCR 反应体系中只加入一条引物，或者使两条相向配置的引物浓度具有很大的差异，例如 50∶1 或 100∶1，那么在 PCR 反应中将只会扩增一条链或主要扩增一条链，从而得到大量的单链扩增产物，用于 DNA 测序的模板使用。这种 PCR 技术也叫不对称 PCR（asymmetric PCR）。采用 PCR 技术来扩增 DNA 并直接使用 dsDNA 分子为测序模板，摒弃原先以 M13 噬菌体制备

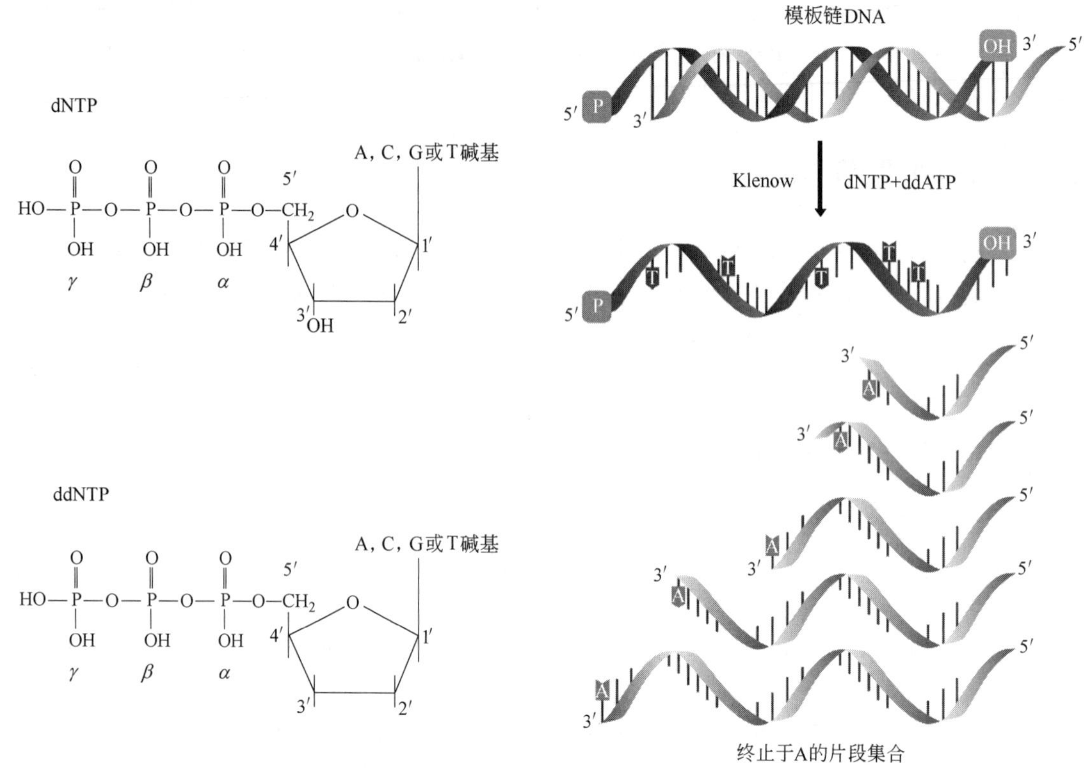

图 6.21 双脱氧核苷三磷酸（ddNTP）链终止剂的结构及作用原理

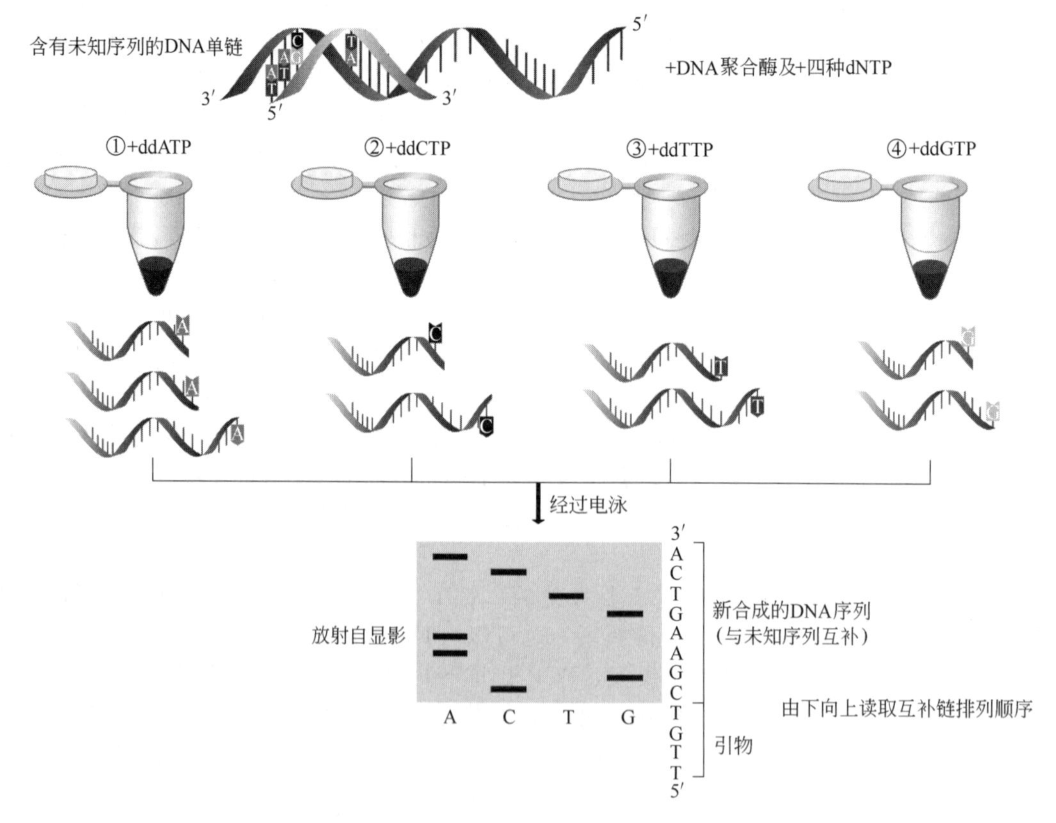

图 6.22 Sanger 双脱氧末端终止法 DNA 测序的原理

ssDNA 模板的烦琐方法。放射性标记也由^{32}P 相应改为^{35}S 或半衰期较长、较易在测序实验室储存的^{3}H 标记，^{3}H 能量要弱得多，相对比较安全。用末端转移酶把标记^{3}H 的 dNTP 在反应时随机掺入，也在很大程度上简化了实验步骤，提高了测序的重要技术参数。

6.5.2 化学降解法

化学降解法也叫 Maxam-Gilbert 法。其测序的基本原理是用一些特殊的化学试剂，分别作用于 DNA 序列中 4 种不同的碱基。这些碱基经过处理后，在核苷酸序列中形成的糖苷键连接变弱，因此很容易从 DNA 链上脱落下来。丢失了碱基的核苷酸链再经过适当处理，就可在缺失碱基处断裂。在进行这些反应时，将反应条件控制在每条 DNA 链断开一处，因此，经过处理，产生一系列长短不等的 DNA 片段。根据所用的试剂不同，其末端分别为 G、A、C、T，再对一系列这样的片段也在同一块聚丙烯酰胺凝胶上电泳进行综合分析，就可测得 DNA 分子中的核苷酸排列顺序（图 6.23）。

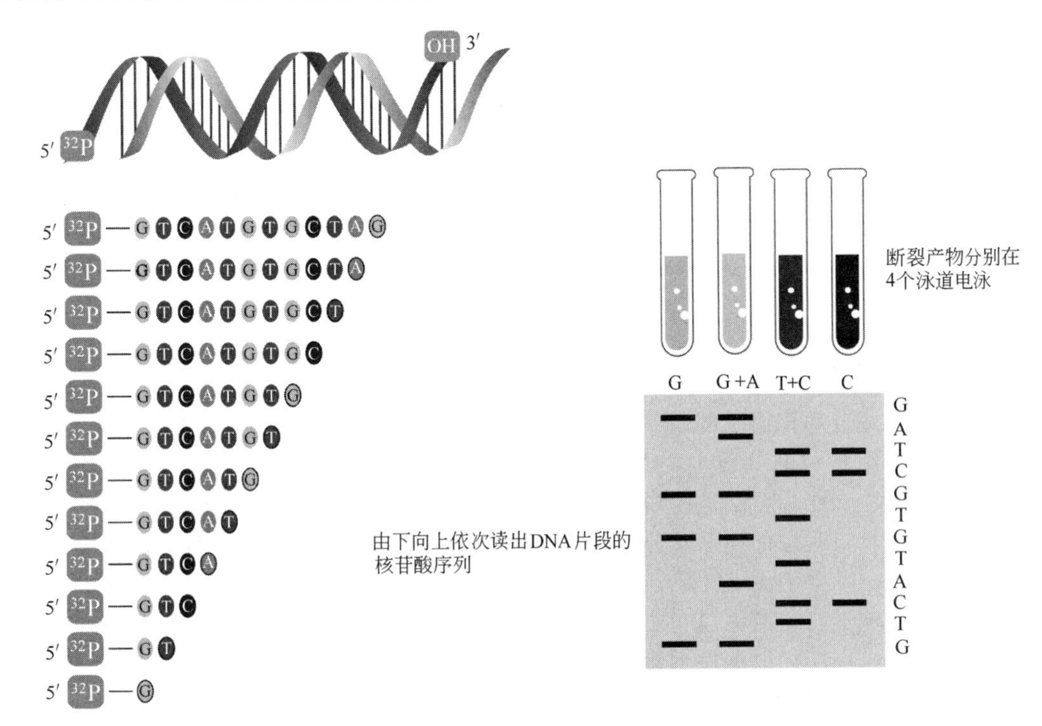

图 6.23 化学降解法测序的基本原理

Maxam-Gilbert DNA 序列分析法所应用的 DNA 片段，可以是单链也可以是双链。在进行碱基特异的化学切割反应之前，需要先对待测的 DNA 片段末端进行标记。首先用碱性磷酸酶除去磷酸基团，用 T_4 激酶标记其末端。然后将双链 DNA 分子变性得到两条单链，回收其中一条单链分子，分装在 4 个反应试管中，每管含有不同的特定化学试剂，只要严格地控制反应的条件，就可以使各管中的 DNA 单链分子在特定的碱基位点上发生降解，并使其断裂。例如化学试剂硫酸二甲酯作用鸟嘌呤和腺嘌呤，特异性地断裂嘌呤处的磷酸二酯键，但控制反应的温度和时间，可以选择性地断裂鸟嘌呤而不降解腺嘌呤。化学试剂肼作用胸腺嘧啶和胞嘧啶，但在高浓度盐下，只选择性地破坏胞嘧啶。一般采用如下的试剂处理，就能控制每次只能在一个特定的核苷酸处降解（图 6.24）。

G 反应：硫酸二甲酯（DMS）使鸟嘌呤 N-7 甲基化，甲基化后的嘌呤与戊糖结合的糖

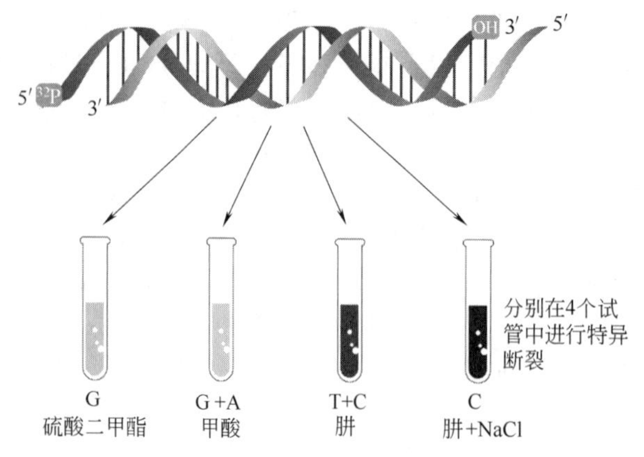

图 6.24 化学降解法测序的 4 个反应系统

苷键变弱，加热处理可使碱基脱落，留下脱 G 的核糖残基。

A+G 反应：甲酸使嘌呤环上的氮质子化导致糖苷键被削弱，进而留下脱嘌呤的核糖残基。

C+T 反应：肼能够裂解嘧啶环，进而导致其脱落。

C 反应：在一定浓度的条件下，肼只对胞嘧啶起作用。

此法与 Sanger 的双脱氧链终止法相比，Maxam-Gilbert DNA 化学修饰法具有双脱氧末端终止法所没有的一些优点。它不需要进行体外酶催化反应，而且只要具有 3′末端标记的或 5′末端标记的 DNA，不管是双链还是单链，均可以采用此法进行核苷酸序列分析。而对于一种给定的 DNA 分子和一种可以切割该 DNA 的核酸内切酶，则可以用 Maxam-Gilbert DNA 法从限制酶的切割位点开始，按两个相反的取向至少可以测定出 250 个核苷酸的顺序。另外，采用不同的末端标记法，如 3′末端标记或反向的 5′末端标记，可以同时测定出彼此互补的两条 DNA 链的核苷酸顺序，这样便可以互作参照进行彼此核查了。不过，如同双脱氧末端终止法一样，Maxam-Gilbert DNA 法的主要限制因素还是在于序列胶的分辨能力。而且 4 个化学降解反应的控制条件十分严格，不容易掌握，因此化学降解法测序应用很少。

6.5.3 自动测序法

首先提出测序自动化设想的是日本理化研究所（RIKEN）的 Akiyoshi Wada，而第一代半自动化测序仪则是欧洲分子生物学实验室（EMBL）的 Wilhelm Ansorge 发明并由瑞典 Pharmacia 公司生产的。与传统的 Sanger 双脱氧末端终止法相比，自动化测序主要是把酶合成的方法与计算机程序的自动化分析技术相结合，使用高分辨率的扫描仪对凝胶电泳的结果进行扫描分析。1986 年，美国 ABI 公司（Applied Biotechgology Inc.）也推出了第一台商品化的平板电泳全自动测序仪——ABI 370A，在测序通量（throughput，又称测序效率，指每台设备单次反应所获取的序列数据量）、读长和准确性方面都有了显著提高。

DNA 自动测序的全面自动化和快速发展则依赖于四色荧光对 ddNTP 的标记和毛细管电泳仪的发明。传统的末端终止法依赖放射性同位素对新合成模板链的引物进行标记，由于放射性标记一方面具有比较大的危害，另一方面无法区分终止于 4 种 ddNTP 的合成产物，所以需要建立 4 个反应系统分别进行合成反应，再需要 4 个泳道电泳区分 4 个反应系统的套组产物。用四色荧光分别标记 4 种 ddNTP，则只需要在一个反应系统里完成模板链的合成反应，因为每种双脱氧核糖核苷酸上分别都以共价键接上不同的荧光染料，与 4 种 dNTP 在同一器皿中依照双脱氧末端终止法的条件进行反应，即会复制出一系列不断增加较长一点的多聚脱氧核苷酸链，其 3′端都各自带有特色荧光染料标记的双脱氧核苷酸（ddNTP）。终止于 A/T/C/G 的新链套组根据不同荧光可以相互区分，因此也就可以只要在平板电泳的一个泳道就能将它们分离并区分了（图 6.25）。但是平板电泳还是需要人工制胶和手工加样，无论聚丙烯酰胺凝胶制作多薄、长度多长，能跑几百个泳道，但是手工制胶和加样都是平板电泳仪不可克服的瓶颈。毛细管电泳仪的发明则实现了自动制胶和自动加样，而且毛细管长度可以弯曲，即大大加长了电泳跑胶的时间，因而可以测更长的 DNA 片段，从而真正实现了自动化测序。1998 年，ABI 公司推出的 ABI3700 和 ABI3730 一次可以测 96 个以上的样品，一个 run（跑机所需时间）只需几个小时，测序准确率达到 98%以上，上样、数据收集以及质检和初步分析都实现了全自动化，ABI3730 至今仍是酶合成法测序仪的主力机型，被誉为 DNA 自动测序的“黄金标准”，可以被用来验证新一代测序技术的 SNP 等结果的可靠性。

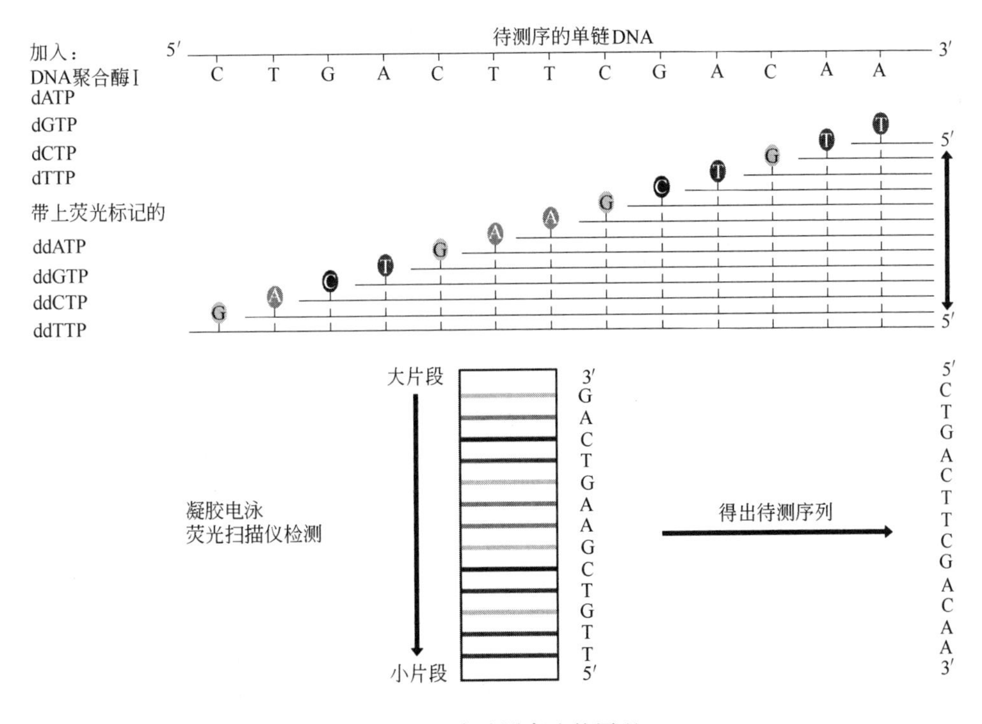

图 6.25 自动测序法的原理

不管是双脱氧末端终止法测序、化学降解法测序还是自动测序，都是利用聚丙烯酰胺凝胶电泳分离不同大小的 DNA 片段。由于受凝胶性质、电泳时间、热效应以及分辨率的影响，使得这些方法测定的 DNA 片段长度不能太大（不超过 1kb），因此，对大分子 DNA 以及基因组 DNA 序列的测定耗时长。近年已经建立了高通量大规模的测序方法，如焦磷酸测序和 Solexa 测序等二代测序技术，以及三代单分子测序技术等，都无需跑胶而是即时检测，因而耗时短，测序不受长度限制，分辨率也高，迅速在市场上推广开来。

彩图6.25

6.5.4 二代测序技术

末端终止法测序依赖于聚丙烯酰胺凝胶电泳把各个相差只有一个碱基的短片段 DNA 分离开来，这本身是 DNA 测序得以实施的保证。但也正是因为传统的测序技术依赖聚丙烯酰胺凝胶电泳，使得它也成为制约测序技术发展的一个瓶颈。因为第一，凝胶分离只相差一个碱基的 DNA 片段，分辨率本身不够高；第二，测序片段不能太长，否则跑胶时间太长，会产生高温把胶熔化；第三，整个测序过程需要经历 DNA 合成反应、DNA 片段电泳分离以及扫描仪检测分析等多个步骤，过程烦琐且时间太长；第四，每次测序一个样本，不能多通道同时检测大量的样本，无法开展大规模测序，等等。

另外，大规模高通量测序的需求却在不断增加。一是因为人类基因组计划本身的需要。开展人类 30 亿个碱基的基因组测序，工作量巨大，需要依赖高效率的测序技术的发展。二是人类基因组计划实施的同时，开展了多个模式生物基因组测序，包括线虫、果蝇、小鼠、拟南芥、水稻等。三是人类基因组计划完成后，开展了多个国际合作的大基因组计划，如国际 HapMap 单体型计划、国际千人基因组计划、国际癌症基因组计划、百万人基因组计划等，全部依赖大规模快速基因组测序技术。四是人类医学进入精准医学时代，需要了解个性化的基因组序列信息，以便寻求个性化的预防和治疗方案。五是随着健康科学知识的普及，基因检测进入全民需求的新阶段。因此，发展新的 DNA 测序技术是顺应时代发展的需要的。

事实上，伴随着基因组时代的到来，DNA 测序技术迅猛发展，成为生物技术领域发展速度最快、最耀眼的一颗明星。如果把传统的末端终止法测序称为一代测序技术，那么，新世纪伊始，包括 454 焦磷酸测序、Solexa 测序、SoLid 测序以及离子阱测序技术在内的下一代测序技术迅速发展，这些技术被称为二代测序技术，也称为下一代测序技术（next-generation sequencing）或大规模平行测序技术（massively parallel sequencing）。

（1）焦磷酸测序

焦磷酸测序是最先颠覆传统测序概念的新一代测序技术。它是 2005 年由 Roche 公司首先建立的，也被称为 454 测序技术。

焦磷酸测序虽然也是采取边合成边测序的原理，但是它摒弃了聚丙烯凝胶电泳分离 DNA 片段的缺陷，而是采用通过焦磷酸发光检测新合成 DNA 碱基的快速方法。因为 DNA 新链合成时，每延伸成功一个碱基，将会产生一个焦磷酸，那么将产生的焦磷酸与底物磷酰硫酸（APS）反应，将生成一个 ATP，而 ATP 可以在荧光素酶的作用下，使荧光素产生荧光。也就是每产生一个焦磷酸，就会发一次荧光。所以如果依次按顺序给予 4 种脱氧核糖核苷酸去参与 DNA 合成反应，能够发光的那个核苷酸就是与模板链互补的那个对的核苷酸。也就是通过焦磷酸的发光来确定延伸正确的那个碱基。这种方法省略了分离 DNA 片段和电泳的步骤，边合成边检测，快速方便，理论上可以测出无限长的 DNA 序列，且可以同时检测多个样品，的确是一种高通量的测序方法。

如图 6.26 所示，首先将待测的单链 DNA 模板接上一个人工接头，根据接头序列合成一段互补的引物，在反应体系中加入 DNA 聚合酶、模板、引物及 DNA 合成的底物。但是单核苷酸底物（dNTP）是依次按顺序释放的，每次只提供一种（如 dTTP、dCTP、dATP、dGTP 的顺序），而不是全部 4 种 dNTP 都加在反应体系中。另外，为了保证焦磷酸能发光，还必须加入其他两种底物，一是与焦磷酸合成 ATP 的 5′磷酰硫酸（APS），二是荧光素。反应体系中除了 DNA 聚合酶，还包含另外 3 种酶：ATP 硫酸化酶、荧光素酶和三磷酸腺苷双磷酸酶。在合成反应开始的时候，先给予一种单核苷酸底物，如胞嘧啶核苷酸 C，如果模板链的核苷酸是 G，那么 C 与 G 互补配对，将会在引物后面进行子链的延伸，形成磷酸二酯键，合成反应进行，而释放一个焦磷酸。焦磷酸与 APS 在 ATP 硫酸化酶作用下生成 ATP。在荧光素酶存在时，ATP 激发荧光素发光，光信号由 CCD（charge coupled device，电荷耦合器件）检测得到峰值。每个峰的高度（光信号）与反应中掺入的核苷酸数目成正相关。如果模板链的核苷酸不是 G，那么 C 核苷酸加入将不会有延伸反应，不会产生焦磷酸，不会发光。所以根据焦磷酸是否发光就能判断模板链碱基的序列。检测之后，每一次加进来的单核苷酸底物及其产生的 ATP 又被三磷酸腺苷双磷酸酶降解，进行新的核苷酸底物的释放。

焦磷酸测序的单链模板是通过乳液 PCR 或微磁珠 PCR 扩增得到的。首先将待测的 DNA 模板打断成适当大小（300～800nt）的小片段，每个小片段的两端接上人工接头，变性成 ssDNA。通过接头将 ssDNA 模板固定到链霉亲和素包被的微磁珠表面，再用乳液 PCR 对固定在微磁珠上的 ssDNA 分子进行扩增，使每一个微磁珠上都有同一个 DNA 模板的无数个均一分子拷贝，即单模板扩增的分子簇。分子簇被富集到微磁珠表面后加载到有规则微

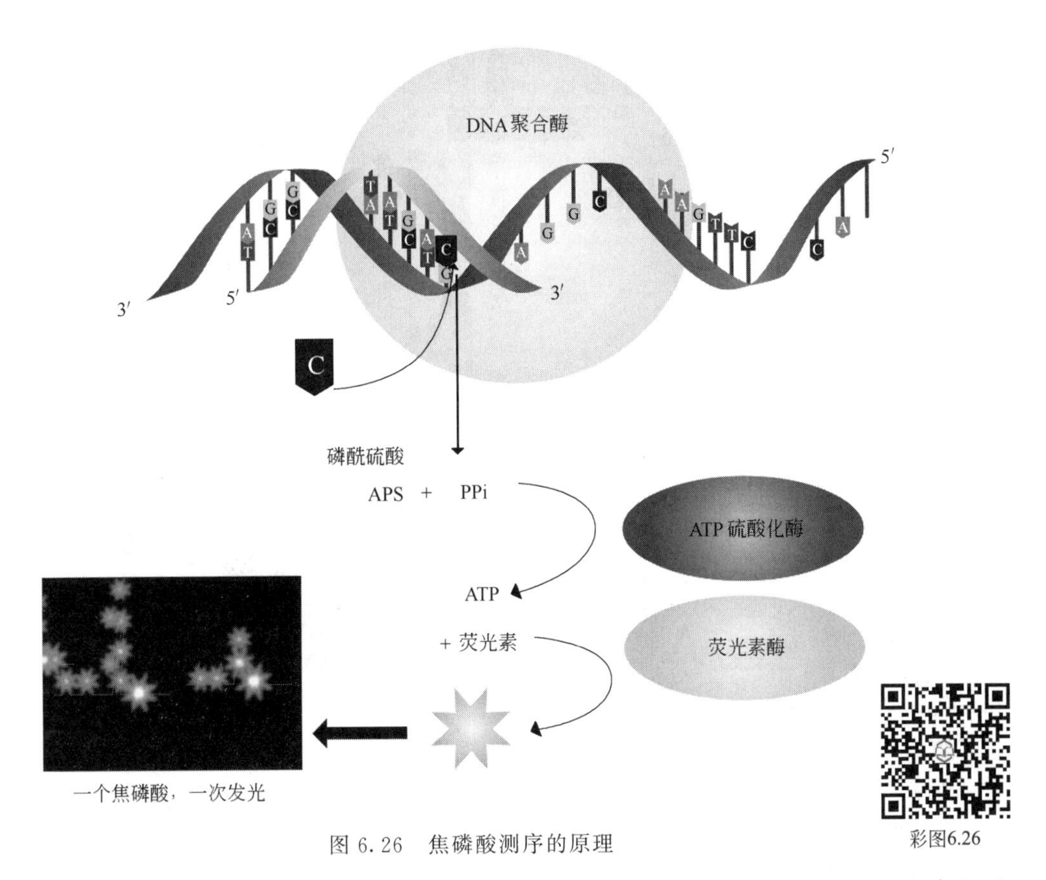

图 6.26　焦磷酸测序的原理

孔的测序微芯片上，一个微孔恰好有一颗微磁珠。一个测序芯片上大约有 40 万个直径约 44μm 的微孔，意味着可以每次平行测定约 40 万个 DNA 模板，大幅提高了通量。

焦磷酸测序不需要制胶，不需要毛细管电泳，也不需要荧光染料和同位素标记。短时间内可分析多个样品的 SNP，可满足高通量分析的要求。每个样品孔都可进行独立的测序或 SNP 分析，实验设计灵活。序列分析简单，结果准确可靠。焦磷酸测序的唯一缺陷就是当遇到模板链同一个碱基连串存在时，无法区分碱基的个数。因此，后来迅速建立了另一种新的测序技术，就是 Solexa 测序。

（2）Solexa 测序技术

Solexa 测序是 2006 年由 Illumina 公司建立的，所以也被称为 Illumina 测序技术。Solexa 测序也是边合成边检测的测序技术，不同的是它将每一个单核苷酸底物进行了限定和标记，即把每一个单核苷酸的 3′端加上了一个可逆的阻断基团（叠氮基团），保证每次反应只能连接上一个核苷酸，限定了碱基延伸的个数。同时又把 4 种单核苷酸底物分别用 4 种荧光基团标记来进行区分。当正确的那个核苷酸底物参与到 DNA 新链中时，先检测荧光，确定是哪个碱基，再把荧光基团和阻断基团去除，开启下一步反应（图 6.27）。每次反应都先按顺序加入反应试剂，然后合成第一个碱基，再清除未反应的碱基（单核苷酸底物）和试剂，激发碱基产生荧光并检测荧光信号，然后去除阻断基团和荧光信号，等等，不断重复这个过程。这种荧光基团和阻断基团同时标记底物核苷酸的做法保证了测序的准确性，尤其是当遇到同一个碱基串联时，也可以一个一个区分清楚，从而大大提高了测序的准确性和测序效率。由于 Solexa 测序是通过荧光信号直接读取序列信息，简便高效，所以目前 Solexa 测序几乎垄断了 90%的二代测序市场。

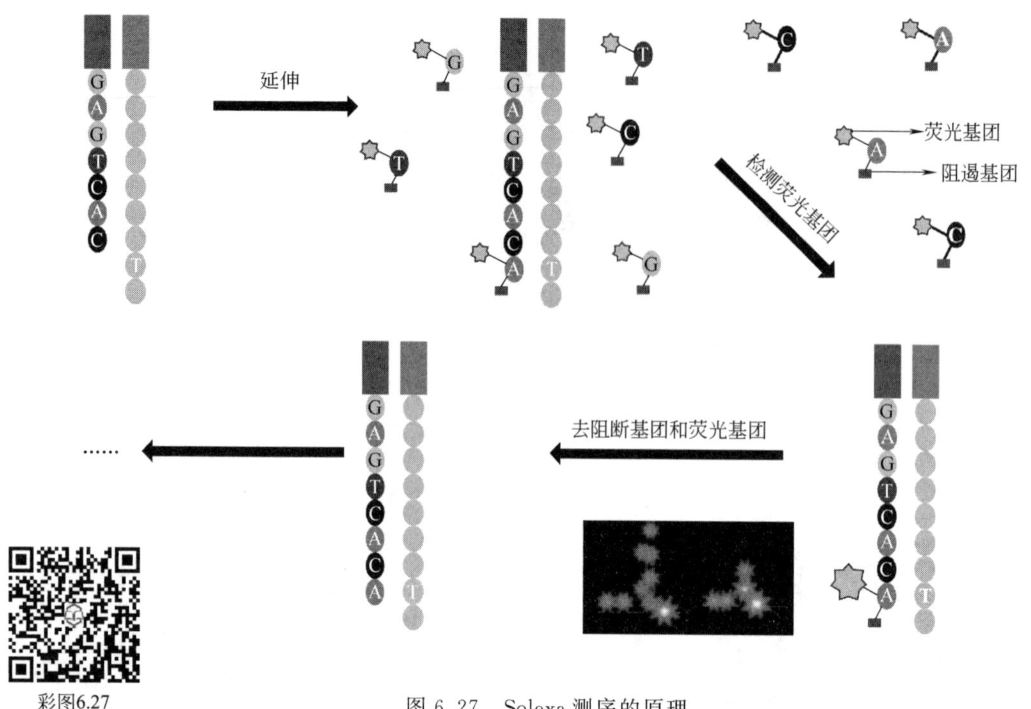

图 6.27 Solexa 测序的原理

Solexa 测序的模板是采用桥式 PCR（bridge PCR）扩增获得的。桥式 PCR 是将 dsDNA 模板短片段的两端加上双链接头，用经典 PCR 进行一次扩增后，将变性的 ssDNA 模板通过接头固定在 Flow Cell 或芯片上。Flow Cell 上共价结合有与单链 ssDNA 模板末端接头互补的引物序列，所以通过桥式 PCR 在 Flow Cell 里可以对模板进行第二次扩增，形成无数均一的 DNA 模板。因 ssDNA 两端都有接头，这些结构与芯片上的接头互补，会形成两端固定在 Flow Cell 上的“桥”，即 DNA 分子簇（图 6.28）。当分子簇形成后，再以 ssDNA 为模板和测序引物进行测序合成。桥式 PCR 不仅能使各个 DNA 模板独立扩增，而且实现了将 PCR 扩增引物与测序引物的完美统一。由于 Solexa 测序是在 Flow Cell 里进行的，Flow Cell 的底部是一个有无数固定 DNA 模板接头的芯片，因此，Solexa 测序实现了几乎没有通量约束的“裸”合成。

由上可见，二代测序技术的优点是通量高，耗时短，不依赖模板或毛细管电泳检测，而是通过荧光标记或发光实现即时检测，因此是一类高通量大规模平行测序的方法。

6.5.5 三代测序技术

虽然二代测序技术已经得到了广泛的应用，且各技术日趋成熟，但是因为需要 PCR 扩增及荧光分析，会不可避免地带来成本和效率限制以及系统误差。三代测序技术，又被称为“下、下一代测序（next-next-generation sequencing）”，基于单分子读取技术，不需要 PCR 扩增，具有巨大的应用前景。特别是甲基化识别、SNP 检测等需要很高的分辨率，将在第一代、第二代测序技术无法胜任的领域有着广泛的应用，如遗传学领域基因定位（含有大量 SNP）、复杂的基因组测序（多倍性或大量重复序列）等。

（1）Heliscope

Heliscope 单分子测序技术由 Helicos 公司于 2008 年建立。其基本原理还是采取边合成边测序的策略。首先通过末端转移酶在 3′末端加上一段 poly（A）和 Cy3 荧光标记（图 6.29，F1 标记），与 Flow Cell 表面固定的 poly（T）引物进行杂交并精确定位。然后逐一

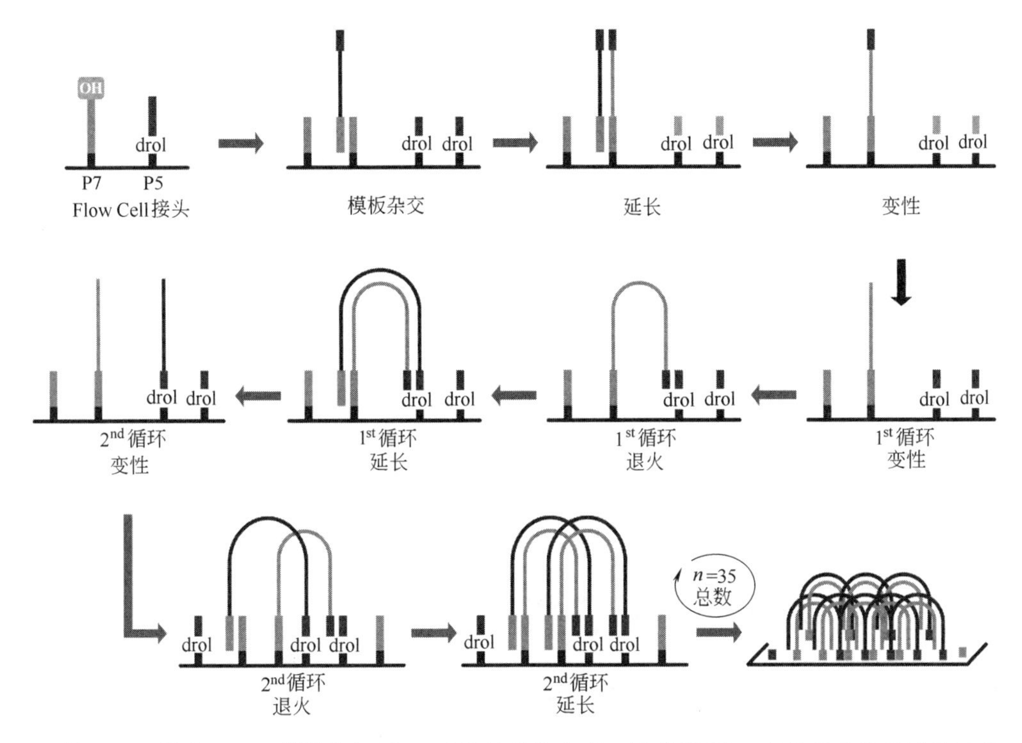

图 6.28 桥式 PCR。模板先与 Flow Cell 的接头杂交，接着以 Flow Cell 的接头为引物延伸。由于 Flow Cell 的接头有两种，分别与模板 DNA 两端的接头互补，因此延伸反应可以不断进行，并形成桥状。最后得到单链模板扩增的分子簇

加入引物、DNA 聚合酶和 Cy5 单色荧光标记并具有可逆空间位阻终止效应的单核苷酸进行同步反应（图 6.29，F2 标记）。一个循环中只加入一种可逆终止基团，只有与该位核苷酸互补的模板才能掺入单个荧光标记的核苷酸。反应结束之后，洗涤，单色荧光成像确定方位和强度，再切除荧光标记，洗涤，进入下一轮循环反应。通过掺入、检测和切除的反复循环，即可实时读取序列。Heliscope 重要的创新之处是采用了超敏感的荧光检测装置，不再依赖 PCR 扩增得到的分子群体来增强信号强度，因此避免了制备“均一”群体分子在扩增中导入的人为误差。但是 Heliscope 读长较短，只能读取 25～70nt（平均 35nt），每个循环的数据产出量为 21～28Gb。

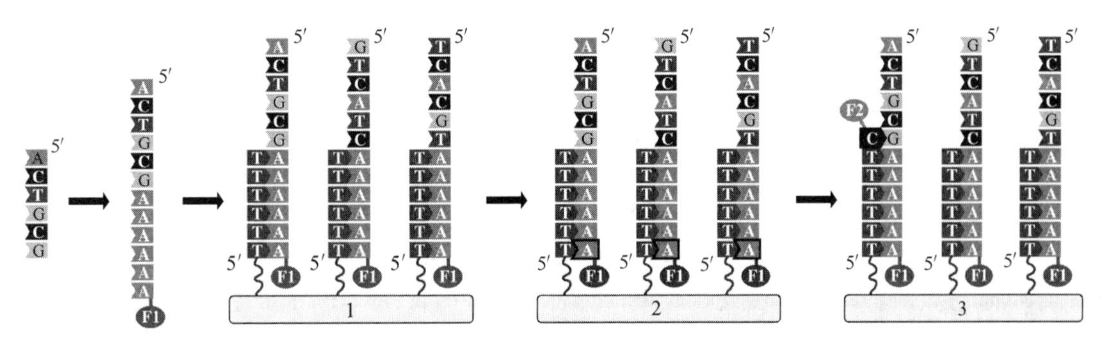

图 6.29 Heliscope 单分子测序的原理。待测模板先在 3′端接上 poly（A）和 F1荧光标记，接着与 Flow Cell 表面固定的 poly（T）杂交(1)，然后通过检测 F1 荧光确定每个模板链在 Flow Cell 的位点（2），按顺序加入一种 F2 荧光标记的单核苷酸，如 F2 标记的 C，进行聚合反应(3)，洗脱未反应的单核苷酸，检测 F2 荧光位点，确定 C 碱基反应的模板位置。切除荧光基团，进行下一轮反应。由于空间位阻效应，每次只能延伸一个单核苷酸

（2）SMRT

SMRT 单分子测序技术是由 Pacific Biosciences 公司于 2010 年创立的，它也是边合成边测序的技术。在带有零模式波导纳米孔（zero mode waveguide，ZMW 孔）芯片进行合成反应，单链模板、合成引物及用 4 种荧光分别标记 4 种 dNTP 的磷酸基团，同时加入反应体系。DNA 聚合酶被固定在 ZMW 纳米小室底部中央被激光照射的一个小区域。当一个 dNTP 被添加到合成链上后即进入 ZMW 孔，开启延伸反应，带荧光的磷酸基团脱落下来，并被激光束激发，通过检测荧光基团的种类确定 dNTP 的种类。由于荧光基团随焦磷酸切掉了，不影响下一轮合成反应（图 6.30）。ZMW 孔是一个直径只有 70nm 的小孔，远远小于激光的波长。因此，当激光从孔的底部照射芯片时，只能通过衍射勉强进入小孔附近很小的一个区域，从而降低了荧光背景，提高了信噪比和准确率。其他未参与合成的 dNTP，不进入荧光信号检测区。SMRT 测序是一种实时测序的方法，显著优点是读长提高，GC 偏差降低，可用于甲基化 DNA 的直接测序。其下机读长可以长达 8kb，如今更是达到 30kb。

彩图6.30

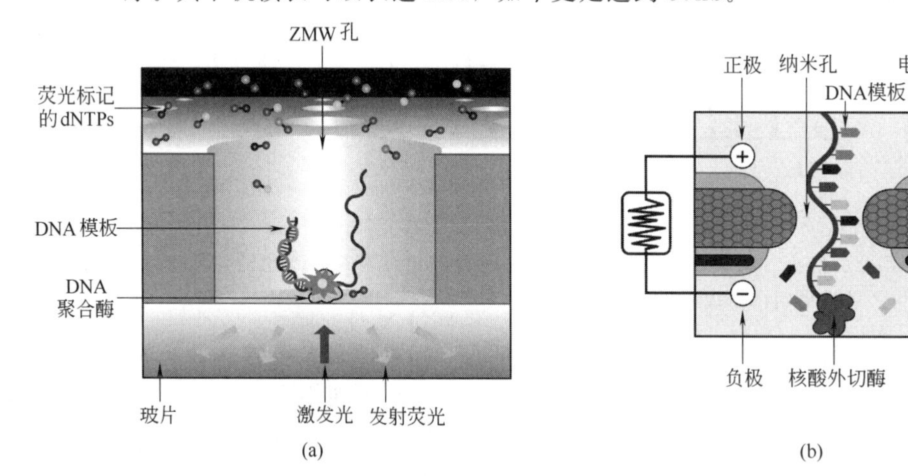

图 6.30 SMRT 单分子测序（a）与纳米孔单分子测序（b）的原理。SMRT 单分子测序（a）是利用 ZMW 纳米小孔，使 DNA 模板和 DNA 聚合酶位于小孔内进行延伸反应，4 种荧光标记的 dNTP 同时加入反应体系，只有参与延伸反应的那种 dNTP 能产生荧光，被激发光捕获检测到，荧光基团随即随焦磷酸脱落。纳米孔单分子测序（b）的纳米孔非常小，单链模板经过小孔时被核酸外切酶从一端一个一个切下单核苷酸，而不同单核苷酸产生的电流不同，可以被特征性识别

（3）纳米孔测序

纳米孔单分子测序被认为是测序技术的发展方向，其主要特点是根据 ssDNA 或 RNA 模板分子通过纳米孔引起“信号”变化进行实时测序。生物纳米孔用一种 α-溶血素为材料制作的纳米孔，孔的最窄处直径只有 1.5nm，恰好允许 ssDNA 或 RNA 分子通过。在孔内共价结合有分子接头环糊精。用核酸外切酶切割 ssDNA，被切下的单个碱基落入纳米孔，并与纳米孔内的环糊精相互作用，短暂地影响流过纳米孔的电流强度，每种单核苷酸的电流强度不同，这种电流强度的变化幅度就成为每种碱基的特征（图 6.30）。例如，英国 ONT 公司（Oxford Nanopore Technologics Inc.）2012 年发布的一种迷你型测序仪 MinION，采用新型纳米孔测序，体积只有一般用于计算机的 U 盘大小，由一个传感器芯片、专用集成电路和一个完整的单分子感应测试所需的流控系统构成，拥有平均读长 80kb 的优势，且测序速度很快，能够在 72h 里产生 45000 个 reads，相当于 277Mb 的数据。MinION 已于 2014 年投入使用。

6.5.6 单细胞测序技术

单细胞测序以单个细胞为单位，通过全基因组或转录组扩增，通过与高通量测序联用，能够揭示单个细胞的基因结构和基因表达状态，反映细胞间的异质性，在肿瘤、发育生物学、微生物学、神经科学等领域发挥重要的作用，正成为生命科学研究的焦点。2013 年，《科学》（Science）杂志将单细胞测序列为年度最值得关注的六大领域榜首。2018 年 4 月，来自哈佛医学院和哈佛大学的研究人员使用多种技术组合，对发育中的斑马鱼和青蛙胚胎数千个单细胞进行基因测序，以精确的方式跟踪和描绘了组织和整个机体从单细胞发育的完整历程。通过单细胞测序技术，他们还在胚胎发育的最初 24h 内追踪单个细胞的命运，揭示出单个细胞基因开启或关闭的综合景观，以及胚胎细胞何时何地转变为新的细胞状态和类型。研究结果发表在 *Science* 杂志上，被认为揭示了生命发育的秘密，被 *Science* 官网评为 2018 年十大科学突破榜首。

单细胞测序的难点是单个细胞的分离、单细胞基因组和转录组的扩增两大步骤。单细胞测序的第一步是将目的细胞从样本中分离出来。目前分离单细胞的方法主要有梯度稀释法（serial dilution）、显微操作技术（micromanipulation）、荧光激活细胞分选（fluorescence activated cell sorting，FACS）、微流控技术（microfluidics）和激光捕获显微切割（lasercapturemicrodissection，LCM）等。2011 年，Navin 等通过流式细胞分离，对 200 个癌细胞分别进行测序，研究癌症的进化。

单细胞全基因组扩增（whole genome amplification，WGA）的原理是通过将单个细胞溶解得到的微量基因组 DNA 进行高效地扩增，以便获得高覆盖度的单细胞基因组的技术。Raghunathan 等（2005）最早对一个细胞 DNA 进行扩增并测序。基于 PCR 为基础的全基因组扩增技术，包括简并寡核苷酸引物 PCR 技术（degenerate oligonucleotide primed PCR，DOP-PCR）、连接反应介导的 PCR 技术（ligation mediated PCR，LM-PCR）、多重替换扩增技术（multiple displacement amplification，MDA）等。这些技术因为依赖 PCR，可能会因为 DNA 片段的大小、DNA 的二级结构、GC 含量等影响聚合酶的扩增效率甚至导致酶滑链或者从模板上脱离，不能完整地覆盖基因组，并且会往序列中引入很多错误和非特异性扩增产物，存在扩增偏倚（amplification bias）现象。中国学者谢晓亮等于 2012 年发明了基于多重退火成环扩增技术（multiple annealing and looping-based amplification cycles，MALBAC），结合 MDA 扩增技术和 PCR 扩增技术的优势，通过利用特殊设计的引物，巧妙地使扩增子的结尾末端通过互补而成环，进而在一定程度上防止了基因组 DNA 的指数性扩增，明显降低了扩增偏倚性，并显著提高了基因组的覆盖度。

MALBAC 的第一步是将皮克级（pg）的单细胞基因组 DNA（10～100kb）提取出来之后进行变性处理。用随机引物在 0℃与单链模板复性。随机引物由 27 个一致序列的碱基和 8 个随机可变序列的碱基组成。27 个一致序列位于引物的 5′端，8 个随机可变序列的碱基位于 3′端。随机序列会与基因组 DNA 的多位点互补配对。然后提高温度到 65℃，让 DNA 聚合酶延伸子链，产生长度不等的半扩增子（semi-amplicon，0.5～1.5kb）。接着进行 5 个循环的扩增，由原单链模板继续产生半扩增子，而半扩增子作模板将会产生全扩增子（full amplicons）。由于全扩增子的 5′端与 3′端序列互补，全扩增子的两个末端将会连接成环，因而不能作为这一轮的扩增模板，从而避免了 PCR 指数级扩增产生的扩增偏倚，而是以线性扩增方式进行扩增。5 个线性扩增循环结束后，再以全扩增子为模板、用 27 个一致序列碱基为引物进行常规 PCR 扩增，从而产生毫克（mg）级的 PCR 产物（图 6.31）。谢晓亮教授和乔杰院士利用这种单细胞测序联合二代高通量测序技术进行 IVF（体外受精）试管婴儿的产前诊断，于 2015 年成功诞生了世界上第一例健康的 MALBAC 宝宝。

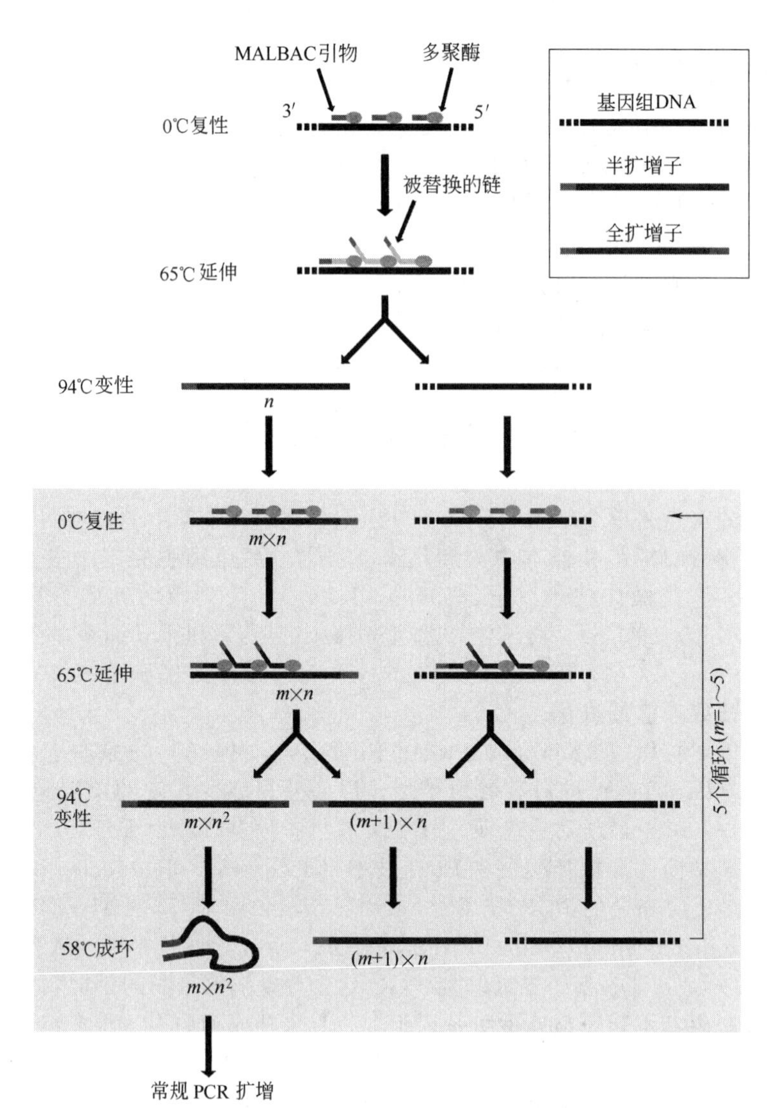

图 6.31 多重退火成环扩增技术。MALBAC引物由5′端27个一致序列的碱基和3′端8个随机可变序列的碱基组成。引物在0℃与基因组DNA随机互补复性，65℃引导许多从模板不同位点起始的短片段的合成。94℃继续变性，老模板链和新合成的半扩增子（指MALBAC引物引导合成的新链，一端带有MALBAC引物序列）分别作模板，在MALBAC引物的引导下继续合成新链。老模板链依然产生半扩增子，而半扩增子作模板将会产生全扩增子（一端含有MALBAC引物序列，另一端含有MALBAC引物互补的序列）。进行5轮这样的扩增。下一轮扩增反应时，全扩增子由于两个末端互补，会连接成环，将不会作扩增模板，依然只有老模板和半扩增子作模板。因此，全扩增子的产量是 $m \times n^2$（m 表示1～5个循环数，n 表示参与结合的MALBAC引物条数），半扩增子的产量是 $(m+1) \times n$。5轮扩增后，以全扩增子作模板，一对MALBAC引物中的27个一致序列作引物，完成常规PCR扩增（谢晓亮，Science，2012）

6.5.7 高通量测序在组学研究中的应用

新一代测序技术的快速发展，让生命科学进入序列分析新时代。通过DNA序列分析不仅可以分析全基因组的信息，也可以分析转录组、翻译组和表观基因组的各种信息。根据组学研究对象的不同，研究者们把组学测序相应分为四种，以便与分子杂交技术相对应，即Southern测序、Northern测序、Western测序和Eastern测序。

（1）Southern 测序

Southern 测序就是指 DNA 测序，DNA-Seq，是对各种 DNA 组进行测序。常见类型包括：①点测序，就是对某一个基因或 DNA 片段测序，以便检测该基因是否存在点突变；②外显子组测序，是对某个个体细胞核基因组的全部外显子序列进行检测，也是为了筛查某个单基因遗传病的致病基因；③全基因组测序，是为了获得个体的全部 DNA 序列信息，主要用于基因检测和遗传信息评估；④单细胞测序，是对分离的单个细胞全基因组 DNA 进行测序，以排除细胞异质性导致的误差；⑤META 测序，是对某个特定情境多种微生物基因组的混合测序和分析等，如肠道微生物 META 测序。

除全基因组测序外，全外显子测序也是目前应用最多的一种 DNA 组测序。它只检测基因组的全部外显子序列，对于筛查某一个单基因遗传病的致病基因突变来说，性价比很高。其关键技术在于外显子捕获，也就是如何获得仅仅含有外显子的 DNA 片段。目前常用的做法是通过外显子与内含子交界处的特征序列设计探针库，制备探针芯片，然后将基因组 DNA 打断，把 DNA 片段与探针芯片杂交，以便把所有外显子片段截获下来。然后洗脱掉芯片上的杂交序列，在序列两端加上人工接头，进行高通量测序（图 6.32），最后分析样本与对照 DNA 全长外显子的碱基差异，比对基因组参考序列，进行突变位点分析，确定致病基因及其突变位点。

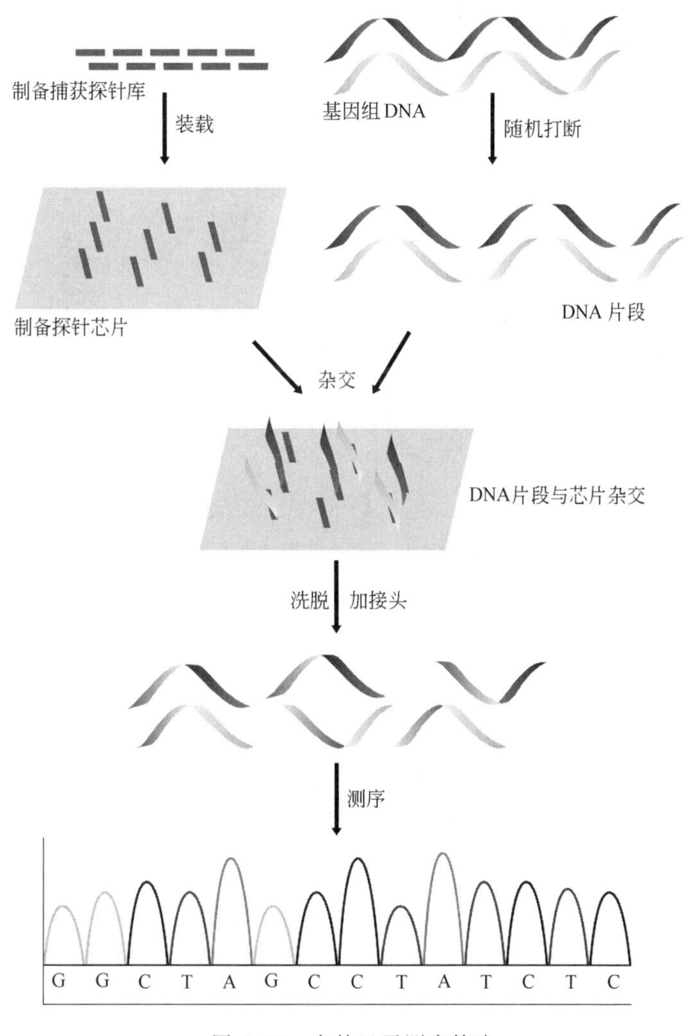

图 6.32　全外显子测序策略

彩图6.32

（2）Northern 测序

Northern 测序是指 RNA 组测序，RNA-Seq，即测定各个基因转录本的数目、不同的剪切类型以及各基因 mRNA 拷贝数的差异，从而定量检测各个基因转录本的表达水平。它之所以能够检测各 mRNA 拷贝数的差异，主要是利用了表达序列标签的丰度差异。首先，利用多聚 T 引物将细胞内全部 mRNA 都反转录成双链 cDNA，然后用 *Mme* Ⅰ限制性核酸内切酶将 cDNA 切断。*Mme* Ⅰ识别 CATG 的序列，人类 97%的基因都具有这样的序列，意味着 97%的基因都可以被这个酶切断。切断后的 cDNA 末端连上接头 A，接头 A 3′末端含有另一个限制性核酸内切酶 *Nla* Ⅱ的识别序列，*Nla* Ⅱ的切割位点在识别位点下游 21bp 处（图 6.33）。这样一来，反转录得到的 cDNA 分子被两种限制性酶切割之后，就都变成了 21bp 的短序列，这个 21bp 的短序列被称为表达序列标签。把这个标签接上接头 B，通过接

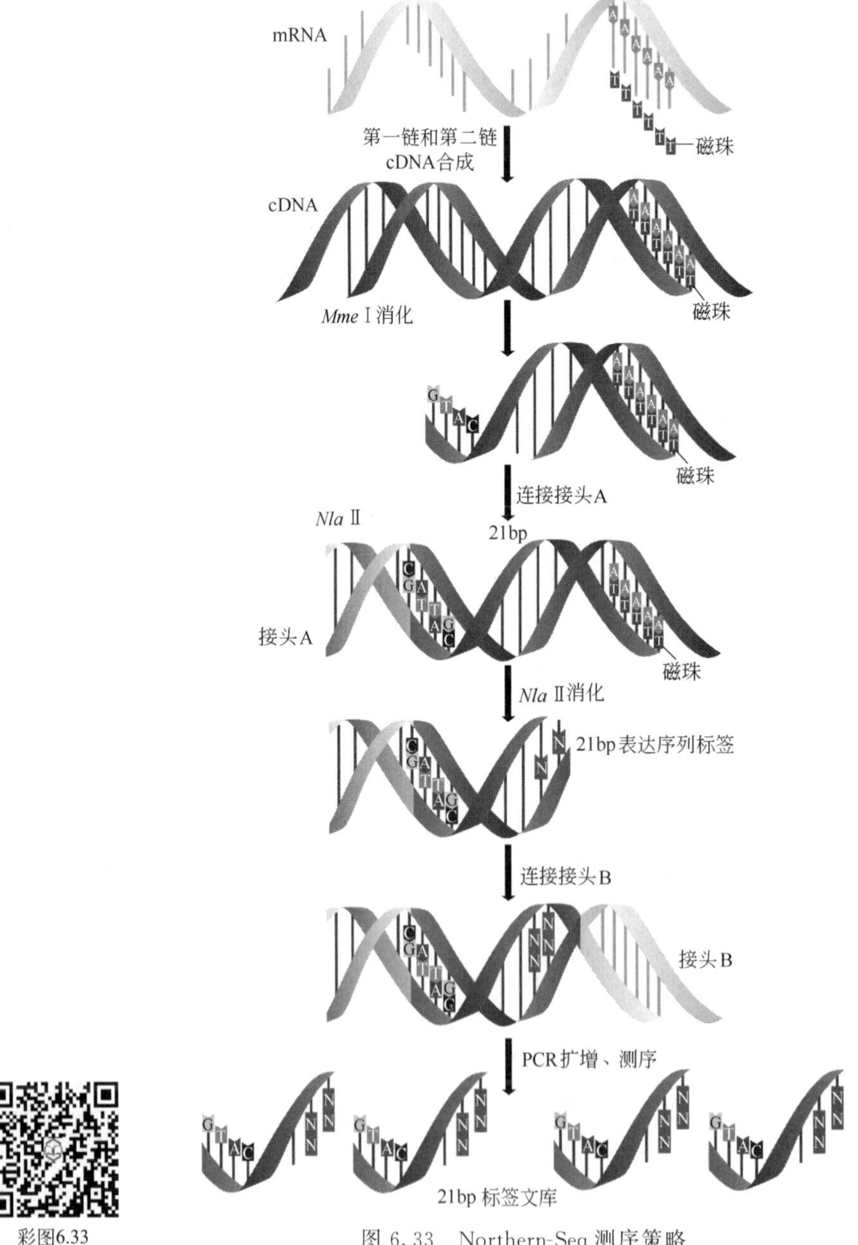

图 6.33　Northern-Seq 测序策略

头 A 和接头 B 设计引物进行 PCR 扩增，再测序，就可以得到不同表达序列标签的丰度差异。某种标签的拷贝数多，就说明这个基因的表达量高，反之，表达量就低。因此，RNA-Seq 可以精准分析一个细胞内全部基因表达量的差异。

（3）Western 测序

Western 测序主要是检测与蛋白质结合的各种 DNA 或 RNA 序列，如与转录因子结合的 DNA 序列以及与核糖体结合的 mRNA 序列等。现阶段，染色质免疫沉淀测序即 CHIP-Seq 是应用最多的一种 Western 测序，主要是检测某个特定的蛋白质在活细胞内结合的全部 DNA 序列。基本做法是：首先把细胞核内染色质 DNA 与蛋白质交联的复合物提取出来，随机打断。用某个靶蛋白特异的抗体去免疫沉淀蛋白质，那么与该蛋白结合的 DNA 序列也被一起沉淀下来。分离这些沉淀复合物，把蛋白质和 DNA 片段也分开，然后用 PCR 扩增这些 DNA 片段并加接头进行高通量测序，这样就可以得到在细胞内与靶蛋白结合的全部 DNA 序列，从而获知该蛋白参与的基因调控网络（图 6.34）。

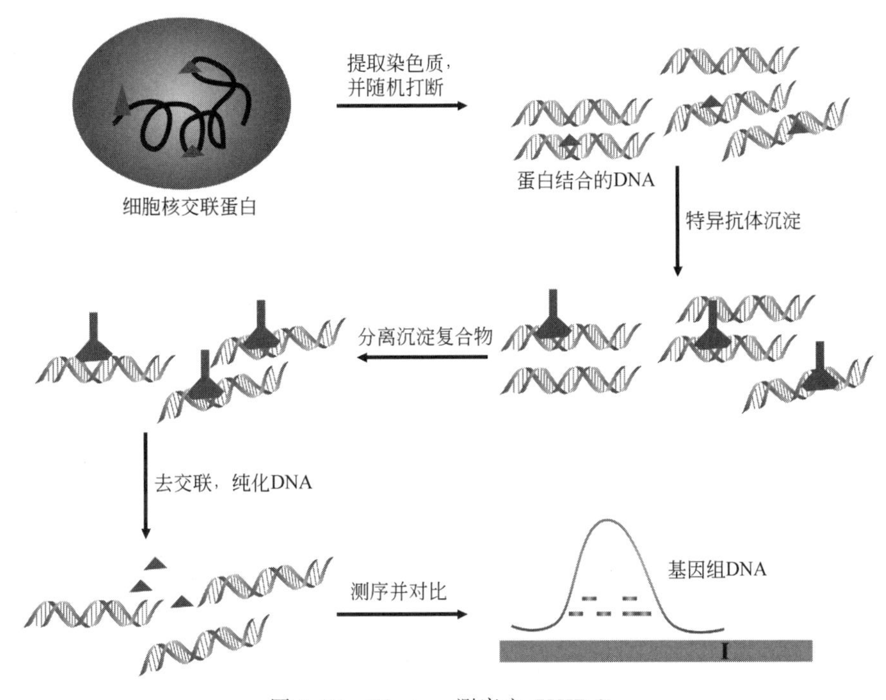

图 6.34　Western 测序之 CHIP-Seq

（4）Eastern 测序

Eastern 测序主要是针对表观基因组进行的测序，例如分析 DNA 甲基化组和组蛋白修饰组学的情况。重亚硫酸盐处理法是目前研究 DNA 甲基化组的金标准。因为重亚硫酸盐对 DNA 分子中甲基化的 C 碱基和非甲基化的 C 碱基有不同的效应，它能特异地把非甲基化的 C 碱基变成 U 碱基，而对甲基化的 C 碱基不起作用。这样就可以先通过重亚硫酸盐处理基因组 DNA，然后再做 PCR 扩增和测序，把测序结果与未经重亚硫酸盐处理的同一个基因组 DNA 样品的测序结果比较，就可以分析出来整个基因组 C 碱基甲基化的部位了（图 6.35）。另一种 DNA 甲基化组的测序方法是亲和法，是通过甲基化 C 碱基的特异抗体去做 CHIP-Seq，从而获得基因组甲基化的 C 碱基片段。

由此可见，高通量测序的规模化使用，使得基因组、RNA 组、蛋白质组和表观基因组的研究和应用飞速发展，生命科学迈入组学分析时代。

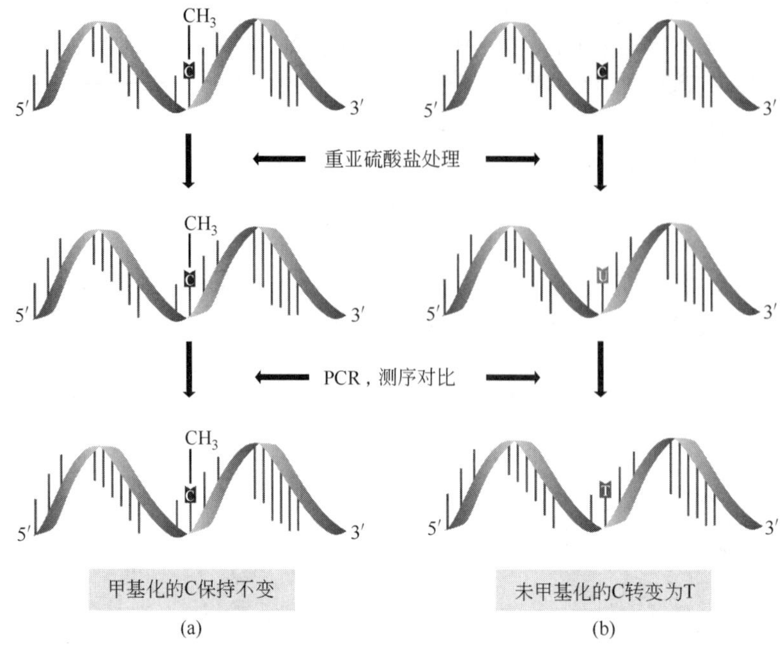

图 6.35　Eastern 测序之重亚硫酸盐法。(a) 未经过重亚硫酸盐处理的 DNA 样品；(b) 经过重亚硫酸盐处理的同一种 DNA 样品。将两种样品分别扩增测序，再比对，可以找出甲基化位点有哪些

本章小结

含有外源基因的重组转化体必须经过一系列遗传学、生物化学和分子生物学的检测，才能筛选和鉴定到目的基因的存在。遗传检测主要根据载体的标记基因进行检测，如抗生素抗性基因和 *lacZ* 基因的蓝白斑筛选。生物化学检测主要是通过酶切电泳来进行不同大小 DNA 片段的分析，其中酶切位点最好选择目的基因片段内拥有的酶切位点。分子生物学检测包括 PCR、Southern blot、Northern blot、Western blot 和菌落原位杂交等。此外，DNA 序列测定是确定目的基因最准确的方法。传统的测序包括双脱氧末端终止法测序、化学降解法测序和全自动测序，这些被称为一代测序技术。随着基因组计划的大规模实施，新一代测序技术不断涌现，包括二代测序、三代测序和单细胞测序技术，它们被称为高通量测序或大规模平行测序技术，这些高通量测序技术为组学研究提供了便利的手段。

复习题

1. 请阐述蓝白斑筛选的原理。
2. 酶切电泳检测阳性转化子的优势是什么？
3. 探针有哪些类型？ 探针标记有哪些方法？
4. Southern 杂交的基本原理、流程与主要目的分别是什么？
5. Northern 杂交的基本原理、流程与主要目的分别是什么？
6. Western 印迹的基本原理、流程与主要目的分别是什么？
7. Sanger 双脱氧链终止法 DNA 测序的基本原理是什么？
8. Maxam-Gilbert 化学修饰法测序的基本原理是什么？
9. DNA 自动测序的基本原理是什么？
10. 焦磷酸测序的原理是什么？
11. Solexa 测序有哪些优点？
12. 什么是单分子测序？ 它与单细胞测序有什么不同？

7

基因工程在基因功能研究中的应用

本章导读　基因功能研究是后基因组时代生命科学研究的主要内容，也是现阶段基因工程技术在生命科学基础研究中的重要应用。本章比较全面地介绍了基因功能研究相关的主要技术，包括基因表达谱研究技术，如胚胎原位杂交和胚胎抗体染色技术、基因芯片技术等；基因突变研究技术，重点介绍了化学诱变和转座子全基因组诱变的原理；基因敲除技术与条件基因敲除技术；基因编辑技术，包括 ZFN、TALEN 和 CRISPR 技术；基因敲减技术，包括 RNA 干扰和 Morpholino 干扰等；GAL4/UAS 系统的过表达研究技术以及基因相互作用研究技术，包括凝胶迁移率阻滞实验、染色质免疫沉淀、酵母双杂交系统和免疫共沉淀技术等，为如何着手开展基因功能的研究提供了基本的、主要的思路。

生命科学已经进入功能基因组时代。揭示人类基因组 2.5 万个基因在胚胎发育、器官形成、性状分化与维持以及人类疾病发生中的功能与作用是功能基因组学研究的主要内容。认证一个基因在特定组织器官中的功能，必须至少满足两项基本实验推论：①这一基因在靶组织或器官中有表达；②改变这一基因的表达或破坏这一基因的结构与活性将引起靶组织或器官的功能异常。因此，现阶段国际上流行的基因功能研究的方法主要是从表达谱研究（expression pattern）、基因突变（gene mutation）、基因敲除（gene knock-out）、基因编辑（gene editing）、基因敲减（gene knock-down）或基因沉默（gene silencing）、基因的过表达（overexpression）和异位表达（ectopic expression）以及基因的相互作用（interaction）等方面来开展的。本章主要介绍这些基因功能研究技术的基本原理、基本思路和主要应用，详细的操作方法请参考相关文献或实验操作手册。

7.1　基因的表达谱研究技术

生物体内基因表达具有严格调控的时空特异性。存在于生物体内的每一细胞、每一组织，以及生物体在不同的发育分化阶段、不同的生理条件和病理状态下，其表达的基因种类以及每一基因的表达丰度都是各不相同的。生命过程的精确机制很大程度上正是基于不同时期、不同组织的基因表达的精细调控，许多生命现象的深层次问题都集中于此。因此，基因的表达谱能为我们研究基因功能提供重要线索，比如，某一基因如在神经系统特异性表达，我们可以推测它可能在神经系统的发育与生理活动中发挥重要作用；如在心脏特异性表达，则该基因很可能与心脏发育以及心脏病的发生相关。同时，基因表达谱也是基因功能研究的重要方面与基础性工作。

对基因表达谱的研究可以研究 mRNA 的表达定位，也可以研究基因编码蛋白质的表达定位。研究 mRNA 的表达定位主要通过 Northern blot、RT-PCR、荧光定量 PCR 和整体胚胎原位杂交等技术实现，确定蛋白质的表达定位则主要通过 Western blot、免疫组织化学及整体胚胎或组织抗体免疫染色技术实现。此外，近来人们越来越多地利用各种方法对基因表达谱进行高通量研究，如微阵列（microarray）分析 、RNA-Seq 以及蛋白质组学技术等。Northern blot、Western blot、RT-PCR、荧光定量 PCR、RNA-Seq 等方法已经在本书第 4 章或第 6 章详细介绍过了，因此本节主要介绍胚胎原位杂交技术、胚胎抗体免疫染色技术以及基因芯片技术。

7.1.1 胚胎原位杂交技术

（1）原位杂交概述

原位杂交化学技术简称原位杂交（*in situ* hybridization，ISH），其基本原理是两条核苷酸单链片段，在适宜的条件下，能形成 DNA-DNA、DNA-RNA 或 RNA-RNA 的双链分子，用带有标记的 DNA 或 RNA 片段作为核酸探针，与组织或细胞内待测核酸（RNA）片段进行杂交，然后通过放射自显影、荧光显微镜观察或酶促底物显色的方法予以显示，确定目的基因的 mRNA 的存在与定位情况。由于原位杂交检测信号的定位就是目的基因 mRNA 的表达部位，因此，原位杂交技术可在原位研究组织或细胞内的基因表达。此方法有很高的敏感性和特异性，可进一步从分子水平来研究基因的表达情况及其调控机制，已成为当今细胞生物学、分子生物学研究的重要手段。

1969 年，美国耶鲁大学 Gall 和 Pardue 首先用爪蟾核糖体基因探针与其卵母细胞杂交，确定该基因定位于卵母细胞的核仁中。与此同时，Buongiorno-Nardelli 和 Amaldi、John 及其同事等相继利用同位素标记核酸探针进行了细胞或组织的基因定位，从而创造了原位杂交细胞或组织化学技术。原位杂交可以在整体胚胎中进行，也可在组织、组织切片及细胞涂片上进行。

（2）原位杂交所用的探针

根据探针的核酸性质不同可分为 DNA 探针、RNA 探针、cDNA 探针、cRNA 探针和寡核苷酸探针等。DNA 探针还有单链和双链之分。早期应用的主要是 DNA 探针，后来 Temin 在 20 世纪 70 年代研究致癌 RNA 病毒时制备了 cDNA 探针。

RNA 探针是将特异性的 cDNA 片段插入含有适宜的 RNA 聚合酶启动子的体外转录载体。常用的载体如 pBluescript SK 等（图 7.1）。pBluescript SK 载体有（+）(－）两种，它们在多克隆位点的两侧具有不同的启动子，通过改变外源基因的插入方向或选用不同的 RNA 聚合酶，可以控制 RNA 的转录方向，即以哪条 DNA 链为模板转录 RNA，从而可以得到与 mRNA 同序列的正义 RNA 探针（sense probe）和与 mRNA 互补的反义 RNA 探针（antisense probe）。如将 cDNA 正向插入多克隆位点，用 T_7 RNA 聚合酶转录产生正义 RNA 探针，用 T_3 聚合酶转录则产生反义 RNA 探针，如 cDNA 反向插入，结果则相反（图 7.1）。通常将反义 RNA 探针作为实验组，正义 RNA 探针作为阴性对照。由于 RNA 探针是单链分子，所以它与靶序列的杂交反应的灵敏性极高。有报告认为其杂交率高于 DNA 探针的 8 倍。

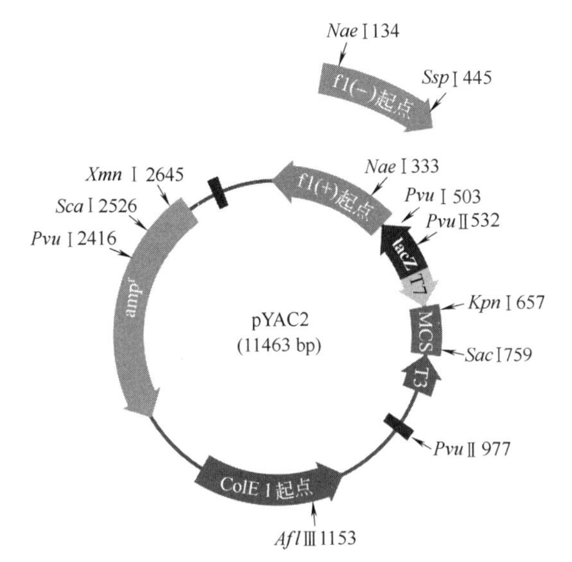

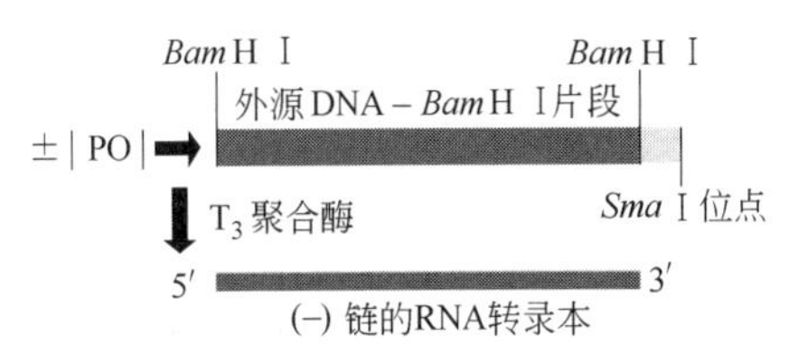

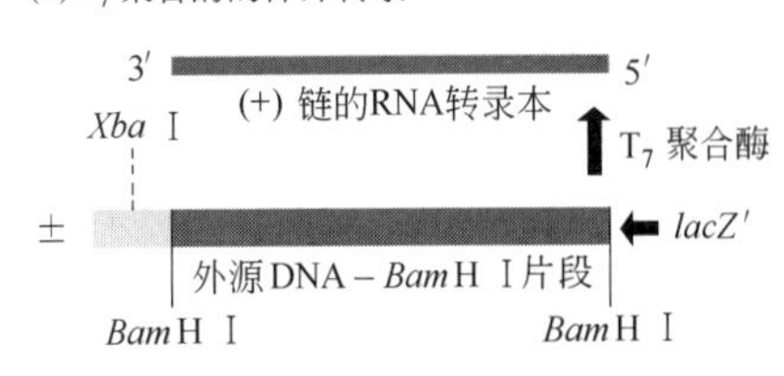

图 7.1　原位杂交探针的体外合成。(a)为 T_3RNA 聚合酶体外转录，产生(－) 链转录本，可与 mRNA 互补杂交。(b)为 T_7RNA 聚合酶体外转录，产生(＋)链转录本，不能与 mRNA 杂交，作为阴性对照

原位杂交探针根据标记方法的不同也可分为放射性探针和非放射性探针两类。最早用于原位杂交的探针都是用同位素标记的，如^{32}P、^{35}S、^{3}H 等；由于同位素标记探针具有放射性，既污染环境，又对人体有害，且受半衰期限制等缺点，科学工作者们开始探索用非放射性的标记物标记核酸探针进行原位杂交，常用的非放射性标记方法有地高辛、荧光素、生物素等三种。

地高辛(digoxigenin，Dig) 又称异羟基洋地黄毒苷配基，这种类固醇半抗原仅限于洋地黄类植物，其抗体与其他任何固醇类似物如人体中的性激素等无交叉反应。地高辛标记的原理是将地高辛配基标记于 dUTP 上，通过随机引物法或切口平移法，将地高辛标记的 dUTP 掺入探针中，构成地高辛标记的核酸探针，将标记探针与组织、细胞或染色体原位核酸分子之间的同源序列在一定条件下互补杂交，然后用偶联酶或荧光素的羊抗地高辛抗体与地高辛标记探针结合，再分别用显色底物使杂交部位显色或进行荧光观察以达到检测目的，其原理见图 7.2。常用的免疫酶学检测方法有两类：一是 Dig-HRP（辣根过氧化物酶）检测体系，以 DAB（四氢氯化二氨基联苯胺)/H_2O_2 为底物，结果为棕色；二是 Dig-AKP（碱性磷酸酶）检测体系，以 BCIP/NBT(5-溴-4-氯-3-吲哚磷酸/氯化硝基四氮唑蓝）为底物，结果为蓝紫色沉淀。同样是酶促化学反应，AKP 因为其灵敏度和分辨率较 HRP 约高 10 倍，因此更为常用。

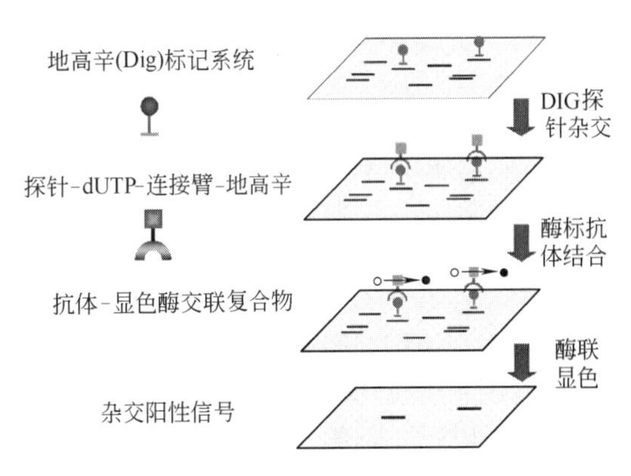

图 7.2　核酸探针的地高辛标记技术

彩图7.2

与放射性标记相比，地高辛标记探针具有非放射性探针的优点，对人体无害，不受半衰期限制，探针可长期保存。与生物素标记探针相比，地高辛探针不受组织、细胞中内源性生物素的干扰，敏感性高。由于地高辛具有灵敏度及分辨率高、反应产物颜色鲜艳、反差好、

背景染色低、制备探针可较长期保存、对人体无害等优点，已日益显示出它的优越性和广泛的应用前景。

如果原位杂交的探针是用荧光标记的，就称为荧光原位杂交(fluorescence *in situ* hybridization，FISH)。荧光原位杂交具有快速、检测信号强、杂交特异性高和可以多重染色等特点，利用多重荧光原位杂交可以同时研究多个基因 mRNA 的表达定位，以及它们的表达是否共定位。目前这项技术已经广泛应用于动植物基因组结构研究、染色体精细结构变异分析、病毒感染分析、人类产前诊断、肿瘤遗传学和基因组进化研究等许多领域。

与核酸分子杂交探针不同的是，原位杂交对探针长度有较高的要求，因为探针在组织内原位杂交时，将会接触到成千上万种 mRNA 分子，有的基因表达的 mRNA 量很少，因此要求探针的特异性必须非常高。为达到这个高特异性，要求探针的长度越长越好，至少不低于 500bp 长度。但是，探针太长，又面临穿透组织和细胞的问题，因此，通常的做法是使用一段较长的探针，一般为 500～1500bp，将其略微打碎，分成几段探针片段，这样既保证了杂交反应的特异性，又保证了探针比较容易穿透组织，到达细胞内。对于表达量比较少的基因，可结合原位 PCR 方法完成原位杂交过程（原位 PCR 的原理见第 4 章）。

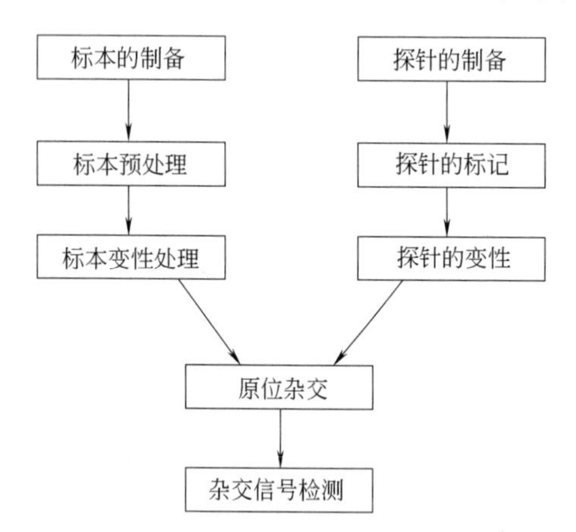

图 7.3　原位杂交的基本步骤和流程

(3) 原位杂交技术的基本方法

如前所述，由于核酸探针的种类和标记物的不同，在具体应用的技术方法上也各有差异，但其基本方法和应用原则大致相同。大致可分为：①杂交前准备，包括固定、取材、玻片和组织的处理，如何增强核酸探针的穿透性、减低背景染色等；②杂交；③杂交后处理；④杂交信号检测，即荧光观察、放射性自显影和非放射性标记的显色反应等（图 7.3）。

① 固定。原位杂交技术在固定剂的应用和选择上应兼顾到三个方面：保持细胞结构，最大限度地保持细胞内 DNA 或 RNA 的水平，使探针易于进入细胞或组织。在 RNA 的定位上，如果要使 RNA 的降解减少到最低限度，那么，不仅固定剂的种类、浓度和固定的时间十分重要，而且取材后应尽快予以冷冻或固定。至今，多聚甲醛仍被公认为 ISH 较为理想的固定剂。

② 组织和组织切片的处理

a. 增强组织的通透性和核酸探针的穿透性。此步骤根据应用固定剂的种类、组织的种类、切片的厚度和核酸探针的长度而定。比如用戊二醛固定的组织由于其与蛋白质产生广泛的交叉连接就需要应用较强的增强组织通透性的试剂。增强组织通透性常用的方法如应用稀释的酸洗涤、去污剂(detergent) 或称清洗剂 Triton X-100、酒精或某些消化酶如胃蛋白酶、胰蛋白酶、胶原蛋白酶和淀粉酶(diastase) 等。这种广泛的去蛋白作用无疑可增强组织的通透性和核酸探针的穿透性，提高杂交信号，但同时也会减低 RNA 的保存和影响组织结构的形态，因此，在用量及孵育时间上应慎为掌握。

蛋白酶 K(proteinase K) 的消化作用在 ISH 中是应用于蛋白消化的关键步骤，其浓度及孵育时间视组织种类、应用固定剂种类而定。一般以达到充分的蛋白消化作用而不致影响组织的形态为目的。蛋白酶 K 还具有消化包围着靶 DNA 的蛋白质的作用，从而增强杂交信号。

b. 减低背景染色。ISH 实验程序中，如何减低背景染色是一个重要的问题。ISH 中背景染色的形成是诸多因素构成的。杂交后（posthybridization）的酶处理和杂交后的洗涤均有助于减低背景染色。预杂交（prehybridization）是减低背景染色的一种有效手段。预杂交液和杂交液的区别在于前者不含探针和硫酸葡聚糖（dextransulphate）。预杂交的原理与Southern blot 和 Northern blot 是相同的。将组织切片浸入预杂交液中可达到封闭非特异性杂交点的目的，从而降低背景染色。

c. 防止 RNA 酶的污染。由于在手指、皮肤及实验用玻璃器皿上均可能含有 RNA 酶，为防止其污染而影响实验结果，在整个杂交前处理过程都需戴消毒手套。所有实验用玻璃器皿及镊子都应于实验前一日置高温（240℃）烘烤以达到消除 RNA 酶的目的。要破坏 RNA 酶，其最低温度必须在 150℃左右。杂交前及杂交时所应用的溶液均需经高压消毒及 DEPC 水处理。

③ 杂交。杂交（hybridization）是指地高辛标记的特异探针与处理后的胚胎及组织中的靶 mRNA 特异互补结合的过程。杂交的温度是杂交成功与否的一个重要环节。能使 50％的核苷酸变性解链所需的温度，叫解链温度或熔解温度（melting temperature，T_m）。在杂交的程序中常规的加入 30％～50％甲酰胺（formamide）于杂交液中。实际采用的原位杂交的温度在 T_m－25℃左右，即比 T_m 减低 25℃，大约在 30～60℃之间，根据探针的种类不同，温度略有差异。

杂交的时间如过短会造成杂交不完全，而过长则会增加非特异性染色。从理论上讲，核酸分子杂交的有效反应时间在 3h 左右。但为稳妥起见，一般将杂交反应时间定为 16～20h，即通常将杂交一步孵育过夜。杂交反应的时间与核酸探针长度和组织通透性有关，在确定杂交反应时间时应予考虑，并经反复实验确定。

④ 杂交后处理。杂交后处理（posthybridization treatment）包括系列不同浓度、不同温度的盐溶液的漂洗。在原位杂交实验程序中，这也是一个重要的环节。特别是因为大多数的原位杂交实验是在低严格度条件下进行的，非特异性的探针片段在组织中，从而增强了背景染色。RNA 探针杂交时产生的背景染色特别高，但能通过杂交后的洗涤有效地降低背景染色，获得较好的反差效果。在杂交后的漂洗中用 RNA 酶液洗涤能将组织切片中非碱基配对 RNA 除去。洗涤的条件如盐溶液的浓度、温度、洗涤次数和时间因核酸探针的类型和标记的种类不同而略有差异，一般遵循的共同原则是盐溶液浓度由高到低而温度由低到高。

⑤ 显示。显示（visualization）即检测系统（detection system）。根据核酸探针标记物的种类分别进行放射自显影或利用酶检测系统进行不同的显色处理。

细胞或组织的原位杂交切片在显示后均可进行半定量的测定，非放射性标记的探针杂交的细胞或组织可利用酶检测系统显色，也可直接用荧光显微镜观察。

图 7.4 展示了 Rolf Bodmer 教授 1993 年鉴定的第一个心脏发育基因 *tinman* 在果蝇胚胎发育的不同时期的表达情况。*tinman* 探针用 DIG-AKP 标记系统标记。结果显示，tinman 基因在胚胎发育的第 8 期甚至更早一点时，是在果蝇胚胎的整个中胚层表达的；第 9 期则局

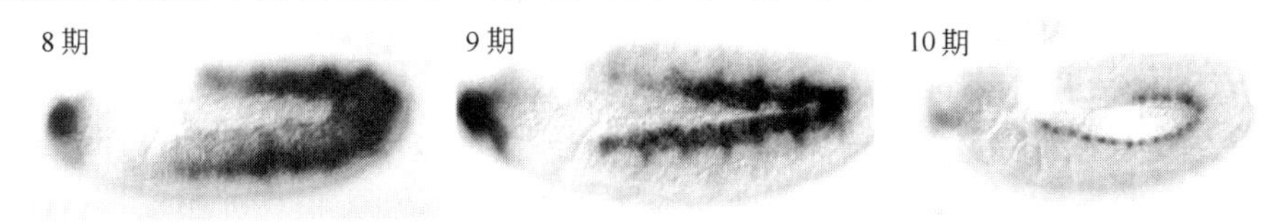

图 7.4 果蝇心脏发育基因 *tinman* 在胚胎发育不同时期的原位杂交结果。果蝇胚胎时期见标注。胚胎呈侧面观，头部在左，尾部在右。背部在上，腹部在下。8 期胚胎显示 *tinman* 基因在整个中胚层表达，9 期胚胎显示 *tinman* 只在背部中胚层表达，10 期胚胎显示 *tinman* 局限于心脏前体细胞中表达（引自 R. Bodmer，1993）

限于在背部中胚层表达；到第 10 期以后，*tinman* 仅仅在心脏前体细胞中表达，提示 *tinman* 基因可能与心脏发育的功能密切相关。后来通过突变分析，证明 *tinman* 基因确实是控制果蝇心脏早期发育的一个关键功能基因。

7.1.2 胚胎抗体染色技术

原位杂交可以检测 mRNA 的表达定位与丰度，胚胎抗体染色（embryo antibody staining）则可以直接检测蛋白质在胚胎的表达定位。胚胎抗体染色技术（简称抗体染色，antibody staining；对组织标本就称免疫组织化学，immunohistochemistry）的基本原理是：利用固定剂（通常是甲醛或多聚甲醛）将胚胎、组织或细胞固定，使得细胞膜的通透性大大增加，并且利用 Triton X-100 使得一部分膜蛋白变性，从而使通透性进一步加强。利用正常动物血清封闭，可以令许多蛋白先与血清内的非特异性抗体结合，而特异性的抗体由于动力学的关系可以通过竞争性的反应与目的蛋白结合，这一过程可以保证抗体识别的特异性。一抗与目的蛋白结合后，二抗可以特异性识别一抗的 Fc 区域（fragment crystallizable，即免疫球蛋白 IgG 经木瓜蛋白酶水解后的可结晶片段。Fc 无抗原结合活性，是抗体分子与效应分子和细胞相互作用的部位），利用二抗连接不同的酶或荧光基团，就可以进行显色反应或在荧光显微镜下观察到不同的荧光，从而显示目的基因的蛋白表达定位与表达程度。如果二抗用荧光基团标记，抗体免疫染色又称为免疫荧光技术（immunofluorescence）。

免疫荧光实验由于其较高的敏感性可以显示出基因表达的亚细胞情况（核内、核外、膜上以及一些较大的细胞器上），所以通常被用来作为基因细胞内定位的研究方法。利用多重荧光可以进行多重标记，还可以同时检测多个基因的表达情况与共定位情况。

（1）抗体的制备

要进行抗体免疫染色，必须首先得到针对靶蛋白的特异性抗体。根据制备的原理和方法可分为多克隆抗体、单克隆抗体及基因工程抗体。

① 多克隆抗体。在早期，传统的抗体制备方法是将一种天然抗原经各种途径免疫动物，由于抗原性物质具有多种抗原决定簇，故可刺激免疫动物产生多种抗体形成细胞克隆，合成并将抗各种抗原决定簇的抗体分泌到血清或体液中，故在动物血清中实际上是含多种抗体的混合物，这种用体内免疫法所获得的免疫血清称为多克隆抗体。

制备多克隆抗体免疫用的动物主要有家兔、羊、马、豚鼠、小鼠等，实验室常用家兔、小鼠、山羊，因其动物反应良好，而且能够提供足够数量的血清。用于免疫的动物应适龄，健壮，无感染性疾患，最好为雄性，此外，还需十分注意动物的饲养，以消除动物的个体差异以及在免疫过程中死亡的影响。若用兔，最好用纯种新西兰兔，一组三只，兔的体重以 2～3kg 为宜。

免疫途径多种多样，如静脉内、腹腔内、肌肉内、皮内、皮下、淋巴结内注射等，一般常用皮下或背部多点皮内注射，每点注射 0.1mL 左右。途径的选择取决于抗原的生物学特性和理化特性，如激素、酶、毒素等生物学活性抗原，一般不宜采用静脉注射。

首次免疫抗原剂量为 300～500μg，加强免疫的剂量约为首次剂量的 1/4。每 2～3 周加强免疫一次。首次免疫用弗氏完全佐剂，加强免疫时用不完全佐剂。在第 2 次加强免疫后 2 周，从耳缘静脉取 2～3mL 血，制备血清，检测抗体效价。如未达到预期效价，需再进行加强免疫，直到满意时为止。当抗体效价达到预期水平时，即可放血制备抗血清。

羊等较大动物以颈静脉、动脉取血。取兔血有三种方法，一是耳缘静脉或耳动脉放血，二是颈动脉放血，三是心脏采血。耳缘静脉或耳动脉可反复多次放血。收集的血液置于室温下 1h 左右，凝固后置 4℃过夜（切勿冰冻），析出血清，离心，在无菌条件下吸出血清并分装，储于－40℃以下冰箱。

获得抗血清后，需要检测抗血清的效价和特异性。效价是指血清中所含抗体的浓度或含量。效价测定的方法常用放射免疫法，此法对所有的抗体均适用，测定的效价极为精确。

② 单克隆抗体。体内免疫法很难获得单克隆抗体。如能将所需要的抗体形成细胞选出并能在体外进行培养即可获得已知基因的特异性单克隆抗体。1975 年，德国学者 Kohler 和英国学者 Milstein 将小鼠骨髓瘤细胞和绵羊红细胞（sheep red blood cell，SRBC）免疫的小鼠脾细胞在体外进行两种细胞融合，结果发现形成的部分杂交细胞既能继续在体外培养条件下生长繁殖又能分泌抗 SRBC 的抗体，称这种杂交细胞系为杂交瘤（hybridoma）。这种杂交瘤细胞既具有骨髓瘤细胞能大量无限生长繁殖的特性，又具有抗体形成细胞的合成与分泌抗体的能力。它们是由识别一种抗原决定簇的细胞克隆所产生的均一性抗体，故称之为单克隆抗体。

应用杂交瘤技术可获得几乎所有抗原的单克隆抗体。单克隆抗体由于纯度高、特异性强、可以提高检测抗原的敏感性及特异性，而且由于每株单克隆抗体只针对一个抗原决定簇，因此可以分别识别同一个蛋白家族的不同成员的特异性序列，避免了多克隆抗体识别这些蛋白共有序列的交叉反应。此外，单克隆抗体亦可与核素、各种毒素（如白喉外毒素或蓖麻毒素）或药物通过化学偶联或基因重组制备成导向药物（targetting drug）用于肿瘤的治疗，是一种新型免疫治疗方法，有可能提高对肿瘤的疗效。

单克隆抗体亦可用于对各种免疫细胞及其他组织细胞表面分子的检测，这对免疫细胞的分离、鉴定与分类及研究各种膜表面分子的结构与功能都具有重要的意义。

③ 基因工程抗体。自 1975 年单克隆抗体杂交瘤技术问世以来，单克隆抗体在医学中被广泛地应用于痢疾的诊断及治疗。但目前绝大多数单克隆抗体是鼠源的，临床重复给药时体内产生抗鼠抗体，使临床疗效减弱或消失。因此，临床应用理想的单克隆抗体应是人源的，但人-人杂交瘤技术目前尚未突破，即使研制成功，也还存在人-人杂交瘤体外传代不稳定、抗体亲和力低及产量不高等问题。目前较好的解决办法是将对 Ig 基因结构与功能的了解与 DNA 重组技术相结合，研制基因工程抗体（genetically engineering antibody）以代替鼠源单克隆抗体用于临床。

基因工程抗体是指根据不同的目的和需要，对抗体基因进行加工、改造和重新装配，然后导入适当的受体细胞中进行表达得到的抗体分子。基因工程抗体所指范畴，包括完整的抗体分子、抗体可变区 Fv、单链抗体 ScFv、抗原结合片段 Fab 或（Fab′)2，以及其他为改善抗体药物的某些性质而产生的各种抗体衍生物。

基因工程抗体技术的发展经历了好几个阶段。1984 年，Morrison 等将鼠单抗可变区与人 IgG 恒定区在基因水平上连接在一起，成功构建了第一个基因工程抗体即人-鼠嵌合抗体（human-mouse chimeric antibody）。此后，各种基因工程抗体大量涌现。1986 年，Jones 等用鼠源单抗的 CDR（complementarity-determining region，互补性决定区，抗体的该部位形成一个与抗原决定簇互补的表面）区置换人 IgG 的 CDR 区，成功构建了第一个改形抗体（reshaped antibody），也称 CDR 移植抗体（CDR grafting antibody）。1991 年，Padlan 等提出以抗体为参照改造替换鼠源单抗的表面氨基酸残基，得到镶面抗体（resurfacing antibody）。此外，包括 Fab、Fv、ScFv、单域抗体等在内的多种单价小分子抗体以及发展迅猛的双特异性抗体、多特异性抗体陆续构建成功。目前，基因工程抗体主要分为如下 2 种类型。

a. 重组抗体片段。重组抗体片段是指以表达抗体轻、重链可变区基因为主，含或不含外源肽链的分子较小的抗体片段，具有分子小、体内半衰期短、免疫原性低、可在原核细胞系统表达、易于基因工程操作等优点。主要包括单链抗体、双特异性抗体、二硫键抗体、抗体 Fab 段等。

单链抗体（single-chain Fv，ScFv）是用基因工程方法将抗体重链和轻链可变区通过一段连接肽连接而成的重组蛋白，是保持了亲本抗体的抗原性和特异性的最小功能型抗体片段，具有分子小、免疫原性低、无 Fc 端、不易与具有 Fc 受体的靶细胞结合、对肿瘤组织的穿透力强等特点，可作为将药物、毒素、放射性核素、细胞因子导向肿瘤的有价值分子，还可以将单链抗体基因导向到肿瘤细胞，在肿瘤细胞中表达，干扰肿瘤细胞蛋白表达。

双特异性单克隆抗体（ bispecific monoclonal antibodies，BsAb）是通过化学偶联、细胞工程（双杂交瘤细胞）和基因工程方法制备的一种单克隆抗体的特殊类型。它有 2 个抗原结合位点，可分别结合 2 种不同的抗原表位，其中一个臂可与靶细胞表面的抗原结合，另一个臂则可与效应物（如药物、效应细胞等）结合，从而直接将效应物导向靶组织细胞。

二硫键稳定抗体（disulfied-stabilized Fv，dsFv）是在单链抗体的基础上发展起来的一类新型基因工程抗体，它是将抗体重链可变区（V_H）和轻链可变区（V_L）的各 1 个氨基酸残基突变为半胱氨酸，通过链间二硫键连接 V_H 和 V_L 可变区的抗体。

Fab 片段由重链 Fd 段与一条完整的轻链组成，二者通过 1 个链间二硫键连接，形成异二聚体，仅一个抗原结合位点。这种小分子抗体具有抗体的活性，而大小仅为完整 IgG 的 1/3，分子小，穿透力强，免疫原性低，可与多种药物及放射性同位素偶联，多用作导向药物的载体和显影。

b. 人源化抗体。人源化抗体包括嵌合抗体和 CDR 移植抗体。嵌合抗体（ chimeric antibody）属第一代人源化抗体，有 60%～70%的人源区域，是目前研究较多也较为成熟的基因工程抗体。它是应用 DNA 重组技术将鼠源单抗的 V 区基因与人免疫球蛋白的 C 区基因相连接，构建成嵌合基因，插入适当的质粒，转染相应的宿主细胞表达产生的。这样构建的嵌合抗体既可保留抗原抗体结合的特异性，又大大降低了鼠源单克隆抗体的免疫原性，而且在构建时可有目的地选择抗体类型或亚型，以有效发挥其效应功能。

CDR 移植抗体（CDR-grafted antibody）是 20 世纪 90 年代发展起来的一项新技术，是在嵌合抗体的基础上，利用基因工程技术，用人的 FR（framework region，骨架区）替代鼠的 FR，形成更为完全的人源化抗体，即除了 3 个 CDR 是鼠源的外，其余的全部是人源结构，属第二代人源化抗体。

与鼠源性单克隆抗体相比，基因工程抗体具有许多优点：

① 通过基因工程技术的改造，可以最大程度地降低抗体的鼠源性，降低甚至消除人体对抗体的排斥反应；

② 基因工程抗体的分子较小，穿透力强，更易到达病灶的核心部位；

③ 可以根据治疗的需要，制备多种用途的新型抗体；

④ 可以采用原核细胞、真核细胞或植物细胞等多种表达系统大量生产抗体分子，成本大大降低。

（2）抗体染色方法

抗体染色技术可以被分为三个主要步骤：①标本的制备；②标本固定；③抗体结合及检测。

① 标本的准备与固定。抗体免疫染色的标本也是原位的，可以是整体胚胎、组织或组织切片甚至细胞。整体胚胎多针对小型生物，如果蝇、斑马鱼等。组织标本可以是冰冻切片、石蜡切片或者整体组织。细胞首先要黏附于玻片上（至于是载玻片还是盖玻片视情况而定）。对于悬浮细胞，可以用甩片法或用一些化学黏合剂黏附于玻片上，在一般情况下，悬浮细胞基本上要经过反复离心和悬浮操作。

胚胎或组织标本固定的方法同原位杂交，这里不再赘述。

② 抗体结合反应。抗体结合是指目的基因的特异抗体与组织中目的蛋白的特异免疫结合过程。由于在细胞内进行原位抗体结合反应，没有将蛋白质提取出来分离，而细胞内蛋白质的种类远远高于 mRNA 的种类，因此，在胚胎和组织免疫抗体染色中尤其强调抗体结合的特异性，应特别注意增强特异性染色，减少或消除非特异性染色。

增强特异性染色的方法有以下几种。

a. 蛋白酶消化法。其作用是暴露抗原，增加细胞和组织的通透性，以便抗体与抗原最大限度的结合，增强特异性染色和避免非特异性染色。这种方法已广泛用于各种免疫细胞化学染色，常用的蛋白酶有胰蛋白酶、胃蛋白酶以及链霉蛋白酶（pronase）等；也可用 3mol/L 尿素处理切片，达到酶消化的目的。酶消化的时间和温度因各种抗原对消化的敏感性不同，应根据酶的活性通过预实验确定，消化的时间还与组织固定的时间有关，一般是陈旧组织固定所需时间长，37℃消化。消化时间短的组织可在室温中进行。消化处理时间过长能损伤组织，易使切片脱落，应使用切片黏附剂，消化时间尽量缩短。

b. 合适的抗体稀释度。抗体的浓度是免疫染色的关键，如果抗体浓度过高，抗体分子过多于抗原决定簇，可导致抗体特异结合减少，产生阴性结果。此阴性结果并不一定是缺少抗原，而是由于抗体过量。因此，必须使用一系列稀释检测抗体的合适稀释度，以得到最大强度的特异性染色和最弱的背景染色。抗体稀释度应根据以下因素来决定：Ⅰ. 抗体效价的高低。溶液中特异性抗体浓度越高，工作稀释度越高。Ⅱ. 温育时间。一般来讲，应用的抗体稀释度越大，温育时间越长。Ⅲ. 抗体中非特异性蛋白的含量。若非特异性蛋白含量高，则只有高稀释度时才能防止非特异性背景染色。Ⅳ. 稀释用缓冲液的种类、标本的固定和处理过程等也可影响稀释度。所以合适的稀释度应根据自己的情况测定。抗体的稀释主要是指第一抗体，因为第一抗体中特异性抗体结合的尝试是整个抗体染色的关键。

c. 温育时间。大部分抗体的温育时间为 30～60min，必要时可 4℃过夜（约 18h）。温育的温度常用 37℃，也可在室温中进行，对抗原抗体反应以室温为佳。37℃可增强抗原抗体反应；适用于多数抗体染色，但应注意在湿盒中进行，防止切片干燥而导致失败。另外，温育时要用低速摇床，保证抗体与抗原的充分结合。

组织中非抗原抗体反应出现的阳性染色称为非特异性背景染色，最常见的原因是蛋白吸附于高电荷的胶原和结缔组织成分上。有效减少或消除非特异性染色的方法是在用第一抗体前加制备第二抗体动物的非免疫血清(1∶5～1∶20)，封闭组织上带电荷基团而除去与第一抗体非特异性结合。必要时可加入 2%～5%牛血清白蛋白，可进一步减少非特异性染色。作用时间为 10～20min。也可用除制备第一抗体以外的其他动物血清(非免疫的)。有明显溶血的血清不能用，以免产生非特异性染色。免疫荧光染色时，可用 0.01%伊文氏蓝（PBS 溶液）稀释荧光抗体，对消除背景的非特异性荧光染色有很好的效果。当然，使用特异性高、效价高的第一抗体是最重要的条件。洗涤用的缓冲液中加入 0.85%～1% NaCl 成为高盐溶液，充分洗涤切片，能有效地减少非特异性结合而减少背景染色。

③ 显色反应的控制。对于免疫酶促底物显色，染色时应注意控制生色底物的浓度和温育时间的调节。增加生色底物的量或增加底物温育时间，可增加反应产物强度。着色太深可减少温育反应时间。此外，过氧化物酶显色时，较大浓度 H_2O_2 将使显色反应过快而致背景加深，过量 H_2O_2 还可能抑制酶的活性。因此，要根据特异的抗体染色反应在实验中摸索 H_2O_2 的合适使用浓度。

④ 复染。复染是指多种染色结果同时呈现的方法。通常包含两种情况，一是通过多种染色同时将目的蛋白与细胞结构（如细胞核、细胞膜）分别呈现出来，以确定目的蛋白的亚细胞定位。二是同时用两个或两个以上的第一抗体检测多个目的基因的共表达情况，以研究

基因的相互作用与信号通路。复染通常是免疫不同动物的第一抗体与不同激发波长的荧光标记的第二抗体，可以同时呈现多种荧光染色结果，而检测时则要用到共聚焦荧光显微镜（laser confocal microscopy system）。例如，如果A基因的抗体是兔血清的，B基因的抗体是鼠血清的，则A基因的二抗必须用羊抗兔的，红色荧光标记；而B基因的二抗必须用羊抗鼠的，绿色荧光标记。这样红色荧光显示的是A蛋白，绿色荧光显示的是B蛋白。图7.5显示了三个果蝇心脏发育基因 tinman(*tin*)、even-skipped(*eve*)、ladybird early(*lbe*)在果蝇11期胚胎心脏前体细胞的共表达情况。左图中，Tin抗体用红色荧光标记，Eve抗体用绿色荧光标记，共聚焦荧光显微镜观察显示，Tin和Eve在副心肌细胞中存在共表达，显示黄色荧光。而右图中，Eve抗体用红色荧光标记，Lbe抗体用绿色荧光标记，结果显示两者在不同的副心肌细胞中表达，没有重叠图像。

彩图7.5

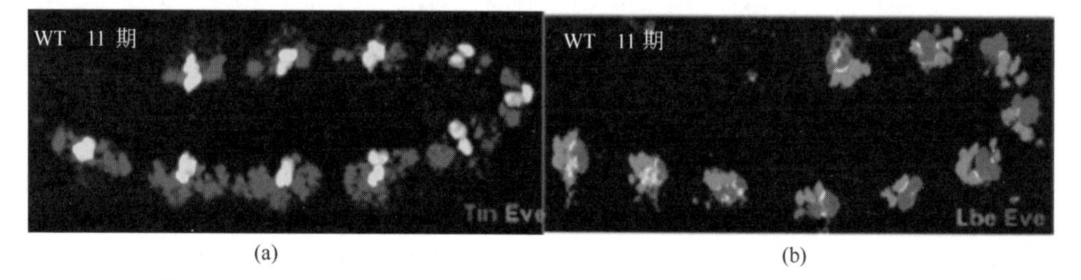

(a) (b)

图7.5 果蝇心脏基因 *tin*、*eve*、*lbe* 在11期心脏前体细胞中的蛋白共表达。11期野生型果蝇胚胎侧面观，头部在左，尾部在右。背部在上，腹部在下。(a) Tin抗体用红色荧光标记，Eve抗体用绿色荧光标记，共聚焦荧光显微镜观察显示，Tin和Eve在副心肌细胞中存在共表达，显示黄色荧光。(b) Eve抗体用红色荧光标记，Lbe抗体用绿色荧光标记，结果显示两者在不同的副心肌细胞中表达，没有重叠图像（引自R. Bodmer，2005）

如果用酶标抗体，则根据所用的染色方法和呈现颜色选用适当的复染方法。如阳性结果呈红或棕色，则用苏木素将细胞核染成蓝色，以便定位检测。

胚胎或组织抗体染色技术多种多样，主要用途除了从蛋白水平检测目的基因在胚胎不同组织以及不同发育时期的表达谱以外，还可用来检测抗原的不同特性。例如，在设立合适对照的前提下，免疫染色技术可用于比较不同部位上某种抗原的含量。一般来说，免疫染色法不适合精确检测抗原的绝对含量，但可以用来确定其相对含量。

7.1.3 基因芯片技术

基因芯片（gene chip）是20世纪末21世纪初发展起来的一种高通量的基因分析技术，已成为目前国际上生命科学研究的常用技术之一。其突出特点是具有高度的并行性、多样性、微型性和自动化，已成为高效、快速、大规模获取相关生物信息的重要手段。利用该技术可在数分钟至几小时内完成传统分子生物学方法需要数月甚至数年才能完成的几万次至几十万次的基因分析实验。目前基因芯片技术已在疾病诊断、发病机制及疾病易感性研究、药物设计与筛选、基因表达分析、基因突变及多态性分析等许多领域日益显示出其重要的理论和实际应用价值及巨大的社会效益与经济效益。

(1) 基因芯片技术的概念与原理

基因芯片又称DNA芯片（DNA chip）、DNA微阵列（DNA microarray）等，是指将cDNA、RNA或寡核苷酸以点的形式结合在尼龙膜、玻片或塑料片上，形成矩阵排列，与同位素或荧光标记的探针进行核酸分子杂交，通过放射自显影或荧光扫描仪检测杂交信号。

由于常用硅芯片等作支持物，且在制作过程中运用了计算机芯片技术，故称为基因芯片。

随着人类基因组计划的逐步深入，越来越多的基因序列被测定，随之出现的课题就是要确定不同基因的具体功能（功能基因组计划）。而要确定如此庞大的基因群的功能，传统的核酸杂交技术如 Southern blot 与 Northern blot 等就显得效率十分低下，因而建立一种高效、快速、准确、自动化的基因分析系统，就成为功能基因组研究中迫切需要解决的课题。早在 20 世纪 80 年代初，根据计算机芯片的制作原理，就有人提出将寡核苷酸分子作为探针并集成在硅芯片上的设想，但直到 90 年代 Fodo 等才研制出基因芯片。自此以后，基因芯片技术获得了迅速发展。

人类基因表达谱基因芯片的原理如图 7.6 所示。首先将含有人类各种基因表达的 cDNA 分子库通过点样技术固定于芯片上，使芯片上的每一个点含有一种特异的 cDNA 分子，作为杂交的探针分子。cDNA 文库中不同 cDNA 分子的微阵列排列和分布方式通过计算机控制，作为已知参数，制成人类 cDNA 库的基因芯片。分别提取正常组织和病变组织的 mRNA 进行反转录，得到正常组织和病变组织的 cDNA 文库。将正常组织的 cDNA 文库用绿色荧光标记（Cy3），病变组织的 cDNA 文库用红色荧光标记（Cy5）。将不同荧光标记的两组探针同时与芯片进行杂交，通过洗涤和荧光信号检测，将会在芯片上看到双色荧光杂交的阳性结果。如果芯片某一点上呈现绿色荧光，表示该 cDNA 分子所对应的基因只在正常组织中表达；如果芯片某一点上呈现红色荧光，表示该 cDNA 分子所对应的基因只在病变组织中表达；如果芯片某一点上呈现黄色荧光，表示该 cDNA 分子所对应的基因既在正常组织中表达，又在病变组织中表达。由于芯片上拥有上万种不同的 cDNA 分子，基本上代表了人类所有的基因表达产物，因此，理论上来说，在两种不同组织中有差异表达的基因通过这一次芯片杂交都可以显示出来，这些差异表达的基因很可能与病变的机理相关。因此，基因芯片不仅是高通量、大规模研究基因表达谱的技术，而且也是大规模、高效率确定某一特定功能相关的候选基因群的好方法。

彩图7.6

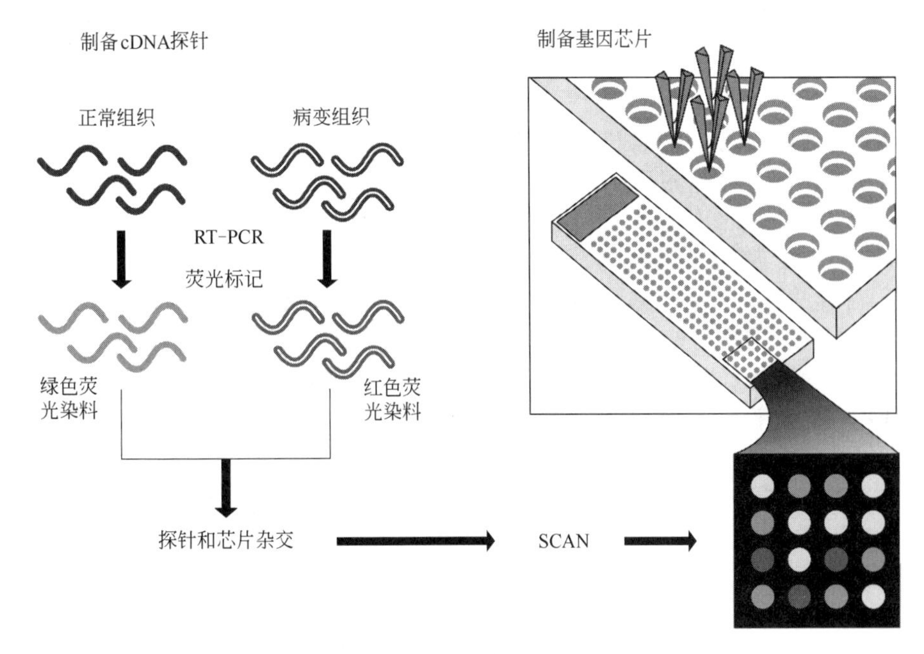

图 7.6　基因芯片技术原理示意图

(2) 基因芯片的类型

根据芯片上DNA的来源和性质不同以及检测目的的不同，现在主要将基因芯片分成两种类型：cDNA芯片和寡核苷酸芯片(图7.7)。cDNA芯片又叫CDA芯片，就是前面叙述的芯片类型，是用微量点样技术将某一个特定的已知cDNA群体点样于芯片上，芯片上的DNA种类为某一些特定组织的反转录cDNA，因为包含各种不同基因的表达产物，因此片段长度不一，大约在500～5000bp范围。CDA芯片的密度为中等密度，约10000个点阵/cm^2。主要用于比较分析，寻找不同组织差异表达的基因，因此又被称为表达谱芯片。

彩图7.7

寡核苷酸芯片即是Oligo芯片，又称ONA，是在芯片上原位合成的随机序列的寡核苷酸片段。早期寡核苷酸的长度一般为25nt。现在芯片上寡核苷酸的长度一般为50～70nt。具有高密度的特征，每平方厘米约40万个点阵。ONA芯片主要用于测序和检验点突变分析。

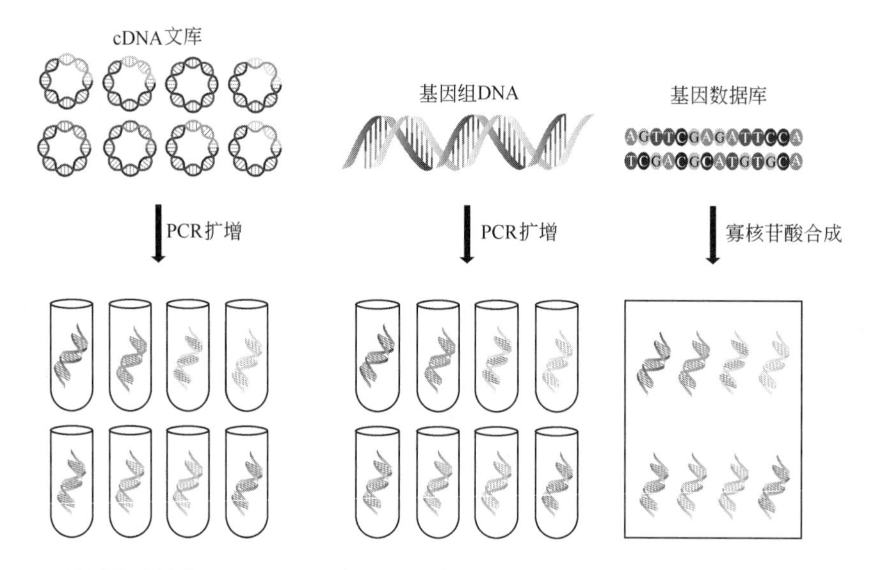

图7.7 基因芯片的类型。cDNA文库用于构建CDA芯片，根据基因组数据库合成寡核苷酸用于构建ONA芯片。基因组序列也可以用于构建DNA芯片，但是使用很少

(3) 基因芯片制作与分析的主要步骤

制作与检测基因芯片的过程大概有4个步骤：即DNA探针微阵列（基因芯片）的制备、待测样品的准备、芯片杂交及杂交信号的检测分析。其中最关键的是DNA探针微阵列（基因芯片）的构建与杂交信号的检测分析。

① 基因芯片的制备。基因芯片的制备方法主要有两种类型：即点样法和DNA芯片原位合成法。前者是把事先准备好的DNA——各种PCR产物、cDNA或利用DNA合成仪合成的寡核苷酸片段用机械点样手或喷墨点加法固定在基片上，后者是利用类似于DNA固相的方法直接在基片上合成序列已知的寡核苷酸片段。其中对ONA来说，原位合成法更显优势，因为它可以利用组合化学的原理安排各寡核苷酸的位点，使制成的芯片在反应后比较容易寻址。

目前采用的基因芯片基片多是玻璃基片，因为它具有稳定的理化性质，耐高温杂交又耐高离子冲洗；不亲水，使杂交体积可以最小化；而且玻璃几乎不产生荧光，不会产生背景信号。但是要想让DNA固定在玻片上必须将玻片先经过预处理。预处理的一种方法是用多聚赖氨酸包被玻璃基片，由于多聚赖氨酸带有正电荷，易于吸附带有负电荷的核苷酸片段；另一种方法是用氨基或醛基修饰玻璃基片表面，氨基也因为带正电荷容易吸附DNA片段，而醛基则可与DNA上的碱基形成Schiff碱而将DNA固定（图7.8）。

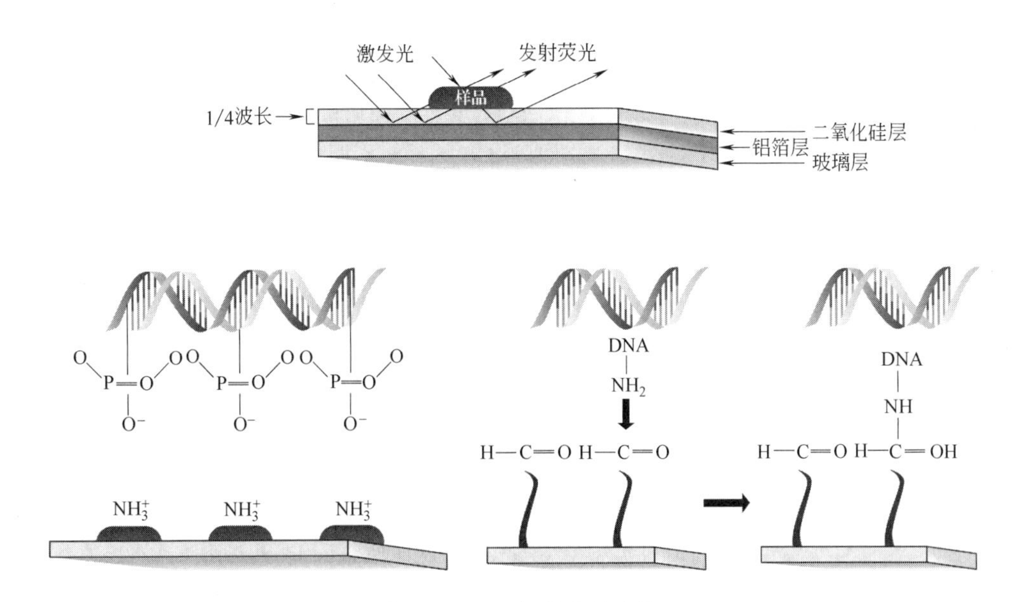

图 7.8　DNA 与芯片的连接

② 待测样品的准备。在表达谱分析的基因芯片中，待测样品往往是来源于不同组织的 mRNA 的反转录产物 cDNA。为了便于区分，常用荧光来标记待测样品。通常用 Cye3-UTP 和 Cye5-UTP 来分别标记两组不同的样品。通过逆转录酶合成 cDNA 时，Cye3-UTP 和 Cye5-UTP 都能以较高的效率结合到 cDNA 上，光稳定性好，但是二者的激发和发射光谱差异较大，一个产生绿色荧光，另一个产生红色荧光，便于比较两种组织的差异性表达。

③ 芯片杂交。靶序列与基因芯片上探针的杂交过程与一般的分子杂交过程基本相同。把制备好的靶序列与 SDS、SSC 和 Denhardt 等试剂混合配制成杂交液。芯片先经预杂交后，用杂交液在杂交温度下杂交，然后洗涤和干燥。每一次芯片杂交反应都需要比较多的 RNA。为了获得适当强度的荧光信号，每一个芯片每一次实验样品所需总 RNA 大约为 50～200μg。芯片杂交是在杂交仪中进行的。

④ 杂交信号的检测分析。杂交信号常用激光共聚焦扫描显微镜检测，并用专用软件记录分析后直接给出检测结果。由于采用荧光标记靶 DNA 样品，因此，杂交信号检测时必须先在一个紫外波长下进行一次扫描，记录荧光分布情况，然后改变紫外波长重新扫描，获得另一张荧光分布图。分析比较两张图的差异，就可以直接获得两个样品中基因表达的差异情况。

（4）基因芯片的应用

① 基因表达谱检测。对来源于不同个体（正常人与患者）、不同组织、不同细胞周期、不同发育阶段、不同分化阶段、不同病变、不同刺激（包括不同诱导、不同治疗阶段）下的细胞内的 mRNA 或逆转录后产生的 cDNA 与表达谱基因芯片进行杂交，可以对这些基因表达的个体特异性、组织特异性、发育阶段特异性、分化阶段特异性、病变特异性、刺激特异性进行综合的分析和判断，迅速将某个或几个基因与疾病联系起来，极大地加快这些基因功能的确立，同时进一步研究基因与基因间相互作用的关系。所以，无论何种研究领域，利用表达谱基因芯片可以获得大量与研究领域相关的基因，使研究更具目的性和系统性，同时也拓宽了研究领域。

例如，用美国 Affymetrix 公司的人类 U133 A 2.0 基因表达谱芯片比较了人类正常肝组织、肝硬化组织及肝细胞癌组织的差异表达基因，其中正常肝组织 cRNA、肝硬化组织

cRNA、肝细胞癌 HCC 组织 cRNA 分别与含 14500 条基因的芯片杂交。按差异显著性标准从 14500 条基因中筛选，在 2 例肝硬化组织中有 1424 条基因（9.82%）表达差异，其中上调基因有 980 条，下调基因有 444 条；在 2 例 HCC 组织中有 2756 条基因（19.01%）表达差异，其中上调基因有 1772 条，下调基因有 984 条；而 2 例肝硬化与 2 例 HCC 组织中有 851 条基因（5.87%）共同表达差异，其中共同上调基因 649 条，共同下调基因有 202 条。这些共同差异表达的基因根据功能可初步分为 16 类，如：凋亡或肿瘤相关基因、结合蛋白相关基因、代谢相关基因、细胞周期相关基因、酶活性调节相关基因、分子马达相关基因、营养储备相关基因、分子功能退化相关基因、信号转导相关基因、结构分子相关基因、转录调控相关基因、翻译调控相关基因、物质运输相关基因、抗氧化活性相关基因、分子伴侣调控相关基因和未知分子功能相关基因等。在这些差异表达基因中有很多基因具有多种功能，参与细胞周期、信号转导、结合蛋白、转录、翻译、凋亡等多种细胞活动过程，为寻找肝硬化及 HCC 分子机制提供了有意义的线索，为诊断、治疗肝硬化及 HCC 提供了科学依据，减少了寻找范围及盲目性。

与传统的 Northern blot 相比，采用表达谱基因芯片研究基因表达有许多优点：a. 检测系统的微型化，对样品等需要量非常小；b. 可以同时研究上万个基因的表达变化，研究效率明显提高；c. 能更多地揭示基因之间表达变化的相互关系，从而研究基因与基因之间内在的作用关系；d. 检测基因表达变化的灵敏度高，可检测丰度相差几个数量级的表达情况；e. 节约费用和时间。通常测定一个基因的表达情况约需 20 个探针，故一个基因芯片可平行检测 1 万个基因的表达情况，即一次芯片杂交实验中可获得相当于 60 万余次传统 Northern 杂交中获得的关于基因表达的信息。

② 新药筛选和药物基因组学。药物筛选是从众多候选化合物中发现有进一步研究和开发意义的先导化合物。一旦发现新的先导化合物，对其分子进行改造、修饰，即可研制具有新型结构及特殊药理作用的新药。利用基因芯片筛选新药首先必须进行靶标基因的筛选，通常情况下比较正常组织和病变组织细胞中基因表达变化，从而发现一组疾病相关基因作为药物筛选靶标，将筛选得到的靶标基因与其他功能基因一起制成芯片，便可进行高通量的药物筛选。

③ 基因突变和多态性的检测。利用高密度的寡核苷酸芯片 ONA 可以检测基因内的单个突变位点及单核苷酸多态性（single nucleotide polymorphisms，SNP）。例如，如果 ONA 的寡核苷酸长度为 25nt，每一组 4 个探针除中间一个碱基分别是 A、T、G、C 外其余碱基序列完全相同。如果将具有正常碱基序列的一段 DNA 与具有一个突变碱基或多态性碱基的同样的 DNA 片段去与芯片杂交，两者的杂交图谱将会出现差异。比较两种杂交图的差异和相应探针的序列，就可以检测出 DNA 突变的位置和碱基类型，同样可以检出 SNP。

④ 高通量测序。寡核苷酸芯片 ONA 是由许多位点已知、序列已知的探针构成的。如果一个待测 DNA 片段能够与芯片上的探针分子杂交形成完整的双链分子，那么就可以推断待测 DNA 片段存在与探针互补的序列。利用计算机分析所有杂交点的碱基序列，根据寡核苷酸探针之间的碱基重叠关系就可推算出靶 DNA 的序列了。例如两个 15nt 的未知 DNA 序列Ⅰ和Ⅱ，与一系列长为 8nt 的寡核苷酸的任意序列的探针杂交后，其中序列Ⅰ有 8 个探针被杂交上，其序列分别是 GTCGTTTT、CGTCGTTT、CCGTCGTT、GCCGTCGT、GGCCGTCG、TGGCCGTC、CTGGCCGT、ACTGGCCG，通过重叠排列，就可以得到这个 15nt 长的 DNA 的完整序列应该是 TGACCGGCAGCAAAA。而序列Ⅱ完全能够杂交上的探针序列只有 CATCTTT，以及与 GTCGTTTT 和 ACTGGCCG 能够部分杂交上，经过更多的杂交和序列分析，发现序列Ⅱ和序列Ⅰ有一个 SNP 的差异（图 7.9）。

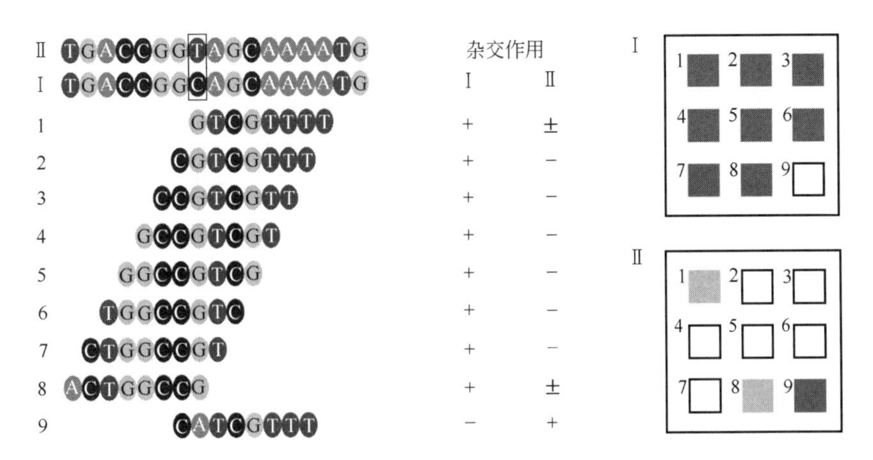

图 7.9 寡核苷酸芯片 DNA 杂交测序的原理

芯片测序的稳定性与测序片段长短受探针长度的影响。一般来说，6-mer（monomeric unit）寡核苷酸芯片只能用于测定 500bp 以内的靶 DNA，而 7-mer、8-mer 的寡核苷酸矩阵芯片分别可以检测到 2000bp、8000bp 长度的靶 DNA 序列。

基因芯片测序无需传统测序技术所需要的 DNA 合成或化学降解反应系统，尤其不需要电泳分离不同大小的 DNA 片段，因此不受 DNA 片段长度的限制，是一种高通量的快速测序方法，在基因组 DNA 测序中会具有巨大的应用前景。

7.2 基因的突变研究技术

7.2.1 化学诱变

通过物理和化学因素诱发基因产生突变是经典遗传学的重要研究手段，这种基因诱变技术曾广泛应用于微生物遗传学和农作物的育种领域，获得了大量的突变品系和农作物新品种。在动物上开展基因诱变工作始于果蝇，摩尔根弟子穆勒（Muller）采用 X 射线照射果蝇，大大提高了基因的诱发突变频率。穆勒还设计了一系列平衡致死系来保存果蝇隐性致死突变基因。但是辐射诱变因其作用比较剧烈，范围过于广泛，往往引起致死突变，而且会给操作者本身带来不可预测的危害，因此较少用于基因功能研究的诱发突变。

化学诱变相对于电离辐射来说，比较温和，引起染色体断裂的概率较小，主要引起基因点突变和微缺失，而且化学诱变的可操作性强，简单易行；特异性和随机性也很强，能诱变定位到 DNA 上的任意碱基；突变后代较易稳定遗传，一般到 F_3 代就可稳定。

（1）EMS 诱变

EMS（甲基磺酸乙酯）是最常用的化学诱变剂，诱变率高，随机性强，能诱发任一基因位点发生突变，是随机性饱和诱变（saturated random mutagenesis）的首选诱变剂。20 世纪 80 年代初，Edward Lewis、Christiane Nusslein-Volhard 和 Eric Wieschaus 运用化学诱变剂 EMS 得到了大量的果蝇胚胎发育异常突变，建立了 5800 个平衡染色体系，其中 4500 个平衡体系中含有一个至多个新的致死突变，分析检测了 2600 个胚胎致死的突变系的胚胎发育表型。通过系统分析这些果蝇突变体的表型，他们提出了动物发育模式形成（pattern formation）基因调控机制的核心理论，指出动物的发育模式在进化过程中是非常保守的，结构同源的基因在发育进程中具有相似或相同的功能等基本原理，这些理论为动物发育的分子遗传学研究提供了基本框架和思路，他们也因这一杰出的工作荣获了 1995 年的诺贝尔生理医学奖。

(2) ENU 诱变

随着模式生物在功能基因组学研究中的大量应用，另一种化学诱变剂 ENU 也被用来开展小鼠和斑马鱼的全基因组饱和诱变。ENU 即 *N*-乙基-*N*-亚硝基脲，是一种高效烷化剂，通过将“乙烷基”转移到靶分子而改变靶分子的结构，从而影响其功能。DNA 分子中，腺苷酸的 N1、N3 或 N7 位，鸟苷酸的 O6、N3 或 N7 位，胸腺嘧啶的 O2、O4 或 N3 位，以及胞嘧啶的 O2 或 N3 位最容易被修饰，其结果造成细胞进行下一轮复制时 DNA 碱基错配，最终形成点突变或微小缺失。ENU 诱发点突变最常见的结果（99%）是 AT 到 TA 的倒位和 AT 到 GC 的转换。极少情况下（1%的概率）ENU 会造成小片段 DNA 的丢失。在小鼠的生殖细胞中，ENU 可以造成高频率的突变，每 10 万～20 万个碱基就会有一个突变，因此，作为新一代高效的诱变剂，ENU 已经成为小鼠遗传学和功能基因组学研究的最重要的工具药物之一。从 20 世纪 90 年代以来，几乎所有科学技术发达国家都建立了大规模的小鼠 ENU 诱变中心。我国南方模式动物研究中心亦成立了小鼠 ENU 诱变平台。

ENU 诱变小鼠的表型多种多样，包括许多形态上可见的突变。在果蝇中，整套染色体组缺失品系和各种平衡染色体的丰富资源为突变基因的定位和致死基因的保存提供了极大的便利。在小鼠中，也开始系统性构建染色体缺失的 ES 细胞和突变系以及平衡染色体突变小鼠，这些举措将使得 ENU 导致的小鼠基因组大规模诱变得以高效便捷地筛选和鉴定（图 7.10）。

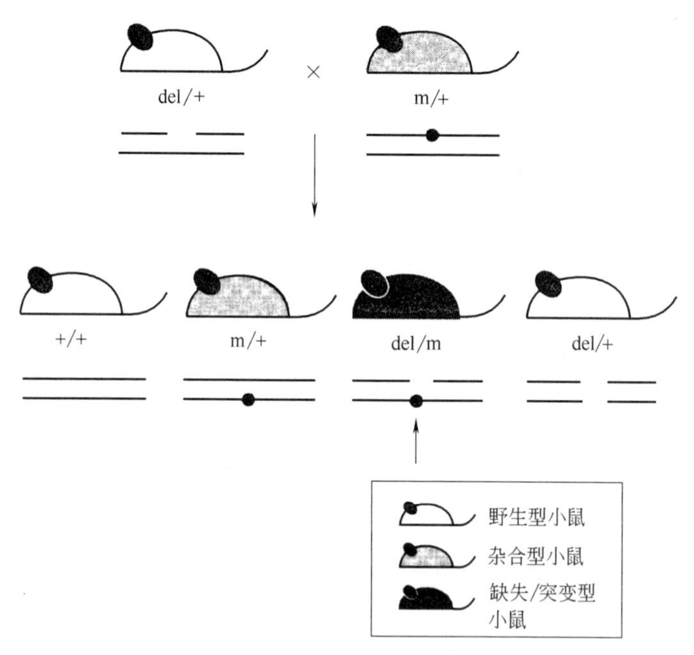

图 7.10 利用小鼠缺失系（del）定位 ENU 诱变的隐性突变基因 m。其中 del/m 是缺失/突变型小鼠，如果突变基因是一个隐性致死突变，而且基因位于缺失片段所在区域，这个品系将不存在。据此可以将基因定位于缺失区域（引自傅继梁，2006）

7.2.2 转座子全基因组诱变

转座子（transposable elements）是一类可以改变其自身基因组位置的遗传因子，其 DNA 序列含有两种转座必需的成分，即位于 DNA 序列两个末端的转座序列和位于序列中间的转座酶基因。转座序列早期又被称为转座基因，常为末端倒转重复序列（inverted terminal repeats，IR 或 ITR)，具有转移的活性，但其转移事件的发生依赖于转座酶基因编码的转座酶。除细菌的简单插入序列转座子外，其他大部分的转座子序列中都还含有其他与转座无关的基因。当转座序列和转座酶基因同时存在时，转座子可以转移到基因组 DNA 的许多位点上。如果转座子插在基因的内含子或顺式调控序列中间，会影响基因的表达调控活性；而若插入位点是一个功能基因，那么转座子的插入会引起该基因失活而失去正常的功能（图 7.11）；因此，转座子的活跃转位可被用作基因诱变的手段，引起全基因组的饱和诱变。

彩图7.11

最早利用转座子进行基因诱变的模型是果蝇，近年转座子也被应用于小鼠和斑马鱼模型开展全基因组诱变。

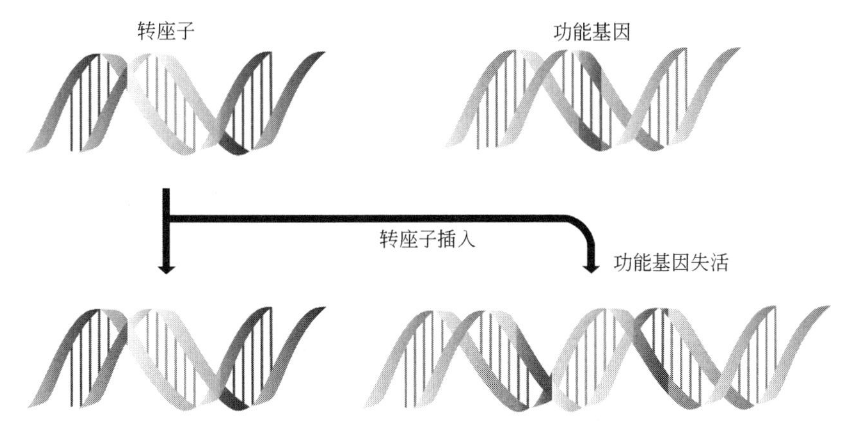

图 7.11　转座子的转座插入引起功能基因失活

(1) 果蝇 P 因子诱变

P 因子（P element）是果蝇中的一种自主转座子。它首先在诱发果蝇杂种不育时被发现。天然的 P 转座子含有转座必需的两个序列，即转座序列和转座酶基因序列。转座序列位于 P 因子的两个末端，各 31bp 长，负责转座时的插入。转座酶基因含有 4 个外显子，3 个内含子。在体细胞中，由于细胞质中某种特异结合蛋白与转座酶基因的转录产物 mRNA 分子的内含子 3 与外显子 3 结合，使得 mRNA 加工时保留了此内含子，转译产物为转座阻遏蛋白，P 因子不能转座。但在卵细胞中，没有特异结合蛋白的存在，mRNA 的内含子 3 被切除，转座酶产生，P 因子可以转座，从而导致卵细胞不稳定，表现较高的不育性。

作为诱变工具的 P 转座子是经过基因工程改建的转座子，通常由两个品系组合而成。其中一个品系的转座酶基因被 3 个标记基因取代，失去了转座酶活性，但转座序列正常，如 P ｛lacW｝ 品系。另一个品系的转座序列被突变，但转座酶基因正常，如 P ｛Δ2，3｝ 品系（图 7.12)。两个品系单独存在时都不能发生转座，但当它们杂交时，杂交后代既含转座酶基因，又有正常的转座序列，转座序列携带标记基因会自主转座，导致一系列突变后代的产生。通过平衡染色体筛选，可以建立大规模 P 因子诱变系。20 世纪 90 年代末，我们利用 P 因子诱变和化学诱变的方法获得了约 3000 个隐性致死基因突变系，鉴定了 72 个表现心脏畸形的突变品系。

P 因子诱变具有许多优点。第一，P 因子插入位点很容易通过 PCR 及 P 因子的探针检测到。第二，P 因子插入位点的突变靶基因可以通过反向 PCR 克隆出来。第三，P 因子上带有标记基因 *lacZ*，如果 P 因子插入到基因的增强子区域，将会使 *lacZ* 基因表达，通过酶促底物显色很容易检测到。第四，P 因子上还整合了另一个报告基因 *mini-white*，此基因的表达与否直接反映了 P 因子插入基因组的情况。如果 P 因子没有转座成功，基因组上无插

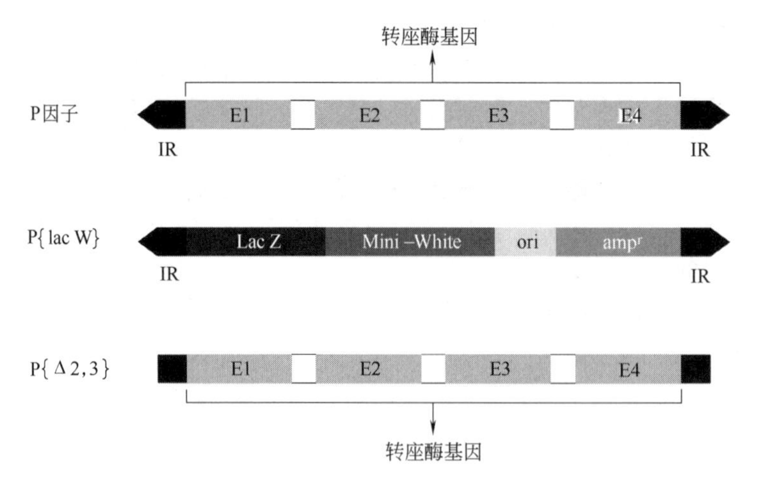

图 7.12 天然 P 因子和基因工程改建的 P 因子载体构建的品系。上图为天然的 P 因子，含有两个正常的转座序列 IR 和转座酶基因。下图为诱变用基因工程改建的 P 因子。P {lacW} 是转座酶基因缺失系，代之以 *lacZ* 和 *mini-white* 及 amp^r 三个标记基因，转座序列正常。P {Δ2,3} 是转座序列突变系，转座酶基因正常

入，果蝇眼色是白色（P 转座子的受体为白眼果蝇）。如果有 1 个 P 因子插入到基因组上，果蝇眼色是橙色或玫瑰红。若有多个 P 因子插入基因组，果蝇眼色变为红色或藻红。总之，P 因子拷贝越多，眼色越深。利用 P 因子的这一标记基因特性，P 因子还被用来构建各种转基因果蝇的载体。含 P 因子的转基因载体不仅使外源基因整合率提高，而且直接根据眼色就可初步判断是否为转基因个体。此外，P 因子插入的诱变可以通过 P 因子跳出而回复（图 7.13），这是其他诱变剂难于实现的。

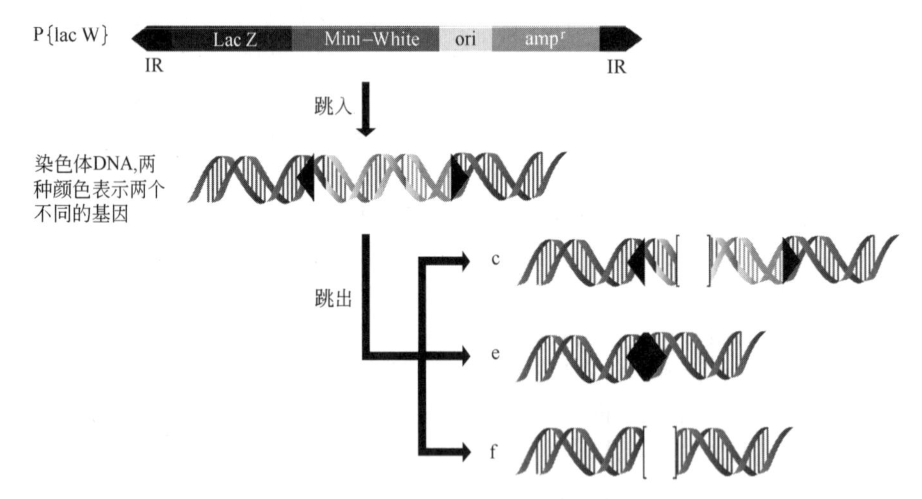

图 7.13 P 因子的跳入与跳出。P 因子跳入一个功能基因，会引起功能基因失活。但是在转座酶存在时，P 因子又可以从插入位点跳出，引起基因部分缺失（c）或基因回复突变（e）或染色体更大片段的缺失（f）

(2) 小鼠 PB 转座子诱变

果蝇 P 因子诱变工具的成功使用使得科学家们一直在哺乳动物基因组中寻找类似的诱变工具。然而，哺乳动物缺乏有活性的天然转座因子，因此，利用转座子工具进行哺乳动物全基因组诱变的梦想一直未能实现。直到 2005 年，我国复旦大学发育生物学研究所许田教

授研究组将 PB 转座子引入小鼠系统，才使转座子诱变工具在哺乳动物体内实施成为可能。

PB（piggyBac）转座子来源于粉纹夜蛾（*Tribolium castaneum*），转座子总长 2472bp，两个末端各含有 13bp 的末端倒转重复序列，分别为 PBL、PBR。转座酶基因编码 594 个氨基酸的转座酶。利用哺乳动物细胞系研究证明，携带外源基因和标记基因的 PB 转座子载体可以在体外培养的 293 人细胞系和小鼠 ES 细胞系的基因组上成功转座，插入基因组上带有 TTAA 序列的靶位点，并引起插入位点 TTAA 序列的重复。小鼠体内实验也证明，PB 转座子能够高效插入小鼠除 19 号染色体和 Y 染色体之外的任何染色体，其中 76%的插入是在转录单位之内。PB 转座子插入基因组后，使小鼠表现 PB 转座子携带的红色荧光标记性状（RFP）。此红色荧光性状能在小鼠后代稳定遗传（图 7.14）。

彩图7.14

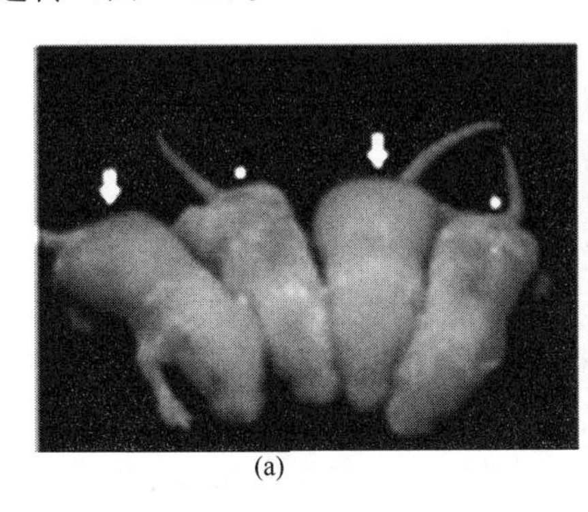
(a)

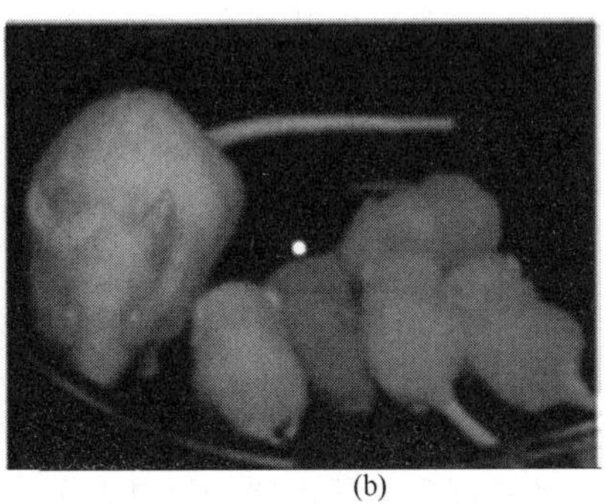
(b)

图 7.14 PB 转座子插入小鼠基因组引起红色荧光标记基因表达（引自许田，2005，Cell 封面图片）。(a) 图箭头所指表现红色荧光的小鼠插入了 PB 转座子（被称为 PBmice），其余为不含 PB 转座子的小鼠。(b) 图显示带有 PB 转座子的小鼠（左）产生的后代小鼠依然保持了稳定的红色荧光性状

构建 PB 转座系统的原理与果蝇 P 因子相同，将完整的 PB 转座子分为两个部分分别构建载体。含转座序列的 PB 供体载体去除转座酶基因，代之以不同类型的报告基因，如 RFP（红色荧光蛋白基因）、neo^r（新霉素抗性基因）等；辅助质粒含转座酶基因而去掉了转座序列（图 7.15）。用脂质体转染方法将两种载体共转染哺乳动物细胞系，或用显微注射的方法

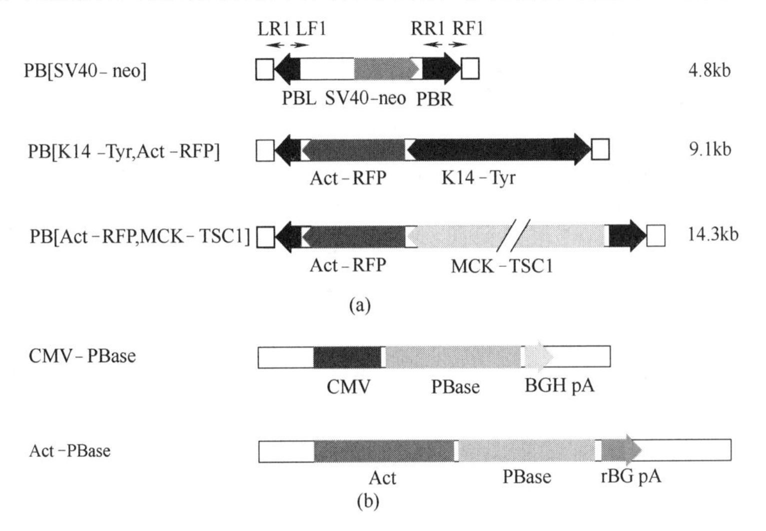

图 7.15 PB 转座系统载体的构建。(a)PB 供体载体系列，带有正常转座序列和各种标记基因；(b)辅助质粒系列，转座序列缺失，转座酶基因正常（引自许田，Cell，2005）

将两者同时注入小鼠受精卵，都能够使PB转座子在基因组上成功转座。

哺乳动物PB转座子系统为大规模研究哺乳动物基因功能提供了新方法。利用PB转座系统，不仅可以实现哺乳动物全基因组饱和诱变，而且由于PB转座子仅有单拷贝插入，且可以携带较长的外源DNA片段而不影响其转座效率，所以PB转座子也可以用于构建高效整合的哺乳动物转基因载体。PB转座子有插入靶点TTAA，便于对插入位点进行跟踪分析。而且PB转座子能够精确地从插入位点切离，从而实现精确的回复突变。PB转座子携带的RFP报告基因的表达同P因子的*mini-white*基因一样，具有剂量依赖性。含有一个拷贝的RFP基因红色荧光较弱，而PB纯合体的两份RFP使之呈现较强的红色荧光。PB转座子系统系我国首创，在国际学术界得到广泛关注和高度评价。相关论文发表在2005年122期*Cell*杂志上，PB小鼠作为该期杂志封面图片，足见其突破性意义。目前，复旦大学发育生物学研究所利用此系统已培育突变小鼠2000多例，并开发了PBmice数据库，为进一步开展基因功能研究、疾病模型研发和生物信息分析创造了良好的条件。

7.3 基因敲除技术

如果说化学诱变和转座子诱变的策略是先通过饱和基因诱变筛选获得具有特定异常表型的突变体，再通过染色体定位和分子克隆技术鉴定表型相关的突变基因是“正向遗传学”（forward genetics）的策略，那么从诱变或失活某个特定基因出发，再检测该特定基因缺失和失活后导致的表型异常从而确定该基因的功能就被称之为“反向遗传学”（reverse genetics）的策略。“反向遗传学”的研究大大推动了功能基因组学及疾病发病分子机制的研究进展，成为研究特定基因功能不可或缺的重要手段。

使生物体内某一个特定基因突变、缺失或表达失活是从小鼠体内成功建立的“基因打靶”技术从而特异性地“敲除”某个基因开始的，接着在线虫中发现的RNA干扰现象和在斑马鱼中广泛使用的吗啡啉寡核苷酸技术使体内某个特定基因表达失活又成为可能。现在，类似的“基因敲除”（gene knock-out）和“基因敲减”（gene knock-down）技术已被广泛应用于功能基因组学研究。

7.3.1 完全基因敲除技术

基因敲除（gene knock-out）是指利用外源的已突变的基因通过同源重组的方法替换掉内源的正常同源基因，从而使内源基因失活而表现突变体的性状的技术或方法。即是从DNA水平上修饰、删除某个特定的基因或因外加片段（如标记基因）插入引起基因发生突变，造成能在DNA水平稳定遗传的突变表型。小鼠基因敲除技术首先由Mario R. Capecchi和Oliver Smithies于1987年构建成功，他们因为这一杰出成就于2007年与小鼠干细胞分离技术创始人Martin J. Evans分享了该年度的诺贝尔生理医学奖。

传统的基因敲除技术通过构建突变靶基因的打靶载体，转染小鼠ES细胞（胚胎干细胞），在ES细胞中通过同源重组，用突变的靶基因替换掉正常的内源靶基因，筛选鉴定同源重组成功的阳性ES细胞株，再将这种带有突变靶基因的ES细胞导入囊胚期的早期胚胎，移入假孕小鼠的子宫完成胚胎整体发育，后代小鼠有可能得到含有突变基因的嵌合体（基因敲除嵌合体，mosaic），嵌合体小鼠通过回交和杂交等程序，最终可以获得基因敲除的纯合体小鼠。分析基因敲除纯合体小鼠的突变性状表型，可以确定靶基因的功能。这种基因敲除因为能在基因组上造成靶基因的完全突变，也被称为完全基因敲除技术。基因敲除又称基因剔除或“基因打靶”（gene targeting）技术，整个流程见图7.16。

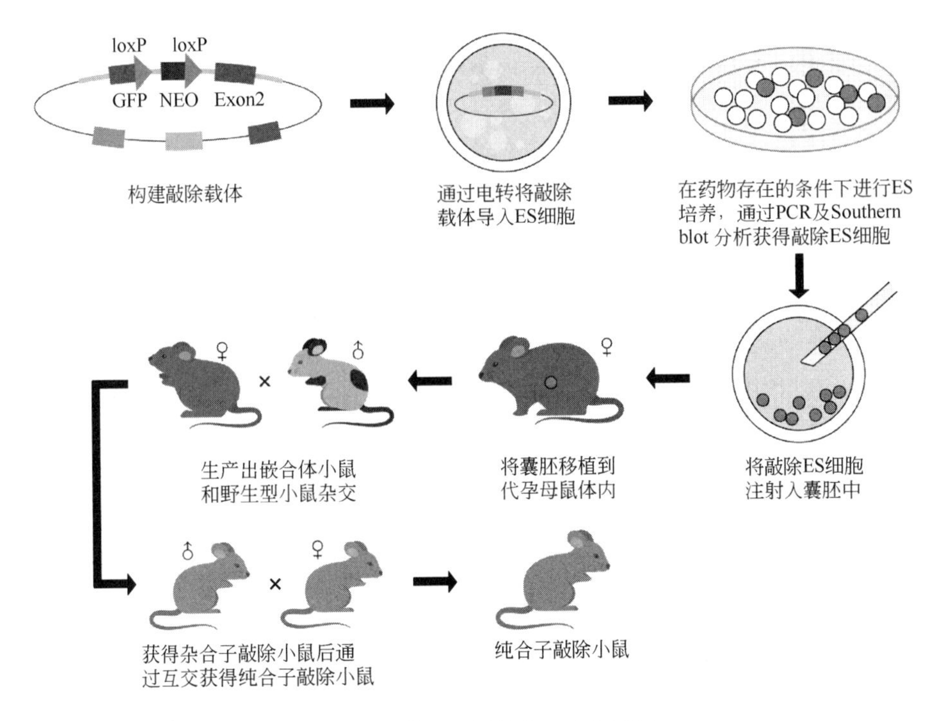

图 7.16 传统基因敲除技术的流程

（1）基因打靶载体的构建

产生基因敲除小鼠的第一步是构建打靶载体，用来和打靶位点进行重组，使打靶位点产生突变。打靶载体包括载体骨架、筛选标记、突变靶基因和靶基因同源序列。由于真核细胞中同源重组发生的频率较低，因此，要在打靶载体上添加一些选择性标记基因来筛选打靶重组的产物。哺乳动物细胞打靶常用的2种载体是置换型载体和插入型载体。插入型载体中与靶基因同源的区段中含有特异的酶切位点，线性化后，同源重组导致基因组序列的重复，从而干扰了目标基因的功能。置换型载体进行线性化的酶切位点在靶同源序列和筛选基因外侧，线性化后，同源重组使染色体 DNA 序列被打靶载体序列替换。大多数基因敲除突变都采用置换型载体进行基因打靶。基因打靶载体的构建原理如图 7.17 所示。

在基因敲除技术中，如何高效、快捷地筛选中靶 ES 细胞是非常关键的环节。1988 年，Mansour 设计了一种正负选择系统的载体（positive-negative selection，PNS）即 PNS 载体，

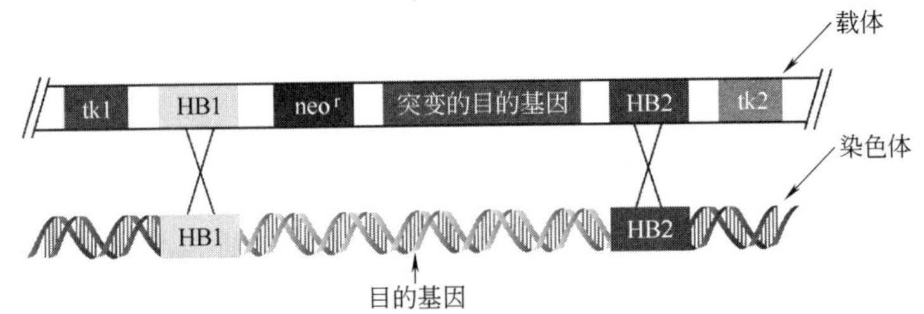

图 7.17 基因打靶载体的构建。打靶载体上含有正选择标记基因 neo^r，负选择标记基因 *tk1* 和 *tk2*，突变的目的基因以及靶基因的两个同源臂 HB1 和 HB2。如果非同源重组，正选择标记基因 neo^r 和负选择标记基因 *tk1* 和 *tk2* 随机整合到 ES 细胞染色体上，由于 *tk* 的存在导致 ES 细胞死亡。如果同源重组，靶基因的两个同源臂 HB1 和 HB2 与 ES 细胞染色体上靶基因的同源区域进行同源重组，只有 neo^r 基因进入 ES 细胞，细胞具有抗 G418 活性，从而有效筛选出来

解决了这一难题。PNS载体含有正负两个选择标记基因，正选择基因多为 neo^r 基因，它对新霉素（G418）具有抗性，位于载体上的同源靶基因内，如果与ES细胞内源靶基因发生同源重组成功，将使中靶ES细胞表现新霉素抗性（抗G418），便于筛选。neo^r 基因插入靶基因内，还可使靶基因因插入突变失活，而无需额外在载体上构建靶基因的突变体。*lacZ* 也可用于正选择标记基因。负选择标记基因常用胸苷激酶基因（*tk*），其表达产物胸苷激酶可将无毒的核苷酸类似物（FIAU、GANC等）底物代谢转变为毒性产物，从而将细胞杀死，故被称为“负选择”标记。*tk* 基因位于靶基因同源区之外，在发生同源重组时，*tk* 基因会被切除而丢失在染色体外，不会使中靶ES细胞中毒死亡。但是，如果打靶载体与ES细胞染色体发生非同源重组，即随机整合时，正负选择标记基因均进入ES细胞染色体，但由于 *tk* 基因的存在，会使细胞中毒死亡。因此，利用正负选择系统可以有效筛选中靶（同源重组）与非中靶（随机整合）的ES细胞株，为基因打靶的阳性细胞株的选择提供了便利（图7.18）。

彩图7.18

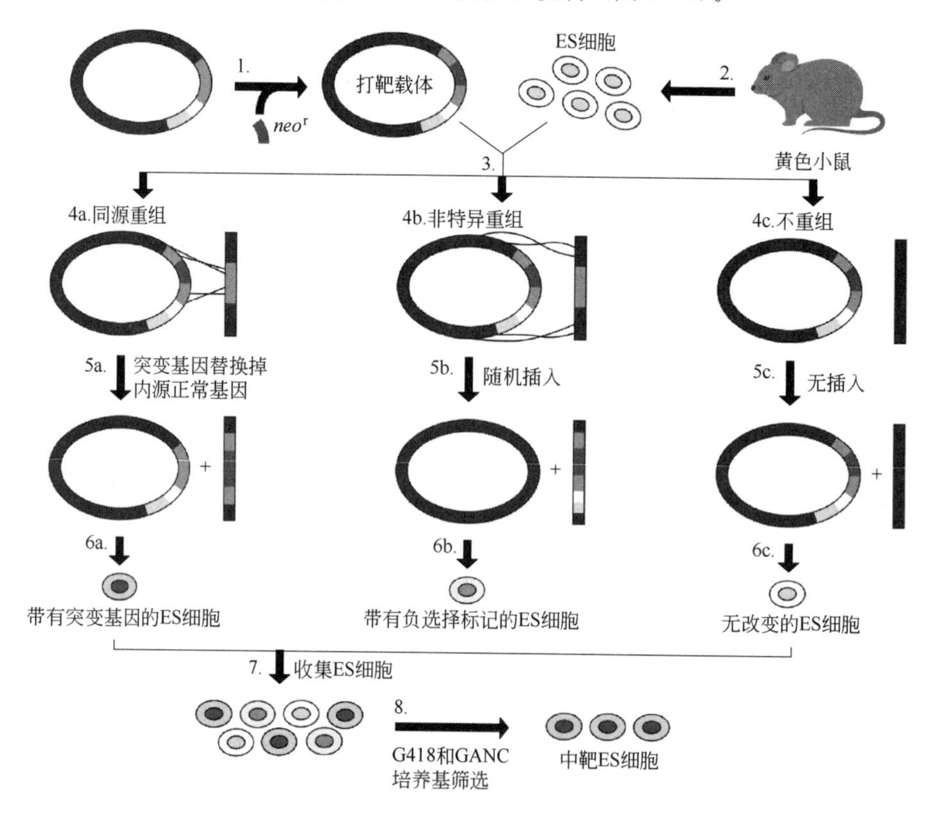

图7.18 基因敲除打靶载体（环状）与ES细胞染色体（线性）基因整合的三种情况。带有正选择标记基因 neo^r 的打靶载体（环形）进入ES细胞后，与内源靶基因（线性染色体）可能存在三种重组情况，即4a.同源重组，4b.非特异重组，4c.不重组。同源重组将获得只带有正选择标记的细胞，非特异重组带有负选择标记，不重组的ES细胞不带有任何标记，可以通过标记基因将中靶ES细胞筛选出来

打靶载体与ES细胞染色体除了发生同源重组整合和随机整合外，也可能存在完全不整合的情况。这时，因为打靶载体缺乏真核细胞内的复制子结构而不能稳定存在于ES细胞内，因而导致这种ES细胞既无新霉素抗性，也无胸苷激酶活性，通过选择培养基很容易被筛选出来。

（2）中靶 ES 细胞的鉴定

通过正负选择可以将同源重组的中靶 ES 细胞筛选出来，但是由于打靶载体在 ES 细胞内存在各种整合情况，因此，为了准确鉴定中靶 ES 细胞，需要用分子生物学方法鉴定，例如 Southern blot 或 PCR 等。PCR 技术由于操作流程短、灵敏度高，是鉴定中靶 ES 细胞常用的方法。如图 7.19 所示，设计相向配置的两条引物 P1 和 P2，P1 与载体上 *neo*^{r} 基因同源，P2 与靶基因同源序列 HB1 左侧邻近区域 CS1 同源。如果是非特异性整合，P2 引物缺乏模板区域配对，不能扩增条带出来。如果是同源重组，即特异性整合，则 PCR 能够扩增产物条带出来，PCR 产物的大小是一定的，可以根据载体的序列和靶基因的序列计算出来。

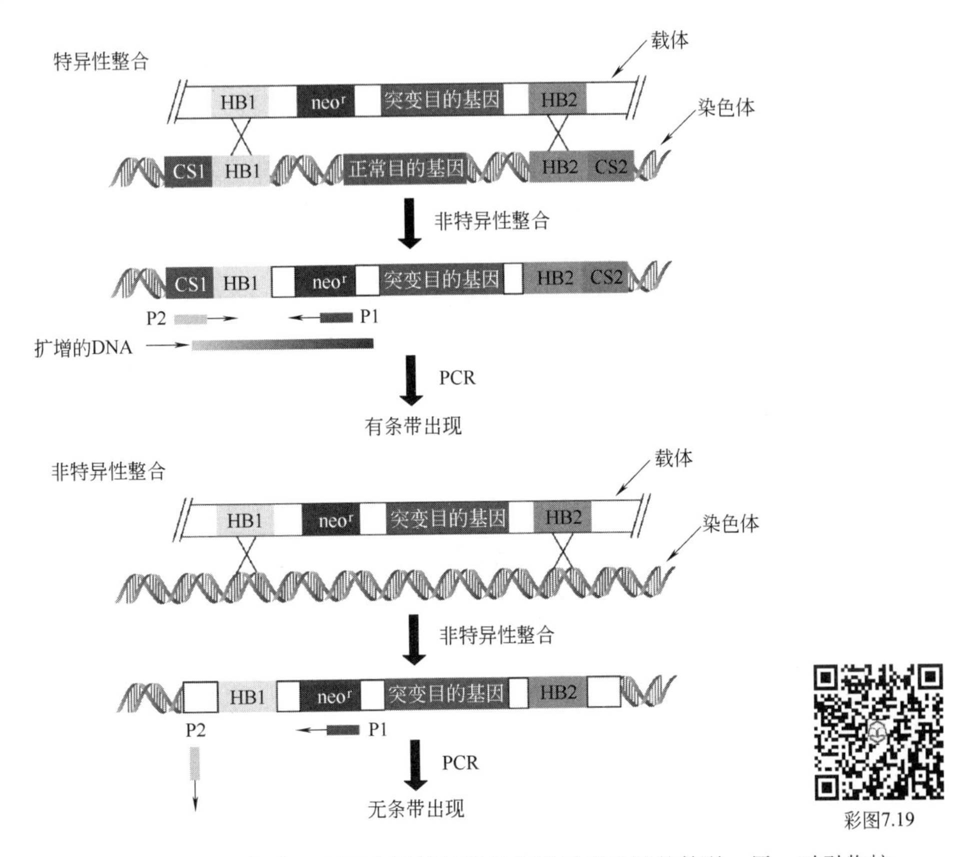

图 7.19　PCR 鉴定中靶 ES 细胞。上图表示特异性整合即同源重组的情况，用一对引物扩增 ES 细胞的基因组，将会产生 PCR 产物条带。下图是非特异性整合，同样一对引物去扩增 ES 细胞基因组，由于 P2 引物无匹配位点，将不会有 PCR 产物条带出现

（3）胚胎干细胞的分离培养

基因敲除小鼠的建立是以胚胎干细胞的成功分离培养为基础的。胚胎干细胞（embryonic stem cell，ES）是指从受精后 3.5d 的囊胚中分离出来的具有发育全能性的未分化细胞，它具有在体外无限增殖的能力。理论上讲，它可以保持分化成各种组织细胞、形成各种器官的全能性。

大多数基因打靶研究中所用的 ES 细胞均来自于棕褐色小鼠 129 品系。首先将小鼠胚胎分离培养，内细胞团不断增殖，培养的胚胎周围逐渐形成 ES 细胞集落，然后将 ES 细胞集落从培养的胚胎周围分离。进行一段时间的培养后将 ES 细胞集落吸出分散成单个细胞，将这些单细胞分离出来进行常规体外培养。最后对分离培养的 ES 细胞的核型进行鉴定，它应

该具有正常的二倍体核型及体内外的分化能力。

小鼠 ES 细胞成功分离培养后就可将构建好的打靶载体导入。目前将打靶载体导入小鼠 ES 细胞的常用方法主要有 2 种：显微注射法和电穿孔法。以电穿孔法转染 ES 细胞较为常见。

（4）基因敲除小鼠的产生

经过鉴定得到中靶 ES 细胞株以后，需要将中靶 ES 细胞注射到胚胎供体的囊胚内。中靶 ES 细胞将与供体囊胚内细胞团的细胞一起在体内共同发育成为后代小鼠（图 7.20）。为了便于区分中靶 ES 细胞发育来源的小鼠后代，胚胎供体必须在皮毛颜色或其他外表性状上容易与 ES 细胞供体有显著差异。例如，如果 ES 细胞供体为棕褐色皮毛的 129 小鼠品系，囊胚供体必须来源于白化、黑色或非棕褐色毛色的小鼠品系，最常用的胚胎供体小鼠品系是 C57B/6J、BALB/c，具有黑色皮毛。

带有中靶 ES 细胞的囊胚接着必须被移植到假孕小鼠的子宫内完成体内发育的过程。假

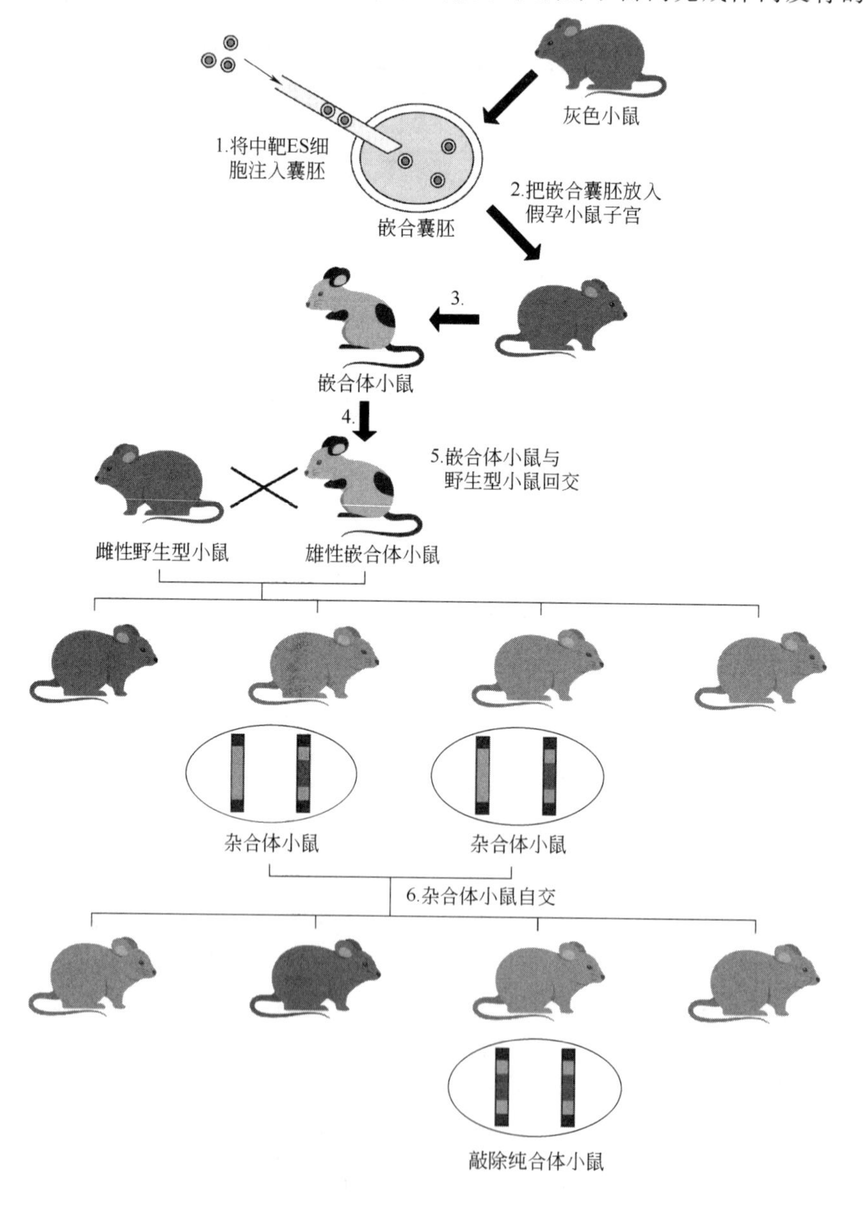

图 7.20　基因敲除鼠纯合体的制备流程

孕小鼠是经过激素处理的未受精小鼠，因此，其子宫内无自身繁殖的胚胎，但激素处理后其子宫膨大，容易接受早期胚胎的着床。

后代幼鼠产生后，需要对其进行系列鉴定才能确定是否为基因敲除个体。首先从外表性状来判断。中靶 ES 细胞来源的组织将会使得幼鼠皮毛颜色表现为棕褐色，与胚胎供体来源的黑色毛色夹杂，称为嵌合体（mosaic）。只要后代有嵌合体个体存在，就意味着该个体的中靶 ES 细胞成功参与了发育过程，因此，选择这些个体与野生型黑毛小鼠（胚胎供体小鼠）回交。如果嵌合体小鼠中的生殖系也由中靶 ES 细胞发育而来，那么嵌合体将产生带有敲除基因的生殖细胞，与野生型小鼠回交后将产生基因敲除杂合体（呈现棕褐色毛），杂合体自交就可得到基因敲除纯合体（图 7.20）。当然，如果嵌合体的生殖系不是由中靶 ES 细胞发育而来，而是由供体囊胚自身内细胞团的细胞发育而来，杂交后代将不会出现基因敲除杂合体，这种嵌合体是不需要的。根据经验，一般认为棕褐色毛嵌合的比例越大，后代获得基因敲除鼠的概率也越大。当然不管是嵌合体、基因敲除杂合体还是基因敲除纯合体，最后都要经过分子生物学检测和鉴定才能确认。

基因敲除技术由于实现了特定基因的定向突变，而且敲除的基因和性状可以稳定遗传，因此在基因功能的研究中发挥了重要的作用，同时也被用于建立人类许多疾病的动物模型。

军事医学科学院生物工程研究所的杨晓教授，是我国早期开展基因敲除工作的先驱者之一。早在 1998 年，杨晓教授就利用完全基因敲除的策略，在小鼠体内敲除了 TGFβ 信号通路中的核心基因 *Smad*4。敲除的策略用 *NEO* 基因取代 *Smad*4 基因的第八个外显子，这使得 SMAD4 蛋白的 C 端缺失 198 个氨基酸，导致其不能传递 TGFβ 信号，从而丧失功能。*Smad*4 敲除的杂合子小鼠并没有发生异常，但是杂合子小鼠的后代却得不到敲除纯合子小鼠，这意味着敲除小鼠纯合致死。在对胚胎进行检测发现，所有纯合子小鼠均在胚胎 6.0d 至胚胎 8.5d 死亡，组织学和分子生物学检测发现，*Smad*4 敲除胚胎不存在中胚层结构，证明了 *Smad*4 基因在小鼠胚胎发育过程当中起着必不可少的作用（图 7.21）。

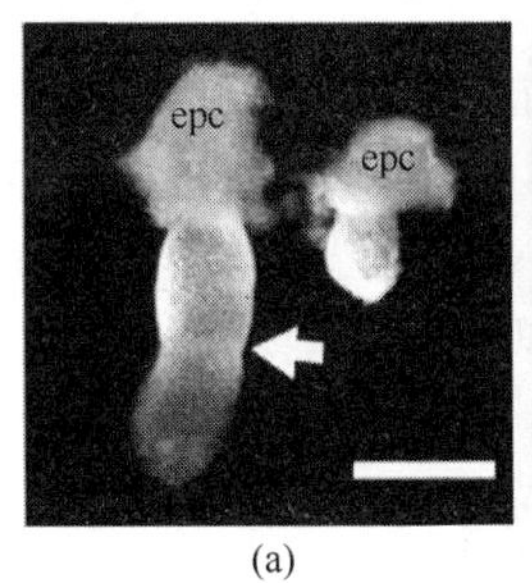

(a)

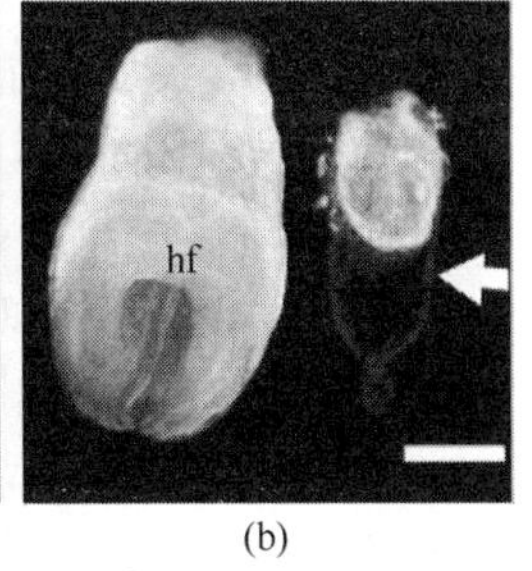

(b)

彩图7.21

图 7.21 *Smad*4 敲除小鼠形态学和分子生物学分析（取自杨晓，Proc Natl Acad Sci USA，1998）。(a) E6.5d 野生型胚胎（左）表现出胚外结构和胚内结构的界限，突变型胚胎（右边）没有这个界限，epc：外胚层；(b) E7.5d 突变型胚胎没有生长（右），左边是同期的野生型胚胎

7.3.2 条件基因敲除技术

由上一个例子可见，完全基因敲除技术由于是将基因组上的同源基因完全突变失活，且这种突变在敲除小鼠的每个细胞都稳定存在，对于那些对个体和器官发育非常重要的基因，基因敲除纯合体往往不易成活，甚至在胚胎早期就已死亡，就像 *Smad*4 基因一样，从而使得发育后期的表型和功能分析受到极大的限制。为了克服这种局限性，对传统的完全基因敲除技术进行了改进，发展了条件基因敲除技术。

（1）条件基因敲除技术的原理

条件基因敲除（conditional gene knock-out）技术是在敲除系统中引入了Cre-LoxP重组酶系统或FLP-FRT重组酶系统。Cre重组酶最先在P_1噬菌体中发现，是一种位点特异性重组酶，能够介导两个LoxP位点之间的DNA序列特异重组，使LoxP位点之间的序列或被删除，或被倒位。LoxP位点是Cre重组酶特异识别的位点，长34bp，含有两个13bp的反向重复序列和一个8bp的核心序列。LoxP位点具有方向性，方向是由8bp的核心序列决定的。如果两个LoxP位点方向相同，Cre重组酶将会将两个位点之间的DNA序列删除；如果两个LoxP位点方向相反，Cre重组酶将会将两个位点之间的DNA序列倒位（图7.22）。FLP-FRT重组酶系统来源于酵母，FLP也能将两个FRT位点之间的DNA序列删除，但在小鼠细胞中的效率不如Cre-LoxP重组酶系统高，所用应用较少。

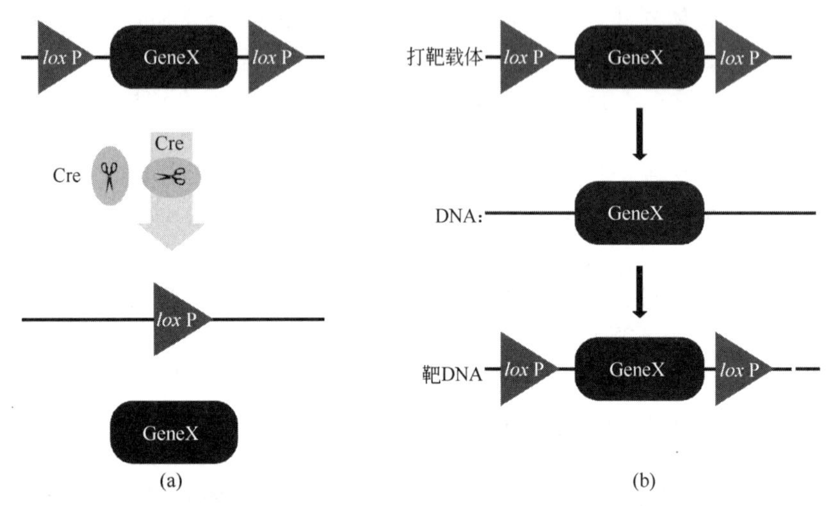

图7.22 Cre-LoxP重组酶系统介导的DNA重组。长方框代表外显子，三角形代表LoxP位点。(a) 为Cre酶介导的靶基因GeneX的删除，(b) 为构建靶基因GeneX两端锚定LoxP同向位点的打靶载体

由于Cre重组酶会将两个LoxP位点之间的DNA序列删除，因此很适合用于将靶基因或靶基因外显子片段敲除出去。一般来讲，基于Cre-LoxP重组酶系统的条件基因敲除要分两步来进行。首先要在ES细胞的基因组的靶基因两端引入两个LoxP序列，这一步可以通过打靶载体的设计和对同源重组子的筛选来实现。第二步通过Cre酶介导的重组来实现靶基因删除的遗传修饰或改变。Cre酶介导的靶基因删除可以在ES细胞水平完成，也可以利用特异性组织或细胞表达Cre重组酶的转基因小鼠与锚定LoxP位点的条件基因打靶小鼠杂交来完成。

条件基因敲除的思路可用图7.23来说明。首先构建含有被两个LoxP序列锚定的靶基因条件基因打靶小鼠，由于小鼠中的靶基因正常，只是靶基因两侧含有LoxP序列，因此，该小鼠的表型和发育过程都是正常的。将该条件基因打靶小鼠与组织特异性Cre转基因鼠杂交，杂交后代由于含有特异组织表达的Cre酶，那么在Cre酶表达的组织将会将LoxP序列锚定的靶基因删除，造成这些组织中的靶基因缺失，而其他组织中的靶基因依然是正常的。这样的小鼠将不会致死，而靶基因被删除的组织可能出现异常或功能缺陷，根据缺陷表型就可以确定靶基因在组织和器官发育中的特定功能。

Cre重组酶是一种比较稳定的蛋白质，可以在生物体的不同组织、不同生理条件下发挥作用。只要将Cre重组酶的编码基因置于任何一种特异表达启动子的调控之下，就可以使这种重组酶在生物体不同的细胞、组织、器官，以及不同的发育阶段或不同的生理条件下表达，从而获得不同组织特异性Cre转基因鼠或可被定时诱导的组织特异性Cre转基因鼠。如果将条件基因打靶小鼠与不同组织特异性Cre转基因鼠分别杂交，还可以确定靶基因在不同

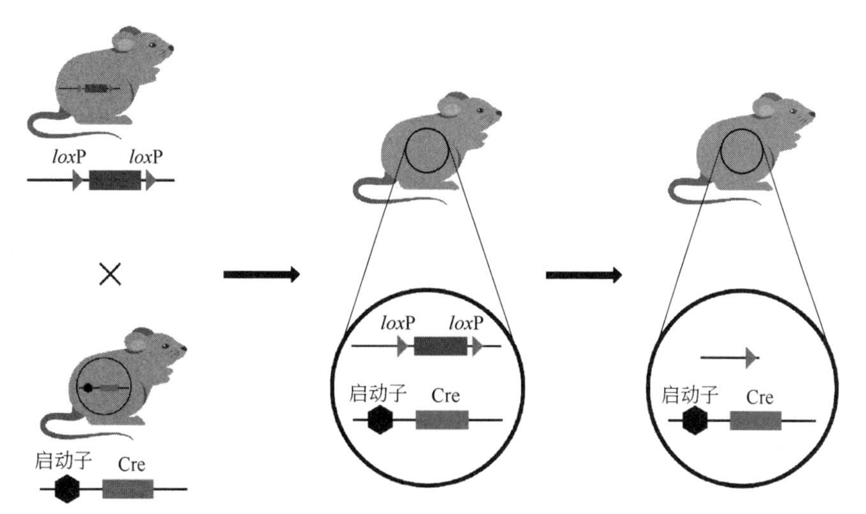

图 7.23 Cre 介导的组织或细胞特异性基因敲除。左上图小鼠是指被两个 LoxP 序列锚定的靶基因条件打靶小鼠，长方框表示被 LoxP 序列锚定的靶基因，三角形表示 LoxP 序列。左下图小鼠是转 Cre 酶基因小鼠，Cre 重组酶表达的特定组织用圆圈表示。两只小鼠杂交后，在 Cre 重组酶表达的组织将会把靶基因删除

组织或器官中的功能。或者将条件基因打靶小鼠与可诱导的组织特异性 Cre 转基因鼠杂交，那么只要在不同的发育时期诱导产生 Cre 酶，还可以得知靶基因在不同发育阶段的功能。这就是条件基因敲除技术优于传统基因敲除技术的地方。

（2）条件基因敲除的载体构建

为了在条件基因打靶载体的靶基因两侧引入 LoxP 位点，需要借助 ES 细胞介导的同源重组和 Cre 重组酶来实现。如图 7.24 所示，假定拟敲除的靶基因含有 3 个外显子 E1、E2、

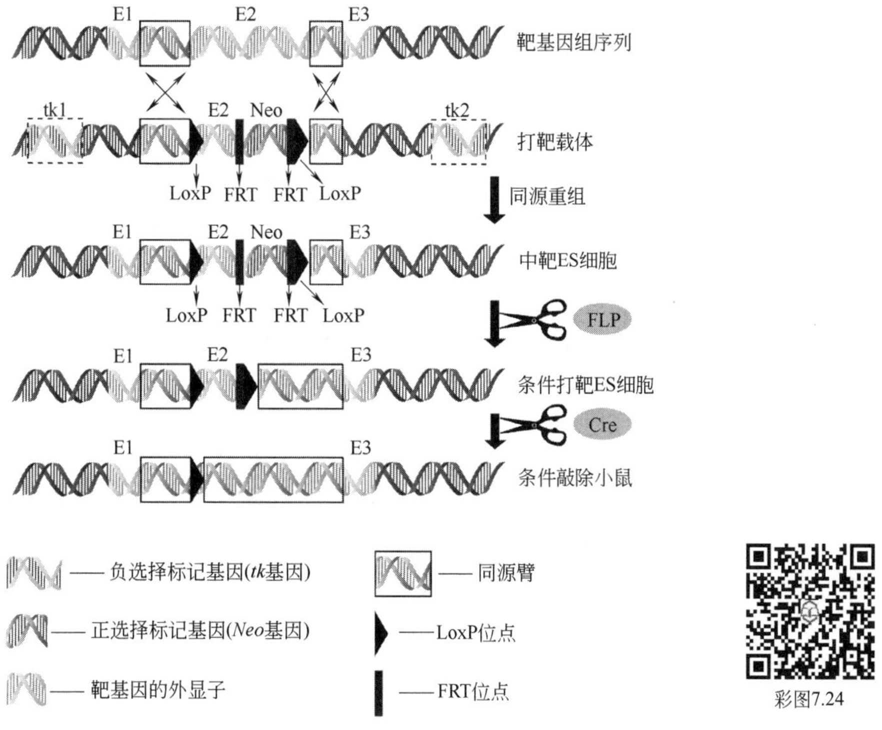

图 7.24 条件基因打靶载体的构建与条件敲除小鼠的制作流程。详细步骤见文中描述

E3。目标是将靶基因的E2外显子敲除。图最上方的DNA代表ES细胞内正常靶基因的基因组序列。构建打靶载体时，将靶基因的E2外显子序列置于打靶载体上，同时在E2序列两端加上LoxP位点和正选择标记基因*Neo*。*Neo*基因两端锚定了FRT位点，便于删除。靶基因E2外显子两侧的序列作为同源臂也加到打靶载体上。在同源臂之外还有两个负选择标记基因*tk1*和*tk2*。将打靶载体与靶基因组进行同源重组后，中靶ES细胞靶基因的两个同源臂之间应该含有LoxP位点锚定的E2外显子和正选择标记基因*Neo*。通过重组酶FLP处理ES细胞，会将正选择标记基因*Neo*删除，得到条件打靶ES细胞，即LoxP位点锚定的E2外显子的ES细胞。用条件打靶ES细胞制备条件打靶小鼠，最后与组织特异性表达Cre酶的小鼠杂交，获得敲除E2外显子的条件敲除小鼠。

（3）条件基因敲除技术的应用和技术演变

正因为*Smad*4完全敲除小鼠在胚胎期中胚层前发育停止，所以使得人们无法知道该基因在中胚层后期乃至成体中的体内功能，比如说它无法回答*Smad*4是否在成年的心脏中发挥作用。为了解决此类问题，2006年，杨晓教授实验室的王剑博士，研制成了αMHC启动Cre重组酶表达的转基因小鼠（即在心肌细胞特异表达Cre重组酶）。将此Cre酶转基因小鼠与*Smad*4基因的两端已经安放有LoxP位点的小鼠（*Smad*4基因的条件打靶小鼠）杂交，在杂交后代鉴定出既具有Cre酶转基因阳性又含有LoxP位点阳性的条件敲除小鼠。提取该小鼠各组织中的DNA，利用Southern blot对其基因组进行检测，发现只有在心脏组织中存在基因敲除的条带，说明成功实现了*Smad*4基因在心肌细胞中的特异性敲除。由于αMHC启动子是在小鼠出生后才强表达，因此这一*Smad*4基因敲除的实质是发生在小鼠出生后，且只在心肌细胞中。由此可见，利用时空特异性的启动子，可以实现基因敲除在发育的时间阶段和组织细胞空间上被精确控制。王剑博士发现，心脏特异性*Smad*4基因敲除小鼠能存活下来，但在3月龄的时候，就表现为明显的心肌肥厚。6月龄左右，小鼠死于心脏衰竭，从而证明了*Smad*4在心肌细胞病例重构中的抑制作用，这也提示TGFβ信号通路对于心脏的保护作用。这一结论与以往十几年的体外研究结果恰好相反，但是由于体内基因敲除证据确凿，无可辩驳，人们只能改变以往的观念，重新审视TGFβ信号在心脏病理重构中的复杂功能。后来越来越多的TGFβ信号成员被证明对心脏具有保护作用，致使人们对于TGFβ信号在心脏中的功能有了全面的、全新的认识。

对于基因功能学的研究，理想的策略是完全模拟发育和疾病的过程。疾病的发生和器官的发育一样，均属于机体的构建过程，前者为病理重构，后者为生理建成，在病理和生理状态改变时，一些基因存在着表达的上调和下调，甚至缺失。包含基因敲除在内的基因操作就是要在这一个特定的时候，人为地、实时地控制和干预这些基因的表达，以阐明发育和疾病的分子机制。实际上，在基因敲除的同时检测相关分子的变化，才能真正找到基因表达调控的直接靶标分子与原发性原因。而完全基因敲除发生在受精卵时期，检测时期往往只能在胚胎发育时期，甚至更后时期，这样基因检测与基因敲除的时间就错开了，很多分子变化说不清是原发性的改变还是继发性改变。内源性的组织特异性启动子介导的条件基因敲除也很难解决这一问题。于是就有了我们在前面所阐述的可诱导型启动子介导的人工诱导基因敲除。

基因工程能实现不同基因组件跨越物种的局限进行水平转移。前面所述原核生物的操纵子，酵母菌中的GAL4-UAS系统，均可以在诱导物的作用下，安装目的基因表达的人为控制“开关”。如果将原核生物和真菌的“开关”系统，控制CRE重组酶的表达，就可以通过人为控制诱导物的有无，来控制基因的敲除的发生，实现可诱导的组织特异性基因敲除。

在基因敲除小鼠中最早使用的可诱导性敲除是四环素系统。四环素诱导系统（Tet系统）来源于大肠杆菌转座子Tn10的四环素抗性基因操纵子，由Herman Bujard实验室于

1992 年首先建立。Tet 系统的作用依赖于四环素调控的阻遏蛋白（TetR ）和与阻遏蛋白相互作用的顺式调控区 TRE 两个成分。实际应用时，阻遏蛋白（TetR ）经过了改建，即把 TetR 的 N 端的 1～207 个氨基酸和单纯疱疹病毒 p16 蛋白（VP16）C 末端 127 个氨基酸组成融合蛋白（TetR-VP16，或叫 tTA）。在缺乏四环素及其衍生物强力霉素的条件下，TetR-VP16 不能与 TRE 序列结合，基因表达；在四环素或强力霉素存在的条件下，TetR-VP16 蛋白构象改变，与 TRE 序列结合，基因关闭表达。即这是一种诱导物四环素若存在，基因表达则关闭的系统，类似于电学的“非”门逻辑，被称为“Tet-off”系统。使用组织特异的启动子控制 TetR-VP16 的表达，然后将 TRE 序列置于 Cre 重组酶的广泛表达启动子 PC-MV 的前面，制备两个独立的转基因小鼠：一个反式作用子小鼠（表达 TetR-VP16），另一个为应答小鼠（表达 TRE 序列后面的 Cre 重组酶）。两个系列小鼠杂交后可产生具有双系统的转基因的小鼠表型。只要在食物或饮水中不加入四环素及其衍生物就可以调控 Cre 酶的表达，进而介导两个 LoxP 位点的靶基因条件敲除。但是若加入四环素，该表达系统关闭。1996 年，Shockett 和 Schatz 在四环素系统的基础上进行了改建。通过对随机突变的筛选，分离得到一种 rtTA 的反义突变体，它是由反义 TetR（rTetR，改变了 TetR 中的 4 个氨基酸）和 VP16 的转录活化区域组成的。没有四环素或强力霉素时，rTetR-VP16 结合到 TetO 的 TRE 序列，基因不表达。在强力霉素存在时，rTetR-VP16 不能结合到 TetO 的 TRE 序列，目的基因转录表达。这样恰好与原来的系统相反，在诱导物强力霉素存时基因打开，故被称为“Tet-on”系统，也被称为反四环素系统（图 7.25）。

彩图7.25

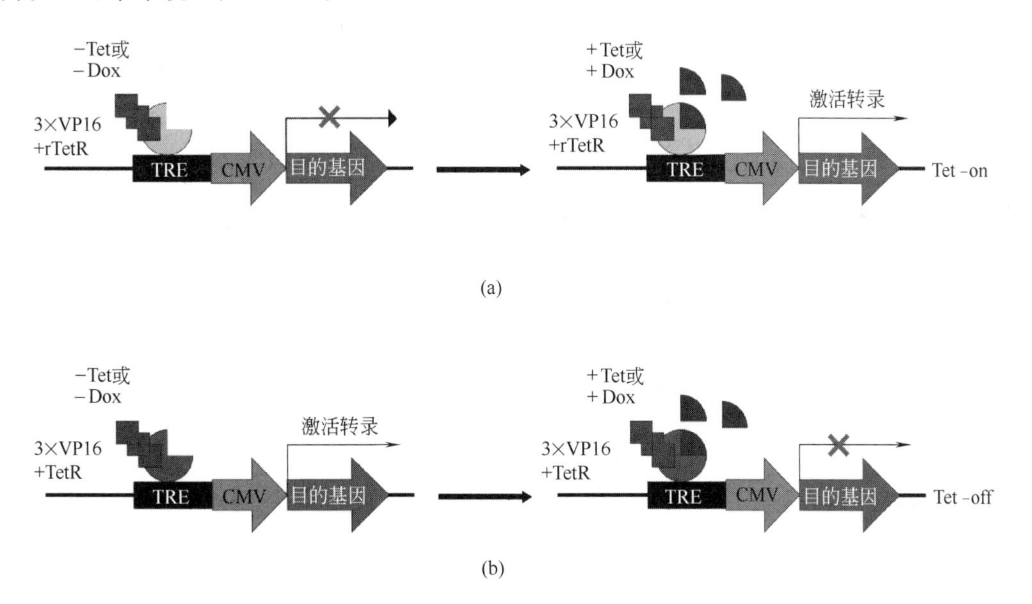

图 7.25　四环素诱导系统。(a) 在“Tet-on”系统中，加 Tet 目的基因表达；(b)“Tet-off”系统中，加 Tet 目的基因关闭表达。其中 Tet ：四环素；Dox：强力霉素；tetR：大肠杆菌的四环素阻遏物；rtetR：大肠杆菌的四环素阻遏的突变形式；VP16：人类单纯疱疹病毒（HSV）的病毒蛋白 P16；TRE：Tn10 区的四环素耐药操纵子的操纵基因序列；CMV：人巨细胞病毒启动子

除了在细菌和酵母中存在可以诱导的表达系统外，在哺乳动物内部也存在着自身的可诱导表达系统，比如说很多基因的表达都受到激素和细胞因子的调控。这方面发展起来的诱导系统主要有两种，即干扰素（interferon，IFN）诱导系统和他莫昔芬（Tamoxifen）激活系统。

干扰素诱导系统，于 1995 年被 Kuhn 建立，用甲基化黄嘌呤（ Mx 1）启动子调控 Cre

重组酶的表达，而甲基化黄嘌呤（Mx 1）启动子活性可被干扰素 α 或 γ 或 pI-pC（一种干扰素诱导剂）所诱导。即在活体内给予 pI-pC 后就可以诱导 Cre 表达，进而介导重组。

1997 年，Brocard 建立他莫昔芬（Tamoxifen）激活系统，将 Cre 与突变的雌激素受体（estrogen receptor，ER）的配体结合区（ligand-binding domain，LBD）融合构成 Cre-ER^t 嵌合蛋白，制备由广泛表达启动子 CMV 调控下的 Cre-ER^t 转基因小鼠，表达出来的 Cre-ER^t 嵌合蛋白分布在核膜上，Cre 不能入核发挥重组功能。当小鼠被喂食他莫昔芬后，他莫昔芬就可以与 ER 结合，并致使 Cre-ER^t 嵌合蛋白入核，介导 LoxP 两位点的基因敲除。

他莫昔芬激活系统在研究中使用最为广泛。2010 年，Christoph Lepper 等为了探讨 *PAX7* 基因在体内肌肉损伤修复中的具体作用，将 Cre-ER^t 嵌合元件敲入至 *PAX7* 基因的起始密码子 ATG 后面，构建出 PAX7$^{+/CE}$ 小鼠。这种小鼠 *PAX7* 基因一个拷贝被 Cre-ER^t 嵌合元件取代，实际上是 *PAX7* 敲除的杂合子小鼠，但是杂合子小鼠的表型与野生型无异。将 PAX7$^{+/CE}$ 小鼠与 *PAX7* 基因被 LoxP 位点锚定的条件打靶 PAX7$^{f/f}$ 小鼠交配，就会获得 PAX7$^{f/CE}$ 小鼠。这种小鼠的 *PAX7* 基因一个拷贝被 Cre-ER^t 嵌合元件取代，而另一个拷贝被 LoxP 锚定修饰。如果它被喂食了他莫昔芬的时候，CRE 进入核中，介导 LoxP 重组而敲除 *PAX7* 被 LoxP 修饰的那个拷贝，从而使 *PAX7* 两个拷贝均被灭活。此前，几乎所有体外的研究都证明，PAX7 是肌肉干细胞的标记分子，无论是在胚胎期还是胚胎后的发育阶段，*PAX7* 对于肌肉的生成都发挥着必不可少且至关重要的作用。且认为在肌肉的损伤修复中，*PAX7* 也能被活化从而调节肌肉的再生。Christoph Lepper 的工作是选择成年的 PAX7$^{f/CE}$ 小鼠，连续 5d 喂服他莫昔芬，然后第 7 天在小鼠的腿部注入心脏毒素（CTX），以期通过心脏毒素造成严重的肌肉损伤。然后观察 CTX 小鼠肌肉再生和恢复情况。按照人们以前的认识，肌肉再生必须要 *PAX7* 参与，但 PAX7$^{f/CE}$ 小鼠的 *PAX7* 却被他莫昔芬诱导剔除了，那么敲除小鼠肌肉将不能修复。但是事实并非如此，*PAX7* 敲除小鼠肌肉再生与正常野生型小鼠无异。于是科学界才意识到，肌肉再生的病理重构与发育阶段不一样，*PAX7* 在其中发挥着截然不同的作用。

这些出乎意料的研究结果，催生了新的科学问题：那么成体肌肉损伤修复是如何完成的呢？这是否暗示着在成体肌肉中有一种新的干细胞存在？如果对于肌肉萎缩的病人进行干细胞治疗，针对不同年龄的病人，是否将需要运用不同的干细胞？等等。伴随着基因敲除技术的发展，实际上很多基因的功能被重新鉴定，很多之前的错误认知得以纠正。人们对基因功能与基因之间的相互作用，在器官发育以及疾病发生中的作用机理，了解得更为深刻。这一切，都为临床治疗和干预疾病提供了理论依据。

7.4 基因编辑技术

尽管完全基因敲除技术可以通过同源重组的手段靶向体内特定的目标基因，实现体内基因的定点突变和替换，尤其是通过条件基因敲除技术还可以在特定的时间点和特定的组织靶向一个特定的基因，进行敲除、缺失和替换，使得基因敲除技术成为研究基因功能最强有力的手段。但是基因敲除依赖同源重组实现基因替换，而有效的同源重组成果的保留依赖胚胎干细胞，这又极大地限制了基因敲除技术的应用。到目前为止，通过同源重组介导的基因敲除主要是在小鼠和大鼠的 ES 细胞中完成的，在其他动植物细胞内却还不能轻松实现，原因是 ES 细胞分离和培养技术的困难。而且，由于同源重组频率很低，通过同源重组实现的基因敲除效率也很低，所以传统的基因敲除往往是一个费时费力费钱的工作，且成功颇需运气。因此，研究者们一直致力于寻找和建立更便捷的基因打靶的技术，终于在 20 世纪初，系列新型的基因打靶技术喷涌而出，这些体内靶向基因敲除的技术可以在包括体细胞在内的任何细胞内完成特定基因序列的改变，且可造成基因的碱基缺失、重复、插入、移码突变和目标基因的替换及敲入，实现基因组序列的替换、缺失、剪接和单碱基改变，即随意“编辑”基因组或某个特定基因的序列，被称为基因编辑（gene editing）技术。新一代基因编辑技术包括锌指核酶基因敲除技术、TALEN基因编辑技术和CRISPR基因编辑技术。

7.4.1 锌指核酶基因敲除技术

锌指核酶基因敲除技术来源于锌指核酶（zinc finger nucleases，ZFN）介导的特异基因编辑。与传统的基因打靶效应不同，它是一种不依赖同源重组的高效率的基因打靶技术，且不受胚胎干细胞的限制。

锌指核酶ZFN是一类能特异剪切基因组某段DNA的人工合成的核酸内切酶，主要包括两个结构域，即DNA结合结构域和核酶催化结构域。催化结构域由*Fok* Ⅰ（DD/RR）的催化结构域组成，具有核酸内切酶活性，能够非特异切断DNA。发挥切割作用时，*Fok* Ⅰ的催化结构域以适当的碱基距离形成异二聚体，才能发挥其剪切活性。催化结构域一般是不变的。因此可以用*Fok* Ⅰ的催化结构域和能够识别和结合特定DNA序列的锌指结构域构建成锌指核酶（ZFN或ZFP），在特定的靶位点结合并切割DNA。DNA结合结构域一般含有3～4个串联的Cys2His2锌指蛋白，其中每一个锌指基序含30个左右的氨基酸残基，具有ββα二级结构，能够结合特定序列的3bp的靶DNA片段（图7.26）。通过人工设计锌指库，可使不同的ZFN结合在不同的特定DNA的位点。在催化结构域的作用之下，可以实

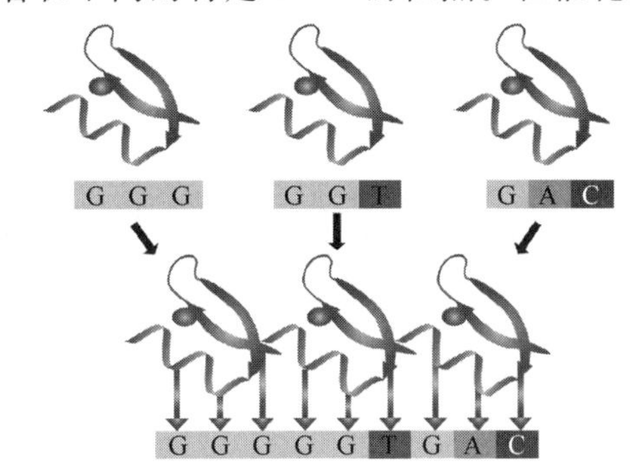

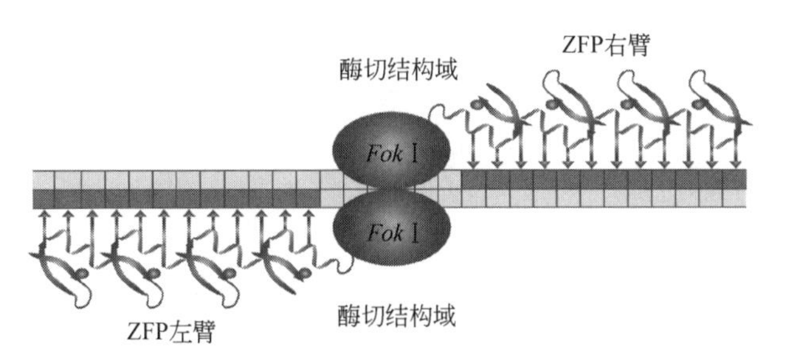

图7.26 锌指核酶特异性切割双链靶DNA的原理。锌指核酶由3个人工设计的锌指DNA结合结构域和1个*Fok* Ⅰ核酶催化结构域组成。3个锌指识别特异的9bp靶DNA序列。*Fok* Ⅰ核酶催化结构域必须形成二聚体才能发挥作用，因此，两个锌指核酶各结合靶DNA 9bp结合位点（半个位点，ZFP左臂和ZFP右臂），二聚体之间必须有一段长度各异的双链DNA的间隔序列（spacer），核酶催化结构域将间隔序列从5′→3′方向切断，造成5′突出的黏性末端，从而使靶DNA特定位点的碱基缺失或突变（引自Urnov FD等，Nat Rev Genet，2010）

现特定 DNA 位点的切割。

锌指核酶以 *Fok* Ⅰ活性结构域介导的二聚体形式结合到特定的 DNA 片段上，当异二聚体形成且间距为 6 个碱基时，*Fok* Ⅰ异二聚体即可发挥限制性内切酶的活性，剪切 3 个锌指结合部位中间的 DNA 双链。DNA 双链被剪切后形成 4～5 个碱基长的 5′突出的黏性末端，生物体将通过非同源末端连接途径（non-homologous end joining，NHEJ）或者单链退火途径进行修复。在修复过程中，常伴随碱基片段的插入或缺失，导致靶基因突变或缺失，从而达到位点特异性基因打靶的目的。而如果在修复过程中人工地引入一段同源 DNA，则会在断裂点处诱发同源重组修复（homology-directed repair，HDR）。由于人们可以在引入的同源 DNA 进行遗传修饰，当被遗传修饰的同源片段替换了原来的 DNA 片段，宿主 DNA 就同时获得了相应的改变（图 7.27）。

彩图7.27

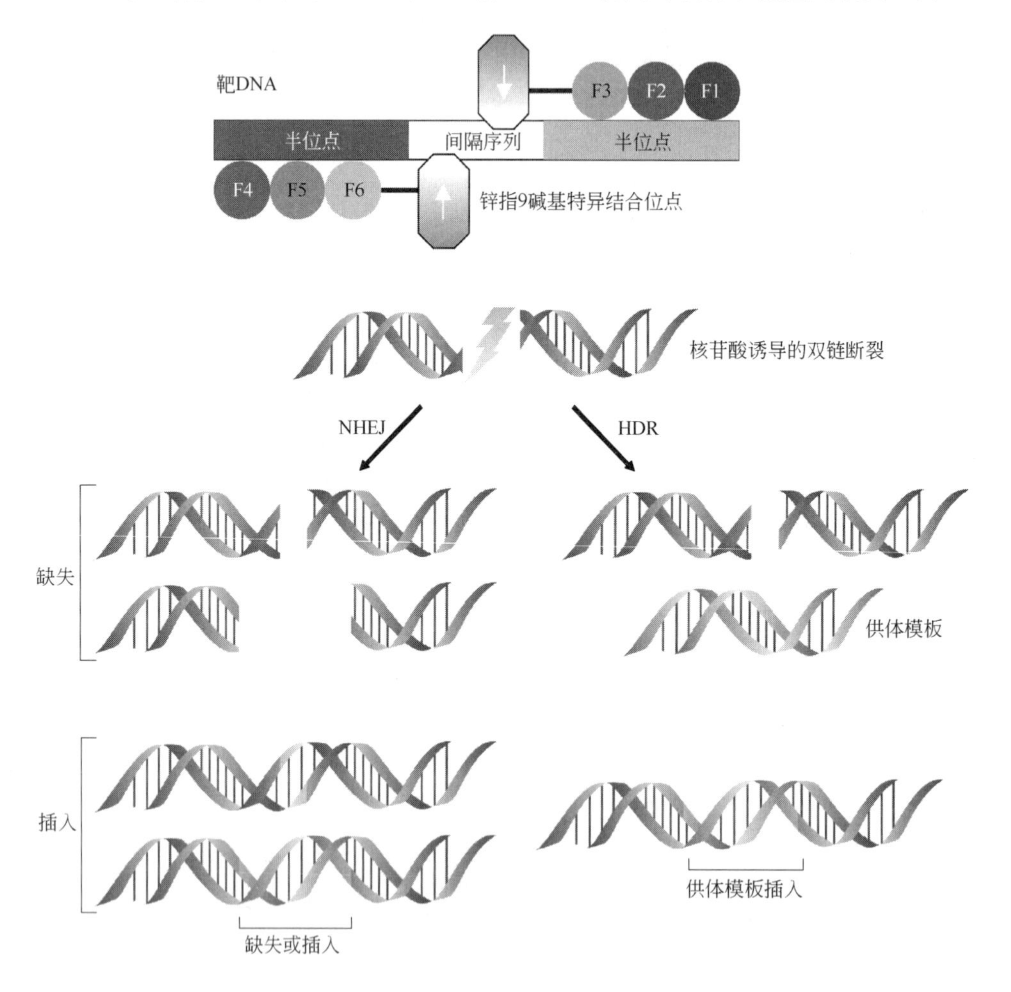

图 7.27　锌指核酶切断双链 DNA 造成 NHEJ 和 HDR 两条修复途径

（1）锌指核酶技术的产生与应用

20 世纪 80 年代，人们发现 RNA 聚合酶Ⅲ的转录因子 TFⅢA（transcription factor ⅢA），需要锌离子协助才能有效地结合 DNA 序列。后来，当 TFⅢA 氨基酸序列一经破解，英国科学家 Aeron Klug 依据此线索就敏锐地提出锌手指结构的猜想，他认为每个锌手指由差不多 30 个氨基酸构成，锌离子起到了稳定锌手指结构的作用，锌手指之间相对独立，每一根手指识别 DNA 的 3 个碱基序列。他的猜想后来被证明是十分正确的，这意味着通过基因工程的手段组装不同的锌手指可以识别特定的DNA序列，所以当时的人们便认为锌手指的组装可以用于基因打靶。1996年，美国霍普金斯大学的Srinivasan Chandrasegaran发现了*Fok* Ⅰ限制性核酸内切酶，而且*Fok* Ⅰ的DNA识别结构域和酶催化结构域可以完美的分离，于是就将锌手指与*Fok* Ⅰ酶催化结构域组装在一起，成为了具有编辑能力的、能识别任意DNA位点的“锌手指核酸酶”，即ZFN。2001年，来自美国犹他大学的Dana Carroll首先发现锌手指核酸酶注入非洲爪蟾卵母细胞核，能实现基因重组。于是他进一步将锌手指核酸酶注入到果蝇的受精卵中，获得了靶基因*yellow*突变的嵌合体果蝇，而且*yellow*突变可以经种系遗传，成功研制出基因敲除的果蝇，证明了锌手指核酸酶可以在整体动物水平上构建基因敲除动物。2003年，美国加州理工学院的David Baltimore与Matthew Porteus，在人类293细胞中引入突变的GFP序列，再通过注入锌手指核酸酶，同时为细胞提供正确的DNA模板，能准确修复突变的*GFP*基因，使得30%的GFP恢复荧光。这意味着锌手指核酸酶介导的基因修复，可以治疗人类疾病。2008年，Yannick Doyon针对斑马鱼*golden*和*ntl*基因设计靶向的锌手指核酸酶mRNA，注入斑马鱼1细胞期受精卵中，成功地研制出基因敲除的斑马鱼，其敲除效率高达20%。2009年，ZFN介导的基因敲除大鼠问世，成功地实现大鼠体内外源性的*GFP*、内源性的*IgM*和*Rab*38三个基因的同时敲除（图7.28），即利用ZFN技术实现哺乳动物细胞中靶基因的敲除。2011年，Janet Hauschild利用体细胞核移植的方式，用ZFN技术成功构建了基因敲除猪（图7.29），实现了大型哺乳动物的基因敲除。

彩图7.28

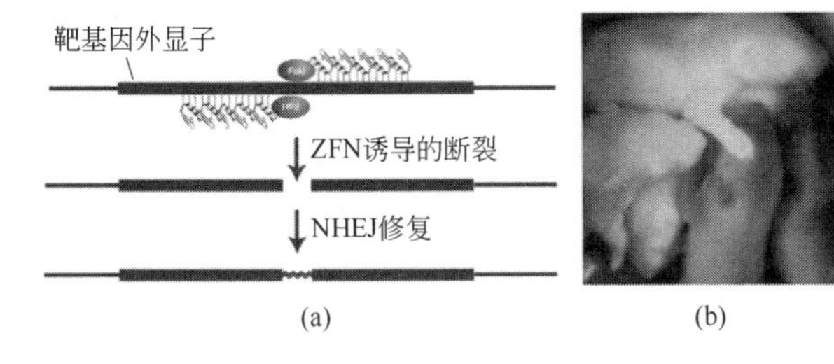

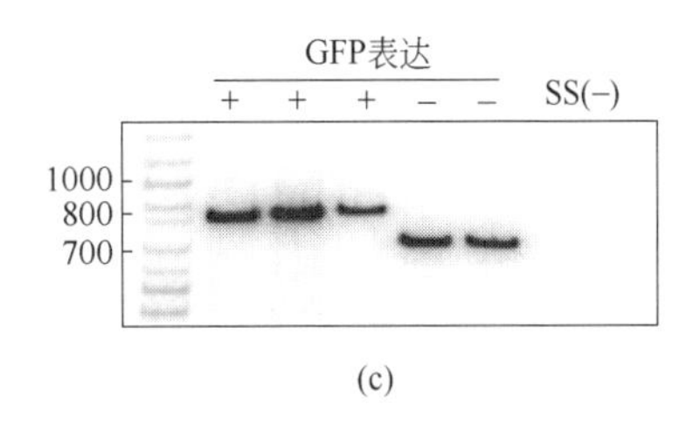

图7.28 利用ZFN技术成功研制基因敲除大鼠。(a)ZFN打靶实验方案；(b)5只大鼠后代中有2只*GFP*基因被敲除；(c)Western blot检测不到*GFP*敲除小鼠中的GFP蛋白（取自Aron M Geurts，Science，2009）

随着ZFN技术的发展和成熟，ZFN已经逐步用于多种生物细胞的基因定点修饰，包括黑长尾猴、小鼠、大鼠、中国仓鼠、非洲爪蟾卵细胞、线虫、斑马鱼、果蝇、家兔、拟南芥、大豆、烟草和玉米等生物的细胞，并逐步应用于临床医学研究，包括细菌耐药性、血液疾病、皮肤疾病和病毒性疾病等。

图7.29 利用ZFN技术研制而成的基因敲除猪（取自Hauschild等，PNAS，2011）

(2) 锌指核酶技术的优势和缺点

相比于传统的基因敲除技术，ZFN技术表现出巨大的优势，其最为明显的优势在于，ZNF实现了在受精卵细胞中直接打靶，而传统的基因敲除只能在ES细胞中进行。这得益于断裂点同源重组修复和非同源重组修复的高效性。众多研究表明，ZFN技术介导基因敲除的效率可以达到20%～60%之间，而传统的基因敲除中靶效率只有10^{-6}。传统的基因敲除只能在ES细胞中进行，使得传统的基因敲除需要很多步骤才能完成，如中靶ES细胞筛选、囊胚注射、胚胎移植等烦琐的过程。而且传统基因敲除技术最终能直接获得的只是嵌合体小鼠，通过检测中靶ES细胞能进入种系遗传小鼠，才能获得基因敲除杂合子小鼠。而基于ZFN技术的受精卵打靶，则可以绕开ES细胞这一烦琐的过程，而且有可能直接获得杂合子小鼠，大大地缩短了基因敲除动物的研发时间，降低了研制的成本。同时，由于包括斑马鱼、果蝇、大型哺乳类动物在内的很多动物的ES细胞很难分离和体外培养，而无法进行ES细胞打靶，导致传统的基因敲除技术的应用受到局限。而基于ZFN技术的受精卵打靶则可打破这一局限，使得基因打靶拥有了更为广泛的应用。由此可见，较之于传统的基因敲除，ZFN技术的优势说得上是多、快、好、省，拥有了巨大的市场前景。

正是由于ZFN巨大的市场前景，美国Sangamo公司早早地对ZFN进行技术垄断，使得ZFN与生俱来的缺陷无法得以改良，同时严重地限制了这门技术的应用和发展。ZFN的缺陷主要体现在三个方面：细胞毒性、脱靶（off-target）效应和上下文依赖效应。ZFN毕竟是异源的蛋白，对于宿主细胞而言存在着细胞毒性，转入ZFN所编码的mRNA进入细胞中，将会产生不可预估的副作用。ZFN依赖于锌手指识别靶基因，如果左右半位点均包含三个锌手指，那么一共可以识别18个碱基，但是很难保证这18个碱基在基因组序列中就是唯一的，何况还不可避免地存在一些错配现象。这样被注入的ZFN就有可能靶向其他基因位点，在其他位点造成不可预期的基因敲除，产生脱靶现象。这种脱靶现象对于临床的基因治疗其缺憾是令人无法忍受的，因为基因层面的改变可以通过遗传传给后代。而传统的基因敲除同源臂往往有7000个碱基以上，能够保证靶向的特异性。基因敲除的高效性似乎总是以丧失其特异性作为代价，二者似乎总是不可得兼。如果通过增加锌手指的数量，又会给ZFN的载体构建带来麻烦，延长基因打靶的时间，这也涉及到ZFN的第三个缺陷，锌指中各个锌指蛋白大小不一，它们之间可以相互作用、相互影响，如果大小不匹配，就不能识别和结合特定核苷酸序列，这就是锌指核酸酶的上下文依赖效应。实际上找到3个大小匹配的锌指蛋白去识别特定的DNA序列已经是比较困难的，如果需要找到4个大小匹配的锌指蛋白将变得十分困难。由此可见，锌指蛋白并不是严格意义上的自由“编程”。真正实现自由的编程，组建识别任意DNA靶序列的是TALE蛋白。

7.4.2 TALEN基因编辑技术

与锌指核酸酶技术相似，TALEN也由两部分组成，一部分是DNA的特异性识别和结合区域TALE，另一部分是与ZFN相同的*Fok* Ⅰ核酸酶催化结构域，通过二聚体化使目的基因产生双链DNA的断裂。通过激活细胞内的修复机制，要么以非同源末端连接（non-homologous end joining ，NHEJ）修复损伤，导致突变；要么通过引入修复的DNA模板，通过高保真的同源重组修复，可在靶位点引入其他的基因或者沉默靶基因。

TALE由N端转运信号、C端核定位信号、转录激活结构域和DNA特异性识别与结合结构域组成。其中，DNA特异性识别与结合结构域由高度保守的锌指模块同源重复序列组成，每个锌指重复序列对应识别1个碱基，共含有33～35个氨基酸，其中第12和13位的氨基酸为重复序列可变的双氨基酸残基（ repeat variable diresidues，RVD）。TALE能识别不同的碱基，是由不同的RVD决定的，其中NI识别腺嘌呤，NH识别鸟嘌呤，HD识别胞

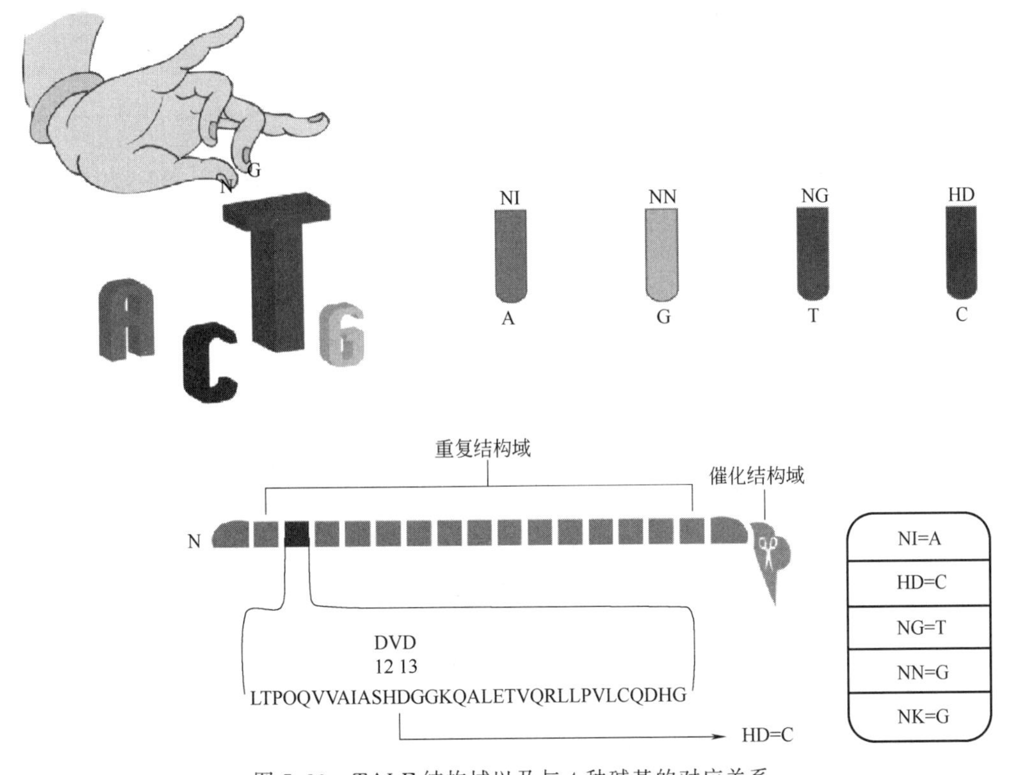

图 7.30　TALE 结构域以及与 4 种碱基的对应关系

嘧啶，NN 识别腺嘌呤或者鸟嘌呤，NG 识别胸腺嘧啶，NS 对 4 种碱基都可以识别（图 7.30）。*Fok* Ⅰ核酸酶与 TALE 的 C 端相连。在 TALEN 的实际应用中，与 ZFN 相似，要设计 1 对 TALEN，即 TALE 左臂和 TALE 右臂，在靶标序列的两侧相隔 14～20bp 处结合 TALE，使 *Fok* Ⅰ核酸酶拥有一定的间隔区空间，同时距离又不会太远，足以发挥核酸酶的作用（图 7.31）。

彩图7.31

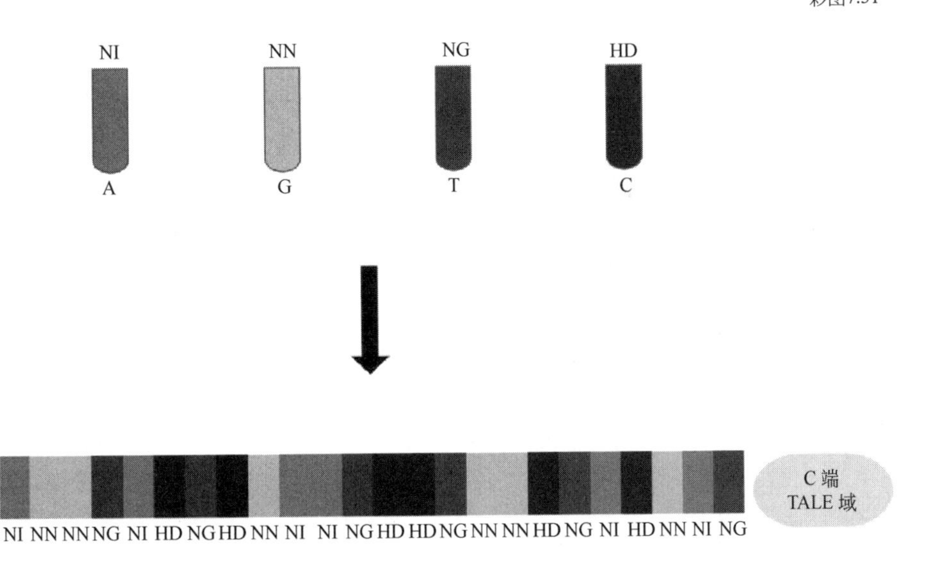

图 7.31　TALE 蛋白与 DNA 靶序列的对应

（1）TALEN 打靶技术的产生和应用

20 世纪 90 年代，一种名为类转录激活因子效应蛋白（transcription activator-like effector，TALE）在伯纳斯实验室被首次发现，这种蛋白英文缩写为 TALE。黄单胞菌在入侵植物时，会利用一套类似于针头的装置将 TALE 注入到植物细胞内，被注入的 TALE 可以伪装成为植物的转录因子，进入细胞核结合在特定基因 DNA 上，启动其表达合成黄单胞菌所需的蛋白质。这一个过程，与将外源蛋白注入细胞直接靶向特定的 DNA 序列的打靶过程十分类似。

2011 年 8 月，华人科学家张锋在 *Nat Biotech* 上报道了 TALE 蛋白的组装方法，TALE 的蛋白模块能够任意地组装识别特定的靶基因。同时他将组装的 TALE 引入到哺乳动物细胞，导致了预定的靶基因 *Sox2* 和 *Klf4* 转录激活，证实了编辑好的 TALE 模块可以作为基因打靶向导蛋白。TALE 模块与 *Fok* Ⅰ核酸酶结合，就形成了 TALE 核酸酶（TALE nucleases，TALEN），即 TALEN。同年，北京大学张博教授就在国际上率先报道了 TALEN 敲除的斑马鱼，斑马鱼中的 *tnikb* 和 *dip2a* 基因被失活，同时张教授借鉴于 ZFN 技术的缺陷，对于 TALEN 的脱靶效应进行了分析。也是在这一年，TALEN 技术基因敲除大鼠被 Laurent Tesson 研制成功，完成了 TALEN 技术在哺乳动物基因敲除中的应用。两年后，张博教授将靶向酪氨酸羟化酶 TALEN 的 mRNA 和单链 DNA 模板共同注射入斑马鱼受精卵中，成功地研制出 TALEN 介导同源重组的基因修饰斑马鱼，实现了 TALEN 技术在动物整体水平上的基因编辑。也是在 2013 年，Young Hoon Sung 对小鼠黄体酮免疫调节结合因子 1（progesterone immunomodulatory binding factor 1，Pibf1）进行 TALEN 打靶，获得 Pibf1 纯合缺失的小鼠，体现了 TALEN 高效的敲除潜能。TALEN 基因编辑策略见图 7.32。

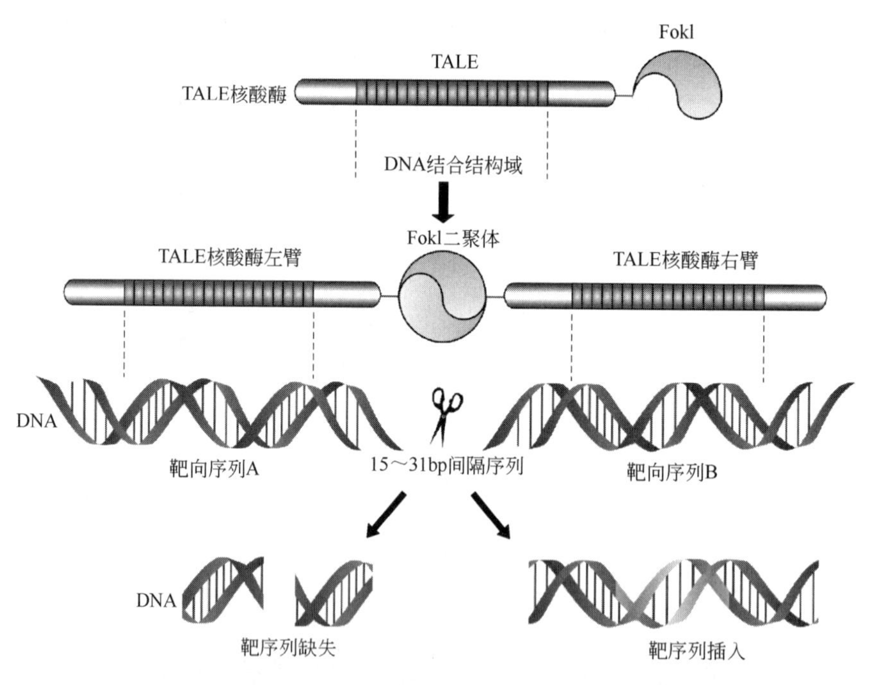

图 7.32 TALEN 基因编辑策略

TALEN 技术一经发现，发展十分迅猛，5 年时间内，就已被广泛应用于各种生物的基因组编辑，包括病毒、酵母、鸡、小鼠、大鼠、斑马鱼和大米等，并且实现了基因组的定点突变。在工农业生产中，结合基因工程来改善或改变所需物种的特性，使其更利于增产并获得品质更高的产物。利用 TALEN 技术，靶向酿酒酵母的乙醇脱氢酶基因（alcohol dehydrogenase gene）和潮霉素抗性基因（hygromycin-resistant gene），促进酿酒酵母对生物乙醇的生产，获得高产的酿酒酵母。使用 TALEN 技术敲除鸡生殖细胞（primordial germ-cells）的 *DDX4*（vasa）基因，发现 *DDX4* 基因敲除的细胞，最初能形成生殖细胞，但在卵巢发育过程的减数分裂中丢失，导致成年雌性不育。在医学研究中，将 TALEN 技术应用于线粒体基因的编辑。通过敲除多种源于患者线粒体的缺陷 DNA，为治疗母系遗传的线粒体疾病提供治疗的方向。通过基因编辑的手段进行人类疾病基因治疗，我们在后面基因治疗的章节还会介绍。

（2）TALEN 打靶技术的优点和缺点

TALEN 技术拥有 ZFN 技术所具有的一切优点，而且其打靶效率比 ZFN 还要高。最为重要的是，TALEN 真正实现了模块的自由编程，由于一个 TALE 模块只识别 1 个碱基，所以理论上只要有 4 个模块就可以识别 DNA 的任意一种序列，而锌指蛋白识别 3 个碱基，则需要 64 个锌指蛋白才可以识别所有的 DNA 序列。TALE 模块在识别碱基的时候大小合适，模块与模块之间相对独立，避免了锌指蛋白由于大小不能匹配而使得识别受限制的问题，TALE 模块可以任意拼接去识别任意 DNA 靶序列。也正是因为如此，TALEN 可以识别更长的靶序列，从而降低了脱靶效应。尽管如此，降低脱靶效应并不代表能消除脱靶效应，实际上，2011 年，张博教授在研制 TALEN 敲除的斑马鱼时就检测到了 9 个脱靶位点。此外，TALEN 依旧存在缺憾。因为一个 TALE 模块包含有约 34 个氨基酸，而一个 ZFN 锌指也大约为 30 个氨基酸，但是 ZFN 锌指与碱基的结合是 1∶3，而 TALE 模块却是 1∶1，这样识别同样长度的靶基因序列的 TALEN 实际上比 ZFN 大三倍。蛋白越大，对细胞的毒性也就越大，而且入核的可能性也就越小，能够被改变和修饰的潜力也随之变小。而且 TALE 的模块需要一个个的组建，其过程十分烦琐，耗时也相对较长。这使得 TALEN 作为打靶工具，不是那么轻便好使。真正轻便好使的基因敲除工具，是被誉为“打靶神器”的 CRISPR。

7.4.3 CRISPR 基因编辑技术

CRISPR/CAS 打靶系统，靶位点识别组件是一段名为成簇的规律间隔的短回文重复序列（clustered regularly interspaced short palindromic repeats，CRISPR）。CRISPR 编码 CRISPR-RNA 前体（pre-crRNA），前体加工成短的成熟的 CRISPR-RNA（crRNA），crRNA 将与靶基因 DNA 通过碱基互补配对的方式进行识别。而切割 DNA 的组件，是一种名为 Cas 的核酸内切酶（CRISPR-associated proteins，Cas）。这样 CRISPR 与 Cas 结合形成一种 RNA-蛋白质的复合体，RNA 引导 CAS 入核，靶向目标基因，CAS 发挥内切酶活性，使得靶基因产生双链缺口，通过非同源末端连接（non-homologous end joining，NHEJ）或者同源重组修复（homology-directed repair，HDR）途径，进而实现基因的敲除与修饰。

目前发现，至少有 11 种不同的 CRISPR/Cas 系统存在，可以被划分为 3 种主要的类型。其中Ⅰ型和Ⅲ型的 Cas 核酸酶都是多亚基的蛋白质，与 crRNA 结合促进靶向识别或者摧毁目的基因序列。相比前两者，Ⅱ型系统中的 Cas 核酸酶是单亚基，如 Cas9，更容易构建。基于对Ⅱ型 CRISPR/Cas 系统的研究，人们已经改建成一种相对高效且成熟的基因编辑工具，这就是 CRISPR/Cas9 系统。

CRISPR /Cas9 系统由 CRISPR 和 Cas9 核酸酶组成。CRISPR 序列分别由前导区、高度保守的重复序列与间隔区序列组成。前导区负责启动转录开始并合成 crRNA 前体（pre-crRNA），该区域富含腺嘌呤和胸腺嘧啶碱基序列，一般长度为 300～500bp 左右。研究表明，crRNA 结合 Cas9 蛋白还需要另外一段 RNA 参与，那就是 tracrRNA（trans-activating crRNA），即 crRNA 反式激活的 RNA。tracrRNA 由 CRISPR 临近序列编码，对 CRISPR 发挥两个作用，其一是通过 RNA 酶Ⅲ启动 crRNA 的成熟，其二是通过互补结合 crRNA 激活 Cas9 的核酸内切酶活性（图 7.33）。

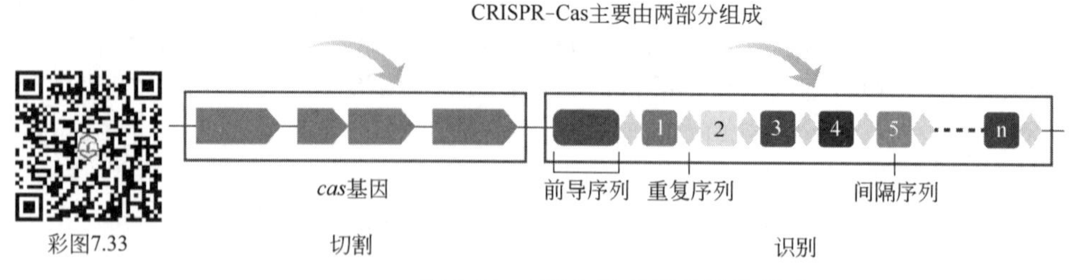

图 7.33　CRISPR 序列及系统组成

Cas9 核酸酶由 1409 个氨基酸组成，有 2 个重要的核酸酶结构域，分别是 RucC 和 HNH 结构域。RucC 由 3 个亚结构域组成，RucCⅠ靠近 Cas9 序列的 N 端，RucCⅡ/Ⅲ位于蛋白质中间的位置，靠近 HNH 结构域。HNH 结构域负责切断通过 crRNA 互补靶向的 DNA 单链，切割位点位于 PAM（protospacer-adjacent motifs）序列上游 3nt 处。RucC 结构域负责切开另一条 DNA 链，切割位点位于 PAM 序列上游 3～8nt 处。Cas9 核酸酶行使功能时，非常依赖 PAM 序列。PAM 序列是位于靶向 DNA 序列 3′端长度为 3bp 的核苷酸序列，碱基组成通常为 NGG，其中 N 指任一种碱基。RNA-DNA 双链是在 PAM 位点开始形成的，crRNA/tracrRNA 结合在 PAM 序列的附近，通过 RucC 和 HNH 结构域诱导 Cas9 核酸酶的活性。目前通常将 crRNA 和 tracrRNA 这两种 RNA 通过基因工程手段连成一条单链向导 RNA（single-guide RNA，sgRNA），又叫 crRNA-tracrRNA 嵌合体（图 7.34）。

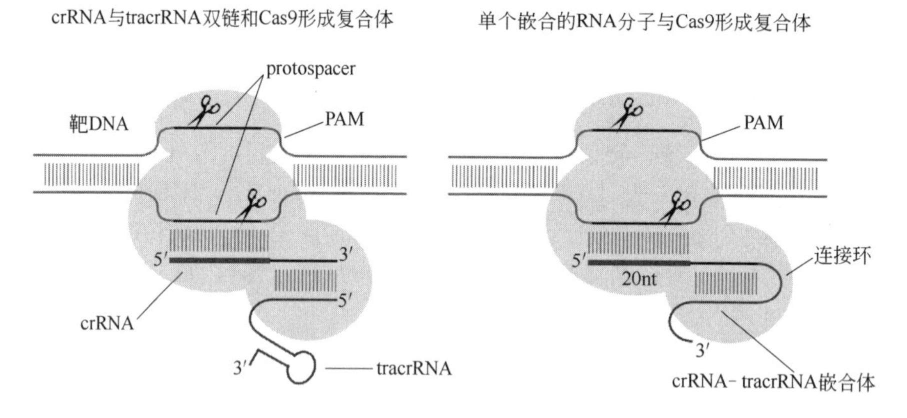

图 7.34　crRNA、tracrRNA 与 Cas9 蛋白结合模式图

7.4.3.1　CRISPR 基因编辑技术的产生

1987 年，日本科学家石野良纯（Yoshizumi Ishino）在大肠杆菌的基因组 DNA 上发现了一种十分奇怪的序列，29 个碱基的序列重复出现 5 次，两两之间却被杂乱无章的 32bp 的间隔序列隔开。当时没有人会去关注这一堆“垃圾序列”。几年后，西班牙人莫西卡（Mojica）在地中海嗜盐菌中也发现了同样的序列。如果来自两个不同地域的细菌中存在相同的序列，意味着这些序列很可能存在鲜为人知的生物学功能。于是莫西卡开始收集不同微生物中的这种序列。10 年后，他拥有了 60 多种细菌的 4500 段序列，同时给这类序列取上了名字，

那就是“成簇的规律间隔的短回文重复序列”（clustered regularly interspaced palindromic repeats，CRISPR），CRISPR 由此而得名。在分析这 4500 条 CRISPR 序列的共性时，莫西卡发现 CRISPR 的间隔序列来源于噬菌体，而携带这一间隔序列的菌株已知对 P_1 感染具有抵抗力。在被分析的 88 个间隔序列中，2/3 同携带间隔序列的微生物相关的病毒或接合质粒相匹配。于是 Mojica 意识到 CRISPR 位点储存了用于为保护微生物抵抗侵染而产生的适应性免疫所需的信息。之后，法国微生物学家巴兰古（Rodolphe Barrangou）证实了 CRISPR 被用于噬菌体免疫记忆的猜想，因为加一段相应的 CRISPR 序列放到嗜热链球菌中就可以获得对相应的噬菌体的免疫抗性。2008 年，荷兰瓦赫宁恩大学的范德欧斯特（John van der Oost）等通过研究大肠杆菌的 CRISPR-Cas 系统（Ⅰ型），发现 CRISPR 序列可转录并加工出非编码 RNA，即 crRNA（CRISPR-RNA），而 crRNA 介导了随后的干扰机制。同一年，西北大学的松特海默尔（Erik Sontheimer）等则在表皮葡萄球菌（*Staphylococcus epidermidis*）的 CRISPR-Cas 系统（Ⅲ型）中发现，crRNA 发挥干扰作用的靶点是 DNA，而不像真核生物作用靶点为 RNA。由此 Marraffini 和 Sontheimer 提出：CRISPR 可以作为一种可编辑设定的限制性内切酶用于基因编辑。2011 年，CRISPR 介导的免疫机制，被法国女科学家艾曼纽·卡朋特（Emmanuelle Charpentier）在 *Nature* 杂志上进一步阐明。Ⅱ型的 CRISPR 系统，将转录出一段 tracrRNA 与 pre-crRNA 互补结合，这种结合在 Cas9 因子存在前提下被 RNA 酶Ⅲ识别和剪切，最终产生成熟的 crRNA。这一发现具有十分重要的意义，相对于其他 CRISPR 系统往往需要一种 crRNA 但同时需多种 Cas9 蛋白参与，这一系统（Ⅱ型）则需两种 RNA（crRNA 和 tracrRNA），虽增加了 RNA 数量，却只需一种 Cas9 蛋白完成。当年，美国加利福尼亚大学伯克利分校的结构生物学家珍妮弗·杜德娜（Jennifer Doudna）解析出 Cas 的三维结构，阐明了 Cas 蛋白与 CRISPR 序列的互作机理。之后 Doudna 与 Charpentier 在美国的一次学术会议中偶遇，次年，二人合作通过序列截短和突变的方法找到 crRNA 与 tracrRNA 的关键位点，并将这两种 RNA 合二为一，形成单链嵌合 RNA（singer chimeric RNA，图 7.34）。嵌合 RNA 能形成类似于 crRNA 与 tracrRNA 的二聚体结构，在体外试验中能高效地切断目标 DNA。至此 CRISPR-Cas9 成为空前的轻便简捷的基因编辑工具，其条件已经十分成熟。

但哺乳动物细胞的内部环境不同于微生物，它们的基因要大 1000 倍，位于细胞核内，且嵌在一个精致复杂的染色质结构内。来自麻省理工学院的华人张锋，发现嵌合 RNA 在体内环境下效果很差，但他之后又发现一个复原了 3′端发夹结构的全长 tracrRNA 序列融合可以大大提升切割效率。于是后来单链嵌合 RNA 被改进成为今日习以为常的单链向导 RNA（single-guide RNA，sgRNA）。2013 年 2 月，张锋通过在 Cas9 蛋白中引入核定位信号，实现了 CRISPR-Cas9 在哺乳动物细胞中入核，并同时进行多个基因位点的切割，通过共同注入同源片段，成功完成特定位点的基因编辑，其编辑效率远高于之前的 TALEN。该研究成果发表于 *Science* 杂志上，标志着 CRISPR-Cas9 系统在哺乳动物基因组编辑的完成，将前人的构想化为现实。同年 3 月，Joung 将 sgRNA 与编码 Cas9 的 mRNA 注射入斑马鱼 1 细胞期受精卵中，证实 CRISPR 可以在动物体内生殖系上有效地制造缺失。同年 5 月，南京大学模式动物研究所的黄行许博士，将携带有入核信号的 Cas9 mRNA 以及嵌合 RNA 注射入 1 细胞期的小鼠受精卵中，将外源性的 EGFP 基因灭活，获得靶基因敲除的嵌合体小鼠，实现了哺乳动物体内打靶。与此同时，张锋在 *Cell* 杂志报道了运用 CRISPR-Cas9 系统一步法快速获得多个基因编辑的嵌合体小鼠，其速度之快、耗时之短、效率之高、方法之便捷，为世界震惊（图 7.35）。同年 8 月，华东师范大学的李大力教授，一举获得能经过种系遗传的 CRISPR 基因编辑的小鼠和大鼠，完成了 CRISPR 在动物体内编辑基因的最后一块拼图。同

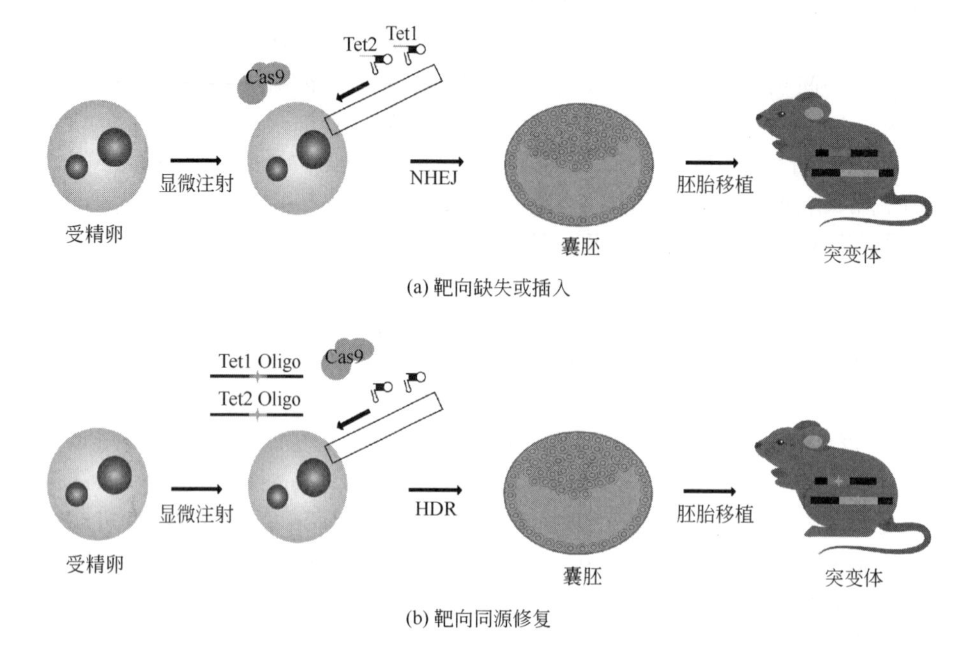

图 7.35 针对小鼠的多基因一步法编辑。(a) 靶向 2 个基因的 sgRNA，同时注射入受精卵，高效获得 2 个基因同时敲除的小鼠，以及同一个基因双拷贝被敲除的小鼠；(b) 靶向 2 个基因的 sgRNA，连同修复模板同时注射入受精卵，高效获得 2 个基因同时被精确编辑的遗传修饰小鼠

彩图7.35

年 11 月，张锋发文 *Nat Protoc*，向全世界公布了所有关于 CRISPR 的技术细节。至此，CRISPR 打靶技术开始全面取代此前的打靶技术。2014 年，中国科学家就率先完成了在灵长类食蟹猴上的基因编辑和人类 ES 细胞上的基因编辑，这是之前包括 TALEN/ZFN 都未能完成的工作。2015 年，中山大学黄军就博士完成人类废弃胚胎的基因编辑。2017 年，美国科学家在 *Nature* 杂志上发表了两例人类胚胎中的致病基因的 CRISPR 修复。在 CRISPR 技术诞生的短短几年工夫，CRISPR 打靶几乎跨越了一切物种的局限，实现了在任意物种中任意改造 DNA，以其得天独厚的优势，风头力压新型的 TALEN，成为了名副其实的“打靶神器”。

7.4.3.2 CRISPR 打靶技术的应用

CRISPR 打靶工具在短时间内几乎跨越从原核生物到包括人类在内的灵长类等一切物种细胞中得到了有效性的验证。与此同时，人们也同时将 CRISPR 技术推广应用到了几乎需要用到基因编辑的一切领域。随之而来的是，人们的观念逐步从转基因、基因敲除向基因修饰和基因编辑转变。在农业、工业、生态防治和医学研究等诸多方面，其应用之广度和深度，正在或已经颠覆了人类对于多个行业的传统认知。

在农业方面，CRISPR 技术正在创造新型的健康食物，实现传统转基因作物向基因编辑作物概念性的转变。传统的转基因是将外源 DNA 序列插入作物的基因组中，而基因编辑的概念则是精确地编辑、改良和改造作物中原来基因组中特定的基因，就如同对植物的每一个特质性状，安上可控的开关，人为地强化自然赋予植物的优良性状。这样可以一洗多年来存在于大众心中错误认识的转基因“污名”，彻底打破推动基因编辑作物的日常化和产业化的壁垒。2016 年，美国杜邦公司就公布了 CRISPR 基因编辑的玉米品种，而冷泉港实验室的科学家热衷于用 CRISPR 基因编辑番茄，在不影响果实本身的基础上，修改番茄的分枝和开花数量，提高产量。超级稻和杂交稻对重金属镉元素的亲和能力更强，而目前我国耕地受包含镉在内的重金属污染严重，杂交水稻之父袁隆平院士，利用 CRISPR 技术修改掉超级杂交水稻根部细胞中调控金属离子跨膜转运蛋白和韧皮部镉转运蛋白基因，培育出富集镉含量更少的新一代抗镉超级稻（图 7.36）。针对高产、优质、抗逆和抗病等品种改良，经过 CRISPR 创造的新型作物将应接不暇地进入到我们的生活。

图 7.36　CRISPR 改造的番茄和水稻

彩图7.36

在工业方面，凡是以生物为原料的工业产品都可以通过改造生物性状而影响工业生产。正如王立铭教授在《上帝的手术刀》一书中描述的，“CRISPR 让牛奶更香醇，让红酒更醉人”。CRISPR 对乳酸菌和葡萄的基因改造随之而来的就是乳制品工业和葡萄酒工业的革新。在能源方面，自然界的一些真核微藻能够通过光合作用固定二氧化碳，并将其转化和存储为油脂。因此，作为一种潜在的可规模化生产的清洁能源和固碳减排方案，微藻能源近年来受到了广泛的关注。我国青岛能源所单细胞研究中心徐健课题组以微拟球藻为模型，率先建立了基于 Cas9/gRNA 的工业产油微藻基因组编辑技术，通过分子育种的方式，成功地实现了产油微藻的品种改良。

生物防治是利用一种生物对抗另外一种生物的做法，而不同生物生态位的建立源自于亿万年来进化的结构，而进化的内在机制却取决于基因的变异。实质上，基因编辑就是在人为地调整生物进化，也就可以重构和调整生态系统中的种群关系。很多昆虫会将农作物作为食物，影响农作物的正常生长。法国的科学家 Emmanuelle Jacquin-Joly 将 CRISPR 技术用于防止虫害。他们将一种鳞翅目害虫的特定气味感受分子从基因组中敲除，并发现 70%的后代可以遗传这种突变。通过放飞这样一些“间谍昆虫”来传播“闻”不到作物的气味的基因，让农作物免受摧残。基于 CRISPR 技术上的生物防治其实质是在拖延甚至逆转进化，而传统防治病虫害的方法是使用杀虫剂和抗生素，这样环境的压力容易进化出拥有耐受基因的病虫体，其实质是在加快进化，最终结果是导致无药可用，病虫在竞争中彻底获胜。由此可见，基于基因编辑上的害虫防治是一种概念性的转变。而如果将保护植物转向为保护人类自身，生物防治就变成疾病防治。疟疾每年造成超过 50 万人死亡，其病原体由蚊子携带。如果能够降低蚊子的生殖能力，也就能够消灭疟疾。2016 年，伦敦帝国学院（College London）的一个研究小组利用 CRISPR 技术编辑改造出带有“不孕不育”基因的“间谍昆虫”，通过基因驱动系统使其不育的特征更容易被后代遗传，最终蚊子形成的种群中的性别会失衡，蚊子数量会下降，也就间接地达到了消灭疟疾的效果。加州大学河滨分校（University of California，Riverside）的科学家们利用 CRISPR 技术削弱后代蚊子的飞行能力和视力，减少该蚊子向人类传播如登革热和黄热病的能力。如同植物面临耐药性病虫一样，多重耐药菌以及“超级细菌”是人类滥用抗生素后面临的尴尬局面。CRISPR 的出现让人们想到了对于细菌的天敌噬菌体进行基因改造，将 CRISPR 系统组装到噬菌体，靶向细菌的耐药基因，消灭“超级细菌”，这种“以彼之道，还施彼身”的匠心独运方案，是当今科学研究的一个重要方向。

在医学研究方面，当今的医学已经不止于养病，更关注治病。传统的观念认为对于一些退行性的疾病及重大疾病，如衰老、神经退行性疾病、心血管疾病、恶性肿瘤等都是不能根治的。CRISPR 技术的诞生，让人们对于“治”病的概念也发生了转变，因为基因编辑的便利，使得人类的致病基因可以被“修”补，修补不成的器官和细胞还可以被更“换”。前者就是我们后面需要着重探讨的基因治疗，在这一节不做赘述，后者就是细胞或者器官的移植，包含经过基因编辑的细胞治疗和异种器官移植。但是在治疗之前还有一个机理的探病和诊断的查病过程。CRISPR 在疾病的“探”“查”“修”“换”四个方面都展现着诱人的应用前景。

通过 CRISPR 研制疾病动物模型，可以帮助人们“探”究疾病的致病机理。当然，传统的基因打靶以及 ZFN 和 TALEN 均可以完成疾病动物模型的研制。但是以往的技术，往往对于大型哺乳动物以及灵长类动物的基因编辑存在短板。而人类疾病，尤其是一些高级神经中枢疾病，由于与小鼠等模式动物存在较远的进化距离，所以在传统的模式动物身上并不能准确地找到人类疾病发生的答案。疾病机理的研究对于以猪、猴、大猩猩之类的新型模式动物提出了要求。2018 年 4 月，暨南大学的李晓江教授在 *Cell* 杂志上报道了 CRISPR 基因编辑的亨廷顿舞蹈猪（图 7.37），它能精准地模拟人类亨廷顿舞蹈症的行为症状，而此前这些行为症状和脑部神经元死亡表型在小鼠模型中不能呈现。这一经过基因编辑的猪不但可以帮助人类深入理解亨廷顿舞蹈症的发病机制，还可以用于人类试药、肝细胞的临床前评价等领域。猪的心血管系统、消化系统、皮肤、营养需要、骨骼发育及矿物质代谢等都与人相似，体型和体重与人类接近，繁殖数量多，周期短，是极佳的疾病研究动物模型，所以科学界对猪情有独钟。神经纤维瘤病 1 型（neurofibromin 1，NF1）会导致毁容以及全身性的病理改变，威斯康星大学通过 CRISPR 技术突变掉神经纤维蛋白 1（NF1）基因，研制成了模拟人类神经纤维瘤症状的猪。但在人类发病中，NF1 基因存在 4000 多种变异，每一种变异都会轻微改变 NF1 的症状。CRISPR 基因编辑技术可以根据不同病人的变异类型，革命性地创建具有特定个体突变的猪。每个 NF1 的患儿都会得到他们自己的个体化的小猪，小猪的 NF1 基因版本与患儿的一致。因为小猪比人类长得更快，所以它们可以替代患儿接受监控，预测病情会如何进展。2016 年，三只与某个 NF1 患者的变异基因一致的基因编辑 NF1 猪就已经问世。

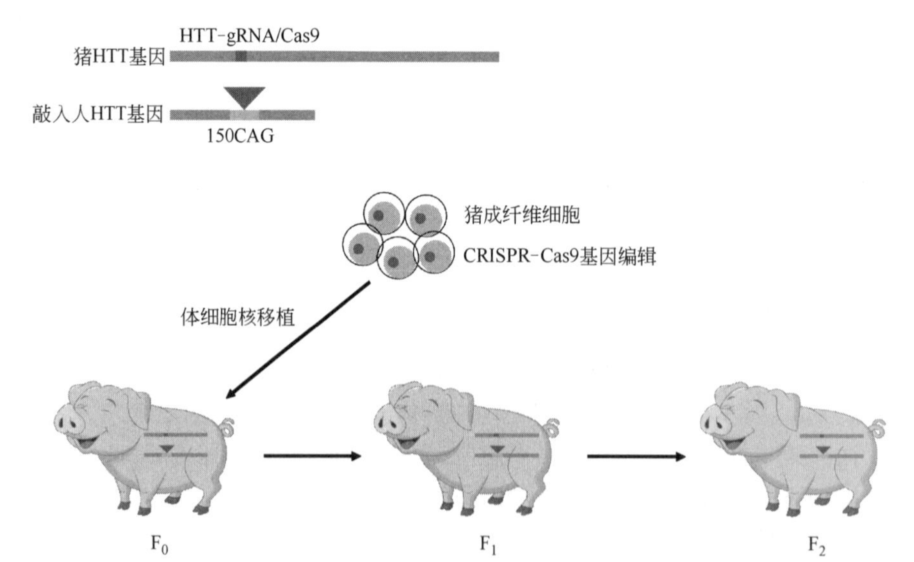

图 7.37　亨廷顿 *HTT* 基因敲入猪制备流程图。通过在猪的 *HTT* 基因的 1 号外显子的下游设计两个靶向 gRNA 序列造成双链 DNA 断裂，然后引入人的 *HTT* 基因 1 号外显子模板进行同源重组，获得了人源 *HTT* 基因敲入猪 F_0 到 F_2 代稳定系（取自李晓江，Cell，2018）

CRISPR 在“查”病方面的应用，表现为个性化诊断和药物筛选。2015 年，加拿大 Donnelly Centre 的 TraverHart 在 *Cell* 上发文，利用 CRISPR 得天独厚的高效性，针对 17232 个基因，设计 91320 条 gRNA 序列的文库，然后将文库利用慢病毒转染多种肿瘤细胞系，在这些细胞系中几乎所有的基因都做一遍敲除，由于对于肿瘤生长必要的基因一旦被敲除，肿瘤将不能生长，所以敲除后存活的肿瘤细胞均为生长必需基因未被敲除的细胞，在这些细胞中进行高通量测序，与原来的 gRNA 序列库进行比对，就可以筛选出不同肿瘤细胞系中的生长必需基因。在几种肿瘤细胞系之间进行比较，就可以找到不同肿瘤细胞系中特异性的生长必需基因，从而用于个性化的靶向治疗。如果能够把培养细胞系改到培养原代细胞，并且加快实验当中各步骤的速度，那么这种 CRISPR 广谱敲除的方法，可能成为精准医学的一个新的个体化诊断方法，并且会极大地拓展药物的可选范围。

CRISPR 在“换”病方面的应用，人们把目光集中在经过基因改造后的异种器官移植上面。在需要器官移植的病人中，真正最终得到器官移植的人不到 1/3，其中很多人还没有等到器官移植就死亡了。器官供不应求促使科学家在很久之前就开始探索将动物作为器官来源，或者将动物器官作为一种等待人体器官的过渡策略。正如上文所述，科学家认为猪是理想的器官来源，更容易被人体免疫系统接受。一方面因为猪器官的结构和人类接近，另一方面猪的繁殖周期远短于灵长类动物。猪的寿命可达 20 年，而猪在 1 岁的时候其器官大小就足以为体型最大的人类提供移植器官，对于一个 50kg 的女性，一只 4 个月大的小猪就可以作为合适的供体。

将猪的器官移植到人体是一种传统的方案，这个方案需要解决两个问题：一是需要消除猪器官表面的免疫原性物质，二是需要去除猪内源性逆转录病毒（PERV）。免疫原性最强的是一种叫做 α-1,3-半乳糖的糖类分子。这种分子在猪的上皮细胞表面表达，由 α-1,3-半乳糖基转移酶这一基因编码。此外，还有两个抗原也被证实在排斥反应中发挥了重要作用，它们分别是 CMAH 基因编码的 *N*-羟乙酰神经氨酸（Neu5GC）和由 B4GALNT2 编码的酶产生的 Sda 血型抗原。研究人员已经成功敲除了猪胚胎里编码这三个抗原的基因，并且这些胚胎成功地存活了下来。2016 年，Mohiuddin 团队宣布，通过敲除猪心脏中的 α-1,3-半乳糖基因并转入人血栓调节蛋白和 CD46 蛋白，移植到狒狒体内的猪心脏可维持 2 年半。

猪内源性逆转录病毒（PERV）引起了广泛关注。尽管 PERV 常见于猪的基因组，人们认为因为移植而造成的猪-人病毒传播在理论上是可能的。许多团队花了数年的时间研究如何清除供体猪体内的 PERV 或者阻断其传播。2015 年，哈佛大学医学院的 George Church 团队利用 CRISPR 技术，敲除猪基因组中 62 个 PERV 片段，使人类培养细胞的被感染率下降至原来的 1/1000。CRISPR 的高效性，打破了之前同时敲除的基因数目的记录。2017 年 8 月，Church 的中国学生杨璐菡，在 *Science* 上发文宣布，利用 CRISPR 已成功繁殖了一批携带 25 个基因变化的可独立存活的小猪，其基因改造旨在消除所有的 PERV。随着 CRISPR 基因修饰技术的普及，大家很容易过度使用基因工程以制造出完美的猪供体。

异种器官移植的新方案是，实现一种“人面兽心”到“兽面人心”的转变。首先从基因层面敲除动物的某一个器官，然后在动物发育的器官形成期注入人类的多能干细胞，随后动物正常发育，在动物的身上长出一个人类器官或者人类与动物的嵌合体器官。将动物作为人类器官的“孵育器”。随着基因修饰技术的进步，研究人员已经成功实现了敲除动物体内多个器官，包括胰腺、肝脏、心脏、肺和肾脏。比如，他们只需要修饰与转录因子 PDX1 相关的遗传因素就能实现胰腺敲除。2017 年，斯坦福大学的遗传学家中内启光通过敲除 PDX1 移植干细胞获得了胰脏大鼠-小鼠嵌合体，又通过移植从大鼠-小鼠嵌合体中获得的胰腺细胞成功治愈了小鼠的糖尿病（图 7.38）。

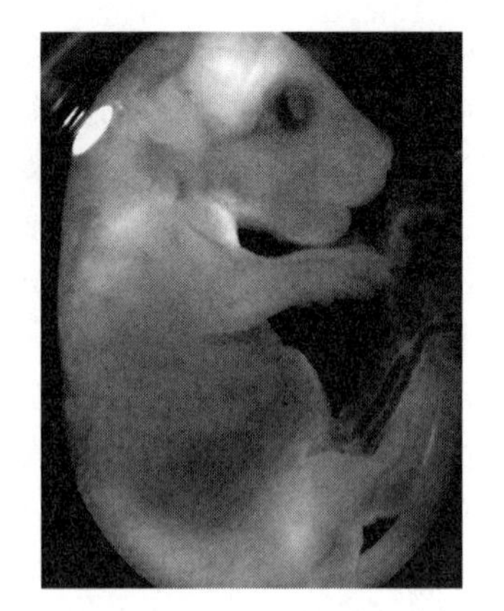

彩图7.38

图 7.38　大鼠-小鼠嵌合体胚胎。小鼠胚胎中正在发育分化的大鼠多能干细胞（红色部分）。小鼠胚胎中的大鼠细胞在小鼠出生前一天分化成不同器官和组织的部分。成年大鼠-小鼠嵌合体的衰老速度正常（取自 Emily Waltz et al，Nature biotechnology，2017）

同年，华人科学家 Jun Wu 利用基因编辑技术 CRISPR“修改”小鼠的胚胎，从而使小鼠发育胰腺、心脏或眼睛所需的特定基因失活。通过引入大鼠 iPS 细胞，成功研制出胰腺、心脏或眼睛大-小鼠嵌合体（图 7.39）。将人类 iPS 干细胞与奶牛或猪的胚胎结合成功创建了人-奶牛或人-猪嵌合体胚胎（图 7.40）。北京大学的生物学家邓宏魁与 Belmonte 合作培育出了一种新的人类多能干细胞，这种干细胞能够在小鼠体内以 1%的速度增殖。新型的人类 iPS 细胞有望在人兽嵌合体研发中发挥推动作用。

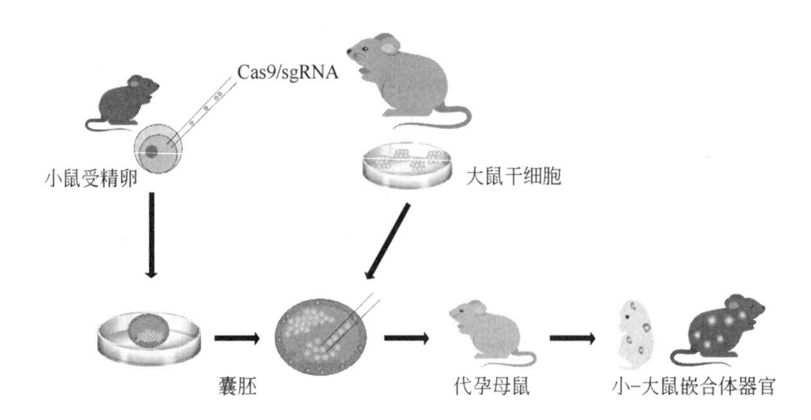

图 7.39　大鼠 iPS 细胞注入 CRISPR 基因编辑的小鼠胚胎中获得多种小-大鼠嵌合体器官（取自 Wu et al，Cell，2017）

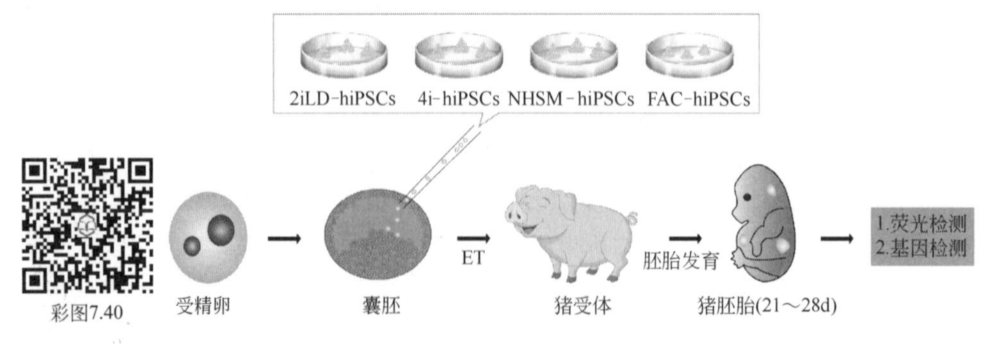

图 7.40　人类 iPS 细胞注入猪胎中获得人-猪嵌合体（取自 Wu et al，Cell，2017）

CRISPR 在基因修复治疗人类遗传病以及细胞基因编辑涉及的细胞治疗方面，我们在后续的基因治疗章节加以阐述。值得一提的是，基因编辑在各个领域中的应用，并不是从 CRISPR 诞生后才涌现出来的，而是在人类可以进行基因操作的第一天起，人们就开始幻想并努力推进。因此，任何方式的基因编辑技术的应用推广在各个领域都有相应的贡献，只是 CRISPR 的出现，使得一些应用变得更为顺利，发展更加迅速了。

7.4.3.3 打靶技术的优点和缺点

从上述的应用情况来看，显而易见，就像 TALEN 拥有 ZFN 的一切优点一样，CRISPR 拥有着 TALEN 的一切优点，而且几乎将打靶工具的便捷性和高效性发挥到了极致（表 7.1）。就便捷性而言，对于识别组建，CRISPR 采用了一个 RNA 碱基识别一个 DNA 碱基的方式，任何可以想象得到的识别方式几乎已经不可能比它更简单了。从打靶效率上看，CRISPR 也表现出史无前例的高效。正因为这样，CRISPR 可以在同一个细胞中实现多个基因敲除和同一时间实现多个细胞的敲除。因此，CRISPR 可以用于高通量的癌症基因筛选，同时还可以派生出一些意想不到的应用。2017 年，中国科学家杨辉在研究 Y 染色体多拷贝基因的敲除时，惊奇地发现在小鼠胚胎干细胞中敲除了多拷贝基因 *Ssty1*、*Ssty2* 和 *Rbmy1a1* 会导致雄性胚胎的性别转换。通过荧光杂交和全基因组测序等多种验证，研究者发现这些细胞里的 Y 染色体消失了，而成功研制出人类特纳综合征（Turner syndrome）动物模型。这是因为 sgRNA 靶向单一染色体上在多个位点都存在的重复序列可以导致 Cas9 在这条染色体上反复切割，从而使修复机制难以成功修复，不能修复的细胞干脆采取了丢失染色体的做法。由此可见，得益于 CRISPR 技术的高效性，人们可以考虑之前不能企及的染色体畸变疾病模型的创制，以及基因染色体变异的基因治疗。

表 7.1 三种基因编辑技术的比较

项目	ZFN	TALEN	CRISPR/Cas9
组成成分	锌指模块＋FOK Ⅰ	TALE 模块＋FOK Ⅰ	gRNA＋Cas9
靶向元件	锌指模块	TALE 模块	gRNA
切割元件	FOK Ⅰ	FOK Ⅰ	Cas9
识别模式	蛋白质与 DNA 相互作用	蛋白质与 DNA 相互作用	RNA 与 DNA 相互作用
识别序列	以 3bp 为单元	单碱基，5′前一位为 T	单碱基，3′序列为 NGG
技术难度	难度大	较容易	容易
细胞毒性	大	较小	较小
编辑数量	单基因	单基因	多基因
构建成本	高	较低	低
脱靶效应	较高	较低	较低

尽管 CRISPR 几乎满足人们理想中打靶工具的所有需求，但是仍然存在技术缺憾。如果我们从高效性、简便性、普适性、特异性和安全性来考虑一种基因编辑工具的好坏，那么就不难发现 CRISPR 技术的局限。

首先，就普适性而言，CRISPR 识别位点具有 PAM 依赖性，在 CRISPR 靶向的位点必须存在 NGG 序列，这样就决定了 CRISPR 并不能够在任意位点进行随心所欲的基因编辑，再加上染色质的空间构象经常对于靶位点的识别产生空间位阻，所以由于靶位点的受限，致使不同基因在进行 CRISPR 打靶时效率存在差异。

其次，就特异性而言，CRISPR 的脱靶效应是阻碍 CRISPR 应用的最大障碍。但

CRISPR的高脱靶效率似乎与生俱来，细菌在捕捉到噬菌体可能入侵的信号时，采取宁肯错杀100个也不肯放过1个的策略，以最大限度地保全自己。所以CRISPR在识别DNA序列时，对碱基错配的容忍度比较高。杜德纳在早期的文献报道，crRNA与靶序列可以最多容纳5′端多达6碱基的错配，同时，在非临近3′端的单碱基错配，并不会影响切割效率。张锋的早期论文也对哺乳动物中CRISPR介导的基因敲除进行了脱靶效应的分析，CRISPR似乎不可避免地会带来脱靶现象。2017年5月，一篇名为“CRISPR-Cas9在体内编辑中不可预期的突变”的文章轰动了学术界，文中的研究指出：在全基因组测序的视角下，发现单基因敲除的小鼠中伴随着上百个位点的突变。后续也有文章声称CRISPR-Cas9介导的基因编辑中有超过70%的脱靶，虽然这篇文章后因设计不合理以偏概全等理由被读者抗议而被杂志撤稿，但是一石激起千层浪，业内对CRISPR精确编辑的热议和质疑经久不息。

最后，就安全性而言，CRISPR的脱靶效应本来就会造成安全隐患，而且CRISPR的安全问题还发现与诱发癌变有关。2018年6月，《自然-医学》上新发表的两项研究对于某些CRISPR打靶成功率不高的原因进行分析，认为CRISPR-Cas9造成的DNA链断裂，会诱发细胞激活*p53*，开始修复被编辑的基因，如果修复未完成将启动凋亡机制，以防止细胞癌变。由此可以推测，通过抑制*p53*的活性可以增加编辑效率，但代价是会触发细胞的癌变。有人据此进一步推测，机体中容易被CRISPR编辑的细胞，很可能是*p53*失活的细胞，而*p53*失活的细胞有致癌的风险，也就是说，癌细胞容易被CRISPR编辑。如果在体外筛选富集CRISPR被编辑的阳性细胞，这些细胞回输体内将具有患癌的风险。但是不难发现，这种潜在危险并不是CRISPR独有的，“正常细胞不被编辑，被编辑细胞不正常”，这种悖论是任何基因编辑都难以避免的。CRISPR的诞生使得这个悖论被早早发现而已。

7.4.3.4 CRISPR技术的发展和前景

正是因为CRISPR技术还不够完美，就拥有追求和达到完美的可能。如果基因编辑的本身存在悖论，那么这种悖论的破除，必定也将依赖于CRISPR。因此，针对着普适性、特异性和安全性CRISPR系统的研究，在全世界科学家的锐意创新、努力奋斗下，不断升级。

（1）普适性改良，位点依赖性更加灵活

CRISPR系统对NGG的PAM序列依赖源自于Cas9蛋白对靶位点的识别。依据这个思路，如果更换一种Cas蛋白，那么应该就可以消除NGG的依赖性。2015年张锋在*Cell*杂志发文，报道了另外一种CRISPR Ⅱ型系统，即CRISPR-Cpf1系统（图7.41）。Cpf1与Cas9一样能在靶位点交错切开DNA双链，产生双链缺口。但是与Cpf1结合的crRNA却不需要tracrRNA参与，且Cpf1的PAM是5′富含T的序列。这样看来，Cpf1就比Cas9更加轻便。Cpf1识别含T的PAM序列与Cas9识别含G的PAM序列形成优势互补，在基因组中一定程度上解决了NGG的位点依赖性。可以预期，如果将来识别富含C、富含A的PAM若被发现，基因靶点依赖性问题将最终得以解决，普适性也将极大提高。

（2）特异性升级，脱靶效应的解除

① 延长gRNA长度，增加Cas9结合特异性。解决CRISPR脱靶效应，防止其不可预期的切割，关键在于gRNA的序列和设计。有两种方法对应于解决上述两个问题，其一是升级CRISPR系统，比如说增加crRNA识别碱基的长度，以确保在基因组中只存在唯一的靶向位点。早在2013年，张锋就试图通过设计30bp长度的crRNA以增强基因编辑的特异性，后来发现30bp长度的crRNA会在体内自动加工成为20bp的成熟crRNA。于是他又想到了从Cas9下手，将拥有两个酶活性、能够切割DNA双链的Cas9进行突变，形成只能在DNA位点产生一个切口的Cas9n，然后建立两套gRNA-Cas9n系统，每个系统分别去识别同一基因上相邻的上下游两个位点，这样可以使得识别位点长度加倍，类似于TALEN和

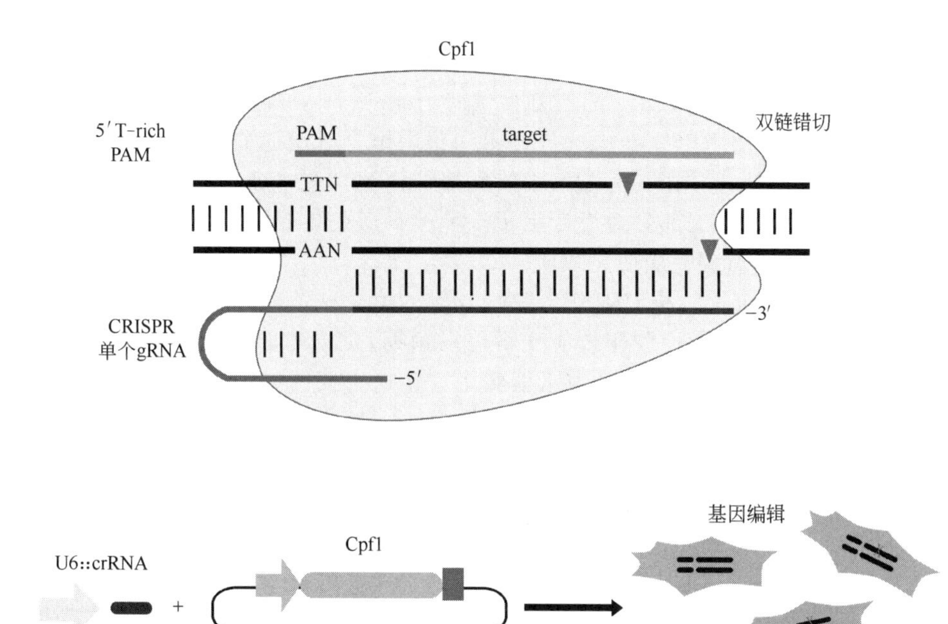

图 7.41 CRISPR-Cpf1 基因编辑原理。Cpf1 识别 5′富含 T 的序列，Cpf1 结合的 crRNA 也不需要 tracrRNA 参与，直接在靶向位点切开双链 DNA（取自 Zhang Feng 等，Cell，2015）

ZFN 形成二聚体一样的机制，造成上下游两个切口，使得靶位点断裂成双链缺口。这样一来，即使需要两个独立的 gRNA-Cas9n 同时作用产生切口，CRISPR 也能保证具有像 TALEN 一样的高效性，毕竟两个 gRNA 的合成比两个 TALEN 的组装方便得多，所以其特异性和高效性远比 TALEN 优越。通过张锋的改良，CRISPR 的特异性增加了 1000 倍（图 7.42）。

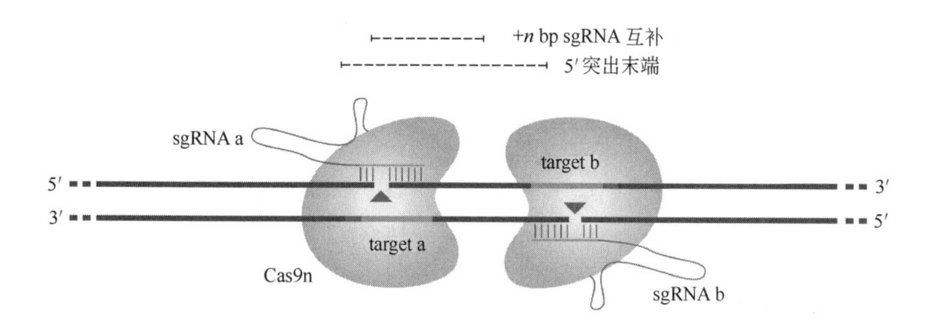

图 7.42 gRNA-Cas9n 系统。Cas9n 只在一条 DNA 链上产生切口，在靶基因的上下游设计两条 gRNA，通过两个 gRNA-Cas9n 共同作用，增加识别位点的特异性，也增加了切割效率（取自 Zhang Feng 等，Cell，2013）

除了在 crRNA 识别碱基的长度思考降低脱靶效应的策略，还可以通过改良 Cas9 蛋白实现。考虑到 Cas9 酶自身的某些部分与靶 DNA 分子的骨架（backbone）相互作用是特异性靶向的物理基础，科学家的策略是通过改构 Cas9 调整其与靶 DNA 的作用力，从而升级 CRISPR 系统的靶向特异性。2015 年，张锋团队通过改变构成化脓性链球菌 Cas9 酶的约 1400 个氨基酸中的 3 个氨基酸，研发出“增强型”酿脓链球菌 Cas9（eSpCas9），将“脱靶编辑”显著减少至无法检测到的水平。次年，麻省总医院的研究团队通过替换 DNA 链重组 Cas9 酶变体，最终获得高保真 SpCas9（high-fidelity CRISPR-Cas9，SpCas9-HF1），证实其可以显著降低脱靶效应。2017 年，CRISPR 先驱 Jennifer A. Doudna 团队发现，Cas9 与 sgRNA 形成的复合物中的 REC3 结构域负责感知靶向结合（target binding）的准确性，然后向 REC2 结构域发出信号，让其为 HNH 核酸酶结构域打开一条通路，最终激活 Cas9 的“剪刀作用”。通过改变 REC3 部分，设计出了一种改良版的、超精确的 Cas9——HypaCas9（hyper-accurate Cas9），有望克服脱靶效应。

② 建立体外预测系统。解决 CRISPR 脱靶效应的第二种策略，是在另一个系统中验证 gRNA 的有效性和特异性，使得脱靶效应变得可以预期。2018 年 9 月，Maresca 与 J. Keith Joung 在 *Nature* 期刊发表一种预测基因组编辑中“错误突变”的新策略，即构建“体外预测系统”，并在小鼠试验中证实：精心设计的引导 RNA 链（gRNA）不会产生任何可检测到的错误突变。首先，他们以小鼠基因组为研究对象，在体外将其 DNA 剪切成片段，每个片段约包含 300 个碱基对，然后连接一系列使 DNA 形成闭环的“接头”（adapters）。随后，他们引入一个 Cas9 核酸酶和 gRNA 复合体，它们会在环状 DNA 的一些位点上进行切割，使其线性化。最后，研究人员会添加另一批核酸酶，负责降解剩余未被剪切的闭环 DNA。通过这一系列步骤，研究人员可以对线性化的 DNA 进行测序，以检测 Cas9 在哪些位置进行了切割，同时预测引导 RNA 是否会在体内引发脱靶效应。利用 gRNA 体外预测中造成的数千个错误剪切位点进行小鼠体内试验。结果显示，超 40%的预测位点在小鼠肝脏中确实发生了突变。由此可见，体外的预测系统可以帮助人们找到更加特异性的 gRNA，防止体内脱靶效应。

（3）安全性保障，开启编程时代

① 抗 CRISPR 蛋白。首先，让 CRISPR 切割变得可控。CRISPR-Cas9 起源于细菌的防御系统，用于切断入侵病毒的 DNA。由此可见，在细菌和病毒的博弈中，病毒有可能进化出对抗 CRISPR-Cas9 的系统，产生的蛋白质可以关闭致命的遗传剪切。按照这个思路，研究人员有可能找到一种源自于病毒的蛋白，对 CRISPR 系统的剪切产生控制。2017 年 7 月，CRISPR 先驱 Jennifer A. Doudna 教授在 *Science Advances* 杂志上报道，他们发现了一种阻断 CRISPR 基因编辑的蛋白 AcrⅡA4（抗 CRISPR 蛋白），发现 AcrⅡA4 蛋白可以与 CRISPR-Cas9 复合体结合，阻止其与靶标 DNA 的结合。在使用 CRISPR-Cas9 之前将抗 CRISPR 蛋白添加到细胞中，能彻底阻断 CRISPR 的切割功能，阻止了预期和非预期的切割，而在添加 Cas9 几个小时后再添加 AcrⅡA4 蛋白，将阻止 CRISPR 在错误的位置切割 DNA，而对于 CRISPR 正确剪切不产生影响，这样就使得脱靶效应大为降低（图 7.43）。

基于抗 CRISPR 蛋白的 AcrⅡA4 的发现，人们试图寻找一种更为精致的控制 CRISPR 基因编辑的方法。在这种背景下，光诱导的 CRISPR-Cas9 系统应运而生，二聚体的 LOV 蛋白（LOV2）能在蓝光的刺激下发生构象的转换：在黑暗中，LOV2 的 N、C 末端螺旋结合；光诱导下，N、C 末端解离。如果将 LOV2 插入到被修饰蛋白或者酶的活性表位，在光的诱导下，将灭活相应蛋白或者酶的功能。2018 年 10 月，Felix Bubeck 在 *Nature Method* 中发文，他们将 LOV2 插入到 AcrⅡA4 中，这样在黑暗中 CRISPR-Cas9 的功能被 AcrⅡA4 所抑制，而在蓝光的照射下 LOV2 的变构效应将 AcrⅡA4 从 CRISPR-Cas9 解离，成功实现了光诱导下 CRISPR-Cas9 基因编辑，实现了 CRISPR-Cas9 基因编辑在特定时间和地点的精确的活性调节，使 CRISPR-Cas9 系统得以进入成熟的条件基因编辑阶段（图 7.44）。

② FA 信号通路发挥交通信号灯的作用。其次，让 NHEJ 和 HDR 变得可控。CRISPR 系统的不可控性，还表现为当产生 DNA 双链断裂的时候，非同源末端连接（non-homologous end joining，NHEJ）途径和同源重组修复（homology directed repair，HDR）途径是

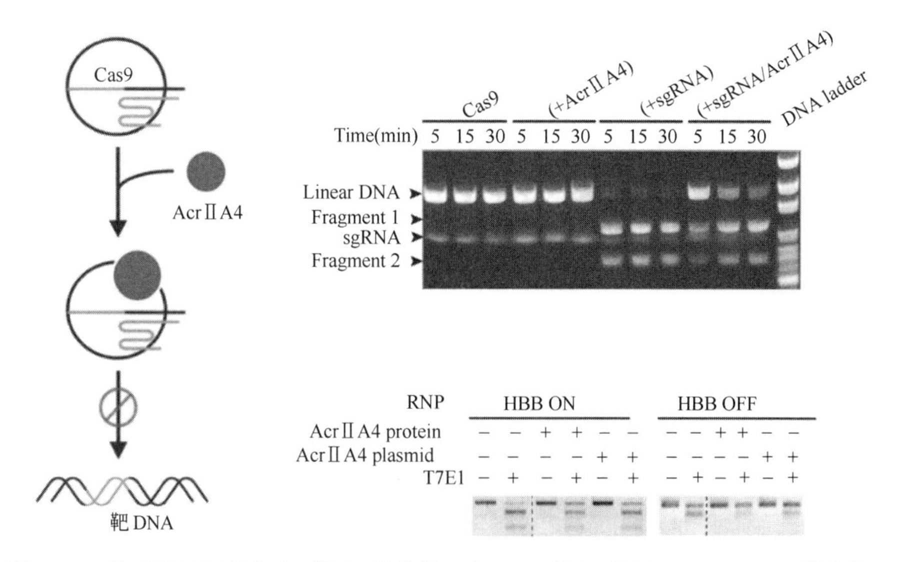

图 7.43 抗 CRISPR 蛋白 AcrⅡA4 的作用。左：AcrⅡA4 抑制 CRISPR-Cas9 结合靶 DNA。右上：加入 AcrⅡA4 后 CRISPR-Cas9 对靶基因的切割效率显著降低。右下：在添加 Cas9 后几个小时后添加 AcrⅡA4 蛋白，阻止了 CRISPR 在错误的位置切割 DNA，但不影响 CRISPR 正确剪切。HBB—b-globin，b-球蛋白(取自 Shin 等，Sci. Adv，2017)

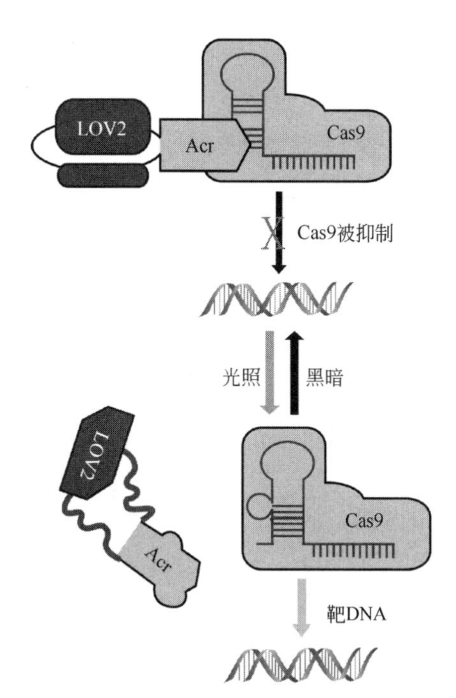

图 7.44 光诱导 CRISPR-Cas9 系统作用模式图。黑暗条件下 CRISPR-Cas9 对靶基因的切割被 AcrⅡA4 抑制。蓝光条件下，LOV2 解离 AcrⅡA4 蛋白，开启 CRISPR-Cas9 的切割(取自 Felix Bubeck 等，Nature Method，2018)

同时发生的，如果需要通过引入模板 DNA，介导 HDR 实现精确的基因编辑，毋庸置疑，NHEJ 将成为难以避免的麻烦。如何对这两条途径进行人为的把控，成为研究者妄图解决的问题。

2018 年 7 月，科学家们找到了一种控制 HDR 的方法，发表在 *Nature Genetics* 上。

Chris D. Richardson 通过在 CRISPR 编辑的细胞中比对发生 NHEJ 和 HDR 的表达模式，发现范可尼贫血（Fanconianemia，FA）通路成员在 HDR 途径中至关重要。通路成员 FANCD2 蛋白在 CRISPR-Cas9 产生的双链断裂位点上富集，参与单链模板修复（single-strand template repair，SSTR）。科学家们猜测，在 CRISPR-Cas9 切割 DNA 后修复中，FA 通路起到“交通灯”的作用：当 FA 通路不活跃时，修复将导向“无模板”方向，发生 NHEJ；当 FA 通路活跃时，修复将导向“有模板”的方向，发生 HDR 或 SSTR。通过人为控制 FA 信号，可以实现 NHEJ 和 HDR 的可控（图 7.45）。

彩图7.45

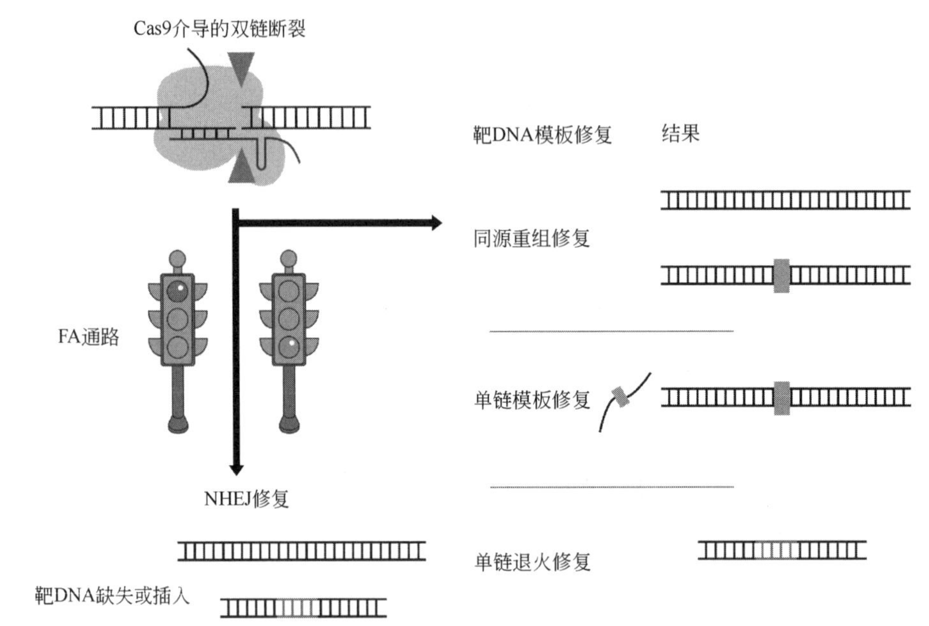

图 7.45 FA 信号对于 CRISPR-Cas9 系统作用的“交通控制”模式图。无 FA 信号或不活跃时，Cas9 介导的双链 DNA 断裂（DSB）通过 NHEJ 方式修复末端。FA 信号活跃时，DSB 采取 HDR（同源重组修复）或 SSTR（单链模板修复）或 SSA（单链变性修复）等修复方式（取自 Chris D. Richardson 等，Nature Genetics，2018）

③ 启用 dCas9。再次，避开基因组上的 DNA 损伤，规避“滑坡谬误”。2015 年 4 月，中山大学黄军就博士对人类胚胎进行了基因编辑。一时间舆论哗然，爱德华·兰菲儿在 *Nature* 以“Don't edit the human germ line”为题严厉指责中国科学家的行为，提出未知的恐慌、社会的矛盾、生殖细胞的编辑会传递后代，扩散至人群，不受控制，不可逆转等观点，使得全世界陷入到一种“滑坡谬误”的争论。于是 2017 年，美国国家科学院人类基因编辑委员会迫于压力，起草并颁布了关于人类胚胎基因编辑的规定。毫无疑问，基因编辑的脱靶效应带来的不可控的潜在风险不可估量，于是人们也一直在思索一种更为安全的编辑方法，那就是绕开 DNA 的损伤，对靶基因进行表达水平的调控，这样可以在基因组完好无损的情况下，实现基因沉默和过表达。

Jennifer A. Doudna 早期的 CRISPR-Cas9 论文上就已经报道，丧失了 RucC 和 HNH 结构域的 Cas9 蛋白依旧具有在 gRNA 引导下靶向目标基因的能力，而缺失了核酸酶的活性，这种 Cas9 被命名为 dead Cas9（dCas9），被称为“断裂的剪刀”（Ledford，Nature，2016）。如果在目标基因启动子区域或者增强子区设计 sgRNA，引导 dCas9 蛋白靶向结合该基因的启动子区域的 DNA，则该位置被 dCas9“占据”，基因转录被抑制。还可将转录抑制肽

KRAB repressor 融合到 dCas9 蛋白的 C 端，使转录抑制更强化。这种技术被称为抑制靶基因转录（CRISPR interference，CRISPRi）。在人细胞中，CRISPRi 的转录抑制效率可高达 90%或以上。同样的道理，也可以将转录激活辅助因子与 dCas9 蛋白的 C 端融合，实现基因的过表达。此外，另一种方案是，将表观修饰因子，如甲基转移酶和乙酰基转移酶与 dCas9 蛋白融合，从而实现基因组上的表观遗传学修饰（图 7.46）。

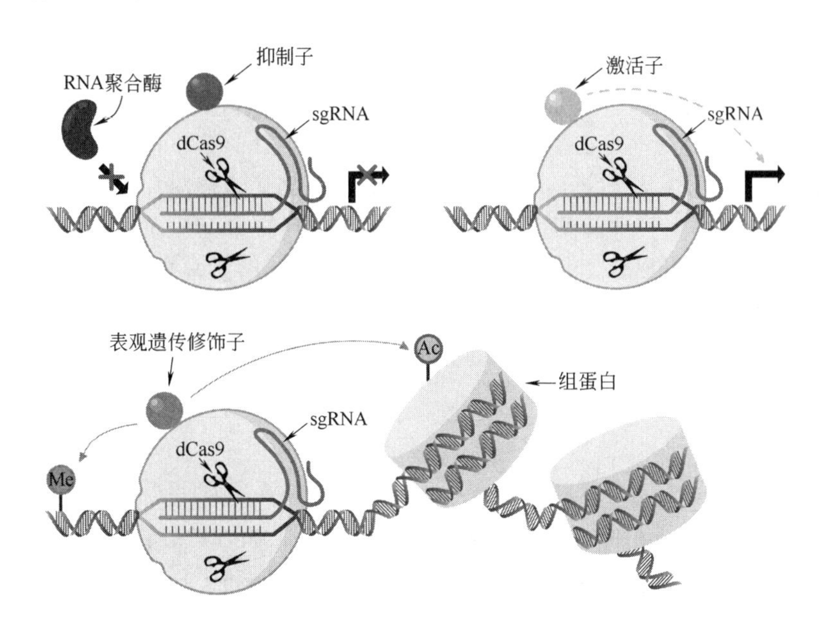

图 7.46　dCas9 介导的靶基因的激活与抑制。没有剪切活性的 dCas9 与 sgRNA 只发挥靶向靶基因位点的作用，与转录抑制因子融合，抑制靶基因转录（CRISPRi）。如果 dCas9 与转录激活因子融合，则加强靶基因转录（取自 Jesse G. Zalatan，Cell，2015）

④ 靶向切割 RNA。DNA 编辑让细胞基因组发生永久性变化，不损伤 DNA 的另外一种策略是对 mRNA 进行编辑。这种基于 CRISPR 的 RNA 靶向方法可能允许科学家们让基因表达发生可根据需要进行上下调节的临时变化，且比现有的 RNA 干扰方法具有更大的特异性和功能性。2016 年，张锋与其合作小组在 *Science* 杂志发文，他们在细菌中鉴定出一种能对抗 RNA 病毒的防御酶 C2c2（后来被称为 Cas13a），通过 RNA 引导能够靶向结合和降解病毒 RNA，研制出 CRISPR-C2c2 系统，实现了 RNA 水平上的编辑（图 7.47）。

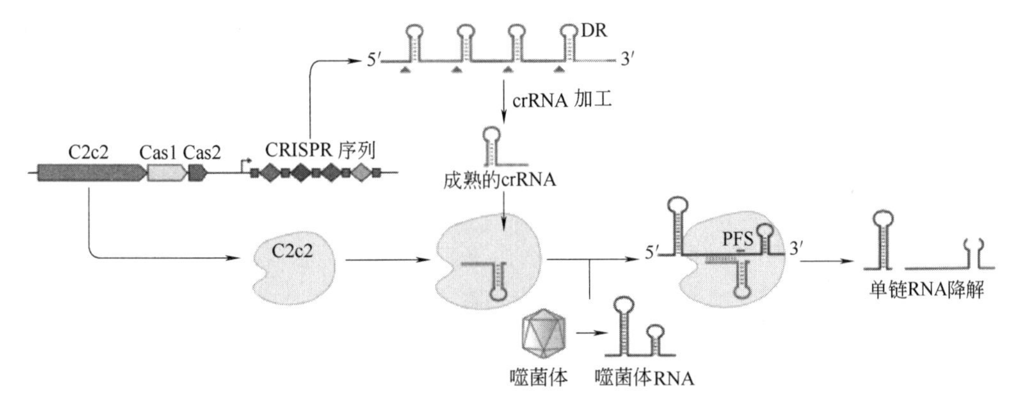

图 7.47　CRISPR-C2c2 作用机制。C2c2 也能与成熟的 crRNA 结合，靶向特定的 RNA 并将 RNA 切断（取自 Zhang Feng，Science，2016）

⑤ 单碱基编辑。不产生 DNA 断裂，还有一种策略就是对基因组 DNA 直接进行单碱基编辑，让基因编辑更为直接和高效。因为目标基因的 sgRNA 可以引导 dCas9 蛋白靶向结合该基因位点，而 dCas9 蛋白又可以与多种活性蛋白进行融合，于是人们想到是否可以将发挥碱基转换作用的功能蛋白与 dCas9 融合，这样就实现基因靶位点上单个碱基的直接转换，从而不经过 DNA 断裂以及单链模板修复的环节而实现基因的直接编辑。在人类的遗传疾病中有超过 32000 种基因变化为单碱基突变，开发精确、高效、安全的基因编辑工具对单碱基突变进行修复有着重要的医疗应用价值。

2016～2017 年，哈佛大学来自中国台湾的 David Liu 团队通过一系列工作开发了 DNA 单碱基编辑技术。他们主要开发了两种单碱基基因编辑工具。第一种可以将 C・G 碱基对转变为 T・A 碱基对，称 CBE（cytidine base editing，胞嘧啶编辑器）。其策略是将脱氨酶 rat APOBEC1 与 dCas9 或者 Cas9 Nickase 蛋白融合，从而使胞嘧啶脱氨酶/dCas9 融合蛋白可以在 gRNA 的引导下，对 DNA 的靶点碱基进行脱氨反应，将碱基 C 变成碱基 U，经过一次复制或者修复后，使得 U 转变为 T，从而实现 DNA 中 C→T。而如果编辑发生在其互补链上，则实现 G→A 的直接修改（图 7.48）。

彩图7.48

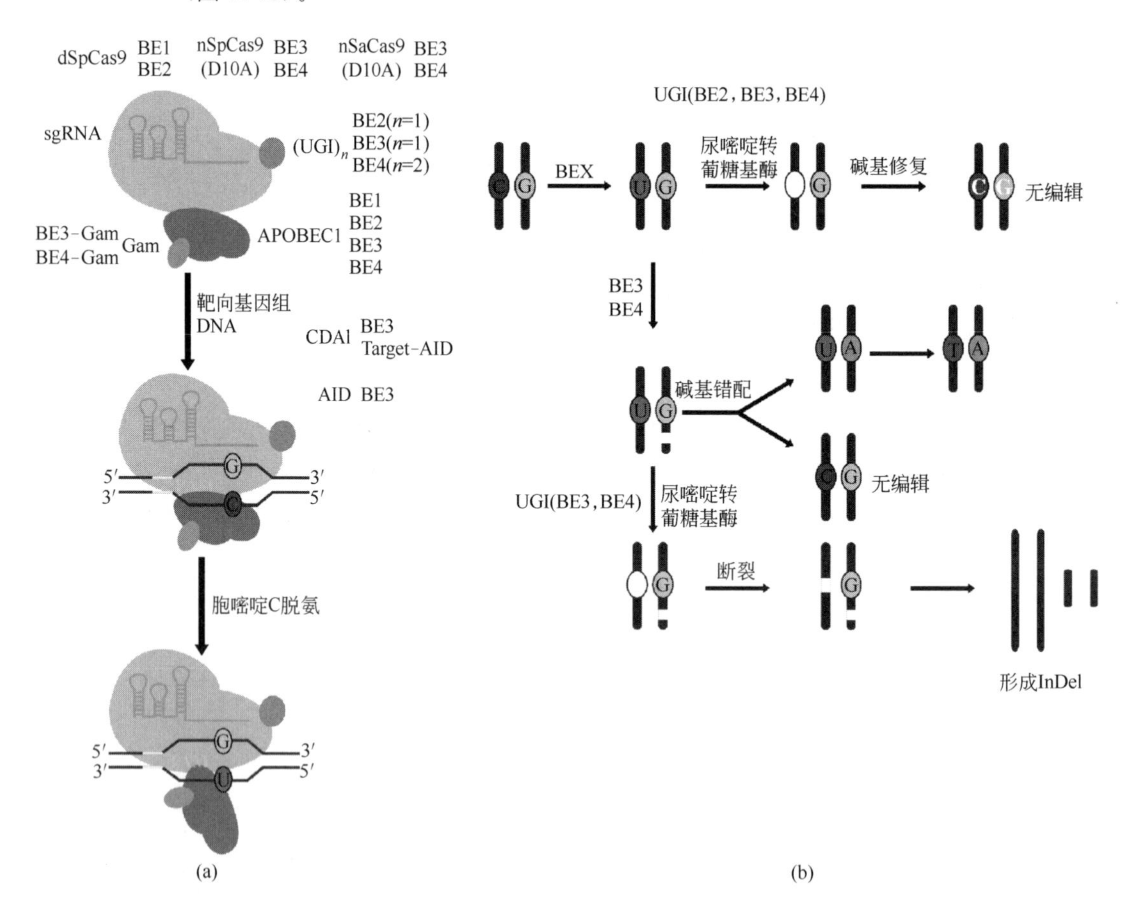

图 7.48 胞嘧啶编辑器（CBE）原理。(a) sgRNA 与 dCas9 结合后靶向基因组位点，再与胞嘧啶脱氨酶结合，其中胞嘧啶脱氨酶能够将 ssDNA 上的 C 碱基脱氨变成 U。(b) C 碱基变成 U 碱基后，会造成双链 DNA 上的 U・G 错配。U・G 错配可能会经过尿嘧啶转葡糖基酶回复成正常的 C・G 配对，也可能分离产生 U・A 和 C・G 两种配对，其中 U・A 终被 T・A 碱基对代替，从而实现 C・G 到 T・A 碱基对的转换（取自 David R. Liu，ACS Chem. Biol，2018）

第二种可以将 A・T 碱基对转变为 G・C 碱基对，称为 ABE（adenine base editing，腺嘌呤编辑器）。其策略是将腺嘌呤脱氨酶与 dCas9 或者 Cas9 nickase 蛋白融合，在 gRNA 的引导下，对 DNA 的靶点碱基进行脱氨反应，腺嘌呤（A）脱氨后产生次黄嘌呤（I）。而次黄嘌呤（I）可以被聚合酶识别并与碱基 C 配对，然后通过复制成为碱基 G，进而实现 A・T 碱基对转换为 G・C 碱基对。

由于单碱基编辑技术展现出了基因编辑更为安全高效的临床应用前景，很快就利用单碱基编辑技术开展了一些临床前的研究。*p53* 基因位于人类染色体的第 17 号染色体上，p53 蛋白的突变 Tyr163Cys 与人类的多种癌症疾病发生相关。利用 CBE 编辑工具运用单碱基编辑技术将 C 碱基变成 T 碱基对突变位点进行了修复。在 HCC1954 细胞中，CBE 对突变位点的编辑效率为 3.3%～7.6%，而传统的 CRISPR-Cas9 技术对突变位点进行编辑的效率小于 0.1%，可见单碱基编辑表现出了巨大的优势，同时避免了传统的 CRISPR-Cas9 方法导致的靶点序列的插入或者缺失（Indel）。由此可见，单碱基编辑技术不但增加了基因组单碱基位点编辑的效率，提升了编辑的精确度和纯度，同时，由于不引入 DNA 双链断裂，DNA 单碱基编辑工具降低了对于缺失的引入，降低脱靶效率。David Liu 本人也因此入选 2017 年的 *Nature* 十大年度人物。

（4）简便性改良，最小 CRISPR 让改造更具潜能

在临床应用中，许多研究团队会构建“医疗包”——将 Cas9 基因和其他关键组件包裹进一个无害的病毒中，从而进入体内细胞实现遗传缺陷的精准修复。但是传统的 Cas9 来源于酿脓链球菌 Cas9 酶（SpCas9），其蛋白由 1368 个氨基酸组成，体积太大，不但限制了病毒包装和递送的临床应用，而且如上文所述，基于 SpCas9 结构上的改造也因此受限。对此，科学家们希望设计出更精简的 Cas9。来自伯克利加州大学的结构生物学家 David Savage 带领的研究团队利用“定向进化”设计出“苗条”版的 Cas9s。他们使用两种酶系统剪切 SpCas9 的基因序列，提取出其中编码不同蛋白结构域的部分序列，将有功能的片段组合起来，去掉多余的序列，这样就得到了最小化的 MISER Cas9 突变体，其大小仅仅只包含 880 个氨基酸，约为原始 SpCas9 大小的 2/3。而实际上，除了酿脓链球菌外，许多古生菌（archaea）都存在 CRISPR 系统，用于保护自身免于病毒的攻击。它们会利用天然的 Cas 蛋白质，用于撕碎入侵的病毒 DNA。如果将目光投向酿脓链球菌之外，有可能寻找到更小的 Cas 蛋白质。于是，2018 年，来自加州大学伯克利分校的 CRISPR 先驱 Jennifer Doudna 从数万个基因组发现了 Cas14。相比于一般大小为 950～1400 个氨基酸的 Cas 蛋白质，Cas14 特别精致，仅有 400～700 个氨基酸。

（5）定位与示踪，CRISPR 不只是基因编辑

如果我们脱离基因编辑去理解 CRISPR 系统，你将会发现 CRSIPR 的实质是精确识别和切割，基于识别和切割思索 CRISPR 系统的拓展应用，将赋予其更大的应用潜能。比如基因检测、基因定位与示踪等。

预防大于治疗，对于病原微生物、细胞癌变以及产前的遗传诊断，亟须开发出简单、快速、灵敏、高效以及廉价的诊断方式。2017 年 4 月，张锋在 *Science* 杂志上报道了基于 CRISPR-Cas13a 系统的核酸检测方法，这种方法可以检测灵敏度达到单分子级别的 DNA 和 RNA，超越了传统的检测手段。Cas13a 原名为 C2c2，是一种能够切割 RNA 的蛋白酶。不同于靶向 DNA 的 CRISPR 相关酶（如 Cas9 和 Cpf1），Cas13a 能够在切割它的靶 RNA 之后保持活性，表现出不加区别的切割活性，被称之为“附带切割（collateral cleavage）”的作用，继续切割其他的非靶 RNA。如果在 Cas13a 切割靶序列的同时，人为地引进带有荧光基团和猝灭基团的 RNA 报告分子，Cas13a 在捕捉到靶序列后，就会顺带地切断 RNA 报告分

子，从而导致荧光基团和猝灭基团分离而发出荧光，这样就可以通过荧光来判断是否存在靶序列。结合常温下重组聚合酶扩增（recombinase polymerase amplification，RPA）技术，这一方法能够使得灵敏度达到单分子检测水平（图 7.49）。这一技术引发了众多应用，包括在几小时内检测病人血液或尿液样品中的寨卡病毒的存在；区分寨卡病毒的非洲毒株和美洲毒株的基因序列；区分大肠杆菌等细菌的特定类型；检测抗生素耐药性基因；鉴定不含细胞的 DNA 片段中的致癌性突变；快速从唾液样品中读取人的遗传信息等。这一方法由于其极高的灵敏性，被张锋命名为 SHERLOCK（specific high sensitivity enzymatic reporter unLOCKing），与福尔摩斯（Sherlock Holmes）同名。2018 年 2 月，Jennifer Doudna 基于 Cas12a 的附带切割作用，开发出来了针对单链 DNA 分子的诊断技术 DETECTR（DNA endonuclease targeted CRISPR trans reporter）。

彩图7.49

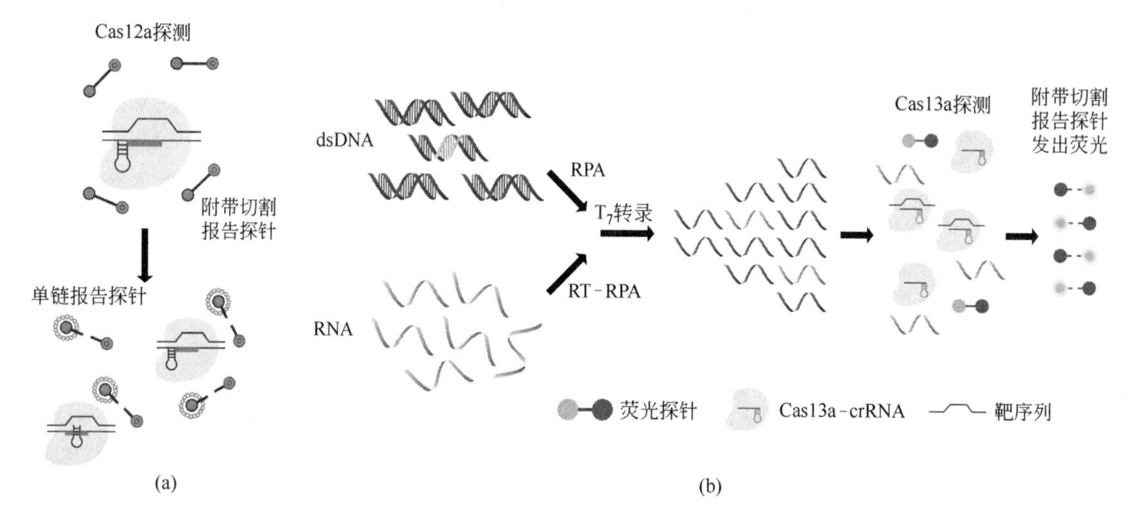

图 7.49 SHERLOCK 检测原理。带有荧光基团和荧光猝灭基团的单链探针与靶基因结合，但是不显示荧光。由 crRNA 引导 Cas12a（a）或 Cas13a（b）与靶基因结合后，Cas12a 及 Cas13a 发挥切割活性，切断靶基因的同时附带切断探针，导致荧光基团脱落，显示荧光（取自 Zhang Feng，Science，2018）

既然 CRISPR 能在细胞内找到目标序列，如果在丧失酶切功能的 Cas 蛋白中融合荧光蛋白标记，那么就可以定位和示踪目的基因在细胞中的分布和内源表达情况。目前基于 CRISPR 系统的定位和示踪包括 DNA 定位示踪和 RNA 定位示踪。事实上，对 CRISPR 的荧光标记，既可以在 Cas 蛋白上，又可以在 RNA 序列上，通过 eGFP 或者 mRuby2 与 dCas 融合，将 gRNA 定位到端粒，可以追踪活体细胞中端粒的行为，实现活细胞中的染色质成像；将荧光标记 RNA 和 sgRNA 生成嵌合转录本，与缺乏剪切活性的 Cas9 共表达，可以把荧光 RNA 结合蛋白招募到基因组指定位点，同样实现染色质成像，用来追踪染色质互作动态和验证表观遗传学过程。还有一种别开生面的标记方法是在单链引导 RNA（sgRNA）的尾部连接了 16 个重复的源自噬菌体的 MS2 RNA 片段，MS2 片段其折叠结构可与 MS2 被壳蛋白（MCP）结合（图 7.50）。这时，若以荧光基因标记 MCP，便可在光学显微镜下对特定基因进行活细胞成像。DNA 定位示踪技术实现了在不杀死这些细胞的情况下，对基因在细胞中的运动进行观测。

确定细胞的基因表达谱对于解锁其 DNA 如何引起生理特性以及行为是至关重要的，目前使用的常见方法包括 RNA 测序和单细胞成像技术，然而这些技术仅能够在分析过程中获取数据并需要杀死细胞。这意味着，想要获取稍纵即逝的基因表达以及细胞行为和环境变化的完整过程是非常困难的。基于 CRISPR 系统的 RNA 定位示踪可以解决以上问题。将 Cas13a

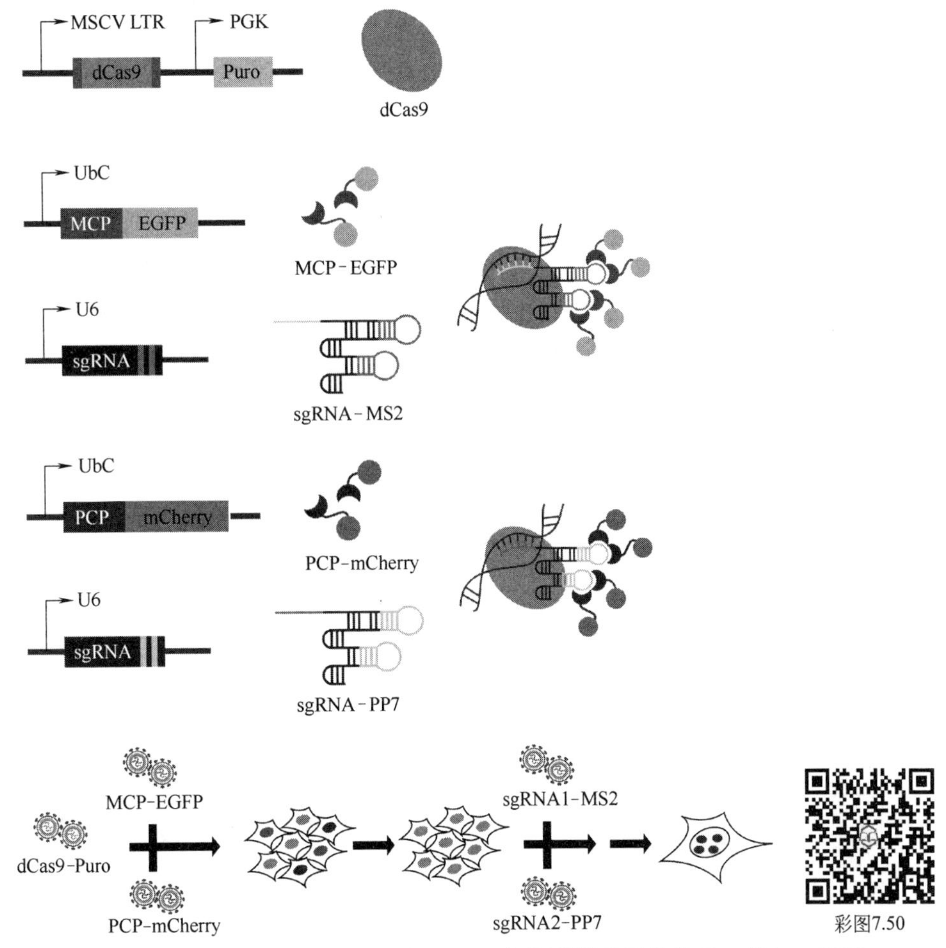

图 7.50 CRISPR 基因定位原理。sgRNA 与 dCas9 定位到靶基因的位点，其中 sgRNA 融合有 MS2，MS2 又能结合 MCP，MCP 则与 EGFP 融合，最终在靶基因位点表达 EGFP。同样的道理，sgRNA 如果融合有 PP7，PP7 又能结合 PCP，PCP 则与 mCherry 融合，则在靶基因位点表达 mCherry（取自 Yi Fu，Nature comm，2016）

的 RNA 酶失活，使用 GFP 与失活的 Cas13a 融合，从而可以在显微镜下监测 RNA 活动（图 7.51）。

来自哈佛大学的 Seth Shipman、George Church 等科学家以“剑走偏锋”方式拓展了

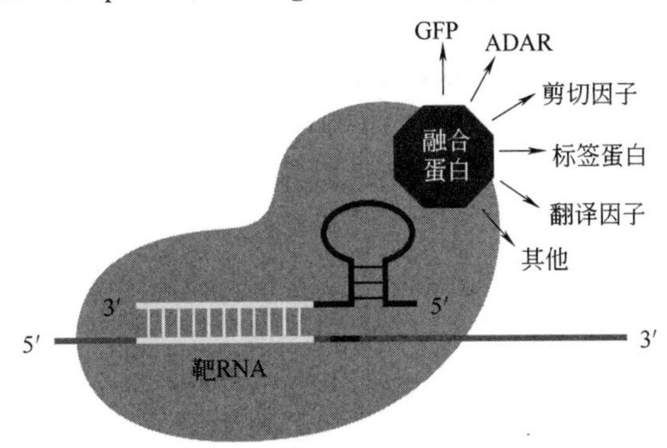

图 7.51 CRISPR 系统 RNA 定位原理。sgRNA 靶向内源 mRNA，而与 sgRNA 结合的是失活的 Cas13a，它可以融合 GFP 或其他融合蛋白，达到定位内源 mRNA 的目的（取自 Michael P. Terns，Molecular Cell，2018）

CRISPR 的应用，他们并没有拘泥于 Cas 的蛋白酶切割靶基因的本身，而是将目光投向了 Cas1 和 Cas2 的整合酶作用。这一构思无疑是基于 CRISPR 的序列特征而引发的奇思妙想，CRISPR 的序列具备着 29 个碱基的重复序列，重复序列之间被 32bp 的间隔序列隔开。这些间隔序列来源于噬菌体，就像是噬菌体在细菌内注入 DNA 时，从多个角度拍摄 DNA 的一张张照片，被整齐摆放在重复序列的缝隙里，这显然是细菌独有的一种记忆存储方式，而 DNA 本身的功能就是一种信息储存介质。如果能将一个个间隔序列通过像素转码的方式对应于一帧帧现实照片，那么一段 CRISPR 的序列，则就对应为存储图像的一段段胶片（图 7.52）。当对这一段基因组进行测序时，就可以通过像素核苷酸编码重建图像了。2017 年 7 月，Seth Shipman、George Church 等在 *Nature* 上发表了使用 CRISPR 技术编码细菌 DNA 中的信息存储图像文件的报道。他们将一些图像和一个来自 Eadweard Muybridge《人类与动物的运动》中的短电影编码存入活的大肠杆菌的 DNA 中，对大肠杆菌的基因组进行测序，并通过像素核苷酸编码重建了图像，准确率达到 90%。这一方法的应用前景能够将 215PB 的数据（超过谷歌和 Facebook 服务器上数据量的 2 倍）编码到 1g DNA 中，这比过去的存储能力强 100 倍，这将是媒体文件存储信息历史上的重大飞跃。

彩图7.52

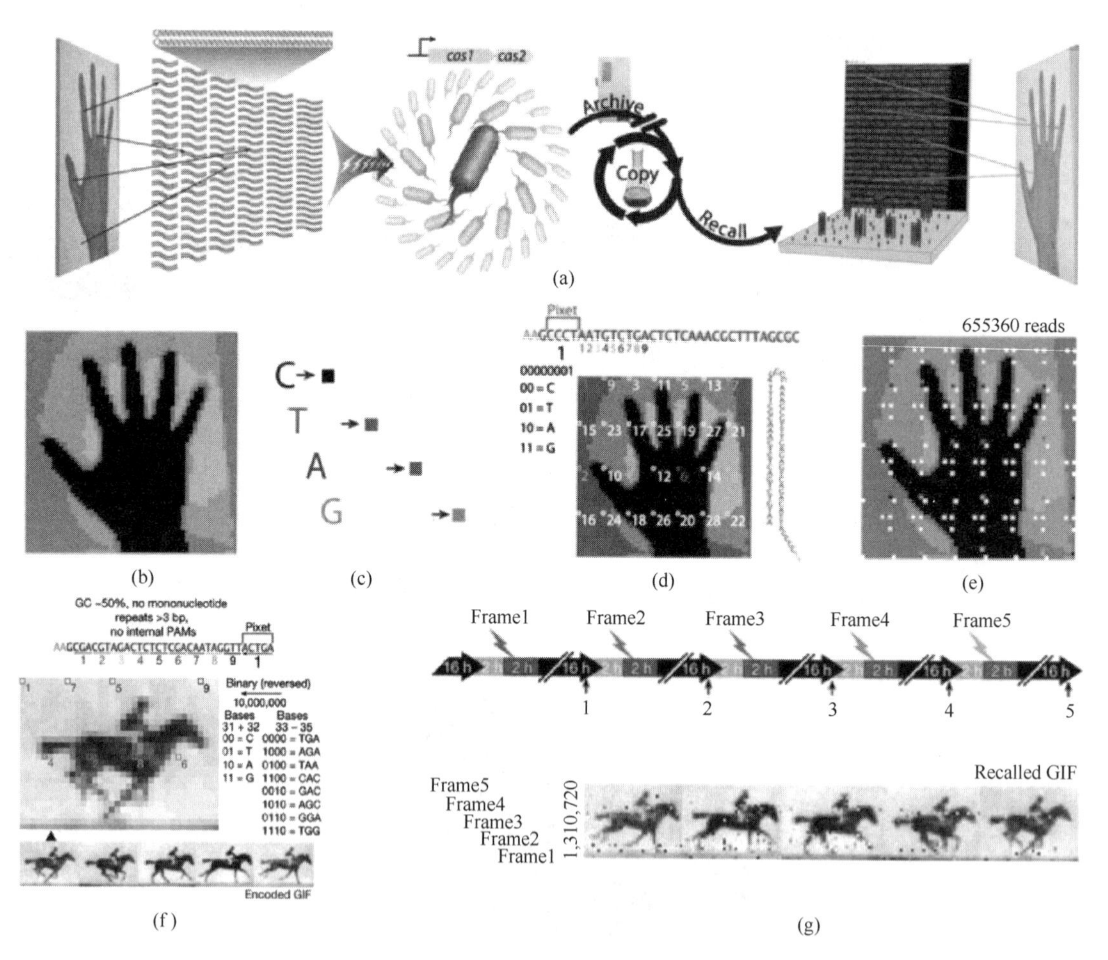

图 7.52 利用 CRISPR 系统存储图像和影像信息。(a) CRISPR 系统存储和读取信息的技术流程；(b)～(e) 图片像素转码为遗传信息；(f) 影像信息转码为遗传信息；(g) 从遗传信息中读取影像信息（取自 George Church，Nature，2017）

7.5 基因敲减技术

基因敲减（或称基因敲低，gene knock-down）主要是指从转录后水平或翻译水平使基因表达失活或基因沉默，而基因的DNA序列没有发生改变的技术，所以基因敲减的表型往往不能稳定遗传。基因敲减技术包括RNA干扰、Morpholino干扰、反义核酸、核酶以及显性负抑制突变等，本节主要介绍应用最广的RNA干扰与Morpholino干扰技术，其他的基因沉默技术将陆续在本书第10章进行介绍。

7.5.1 RNA干扰技术

RNA干扰（RNA interference，RNAi）是指通过反义RNA与正义RNA形成的双链RNA特异性地抑制靶基因的转录后表达的现象，它通过人为地引入与内源靶基因具有同源序列的双链RNA（dsRNA），从而诱导内源靶基因的mRNA降解，达到阻止基因表达的目的。

1995年，康乃尔大学的Su Guo博士在试图用反义RNA阻断秀丽新小杆线虫（*Caenorhabditis elegans*）的*par-1*基因表达时，意外地发现给线虫注射作为对照的正义RNA也同样地抑制了*par-1*基因的表达。这似乎不符合反义RNA技术的原理，因此，该研究小组一直未能给这个意外以合理的解释。直到1998年，华盛顿卡耐基研究院的Fire等首次在线虫中证明上述现象属于转录后水平的基因沉默。他们发现Su Guo博士遇到的正义RNA抑制基因表达的现象，以及过去的反义RNA技术对基因表达的阻断，都是由于体外转录所得RNA中污染了微量的双链RNA而引起的。当他们将体外转录得到的单链RNA纯化后注射线虫时发现，基因抑制效应变得十分微弱，而经过纯化的双链RNA却正好相反，能够高效且特异性地阻断相应基因的表达，其抑制基因表达的效率比纯化后的反义RNA至少高2个数量级。该小组将这一现象称为RNA干扰。

在1999年短短的一年间，发现RNA干扰现象广泛存在于从植物、真菌、线虫、昆虫、蛙类、鸟类、大鼠、小鼠、猴一直到人类的几乎所有的真核生物细胞中。2000年，又先后发现小鼠早期胚胎中和大肠杆菌中也存在RNA干扰现象。

（1）RNA干扰的机制

双链RNA被导入细胞后能特异性引起内源具有同源序列的mRNA降解而使基因表达沉默，这种抑制作用比反义RNA的抑制作用要强很多，意味着它的抑制作用应该是遵循与反义RNA不同的另一种机制。RNA干扰现象的普遍存在引起科学家们极大的好奇心，从2000年开始，关于RNA干扰的机制的研究论文不断出现，迄今对RNA干扰的机制已经基本了解。RNA的干扰机制见图7.53。

首先，外源导入的双链RNA（dsRNA）进入细胞以后，细胞对这些dsRNA迅速做出反应，其胞质中的核酸内切酶Dicer将dsRNA切割成多个具有特定长度和结构的小片段RNA（大约21～25bp），被称作siRNA（small interfering RNA，即小分子干扰RNA）。siRNA在细胞内RNA解旋酶的作用下解链成正义链和反义链，继而由反义siRNA链再与体内一些酶（包括内切酶、外切酶、解旋酶等）结合形成RNA诱导的沉默复合物（RNA-induced silencing complex，RISC）。根据碱基互补配对的原理，RISC中的反义siRNA链将此沉默复合物引向细胞内源基因表达的mRNA的同源区进行特异性结合。由于RISC具有核酸酶的功能，在结合部位切割mRNA，切割位点即是与siRNA中反义链互补结合的两端。

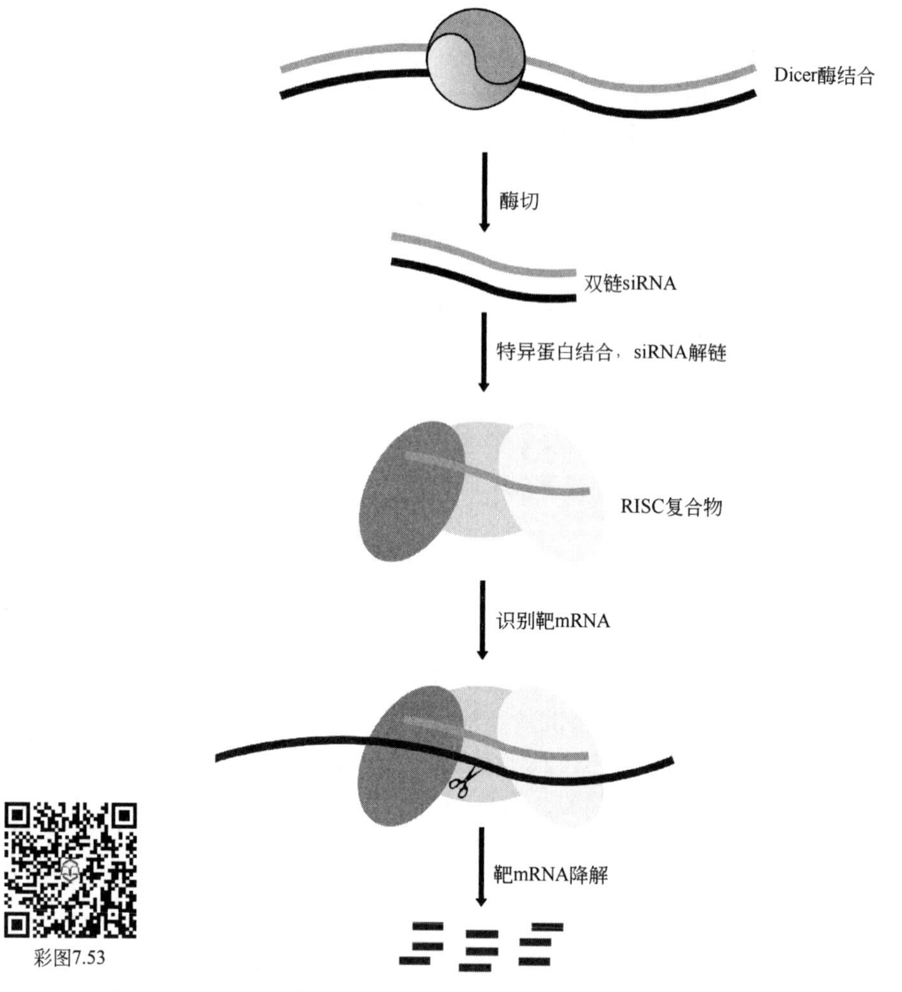

图 7.53 RNA 干扰的机制。长的双链 RNA（dsRNA）进入细胞后，Dicer 酶以二聚体形式与之结合，将长的 dsRNA 降解成短的 22bp 左右的 siRNA（小分子干扰 RNA）。siRNA 被解链成单链，其中反义链的 siRNA 与 RISC（RNA 诱导的沉默复合物）结合，并引导 RISC 到具有同源序列的内源 mRNA 分子上，降解靶 mRNA

被切割后的断裂 mRNA 随即降解，从而诱发宿主细胞针对这些 mRNA 的降解反应。siRNA 不仅能引导 RISC 切割同源单链 mRNA，而且可作为引物与靶 RNA 结合并在 RNA 依赖的聚合酶（RNA-dependent RNA polymerase，RdRP）作用下合成更多新的 dsRNA，新合成的 dsRNA 再由 Dicer 切割产生大量的次级 siRNA，从而使 RNAi 的作用进一步放大，最终将靶 mRNA 完全降解。

RNAi 干扰现象具有以下几个重要的特征：① RNAi 是转录后水平的基因沉默机制；② RNAi 具有很高的特异性，只降解与之序列相对应的单个内源基因的 mRNA；③ RNAi 抑制基因表达具有很高的效率，表型可以达到缺失突变体表型的程度，而且相对很少量的 dsRNA 分子（数量远远少于内源 mRNA 的数量）就能完全抑制相应基因的表达，是以级联放大的方式进行的；④ RNAi 抑制基因表达的效应可以穿过细胞界限，在不同细胞间长距离传递和维持信号甚至传播至整个有机体；⑤ dsRNA 不得短于 21 个碱基，并且长链 dsRNA 也在细胞内被 Dicer 酶切割为 21bp 左右的 siRNA，并由 siRNA 介导的 RISC 来完成

mRNA 切割。然而大于 30bp 的 dsRNA 不能在哺乳动物中诱导特异的 RNA 干扰，而是细胞非特异性和全面的基因表达受抑和凋亡；⑥ 具有 ATP 依赖性。在去除 ATP 的样品中 RNA 干扰现象降低或消失，显示 RNA 干扰是一个 ATP 依赖的过程。可能是 Dicer 和 RISC 的酶切反应必须由 ATP 提供能量。

（2）可遗传的 RNA 干扰

RNA 干扰虽然能够特异性高效率地抑制同源序列的内源基因的表达，但是双链 RNA 引起的 RNA 干扰却不能稳定遗传下去，因为它没有破坏基因组基因的结构，而只是在转录后水平降解 mRNA，使基因不能翻译表达蛋白而已。为了让 RNA 干扰能够在体内遗传下去，科学家们先后开发了系列 RNA 干扰的载体，这里以哺乳动物细胞系 siRNA 载体和果蝇 dsRNA 载体为例来说明如何建立可遗传的 RNA 干扰系统。

图 7.54 是哺乳动物细胞系 siRNA 载体的构建原理。首先针对靶基因的表达序列设计一段 19～21bp 长的特异序列，将此片段通过 8 个无关碱基形成的环（loop）反向连接，组成一个 siRNA 表达盒（21bp 正义链-环-21bp 反义链），表达盒两端加上酶切位点克隆到 siRNA 载体。转染细胞系后，插入位点上游的 H1 启动子将转录 siRNA 表达盒产生 21bp 正义链-环-21bp 反义链的 RNA。由于正义链与反义链序列互补，它们会在细胞内形成发夹结构的双链 siRNA，从而诱导靶基因 RNAi 发生。

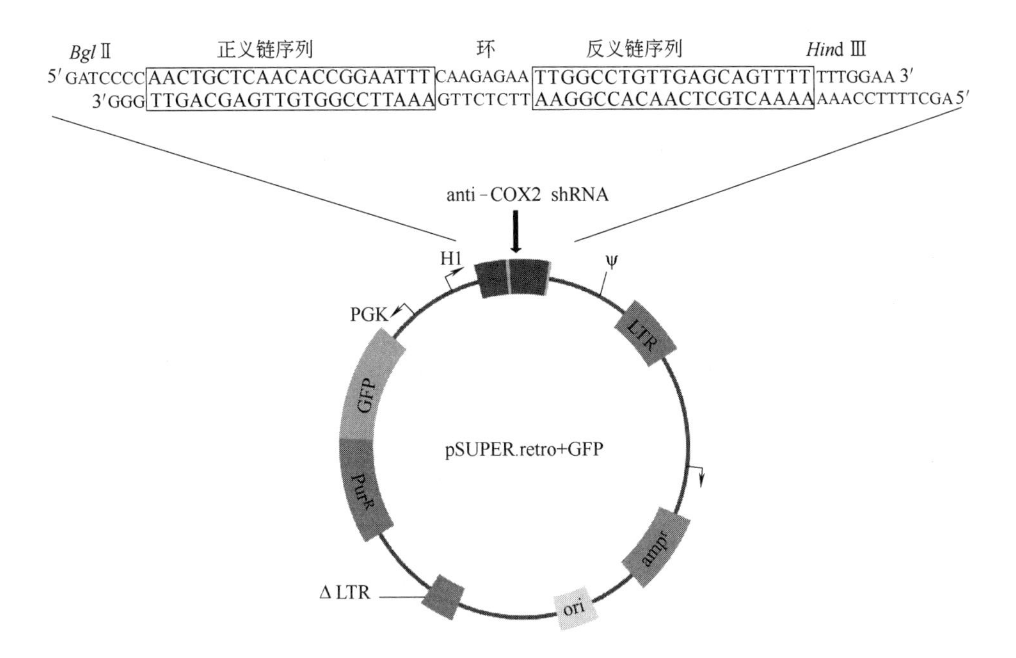

图 7.54 哺乳动物细胞系 siRNA 载体。基因的正义链与反义链序列用加粗的字体并用方框框住表示，中间一个 8bp 组成的环，表达盒两端各含一个酶切位点 *Bgl* Ⅱ 和 *Hin*d Ⅲ。转录发卡型 siRNA 的启动子是 H1

在果蝇和线虫中，RNA 干扰是由长的双链 RNA 介导的，因此，建立可遗传的果蝇 RNA 干扰系统必须通过转基因载体 pUAST 构建 dsRNA 载体。取果蝇靶基因一段特异序列的 DNA（＞200bp），正、反两向连接后克隆入 pUAST 载体，通过转基因的方法导入果蝇胚胎，后代转基因果蝇将会产生发夹结构的 dsRNA，介导靶基因 RNA 干扰，使靶基因 mRNA 降解，其效应与体外注射 dsRNA 相同（图 7.55）。但是由于靶基因的

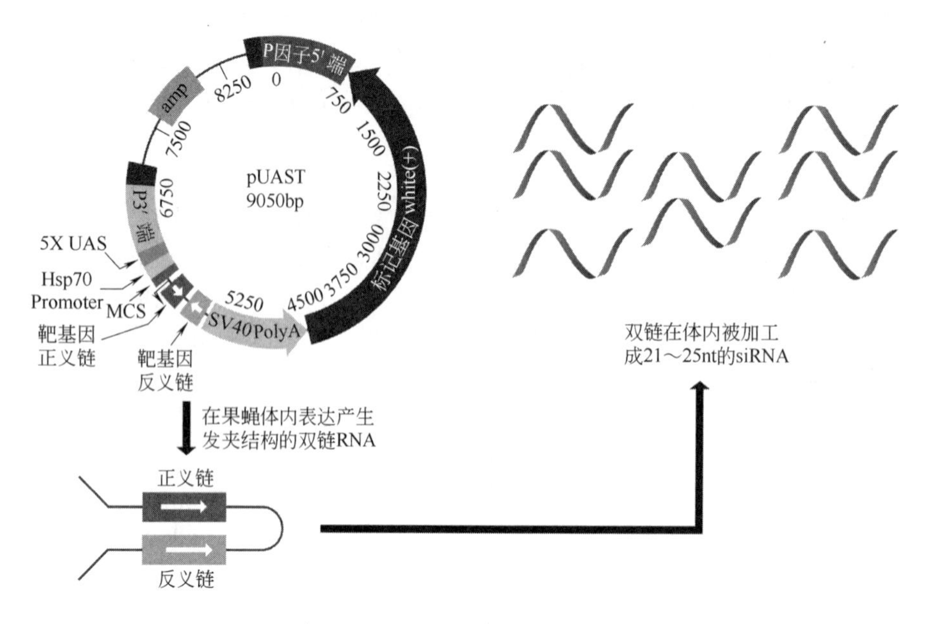

图 7.55 建立果蝇可遗传的 dsRNA 干扰系统示意图

反向连接片段通过转基因已经整合到果蝇基因组上，因此，这种 RNA 干扰是可以稳定遗传的。

（3）RNA 干扰的应用

RNAi 技术因为能够特异性抑制同源序列的靶基因转录后沉默，提供了一种经济、快捷、高效的抑制基因表达的技术手段，为基因功能研究和基因治疗开辟了一条新思路，具有非常广阔的应用前景。

① 基因功能的研究。由于 RNAi 具有高度的序列专一性和有效的干扰活力，可以特异地使特定基因沉默，获得功能丧失或降低突变，因此可以作为功能基因组学的一种强有力的研究工具。已有研究表明，RNAi 能够在哺乳动物中抑制特定基因的表达，制作多种表型，而且抑制基因表达的时间可以控制在发育的任何阶段，产生类似基因敲除的效应。与传统的基因敲除技术相比，这一技术具有投入少、周期短、操作简单等优势，现在 RNAi 已经成为研究基因功能一种非常常规的技术。

② 基因治疗。由于 RNAi 能够特异性使特定基因表达沉默，因此，RNAi 可以作为基因治疗药物应用于肿瘤及艾滋病等病毒性疾病的基因治疗，特异性地抑制异常表达的癌基因活性或抑制艾滋病毒基因在人体内的表达，达到治疗和延缓疾病的目的。2018 年 8 月 10 日，Alnylam 公司研发的 RNAi 药物 Onpattro（patisiran）获得美国食品药品管理局（FDA）的批准，用于治疗遗传性转甲状腺素蛋白淀粉样变性（hATTR）引起的神经损伤。该药物是在 RNAi 机制被发现 20 年后首次面世的创新类药物，也是 FDA 批准的首个治疗该适应症的药物。

7.5.2 Morpholino 干扰技术

morpholino 即吗啉基，又称吗啉，是一种用来修饰基因骨架结构的分子。morpholino oligos 是指吗啉代寡核苷酸，是用吗啉基对天然核苷酸结构重新设计获得的合成分子，全称为磷酰二胺吗啉代寡核苷酸（phosphorodiamidate morpholino oligomers，PMO），常常被简称为吗啉代（MO 或 morpholino）。在吗啉代寡核苷酸中，用吗啉代替寡聚核苷酸分子中的核糖，用磷酰二胺连接取代寡聚核苷酸磷酸二酯键的连接，侧链碱基则是与寡核苷酸序列相同，由A、T、C、G组成的特异序列。这种结构改变能够使得MOs对核酶消化具有更强的抵抗力，同时带电荷更接近中性，从而可以降低其在细胞内与蛋白的非特异结合。吗啉代寡核苷酸的结构如图7.56所示。

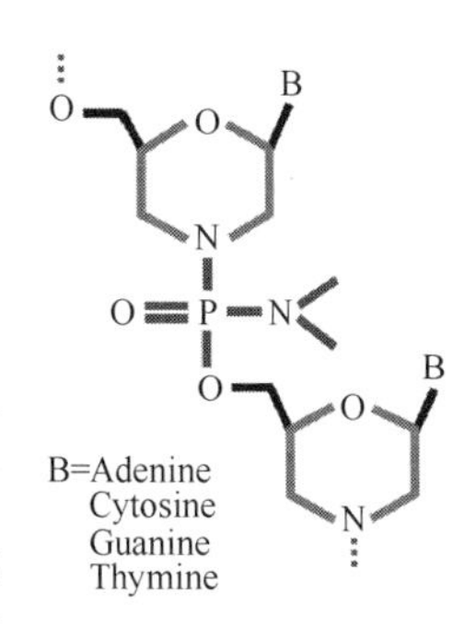

图7.56 吗啉代寡核苷酸的结构组成。用吗啉代替RNA分子中的核糖，用磷酰二胺连接取代RNA分子磷酸二酯键的连接，侧链碱基也是由A、T、C、G 4种碱基组成

Morpholino干扰原理与反义核酸技术相同，通过与靶基因mRNA的同源序列互补而结合在mRNA分子上，从而阻碍其他分子和蛋白质与特定mRNA核酸序列的结合，最终使靶基因mRNA不能翻译成蛋白质。MO-RNA杂合链形成后并不是通过激活RNA酶H来抑制蛋白质的合成，而是与mRNA的5′非翻译区或起始密码区元件相竞争，抑制其进一步与核糖体的结合和读码，有时MOs还会占领mRNA拼接识别位点，从而阻断了其蛋白翻译前必需的转录后修饰。

根据Morpholino干扰靶基因表达的作用机制不同，将Morpholino分成三种类型。

① 翻译阻断MOs（translation-blocking MOs）。这类MOs与靶基因mRNA的翻译起始位点互补，从而阻止mRNA的翻译，尤其适用于少数物种中序列未知基因的基因沉默。

② 剪接抑制MOs（splice-inhibiting MOs）。这类MOs能够和基因的内含子与外显子交界处的序列互补，从而阻止前体mRNA的正常剪接，因此易于量化靶基因的下调效果。剪接抑制MOs并不干扰成熟mRNA的翻译，易于鉴别胚胎早期表型是否为母体效应基因表达异常所致。

③ 阻断微小RNA的MOs（microRNA-blocking MOs）。它们可以阻断成熟的微小RNAs（miRNA，生物体内广泛存在的小分子调控RNA）或者微小RNAs前体。这类MOs在斑马鱼中的应用也较为广泛，阻断胰岛发育过程中的miR375、调节Hedgehog信号通路的miR-214、调节Pdgf信号分子的miR-140和调节Nodal信号通路的miR-430等，都能设计MOs来阻断其效应。

Morpholino干扰技术首先在斑马鱼模式生物中被应用，现在已经成为斑马鱼基因敲减（knock-down）的常规技术，用Morpholino干扰技术已经研究了多个斑马鱼基因的功能。如图7.57所示，斑马鱼*ntl*基因的突变引起体节发育异常［图7.57(c)］，设计该基因的MO注射到胚胎以后，MO干扰产生表型也表现为体节异常，与该基因的突变体表型完全相同［图7.57(d)］。

Morpholino干扰技术与RNA干扰技术类似，操作简单，结果快捷，特异性强。在斑马鱼中，RNA干扰被认为效果不稳定，但是Morpholino可以取得稳定的干扰结果。目前应用MOs时也存在一些问题。首先，目前适用于斑马鱼的抗体很有限，MOs对靶基因的下调作用很难在蛋白水平得到评估。其次，经显微注射的MOs会随着胚胎的生长发育而逐渐被稀释，所以MOs只适合于胚胎发育早期基因功能的研究。最后，MOs的注射剂量难以精确，即便是熟练掌握显微注射技术，重复性也是有待解决的问题。可以采用下列措施解决上述问题：①应用合适的对照，特别是5个碱基错配的对照MOs；②与现有的突变体表型进行比较；③针对一个靶基因应用两类或者多个MOs；④与MOs共同注射靶基因的mRNA进行拯救，看拯救表型是否能恢复到野生型。

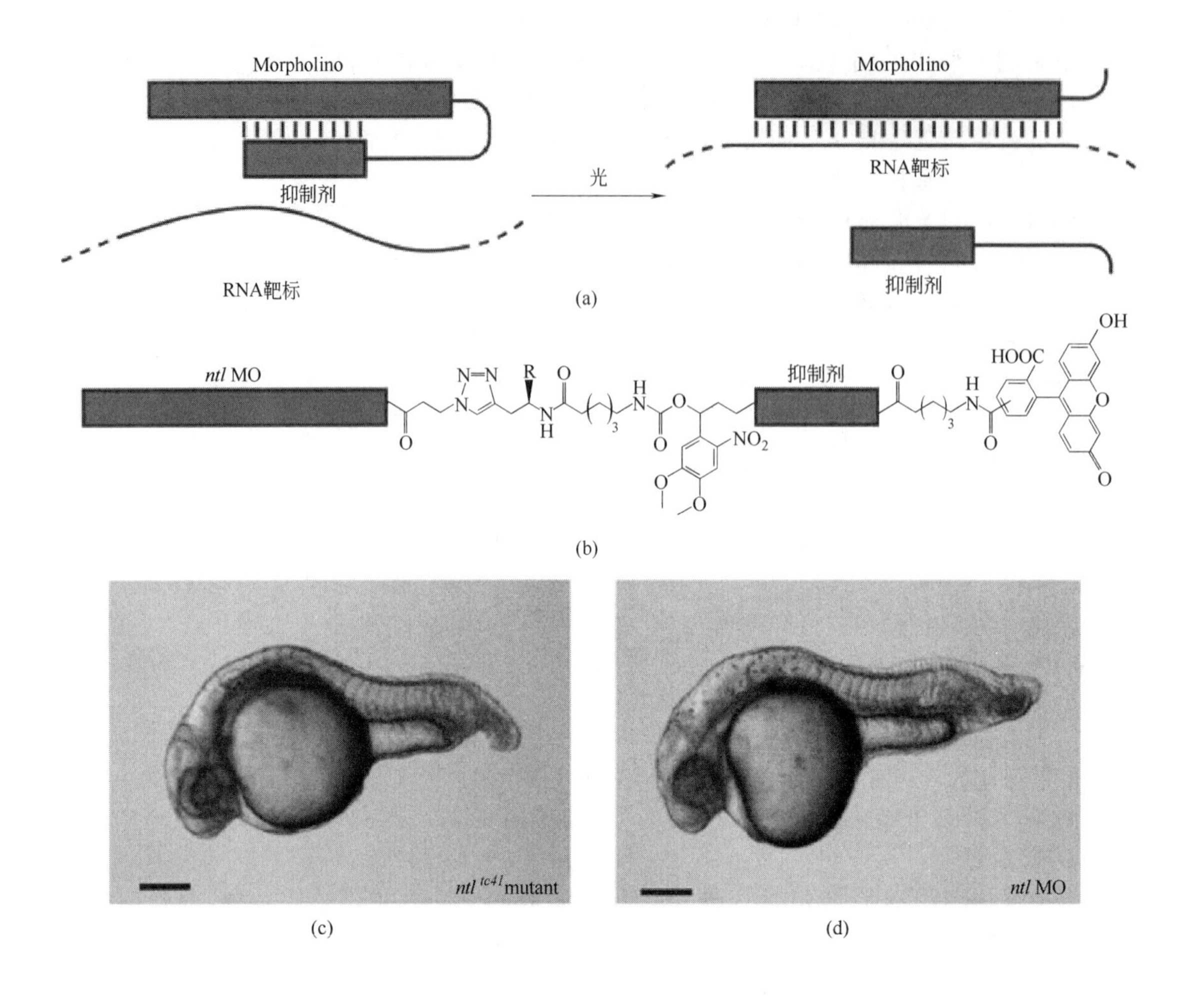

图 7.57　用 MO 干扰技术研究斑马鱼 *ntl* 基因的功能。(a)MO 先连接了一个抑制剂，在没有光照时抑制剂与 MO 结合，MO 没有活性。光照以后，抑制剂脱离，释放 MO。MO 与靶基因的 RNA 互补结合，抑制翻译。(b)*ntl* 基因 MO 序列的设计。(c)*ntl* 基因突变体表型。(d)*ntl* 基因 MO 干扰表型，与突变型相同

7.6　基因过表达与异位表达技术

基因突变、基因敲除、基因编辑和基因敲减都是使靶基因功能丧失或失活，从而检测基因功能缺失后造成的表型改变来证明基因的功能。基因的过表达（overexpression）则是通过强启动子的驱动让基因高于正常生理水平表达，通过检测基因过表达后对某一性状和表型造成的影响，从另一个方面来确定基因的功能。有时，还需要使基因在正常表达的组织区域之外表达，这称为异位表达（misexpression 或 ectopic expression）。通过过表达和异位表达分析，结合基因突变或表达失活的表型，才能对基因某一特定功能有更深入更全面的认识。

基因的过表达与异位表达可在细胞与整体动物两个水平进行，在细胞水平的过表达主要通过转染细胞系实现，包括瞬时转染与稳定转染。在整体水平的过表达与异位表达主要通过

制备转基因动物来实现。转基因动物的制备方法将在本书第 9 章详细介绍。本节主要介绍一个广泛使用的基因过表达与异位表达系统——果蝇 GAL4-UAS 系统。

7.6.1 GAL4/UAS 系统的构建

GAL4（galactose-regulated upstream promoter element，GAL）是酵母中的一个转录激活因子。上游激活序列（upstream active sequence，UAS）是酵母中 GAL4 的特异结合序列即 GAL4 的增强子序列。GAL4 通过与 UAS 序列相结合，调节与半乳糖代谢相关基因的表达。1988 年，Fischer 将 GAL4 在果蝇的特定组织中表达，发现 GAL4 能以组织特异性的方式激活与 UAS 序列相连接的任意下游基因的转录。

GAL4/UAS 系统由 A. H. Brand 和 N. Perrimon 于 1993 年首先在果蝇中建立。它由 GAL4 和 UAS 两组转基因品系构成。GAL4 品系是利用组织特异性的启动子或增强子，将 GAL4 基因与启动子或增强子相连接，建立 GAL4 转基因系，通过这种启动子以细胞和组织特异性的方式来控制 GAL4 的表达。UAS 品系通过构建 UAS 与靶基因表达载体，建立带有 UAS-靶基因的转基因品系。在 UAS-靶基因转基因系中，靶基因只需和 UAS 序列相连接，再接一个弱启动子，靶基因不会表达。只有将 UAS 品系和 GAL4 品系杂交后，杂交后代既含组织特异性表达的 GAL4 因子，又含有与 UAS 序列相连接的靶基因，这时，GAL4 蛋白与 UAS 序列结合，驱动靶基因转录表达（图 7.58）。GAL4 表达的组织也是靶基因特异表达的组织。

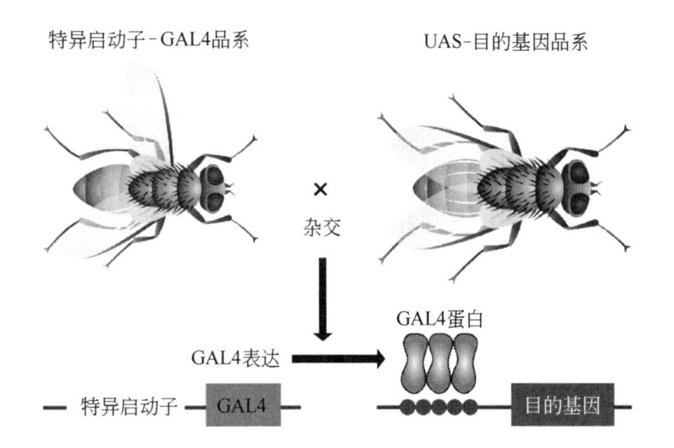

图 7.58　GAL4/UAS 系统原理图。特异启动子控制的 GAL4 果蝇品系与 UAS-目的基因果蝇品系分别存在，两个品系杂交后，组织特异性表达的 GAL4 蛋白与 UAS 序列结合，激活目的基因在特定的组织表达。目的基因上游与 GAL4 蛋白结合的序列是 UAS 序列

GAL4/UAS 系统的关键和优势就在于 GAL4 基因和 UAS-靶基因分别存在于两个转基因品系中。在 GAL4 转基因系中，有转录激活子，但没有靶基因。在 UAS-靶基因系中，转录激活子不存在，因而靶基因处于沉默状态。只有将 GAL4 转基因系与 UAS-靶基因系进行杂交，才可能产生表达靶基因的后代。因此，可以建立一个 GAL4 转基因系的库，使每一个 GAL4 转基因系表达 GAL4 蛋白的组织和时期都不同。将 UAS 转基因系与 GAL4 转基因系库里的 GAL4 转基因系杂交，可得到在不同时期和不同组织表达靶基因的子代。同样地，可也将各种靶基因构建到 UAS-靶基因库中，选择一个合适的 GAL4 转基因系，与 UAS 转基因系库中的各个 UAS 转基因系分别杂交，可得到表达不同靶基因的子代，并且这些基因

表达的时间和部位都是一致的。

GAL4/UAS系统还有另一个优点：由于UAS-靶基因系中没有GAL4的存在，靶基因处于沉默状态，即使靶基因的表达是致死的，UAS转基因系仍然能够存活。因此，利用GAL4/UAS系统可构建带有致死基因的转基因系，这一性质可应用于特定靶细胞的切除(ablation)。

综上所述，利用GAL4/UAS系统研究基因功能具有很多优势：①不仅可以驱使目的基因过量表达，而且可使目的基因在特定细胞以及特定时期进行表达。②可对同一基因在不同组织以及不同发育时期的功能进行分析。即便是基因正常生理情况下并不表达的组织或器官，特定的GAL4品系可以驱使它实现异位表达，从而做到综合分析基因的功能。③可构建带有致死基因的转基因系。

7.6.2 GAL4/UAS定时开启系统

在经典的GAL4/UAS系统中，GAL4基因通过与组织特异性启动子相连，可以驱使UAS-靶基因在特定的组织中表达；如果GAL4基因与热休克启动子（如hsp70）相连，可通过控制温度使GAL4蛋白在热激时才定时表达，从而驱动UAS-靶基因也定时表达。但是经典的GAL4/UAS系统无法实现让靶基因在一个特定的组织中定时表达。2004年，Sean E. McGuire等对GAL4/UAS系统进行了改造，建立了GAL4/UAS定时开启系统。

激素诱导的GAL4/UAS定时开启系统如图7.59所示。在该系统中，GAL4基因还是位于组织特异性表达的启动子或增强子的下游，能够在特定组织中表达。但是GAL4蛋白经过了修饰，其UAS结合结构域与一个突变的黄体酮受体的配体结合结构域相融合。当没有激素时，黄体酮受体与GAL4融合蛋白的构象阻碍了GAL4与UAS序列结合，靶基因*YFG*不能表达。当加激素诱导时，激素受体的配体结合结构域与激素结合，使GAL4蛋白的构象发生改变，暴露了DNA结合结构域，从而可以与UAS序列结合，诱导靶基因表达。在这个系统中，黄体酮受体与GAL4融合蛋白就像一个“开关”，激素则是打开这个开关的“手”，激素一来，开关打开，靶基因表达。激素一走，开关关闭，靶基因不表达。通过这个诱导设置，实现了靶基因在特定组织中的表达可以定时开启，增加了GAL4/UAS系统的可控性。

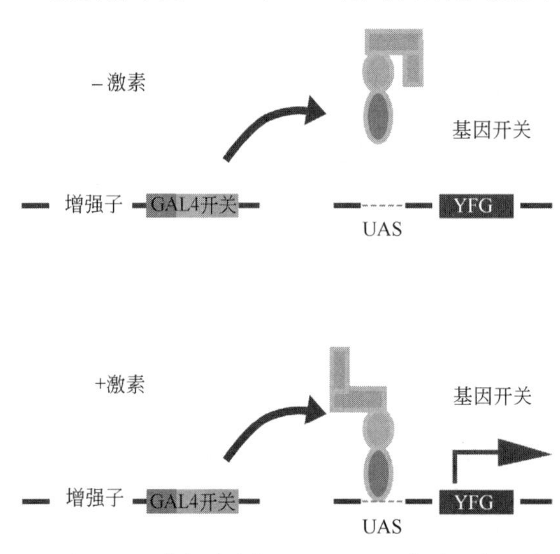

图7.59 激素诱导的GAL4/UAS定时开启系统(McGuire等，2004)

另一个GAL4/UAS定时开启系统是由GAL80来控制的。GAL80是GAL基因家族的成员，能够与GAL4蛋白结合，抑制其激活结构域的活性。GAL80有一个温敏突变体，在19℃时抑制GAL4的活性最强，但温度超过30℃就解体，失去抑制活性。构建此系统时，首先将含有GAL80温敏突变体的转基因品系与GAL4品系杂交，得到同时含GAL80温敏突变和GAL4的品系，再与UAS-靶基因品系杂交，这样就得到了同时含GAL80温敏突变基因、GAL4基因和UAS-靶基因的三杂合体。让此杂合体在19℃培养，GAL80与GAL4

蛋白结合，抑制GAL4的激活活性，GAL4不能驱使靶基因表达。需要靶基因表达时，让三基因杂合体移到30℃培养一段时间（至少3h），GAL80解体，GAL4蛋白被释放出来，驱使靶基因在特定的组织表达（图7.60）。

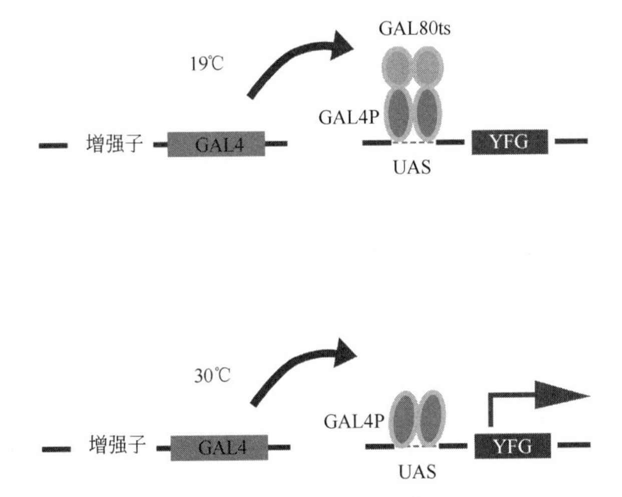

图7.60 GAL80温敏蛋白诱导的GAL4/UAS定时开启系统（McGuire等，2004）

GAL4/UAS定时开启系统的优点是可以真正实现靶基因的定时定点表达。这样不仅可以研究靶基因在某一个特定的组织中的功能，还可以研究该基因在特定的组织中某一个特定的时期或者不同时期的功能。此外，GAL4/UAS定时开启系统的一个更重要的应用是与其他功能研究技术结合，例如与RNA干扰技术及基因敲除技术结合，就可以在特定的组织和特定的时期让一个基因失活，从而也能确定基因在特殊时期的功能。如建立Cre酶转基因鼠的诱导系统、RNA干扰的可诱导系统等。

GAL4/UAS系统虽然最早是在果蝇中建立的，但是后来在小鼠、家蚕、爪蟾、斑马鱼、水稻及酵母等中都建立了类似的系统，在众多物种的基因功能研究中发挥了重要的作用。

7.7 基因的相互作用研究技术

当对一个新基因的功能毫无所知时，如何以最快的速度推知和检测它可能的功能呢？一个策略就是从研究它的表达谱着手，因为如果基因对某个器官的发育有功能的话，它往往会在该器官和相应的组织特异表达。另一个策略就是从研究基因的相互作用着手。一般来说，如果一个未知功能的基因能够与一个已知功能的基因相互作用，它们可能会具有相同或相似的功能，因为生物体的性状表现和发育过程就是由一系列的基因相互作用形成错综复杂的信号调控网络共同实现的。基因突变、基因敲除、基因编辑和基因敲减以及基因过表达等技术往往是在已知基因功能范围的情况下着眼于特定的表型范围来确认和认证基因的特定功能的。

基因的相互作用包括DNA与DNA的相互作用、DNA与蛋白质的相互作用以及蛋白质与蛋白质的相互作用。在基因功能研究领域，关注比较多的是蛋白质-蛋白质相互作用以及DNA-蛋白质相互作用。所以本节主要介绍用于研究DNA-蛋白质相互作用的凝胶迁移率阻滞技术（EMSA）和染色质免疫沉淀（CHIP）技术，以及用于研究蛋白质-蛋白质相互作用的酵母双杂交技术和免疫共沉淀技术等。

7.7.1 凝胶迁移率阻滞技术

凝胶迁移率阻滞实验（electrophoretic mobility shift assay，EMSA）是一种研究DNA结合蛋白和其相关的DNA结合序列相互作用的技术，可用于定性和定量分析，常用于在体外研究特定的DNA序列与特定的蛋白质之间的相互作用，确定DNA上的转录因子结合位点等。

EMSA的基本原理是将待研究的DNA序列和待研究的蛋白质置于非变性的聚丙烯酰胺凝胶中电泳，其中DNA序列分为两组，一组用^{32}P同位素标记，称为探针或热探针；另一组不加标记，称为冷探针。电泳时，DNA序列将会跑得快，一定时间后就会移动到点样孔的另一端，产生一条带（自由探针带）。但是如果待测蛋白质与该DNA序列能够结合，结合了蛋白质的DNA将会跑得慢，从而移动速度远远低于未结合蛋白质的DNA序列，将会在DNA探针带的后面产生另一条移动慢的带（DNA在凝胶中的迁移率受到阻滞）。由于DNA序列带有同位素标记，可通过放射自显影显示这两条带的位置。另外，如果在体系中加了未标记的冷探针，那么冷探针将会竞争性地与蛋白质结合，从而减少探针与蛋白质的结合量，这时候探针与蛋白质结合的电泳带放射自显影时将会减弱甚至消失。同理，如果体系中还加了蛋白质的特异抗体，那么抗体也会与探针DNA竞争结合蛋白质，也会使得DNA与蛋白质结合的带减弱或消失（图7.61）。

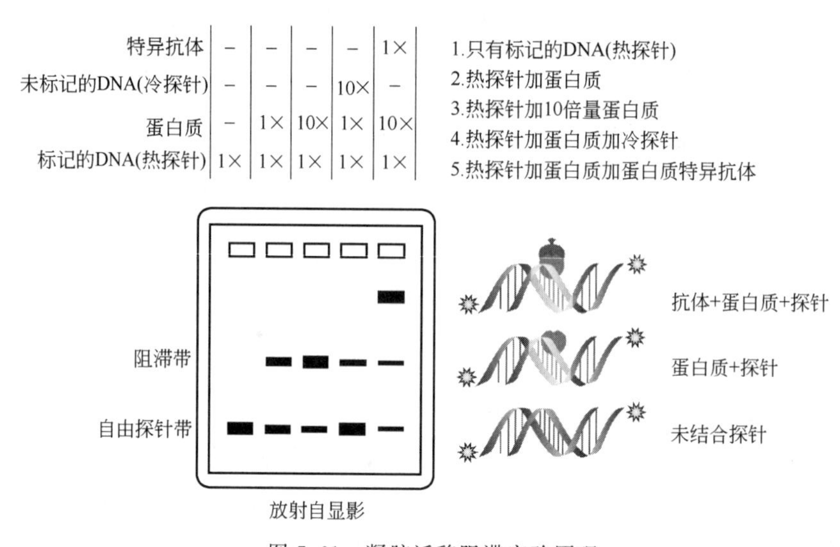

图7.61 凝胶迁移阻滞实验原理

EMSA实验所用的蛋白质可以是细胞系过表达后产生的纯化蛋白质，或部分纯化蛋白质，或直接用细胞核或细胞质的抽提液。DNA探针序列已知，可以人工合成或PCR扩增得到，单链双链均可。EMSA实验除了可以确定DNA与蛋白质的相互作用以外，也可以用来研究RNA与RNA结合蛋白的相互作用。EMSA在基因表达调控研究中鉴定顺式调控元件与反式作用因子的相互作用、启动子分析以及信号途径的上下游关系确定和靶基因的结合位点确定中具有重要的作用。

7.7.2 染色质免疫沉淀技术

染色质免疫沉淀技术（chromatin immunoprecipitation assay，CHIP）是另一种研究DNA序列与蛋白质相互作用的方法。但是与EMSA不同的是，它是目前唯一一种研究体内

DNA 与蛋白质相互作用的方法。

CHIP 的基本原理是在活细胞状态下固定体内蛋白质-DNA 相互作用的复合物，然后将染色质 DNA 提取出来并将其用超声波随机切断为一定长度范围内的染色质小片段，再通过免疫学方法用某种蛋白质特异的抗体沉淀此复合体，特异性地富集目的蛋白结合的 DNA 片段，通过对目的 DNA 片段的分离、纯化与 PCR 检测，获得 DNA 序列信息，从而确定与特定蛋白质相互作用的 DNA 序列（图 7.62）。

如图 7.62 所示，染色质免疫沉淀的第一步，是交联固定细胞内蛋白质与染色质 DNA 结合的复合物，并提取染色质 DNA。第二步，用超声波打断染色质 DNA，获得长度约

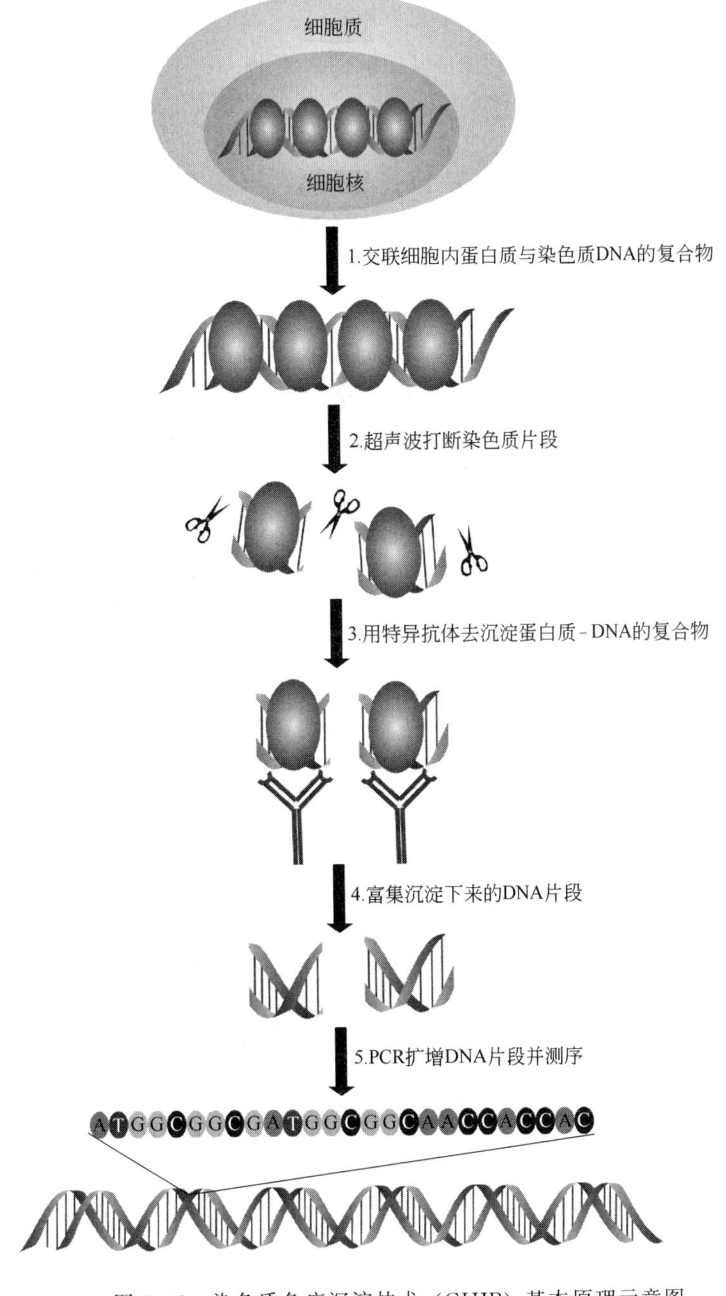

图 7.62　染色质免疫沉淀技术（CHIP）基本原理示意图

200～500bp 的 DNA 片段。第三步，用某个蛋白质的特异抗体去沉淀蛋白质，它将会同时把与该蛋白质结合的 DNA 序列也沉淀下来，所以会沉淀蛋白质与 DNA 的复合物。第四步，分离沉淀复合物，用蛋白酶降解蛋白质与抗体，富集沉淀下来的 DNA 片段。第五步，用特异引物对 DNA 片段做 PCR 扩增，并测序检测，最后确定某个特定的蛋白质是否在体内与某个特定的 DNA 片段是结合的。

染色质免疫沉淀技术不仅可以确定体内某个特定的蛋白质与某个特定的 DNA 分子是否结合，而且通过与 DNA 芯片和高通量测序技术联用，还可以确定体内这个特定的蛋白质能结合的所有 DNA 序列。染色质免疫沉淀技术与基因芯片技术结合，被称为 CHIP-on-chip 技术，前一个 CHIP 大写，是表示染色质免疫沉淀；后一个 chip 小写，表示 DNA 芯片。染色质免疫沉淀技术与高通量测序技术结合，被称为 CHIP-Seq 技术，是 Western 测序技术的一种。

CHIP-on-chip 技术的原理是：先用甲醛交联染色质 DNA 与蛋白质的复合物，超声波打断，用特异抗体沉淀 DNA 复合物，去交联，纯化 DNA。将纯化的 DNA 片段全部用荧光染料标记上，然后去与 DNA 芯片杂交。因为免疫沉淀下来的 DNA 带有荧光标记，所以芯片上凡是显示荧光的片段，就是与待测 DNA 杂交成功的片段。检测芯片上荧光位点的 DNA 序列，那么将可以获得 CHIP 沉淀下来的全部 DNA 序列的信息，也就是待测蛋白质在体内能够结合的全部 DNA 序列。见图 7.63。

彩图7.63

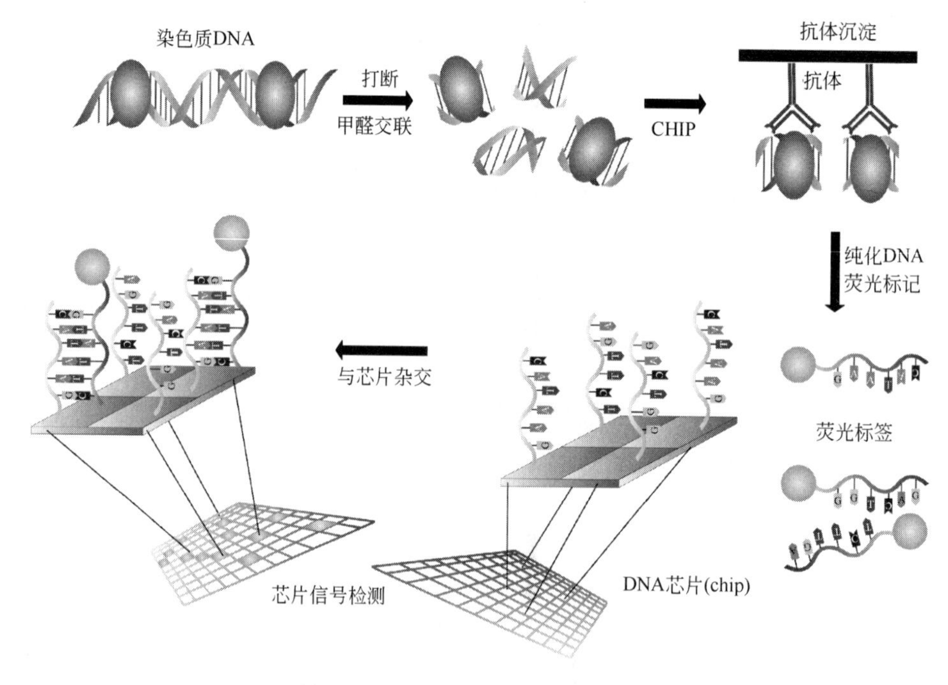

图 7.63　CHIP-on-chip 的基本原理

CHIP-Seq 技术也是用来检测某个特定的蛋白质在活细胞内结合的全部 DNA 序列。基本思路也是先把细胞核内染色质 DNA 与蛋白质交联的复合物提取出来，随机打断。然后用待测蛋白特异的抗体去免疫沉淀蛋白质，那么与该蛋白结合的全部 DNA 序列也会一起沉淀下来。分离这些沉淀复合物，把蛋白质和 DNA 片段也分开，将 DNA 片段两端接上接头，进行高通量测序，这样就可以得到在细胞内与待测蛋白结合的全部 DNA 序列。

CHIP-on-chip 和 CHIP-Seq 都能用于高通量筛选特定反式作用因子的靶基因序列以及

寻找反式作用因子的体内结合位点，如检测某个转录因子结合的全部启动子和增强子序列等，在转录调控和表观遗传等组学研究中有广泛的应用。

7.7.3 酵母双杂交技术

（1）酵母双杂交系统的基本原理

酵母双杂交（yeast two-hybrid）是利用酵母的转录因子 Gal4 来构建酵母细胞报告基因表达系统，以便检测两个蛋白质在体内是否存在相互作用的实验技术。酵母双杂交系统（yeast two-hybrid system）的基本原理也是利用了酵母转录因子 Gal4 的基本特性。作为转录激活因子的 Gal4 蛋白，与所有真核生物的其他转录因子一样，至少含有两个功能结构域：DNA 结合结构域（BD domain）和转录激活结构域（AD domain）。BD 结构域负责 Gal4 蛋白与 UAS 序列的结合，AD 结构域负责 Gal4 蛋白激活 UAS 序列下游靶基因的转录。这两个结构域必须同时存在才能保证 Gal4 因子的转录激活活性，任何一个缺失、突变或失活都将使 Gal4 失去作用。见图 7.64。

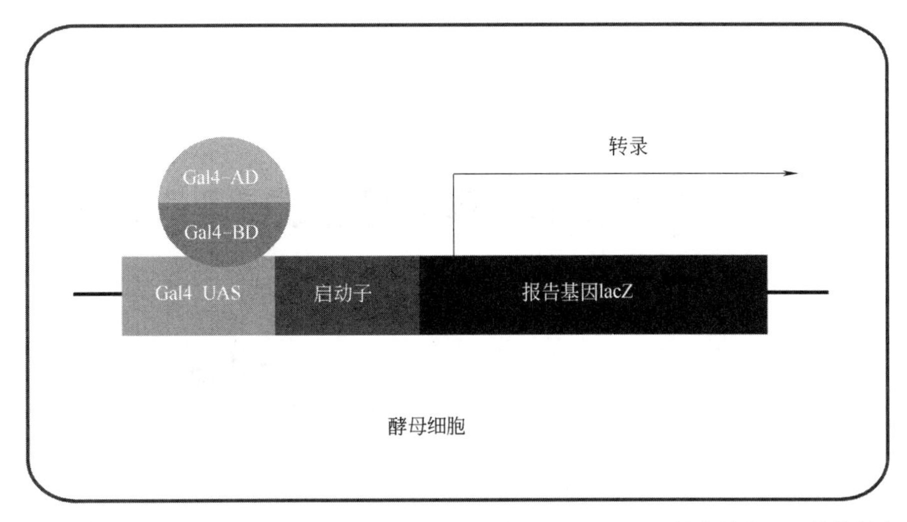

图 7.64 Gal4 因子的工作原理。在酵母细胞中，如果 Gal4 的 AD 结构域与 BD 结构域都存在，那么 BD 结构域会与 Gal4 的 UAS 序列结合，AD 结构域促使 UAS 序列下游的报告基因 *lacZ* 转录

构建酵母双杂交系统的巧妙性在于将 Gal4 蛋白的 BD 结构域（N 末端 1～147 个氨基酸）与 AD 结构域（C 末端 768～881 个氨基酸）分开，分别构建两个表达载体。其中 BD 结构域的序列与一个已知功能的蛋白质基因（如蛋白 X）共连一个载体，称为 BD 载体，基因表达时将形成 Gal4 BD-蛋白 X 的融合蛋白；AD 结构域的序列与待检测的蛋白（蛋白 Y）共连一个载体，称为 AD 载体，基因表达时将会产生 Gal4 AD-蛋白 Y 的融合蛋白。两个载体均为大肠杆菌-酵母菌的穿梭载体，可以在大肠杆菌中增殖，也可以转化酵母细胞使基因扩增与表达。见图 7.65。

在宿主酵母细胞中，有几个被 Gal4 因子的 UAS 增强子控制下的报告基因，如 *lacZ* 等，报告基因的表达依赖于 Gal4 因子的激活。如果单独 BD 载体转化酵母细胞，由于它只能含有 BD 结构域，缺失 AD 活性，将不能使报告基因表达。如果单独 AD 载体转化酵母细胞，因为它只含有 AD 结构域，缺乏 BD 与 UAS 序列的结合，也不能使报告基因表达。如果 BD 载体与 AD 载体共同转化酵母细胞（双杂交），但是如果蛋白 X 不能与蛋白 Y 相互作用，Gal4 因子的 BD 结构域和 AD 结构域还是分开的，依然不能驱使报告基因表达。只有 BD 载体与 AD 载体共同转化酵母细胞以后，表达产生的蛋白 X 与蛋白 Y 能够相互作用，形成

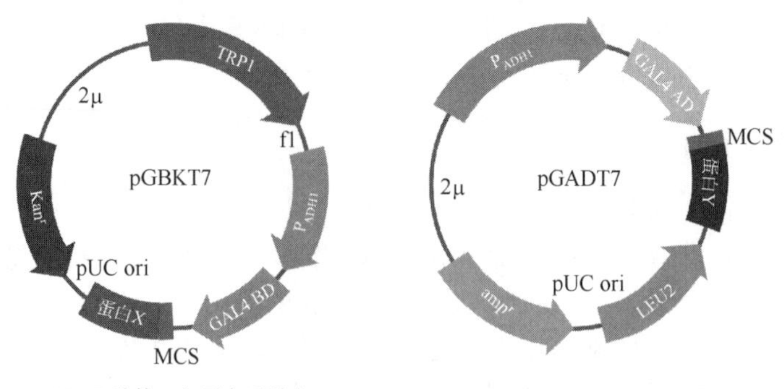

图 7.65 酵母双杂交系统的两个载体。(a) BD 载体中，Gal4 的 BD 结构域与蛋白 X 融合；(b) AD 载体中，Gal4 的 AD 结构域与蛋白 Y 融合

Gal4 BD 结构域-蛋白 X-蛋白 Y-Gal4 AD 结构域的复合体，这时 BD 与 AD 分别发挥作用，才能启动报告基因表达（图 7.66）。因此，只要检测报告基因能否表达，就能推断蛋白 Y 能否与蛋白 X 相互作用。这就是利用酵母双杂交系统研究蛋白质相互作用的基本原理。

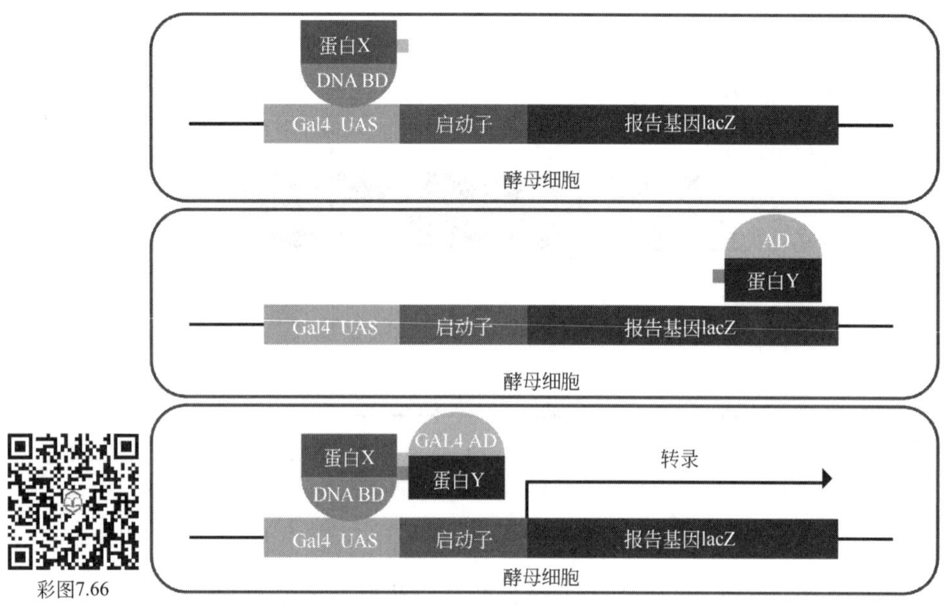

图 7.66 酵母双杂交系统检测蛋白质相互作用的基本原理。上：单独的 BD 结构域和蛋白 X 不能使报告基因转录。中：单独的 AD 结构域和蛋白 Y 不能使报告基因转录。下：BD 载体和 AD 载体共同转化酵母细胞，如果蛋白 X 与蛋白 Y 能相互作用，结合形成复合物，使得 BD 和 AD 结构域也在同一复合物中，报告基因将会转录

酵母双杂交系统用到的载体之所以用大肠杆菌-酵母菌的穿梭载体，是为了使构建 AD 或 BD 结构域融合蛋白的基因克隆与酶切检测都可以在大肠杆菌中进行，只有检测两个蛋白质的相互作用时才转化酵母细胞。这样的操作要简单方便一些，而且也快捷许多。

（2）酵母双杂交技术的应用

酵母双杂交技术作为发现和研究在活细胞体内蛋白质与蛋白质之间相互作用的技术平台，近几年来得到了不断的应用和发展，它已被广泛应用于分子生物学的各个领域中。主要应用有以下几个方面。

① 确定待测靶蛋白与特定的已知蛋白的相互作用，或者求证疑似的相互作用蛋白。对于已经鉴定出来的存在相互作用的两个蛋白质，还可以进一步把蛋白质的结构域拆开，分别构建载体，确定蛋白质的结构域之间的相互作用。

② 筛选和发现新的相互作用蛋白。酵母双杂交系统最开始是为了确定两个特定的蛋白质之间的相互作用，但是如果对于目的蛋白的相互作用蛋白毫无线索的情况下，可以通过筛文库的方式来筛选和搜寻与目的蛋白相互作用的蛋白质群。这时，把待测的目的蛋白与BD载体构建融合蛋白，被称为诱饵蛋白（bait protein)。把cDNA文库与AD载体构建融合蛋白，被称为文库蛋白（library protein)。由于cDNA文库中有上万种以上的cDNA分子，因此，由cDNA文库与AD载体构建的重组载体也有上万种以上。当AD载体与BD载体共转化酵母细胞时，每一次转化的酵母细胞只会接受一种cDNA分子的重组载体，于是上万种重组载体理论上将会转化上万个不同的酵母细胞，也就是每个酵母细胞接收的cDNA分子可能都不一样，因此产生的每个酵母细胞克隆也不一样。有些酵母细胞内报告基因会转录，产生阳性克隆，说明这些克隆里面的cDNA分子表达的蛋白与诱饵蛋白存在相互作用。而有些酵母细胞内报告基因不会转录，说明这些克隆里面的cDNA分子表达的蛋白与诱饵蛋白不存在相互作用。最后，只要把阳性克隆里面的质粒DNA提取出来，进行测序鉴定，就可以知道到底是哪些cDNA分子的产物能够与待测的诱饵蛋白相互作用，从而筛选到与待测蛋白相互作用的新的蛋白质。这样将会把文库中所有与目的基因的蛋白质有相互作用的基因都筛选出来，为目的基因的功能推测提供较多的线索。见图7.67。

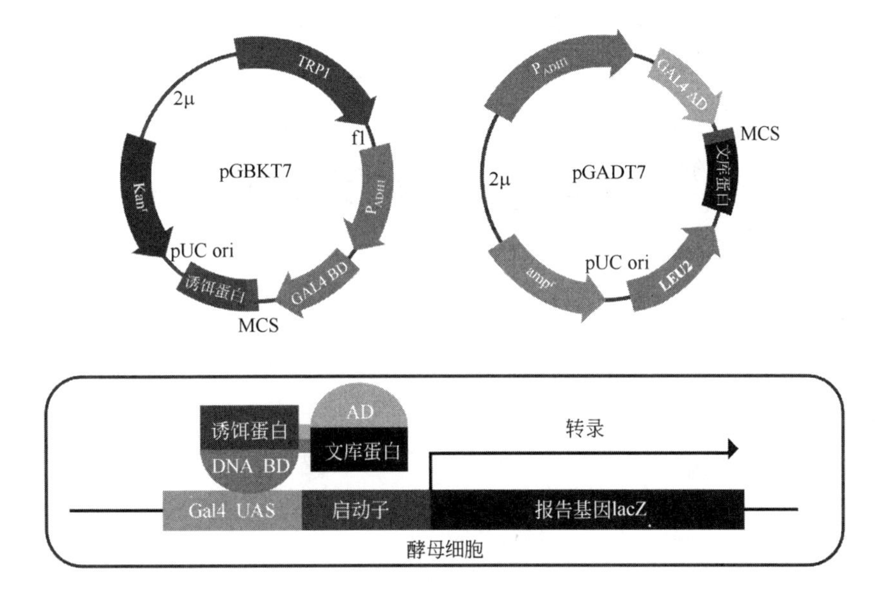

图7.67 酵母双杂交系统筛选文库。诱饵蛋白与BD载体结合，文库蛋白与AD载体结合。共转化酵母细胞后，筛选报告基因表达的阳性酵母细胞克隆，确定与诱饵蛋白相互作用的全部文库蛋白

③ 酵母双杂交系统还可用于蛋白质组学的研究，如在果蝇中利用酵母双杂交建立了全基因组蛋白相互作用网络。

酵母双杂交系统是直接在体内检测基因与基因、蛋白质与蛋白质的相互作用的重要方法，但是由于体内相互作用依赖于报告基因表达的检测，因此，如果两个蛋白质不是核蛋白，或不能进入细胞核，这种相互作用就检测不出来。此外，如果诱饵蛋白本身是转录因子，它可能存在自激活现象，即不需要Gal4的AD结构域活性，通过它自己的激活结构域

激活报告基因的表达，从而出现假阳性的结果。所以蛋白质之间的相互作用还必须依赖体内与体外多种实验的结合才能得到确定的结果。

7.7.4 免疫共沉淀技术

免疫共沉淀（Co-immunoprecipitation，CO-IP）是以抗体和抗原之间的专一性反应为基础研究两种蛋白质在完整细胞内生理活性状态下相互作用的有效方法。CO-IP 的基本原理是：当细胞在非变性条件下被裂解时，完整细胞内存在的许多蛋白质-蛋白质间的相互作用被保留了下来。如果用蛋白质 A 的抗体免疫沉淀 A 蛋白，那么与 A 蛋白在体内结合的蛋白质 B 也能被沉淀下来。通过 SDS-PAGE 胶分离细胞蛋白提取物，再通过 B 蛋白质的特异标记抗体检测，应该能够检测到 A 和 B 两种蛋白结合的带。同理，如果用 B 蛋白的抗体去免疫沉淀 B 蛋白质，那么与 B 蛋白结合的 A 蛋白也被沉淀下来，用 A 蛋白标记的抗体也可以显示这一条蛋白复合物的带。

如图 7.68 所示，免疫共沉淀的工作流程是：第一步，先裂解细胞，把细胞内的蛋白复合物提取出来。第二步，加入 A 蛋白抗体去沉淀 A 蛋白。第三步，加入磁珠，这种特制的磁珠带有抗体结合蛋白 protein A/G，可以特异结合免疫球蛋白抗体的 Fc 片段，从而绑定抗体与蛋白质结合的复合体。第四步，磁珠特异沉淀 A 蛋白与抗体复合物，过滤掉细胞内的其他非特异性蛋白。第五步，洗脱收集磁珠上的 A 蛋白与抗体复合物。第六步，用变性的 SDS-PAGE 胶电泳分离蛋白 A 与抗体复合物。第七步，分别用带有标记的蛋白质 B 和蛋白质 A 的抗体去检测蛋白复合物，如果 B 蛋白在细胞内是与 A 蛋白结合在一起的，那么两个标记抗体都应该能够检测到复合物的带。

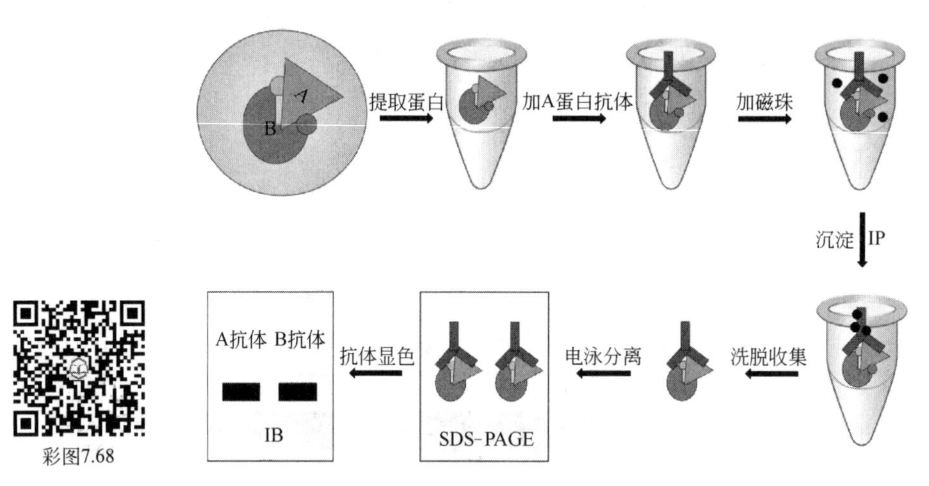

图 7.68 免疫共沉淀 CO-IP 的工作流程

由于免疫共沉淀能够检测天然状态下两种目标蛋白质是否在体内结合，发生相互作用，因此理论上来说，CO-IP 不仅能检测细胞核内蛋白质的相互作用，也能检测细胞质和细胞膜上蛋白质的相互作用。

有时候，如果 A、B 蛋白的特异性抗体不容易获得，也可以分别构建 A、B 基因的融合标签载体，如 A 基因与 Flag 标签相连，B 基因与 C-myc 标签相连，共转染细胞后让两个融合蛋白表达（图 7.69）。一定时间后，裂解细胞，用 Flag 抗体去沉淀 A 蛋白，如果 A、B 蛋白有互作，那么 B 蛋白也被沉淀下来，跑 SDS-PAGE 后，用标记的 C-myc 的抗体去检测，应该能检测到复合物的带。同理，用 C-myc 的抗体去沉淀复合物，用标记的 Flag 抗体去检测，

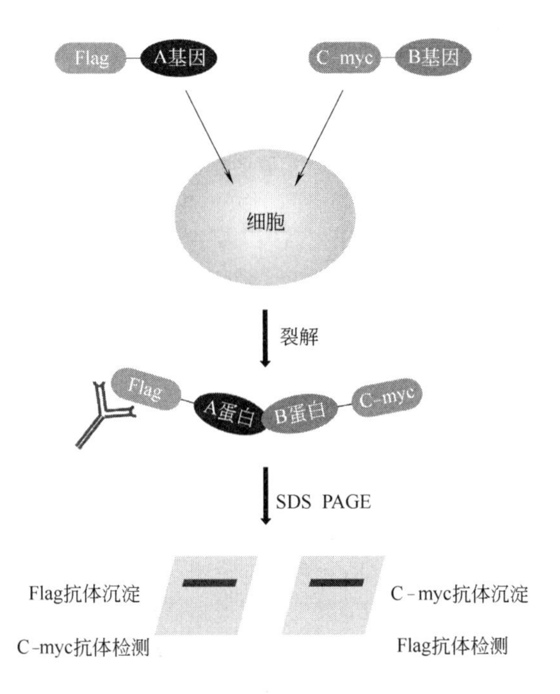

图 7.69 标签融合蛋白免疫共沉淀 CO-IP 的原理。分别构建 Flag-A 融合表达载体和 C-myc-B 融合表达载体，共转染细胞系后，用 Flag 抗体去沉淀 A 蛋白，如果 B 蛋白与 A 蛋白相互作用，结合在一起，那么 B 蛋白也被沉淀下来，跑 SDS-PAGE 后，用 C-myc 的抗体能够检测到这个复合物的带。同理，用 C-myc 抗体去沉淀 B 蛋白，跑 PAGE 胶后，用 Flag 抗体也能检测到复合物的带

也能检测到阳性结果。但是如果 A 基因或 B 基因载体单独转染细胞，将不会出现阳性结果。

免疫共沉淀常用于测定两种目标蛋白质是否在体内结合，发生相互作用。也可用于确定一种特定蛋白质的新的作用搭档。CO-IP 检测蛋白质相互作用的优点为：①相互作用的蛋白质都是经翻译后修饰的，处于天然状态；②蛋白的相互作用是在自然状态下进行的，可以避免人为的影响；③可以分离得到天然状态的相互作用蛋白复合物。缺点为：①可能检测不到低亲和力的或瞬间的蛋白质-蛋白质相互作用；②两种蛋白质的结合可能不是直接结合，而可能有第三者在中间起桥梁作用；③必须在实验前预测目的蛋白是什么，以选择最后检测的抗体，否则，若预测不正确，可能检测不到实际的结果。

本章小结

基因功能研究是后基因组时代的主要任务。鉴定一个基因的特定功能往往需要从基因的表达、基因的相互作用、基因的突变、基因功能失活以及基因的过表达等多方面、多角度开展研究才能确定。

从 mRNA 水平研究基因的表达有 Northern blot、RT-PCR、荧光定量 PCR、RNA-Seq、胚胎原位杂交及基因芯片等技术，它们都是利用碱基互补配对的原理，以目的基因的特异序列作探针进行放射性或非放射性标记，与不同组织来源的 mRNA 在体外或体内原位杂交结合，通过检测从而确定目的基因的表达时空性。其中基因芯片是高通量研究基因差异表达的技术。从蛋白质水平研究基因表达的技术有 Western blot、免疫组织化学以及胚胎抗体染色技术，它们的工作原理则主要是利用目的蛋白与特异抗体的免疫化学反应来检测蛋白质的时空分布，从而确定基因的表达特异性。

新型基因突变技术被重新应用到功能基因组学的研究中。除了传统的化学诱变

以外，新型突变技术主要包括转座子全基因组诱变和定点诱变技术。基因敲除也是一种新型的基因突变技术，通过同源重组特异性剔除一个目的基因可以产生可稳定遗传的基因突变表型。根据基因敲除表型来确定一个基因的功能是非常令人信服的，而在此基础上巧妙地利用 Cre-LoxP 系统和锌指核酶系统发展起来的条件基因敲除技术，为确定基因的精细功能更是锦上添花。

基因编辑是最近几年喷涌而出的一类改变基因组的碱基数目和组成的技术，通过靶向特定的基因位点，用核酸内切酶将双链 DNA 切断，启动体内的非同源末端连接和同源重组修复等修复机制，使靶基因出现缺失、重复、插入或模板替换、外源基因敲入、RNA 表达沉默甚至单碱基替换等多种基因序列的改变，随意编辑基因组。这些基因编辑技术包括 ZFN 锌指核酶技术、TALEN 打靶技术和 CRISPR 打靶技术。其中 CRISPR 系统因为靶向性强，除了可以改写基因组，还衍生出了其他无限广阔的应用前景。

RNA 干扰和 Morpholino 干扰是基因功能研究中常用的基因沉默技术，通过导入双链 RNA 或 MO 特异地降解具有同源序列的内源基因的 mRNA 或阻止特异 mRNA 的剪切成熟和翻译，达到使特定基因表达失活的目的。虽然这些基因敲减技术不能像基因敲除一样在 DNA 水平稳定遗传，但是由于操作简便、结果快捷，尤其是可遗传的 RNAi 系统的建立，使它们已成为基因功能研究最常用的方法。

GAL4/UAS 系统是最早也是最常用的基因过表达和异位表达系统，它虽然首先在果蝇中建立，但是目前已应用于许多模式生物。GAL4/UAS 定时开启系统的设计更是令人佩服基因工程技术的无穷魅力，通过与其他基因功能研究技术的结合，将会使该系统具有广泛的应用前景。

凝胶迁移率阻滞实验是常用的体外研究 DNA 与蛋白质相互作用的方法，而染色质沉淀则是体内研究 DNA 与蛋白质相互作用的技术。前者通过标记 DNA 检测其在电泳凝胶中的迁移率的改变来确定与特定蛋白质的结合情况，后者则是通过蛋白质的特异抗体检测与之形成复合物的 DNA。酵母双杂交系统和免疫共沉淀分别利用报告基因系统和抗体抗原反应来检测细胞内蛋白质的相互作用，为推测、求证基因的特定功能提供证据。

□ 复习题

1. 胚胎原位杂交技术与 Northern blot 有什么相同点和不同点?
2. 胚胎抗体染色技术的原理是什么?
3. 什么是基因芯片技术?
4. DNA 芯片有哪些主要的应用?
5. 转座子诱变有什么优点?
6. 什么是基因敲除技术?
7. 条件基因敲除技术有什么优点?
8. ZFN 技术与传统基因敲除技术相比，有哪些突破?
9. TALEN 打靶的原理是什么?
10. CRISPR 系统如何实现靶向基因编辑?
11. RNA 干扰的机制是什么?
12. RNA 干扰技术研究基因功能有什么优点?
13. 什么是 Morpholino 干扰技术?
14. GAL4/UAS 系统有什么特点?
15. 如何构建 GAL4/UAS 定时开启系统?
16. EMSA 实验的主要作用是什么?
17. 简述酵母双杂交系统的基本原理。它有哪些应用?

8

转基因植物

本章导读 　转基因植物是指体细胞中含有外源目的基因的植物个体，是基因工程的终产品或初级产品的承载体之一。本章主要介绍转基因植物的概念，转基因农作物的研究与发展现状，转基因植物的筛选和鉴定，转基因植物和转基因食品的安全性，以及转基因生物的安全性评价与监管等。植物转基因在农业、林业、园艺等方面有广阔的应用前景。

转基因植物（genetically modified plants，GMP）是指利用基因工程（DNA 重组）技术，把从动物、植物或微生物中分离得到的目的基因或特定的 DNA 片段，加上合适的调控元件，通过各种方法转移到植物的基因组中，使得该基因或 DNA 序列能稳定表达和遗传的植物。被转移的基因或 DNA 序列，可以是外源物种的，也可以是受体植物本身的。广义的转基因植物还包括应用转基因技术，对受体植物本身的基因进行遗传修饰或表达调控的植物，如 CRISPR 基因编辑技术产生的遗传修饰植物、RNAi 干扰等技术产生的目的基因下调表达的植物等。也就是转基因植物是泛指通过基因工程技术改变基因组构成的植物。

转基因植物可能被赋予新的性状，或改变某些成分。如通过转基因的方法，可以使农作物获得一些能稳定遗传的优良农艺性状组合，如既抗虫、抗病、抗逆，又高产、优质等。这样既克服了物种间的生殖隔离障碍，又克服了种内亚种间或品种间杂交时常存在某一优良农艺性状与某一不良农艺性状连锁而难以利用的困难。通过转基因方法，还可以使一些园林植物定向获得诸如花色、叶色、株形等新性状，以增强观赏性。或通过转基因的方法，使得转基因植物生产某些有用的药物成分或提高某些成分的含量等。

1983 年，比利时人 Zambryski 等把经过改造的 Ti 质粒 pGV3850 通过农杆菌介导法转入烟草细胞，其 T-DNA 片段整合进烟草基因组中，并成功获得转基因烟草。他们证明改造后的 T-DNA 片段不会影响烟草的正常生长发育，从而使得把外源目的基因通过 T-DNA 转移到植物基因组中获得表达该目的基因的转基因植物成为可能。该文的发表，是植物转基因技术首次出现和首次成功获得转基因植物的标志（Nature，1983；EMBO，1983）。同年，美国孟山都公司（Monsanto）的研究人员 Umbeck 在一次学术会议上也简要介绍他们公司已经获得的转基因土豆。此后，多种植物转基因方法被开发和利用，越来越多的具有应用前景的转基因植物被培育出来。如，转 *aroA* 基因的抗草甘膦除草剂转基因植物，转 *Bt* 基因抗虫转基因植物等。自 1986 年首批转基因植物被批准进入田间试验以来，至今国际上已有 30 多个国家批准数千例转基因植物进入田间试验，涉及的植物种类有 40 多种。

8.1 转基因植物研究和生产现状

8.1.1 转基因植物的研究概况

据国际农业生物技术应用服务组织（International Service for the Acquisition of Agri-Biotech Applications，ISAAA）报道，至2017年，全球已有近30种转基因植物，近500个转基因植物品种/品系被批准商业化种植，包含27个转基因作物和3个花卉（表8.1）。全球转基因作物的种植面积呈现稳步增长的趋势，由1996年的170万公顷增加到2017年的1.898亿公顷，增加了112倍。2017年，共有24个国家/地区种植了转基因作物，另有43个国家/地区（包括欧盟26国）进口转基因作物用于粮食、饲料和加工。即共有67个国家或地区应用了转基因作物。种植面积最大的5个国家依次为美国、巴西、阿根廷、加拿大和印度，都在1000万公顷以上。五国总种植面积17330万公顷，占全球种植面积的91.3%

表8.1 全球已被批准种植的转基因植物（GM植物，引自ISAAA，2017）

序号	GM植物名称	GM植物英文与拉丁文名称	商业化品种数
1	大豆	soybean——*Glycine max* L.	40
2	玉米	maize——*Zea mays L.*	232
3	棉花	cotton——*Gossypium hirsutum* L	60
4	甘蓝型油菜	argentine canola——*Brassica napus*	41
5	白菜型油菜	polish canola——*Brassica rapa*	4
6	土豆	potato——*Solanum tuberosum* L.	48
7	番茄	tomato——*Lycopersicon esculentum*	11
8	水稻	rice——*Oryza sativa* L.	8
9	小麦	wheat——*Triticum aestivum*	1
10	苹果	apple——*Malus x Domestica*	3
11	甜瓜	melon——*Cucumis melo*	2
12	木瓜	papaya——*Carica papaya*	4
13	李子	plum——*Prunus domestica*	1
14	绿豆	bean——*Phaseolus vulgaris*	1
15	茄子	eggplant——*Solanum melongena*	1
16	甜椒	sweet pepper——*Capsicum annuum*	1
17	西葫芦	squash——*Cucurbita pepo*	2
18	甜菜	sugar beet——*Beta vulgaris*	3
19	甘蔗	sugarcane——*Saccharum* sp	4
20	亚麻	flax——*Linum usitatissimum* L.	1
21	烟草	tobacco——*Nicotiana tabacum* L.	2
22	苜蓿	alfalfa——*Medicago sativa*	5
23	本特草	creeping bentgrass——*Agrostis stolonifera*	1
24	菊苣	chicory——*Cichorium intybus*	3
25	红花	safflower——*Carthamus tinctorius* L.	2
26	杨树	poplar——*Populus* sp	2
27	桉树	eucalyptus——*Eucalyptus* sp.	1
28	康乃馨	carnation——*Dianthus caryophyllus*	19
29	玫瑰	rose——*Rosa hybrida*	2
30	牵牛花	petunia——*Petunia hybrida*	1

（表 8.2）。26 种转基因作物中，大豆、玉米、棉花和油菜是种植最多的四大转基因作物。2017 年，转基因大豆的种植面积最大，为 9410 万公顷，占全球转基因作物总种植面积的一半；其次分别为玉米（5970 万公顷）、棉花（2421 万公顷）和油菜（1020 万公顷）（表 8.3）。

表 8.2　主要转基因作物种植国的种植面积及占比（引自 ISAAA，2017）

主要转基因作物种植国名称	种植面积/万公顷	总种植面积占比/%
美国	7500	39.5
巴西	5020	26.5
阿根廷	2360	12.4
加拿大	1310	6.9
印度	1140	6.0
合计	17330	91.3

表 8.3　主要转基因作物种类的种植面积及占比（引自 ISAAA，2017）

作物名称	种植面积/万公顷	总种植面积占比/%
大豆	9410	49.6
玉米	5970	31.4
棉花	2421	12.8
油菜	1020	5.4
合计	18821	99.2

8.1.2　抗除草剂转基因作物

抗除草剂或称耐除草剂品质是当前转基因作物的主流。2015 年，如果将抗除草剂的转基因作物和抗除草剂加抗虫双价品质的转基因作物两大类一并统计，其种植面积高达 1 亿 5 千万公顷，占世界全部转基因作物的 86%以上。其中，单独抗除草剂的转基因作物占总种植面积的 53%，抗除草剂加 Bt 抗虫双价转基因作物占总面积的 33%。抗除草剂基因的转基因农作物主要有大豆、棉花、玉米、油菜、甜菜、亚麻等。抗除草剂转基因作物的主要种植地区是北美，那里农业杂草严重，成为农业生产的最大问题之一，直接影响作物的产量和质量。通常高效除草剂的针对性很强，只能消灭特定种类的杂草，而广谱除草剂可以消灭绝大多数杂草，但对作物本身也有毒性，难以施用。

目前市面上常见的除草剂类型包括草甘膦、草丁膦、保试达、草铵膦、百草枯、异丙隆、阿特拉津等。除草剂的作用机制是破坏氨基酸的合成途径和破坏植物光合电子传递链蛋白质的功能，从而导致植物死亡。例如，草甘膦能够抑制与芳香族氨基酸合成相关的一个关键酶 EPSPS（5-烯醇丙酮酰莽草酸-3-磷酸合成酶）的活性，不能合成芳香族氨基酸，从而导致植物死亡。绿贫隆及异丙隆则能够抑制另一个支链氨基酸合成的关键酶 ALS（乙酰乳酸合成酶）的活性，导致植物缬氨酸、亮氨酸和异亮氨酸不能合成而死亡。草丁膦和保试达能够抑制植物谷氨酰胺合成酶（GS）的活性，导致细胞内氨的含量迅速积累，同时抑制光系统Ⅰ和光系统Ⅱ反应，减少跨膜 pH 梯度，使光合磷酸化解偶联，随之叶绿体结构解体，整个植物死亡。阿特拉津则能够直接抑制植物叶绿体的光合作用，从而导致植物死亡（图 8.1）。

抗除草剂转基因作物的研发原理是通过改变除草剂靶酶的水平、修改靶酶的敏感性和解除除草剂毒性酶基因，将解除除草剂毒性的编码蛋白基因导入宿主植物，使宿主植物免受伤

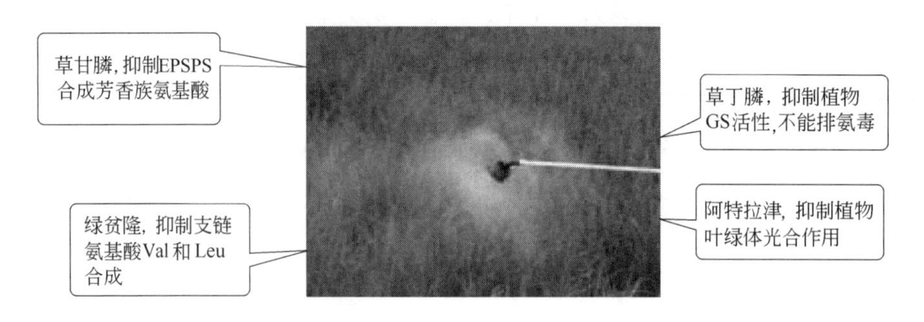

图 8.1　除草剂的作用机制

害，即给作物导入能分解除草剂活性的一些酶的基因。根据除草剂对作物敏感性和对环境的影响不同，筛选不同的抗除草剂类型的基因，如 EPSPS（5-烯醇丙酮酰莽草酸-3-磷酸合成酶）能分解草甘膦（glyphosine）的毒性，草丁膦-*N*-乙酰转移酶能分解草丁膦（phosphinothricin）的毒性，*bar* 基因编码的膦化乙酰转移酶（PAT）能使草丁膦和双丙膦（bialaphos）的膦化麦黄酮（phosphonium flavone，PPT）的自由氨基乙酰化从而对 PPT 解毒（图 8.2），达到抗除草剂的作用等。草甘膦和草丁膦是广谱除草剂，它们在土壤中降解很快，残留毒性很低，对环境的伤害小。据统计，种植抗除草剂转基因大豆，由于减少了喷洒除草剂的次数，节省燃料和除草剂，1acre（1acre＝4046.8m^2）能降低成本 5～20 美元。所以这类抗除草剂的转基因作物受到习惯使用除草剂的北美农场主的欢迎，迅速推广。

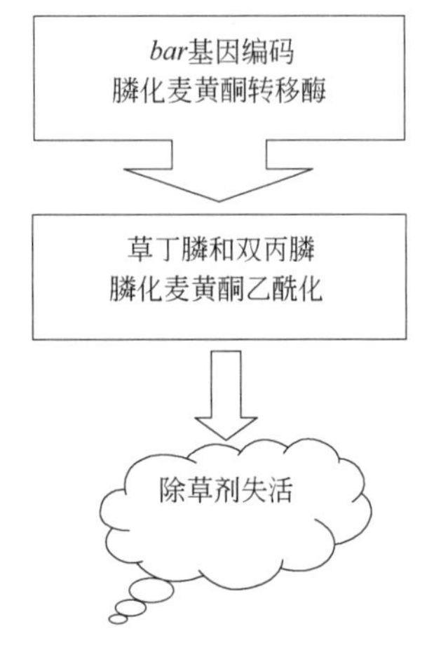

图 8.2　*bar* 基因的作用机制

使用抗除草剂作物具有如下几个方面的优点：①简化除草管理，减少喷洒除草剂的次数；②可以不用或少用机械除草，节省燃料；③避免机械除草造成的土壤水分流失和土壤侵蚀；④避免使用其他高毒性和残留性的除草剂，保护环境（图 8.3）。

图 8.3　中科院亚热带所研发的抗除草剂转基因水稻 Bar68。除草剂喷洒后，杂草被杀死，转基因水稻安然无恙

但是抗除草剂作物的使用和推广过程中也会带来问题：①可能由于基因漂流导致几种除草剂抗性基因在杂草中堆叠，形成超级杂草；②长期大面积使用一种除草剂易诱发杂草抗性产生；③不利于多样性作物种植系统的实施；④杂草种子减少，影响野生鸟类的食物链等。

8.1.3 抗虫转基因作物

病虫害给农业生产带来巨大的损失，造成世界作物减产，每年损失达1000亿美元。自从瑞士化学家保罗·米勒发现DDT能消灭害虫之后，化学杀虫剂使用的闸门被打开，有成千上万吨的化学杀虫剂撒向地球，给地球环境带来巨大的破坏，也给地球上的许多生物带来灭绝性的灾难。直至20世纪80～90年代，世界各国才相继宣布禁用DDT杀虫剂和其他一些剧毒杀虫剂，而将目光转向副作用小的生物杀虫剂。苏云金杆菌（简称Bt）在众多生物杀虫剂中一枝独秀，至今已经使用了半个世纪，还没有发现它对地球环境和人类造成任何显著的负面作用。

苏云金杆菌（Bt）是一种广泛存在于土壤中的革兰氏阳性细菌，其杀虫活性完全由它在芽孢形成过程中产生的伴胞晶体决定。伴胞晶体的成分是β-内毒素，又叫毒晶蛋白或晶体蛋白（cryprotein，Cry）。Bt毒素进入呈碱性条件的昆虫肠道后，由消化酶分解，原毒素被降解成60kDa具有毒性的多肽。毒素结合到中肠上皮细胞表面的敏感特异受体上，致使细胞膜产生一些穿孔，破坏细胞的渗透平衡，引起细胞的肿胀裂解，最后导致细胞死亡（图8.4）。

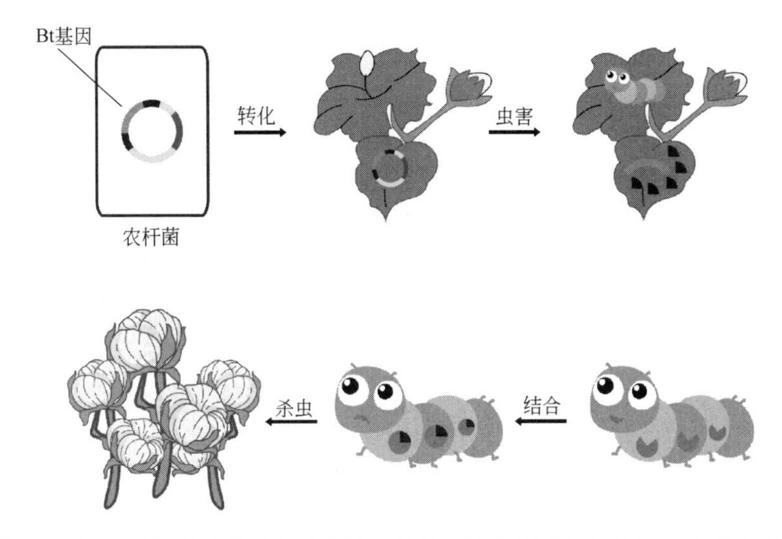

图8.4 转Bt基因抗虫棉的作用机理示意图。害虫肠道上皮细胞有Bt蛋白的特异受体，转Bt基因植物产生的Bt蛋白与受体结合后，引起系列反应，最终导致害虫死亡

大多数苏云金杆菌菌株能同时产生几种晶体蛋白，每种蛋白均有高度特异的杀鳞翅目昆虫活性。根据毒素蛋白的结构同源性及抗虫范围，把编码它们的基因划分为四大类：*cry Ⅰ*、*cry Ⅱ*、*cry Ⅲ*、*cry Ⅳ*。其中，*cry Ⅰ*编码的蛋白具有抗鳞翅目昆虫的活性；*cry Ⅱ*抗鳞翅目和双翅目昆虫；*cry Ⅲ*对鞘翅目昆虫有毒性；*cry Ⅳ*抗双翅目昆虫。1981年，Schnepf等首次成功地克隆了第一个编码Bt杀虫晶体蛋白基因，揭开了利用基因工程培育抗虫植物的序幕。

Bt抗虫转基因作物的制备流程如图8.5所示。首先分离苏云金杆菌的毒晶蛋白的毒素原蛋白的全长基因。与载体克隆时，通常只克隆晶体蛋白与毒性有关的N端1～615位氨基酸残基的编码序列，其中1～453位氨基酸的编码序列采用人工合成片段以纠正密码子的偏爱性。选择穿梭载体Ti质粒作为载体，转化植物细胞，经过筛选鉴定获得抗虫转基因植株。

最早获得的转Bt毒素基因植物是烟草和番茄（1985年），随后Bt毒素基因相继被转化

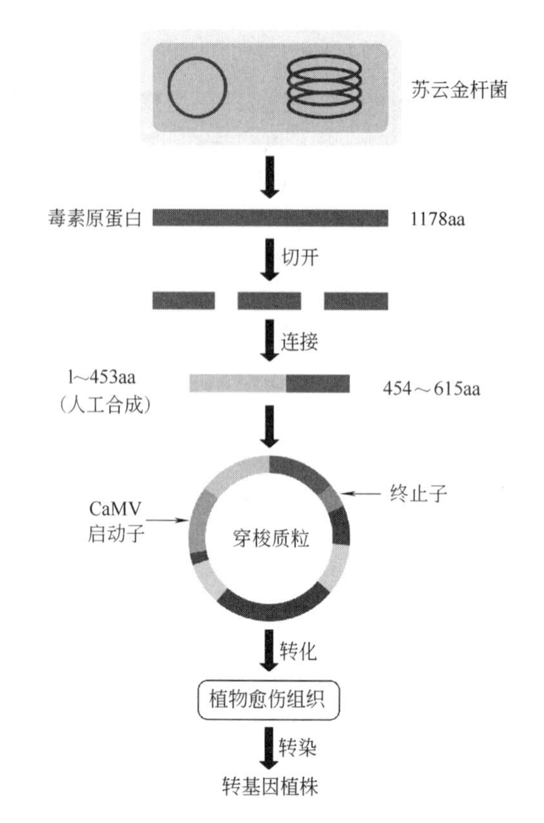

彩图8.5

图 8.5　Bt 抗虫转基因植物的制作过程。首先克隆毒素原蛋白全长基因，在体外经过改建，将与毒性相关的 1～615aa 结构域克隆到 Ti 质粒穿梭载体上，其中 1～453aa 序列还根据植物密码子的偏爱性进行了人工合成。Bt 基因转化植物愈伤组织，最后获得抗虫转基因植物

到许多其他农作物中，如棉花、水稻、玉米等，获得了一大批具良好抗虫性的转基因植物品种。Bt 转基因棉花主要用于杀灭棉铃虫，Bt 玉米主要用于杀灭玉米钻心虫。现在已有多种 Bt 转基因作物商业化种植，如玉米、棉花、马铃薯、番茄、杨树等。在田间试验中的有水稻、花生、茄子、草莓等。2015 年全球 Bt 转基因作物的种植面积，包括抗除草剂基因和 Bt 基因双价转基因作物，共 8446 万公顷，占第二位。自美国 1995 年首次批准 Bt 抗虫转基因玉米可作为粮食和饲料种植后，阿根廷、加拿大、日本、南非和欧盟相继批准种植。我国华中农业大学张启发院士研发的抗虫转基因水稻华恢 1 号，转入了两个 Bt 基因（*Cry1Ab*/*Cry1Ac*），能特异性杀死螟虫，达到减少产量损失、节约成本、保护环境的目的（图 8.6）。该品系于 2009 年获得转基因生产应用安全证书，并于 2014 年获得安全证书延批。

图 8.6　华中农业大学研发的抗虫转基因水稻华恢 1 号

与常规的生物杀虫剂相比，抗虫转基因植物具有如下优点：①对植物具有连续保护作用，只杀死摄食害虫，对非危害生物的昆虫无影响，能保护整体植株，包括农药难以作用的部位。②所表达的抗虫物质仅存在于植物体内，不存在环境污染问题。据估计，

使用 Bt 棉花可减少杀虫剂用量一半以上，减少化学农药在环境中的残留量。③成本低，有利于推广，并且可以减少喷药劳动量。④产生较好的经济效益。例如，Bt 棉花增产显著，南非增产 25%，北美增产 10%以上，中国增产 5%～10%。

尽管 Bt 抗虫植物在生产上已经展现出了良好的应用前景，但还有一些问题需要妥善解决，主要有以下两个方面。一方面是昆虫对 Bt 杀虫晶体蛋白产生抗性。采取的控制昆虫抗性产生的策略有：①联合使用两种或两种以上不同杀虫机制的抗虫基因，使转基因植物表达数个具有不同毒性机制的毒素；②选用诱导型启动子或利用特异性启动子使抗虫基因的表达局限于植物的特定部位或植物发育的特定敏感阶段，这样就会减缓对昆虫的选择压力，从而减弱昆虫抗性的形成；③高剂量表达的转基因植物与非转基因植物混合播种，让非转基因作物作为害虫的庇护所。这就是美国环保署提出的减缓害虫抗性产生的“昆虫抗性管理”策略，简称 IRM。从 2000 年开始，美国政府强制性要求农民种植 Bt 玉米时必须在半英里之内至少种植 20%的常规玉米品种，作为害虫的庇护所。庇护所可以设置在转基因作物种植地旁，也可以置于中间（图 8.7）。IRM 的基本原理是：如果在 Bt 玉米地出现个别抗性昆虫而得以存活下来，它与庇护所内对 Bt 敏感的昆虫交配，结果抗性基因就被稀释而不能表现出来。

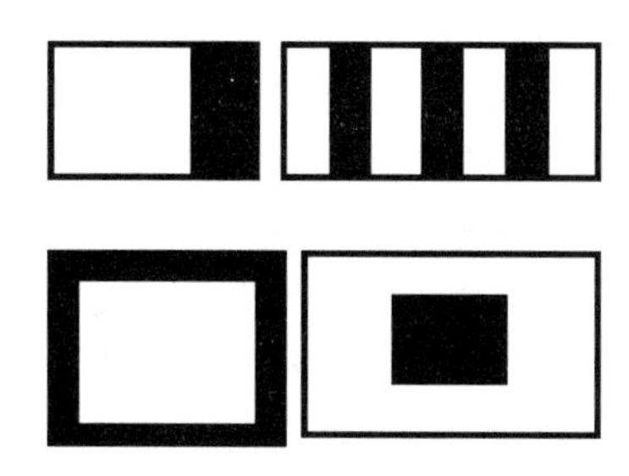

图 8.7 防止害虫抗性产生的几种庇护所设置方案。黑色区域代表常规玉米（非 Bt 玉米）种植区，白色区域代表 Bt 转基因玉米种植区

Bt 转基因植物的另一方面是 Bt 晶体蛋白表达低下。编码 Bt 毒素蛋白的基因能够在转基因植物中表达，但是表达水平低，不足以给植物提供田间保护。因此，对许多进行抗虫研究的生物学家来说，提高 Bt 基因的表达水平已是非常重要的问题。可通过以下几种方法提高 Bt 毒素基因在转基因植物中的表达水平：①选择强启动子和诱导型启动子。在不同的宿主植物中，来源不同的启动子的表达效率有明显的差异。通常来源于双子叶植物的启动子，在双子叶植物中的表达效率比在单子叶中高得多，反之亦然。诱导型启动子在特定诱导条件下，或在某些器官组织中特异性地启动目的基因的表达。例如将重组基因置于来源于烟草花叶病毒（CaMV）的双 35S 启动子串联结构的控制之下，可使毒性蛋白在棉花细胞中的表达水平提高 100 倍。②使用增强子序列。对于单子叶植物来说，在 5′非翻译区插入内含子也可提高基因表达水平。③使用植物偏爱的密码子。在不改变氨基酸序列的前提下，利用定点突变技术选择性地替换 Bt 毒素基因序列中不适合在植物中转录和翻译的核苷酸序列。④使用基质结合区（matrix attachment region，MAR）序列是克服外源基因沉默的有效方法。MAR 是染色质上的一段 DNA 序列，又称为核骨架结合区（scaffold attachment region，SAR）。MAR 的长度一般为 300～1000bp，它可以与核骨架相结合，在两个 MAR 之间的染色质区域可形成 DNA 环，环的大小为 5～200kb，每一个环为一个独立的表达结构。利用 MAR 的这个特性，可以把 MAR 构建到外源基因的两侧，构建成 MAR-目的基因-MAR，可创造一个独立的结构域，不仅可以减少插入位点附近染色质位置效应的影响，而且还可以提高外源基因在转化细胞中的稳定性和表达水平。

8.1.4 提高作物产量和品质的转基因作物

作物的高产、优质一直是人们所追求的目标。随着生活水平的总体提高，人们对食品的营养和品种的要求也越来越高。品质的改良内容包括水果蔬菜的延熟保鲜、有益于健康的植物油（如不饱和脂肪酸）含量的提高、增加营养价值（如维生素）、富含抗癌蛋白质的大豆、高营养的饲料（如高赖氨酸、表达植酸的玉米）等方面。

（1）提高作物产量的基因工程

植物主要通过光合作用固定 CO_2 合成碳水化合物，因此，改造光合碳代谢过程、提高 C_3 和 C_4 途径中两个关键的酶——Rubisco（核酮糖-1,5-二磷酸羧化酶）和 PEPCase（磷酸烯醇式丙酮酸羧化酶）的特性系数和催化活性从而具有更高更有效的 CO_2 固定能力一直是通过基因工程技术提高作物产量的基本设想。高等植物的 Rubisco 是 560kDa 的蛋白复合体，由 8 个大亚基和 8 个小亚基组成，其中酶的催化部位主要存在于大亚基中。目前，高等植物的 Rubisco 大、小亚基基因都已被克隆，并获得了活性部位发生点突变的工程酶。尽管关于 Rubisco 大、小亚基的装配、全酶功能活性的调节机制还有待进一步研究，但 Micallef 等获得了高表达磷酸蔗糖合成酶基因的番茄转基因植株，对其光合作用和生长性状的调查结果表明，种植在高浓度 CO_2（65Pa）条件下，转基因植株的 Rubisco 含量为对照株的 2 倍，转基因植株的枝茎生长速度、花和果实的发育速度快，果实产量比对照高 20%。而种植在低 CO_2 浓度下时（35Pa），转基因植株的果实产量较对照提高 75%。PEPCase 是 C_4 植物固定 CO_2 的关键酶，基因长度 5.3kb，含有 10 个外显子、9 个内含子。Tagu 等将来自高粱的 PEPCase 的 cDNA 直接导入 C_3 植物矮牵牛的原生质体中，已经成功诱导出愈伤组织及分化成再生植株。

AGPP（腺苷二磷酸葡萄糖焦磷酸化酶，ADP glucose pyrophosphorylase）是淀粉体中植物代谢活动向淀粉合成方向发展涉及的第一个酶。它催化 1-磷酸葡萄糖和 ATP 生成 ADP-葡萄糖，后者将作为淀粉合成酶的底物参与直链淀粉和支链淀粉的合成。目前，*agpp* 基因已从马铃薯、玉米、水稻、小麦、甜菜以及拟南芥等植物中克隆出来。Monsanto 公司的研究率先对马铃薯的淀粉含量进行了基因工程上的改良。他们将一种来源于大肠杆菌的编码 ADPG 焦磷酸酶的基因 *glgc* 的突变形式——*glgc16* 与拟南芥的叶绿体转运肽基因和块茎专一性启动子融合，导入美国一主要的商用马铃薯 Russet Brubank 品系，获得的转基因马铃薯能够提高糖原的积累速度，进而提高了淀粉含量。而将此 *glgc16* 基因导入烟草和番茄细胞后，其淀粉含量提高了近 8 倍，显示了基因工程在提高作物产量方面的巨大潜力。此外，科学工作者已将果聚糖合成中的关键酶（1-SST）及相关的基因分离出来，并且已利用基因工程技术将 1-SST 基因转移到甜菜等食物中，以提高食物中果聚糖的含量。

（2）改善作物品质的基因工程

一般粮食作物种子的储存蛋白中几种必需氨基酸的含量较低，例如禾谷类蛋白的赖氨酸含量低，豆类植物的蛋氨酸、胱氨酸和半胱氨酸的含量低，直接影响人类主食的营养价值。目前，通常采用两种途径来改善植物性蛋白质中氨基酸的比例，第一种方法是利用基因工程技术改变食物中各种蛋白质的生物合成途径，从而使谷物和豆类的储存蛋白中的赖氨酸和蛋氨酸的数量增加；第二种方法是将来自于其他生物体中的编码高含量赖氨酸和蛋氨酸的外源基因转入谷类或豆类食物中，利用外源基因的表达合成高含量赖氨酸和蛋氨酸的蛋白质，平衡谷类和豆类食物中的氨基酸比例。如将蚕豆中一种富含赖氨酸和甲硫氨酸的蛋白编码基因植入玉米中，可显著提高其营养价值。

一般认为，植物油比动物油更有益于人类健康，因此，全球呈现出植物油需求持续增长的趋势。组成植物油基本成分的脂肪酸一般可以分为3类：饱和脂肪酸、单不饱和脂肪酸和多不饱和脂肪酸。这些脂肪酸与维生素、氨基酸一样，也是人体重要的营养素之一，其中多不饱和脂肪酸是人体自身无法合成的、必须从食物中摄取的必需脂肪酸。许多研究证明，这些不饱和脂肪酸，尤其是亚油酸和亚麻酸等具有抗炎症、抗血栓形成、降低血脂、舒张血管的特性，对智力和视网膜发育也有促进作用。不同植物中构成油脂的脂肪酸成分有很大区别，这就意味着植物在脂肪酸代谢上存在着多样性和生物可塑性。利用基因工程改造植物油目前主要有两种方法。第一，通过RNA干扰（RNAi）等基因沉默技术调控一些脂肪酸脱氢酶基因和延长酶基因的活性，可以修饰种子中脂肪酸链的长度和不饱和度，调整脂肪酸分子在三酰甘油酯相关位置上的分布，增加或减少特定的脂肪酸成分。第二，通过转基因引入从微生物克隆的长链不饱和脂肪酸脱氢酶基因和延长酶基因等，能够获得高等植物不能合成的长链不饱和脂肪酸，进而创造出对人类健康更有益的食用油，使它具有较高的特殊的营养价值和特性。利用基因工程技术已成功地开发出油酸含量由原来的25%增加到85%的转基因大豆新品系，硬脂酸含量由原来的2%提高到40%的转基因油菜种子以及含油量提高25%的“超油1号”“超油2号”等油菜品种等。

通过基因工程技术还可以提高农作物的微量元素含量。据统计，目前全世界有24亿人以大米为主食，约有1.3亿人因缺铁而引起贫血，2.5亿人患有不同程度的维生素A缺乏症，仅发展中国家每年就有近1000万儿童死于维生素缺乏症。为了增加稻米中的铁质含量，从大豆芽中分离出铁蛋白编码基因，将之转入亚洲稻谷一个普通品系中，结果发现，转基因稻谷不仅能产生活性铁蛋白，而且还储存了相当于普通稻谷3倍甚至更多的铁质。研究还发现，普通稻米中含有一种植物酸，阻碍人的消化系统对铁的吸收。瑞士科学家将来自水仙等植物的相关基因转入水稻中，不仅铁的含量有所提高，维生素A的含量也丰富了。美国先正达公司研发的“黄金大米”，就是把β-胡萝卜素的基因导入大米胚乳中，提高维生素A的转化率。第一代“黄金大米”于2000年问世，转入了来自黄水仙的基因，β-胡萝卜素的含量为1.6μg/g大米。第二代“黄金大米”于2005年问世，转入了玉米的八氢番茄红素合酶基因（phytoene synthase，*psy1*）和细菌的胡萝卜素去饱和酶蛋白基因（phytoene desaturase，*crtI*），β-胡萝卜素的含量达到37μg/g大米。而β-胡萝卜素被证明在人体内能有效转化为维生素A（Guangwen Tang et al，2009）。

（3）降低食物中有害成分的基因工程

天然食物本身含有或在食品加工过程中新产生对食品品质或人体健康有不利影响的化学成分，如大豆中的蛋白酶抑制剂、大米等食物中的过敏原蛋白、能引起番茄等果蔬食品变软腐烂的水解酶，以及土豆等高温加工过程中新产生的丙烯酰胺等。丙烯酰胺是一种可能的致癌物质，土豆等富含天冬酰胺的食物，在油炸等高温条件下，会转化成为丙烯酰胺。2014年，美国农业部批准了一种利用RNAi技术进行改良的马铃薯Innate™开展商业化种植。他们通过抑制一种天冬酰胺合成酶的活性，减少了天冬氨酸向天冬酰胺的转化，从而能够有效降低薯条和薯片中潜在有害成分丙烯酰胺的含量。与同等的、不经改良的马铃薯相比，Innate™马铃薯在被油炸时产生的丙烯酰胺水平要降低50%～75%。随着对这些化学物质研究的深入，有越来越多的与这些化学物质生成有关的基因被分离出来，为采用基因工程技术降低或去除天然食物中的这些影响食品品质的有害成分打下了基础。中国农科院范云六院士研制的转植酸酶基因玉米能提高饲料中磷的利用率，减少饲料中磷的添加与单胃动物粪便中磷的排放，节约资源、保护环境，也于2009年和2014年两次获得转基因生产应用安全证书。

8.1.5 其他转基因作物

（1）控制果实成熟的转基因植物

番茄、香蕉、苹果、葡萄、草莓、柑橘、菠萝等在储藏和运输过程中，由于果实熟化过程迅速，难以控制，常常导致过熟、腐烂，造成巨大的经济损失。控制蔬菜水果细胞中乙烯合成的速度，能有效延长果实的成熟状态及存放期。植物细胞中的乙烯是由 *S*-腺苷甲硫氨酸经氨基环丙烷羧酸合成酶（ACC）和乙烯合成酶（EFE）催化裂解而成的。20 世纪 90 年代初，科学家们采用反义 RNA 技术抑制番茄细胞中上述两个酶编码基因的表达，转基因番茄中乙烯合成量分别仅为野生植物的 3%和 0.5%，明显延长了番茄的保存期。

图 8.8　耐储藏的转基因番茄

另外，植物尤其是成熟果实细胞中往往会表达大量的多聚半乳糖醛酸酶（polygalacturonase，PG），它能水解果胶而溶解细胞壁结构，使成熟果实容易受损伤，因此，降低细胞中的 PG 合成速度也能防止果实过早腐烂。例如，第一个批准上市的转基因农作物就是美国 Calgene 公司推出的表达半乳糖醛酸酶（PG）的反义 RNA 的转基因硬皮番茄（1987～1988）。他们将 PG cDNA 的 5′端区域反向连接在 CaMV 启动子下游，构成表达 PG 反义 RNA 的基因，并与 Ti 穿梭质粒重组，重组载体导入到番茄细胞，获得了耐储藏的转基因番茄“FLAVR SAVR™”（图 8.8）。“FLAVR SAVR™”番茄于 1994 年 5 月 18 日获得了美国 FDA 批准进行商业化销售，5 月 21 日起正式销售，成为第一种作为完整食物在超市中销售的转基因农作物。刚开始销售火爆，但是由于成熟较慢和存放时间延长的“FLAVR SAVR™”番茄果皮较硬，导致口感差和难以消化，仅仅过了 3 年，就因销路不佳而在 1997 年停止种植了。

彩图8.9

（2）改变花形花色的转基因植物

全世界每年花卉产业的产值高达上百亿美元，通过插花工艺装饰花束和花篮需要培育各种花卉植物。目前构建具有不同花形和花色特征的转基因植物已成为可能，有关研究工作主要集中在世界最大的花卉出口国荷兰。

花卉的颜色是由花冠中的色素成分决定的。大多数花卉的色素为黄酮类物质，由苯丙氨酸通过一系列的酶促反应合成，而颜色主要取决于色素分子侧链取代基团的性质和结构，如花青素衍生物呈红色，翠雀素衍生物呈蓝色等。在黄酮类色素的生物合成途径中，苯基苯乙烯酮合成酶（CHS）是一个关键酶。1988 年，荷兰自由大学利用反义 RNA 技术可有效抑制矮牵牛花属植物细胞内的 CHS 基因的表达，使转基因植物花冠的颜色由野生型的紫红色变成了白色，并且根据对 CHS 基因表达抑制程度的差异还可产生一系列中间类型的花色（图 8.9）。Vander Krol 将 CHS 基因导入菊花园艺品种后，色彩也有了类似的变异。

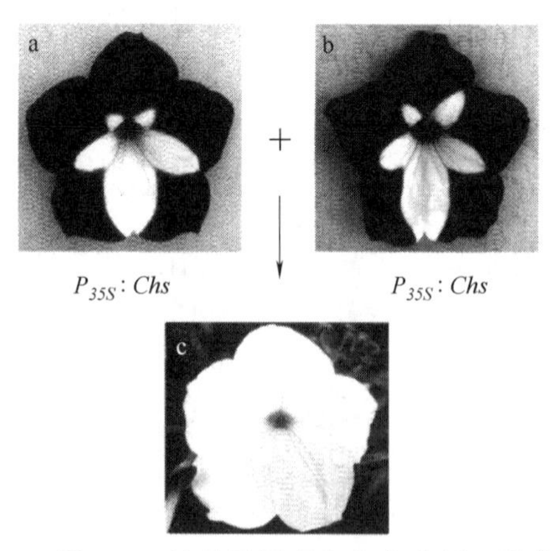

图 8.9　转基因矮牵牛白色花冠（引自陈忠斌主译，2004）

一直以来，科学家们都致力于蓝玫瑰的育种和开发。但花朵呈现蓝色需要两个因素：第一，植株内要有合成蓝色的花青素，例如翠青素的基因；第二，翠青素等花青素在碱性条件下才呈现蓝色，所以要改变植株液泡等内环境的酸碱度。天然玫瑰内缺乏合成蓝色花青素的基因，且液泡的内环境偏酸性，所以没有蓝玫瑰的自然生成，甚至蔷薇属中都没有蓝色花资源，也无法通过传统的杂交育种方法培育出蓝玫瑰。通过研究，研究人员对花青素苷生物的合成途径已经完全了解，经过该途径合成的天竺葵色素苷、矢车菊色素苷和飞燕草色素苷是形成有色花的主要色素物质，其中飞燕草色素苷是重要的蓝色花色素成分。蓝紫色的飞燕草色素苷（delphinidin 3-*O*-glucoside，Dp）是二氢莰非醇（dihydrokaempferol，DHK）在类黄酮-3′,5′-羟基化酶（flavonoid 3′，5′-hydroxylase，F3′5′H）的催化下形成的，因而 F3′5′H 是培育蓝色花卉的关键基因，而二氢黄酮醇还原酶（dihydroflavonol 4-reductase，DFR），类黄酮-3′-羟基化酶（flavonoid 3′-hydroxylase，F3′H）均是与 F3′5′H 共同竞争底物的酶。因此对无蓝色系的物种进行蓝色花的分子育种时，首先需要有 F3′5′H 基因的表达，并且还需要根据花色相关基因之间存在的互作和竞争关系进行调控，使底物尽可能多地分配到飞燕草色素苷合成途径中。

月季（rosa）自身没有 F3′5′H 活性，花瓣中没有积累飞燕草色素苷及其衍生物。而三色堇（*Viola tricolor*）中可以分离得到 F3′5′H 的同源基因。所以将三色堇的 F3′5′H 基因或 DFR 基因转入到月季中，能够合成 F3′5′H 从而产生飞燕草色素苷及其衍生物，在转基因后代植株的花瓣中就可以积累以飞燕草色素苷为配基的花青素，也就是蓝色花青素。日本大阪 Suntory 有限公司已经于 2009 年 11 月 3 日正式发售其通过分子育种培育的转基因蓝色玫瑰（图 8.10）。2017 年，日本农业和食品产业技术综合研究所的研究人员通过把 UDP 花青素葡萄糖基转移酶的基因转入到野生型菊花中，再进一步把蓝色风铃草中产生飞燕草色素苷的 F3′5′H 基因转入中间体，也获得了转基因蓝菊花品种 Sei Arabella（图 8.11）。

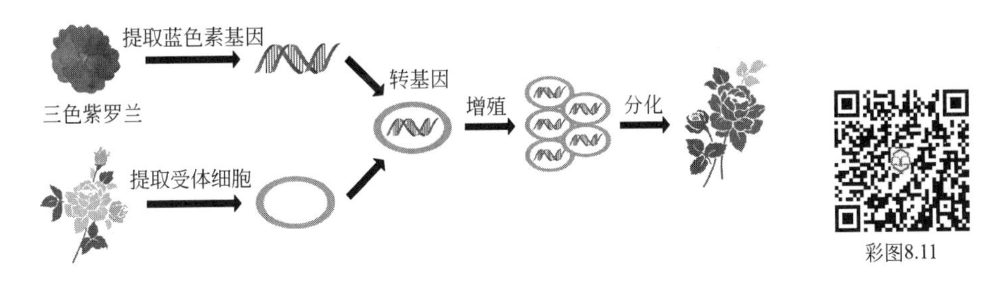

图 8.10　转基因蓝玫瑰的制作过程示意图

图 8.11　转基因蓝菊花（引自 Naonobu Noda 等，Science Advances，2017）

又如，通过花发育的分子遗传学研究，发现 MADS 基因家族在花形形成过程中起重要的作用。认为植物花器官的形成由 A、B、C 3 类同源异型基因决定，其中每一类基因控制 4 轮花器官中相邻 2 轮的发育，即 A 类基因控制花萼和花瓣的形成，B 类基因控制花瓣和雄蕊的形成，C类基因控制雄蕊和心皮的形成。目前已从拟南芥、金鱼草、矮牵牛等多个物种中克隆了许多控制花序和花器官特性的基因，并且研究了 *MADS*3 和 *MADS*58 对水稻花形的重要调控作用，这些基因的突变可以导致水稻许多不同的花形突变体出现。这些研究表明，通过基因修饰与转移，不仅可以改变花色，也可望实现通过基因工程技术改变和创造新奇别致的花形。

此外，还可以利用基因工程增加花卉的香味。花香是由植物产生的具有芳香气味的挥发性有机化合物发出的，被誉为“花卉的灵魂”。1994年，Pichersky 等从仙女扇的花柱头上分离出了第一个与花香物质合成有关的酶——仙女扇伽木酶（LIS），并克隆了其 cDNA。从那以后，人们用相同的手段分离和克隆出其他好几个花香基因（*IEM*、*BEAT*、*SAMT*、*BAMT*）。采用果实成熟期特异表达的 E_8 启动子，将仙女扇 *S*-芳樟醇合成酶基因（*LIS*）导入番茄，成熟的果实合成并释放香气明显的 *S*-芳樟醇和 8-羟基芳樟醇。

尽管用基因工程技术进行花卉的遗传改良只有 10 余年的时间，但花卉基因工程却已经取得了长足的进展，在株型、花色、彩斑、重瓣性、花形、花香等方面的机理研究取得重要的突破，并获得系列转基因花卉，有的甚至已经获准上市，如延长瓶插期的转基因香石竹等。

（3）水稻转基因智能不育系

水稻是两性花，且是闭花授粉的植物。水稻杂交制种依赖雄性不育系，而植物雄性不育是一个十分复杂的现象，它是指由于生理上或遗传上的原因造成植物花粉败育而雌蕊和雌配子正常的一种性状。遗传因子决定的雄性不育又分为两种类型，即由细胞核基因引起的雄性不育（GMS）和细胞核基因及细胞质基因互作引起的雄性不育（被简称为胞质雄性不育，CMS）。后来又发现光照和温度的变化也可以使育性发生可逆改变，即光/温敏不育系（PT-GMS）。

细胞核雄性不育类型的败育过程发生于小孢子母细胞减数分裂期间，不能形成正常花粉。多数核不育型均受简单的一对隐性基因 *ms* 控制，纯合体 *ms*/*ms* 表现雄性不育，其不育性可被相对的显性基因 *Ms* 恢复，育性的遗传符合孟德尔定律，意味着其育性容易恢复而不容易保持。在水稻中已发现 40 余个细胞核基因与雄性育性相关，但是由于后代育性出现分离，不便于大规模制种，利用受到很大限制。

细胞核基因及细胞质基因互作引起的雄性不育类型（CMS）是由细胞质基因（可育胞质记为 N，不育胞质记为 S。后来发现细胞质的育性基因位于线粒体上）和细胞核基因（可育基因记为 *Rf*，不育基因记为 *rf*）共同决定的，只要含可育胞质基因或可育核基因任何一个，就是可育的植株，只有当胞质基因和核基因都不育时，才是雄性不育植株［基因型为（S）*rfrf*］。除了雄性不育系外，需要有育性保持系使不育系保种，以及恢复系使不育系育性恢复，进行杂交制种。这就是传统的“三系配套杂交育种”的方法。

为了寻找稳定遗传又可以被有效利用的细胞核雄性不育基因，北京大学邓兴旺课题组克隆了一个新的水稻雄性育性调控基因 Oryza sativa No Pollen 1（*OsNP1*），发现它对花粉形成和雄性可育至关重要（PNAS，2016）。野生型的 *OsNP1* 基因位于水稻 10 号染色体上，编码一个 GMC 氧化还原酶，只在花药第 7 期、第 8 期特异表达，调控绒毡层退化和花粉粒外壁形成。通过化学诱变，筛选得到 *osnp1-1* 突变系，其中 *OsNP1* 基因的第 3 个外显子发生了一处碱基替换，由 1850 处的 Gly561（GGC）变成 Asp（GAC）。如图 8.12 所示，*osnp1-1* 突变系营养生长正常，开花正常，花形态正常，但是雄性完全不育，不能产生正常的花粉粒，且不育性状稳定，不受光照和温度影响。*osnp1-1* 突变系与野生型杂交，得到的 F_1 代完全可育。自交 F_2 代也出现了可育与不育的 3∶1 分离比。说明 *osnp1* 基因是一个稳

图 8.12 新克隆的 GMS 基因 *osnp1* 不育系。*osnp1* 不育系营养生长正常（a），雌蕊正常，但雄蕊和花粉粒败育[（b）和（c）]。（引自 Zhenyi Chang 等，PNAS，2016）

定的 GMS 基因，而野生型 *OsNP1* 基因是一个 GMS 育性恢复基因。如果把 *OsNP1* 基因转入 *osnp1* 突变系，可以创建一个转基因智能不育系，从而可以克服 CMS 和 PTGMS 的不足。

构建转基因智能不育系的思路是：将育性恢复基因 *OsNP1*、花粉失活基因 *ZM-AA* 和红色荧光蛋白基因 *DsRed* 等三个基因一起构建 Ti 质粒，如图 8.13 所示。将三个基因转入到 *osnp1* 雄性不育系的植株中去，但是三个基因各自用了不同的启动子来表达。其中育性恢复基因 *OsNP1* 是在孢子体表达，所以当把这个基因转入雄性不育系纯合体植株 *osnp1* 后，杂合体转基因植株就会表现育性恢复，植株是雄性可育的，产生可育花粉。从转基因后代中筛选 *osnp1* 位点是纯合的但是三个转基因位点是杂合的植株（命名为 ZHEN18B，基因型为 *osnp1*/*osnp1*；*OsNP1-ZM-AA-DsRed*/+），它也是可育的。但是这个可育的杂合体转基因植株会产生两种配子，不管是雌配子还是雄配子，都是一半是转基因的，一半是非转基因的。而花粉失活基因 *ZM-AA* 只在配子中表达，也就是只在转基因雄配子中表达，让转基因

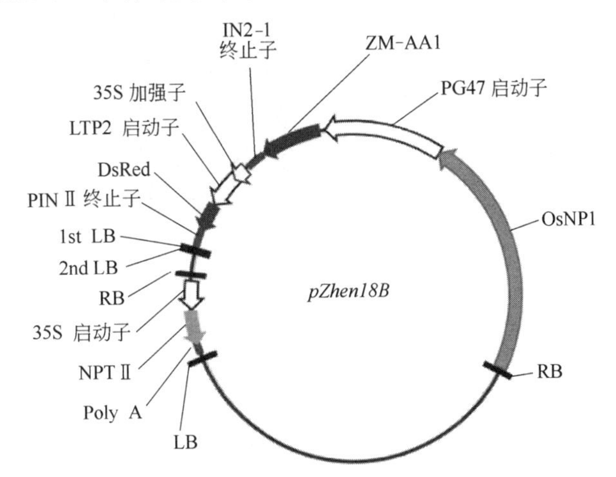

图 8.13 构建转基因智能不育系的 Ti 质粒。载体上有两个 T-DNA 序列，一个 T-DNA 上含有 35S 启动子和 *NPT Ⅱ* 植物筛选标记，另一个 T-DNA 上含有三个与育性恢复及筛选相关的基因，各自带有不同的启动子：*OsNP1* 基因使育性恢复，在孢子体表达；*ZM-AA1* 使转基因花粉失活，只在花粉配子中表达；*DsRed* 显示红色荧光，在胚乳中表达（引自 Zhenyi Chang 等，PNAS，2016）

雄配子花粉失活。这样就导致这个杂合体转基因植株在自花授粉的时候，其实就只有一种花粉能参与授粉，那就是非转基因花粉能参与授粉。雌配子则不管是转基因的还是非转基因的，两种都是雌性可育的。那么雌雄配子结合之后，就会产生两种基因型，即转基因的杂合子和非转基因的纯合子（表 8.4）。转基因的杂合子带有在胚乳表达红色荧光的标记，所以转基因杂合体种子是红色的，是可育的。而非转基因的种子是无色的，是不育的。*ZHEN18B* 经过连续 5 代自交，表现遗传稳定性好，因此它就是转基因智能不育系（图 8.14）。

表 8.4　*osnp 1* / *osnp 1*；OsNP1- ZM-AA-DsRed/＋杂合体植株（ZHEN18B）**自交后代种子分离比与表型**

雄配子 / 雌配子	*osnp1*；*OsNP1- ZM-AA-DsRed*（花粉失活，不育）	*osnp1*；＋（花粉可育）
osnp1；*OsNP1- ZM-AA-DsRed*（可育）		*osnp1*/ *osnp1*；*OsNP1- ZM-AA-DsRed*/＋（植株雄性可育，种子红色荧光，转基因种子）（*ZHEN18B*）
osnp1；＋（可育）		*osnp1*/*osnp1*；＋/＋（植株雄性不育，种子无红色荧光，非转基因种子）（*ZHEN18A*）

图 8.14　转基因智能不育系*ZHEN18B*。智能不育系的营养生长跟野生型植株一样（a），花药发育正常（b），产生的花粉粒一半是可育的，一半是不育的（c），所产生的后代种子（谷粒）一半是转基因的可育种子，显示红色荧光，一半是不育的非转基因种子，不显示红色荧光（d）（引自 Zhenyi Chang 等，PNAS，2016）

转基因智能不育系通过将育性恢复基因、花粉失活基因和红色荧光蛋白基因共同转入 GMS 不育系的背景中，实现了将可育花粉和不育花粉集于一体，并建立了通过荧光标记筛选可育种子与不育种子的快速方法，使得智能不育系同时可以用作不育系和保持系，把三系配套简化成两系配套。而且智能不育系可以与任何可育的优质栽培品系配套制种，恢复系遗传资源无限广阔。事实上，研究表明，通过智能不育系与任何可育的栽培品系杂交，杂种优势都远远超过了父本母本双亲，有的甚至超过了现有的最优品种。而且，把转基因技术与常规杂交育种技术结合，转基因智能不育系提供构建杂交制种的新思路，也可以适用于其他作物品种，目前除水稻外，在小麦上也已经获得了可被利用的转基因智能不育系。

8.1.6 植物生物反应器

所谓生物反应器一般是指用于完成生物催化反应的设备，可分为细胞反应器和酶反应器两类，常见于微生物的发酵。自从DNA重组技术和植物转基因技术出现以来，转基因植物作为一种新的生物反应器，可以生产过去只能从稀有植物乃至其他生物体才能够获得、或者收获量甚微的一些具有商业价值的物质，如细胞素、激素、单克隆抗体、营养蛋白、疫苗、酶、各种生长因子及其他一些药物及工业部门使用的原料。转基因植物反应器将为今后农业、工业、制药业及其他产业带来一场重大的变革。

植物表达系统的优点是易于大面积种植，成本低；具有自然的蛋白储存器官；收割、运输、储藏与加工过程和传统的农业生产无异。利用植物生产各种蛋白质、多肽可以保证它们被正确地加工和折叠，而且成本较低，也容易被公众接受。

植物多种多样的代谢途径产生了丰富的次生代谢产物，其中许多具药用价值。如有祛痰止咳作用的地奥素（dioscin）、有降压作用的药根碱（jatrorhizine）等。遗憾的是，这些次生代谢产物往往在植物中的合成量极少，因此提取费用昂贵，限制了它们的用途。提高次生代谢产物的有效方法是把编码基因导入植物中。目前最成功的例子来自日本东京大学。通过向烟草中转入色氨酸脱羧酶（来源于白长春花*Catharantbus roseus*）和赖氨酸脱羧酶（来源于一种细菌*Hafnia alvei*）基因，烟草中可积累色胺，为在植物中生产这些药用次生代谢物提供了新的途径。其他许多次生代谢产物的合成途径也已有深入的研究，并且其中部分关键酶的基因已被克隆，预计不远的将来将有更多的次生产物在植物体中合成。

以植物特别是农作物作为表达系统生产人用疫苗或功能蛋白，将打破传统的疫苗或功能蛋白的生产方式，代之以大田栽培的方式进行。免疫的途径也将采用直接食用，或加工提取后使用，即出现可食性疫苗（edible vaccine）和口服疫苗（oral vaccine）。科学家还开发了应用植物疫苗的新思路，如科学家最近成功在水稻种子也就是大米中同时表达3种不同的抗病毒蛋白（2G12、GRFT和CV-N），可以有效地与HIV外壳病毒蛋白gp120结合，并阻止HIV进入细胞。大米有望开发成凝胶状外用药膏，以阻止人类免疫缺陷病毒（HIV）进入人体细胞。目前，这些研究多处于实验室研究阶段，但具有良好的应用前景。

植物作为制备基因工程疫苗生物反应器的优势有以下几个方面。

① 目前医药生产常用的微生物发酵系统不能对真核蛋白质疫苗进行正确的翻译后加工，有时导致其免疫原性变弱。而植物与动物细胞表达系统，可对表达产物进行糖基化、酰氨化、磷酸化、亚基的正确装配等转译后加工，保持了自然状态下的免疫原性。

② 细菌在发酵过程中常产生一些不溶性聚合物，对其要重新溶解并折叠成天然蛋白质则需要很高的成本，且发酵需要庞大的设备投资。

③ 动物细胞生产基因工程疫苗，常用动物病毒作为载体导入抗原基因，在生产过程中也可能污染动物病毒。

④ 转基因植物中的外源基因可通过植物杂交的方法进行基因重组而达到在植物体内积累多基因的目的。

⑤ 和传统疫苗不同，植物表达系统生产的疫苗可以直接储存在植物种子和果实中，无需冷藏系统设备进行储藏运输，故易于长距离运输和普及推广。不仅降低了成本且方便，可随时长期给药。

⑥ 疫苗抗原基因转入可食用的植物后，可供人直接服用或饲喂动物，不需要像传统方法（如发酵法）生产疫苗那样进行分离提纯。这样可节约许多仪器设备，降低生产成本，使用方便。

⑦ 黏膜免疫是病毒性腹泻的免疫保护机制，但在启动黏膜免疫方面尚属难题。转基因植物细胞是可以启动黏膜免疫的有效途径。植物细胞中的疫苗抗原通过胃内的酸性环境时可受到细胞壁的保护，直接到达肠内黏膜诱导部位，刺激黏膜和全身免疫反应。在病原体和宿主之间相互作用的起始部位直接用抗原诱发免疫反应可大大提高其有效性。

利用转基因植物生产疫苗主要有两种表达系统：稳定表达系统和暂态表达系统。稳定表达系统是将编码抗原决定簇参与诱导保护性免疫应答的病原体 DNA 序列利用农杆菌或基因枪介导的方法导入植物细胞内，并整合到植物细胞染色体上，整合了外源基因的植物细胞在一定条件下可生长成新的植株，这些植株在生长过程中可表达出疫苗，并把这种性状遗传给子代，形成表达疫苗的植物品系。暂态表达系统是以病毒为载体的瞬时表达系统，主要是利用基因工程植物病毒为载体将编码疫苗抗原决定簇基因序列插入植物病毒基因组中，再用此重组病毒感染植物，抗原基因随病毒在植物体内复制、装配而得以高效表达。由于每个寄主植株都要接种病毒载体，所以瞬时表达不易起始，但可获得高产量的外源蛋白质。

转基因植物生产疫苗有以下几个程序。

① 目标植物的选择。目标植物一般选择可直接食用的植物，不需要复杂的加工处理即可生食。植物细胞中的疫苗抗原通过胃内的酸性环境时受到细胞壁的保护而到达肠内黏膜诱导部位，刺激局部和系统性的免疫反应。到目前为止，已转化口服疫苗成功的植物有烟草、马铃薯、番茄、胡萝卜、莴苣、羽扇豆、菠菜、玉米、苜蓿和白三叶草等。

② 植物表达载体的构建。利用植物病毒或 Ti 质粒构建表达载体，主要是通过基因取代、基因插入、融合抗原及基因互补等四种方法。作为载体的病毒最好是双链 DNA 植物病毒，如椰菜叶病毒（CaMV）、烟草花叶病毒（TMV）、豇豆花叶病毒（CPMV）和马铃薯 X 病毒（PVX）等。

③ 转化和检测。转化成功的植株要进行检测，以验证表达出的疫苗抗原的真实性。要针对转录出的 mRNA、疫苗抗原颗粒和亲和性进行检测。根据杂交强度以确定疫苗抗原基因的转录情况。

④ 表达产物的糖基化。糖链通过糖基化作用连接到蛋白质分子上，并发挥着重要的作用，其中包括糖蛋白靶向信息、阻止蛋白水解酶的水解作用、蛋白质的正确折叠和生物活性、改变蛋白的免疫性等。蛋白质 N-连接糖基化作用普遍存在于高等真核生物，植物糖基化模式与动物糖基化模式的不同是否会影响其抗原结合性、特异性或过敏性，目前还未见详细报道，有待于进一步研究。

⑤ 表达产物的纯化。用转基因植物生产疫苗，有的需经提取纯化后使用，有的可不经提取纯化直接作为一种食品疫苗口服使用。对于植物疫苗的研究，人们并不局限于口服疫苗，一些研究小组已瞄准注射疫苗的可行性研究。这就需要进一步研究植物外源蛋白的提取和纯化技术，根据蛋白质的溶解性、分子大小和电荷等特性建立的蛋白质提取和纯化技术（如色谱法、凝胶过滤和电泳等方法）已得到广泛应用。植物材料也有它自身的特性，如植物细胞中生物碱和其他有毒物质的去除等。植物中其他外源蛋白的提取和纯化为植物疫苗的生产奠定了基础。为了更有利于植物生产疫苗的提取纯化，人们发展了外源基因的融合表达系统，使植物体内外源蛋白储存于某一特异器官或组织内并从中分离目的蛋白，这样可简化蛋白的提取纯化过程。

⑥ 动物和人体试验。最后，利用转基因植物生产出来的口服疫苗要经过动物和人体试

验，以验证其是否可引起机体产生免疫反应。一般先要经过小鼠试验。试验时将转化植物直接饲喂小鼠或转化植物提取液对小鼠进行灌肠或转化植物中提取出的疫苗抗原注射小鼠，检验产生抗体的情况，观察染毒后的保护程度。通过转基因植物获得的疫苗刺激小鼠产生的免疫反应与通过传统方法获得的疫苗免疫小鼠的结果是相同的。通过小鼠试验的口服疫苗还要经过临床人体试验，以确定对人的免疫效果和安全性。

8.2 转基因植物的筛选与检测

在第5章中，已经详细介绍了将外源目的基因导入植物细胞的多种方法。无论使用哪种转基因方法，转化细胞与非转化细胞相比都只占少数，两者存在竞争，而转化细胞的竞争力通常比非转化细胞弱，因此，必须对转化细胞进行筛选和检测。实际上对目的基因在转基因植物中进行整合状态、转录和翻译水平检测，跟踪目的基因在转基因植物中的行为是转基因技术中的一个必须环节。转基因植物的筛选和检测与第6章介绍的阳性转化子的检测方法有相同的地方，也有特殊的地方。例如，在构建重组DNA载体时，人们已经引入了标记基因以对转化子进行选择和鉴定。转基因植物中使用的标记基因又称为报告基因。根据报告基因的编码特点，大致可分为两类：抗性基因和编码催化人工底物产生颜色变化的酶基因或发光基因。根据检测的不同阶段区分，有DNA检测法、RNA检测法及蛋白质检测法。DNA检测法只能检测到外源基因是否已经整合到植物基因组中，而RNA检测法得到的结果可判定外源基因是否转录，蛋白质检测法则可检测出外源基因是否翻译。

8.2.1 报告基因

报告基因是用来筛选和指示转化的细胞、组织和转基因植株的有效标记。抗性基因还起富集转化细胞的作用。报告基因通常与目的基因构建在同一植物表达载体上，一起转入植物，但报告基因本身有时也可作为目的基因，如除草剂抗性基因提供除草剂抗性功能，新霉素磷酸转移酶标记基因可改变细胞的磷酸化状态。在有选择压力的条件下，利用抗性基因在转化体内的表达，有利于从大量的非转化细胞中选择出转化克隆。

作为抗性的报告基因，一般应满足以下几个条件：①抗性基因应该是显性基因；②在选择压力存在下，转化细胞能继续生长，而非转化细胞受到抑制，从而使转化子得以富集；③抗性基因产物本身不能对转化细胞的生长或发育有抑制作用；④选择物应价廉易得，且非转化的靶细胞对其没有抗性或抗性极低。

转基因植物使用的抗性基因主要有抗生素类抗性和除草剂类抗性，抗生素抗性标记基因早期应用最多。由于植物种类、品种及外植体类型不同，选用的选择试剂种类和浓度也有差异。通常要通过预备试验以确定最佳的选择试剂种类及浓度。选择试剂可以由低浓度到高浓度逐渐加大，另外，选择试剂有时可能对分化产生影响，可适当降低分化阶段的选择压，甚至除去选择压。选择压的加入时机，也因转化方法、物种、外植体类型的差异而不同。过早加入选择压，转化细胞往往来不及恢复生长状态，抗性基因未来得及表达，而被选择性试剂抑制或杀死。过迟加入选择压，未转化的细胞则可能逃避选择，导致出现嵌合现象或假转化体。一般来讲，应用农杆菌介导的遗传转化，在外植体与菌体共培养1.5～5d加入选择物；而基因枪、电击穿孔等直接转化法，宜在转化后5～15d加入选择物。

8.2.1.1 抗性基因

(1) 抗生素抗性基因

这种类型的标记基因是使抗生素失活，解除抗生素对转化细胞在转录和翻译过程中的抑制作用，使转化细胞得以继续生长。

① *npt*。产生新霉素磷酸转移酶，来源于转座子 Tn5，它对卡那霉素、G418、巴龙霉素、新霉素都具有抗性。其中，卡那霉素抗性基因（kan^r）或新霉素抗性基因（*NPT Ⅱ*）是植物转化中所用的第一个标记，也是最常用的标记基因。

② *aph Ⅳ*。潮霉素磷酸转移酶基因，来源于 *E.coli*，对潮霉素有抗性。潮霉素抗性标记基因的选择效率在某些作物（如禾谷类）上比 kan^r 基因高，其应用有增加的趋势。因临床治疗中不用潮霉素，故作为人类食品不存在安全性问题。潮霉素只用于兽医临床，治疗猪和家禽的疾病。

③ *spt*。链霉素磷酸转移酶基因，来源于转座子 Tn5，对链霉素有抗性，特别适用于叶绿体转化，转化子能生长，而非转化子死亡。

④ *cat*。氯霉素乙酰转移酶基因，其编码的产物氯霉素乙酰转移酶（CAT）能使氯霉素丧失抗生素活性。氯霉素乙酰转移酶催化乙酰 CoA 转向氯霉素形成乙酰化产物，乙酰化了的氯霉素不再具有氯霉素的活性，失去干扰蛋白质合成的作用。*cat* 基因转化的植物细胞能够产生对氯霉素的抗性，而非转基因植物则不具有这种抗性。*cat* 基因的表达能力不如 *NPT Ⅱ*强，故应用并不广泛。但是，由于植物细胞内非特异性活性本底很低，不易造成对基因产物分析的干扰，因此适合于对基因产物进行定性和定量分析。*cat* 作为报告基因已在番茄、烟草等作物上得到应用。

⑤ *aacc3* 和 *aacc4*。庆大霉素-3-*N*-乙酰转移酶，对庆大霉素有抗性。

⑥ *ble*。博来霉素抗性基因，来源于 Tn5，对博来霉素有抗性。

（2）除草剂抗性基因

这类选择基因的产物能抵抗除草剂的杀灭作用，使转化子能从自然背景中富集出来。除草剂抗性基因在植物遗传转化中可同时用作选择标记和培育抗除草剂的作物。膦化麦黄酮抗性基因已很快成为筛选可育的转基因谷类作物的方法，用以代替卡那霉素抗性筛选。豌豆组织由于本身耐卡那霉素，因此用除草剂抗性基因抗性很有效。抗除草剂基因有抗草丁膦（glufosinate）和双丙膦（bialaphos）的 *bar* 和 *pat* 基因及抗草甘膦的 *epsps* 基因等。

① *bar*。*bar* 是使用最多的抗除草剂的目的基因和报告基因，编码膦化麦黄酮乙酰转移酶（phosphinothricin acetyltransferase，PAT），具有抗草丁膦和双丙膦的活性。草丁膦和双丙膦是使用最广泛的除草剂，杀草谱广，对植物的地上部分和地下部分均有枯杀作用，在土壤中易被代谢分解，残留期短，半衰期只有 2～3d。草丁膦和双丙膦的主要成分是膦化麦黄酮（PPT），PPT 是谷氨酰胺合成酶的抑制剂。谷氨酰胺合成酶（GS）在植物的氨同化及氮代谢调节中起重要作用，广泛存在于植物的所有组织，与氨有很高的亲和力，是植物体内唯一能够解除由硝酸盐还原、氨基酸代谢及光呼吸中释放出的氨毒性的解毒酶。而 PPT 能强烈抑制 GS 的活性，导致细胞内氨的含量迅速积累。而氨的积累直接抑制光系统Ⅰ和光系统Ⅱ反应，减少跨膜 pH 梯度，使光合磷酸化解偶联，随之叶绿体结构解体，最后整个植物死亡。*bar* 基因编码磷化乙酰转移酶（PAT）使 PPT 的自由氨基乙酰化从而对 PPT 解毒，达到抗除草剂的作用。

② *epsps*。草甘膦抗性标记基因，是 5-烯醇丙酮酸莽草酸-3-磷酸合成酶（EPSP）的突变体。草甘膦是目前普遍使用的非选择性除草剂，可控制世界上绝大多数有害的杂草。该除草剂对动物无毒性，很快被土壤微生物降解。草甘膦抗性基因已用作显性选择标记，在许多作物的转基因中应用，如矮牵牛的 *epsps* 基因转入植物后，其草甘膦抗性比田间杀死所有杂草的剂量高 4 倍。

③ *als*。绿黄隆（chlorsulfuron）抗性标记基因。绿黄隆是一种磺酰脲除草剂，抑制乙

酰乳酸合成酶的活性。*als* 曾用于延熟转基因番茄的标记基因。水稻上可用于代替潮霉素抗性基因，转化效率相似。

8.2.1.2 显色或发光报告基因

（1）*GUS* 基因

β-葡萄糖苷酶（β-glucuronidase，GUS）是一种水解酶，能催化裂解一系列的β-葡萄糖苷，产生具有发色团或荧光的物质，可用分光光度计、荧光计和组织化学法对 GUS 活性进行定量和空间定位分析，检测方法简单灵敏。β-葡萄糖苷酶的基因已经被克隆和测序，*GUS* 基因广泛地用作转基因植物、细菌和真菌的报告基因，特别是在研究外源基因瞬时表达的转化实验中。*GUS* 基因的最大优点是，在组织化学分析中应用这个标记基因，可以判定嵌合基因在不同细胞类型器官和发育阶段的活性定位，这是其他报告基因所不能及的。有一些植物在胚胎状态时，能产生内源 GUS 活性，检测时要注意设定严格的阴性对照。由于绝大多数植物没有检测到葡萄糖苷酶的背景活性，因此，这个基因被广泛应用于转基因植物的研究中。

（2）荧光素酶基因

检测转化细胞中荧光素酶活性是一个简单快速筛选转基因植物的有效方法。荧光素酶基因是一个灵敏的报告基因，检测的灵敏度比氯霉素抗性基因（*CAT*）高 100 倍，而且没有背景。荧光素酶基因的最大特点是不损害植物，即在整体植物或离体器官内，基因产物都可测定。荧光素酶催化的底物是 6-羟基喹啉类物，在镁离子、ATP 及氧的作用下酶使底物脱羧，生成激活态的氧化荧光素，发射光子后，转变为常态的氧化荧光素。由于这类酶的活性不需要转录后修饰，无二硫键，不需要辅酶因子和结合金属，因此，几乎可以在任何宿主细胞中表达。荧光素酶基因作为一个报告基因还有一个优点，即检测的灵敏度高，检测迅速而且操作方便，对于研究低水平表达的基因有较大的意义。

（3）GFP 基因

绿色荧光蛋白（green fluorescent protein，GFP）首先由 Morise 和下村修于 1974 年从维多利亚水母中提取出来，后来克隆了 GFP 的 cDNA 并转化大肠杆菌和线虫细胞，证明 GFP 可以独立于水母而异源表达。维多利亚水母 GFP 由 238 个氨基酸组成，分子量为 26.9×10^3。GFP 表达产生的荧光强而短促，无论是微生物还是动植物细胞，因转化细胞与野生型细胞之间存在较强的荧光差别，它们都可以在分拣器或流式细胞仪中被快速分离。就整株植物而言，因转基因植物在 395nm 和 490nm 下均能发出独特的绿色荧光，故能迅速分辨，可用于监测转化基因是否已逃逸到其近亲植物或杂草中，从而防范其对环境与人畜安全产生的危害于未然。

不过，报告基因仅用于筛选转化体，因为报告基因是在载体上，只能间接证明目的基因转入植物细胞，要获得目的基因转化及表达的直接证据，还需要进行分子生物学检测。

8.2.2 分子生物学检测方法

（1）酶联免疫吸附检测

酶联免疫吸附（enzyme-linked immunosorbent assay，ELISA）检测是利用抗原与抗体反应的特异性，当抗原与抗体结合时，通过结合在抗体上的酶作用于特定的底物后发生显色反应，借助于比色鉴定转基因植物。酶与底物反应的颜色与样品中抗原的含量成正比，因此，ELISA 检测对样品进行定性检测的同时又能进行定量分析，可以用来检测转基因植物的表达产物。通常用 ELISA 法检测转基因植物时成本低于 PCR 法。然而，由于蛋白质对热敏感，在加热过程中容易变性，因此，采用 ELISA 法可能无法检出由转基因原料加工食品中的转基因植物。另外，蛋白质表达具有组织特异性，也限制了 ELISA 法的应用。

（2）PCR 技术检测

PCR 技术是目前用于检测转基因食品中外源基因的常用技术。根据转基因植物中外源基因的特点，设计并合成相应的引物，以转基因植物 DNA 为模板在 PCR 仪中进行 PCR 扩增反应。如果 PCR 扩增反应的产物与外源基因片段相同，表明该植物样品中含有外源基因，可以判定为转基因植物。反之，则表明该植物样品中不含有此类外源基因，可以判定为非转基因植物。由于 PCR 技术极其灵敏，应用 PCR 法检测易出现假阳性，可用 PCR-Southern 杂交进一步验证。与 Southern blot 分析相比，PCR 检测 DNA 用量少，操作简单，成本低，不需同位素即可完成。

（3）分子杂交

利用 Southern 杂交，可以确定外源基因在植物中的组织结构、外源 DNA 整合的位置及拷贝数、转基因植株 F_1 代外源基因的稳定性。研究发现，整合到植物基因组中的外源基因多以单拷贝形式存在，也有的是多拷贝的。多拷贝对转基因植物来讲是不利的，它们可能通过异源配对，引起染色体结构的变化，从而导致转基因的失活，也可能通过转录调控而引起转基因的失活。一般来讲，直接转基因法往往采用大量的 DNA 拷贝，容易获得较高比例的多拷贝转基因植株，而农杆菌介导的 T-DNA 转移出现多拷贝转基因植株的比例相对较低。Southern 杂交可清除操作过程中的污染（如 DNA 分离及植物 DNA 分离过程中的交叉污染），以及转化愈伤组织胞间质粒残留所引起的假阳性信号，准确度高。但 Southern 杂交程序复杂，成本高，且对实验技术条件的要求较高。

Northern 杂交用于检测转基因在转录水平上的表达，与 Southern 杂交相比，更接近于性状表现，更有现实意义，被广泛用于转基因植株的检测。但 RNA 提取条件严格，在材料内含量上不如 DNA 高，不适于大批量样品的检测。

Western 杂交检测目的基因在翻译水平的表达结果，能直接显示目的基因在转化体中是否经过转录、翻译最终合成蛋白而影响植株的性状表现。一般来讲，Western 杂交的结果与性状表现有直接关系。Western 杂交灵敏度极高，能达到标准的固定相放射免疫水平。可以测出粗蛋白提取物中小于 50ng 抗原，在较纯的制剂中，可测出 1～5ng 抗原。

以上方法分别从基因表达的不同水平，对目的基因或报告基因进行检测。用于 PCR 检测的 DNA 提取方便，适合于大批量样品分析，又能检测目的基因的完整性，是早期检测的一种较好方法。Southern、Northern、Western 杂交分别从整合、转录、翻译水平检测外源基因的行为，说服力强。这些技术需要转膜、杂交，操作烦琐，费用高，不适合大批量样品的检测，可对转基因植株随机取样检测。Southern 杂交特异性强，目前，对转基因植株中基因的存在、整合及稳定性一般都要通过 Southern 杂交来确定，是检测外源基因的最可靠的方法。Western 杂交灵敏度高，能检测出蛋白质表达量，最具有现实意义。在实际工作中，研究者多把几种方法结合运用，以获得外源基因不同表达水平的信息。

8.3 转基因植物的安全性

转基因植物在农业生产中的应用会引起农业生产方式的巨大变革和经济效益的大幅度提高。与此同时，它可能造成的负面影响已引起世界各国科学家及社会各阶层人士的关注，诸如转基因植物中的抗除草剂基因转移到其他亲缘野生种中会不会形成超级杂草，抗病毒基因逃逸到其他微生物中会不会产生超级病毒，目标生物体对药物会不会产生抗性和转基因及其产物在环境中的残留到底有多久等。再如，人们食用了某些带有抗生素特性的转基因作物食品，会不会引起过敏反应或对抗生素的治疗产生抗体，进而影响人类健康呢？

8.3.1 转基因安全性的由来

（1）生物安全的含义

生物安全是指在一定的时间与空间范围内，由于自然或人类活动引起外来物种迁移，外来物种在定居、建群、繁衍、扩展的连串过程中造成对本土物种和生态系统的威胁、危害，使之衰退，甚至退化和灭绝；或由于人为造成环境的剧烈变化，导致生态环境的破坏或掠夺生物资源，砍伐和捕捞过度，严重时导致物种濒危或灭绝；或由于科学技术研究、开发、生产和应用中造成对人类健康、生存环境和社会生活的有害影响。

由上可知，生物安全的威胁主要来自三个方面：外来物种入侵、生态环境破坏和生物技术。转基因技术导致的生物安全威胁属于第三种。

（2）转基因安全性的提出

应该说，科学界对转基因安全性是非常谨慎和重视的。1973 年，基因工程技术才首次获得成功，同年在美国新罕布尔州举行的哥敦（Gordon）会议上，在讨论核酸问题时，许多生物学家对即将到来的大量基因工程操作的安全性就提出了担忧。1975 年 2 月，在美国加州阿西罗玛（Asilomar）举行了一次国际会议，第一次正式讨论转基因生物的安全性问题。1976 年，美国国立卫生研究院（NIH）发布《重组 DNA 分子研究准则》，反应之迅速令人钦佩。

随后，德国、法国、日本、澳大利亚等国也相继制定了有关重组 DNA 技术的安全操作指南或准则，国际经济发展合作组织（OECD）颁布了《生物技术管理条例》，欧盟颁布了《关于控制使用基因修饰微生物的指令》《关于基因修饰生物向环境释放的指令》等。1992 年 6 月，联合国环境与发展大会通过《生物多样性公约》，直至 2000 年 1 月正式通过《生物安全议定书》。1993 年，国际经济合作与发展组织（OECD）提出转基因食品安全性分析的原则是“实质等同性”原则，即转基因食品及其成分应与市场上销售的对应食品具有实质等同性。这种等同性包括表型性状、分子特性、主营养成分及抗营养因子。

2001 年 5 月 23 日，中国国务院第 304 号令颁布了《农业转基因生物安全管理条例》。该条例共分 8 章，分别是总则、研究与试验、生产与加工、经营、进口与出口、监督检查、罚则、附则等。

8.3.2 转基因安全性的争论

转基因生物到底会给人类社会和生活带来哪些安全性隐患？目前主要是从两个方面来进行分析和评估的：一是对生态环境，二是对人类健康。

8.3.2.1 转基因生物对生态环境的影响

向自然界大规模释放转基因动植物对农业生物多样性和地球生态系统是否会产生负面影响？肯定与否定两种观点都存在，双方争论的主题主要涉及如下几个方面：转基因生物是否会削弱生物多样性？是否会出现“超级杂草”？是否会诱发害虫或杂草出现抗性？是否对靶生物存在危害？是否会成为环境中生物群落的入侵种？是否会与环境中的微生物发生基因水平转移？以及，基因漂流是否会危及天然基因库特别是作物起源中心？

（1）关于基因漂流

基因漂流（gene flow）是指遗传品质通过有性生殖的交配作用在生殖相容性的不同种群之间转移，从而改变种群基因库的组成。基因漂流发生的频率受许多因素制约，如植物杂交的能力、授粉的方式（自花授粉或交叉授粉）、花粉活力、花期同步性、种植面积、环境

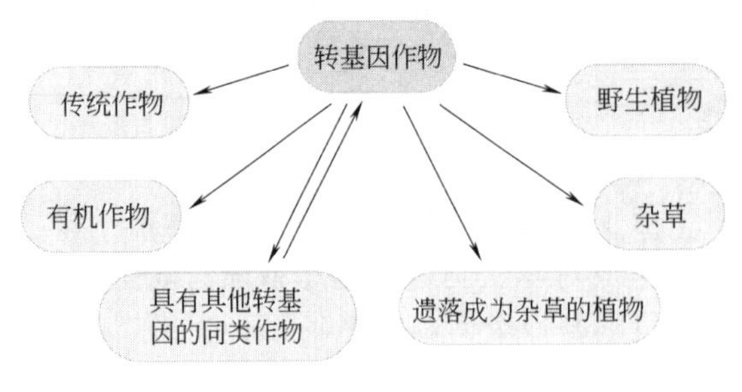

图 8.15 植物基因漂流的渠道

因素等。植物基因漂流的渠道见图 8.15。

栽培作物或家养动物可与野生同类杂交而出现基因漂流，转基因农作物和转基因鱼类由于拥有数量巨大的雄性配子（花粉）和种子，或者多不胜数的精子和卵子（一条鲤鱼在一个生殖季节可以产生 300 万颗卵子），这些都可以成为基因漂流的载体，而将转基因漂流到野生同类中去。对于那些处在物种起源中心或生物多样性中心的转基因生物来说，例如墨西哥和危地马拉的玉米、智利的马铃薯、中国的大豆等，其通过基因漂流造成的生态风险更大，危害也会更严重。

转基因作物推广仅仅几年后，世界各地就陆续出现转基因污染的事件。美国有机农业研究基金会在 2003 年的一份调查中显示，有 11%的有机作物种植户称他们的作物中存在转基因成分。美国另一个组织“科学家关注联盟”曾委托两个独立的实验室分别对广泛种植的转基因玉米、大豆和油菜三种作物的非转基因品种的种子进行基因污染检测，结果发现玉米和大豆有 50%、油菜籽有 83%被转基因污染。

基因污染最有名的例子是 1998 年，加拿大 Alberta 省发现一种 Canola 油菜，它由于基因污染而含有抗草甘膦、抗固沙草、抗咪唑啉类除草剂等三种转基因堆积而成的“广谱抗除草剂基因”（HT 基因）。抗除草剂转基因油菜在此地种植不过短短的两年，基因漂流导致的“基因堆叠”现象就如此迅速的发生，确实令人吃惊。当这类油菜沦为杂草时，农民就不得不使用毒性更强的 2,4-D 除草剂。

为了保护本土玉米品种，墨西哥政府禁止农民种植转基因玉米，但每年都要进口大量的玉米作粮食。2000 年，美国加州一所大学的科学家在墨西哥南部偏远山区意外发现本土玉米含转基因成分，研究结果发表在一份国际知名的学术刊物上。人们对这个难以令人置信的结果展开了激烈的辩论。许多人开始怀疑这个研究的可靠性，因为墨西哥并不种植转基因玉米。这份刊物最终决定撤销这篇有争议的文章。后来经过墨西哥官方研究机构的周密调查，证实了该国本土玉米确实遭到转基因污染，但情况并不严重。由于严格的防范依然不能逃脱转基因花粉的污染，墨西哥政府干脆于 2009 年 10 月批准了在墨西哥北部比较封闭的地区种植美国孟山都公司研发的三种抗虫和抗旱转基因玉米。

(2) 关于对生物多样性的影响

生物多样性是地球一切来源的生命有机体在各种生态系统中的复杂程度，反映在基因、物种、群落以及生态系统诸多层面上。生物多样性与人类的命运休戚相关。

据估算，地球现在可能还拥有 500 万～1500 万个物种，存在于所有生命有机体的基因估计大约有 10 亿种，这个还不包括大量的相似的等位基因。受地球气候和人类活动的影响，历史上有多少物种连带它们的基因在地球上永远消失了无从知晓，但是据估计，这个数字有可能相当于现存物种的 20～30 倍，其中 60%是在 20 世纪灭绝的。那么，现在广泛种植的转基因作物对自然环境中的生物多样性构成威胁吗?

近代农业一直是施用杀虫剂、杀菌剂或除草剂来分别对付害虫、病害或杂草，用以确保收成的。其后果是人类始料不及的。目前全球登记在册的已有 120 种杂草对各种除草剂产生了抗性。而杀虫剂诱发害虫产生抗性更是愈演愈烈。20 世纪下半叶，杀虫剂用量增加了 30 多倍。玉米的杀虫剂用量的激增更是达到 1000 倍之多。大量使用化学农药对环境的影响是灾难性的。据美国环保署统计，仅克百威（Carbofuran）杀虫剂一项每年直接毒死的野生鸟类有100万～200万只。美国专家的估算则认为可能有6000万只。我们人类自己赖以生存的食物大部分也已经处在农药污染的危机之中。

抗虫、抗除草剂和抗病毒转基因作物的出现，为解决农药污染问题提供了一条新的途径。尽管目前还存在争议，但据统计，仅2000年，几种转基因作物的种植使得全球杀虫剂的使用量减少2230万千克。由于大幅度减少喷药次数，推算减少柴油用量3100万升，从而少向大气排放11亿吨的CO_2。这无疑对环境具有积极的作用，不但减少杀虫剂对野生鸟类的伤害，也降低了对水生生物和人类食物链的污染。

人们也担心转基因农作物对非靶生物造成威胁。一个著名的例子是J. E. Losey 1996年在*Nature*杂志发表的一篇报道，称他们用含转Bt176基因玉米花粉的马利筋叶片来饲喂帝王蝶幼虫，对照组是加普通玉米花粉的马利筋叶片及不加玉米花粉的马利筋叶片，结果含转基因玉米花粉的叶片饲喂幼虫后，第二天死亡10%以上，4d后死亡44%。而对照组全部存活。这就表明，Bt转基因玉米花粉可能威胁帝王蝶的生存，引起生态种群的破坏。这一发现在美国和欧洲引起不小的震动，仅两天后欧盟就宣布推迟批准所有转基因作物的种植。

由于争论不断升级，美国和加拿大政府联合几家大型生物工程公司，在2000年资助几个研究小组深入开展Bt作物对帝王蝶毒性的研究。第二年秋天，6个研究小组相继发表了他们的研究结果，一致认为，科学家所报道的研究结果是在实验室的条件下进行的，美洲帝王蝶别无选择地取食沾有Bt176花粉的马利筋叶片。而实际上在玉米地周围马利筋叶片上的Bt176花粉颗粒的数量要低得多，达不到使帝王蝶幼虫中毒的程度。此外，Bt176花粉在夏季只飞扬两周时间，而美洲帝王蝶在整个夏季都在繁殖后代，所以大部分幼虫遇不到有毒的花粉。再有，尽管Bt176玉米花粉的Bt毒蛋白含量确实很高，但是Bt176玉米品种占北美玉米种植面积的2%不到，大部分地区种植的是MON810和Bt11这两种转基因玉米，而它们的花粉不含Bt毒蛋白。

(3) 关于病毒重组

在转基因技术中，应用植物病毒DNA片段作为转基因的元件已很普遍。人们担心采用病毒基因元件可能导致病毒DNA片段与已存在的病毒DNA片段发生重组，因为在实验室条件下，转基因可与许多RNA病毒发生重组，如香石竹病毒、雀麦花叶病毒、番茄丛矮病毒、烟草花叶病毒、马铃薯Y病毒等。然而令很多学者不解的是，尽管绝大多数种植的转基因作物都含有病毒基因元件，迄今却还从未检测到大田生长的转基因作物与病毒发生重组的例子。

为了防止万一病毒重组带来的转基因风险，有许多学者还是建议构建转基因作物时采取一些防范措施，例如采用非病毒启动子，避免使用某些已知能与病毒发生相互作用的蛋白编码序列，删除与复制有关的序列，使用温和的病毒株系，尽可能使用短的病毒序列等。

8.3.2.2 转基因食品对人类健康的影响

关于转基因食品对人类健康的影响，人们关注的焦点主要是转基因食品有毒性吗？转基因食品可能造成过敏吗？转基因食品中的抗生素标记基因会不会有危险？一些具有抗除草剂或毒杀害虫功能的基因，是否会通过食物链进入人体内而影响健康？外源性目的基因转入移植后是否会产生新的有害遗传性状或不利于健康的因素？转基因食品对人类的生殖遗传是否会有影响？等等。

例如，关于长期食用转基因食品是否安全的辩论，正方观点认为：①没有百分之百安全的食物，传统食物在处理不当时也有毒性；②目前批准上市的转基因食物均已做过严格的测试，证明对人类是安全的；③已有20多年安全食用转基因食品的历史，应可作为长期食用安全的证明；④不能证明是不安全的，就是安全的。反方观点认为：①目前所有上市的转基因食物都未做过长期毒性测试；②在美国已经发生过猪疫苗的转基因玉米污染人食用的玉米和大豆的事件，今后还会有形形色色其他转基因作物通过基因漂流进入人类的食物链；③不能证明是安全的，就是不安全的，至少是“不知是否安全”。

又如，转基因食物是否会引起过敏反应的辩论，正方观点认为：对转基因食物已有严格的审批制度，包括对人体过敏性分析。已经发现过两种转基因作物对人体可能存在过敏性，即是富含甲硫氨酸的巴西核桃 2S-白蛋白转基因大豆和 Cry9 抗虫转基因玉米，但前者从未进入过市场，后者一直只批准作为牛饲料。过敏反应并非转基因食品特有的，有些传统食物如海鲜、花生、豆类等也具有过敏性，但从未因此对它们进行封杀。反方观点认为：曾经出现过过敏性的转基因作物，说明并非所有转基因食物都是安全的。有些工业原料或医药用的转基因作物，即使未批准人类食用也有可能污染人类食物链，这就造成转基因作物安全性方面更大的不确定性。

（1）毒性问题

20 世纪 90 年代中期，一家生物工程公司研制了一种带有雪花莲植物凝集素基因的抗虫转基因马铃薯和玉米。当时苏格兰某研究所的一位老教授取了其中两种转基因马铃薯在大白鼠上进行毒性试验，发现其中一种转基因马铃薯对大白鼠的生长和免疫机能存在负面影响，如消化系统异常、器官受损严重。1998 年 8 月，这位老教授在论文正式发表之前异乎寻常地在英国“世界在行动”电视节目公布了他的研究结果。由于老教授是一位世界知名的专攻植物凝集素的免疫学专家，他的报道在英国引起轩然大波。媒体更是推波助澜，血淋淋的大白鼠受损器官不断出现在荧光屏和报刊上，转基因食物的可怕骂名“弗兰肯食物”不胫而走。

后来，英国皇家学会、政府审计委员会、生物技术和生物科学委员会以及生物伦理委员会等机构对这项研究相继进行过多次调查。调查结果认定老教授的试验设计存在缺陷，缺乏合理的对照，没有考虑饲料营养平衡问题，而且生马铃薯本身就能使动物肠道异常等，但也都一致认为今后任何一种插入植物凝集素基因的转基因作物作为食物或饲料之前，必须进行动物测试。目前常用的实验动物有大鼠、小鼠、鹌鹑、斑马鱼、奶牛和小鸡等。通过微核实验、精子畸变实验、Ames 实验、急性毒性实验、喂养实验等进行转基因食品毒理性分析。主要测定指标有体重、进食量、食物利用率、血红细胞和白细胞数量、脏体比（包括肝体比、肾体比和脾体比等），以及血生化指标等。

人体一生要消化大量的来自食物和肠道微生物的 DNA，据计算，一个人一天膳食所摄入的各种 DNA 及 RNA 大约 0.1～1g，那么转基因生物的 DNA 进入人体后会不会造成危害呢？下面从三个方面进行分析，可以帮助同学们自己去判断得出结论。

① 转基因 DNA 一般约占该种食物所有 DNA 的二十五万分之一，所以这种极其微量的新 DNA 转移到人体内的可能性非常小，影响也不会太大。

② 在烹饪过程中，已将几乎所有食物中的 DNA 降解成碎片。它们多数是不具任何遗传信息的片段，并进一步在体内被消化吸收。没有被降解的 DNA 有一部分随粪便排到体外。

③ 另有极少量的 DNA 可能被体内吸收进入血液循环，机体严密的防御系统最终会将这些外来 DNA 消灭掉。

（2）过敏性问题

转基因食品的过敏性问题引起高度关注是因为在转基因史上发生过一起有名的“星联玉米”事件。1998 年，美国环保署批准安万特公司生产含杀虫蛋白 Cry9C 的转基因玉米——“星联玉米”，但明确规定只准供动物饲料之用，不能作为食品。然而到 2000 年 9 月，就发现美国市场玉米面饼等 300 多种产品中含有微量“星联玉米”，并且少数人吃了之后引起皮疹、腹泻或呼吸系统的过敏反应并有潜伏效应。此事在美国引发轩然大波。为回收被“星联玉米”污染的玉米食品，安万特公司花费了约10亿美元。还有一个典型的例子就是对巴西坚果过敏的人对转巴西坚果基因后的大豆也产生了过敏。

因此，转基因食品的致敏性是一个突出的问题。转基因食品中含有新基因所表达的新蛋白，有些可能是致敏原，有些蛋白质在胃肠内消化后的片段也可能有致敏性。转基因食品致敏性评价研究日益受到人们的重视。联合国经合组织于1996年对转基因食品致敏性评价提出了“树形判定法”，具体分析内容包括：①基因来源；②新引入基因的蛋白质与已知致敏原的氨基酸序列的同源性；③新引入蛋白质与发生过敏个体血清IgE的免疫结合反应；④新蛋白的各种物理化学特性，如是否对热稳定，对胃蛋白酶消化的耐受性等。

（3）抗生素抗性问题

转基因食品中的标记基因早期通常选用一类抗生素抗性基因，它用于基因工程操作中对转基因外植体的最初选择。人们食用转基因植物食品后，其中的绝大部分DNA已降解，并在胃肠道中失活。极小部分（<0.1%）是否会有安全性问题？例如标记基因特别是抗生素抗性标记基因是否会转移至肠道微生物或上皮细胞，从而产生抗生素抗性？就目前的研究来看，基因水平转移（horizontal gene transfer）的可能性非常小。随着技术的发展，现在已可将转基因植物中的标记基因通过无选择标记基因植物转化系统去除。到目前为止，凡是经过科学评价和政府部门严格审批获准上市的转基因食品都是安全的，全世界数亿人食用后没有出现1例转基因食品中毒事故。

尽管抗生素抗性基因在转基因作物中所产生的风险很低，但由于不能完全排除，加上公众反应强烈，许多国际组织和一些国家政府部门都建议或规定用其他选择方法代替抗生素标记基因，或选用临床上不常用的抗生素。欧盟就规定2008年以后不得进行含抗生素标记基因的转基因作物的田间试验。许多其他国家研发的转基因植物目前也很少使用抗生素抗性标记基因。可以肯定，抗生素抗性基因行将终结。

从本质上讲，转基因植物和常规育成的品种是一样的，两者都是在原有品种的基础上对其部分性状进行修饰，或增加新性状，或消除原来的不利性状。有意识的杂交育种已有100多年的历史，历史上人们并不要求对常规育成的品种做系统的安全性评价，为什么要对转基因植物进行安全性分析？这是因为常规有性杂交仅限于种内或近缘种间，而转基因植物中的外源基因可来自植物、动物和微生物，人们对可能出现的新组合、新性状会不会影响人类健康和生物环境还缺乏知识和经验，还不可能完全精确地预测一个外源基因在新的遗传背景中会产生什么样的相互作用。

由于历史、文化、种族、宗教和伦理等因素的影响，必将会有一部分公众对转基因存在异议，需要加强宣传教育的力度，使公众对转基因生物有一个正确、全面的认识。销售转基因产品时是否需要加标签？这也是目前讨论的热门问题。一般认为，若转基因产品与目前市售的产品具有实质等同性，则不必加特殊标签；若转基因产品中含对部分人群有过敏反应的蛋白，则需加标签，以便消费者做出选择。不同国家对转基因食品的标识要求也不相同，我国是严格实施转基因生物（食品）强制标识的国家。总之，任何人类活动、技术发明都有风险性，关键是要权衡其效益和风险的利弊。实际上，现实生活中大多数事物，如电器的使用和汽车、飞机旅行等都包含潜在的风险，但并未妨碍人们对它们的利用。转基因作物的安全性评估是一个重要而复杂的问题，应谨慎对待，既不能急功近利，也不能因噎废食。目前的情况是：基因转化已被证明是改良农作物产量和品质的有效途径，很多重要植物遗传转化的成功也已经给工农业生产展示了诱人的前景，但由于在稳定性及安全性方面尚存有疑问，使其在生产和商业上的应用推广受到了限制。随着生物化学、植物生理生化等方面基础研究的

图 8.16 长达 606 页的《遗传工程作物》研究报告

进展及真核生物基因表达调控研究的深入，必定会有更多的来源于微生物、真菌，甚至动物和人的有用蛋白的基因被导入植物中，从而开发植物生产系统的巨大潜力，造福于人类。

2018 年，意大利圣安娜高等研究院生命科学院的研究人员在 *Scientific Reports* 上报道：他们对 1996～2017 年共 21 年间全球种植的转基因玉米进行了大数据分析，发现转基因玉米的产量确实更高，受损更少。而且转基因玉米的真菌毒素含量更低，抗性更高，即更安全。

美国国家科学院、工程院和医学科学院历时 2 年研究，搜集、整理和鉴别了过往数以千计的转基因研究报道，也在 2016 年联合发布了长达 606 页的《遗传工程作物》研究报告（图 8.16），并得出结论："没有确凿证据表明，目前商业化种植的转基因作物与传统方法培育的作物在健康风险方面存在差异。没有任何疾病与食用转基因食品之间存在关联。转基因食品不会为人体健康带来更高的风险。"

8.3.3 转基因作物安全性评价程序

8.3.3.1 转基因安全性评价的六大原则

目前，国际公认的转基因安全性评价有六大原则。

① 实质等同原则。这是 1993 年国际经济合作组织提出来的关于转基因食品分析的原则。它是指如果转基因植物和非转基因植物在毒理学、抗营养因子、过敏因子等试验中没有表现出显著差异，就认为两者在食品安全方面具有实质等同性。

② 预先防范原则。是指为保障环境安全，对转基因中可能产生的潜在危险和危害，要采取科学的预先防范措施。

③ 个案评估原则。对不同的转基因个案，不能采取一成不变的评价方式，必须根据不同的外源基因、不同的受体植物、不同的转基因方法及不同的释放环境，制定不同的评价方式，对每个转基因事件逐个进行评价。

④ 逐步评估原则。转基因作物研发可分为实验室研究、中间试验、环境释放、生产性试验、安全证书审批等 5 个阶段，每个阶段安全性评价所考虑的侧重点不同，要采取分阶段逐步评估的原则。并且前一阶段的评估结果，要作为是否进入下一阶段评价的依据。

⑤ 风险效益平衡原则。转基因作物及其食品的研发，是以商业化应用为目标的。除了要进行技术性评估以外，还需要进行商业效益评估，以达到利益最大化、风险最小化的平衡。

⑥ 熟悉性原则。在对转基因作物进行安全性评估的过程中，必须对目的基因、转基因方式以及受体植物的用途和所要释放的环境充分熟悉，以便对数据进行合理的分析。结合实际，对转基因生物安全性做出客观的评价。

8.3.3.2 转基因安全性评价内容

转基因植物安全性评价内容包括两大方面，即食用或饲用安全性评价和环境安全性评价。

（1）食用安全性评价

食用安全性评价包括营养学评价、毒理学评价、致敏性评价及非预期效应评价；其中毒理学评价主要包括急性毒性试验和慢性毒性试验，如新表达蛋白经口急性毒性、大鼠 90d 喂养试验和生殖发育毒性试验等。致敏性评价是评价新表达产物，如已知致敏原氨基酸序列的同源性分析，以及新表达蛋白体外模拟胃液蛋白消化稳定性试验等。营养性评价则包括蛋白质、糖类、矿物质等营养因子分析和抗营养因子分析等。

(2) 环境安全性评价

环境安全性评价包括基因漂移评价、遗传稳定性评价、生存竞争力评价和生物多样性评价等。其中生存竞争力评价是指在自然环境下，与非转基因生物相比，转基因生物的生存适合度及杂草化分析。基因漂移对环境的影响是评价转基因生物中目的基因对其他植物、动物和微生物发生转移的可能性及可能造成的生态后果。生物多样性影响评价是评价转基因生物对相关植物、动物和微生物的群落结构和多样性的影响。靶标害虫抗性风险评价是评价转基因作物可能造成靶标害虫产生抗性的可能性。

对转基因作物进行安全评价时，根据研发阶段和环境释放的程度，我国行政主管部门的审批制度也相应不一样。例如，在研发阶段，不需要行政部门审批；但是，在中间试验阶段，需要向行政主管部门报备；在环境释放阶段，需要获得行政管理部门的审批；在生产性试验、生产应用和品质审定登记阶段，都需要主管部门审批，必须分别获得农业转基因生物安全审批书和农业转基因生物安全证书才可进行。而在商业化推广阶段，则还需要向农业主管部门获得生产许可证方可生产。总之，我国对转基因安全评价和管理形成了一套严格的体系。需要完成行政许可，包括：转基因作物完成了安全评价后，方可获得安全证书；完成了品种审定后，方可获得品种审定证书；完成种子生产许可后，方可获得种子生产证书；完成种子经营许可后，方可获得种子经营证书。

截止到 2014 年底，我国共批准发放 7 种转基因植物转基因生产应用安全证书。包括已经失效的、改变花色的矮牵牛、抗病甜椒和抗病番茄；还在有效期内，并且还在商业化种植的抗虫棉和抗病毒番木瓜；2009 年首次获批，并于 2014 年顺延的抗虫水稻和高植酸酶玉米。这两种安全证书虽然在有效期内，但未获准在国内进行种植。

8.3.4 转基因作物安全性的监管

最先意识到转基因安全性，并主动呼吁政府和管理部门监管的人恰恰是建立转基因技术的科学家。1972 年，斯坦福大学的生物化学家保罗·伯格（Paul Berg）和他的研究小组进行了一个具有划时代意义的基因重组实验，首次实现了不同生物体之间的遗传物质的重新组合。他从感染猴子的一种病毒 SV40 中分离出一种基因，并采用化学方法将其组装在 λ 噬菌体的基因组中。他本计划将这种组合的杂合体基因组插入大肠杆菌以检验其是否能正常工作，但纽约长岛冷泉港基因实验室的遗传学家罗伯特·波拉克（Robert Pollack）致电说，SV40 会让小白鼠和仓鼠罹患癌症，将这种病毒基因插入存活在人体内的细菌可能存在危害。出于对实验室安全和其他可能出现的生物危害的考虑，伯格放弃了拟定的实验计划。同时期的科学家赫伯特·韦恩·伯耶（Herbert Wayne Boyer）和斯坦利·诺曼·科恩（Stanley Norman Cohen）合作，使用伯耶发现的限制性内切酶 *Eco*RⅠ，对科恩提纯的两种不同抗性的大肠杆菌质粒在体外实现了特异性切割，随后再利用连接酶使二者形成了一个重组质粒，然后将该质粒转移到大肠杆菌内，结果发现重组质粒在宿主内仍然可以复制和基因表达。随后，他们又发现当将葡萄球菌的质粒转移到大肠杆菌后仍然可以具有复制能力。次年，伯耶和科恩研究小组成功地将含有非洲爪蟾基因的质粒整合到宿主菌中，意味着将来动物甚至人类的基因都可以在大肠杆菌中表达，具有超强繁殖能力的大肠杆菌将可以作为高等生物目的蛋白质生产的“理想工厂”。

1973 年 1 月，世界上第一个重组 DNA 分子刚刚诞生之际，重组 DNA 之父、斯坦福大学的生物化学家保罗·伯格（Paul Berg）教授就在美国加州帕西菲克罗夫的阿西洛马会议中心，首次讨论DNA重组技术可能带来的安全隐患，这就是转基因安全监管史上著名的第一次“阿西洛马会议”。同年6月的戈登会议（Gordon Conference），建议国家科学院设置特别委员会来调查重组DNA技术应用研究可能产生的安全问题。这一建议公开发表在*Science*杂志上。1974年，Berg教授联合7位从事DNA重组技术的研究人员在*Science*杂志发表一封公开信，专门阐述重组DNA操作可能带来的潜在危险。美国科学院对这份公开信十分重视，当年7月就成立了重组DNA研究分子研究顾问委员会（the Recombinant DNA Molecular Program Advisory Committee，RAC），旨在评估DNA重组生物体潜在的生物危害，提出将这些危害降低到最小的具体程序和规制准则。1975年2月，Berg教授又召集了150多位专业人士和16位记者，召开了第二次大型的阿西洛马会议，提请美国国立卫生研究院（NIH）为重组DNA研究制定严格的准则。在这些与会人员的督促下，NIH于1976年发布了国际上第一个转基因监管法规《重组DNA研究准则》。此后，各国政府相继发布转基因安全监管条例。如1986年，美国政府颁布了《生物技术法规协调框架》；1990年，欧盟颁布《关于控制使用基因修饰微生物的指令》和《关于基因修饰生物向环境释放的指令》。1992年，联合国环境与发展大会通过《生物多样性公约》；2000年1月，一致通过《生物安全议定书》。1993年，国际经合组织（OECD）颁布《生物技术管理条例》，第一次提出转基因食品“实质等同性”的概念，即转基因食品及其成分在表型性状、分子特性、主营养成分和抗营养因子等方面，可以与市场上销售的同类食品具有实质等同性。2003年，国际食品法典委员会（Codex Alimentarius Commission，CAC）颁布了《关于重组DNA植物的食品安全评估准则》（CAC/GL45—2003）。

美国转基因安全监管部门包括农业部、环境保护署和食品药品管理局三个部门，各自依据自己的职能，对基因工程技术的操作及其产品实施安全性管理。例如，牵涉到抗虫性状和抗除草剂性状的转基因植物中，农业部、环境保护署和食品药品管理局三者共同监管；而对于抗除草剂的观赏植物，只需要农业部和环境保护署的监管即可；对于品质改良的转基因油料作物和转基因三文鱼，则需要农业部和食品药品管理局共同监管。

我国转基因安全评价和监管，遵循国际公认的权威评价标准和规范；同时，我们也借鉴了美国和欧盟的一些做法，结合我国的国情，制定了一系列严格的法律法规、技术规则和管理体系。我国最早于1993年，由国家科委颁布了《基因工程安全管理办法》；1996年，农业部制定了《农业生物基因工程安全管理实施办法》；2001年5月，国务院颁布了《农业转基因生物安全管理条例》，一直应用至今；2006年，农业部又另外颁布了《农业转基因生物安全评价管理办法》《农业转基因生物进口安全管理办法》和《农业转基因生物标示管理办法》等三个配套规章。2004年，国家质检总局也颁布了《进出境转基因产品检验检疫管理办法》等。至此，我国农业转基因生物监管法律法规体系，包括国务院颁布的《农业转基因生物安全管理条例》和配套5个专门法规，以及《种子法》《农产品质量安全法》和《食品安全法》等三个相关法律文件。我国也是严格实施转基因生物（食品）强制标识的国家。目前，我国转基因生物的标识范围包括5种作物的17种产品，包括大豆种子、大豆、大豆粉、大豆油、豆粕，玉米种子、玉米、玉米油、玉米粉，油菜种子、油菜籽、油菜籽油、油菜籽粕，番茄种子、新番茄、番茄酱和棉花种子。我国拥有世界上最庞大的转基因生物安全监管体系，行政管理直接由最高行政管理部门国务院牵头，非其他国家可相提并论。国务院成立了一个由12个部门组成的农业转基因生物管理部级联席会议制度，负责协调重大问题。直接监管部门是农业农村部下属的转基因植物安全管理领导小组和农业转基因生物安全管理办公室两个专门机构。此外，为保证技术支撑体系，还成立了国家农业转基因生物安全委员会，负责具体安全评价，如第五届安委会由 75 个跨部门跨学科的专家组成，他们是农业、医药、卫生、食品和环境等相关领域的权威专家，其中还包括 14 位院士。由此可见，我国对转基因生物安全的监管，无论是从法律法规体系，还是从行政管理机构来说，都是世界上最严格、最完善、最重视的国家。

本章小结

转基因植物是指细胞内含有外源目的基因并能稳定表达的植物个体。

通过基因工程技术已经培育了各种性状改良的转基因农作物，包括提高产量和改善品质；具有抗虫、抗除草剂、抗病毒以及抗逆等各种抗性；延长果实储藏期和改变花卉颜色的蓝玫瑰和蓝菊花等，富含微量元素和维生素的转基因作物如黄金大米，以及制备转基因智能不育系等。但是目前市面上广泛种植的转基因农作物种类却比较集中，主要是抗除草剂和抗虫的转基因作物。植物生物反应器为某些特种蛋白和药物的生产提供了新的途径，并且具有其自身不可比拟的优势。

转基因植物的鉴定方法与原核细胞阳性转化子鉴定方法类似，但是标记基因有些不同，分子生物学的鉴定方法是一致的。

转基因植物的大量研制和种植提供了越来越多的转基因食品。近年来转基因植物和转基因食品的安全性问题受到了社会各阶层的广泛关注，转基因作物的研发和生产安全性受到严格的监管。虽然多种机构已经研究证明目前经过安全审批的转基因植物的安全性，但是基因工程的从业者们依然不能大意，必须从环境安全和人类身体健康的双重角度谨慎从事相关转基因的研发工作。

复习题

1. 什么是抗除草剂转基因植物?
2. *bar* 基因的作用机制是什么?
3. 如何制备抗虫转基因植物?
4. Bt 蛋白是如何发挥作用达到抗虫的目的的?
5. 植物转基因载体的报告基因有哪些?
6. 提高外源基因在植物体内表达水平的策略有哪些?
7. 黄金大米是转了哪些基因进入水稻的?
8. 蓝玫瑰是如何制备出来的?
9. 什么是植物生物反应器?
10. 什么是转基因生物的安全性?
11. 谈谈你对转基因植物的安全性的认识。
12. 转基因安全评价的程序有哪些?

转基因动物

本章导读　转基因动物是将外源基因通过基因工程的手段导入到动物细胞并稳定表达后形成的动物个体。经过30余年的发展，在转基因动物技术的研究及其应用领域均取得了举世瞩目的成就。近年来，已相继培育出转基因鼠、转基因鸡、转基因兔、转基因猪、转基因羊、转基因蛙、转基因鱼、转基因牛等多种转基因动物。本章主要介绍转基因动物的制备方法，如显微注射法、逆转录病毒载体法、胚胎干细胞法以及体细胞核移植法等，以及转基因动物的研制现状与应用情况。

转基因动物（transgenic animal）是指借助基因工程技术把外源目的基因导入动物的生殖细胞、胚胎干细胞或早期胚胎，使之在受体染色体上稳定整合，并能把外源目的基因传给子代的个体。整合到动物染色体组的外源基因被称为转基因（transgene）。1974年，美国学者Jaenisch应用显微注射法将SV40病毒DNA导入小鼠胚胎的囊胚腔内，从而得到第一只带有外源基因的嵌合体小鼠（mouse aggregation chimeras）。1980年，美国人Gordon把疱疹病毒的*TK*基因插入pBR322质粒，然后把它注射入受精小鼠的原核，并将注射后的胚胎植入假孕母鼠的输卵管中。之后对出生的小鼠用Southern杂交进行检测。在出生的78只小鼠中，其中有两只带有外源的*TK*基因。由于条件的限制，Gordon当时并没有得到活的转基因小鼠，但这次实验证实了外源基因可以通过显微注射整合到动物基因组中，转基因动物是可能的。真正意义上的转基因动物问世是1982年美国华盛顿大学Palmiter等将大鼠的生长激素基因（*hGH*）与小鼠金属硫蛋白Ⅰ基因的启动子连接在一起，然后把重组DNA注射入受精小鼠的雄原核，生出21只小鼠，其中7只为转基因阳性，生长激素高表达的转基因小鼠的体重大约是同窝非转基因小鼠的1.7倍，这就是著名的“超级小鼠”（supermouse）。“超级小鼠”的出现轰动了整个生命科学界，显示了转基因技术可用于人为改造物种或生物性状，标志着哺乳动物基因工程的成熟（图9.1）。

图9.1　生长激素转基因鼠。右边为同胞鼠对照

目前，转基因技术已广泛渗透到遗传学、分子生物学、发育生物学、基础医学、免疫学、制药及畜牧育种等各个学科领域，而且建立了大量的转基因动物模型，用于发育及基因的表达调控、疾病的发病机制等基础研究。同时，通过转基因动物方法制造生物反应器，可获得人类需要的某些生物活性物质，还可以改造器官的基因状态，用于器官移植。此外，还可以用于人为改造物种生物性状，改造生命，为培育出优质、高产、抗病动物新品系提供了理想的手段。转基因动物技术在科学史上也具有重大意义，一是证实了“中心法则”（DNA→RNA→蛋白质的遗传信息传递过程）的概念在哺乳动物体内仍然适用；二是证实了物种间的生殖隔离可被打破；三是找到了一条按照人们意愿定向改造哺乳动物遗传性状的有效途径；四是建立了一套集分子水平、细胞水平和活体动物水平于一体的全新的综合研究体系。对转基因动物体系的深入研究目前主要集中在两个方面：一是基因导入动物体内的有效方法；二是如何有效地提高转基因的效率。

转基因动物技术已经成为当今生物技术研究开发领域最具生命力的热点之一。

9.1 动物转基因技术

转基因动物的基本原理是将改建后的目的基因（或基因组片段）用显微注射等方法注入实验动物的生殖细胞（或着床前胚胎细胞），然后将此受精卵（或着床前胚胎细胞）再植入受体动物的输卵管（或子宫）中，使其发育成携带有外源基因的转基因动物。其关键技术包括：①外源目的基因的分离（基因的克隆及重组DNA的制备等）；②外源目的基因与带有特异性基因表达启动子、增强子、报告基因等构件的载体拼接重组；③含有外源目的基因的重组载体DNA导入生殖细胞或胚胎干细胞；④胚胎移植技术（embryo transfer，ET）；⑤转基因胚胎的发育、生长及后代转基因个体的鉴定与筛选；⑥目的基因整合率及表达效率的检测。在此过程中最重要的是如何成功地把外源目的基因转入动物早期胚胎细胞。

根据外源基因导入的方法和对象的不同，转基因动物的制备方法主要包括DNA显微注射法、逆转录病毒感染法、胚胎干细胞介导法、体细胞核移植法、精子载体介导法、受体介导法等。本章主要介绍常用的显微注射法、逆转录病毒感染法、胚胎干细胞介导法和体细胞核移植法4种制备转基因动物的方法。

9.1.1 显微注射法

显微注射法（microinjection）是指将在体外构建的外源目的基因，在显微操作仪下用极细的注射针注射到动物受精卵中，使之通过DNA复制整合到动物基因组中，最后通过胚胎移植技术将注射了外源基因的受精卵移植到受体动物的子宫内继续发育，通过对后代筛选和鉴定得到转基因动物的方法。显微注射法制备转基因小鼠的基本过程如图9.2所示。

显微注射法是目前最为常用且成功率较高的一种制备转基因动物的方法。首例表达人胸苷激酶基因的转基因小鼠及表达大鼠生长激素基因的转基因“超级小鼠”都是利用显微注射方法将外源目的基因导入受精卵获得成功的。

（1）外源目的基因DNA的准备

显微注射法虽然是直接导入外源基因的方法，但是为了使外源基因进入细胞后能够有效表达，一般需要先构建外源目的基因的表达载体，将外源基因置于真核高效表达启动子或组织特异性启动子的控制之下。此外，目的基因的下游一般需带终止子结构。外源目的基因以这种完整的表达盒形式进入动物细胞是在动物细胞内实现表达的基本条件。将外源目的基因构建成为重组载体的另一个作用是，由于选用的真核表达载体往往也是大肠杆菌的穿梭载

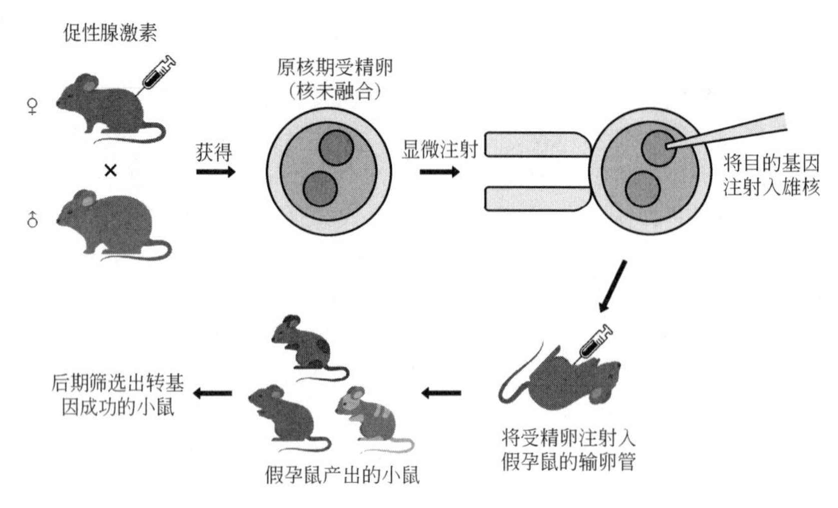

图 9.2　显微注射法制备转基因小鼠的制备过程图解

体，因此可以利用大肠杆菌克隆、扩增和鉴定目的基因，以便得到足够的、具有正确序列的目的基因 DNA 用于显微注射。

经验表明，外源 DNA 的线性分子比环形质粒分子更容易整合到染色体上。原因可能与 DNA 修复酶活性有关。具有游离线性末端的外源 DNA 进入动物细胞以后，细胞内的 DNA 修复酶会企图断裂染色体以修复游离末端的 DNA 片段，这时外源 DNA 就可能随机插入到断裂位点的染色体上，达到整合的目的。将目的基因的重组载体线性化还有一个原因，就是虽然载体 DNA 序列不影响外源基因的整合，但有证据表明来源于噬菌体和细菌的载体序列可能会抑制目的基因的表达。DNA 线性化的操作可以用限制性核酸内切酶消化，但是消化的时间必须很短，将顺式调控元件-目的基因完整 ORF-终止子组成的表达盒切下，或者用超声波打断环状质粒，变成线性分子。

显微注射用 DNA 的纯度要尽可能高，应完全除去实验中使用的酚、乙醇、其他有机溶剂和酶类及可能含有的影响显微注射的颗粒，同时需采用分析纯以上等级的试剂和高纯水，并尽可能用一次性容器。

对于注射 DNA 的浓度也有一定的要求。DNA 浓度不能太低，DNA 浓度低于 1ng/μL 时，转移基因在染色体上的整合率下降。但是 DNA 浓度也不能太高，如果 DNA 浓度高于 3ng/μL 时，受精卵注射 DNA 后胚胎成活率又会下降。因此，一般将回收的 DNA 片段溶于 TE 缓冲液（10mmol/L Tris-HCl，1mmol/L EDTA，pH7.4），调整 DNA 浓度为 1ng/μL。

（2）小鼠的准备

显微注射涉及的小鼠有两种，一种是为了保证有足够的受精卵用于注射而制备的超排卵的小鼠，另一种是为了将注射后的受精卵移植到体内发育所需要的假孕小鼠。

超排卵的动物双亲最好是来自不同品系，杂交种受精卵对显微注射操作的忍受能力好；并且其后代应具有杂交优势，生存能力、繁殖能力明显高于来源于近交雌鼠的受精卵。通常用孕马血清促性腺激素（PMSG）和人绒毛膜促性腺激素（hCG）进行腹腔注射可以诱导雌鼠超排卵。PMSG 和 hCG 的注射剂量均为每次 5U，注射时间间隔均为 42～48h，排卵发生在注射 hCG 后 10～13h。小鼠以 4～6 周龄为好，3～4 周龄的小鼠虽然产卵较多，但卵细胞膜的脆性较大，在处理过程中容易破裂，而 5 周以后的母鼠产卵逐渐减少。需要注意的是，在做过超排处理之后所得到的卵的质量可能要低一些，如未受精、细胞形态不好或出现异常等。超排卵处理之后，将超排雌鼠与饲养 1～2 周的公鼠交配，就可以得到超排的受精卵。

每个母鼠与一个公鼠交配，将每个公鼠的交配情况加以记录。如果公鼠两次以上都不交配，那么需要更换公鼠，每个公鼠每周最好只交配一次。

假孕母鼠也是通过诱导来产生的。通过注射 PMSG 和 hCG，以及与结扎了输精管的公鼠交配来诱导产生假孕鼠，也有人以玻璃棒从阴道插入并刺激子宫颈部来诱导假孕。假孕小鼠并没有自己的胎儿，但其子宫经过处理后能够膨大，利于移植胚胎的着床。假孕小鼠作为胚胎植入的受体及其后的养母，最好为 6 周～5 个月龄，体重最好超过 20g，已经产过仔并成功抚育过仔鼠的假孕母鼠最为理想。

（3）受精卵的分离

超排后得到的受精卵在用于注射前要经过分离和清洗处理。

首先，用透明质酸酶处理分离卵丘细胞和受精卵。在超排鼠和公鼠交配后的当天（通过检测雌鼠外阴部的精霜可以判断），处死雌鼠，在无菌条件下采用外科手术剪取出输卵管，用针头刺破输卵管膨大部位，即可见由卵丘细胞包围着的受精卵移出，连同卵丘细胞一起将受精卵用微吸管转入含有 300U/mL 透明质酸酶的培养基中，以解散卵丘细胞，随后在连续 4 个培养皿中用培养基清洗受精卵，这有助于稀释透明质酸酶和其他分解碎片。

然后，确认和选择受精卵。将受精卵转移到上述最后一个清洗皿中，观察受精卵，如果没有极体则是异常卵，应去掉；如果受精，精子和卵子会形成各自的原核，即雄性原核和雌性原核，两者在形成初期没有多大差别，随着时间的延续，雄性原核开始膨大，比雌性原核大。

（4）显微注射

用显微注射法制备转基因动物，操作技术性很强。基本要求有三点，一是操作熟练，尽量缩短整个注射过程的时间；二是确保注射针真正插入雄性原核（精子细胞核）内；三是注射的量要适当。

显微注射的装置包括一台倒置显微镜，两个可以实现精细三维调节的显微操作仪，其中左边的显微操作仪叫受精卵显微操作仪，通过调节受精卵吸持针的移动以准确吸住受精卵，使之不动。右边的显微操作仪叫 DNA 显微操作仪，是控制装有外源 DNA 的注射针的移动的。受精卵吸持针通过与一个负压注射器相连，通过负压吸住受精卵。而 DNA 微注射针则是中空的双层极细玻璃管，注射针管里装有外源基因的 DNA 溶液，注射针的一端与一个皮克注射控制器（有的地方叫远程注射控制器）相连。皮克注射控制器是通过调节压力的大小来调节注射针管内的 DNA 注射量的（图 9.3）。显微注射的具体操作过程如下。

① 将胚胎转入石蜡油下的培养基液滴内，用带有负压的吸持针吸住一个受精卵，调整受精卵，以见雄性原核。如未见原核，鼠卵可能未受精，或鼠卵刚刚受精原核尚未形成，或受精卵原核已裂解，卵将分成两个细胞。

② 将外源基因的 DNA 溶液注入微注射针管中，使之达到针管尖端，插到右手显微操作仪的环轴内，连接好微注射器，调整微注射管使之达到原核前方。

③ 通过调节微注射管，使之插入受精卵，通过透明带、质膜，达到雄性原核，并慢慢注入 DNA 溶液。这时如见原核膨胀，说明注射成功。如原核没有膨胀，可能是针堵塞或未刺破卵膜。膜的可塑性较大，可在不被刺破的情况下推入卵内甚至核内。

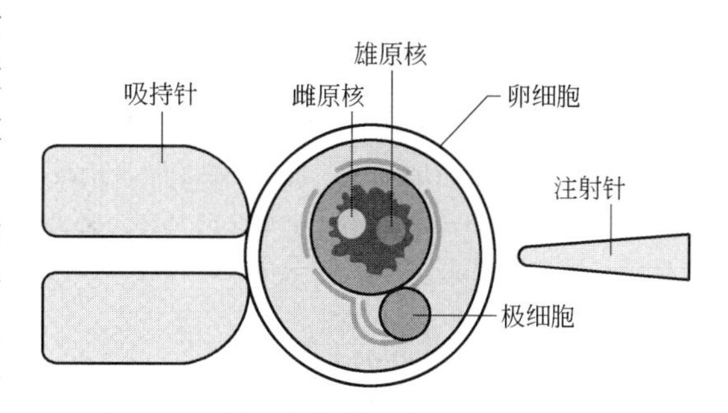

图 9.3 显微注射操作示意图。左边的吸持针将受精卵固定住，右边的注射针将 DNA 溶液注射入受精卵的雄原核中

④ 每个受精卵注射 DNA 的量为 1～

2pL。每注射一个，就转移到液滴另一侧，同样操作一组受精卵。

⑤ 注射成功后，迅速拔针，以免核内物质或细胞质一同流出。注射针可连续反复使用。平均每根针可注射 5～10 个卵。

⑥ 将所有注射过的受精卵转入另一培养液滴中，立即进行胚胎移植。

一般来说，哺乳动物受精卵在受精之后的约一个小时之内，雌原核（卵细胞核）和雄原核（精核）是分开的，还没有融合。因为这时卵细胞才完成减数分裂的第二次分裂。受精之前的卵细胞其实是次级卵母细胞，受精刺激才诱发次级卵母细胞完成减数分裂的第二次分裂。显微注射的时候最好是将外源 DNA 注射进受精卵的雄原核中，因为雄原核比雌原核要大一些，容易分辨。但也不是绝对的。除了小鼠和兔子的受精卵很容易分辨雄原核外，其他家畜的受精卵由于细胞质存在许多可能是脂类物质的小泡，使原核的可见性受到影响。因此，也有显微注射到其他细胞或其他部位的报道。例如，2000 年制备成功的带有外源 GFP 基因的转基因猴安迪，就被报道是将外源基因注射到次级卵母细胞后再受精得到的。而转基因果蝇的制作则是将外源基因注射到早期胚胎的最后端，因为那里是一些生殖系细胞核集中的地方(图 9.4)。

彩图9.4

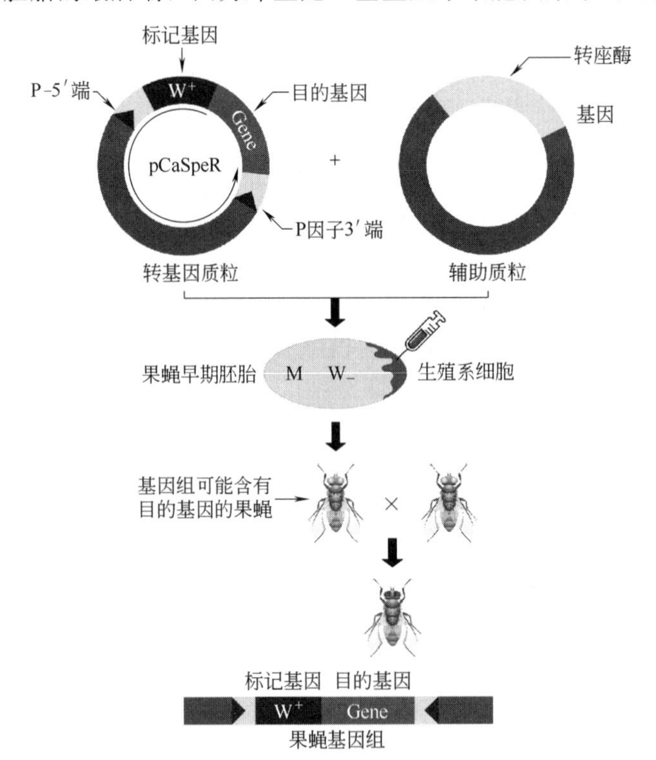

图 9.4 转基因果蝇的制作。将含有外源目的基因的转基因质粒和辅助质粒注射到果蝇胚胎的后端生殖系细胞中，获得的嵌合体胚胎发育成成体后，与白眼野生型果蝇杂交。如果嵌合体胚胎生殖系细胞含有外源目的基因，意味着杂交后代基因组上整合有目的基因和标记基因，果蝇眼色将会变成红色

(5) 受精卵的移植

注射后的小鼠受精卵最好尽快地移植入假孕小鼠的输卵管内。假孕小鼠通过腹腔注射苯巴比妥钠溶液（6mg/mL，按 0.6mg/10g 体重的剂量注射）麻醉。剪去鼠体后部毛发，用 70%的乙醇消毒后，在小鼠脊柱左侧与最后一根肋骨平齐的地方用解剖剪剪开一个小口，用

镊子撕开皮肤肌肉，使卵巢暴露。在体视显微镜下，在卵巢略下方找到输卵管壶腹开口处，用微吸管吸取含受精卵的溶液，轻轻注入开口内，每侧移植 5～6 个胚胎，最后缝合伤口（图 9.5）。将手术小鼠放入笼内，按常规饲养，等待到第 20 天前后(19～21d)，植入的受精卵将发育成小鼠而出生。

(6) 转基因小鼠的鉴定与鼠系建立

注射过的受精卵发育成的小鼠中，如果小鼠的基因组中整合有所导入的外源基因，这些小鼠就可能发育成为转基因小鼠。假孕小鼠生出幼仔后，可取幼鼠尾巴提取 DNA，进行外源基因的 Southern 杂交或 PCR 检测。

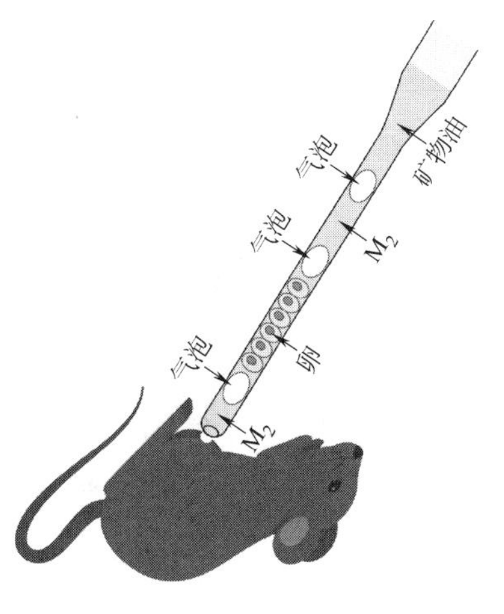

图 9.5　用移卵管移植注射过的受精卵

经过鉴定有外源基因整合的小鼠成为建立者转基因鼠（founder)。通常建立者是嵌合体，需要与正常小鼠进行杂交，才能在杂交后代筛选出转基因的杂合体和纯合体。只有生殖系细胞基因组整合有外源基因的建立者才能在杂交后代获得转基因鼠。

(7) 显微注射法制备转基因动物的效率与提高途径

显微注射法是最为经典、最常用的制备转基因动物的途径，但是成功率还是很低。人们往往采用增大微注射受精卵的数目来弥补成功率低的缺陷。一个熟练的技术人员，每天可注射几百个受精卵，但大约只有 66%经注射的受精卵能存活；移入子宫后，大约 25%的受精卵能发育成幼鼠；其中又有大约 25%的幼鼠是转基因鼠。通过这样，似乎注射 1000 个受精卵可以得到 30～50 只转基因幼鼠，但是一般情况下，实际通过显微注射法获得转基因动物的成功率只有 1/1000。

影响显微注射法获得转基因动物成功率的因素是什么？通常应该是两个方面，一是由于目的 DNA 随机整合到动物基因组中，造成整合率低；二是由于外源基因随机整合的位置效应导致外源基因的表达率不高，或目的 DNA 的启动子表达效率不高导致的。因此，通过提高外源基因的整合率和表达率，可望提高转基因动物的成功率。

提高外源基因的整合率可以通过构建带有转座子序列的表达载体来实现。例如转基因果蝇的载体通常用 pUAST（图 9.6)。pUAST 的结构中，除了 pUC 的复制子和 amp^{r} 抗性基因外，含有 P 转座子的转座序列（P 因子 5′端和 P 因子 3′端)，在转座子序列的中间有 white$^{[+]}$ 标记基因、热休克启动子（HsP70 启动子)、多克隆位点（MCS）和 SV40 终止子。外源基因插在多克隆位点，在含有转座酶的辅助质粒存在时，P 转座子能将外源基因和标记基因插到果蝇基因组的许多位点。P 转座子整合到果蝇染色体上后，*white*$^{[+]}$ 标记基因将使果蝇表现红眼，否则，果蝇是白眼。因此，P 转座子转基因载体不仅能提高外源基因的整合率，还能通过标记基因很方便地筛选到转基因果蝇的性状。在小鼠和斑马鱼中，也分别引进了 PB 转座子和 Tol 转座子，以提高转基因制备的成功率。用 Tol 转座子制备转基因斑马鱼的载体时，Tol 两个转座序列 5′TIR 和 3′TIR 的中间是目的基因的表达盒，组织特异性启动子如心脏特异性启动子 CMLC2 置于多克隆位点（MCS）的上游，后面接一个内核糖体进入位点 IRES 序列，再接一个 EGFP 的标记基因，最后加一个转录终止子序列（图 9.6)。为了让 Tol 转座子高效转座，显微注射转基因质粒的同时，要注射 Tol 转座酶的 mRNA 进入细胞。EGFP 如果表达，说明目的基因被有效注入细胞，胚胎即为转基因阳性的嵌合体。经过与野生型斑马鱼回交，可望产生转基因的稳定品系。

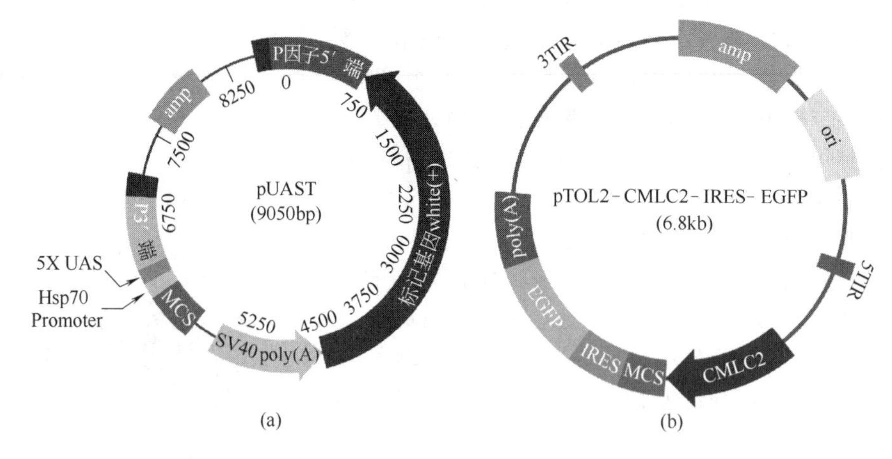

图 9.6　果蝇转基因载体 pUAST（a）和斑马鱼转基因载体（b）的结构示意图

提高外源基因表达率的方法：一是可以利用诱导型的启动子，二是可以利用基质结合区（MAR）序列和微卫星序列等绝缘子的活性，在目的基因表达盒的两端加上 MAR 序列或微卫星序列，可以使目的基因成为一个独立的表达单位，克服位置效应的影响（图 9.7）。同时，由于动物染色体上也有微卫星序列，在外源片段与染色体之间可能发生同源重组，也能提高外源基因的整合率。

图 9.7　MAR 序列和微卫星序列保护的外源基因表达盒

（8）显微注射法的优缺点

显微注射法制备转基因动物的优点是外源基因的转移率高，借助转座子载体的帮助，在小鼠、果蝇和斑马鱼等模型动物中染色体上的整合效率也较高。外源基因的长度可达 100kb，常能得到纯系动物，实验周期相对较短。目前，用显微注射法制备转基因的小鼠、兔、猪、绵羊、山羊及牛都获得了极大的成功。但是此法显微操作技术复杂、设备昂贵、胚胎死亡率高，大型农场动物如猪、牛等原核的定位困难。另外，大部分动物外源基因整合的效率低，如针对小鼠的整合率为 6%～10%，鱼类通常可达 10%～15%，但猪和羊的整合率分别只有 0.98%和 1%。不能控制转基因的整合位点，外源基因随机结合或随机插入位点，有插入突变的风险，有可能造成动物严重的生理缺陷。整合的拷贝数未知。一个转基因可形成几个基因型或显性的品系。

9.1.2　逆转录病毒感染法

（1）逆转录病毒的基因组结构与生活周期

20 世纪 60 年代末人们发现了逆转录病毒（retrovirus），它是一类 RNA 病毒，含有逆转录酶，病毒的 RNA 进入宿主细胞后，在逆转录酶的催化下合成病毒 DNA。逆转录病毒由外壳蛋白、核心蛋白和基因组 RNA 三部分组成。由于逆转录病毒能够感染动物细胞并将自身 DNA 整合进宿主基因组，把外源基因插入病毒长末端重复序列的下游，这种重组病毒感染受精卵或早期胚胎后，就有可能获得转基因嵌合体后代，再经过一代繁殖得到转基因动物。在各种基因转移的方法中，通过逆转录病毒载体将基因整合入宿主细胞基因组，是最为有效的方法之一。

逆转录病毒的基因组为一条单链线性 RNA 分子，基因组长 9kb，两个末端各含一个长末端重复序列（LTR），中间含有三个结构基因。3 个结构基因分别是 *gag*、*pol* 和 *env*，其中 *gag* 基因编码病毒核心蛋白，*pol* 基因编码逆转录酶、整合酶和蛋白酶，*env* 基因编码病毒外壳蛋白，它们都是病毒复制和包装所必需的。LTR 细分为 5′-U3-R-U5-3′。其中 5′LTR 的 U3 区包含病毒的增强子和启动子序列，R 区包含一个 Cap 区。U5 的下游还有 ψ 序列，包装识别信号。5′LTR 的 3′边界区是引物结合位点（PBS）。3′LTR 的 U5 区包含聚腺苷酸加尾信号（图 9.8）。

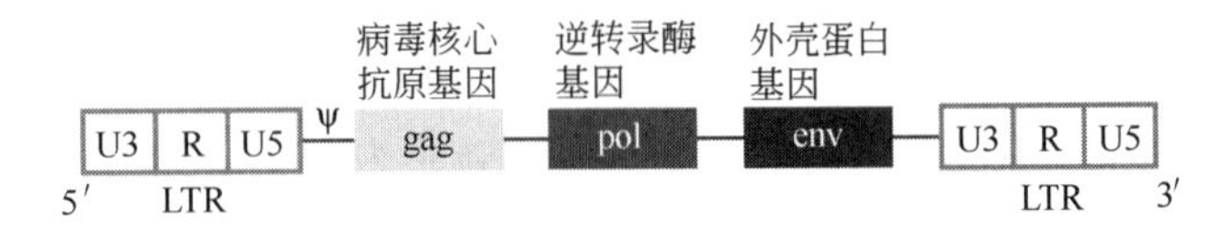

图 9.8 逆转录病毒（鼠白血病病毒）基因组结构

逆转录病毒感染动物细胞的过程是：首先病毒侵入细胞。病毒外壳蛋白与动物细胞表面病毒的特异受体识别并发生结合反应，使得动物细胞发生吞噬作用，将核心蛋白包裹的病毒 RNA 吞入细胞质内，而病毒外壳蛋白则留在细胞外。在逆转录酶的作用下，病毒的 RNA 基因组被反转录成双链的前病毒 DNA（复制形式 DNA）。此时前病毒 DNA 依然被核心蛋白包裹成核心蛋白复合体，不能穿过核孔进入动物细胞核。当细胞处于分裂周期时，核膜消失，此时前病毒 DNA 被传送至细胞核，并最终整合到宿主染色体上。整合后的前病毒 DNA 进而使用宿主细胞的 RNA 聚合酶转录自己。转录的 mRNA 一方面用于病毒基因组保留，另一方面作为翻译的模板合成核心蛋白与外壳蛋白，后者将基因组 RNA 重新包装，组装成新的病毒颗粒释放出来，再度感染新的宿主细胞（图 9.9）。

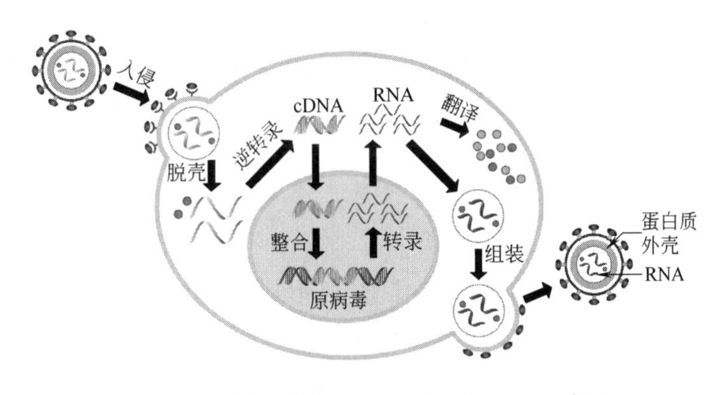

图 9.9 逆转录病毒感染动物细胞的过程示意图

彩图9.9

（2）逆转录病毒重组载体的构建

由于逆转录病毒具有侵入动物细胞并整合进细胞染色体 DNA 的能力，因此，逆转录病毒可以用于构建转基因动物的载体。构建逆转录病毒载体时，把病毒基因组中的 *gag*、*pol* 和 *env* 三个结构基因切除掉，换接上外源目的基因和选择标记基因，但是保留逆转录病毒基因组的两个 LTR 和顺式调控元件，可以将重组 DNA 转入动物细胞并高度整合到染色体上。

由于逆转录病毒载体的三个结构基因被目的基因替换，所以它丧失了合成病毒蛋白的能力，但保留了转录包装的功能，是一个有缺陷的逆转录病毒 DNA，不能形成有感染力的病毒颗粒。将插入有外源基因的逆转录病毒载体 DNA，通过辅助细胞包装成为高滴度病毒颗粒，再人为感染着床前或着床后的胚胎，也可直接将胚胎与能释放逆转录病毒的单层培养细胞共孵育以达到感染的目的。携带外源基因的反转录病毒 DNA 依靠逆转录病毒的整合酶及其末端特异性 LTR 核苷酸序列可以整合到宿主染色体上，经过杂交筛选即可获得含有目的基因的动物。

逆转录病毒载体的包装细胞（packaging cell）是将野生型逆转录病毒基因组中的三个包装蛋白基因（*gag*、*pol* 和 *env*）导入专门的包装细胞（如 NIH3T3）中并使之整合到其染色体上构建成的，这种包装细胞能产生包装蛋白。而带有目的基因的逆转录病毒载体则不能合成包装蛋白，因此，将逆转录病毒载体导入包装细胞后，包装细胞表达的病毒包装蛋白能将外源 DNA 包装成具有感染力的重组蛋白颗粒。用这种病毒颗粒去感染靶细胞（或组织），当逆转录病毒的 RNA 进入细胞后，逆转录为 DNA（DNA 前病毒），依靠逆转录病毒的整合酶及其末端特异的核苷酸序列，DNA 前病毒可以整合到染色体上，从而将其携带的外源目的基因插入到靶细胞基因组中，完成基因转移（图 9.10）。大部分的逆转录病毒只能感染分裂的细胞，其整合发生在 M 期，因为 M 期核膜崩解，逆转录病毒才有机会整合到染色体上。

彩图9.10

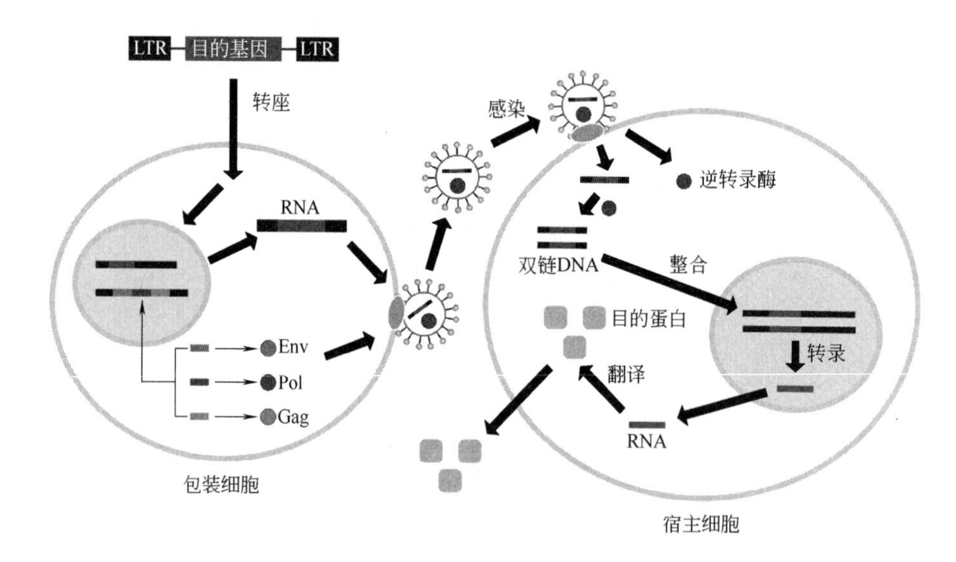

图 9.10　逆转录病毒载体法制备转基因动物的过程

逆转录病毒介导的基因转移技术具有宿主范围广、操作简便、可大量感染细胞、形成单拷贝和高转化率（可达 100%）等优点。目前，此项技术已用于多种转基因动物的制备。如转基因鸡、转基因牛、转基因小鼠等。特别值得一提的是，鸡受精卵产出后已发育到桑椹胚期，不可能对其进行显微注射操作，这就显现出了逆转录病毒载体对于多细胞转化的优越性，因此，这项技术在培养转基因禽类研究中有广泛应用，而且成为目前制备转基因鸡最有效和最成功的方法，如鸡的良种培育及抗病毒感染研究等。逆转录病毒介导法的缺陷在于：①导入的外源基因较小，一般不超过 10kb；②病毒载体可能会激活原癌基因或其他有害基因，有一定的安全隐患；③病毒载体整合后，DNA 序列可能发生甲基化，导致基因表达沉默，表达率低；④病毒载体的长末端重复序列可能会抑制内源基因的表达。

显微注射法与逆转录病毒感染法均是将 DNA 直接导入受精卵或其后的不同发育阶段，表 9.1 对两种方法进行了比较。

表 9.1 显微注射与逆转录病毒感染两种转基因方法的比较

转基因方式	显微注射	逆转录病毒感染
DNA 长度与导入时相	<100kb，单细胞受精卵	<10～15kb，4～16 个细胞胚胎
培养液	M16	高营养液
移卵	输卵管	子宫
整合	多为普遍细胞随机整合，首尾相连的多拷贝为主	嵌合体，随机整合，单拷贝
表达	受整合部分宿主旁侧 DNA 影响，在一定范围内表达水平与拷贝数成正相关	表达受病毒 LTR 影响，易缺失
转基因传代	可传代	转基因整合到生殖细胞的可传代

9.1.3 胚胎干细胞介导法

胚胎干细胞（embryonic stem cell，ES 细胞）是从哺乳动物早期胚胎的内细胞团（inner cell mass，ICM）或原始生殖细胞（Primordial germ cells，PGC）中分离出来的尚未分化的胚胎细胞，经过体外培养，具有发育全能性（图 9.11）。它具有胚胎细胞相似的形态特征及分化特性，可进行体外培养、扩增、转化和制作遗传突变型等遗传操作，并保留了分化成包括生殖细胞在内的各种细胞和组织的潜能。

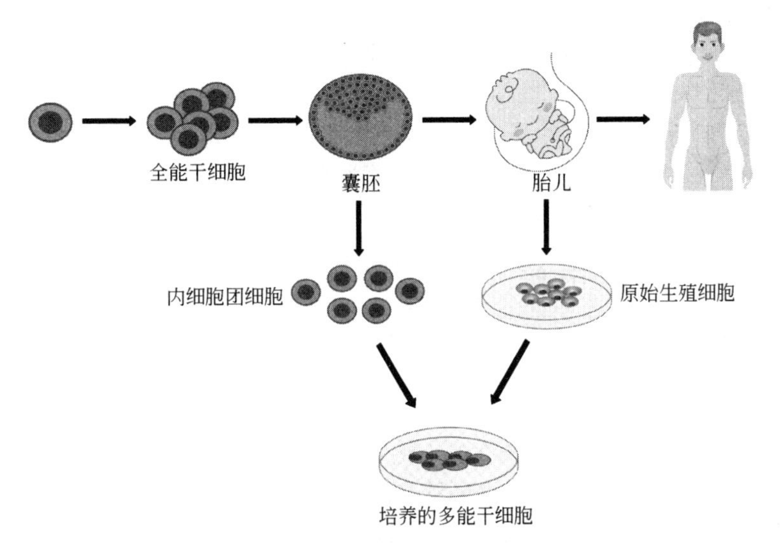

图 9.11 人胚胎干细胞的来源

9.1.3.1 胚胎干细胞的生物学形态特性

（1）ES 细胞的形态学特点

ES 细胞来源于早期胚胎，具有与胚胎细胞相似的形态特征，细胞相对较小，细胞核明显，核质比较高，染色质比较分散，有一个或多个核仁，胞质内除游离核糖体外，其他细胞器很少；细胞呈多层集落状生长，紧密堆积在一起，无明显的界限，形似鸟巢。在体外培养的 ES 细胞集落边缘可见有少量细胞已分化为扁平上皮细胞或梭形成纤维细胞。用碱性磷酸酶染色法染色，ES 细胞呈棕红色，周围成纤维细胞则为淡黄色。小鼠胚胎干细胞的直径在 7～8μm 之间，牛、猪和羊的 ES 细胞颜色较深，直径为 12～18μm。

（2）ES 细胞的基本特点

① ES细胞有多向分化潜能和受精卵的某些特性，可以分化为胎儿和成体内各种类型的组织细胞（图9.12）。②可在体外培养条件下建立稳定的细胞系，可长期增殖培养、冻存并保持高度未分化状态和发育潜能性。③ES细胞具有嵌合能力。将ES细胞与8～16个细胞阶段的胚胎共同培养或将ES细胞注射入囊胚腔中，ES细胞就会参与多种组织发育，可发育成为嵌合动物，其遗传特性可进入胚系，遗传给下一代。④体外ES细胞具有培养细胞的特征，可对它进行遗传改造、核转移和冻存等而不失去潜能性。

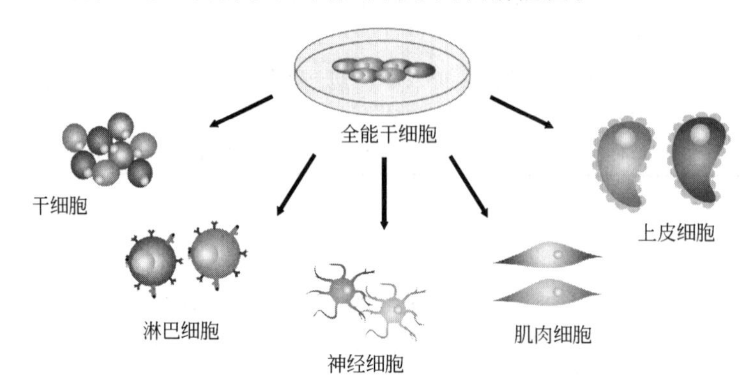

图9.12 胚胎干细胞具有分化为各种类型细胞的全能性

9.1.3.2 ES细胞的建立与培养

（1）胚胎的收集和胚泡的培养

选择发情期的雌鼠与雄鼠以2∶1合笼，第2天早晨检查精霜，发现精霜时记为怀孕0.5d，3.5d后处死雌鼠，取出子宫角，分离胚胎。

将胚胎转入含1mL胚胎培养基和一层饲养细胞的10mm培养池中，在37℃及5%CO_2条件下培养。每天观察，一段时间后，发育至囊胚并脱去透明带。这时鼠胚逐渐长大，最后贴壁生长。4～6d后，ICM增殖为一团圆柱形的细胞，这时可以离散ICM。离散的时机很重要，它关系到离散后的细胞状态和ES细胞集落的出现。

（2）ICM的离散

在体视显微镜下，从培养池内吸出培养基，加入1mL PBS，用巴氏吸管从饲养层中吸出ICM，注意不要弄碎细胞团；将ICM移至石蜡油下的一滴50μL胰蛋白酶-EDTA溶液中，室温消化5min。

取一根直径接近ICM的1/4～1/2的毛细管，其内吸取少量DMEM培养基（内含10%小牛血清和10%胎牛血清）；再吸入少许培养液以部分中和胰蛋白酶然后用嘴叼管吸打ICM数次。将离散细胞移到事先接种了饲养层细胞的培养板中，用含10%小牛血清的DMEM（高糖）培养基进行培养。

（3）ICM克隆的识别

经2d培养后，可见5～10个明显的克隆形成，有几种不同形态的细胞克隆：①似滋养层细胞，巨大；②似上皮细胞，生长相对慢，形成由单层细胞组成的、较大、扁平状克隆；③似内胚层细胞，形态较圆，克隆较散；④似干细胞，较小，核大，胞质少，核内有一个或多个凸出的深色核仁结构，细胞紧靠，很难辨认单个细胞。但在克隆的边缘可见单个细胞形态，这即是干细胞克隆。

（4）干细胞的收集和培养传代

内细胞团离散5～7d时，收集干细胞克隆。吸出培养基，换入1mL PBS，用巴氏吸管将细胞克隆转移到一滴胰蛋白酶/EDTA溶液中，37℃保持2～3min。利用巴氏吸管吸打克隆以解散克隆成单个细胞悬液。转移细胞到新鲜饲养细胞层上，37℃、5%CO_2 条件下培养 4～5d。按以下方法传代：①吸出培养基，换入 1mL PBS；②加 100μL 胰蛋白酶/EDTA 溶液，37℃，3～4min；③用巴氏吸管吸打以解散细胞，将其悬液转入含有 2mL 培养基的 3cm 饲养细胞培养皿中，即为第一代，继续培养。

9.1.3.3 利用胚胎干细胞制备转基因动物

（1）转基因胚胎干细胞的获得

利用电场转化法或脂质体转染法等方法对小鼠胚胎干细胞进行外源基因的转染，通过药物筛选获得转基因胚胎干细胞系。对转基因细胞进行放大培养和分子生物学鉴定，确定无误后用于囊胚注射。

（2）囊胚注射

收集囊胚期的小鼠胚胎，在显微操作系统下向囊胚腔内注入转基因胚胎干细胞，使转基因胚胎干细胞嵌入到受体囊胚的内细胞团内，参与各种组织器官的形成，进而发育成为嵌合体。一般注射 8～15 个转基因细胞为宜。

（3）嵌合体的检测和建系

在嵌合体制备时应选择具有同一性状（毛色性状等）两个明显不同表型的个体进行嵌合，这样可以通过外观直接判定是否为嵌合体。另外也可以通过特异性表达的基因或基因组扫描方法，在分子水平上予以判定。

制备转基因嵌合个体的主要目的是获得转基因后代，因此要判定所发生的嵌合是否为种系嵌合（即生殖系嵌合）。首先将转基因嵌合体小鼠与正常小鼠交配，对其后代进行检测，如果后代中有转基因个体（转基因杂合体）出现，证明为种系嵌合。然后将转基因杂合体自交就可以获得转基因纯合体（图 9.13）。

利用 ES 细胞进行转基因制作的最大优点是可用多种方法将外源基因导入 ES 细胞，以及对转基因 ES 细胞的鉴定和筛选较方便，克服了其他方法只能在子代选择和鉴定的缺点。并且能够利用 ES 细胞进行同源重组基因打靶，即在体外就能够确定整合的位点，克服了显微注射无法解决的随机整合的问题，但是本方法目前只限于小鼠或大鼠，主要用于制作定点整合的转基因小鼠，即基因敲除小鼠（gene knock-out mice）和基因替换小鼠（gene knock-in mice）等。大动物的胚胎干细胞建系困难，限制了本方法在大动物中的应用。而且本方法获得的第一代动物都是嵌合体，在当代拿不到转基因动物，只有生殖细胞中整合外源基因的个体的后代才是转基因个体，获得真正的转基因动物的试验周期长、效率低。

9.1.4 体细胞核移植法

9.1.4.1 体细胞核移植的概念

体细胞核移植（somatic cell nuclear transplantation，NT）是指将动物早期胚胎卵裂球或动物体细胞的细胞核移植到去核的受精卵或成熟的卵母细胞胞质中，从而获得重构卵，并使其恢复细胞分裂，继续发育成与供体细胞基因型完全相同的后代的技术。

体细胞核移植法制备转基因动物是利用基因工程技术将目的基因整合入动物体细胞染色体中，并将其作为核供体移植入受体——去核卵母细胞构成重建胚，然后将重建胚移植入假孕母体，待其妊娠、分娩，便可得到经定向遗传修饰的转基因克隆动物。

核移植技术最早是为了研究细胞核的全能性和发育过程中细胞核与细胞质的相互关系而建立的，由德国胚胎学家 Spemann 于 1938 年首先提出，前期研究工作主要集中在两栖动物和鱼类。1996 年，英国 PPL 公司的科学家 Schnieke 与罗斯林研究所的 Wilmut 等通过体细胞核移植技术利用绵羊乳腺细胞率先在世界上成功制作了第一只体细胞克隆绵羊“多莉”

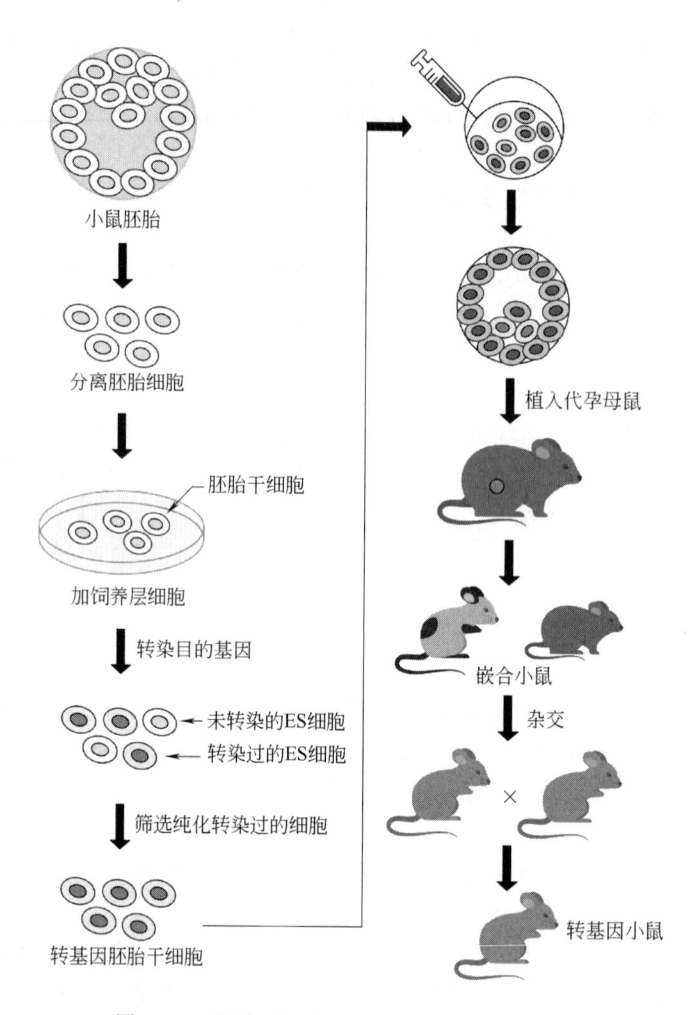

图 9.13 胚胎干细胞法制备转基因小鼠的过程

(Dolly)，这一成果开哺乳动物核移植之先河，随后各国科学家相继报道了类似的研究成果。动物体细胞核移植技术的成功表明动物体细胞的分化不是不可逆的，这是近年来人类在细胞生物学及发育生物学领域取得的最伟大的成就之一。该技术的问世也为转基因动物的研究带来了新的生机。Wilmut 研究小组于 1997 年 6 月报道用胚胎细胞为核供体，获得了表达治疗人血友病的凝血因子Ⅸ的转基因克隆绵羊“波莉”（Polly，图 9.14）。Gibelli 等（1998）通过该技术制作成功含有 *lacZ* 基因的转基因牛；Alexander 等（1999）制作了 3 只含有人抗胰蛋白酶（hAT）基因的转基因奶山羊，其方法与上述报道的两例有差别：使用的核供体是来自非转基因母羊与转基因公羊精子人工授精后怀孕 40d 的胎儿成纤维细胞系，出生的 3 只克隆羊均为母羊，乳汁中 hAT 的含量为 1～5g/L。1998 年 7 月，Wakayama 等成功克隆了小鼠。他们采用的是处于自然休眠期的小鼠卵丘细胞（cumulus cell）作为核供体，结果成功率比 Wilmut 等的方法高出数倍。这一成果也使得核移植技术从实验室走向应用领域迈出了关键的一步。

9.1.4.2 体细胞核移植的方法

从目前来看，体细胞核移植主要有两条技术路线，一是罗斯林技术，二是檀香山技术。罗斯林技术采用血清饥饿即休眠法，使培养细胞暂时性退出分裂周期，使供体细胞核处于 G_0 期，以保证供体细胞核与受体细胞的细胞质发育同步化；同时采用电脉冲法使供体核与

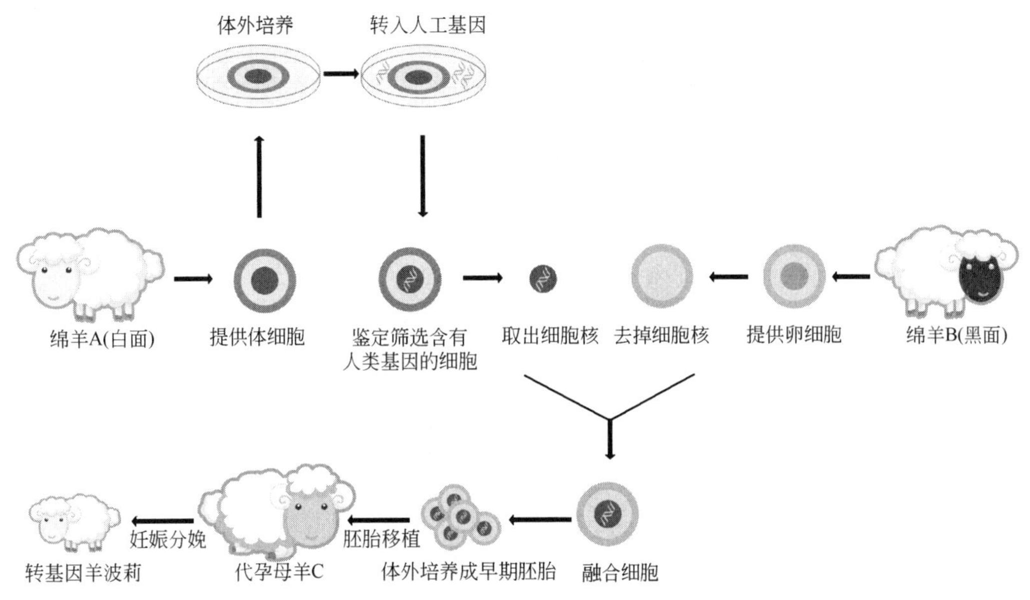

图 9.14　体细胞克隆法制备转基因羊波莉的制作过程

去核的卵母细胞融合并激活卵母细胞。檀香山技术则在前者的基础上进行了改进，直接采用 G_0 期或 G_1 期的体细胞为核供体，避免了血清饥饿；供体核注入后在卵母细胞质中停留一段时间（6h）再激活，利用锶来激活卵母细胞（化学激活）。锶可以刺激卵母细胞内储存的钙的释放，而这种内储钙的释放是卵受精后开始卵裂的信号，是受精卵发育所必需的。目前檀香山技术应用比较多。

（1）核供体的选择

目前用于核供体的细胞类型主要有卵丘细胞、睾丸支柱细胞、精子细胞、脑细胞、胎儿或成体成纤维细胞、乳腺上皮细胞等，甚至巨噬细胞和淋巴细胞都成功地进行了核移植。不同供体细胞类型对核移植效率的影响目前并没有明确的比较结果，但是 Tian 等曾经以 1 头 13 岁的奶牛为供体，比较了卵丘细胞、乳腺上皮细胞和表皮成纤维细胞三种核供体的克隆能力，发现来自三种不同细胞类型的核供体重构胚的卵裂率无显著差别，但来自卵丘细胞的重构胚发育到囊胚的比率最高，并培育了 6 头克隆牛；来自乳腺上皮细胞的重构胚体外发育率最低且没有得到克隆牛；表皮成纤维细胞的重构胚居于两者之间并得到 4 头克隆牛。其他克隆牛和克隆鼠的资料也表明，卵丘细胞可能是目前最佳的核供体。

（2）受体细胞的类型与去核的方法

目前哺乳动物核移植研究中所采用的受体细胞主要有三种类型：MⅡ期卵母细胞、受精卵和二细胞期胚胎的细胞，但是以 MⅡ期卵母细胞应用最多。因为 MⅡ期卵母细胞细胞质中含有成熟促进因子（maturation promoting factor，MPF），它是一个由 cyclin B 和 CDK1（$p34^{cdc2}$）两个亚基组成的蛋白激酶，较高的 MPF 水平能够启动细胞周期由 G_2 期向 M 期转变，导致核膜破裂，早熟染色体凝集，以及细胞骨架重构、纺锤体形成等核重构事件的发生。此外，MⅡ期卵母细胞的第一极体易于观察，而染色体就位于第一极体下方的纺锤体上，便于去核操作。

受体细胞去核的方法主要有两种：机械法和化学法。机械法去核是在显微镜下利用一个微细玻璃针将第一极体连同其下的半透明的胞质区即卵母细胞的纺锤体吸出，或者用荧光染料 Hoechst33342 活体染色后在紫外光下将呈蓝色的细胞核吸出。化学法去核则是采用亚乙基葡萄吡喃糖（etopside）和放线菌酮处理，但成功率较低。1998 年，Wakayama 等采用一种被称为压电微注射（piezoelectric microinjection，PEM）的方法去核，由于受高频震动控制，较易穿过透明带，对受精卵的损伤较小，大大提高了去核的成功率。目前小鼠的核移植普遍采用 PEM 方法去核和移核（图 9.15）。

彩图9.15

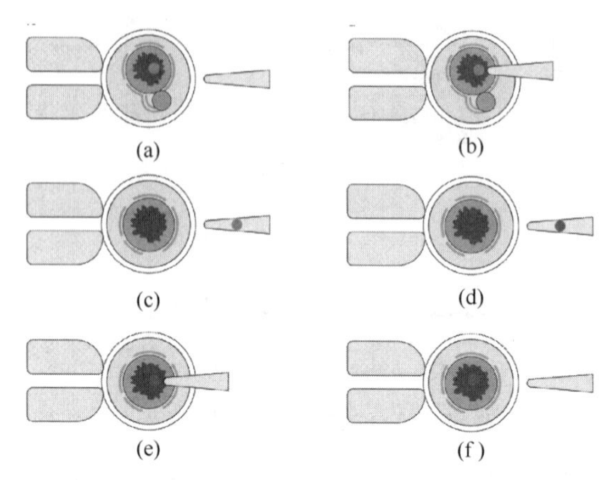

图 9.15 PEM 用于核移植的示意图。(a) 准备好 MⅡ期卵母细胞和注射针；(b) 将注射针插入卵母细胞第一极体附近，接近细胞核；(c) 将卵母细胞核取出；(d) 取体细胞供体的细胞核放入注射针中；(e) 将供体核转入去核卵母细胞；(f) 供体核置换完毕

（3）核供体与受体细胞质细胞周期同步化

核供体细胞和受体细胞细胞周期同步化是核移植重构胚发育成功与否的关键，因为同步化能够维持重构胚的正常染色体倍性，而且能够诱导分化的供体核去分化，恢复全能性。当核供体细胞处于 G_0/G_1 期时，其细胞核为二倍体，移入去核的 MⅡ期卵母细胞后，比较容易维持正常的核二倍性。而核供体处于 G_2/M 期或 S 期时，容易导致重构胚的倍性加倍或“粉末化”，染色体倍性异常。

（4）卵母细胞的激活

以 MⅡ期卵母细胞为受体的核移植过程中缺少了受精这一步骤，故必须对卵母细胞进行人工激活以促进其进一步发育。如前所述，MⅡ期卵母细胞中含有较高水平的 MPF，容易引起染色体倍性异常，而卵母细胞经激活后，由于胞质内钙离子浓度的升高可以降低 MPF 水平，只要核供体处于 G_0/G_1 期或 S 期，都能起始或继续 DNA 复制，产生正常染色体倍性的重构胚。卵母细胞激活的方法有电激活（牛、羊等）、乙醇(牛等)、离子霉素（羊）、钙离子载体 A23187(牛)、氯化锶(小鼠、牛)、三磷酯酰肌醇 IP_3(兔)、精子提取物等。

体细胞核移植法的应用，使基因转移效率大为提高，转基因动物后代数目也迅速扩增，所需动物数大幅度减少，是显微注射法所需动物数的 60%（绵羊）。更重要的是，在胚胎移植之前，它就筛选阳性细胞作为核供体，这样核移植产生的胚胎为阳性，最终产生的后代个体 100%为转基因个体。对于与性别有关的性状（生产蛋白必须是雌性个体），可以预先选择雄性或雌性性别克隆，从而预定胚胎和后代的性别。同时它可以实现大片段基因的转移，已经被证明进行核转移后能够产生正常子代的体细胞是乳腺细胞、胎儿成纤维细胞和胎儿肌肉细胞。到目前为止，哺乳动物的体细胞核移植法已经在多种动物上取得成功，包括克隆小鼠、牛、山羊、猪、猫、兔、骡、马、大鼠等（图 9.16），我国也用体细胞克隆法培育出乳

(a) 克隆羊多莉，1996年，英国　(b) 克隆牛，1998年，日本　(c) 克隆猴Tetra，2000年，美国

(d) 克隆猪，2000年，美国　(e) 克隆大鼠，2002年，中法合作　(f) 克隆马，2003年，意大利

图 9.16　几种克隆动物

铁蛋白转基因奶牛。科学家们还在积极地尝试，比如克隆濒危的大熊猫、绝种的印度猎豹，甚至是只能在考古中发现的古代哺乳动物猛犸象等。2018 年，我国科学家用体细胞克隆的方法克隆猴成功。和其他动物相比，克隆猴的难度显然更大。一是实验操作的难度更大，二是细胞重编程的难度更大。我国科学家经过长时间的摸索，优化实验操作和给药条件，终于成功克隆出猕猴（图 9.17）。克隆猴的成功，使科学家能够在短时间内获得大批遗传背景相同的猴，在疾病动物模型构建和生物学、脑科学研究上都具有重要意义。但体细胞克隆法也有一些缺陷，比如操作程序复杂，对设备和技术的要求比较高。还由于体细胞核移植涉及细胞重编程、细胞核与细胞质的相互作用，因此有些转基因动物可能会表现出生理缺陷。此外，克隆效率不高，胚胎流产率高等。

彩图9.16

另一个人们担心的问题是关于克隆人的问题，尤其是克隆猴的成功，更加引发人们的担心：我们离克隆人究竟还有多远？关于克隆人的问题，其实早在 1997 年 2 月 23 日多莉绵羊克隆成功的消息出来的时候，就有过一场轰轰烈烈的争论。各国政府和科学家都相继表态反对克隆人的观点。例如 1997 年 2 月 25 日，德国和加拿大政府官员首先表态要禁止克隆人；2 月 27 日，法国当时的总统希拉克反对将克隆技术应用于人类；3 月 5 日，阿根廷议会立法禁止克隆人；意大利卫生部长罗西·槟迪宣布禁止克隆实验；丹麦暂停克隆研究；3 月 7 日，阿根廷总统卡洛斯·梅内姆下令禁止克隆人；日本学术审议会禁止为克隆人研究提供任何经费；3 月 11 日，马来西亚政府宣布反对任何企图克隆人类的尝试；世界卫生组织总干事中岛宏宣称反对克隆人的研究；欧盟委员会声明反对克隆人。美国当时的总统克林顿也迅速召集一群科学家，限他们在 90d 之内就该不该让“克隆人”成为可能给出一个答案。1998 年 1 月 12 日，欧洲 19 个国家和地区在巴黎签署了一份《禁止克隆人协议》。

为什么克隆人的设想会遭到如此众多的反对呢？首先，人们认为克隆人的出现扰乱了传统的社会伦理道德关系。千百年来，人类一直遵循着有性繁殖的方式，而克隆人却是实验室里的产物，是在人为操纵下制造出来的生命。尤其是在西方，“抛弃了上帝，拆离了亚当与

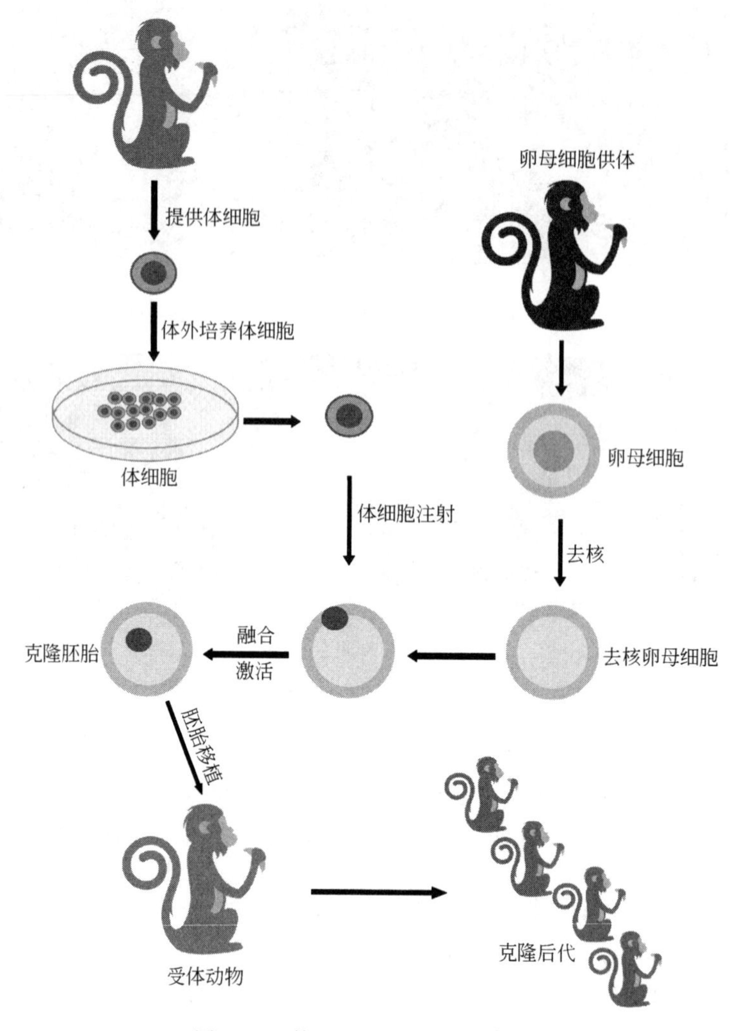

图 9.17 体细胞克隆猴的技术路线

夏娃”的克隆，更是遭到了许多宗教组织的反对。而且，克隆人可能既具有“基因母亲”，又具有“孕育母亲”，还可能有“养育母亲”，克隆人与被克隆人之间的关系也有悖于传统的由血缘确定亲缘的伦理方式，算母女或父子？还是算姐妹和兄弟呢？所有这些，都使得克隆人有悖于人类传统伦理道德和社会关系的固有模式与定位。其次，克隆人的价值容易被歧义。人们都希望自己的孩子是父母双方爱的结晶，而克隆人的诞生初衷或许带有某些特殊目的（如为了拯救另一个生命），或许在产生过程中经历了代理孕母等交易的中间环节，容易让人联想到商品的制造与交易过程，从而怀疑克隆人自身的存在价值。再次，如果人类社会都采用克隆这种无性繁殖方式，将使得人类的遗传重组和变异终止，人类将退出生物进化的大舞台，这无疑严重违背了自然界的演化规律。最后，人们也很担心和恐惧克隆人被战争或犯罪等不良企图利用。例如许多科幻小说和科幻电影中都曾预言的克隆人工人（阿尔杜斯·赫胥黎 1932 年创作的《美丽的新世界》）或克隆人战士（詹姆斯·卡梅隆 2009 年的《阿凡达》），甚至克隆某些战争狂人[如 1976 年，艾拉·雷文（Ira Levin）出版的科幻小说《巴西男孩》（The Boys from Brazil）就描述克隆了 94 个小希特勒分别寄养在巴西 94 个家庭的幻想]。这些科幻作品中关于克隆人工具的描述使得人们有足够的理由反对克隆人的尝试。

关于克隆人的问题，我们还应区分“生殖性克隆”与“治疗性克隆”两个概念（图9.18）。上述争议提到的“克隆人”其实是指“生殖性克隆”，也就是克隆出一个一模一样的个体人出来。而“治疗性克隆”则是利用人体内有发育潜能的干细胞，通过诱导分化、得到克隆的组织或器官，用于医学研究和治疗。目前，我国和主流科学界对克隆人的态度都是支持治疗性克隆，反对生殖性克隆。我们对克隆人应该也持这样的态度。

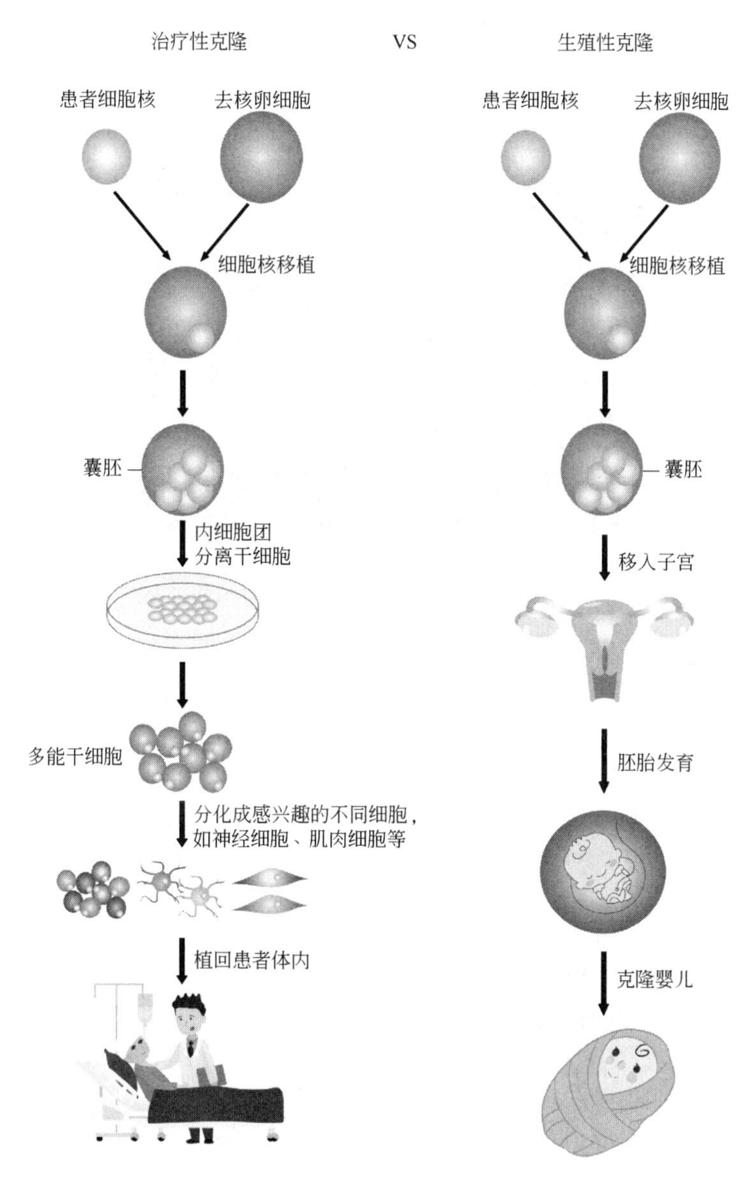

图 9.18 治疗性克隆与生殖性克隆的比较

9.2 转基因动物的筛选与检测

9.2.1 报告基因

动物转基因所采用的报告基因（reporter gene）又称为筛选标记基因。它可以编码一个产物，这个产物可以用简单廉价的实验来检测到。目前动物转基因实验中最常用的报告基因一般是荧光标记基因，比如从维多利亚水母中得到的编码绿色荧光蛋白（GFP）报告基因。GFP是一个生物发光标记，当暴露在蓝光（490nm）或紫光（395nm）下时，它可以发出很亮的绿色荧光（图9.19）。GFP荧光非常稳定，对光漂白作用有较强的抗性，同时GFP没有毒性，不会影响正常的细胞活动，甚至在恶劣的环境下都能稳定。此外，应用GFP基因作为报告基因，无需组织化学染色或提供外源作用因子。可作为活体报告基因，能在真实时间追踪基因表达和蛋白质定位，同时它没有种属依赖性，是一种具有明显优势的报告基因。近年来，红色荧光蛋白（RFP）基因也被广泛用于转基因动物的报告基因。

彩图9.19

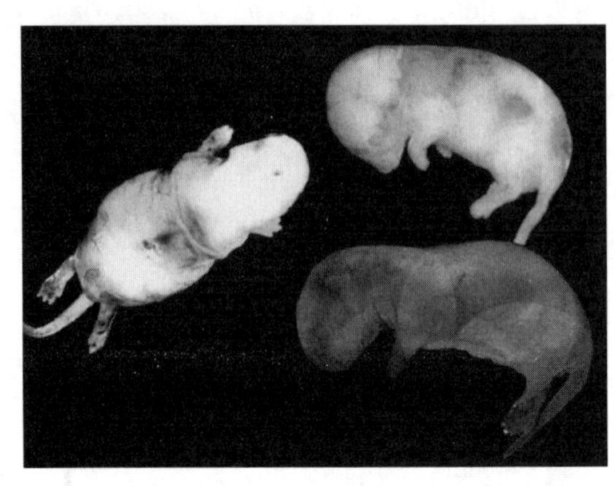

图9.19 荧光转基因小鼠。在实验鼠的基因组中导入水母的绿色荧光蛋白基因，使其在紫色光线的照射下呈现出绿色荧光。这种绿色荧光基因对小鼠无害，只起到标记作用

GFP不是酶，不能像荧光素酶或GUS等其他酶那样借助催化底物反应发光而放大检测信号，因此灵敏度不如酶类报告基因。但是GFP是单一蛋白依靠自身发光，这一点又比使用酶检测方便很多。为了提高GFP的应用范围和灵敏度，钱永健团队、Youvan团队、Stanley Falkow团队等先后利用易错PCR、数字成像光谱技术、寡核苷酸定向诱变技术等对GFP的基因进行大量诱变，获得了青色荧光蛋白（cyan fluorescent protein，CFP）、增强型青色荧光蛋白（ECFP）、增强型绿色荧光蛋白（enhanced GFP，EGFP）、蓝色荧光蛋白（blue fluorescent protein，BFP）、EBFP以及黄色荧光蛋白（yellow fluorescent protein，YFP）等多种荧光标记，从而大大拓宽了GFP的应用范围，可以同时标记多个基因或不同细胞器。现在GFP已经是基因工程中应用最为广泛的标记基因之一。

在转基因小鼠中，也有研究者尝试用酶作为报告基因。一旦转基因成功，则能测出新的酶活性。目前使用较多的主要有3种酶：细菌的编码氯霉素乙酰转移酶基因（*CAT*）、细菌的编码β-半乳糖苷酶基因（*lacZ*）和萤火虫的编码荧光素酶基因。其中*CAT*基因作为报告基因在转基因小鼠中使用最为广泛。这些报告基因在之前的章节中已有介绍，本节不再赘述。

9.2.2 分子生物学检测方法

对于转基因动物的筛选与检测，目前已经发展出许多分子生物学检测方法。分别从染色体和基因的水平、转录及蛋白质水平及转基因动物整体表型观察等不同检测水平上进行。

9.2.2.1 染色体和基因水平

（1）DNA斑点杂交

DNA斑点杂交（DNA blot hybridization）是指通过直接将变性的待测DNA样品转移

到尼龙膜（或硝酸纤维素膜）等固体支持物上，然后和探针杂交，从而检测样品中是否存在目的DNA序列的方法。根据点样方式和样品点的形状不同可分为斑点杂交、狭缝杂交（slot blot hybridization）、打点杂交（spot blot hybridization）。当目的基因与内源基因组DNA无同源性时可用它，为避免假阴性，可同时用质粒DNA（1～10pg）作阳性对照。该方法在分析基因组DNA时，对样品纯度要求低、快速、简便、经济、灵敏度高（能从2～5μg的基因组DNA中检出单拷贝基因），尤其是对大批子代动物的粗筛颇具优越性，应作为首选方法。但该方法易出现假阳性。

（2）PCR

PCR技术是DNA体外扩增技术，在引物作用下，通过重复变性、复性、延伸过程，在短时内可将两引物间模板扩增至百万倍。PCR所需样品少，灵敏度高而且操作简便，常用于转基因动物外源基因整合、表达的检测。尤其是在大型转基因动物研究中，用PCR先对着床前的胚胎筛选，再将已证实携带外源基因的胚胎植入母体，可极大地提高转基因的效率，减少人力物力的浪费。但该方法要求待分析的基因组DNA样品应尽可能纯化，否则会干扰反应，降低检测的灵敏度和可重复性；此外，用于大批量检测时，费用较昂贵。

（3）Southern印迹法

Southern印迹杂交技术（Southern blot hybridization）是通过探针和已结合于硝酸纤维素膜（或尼龙膜）上的经酶切、电泳分离的变性DNA链杂交，检测样品中是否存在目的DNA序列的方法。该法不仅灵敏而且准确，因而广泛用于转基因阳性鼠的筛选和鉴定。当转入基因与内源基因组DNA有较高同源性时，仍可用此法。此法对样品的质量和纯度要求较高，操作烦琐，费用也较高。

（4）整合位点的检测——染色体原位杂交（*in situ* hybridization）

染色体原位杂交是确定转基因在染色体上确切位置的重要手段，其原理是利用碱基互补的原则，以放射性同位素或非放射性同位素标记的DNA片段作探针，与染色体标本上的基因组DNA在“原位”进行杂交，经放射自显影或非放射性检测体系在显微镜下直接观察出目的DNA片段在染色体上的位置。最早同位素标记多采用放射性较低的^{3}H、^{35}S及^{125}I，它们具有定位精确的优点，但放射自显影实验时间长且操作较麻烦。随着荧光显微镜技术的发展，尤其是计算机图像处理系统的应用，增强了对荧光信号的分辨率，非同位素在染色体原位杂交中的应用取得了飞速发展。此外，反向PCR也可以用于检测外源目的基因的整合位点。

（5）整合拷贝数的检测

外源基因的拷贝数通常以每个单倍体细胞中整合外源基因的分子数计算。测定拷贝数的方法有斑点杂交技术和Southern印迹杂交等。其基本原理是在杂交实验中设置一系列阳性标准对照，然后将待测样品的结果（曝光或显色程度等）和阳性对照比较，进而确定转基因整合的拷贝数。该杂交与普通的杂交不同，是一种定量杂交，需要高度纯化和已准确定量的基因组DNA。一般点膜量为0.5μg、1μg、2μg、4μg、8μg基因组DNA，然后用1～100pg的梯度转基因片段为阳性对照和定量标准，最后计算出每个细胞中外源基因的拷贝数。一般说来，基因水平检测可选用Southern印迹杂交（或在子代动物数量较少时，可直接选Southern杂交）结合斑点杂交和PCR检测。若转基因与内源性基因的同源性较小，且检测数量大，首先选斑点杂交进行粗筛，然后做Southern印迹杂交，以便对完整的外源基因进行鉴定和确定其是否整合，再用染色体原位杂交和定量斑点杂交分别做整合位点和拷贝数的鉴定。若同源性较高时，只要选用适当的限制性内切酶酶切后也可用Southern杂交分析。还可设计高特异性引物的PCR法做外源基因是否整合的鉴定。

9.2.2.2 转录水平

在 mRNA 水平上检测外源基因是否表达，通常在做完整合检查、并有足够子代动物数量时进行。可采用 Northern 印迹法、RT-PCR、引物延伸分析、RNase 保护分析、RNase S1 保护分析法等。其中最常用的为以下三种。

（1）Northern 印迹法

Northern 印迹法（Northern blot hybridization）是通过探针和已结合于硝酸纤维素膜（或尼龙膜）上的 RNA 分子杂交，检测样品中是否存在目的 RNA 序列。该技术操作简便，在转基因和内源基因同源性较小时，可用于转基因表达的检测。但是如果两者的同源性较大，则此方法不适用。

（2）逆转录-聚合酶链式反应

逆转录-聚合酶链式反应（RT-PCR）方法是检测转基因表达最灵敏的方法。其基本原理是以总 RNA 或 mRNA 为模板，逆转录合成 cDNA 的第一条链，经这条链为模板，在有一对特异引物存在的情况下进行 PCR 检测转基因是否表达，还可进行定量。该方法可快速、精确地检测和定量分析半衰期较短和低丰富的 mRNA。该方法的不足在于重复性不好，难度大，费用昂贵。改进的方法目前是使用荧光定量 PCR 进行检测，灵敏度大大提高。

（3）RNase 保护分析

在 RNA 探针和靶 RNA 分子杂交时，如果二者的同源性不同，则形成杂交体的结构不同：同源性 100%，杂交体完全互补成双链分子；若同源性较低，杂交体因不完全互补将产生大小不同的单链环。因此，用 RNase 处理杂交体时完全互补的杂交体不被 RNase 水解（被保护），而未杂交的单链和杂交体中的单链环则被水解。对探针分子而言，同源性不同的靶 RNA 分子对探针的保护程度不同，电泳、自显影后，可得到不同长度的带型，故可以鉴定样品中的 RNA 分子。从原理上讲，当外源基因和 RNA 及内源性 RNA 只要有一个碱基的不同，即可通过 RNase 保护分析将两者加以区分。由于该法具有高度的灵敏性，且不受同源性的限制，和 Northern 印迹法相比，本法更为准确，故被广泛应用于转基因转录水平的检测。但该方法操作步骤烦琐。

9.2.2.3 蛋白质水平

从蛋白质水平检测转基因是否表达主要检测转基因的 mRNA 是否被翻译和被翻译的蛋白质是否有生物学功能。主要采用涉及免疫学的一些方法，可直接检测具有抗原性的蛋白质类表达产物的存在。

（1）免疫荧光抗体法

此方法利用待检细胞株先后与第一抗体（被检蛋白的单克隆抗体或多克隆抗体）、第二抗体（葡萄球菌蛋白质 A-FITC 或抗鼠 Ig 标记荧光素）反应，再用荧光显微镜观察照相。该方法简单易行，无需特殊仪器，无需进行蛋白质的提取，适用于蛋白质的定性研究。

（2）免疫沉淀法

免疫沉淀法可用于检测并定量分析多种蛋白质混合物中的靶抗原。这种方法很敏感，可检测出 100pg 的放射性标记蛋白。配合 SDS 聚丙烯酰胺凝胶电泳，即可用于分析外源基因在原核和真核宿主细胞中的表达情况。

（3）Western 印迹分析

Western 印迹（Western bloting）分析是 20 世纪 70 年代末 80 年代初在蛋白质凝胶电泳和固相免疫检测的基础上发展起来的，它结合了凝胶电泳分辨率高和固相免疫检测特异性强和敏感性高等多种优点，与免疫沉淀法比较，这种方法无需对靶蛋白进行同位素标记。具有从混杂抗原中检测出特定抗原，或从多克隆抗体中检测出单克隆抗体的优越性，还可以对转移到固相膜上的蛋白质进行连续分析，具有蛋白质反应均一性、固相膜保存时间长等优点，因此，该技术被广泛用于蛋白质研究、基础医学和临床医学研究。

（4）酶联免疫吸附法

酶联免疫吸附法（ELISA分析）由Engrall和Perlmann于1977年创立。它采用抗原与抗体的特异反应原理，将待测物与酶连接，然后通过酶与底物产生颜色反应，用于蛋白表达的定量测定。测定的对象可以是抗体也可以是抗原。测量时，抗原（抗体）先结合在固相载体上，但仍保留其免疫活性，然后加一种抗体（抗原）与酶结合成的偶联物（标记物），此偶联物仍保留其原免疫活性与酶活性，当偶联物与固相载体上的抗原（抗体）反应结合后，再加上酶的相应底物，发生催化水解或氧化还原反应而呈颜色。所生成的颜色深浅与欲测的抗原（抗体）含量成正比。

该方法特异、敏感，与放射免疫法比较，具有特异性好、所需仪器设备简单、试剂价廉、无放射性危害等优点。ELISA方法中所用的酶有辣根过氧化物（HRP）、碱性磷酸酶、β-半乳糖苷酶等。由于HRP活性强、价廉、性质稳定，故在ELISA分析中使用最广。

一般来说，Western印迹法更适用于少量样品的定性检测，而ELISA方法可一次方便地检出几十甚至几百个样品。

除直接测定基因表达产物外，还可通过定性或定量测定表达产物的生物化学性质和生物学活性，来鉴定表达产物的存在。其指标有酶活力测定、受体蛋白分析和激素活性的检测等。

9.2.3 转基因动物整体表型的观察

对于转基因动物来说，除了以上方法分析外，还需要从遗传学上，在动物整体水平上观察表现型的改变，分析基因型对动物整体性状和生理功能的影响，来进一步鉴定基因的性质。

综上所述，转基因动物的分子生物学检测方法有很多，根据它们各自的特点，我们从构建外源基因开始就需要考虑到最终该采取哪种转基因检测方法，从实验设计上尽可能达到精确经济、简便易行的目的。

9.3 转基因动物的现状与应用

9.3.1 转基因动物的现状

自1982年美国科学家Palmiter等将大鼠生长激素（GH）基因导入小鼠受精卵中获得转基因“超级鼠”以来，转基因动物已经成为当今生命科学中发展最快、最热门的研究领域之一。1985年，美国人用转移GH基因、GRF基因和IGF1基因的方法，生产出转基因兔、转基因羊和转基因猪。同年，德国Berm转入人的GH基因生产出转基因兔和转基因猪；1987年，美国的Gordon等首次报道在小鼠的乳腺组织中表达了人的tPA基因；1991年，英国人在绵羊乳腺中表达了人的抗胰蛋白酶基因。

我国是世界上较早开展转基因动物研究的国家。1985年，由中国科学研究院朱作言院士将重组人生长激素基因导入鲫鱼受精卵，首次获得快速生长的转基因鱼；1991年，获得快速生长的转基因羊；1992年，魏庆信教授以湖北白猪为实验材料，通过显微注射法和精子载体法导入*OMT/PGH*基因获得了转基因猪。1993年，成功研制健康的转基因兔。1999年，曾溢滔实验室培育出了我国第1头转有人血白蛋白基因的转基因牛；2002年，转基因鸡诞生；2004年，我国学者成功制作了乳腺反应生物器的转基因兔模型。2008年，人乳铁蛋白转基因奶牛研发成功，所产牛奶中的重组人乳铁蛋白含量为国际最高水平，并具有与天然蛋白相同的转运铁、抗菌等生物活性。2011 年，内蒙古农业大学成功获得 *Fat1* 转基因牛，*Fat1* 是动物产生 ω-3 多不饱和脂肪酸的关键基因，*Fat1* 转基因牛的动物产品对于预防人的心脑血管病具有重要价值。2017 年，华南农业大学将转基因小鼠的唾液腺作为生物反应器，生产出具有良好生物活性的人神经生长因子蛋白（human nerve growth factor，hNGF），该蛋白可用于治疗人类小儿脑瘫和老年痴呆等神经损伤或退化性疾病，标志着转基因动物的唾液腺作为生物反应器制备人类蛋白药物成为现实。

转基因技术发展的 30 余年，培育出的转基因动物不计其数，目前的转基因动物培育工作主要出于改善动物自身生存、提高动物源性产品的品质和产量、减少动物排泄物对环境的污染和用于生物制药工程。2006 年 6 月，世界首个利用转基因动物乳腺生物反应器生产的基因工程蛋白药物——重组人抗凝血酶Ⅲ（商品名：Atryn）获得欧洲医药评价署人用医药产品委员会的上市许可，标志着通过转基因动物进行药物生产进入产业化阶段。2015 年 11 月，世界上首例导入外源基因使生长速度变快的转基因三文鱼（商品名：AquAdvanage 三文鱼）获得美国食品药品管理局（Food and Drug Administration，FDA）批准进入市场销售（图 9.20），标志着转基因动物供人类食用迈出了关键的一步。转基因动物产业的发展也异常迅猛，已成为 21 世纪生物技术领域的支柱产业。

(a)

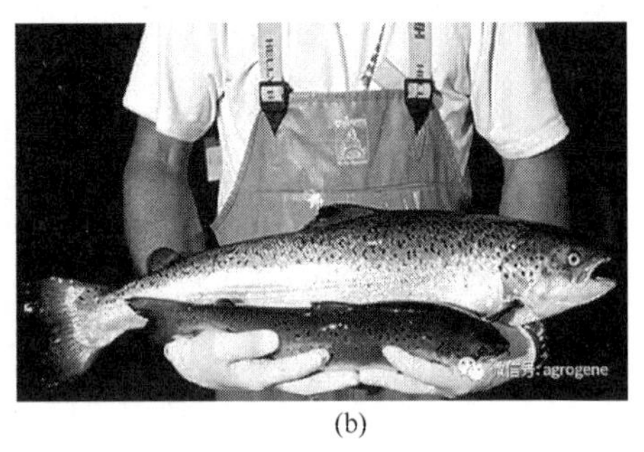
(b)

图 9.20　我国培育的转基因鲤鱼（a）和美国已经上市的转基因三文鱼（b）

转基因动物体系兼有细胞培养与同系育种体系的优点，同时又避免了两者的缺点。通过转基因技术，人们可以在动物的整个特定基因组背景下对某一特定的基因序列进行估计。而且，利用转基因动物可以对特定基因序列的调控行为进行真实生动的研究。人们已发现了转基因动物的许多用途，而且也预言它会有更多的新用途。

9.3.2　转基因动物在基因功能研究中的应用

基因功能研究是一个动态的开放系统，虽然现在已经有很多基因转移与表达的方法研究基因的功能，但只有转基因动物出现之后，人们才能比较方便地证实高等动物基因表达的时间空间顺序的调控机制。当我们想了解某一个基因产物的生物学作用，一方面可以将这一基因在转基因动物体内过度表达，也可以在特定的组织细胞内或特定的发育阶段定时定点地表达。这种方式对在自然情况下的动物基因组中的目的基因拷贝数无特殊要求，单拷贝或多拷贝都可以。另一方面，当转基因动物的外源目的基因插入某一内源基因后，可能会破坏该内源基因的功能，造成某一基因功能的缺失。通过这种基因敲除的方法可阐明某一特定基因在发育过程中的功能。采用这一方式，该目的基因在自然情况下的动物基因组中则必须为单拷贝。转基因动物还能体现一些基因表达的相对特异性和组织分布。如通过导入人生长激素释放因子（hGRF）基因与金属硫蛋白启动子建立的转基因鼠，血液中呈 hGRF 的高表达并过度生长，但在不同的组织水平却不同。在垂体和胰脏中呈高水平表达，在下丘脑和肝脏中呈中水平表达，在心脏和性腺中呈低水平表达，这表明了基因表达的特异性和组织分布规律。

总而言之，自从人类基因组计划实施以后，日益增多的遗传信息有待于我们借助动物转基因技术进行功能性研究，其内容包括：以报告基因为转基因探测动物或人类基因组中的时空特异性表达调控序列；以反义基因为转基因或 RNA 干扰敲低和沉默相关的内源基因，以及通过基因敲除和基因打靶技术构建基因表达缺陷-功能丧失的动物模型，用以筛选鉴定人类功能性基因，并为基因药物提供实验体；以同源基因为转基因体内检测其表达特性及产物的生物效应。

9.3.3 转基因技术在动物育种中的应用

用经典的物种选择方法培育动物新品种，要求在同种或亲缘关系很近的种间才能进行，且选择的先决条件是变异或突变，而自然突变率是极低的。而转基因技术的出现彻底改变了这一限制，可以使亲缘关系很远的种间遗传基因重组，在短时间内产生服从于人类意志的突变。转基因动物可以稳定地整合外源基因，并在合适的组织中表达，还可将这种性状遗传给后代，这样就可以生产出抗病、生长快、产肉、产毛、产奶更多、质量更好、耗饲料更少的转基因牲畜（图 9.21）。

图 9.21 中国农业大学研制的β-乳球蛋白敲除牛（2011）

（1）动物抗病育种

转基因技术可用于动物抗病育种，通过克隆特定病毒基因组中的某些编码片段，对其加以一定的修饰后转入畜禽基因组，如果转基因在宿主基因组中能得以表达，那么畜禽对该种病毒的感染应具有一定的抵抗能力，或者应能够减轻该种病毒侵染时为机体带来的危害。用干扰素基因、反义核酸基因、核酶基因、病毒中和性单克隆抗体基因等建立转基因动物，使其获得特异性或非特异性抗病毒能力，已经在国内外取得一定的进展。Berm（1988）将抗流感基因（*Mx*）转入猪，Clements 等将 Visna 病毒（绵羊髓鞘脱落病毒）的衣壳蛋白基因（*Eve*）转入绵羊，获得的转基因动物抗病力明显提高。此外，已有一些学者探索将某些可以提高动物生存力的外源基因导入动物基因组以获得生存力更强的转基因动物。在鱼类中，这种尝试已经获得成功。比如日本的学者克隆了鲤鱼珠蛋白基因，并将该基因转入世界观赏名鱼虹鳟鱼中，使其与鲤鱼一样，能耐低溶氧，不仅能在山泉流水中养殖，而且也能在静水池塘中养殖。此外，我国学者丘才良把一种寒带比目鱼抗冻基因（*AFP*）成功地转移到大西洋鲑中，为提高某些鱼类的抗寒能力做了积极的尝试。2011～2015 年，中国农业大学李宁实验室将人乳铁蛋白（hLF）和人溶菌酶（hLZ）基因转入猪体内，得到的转基因猪的乳汁含有高的乳铁蛋白，且能够显著抑制大肠杆菌的生长，肠道微生物菌群更健康。又如，把一种植物的天然毒素壳多糖酶基因转移到绵羊的受精卵中，转基因绵羊无需药浴就可以抵抗虱子的寄生。把小鼠抗流感基因转入猪体内，使转基因猪增强了对流感病毒的抵抗力。将编码溶葡球菌酶基因转入奶牛基因组，转基因牛可以有效预防由葡萄球菌引起的乳腺炎。利用基因打靶技术，将牛体内朊病毒基因（*PRNP*）敲除，能抑制疯牛病致病因子扩增。2014 年，扬州大学利用精原干细胞介导法，将流感病毒神经氨酸酶基因（*NA*）和抗黏液病毒基因（*Mx*）转入鸡体内，得到抗禽流感的转基因鸡等。

（2）促进动物生长

目前，生长激素基因、生长激素释放因子基因、类胰岛素生长因子-1 基因都已经有相应的转基因动物建立的报道。其中生长激素基因运用最早也最为频繁。我国培育的生长激素转基因猪，生产水平提高 20%；生长激素转基因鱼（红鲤共六种），生长速度快 10%～50%，增量 20%，可节约饲料 10%，并且遗传稳定性可达 80%。美国培育的转基因鲤鱼可增产 20%～40%，并已进行室外培养。澳大利亚科学家将生长激素基因转入绵羊，获得的转基因羊生长速度比一般的绵羊快 1/3，体形大 50%。

最近，我国华南农业大学等单位培育的转植酸酶基因的转基因猪则可充分利用植物饲料中的内源性磷，粪便中磷排放减少 75%，减少了磷在环境中的污染；培育出腮腺特异表达木聚糖酶的转基因猪，粪氮排放量比非转基因猪显著减少 16.3%；培育出腮腺特异表达甘露聚糖酶的转基因猪，粪磷排放量比非转基因猪显著减少 7.0%。这些转基因猪对环保大有裨益，因而称为“环保猪”。

（3）改善动物品质

羊毛是角蛋白通过二硫键紧密交联组成的，Damak 等（1996）将小鼠超高硫角蛋白启动子与绵羊的类胰岛素生长因子-Ⅰ（IGF-Ⅰ）cDNA 融合基因显微注射入绵羊原核期胚胎，成功地获得了 2 只转基因绵羊（1 公 1 母），用转基因公羊与 43 只母羊交配出生的 85 只羔羊中，有 43 只表现为转基因阳性。羔羊在 14 月龄剪毛时，转基因公、母羊的产毛量分别比半同胞非转基因羊提高 9.2%和 3.4%。

成纤维细胞生长因子 5（fibroblast growth factor 5，FGF5）是 FGF 基因家族的成员之一，是影响毛囊周期性活动及被毛生长的重要生长因子。多项研究表明，FGF5 基因的突变可以导致动物被毛增长。新疆生产建设兵团刘守仁院士实验室应用 TALEN 技术针对绵羊 FGF5 基因起始密码子 ATG 进行了敲除研究，得到了 FGF5 基因 ATG 位点缺失的突变细胞（2015）。内蒙古农业大学周欢敏实验室通过构建绒山羊 FGF5 基因打靶载体并转染阿尔巴斯绒山羊胎儿皮肤成纤维细胞，获得了 FGF5 基因敲除克隆细胞（2016）。随后，利用 CRISPR 技术对绒山羊 FGF5 基因进行了编辑，得到了无标记 FGF5 双等位基因敲除的细胞株（2016）。针对 FGF5 基因靶向敲除后个体的被毛性状进行研究后发现，与对照白绒山羊相比，靶向敲除 FGF5 基因绒山羊的绒长度明显降低，细度明显变粗和毛长度明显增加；TALEN 敲除技术获得的 FGF5 基因绒山羊的绒长度则明显增加。

改善乳品的营养成分或生理生化特征是改良牛、羊等动物品种的重要方面。牛奶中含有大量的乳糖，多数人不能完全消化或对其过敏。未被消化的乳糖最后在小肠内被细菌分解为易挥发性的短链脂肪酸、水和二氧化碳，严重时可导致肠乳糖酶缺乏症。其症状为腹痛、恶心、腹泻，严重的甚至会引起脱水。Bernard 等用乳腺特异性表达启动子（α-清蛋白基因启动子）与大鼠肠乳糖酶（根皮苷水解酶）基因 cDNA 构建了表达载体并通过显微注射的方法制作了转基因小鼠。肠乳糖酶基因在转基因母鼠乳腺泡状细胞的顶端得到表达且具有活性。乳糖酶使小鼠乳汁中乳糖的含量减少了 50%～85%，而脂肪和其他蛋白质的含量则没有明显变化，吃这种低乳糖奶的小鼠发育正常。目前，研究者已经成功使得乳糖酶转基因在牛乳腺细胞中表达，这种转基因奶牛能生产无乳糖牛奶，深受那些对乳糖过敏或消化不良的人群欢迎。

2015 年，中国农科院李奎实验室利用锌指核酶技术、吉林大学的研究人员利用 CRISPR/Cas9 技术分别敲除梅山猪肌肉生长抑制素（myostatin，MSTN）的基因，结果具有典型双肌臀现象，肌肉发达，脂肪降低，瘦肉率提高。

9.3.4 转基因动物在医学研究中的应用

(1) 建立各种人类疾病模型

采用转基因技术，人为定向地使动物基因组中某个特定基因发生突变，也可以人为地导入一个或多个外源基因至动物体内，就可以建立人类疾病相关基因的转基因动物模型。目前，已经建立了多种转基因动物模型，用来研究人类疾病的发病机制和治疗措施。在遗传病、心血管疾病、病毒性疾病、代谢性疾病、肿瘤以及免疫学研究中取得了重要的进展。

研究证明，所有脊椎动物都携带有癌基因，在正常情况下，并不引起细胞癌变，只有在某些理化或生物因子作用下被激活，而导致细胞癌变。建立带有肿瘤基因的转基因动物，对癌基因的活性、肿瘤的发生与抑制、肿瘤的治疗等研究提供了极为重要的方法与途径。它能从整体水平、四维时空角度同时观察到目的基因的活动变化情况。1985 年，Hanahan 用胰岛素基因增强子与 SV40 大 T 抗原基因重组，制备的转基因小鼠常发生胰腺癌。DNA 肿瘤病毒 PBV 的转基因动物产生了皮肤癌，T 细胞白血病病毒转基因鼠产生了神经纤维瘤等。

各种调节心血管功能的因子，也可通过转基因动物进行研究，了解其生理功能及作用。目前，已有多种高血压转基因动物模型，如自发性高血压鼠、盐敏感高血压鼠等，为研究高血压提供了方便。由于这些模型的遗传背景复杂，无法单独考察各基因在血压调节中的作用，1990 年，Mullins 等首次将小鼠肾素基因（*ren-2*）导入大鼠，产生因单一基因改变而引起的高血压鼠，成为高血压研究的新模型。1992 年，Lawn 等还建成了动脉粥样硬化的转基因动物模型。

2013 年，中国农业大学李宁实验室把 PKD2 基因转入猪体内，构建了人类的常染色体显性遗传性多囊肾病（ADPKD）的转基因猪模型。2014 年，中国科学院动物研究所赵建国实验室利用 TALEN 打靶技术分别将 *GGTA1*、*Parkin* 和 *DJ-1* 基因定点整合入猪基因组特定位点，通过体细胞克隆获得双等位基因敲除猪，建立了可用于研究帕金森病的转基因猪模型。南京医科大学戴一凡实验室则通过 CRISPR/Cas9 技术成功得到了无 B 细胞的转基因猪，获得免疫缺陷疾病动物模型（2015）。

(2) 在改造移植器官中的应用

人类器官移植技术拯救了千千万万人的生命，但一直存在供体器官来源严重不足的问题。因此，异种器官移植将成为解决这一问题的最为有效的途径。在人类之外的其他非灵长类动物中，猪的器官大小、解剖生理特点与人类相似，组织相容性抗原 SLA 与人 HLA 具有较高的同源性，而且携带的人畜共患疾病的病原体相对较少，容易饲养，饲养费用低廉。因此，人们普遍认为猪是人类器官移植的最理想的供体。异种器官移植中存在的主要问题是免疫排斥反应，有两种解决办法：一种是在移植前去除受体器官的抗体，但它能迅速再生成；另一种较长久的措施是通过转基因技术，特别是基因打靶技术，向器官供体基因组敲入某种调节因子，抑制 α-半乳糖抗原决定基因的表达，或敲除 α-半乳糖抗原决定基因，再结合克隆技术，培育大量不含免疫排斥的转基因克隆猪的器官。通过免疫排斥相关基因转基因猪的建立，对猪的器官进行遗传改造，降低或消除其对人体的免疫排斥反应，最终可以应用于人体的器官移植。中国学者在国际上率先利用体细胞克隆和转基因技术，敲除了猪细胞表面糖蛋白抗原相关的 β-半乳糖转移酶基因，克服了超急性免疫排斥的障碍，为成功进行异种器官移植奠定了基础。可以预期，转基因猪将成为人类最好的异种器官原产地，提供皮肤、角膜、心脏、肝脏、肾脏等多种器官，让器官衰竭的病人燃起生的希望。目前，已经进行的部分猪器官异种移植研究与开发的项目如表 9.2 所示。

表 9.2　利用猪组织器官作为异种移植研究开发的部分项目

组织或器官	治疗疾病	开发公司	组织或器官	治疗疾病	开发公司
猪胰腺细胞	糖尿病	Neocrin(美国)	猪胎儿神经细胞	帕金森综合征	Diacrin(美国)
猪胰腺细胞	糖尿病	Vivorx(美国)	猪胎儿神经细胞	帕金森综合征	Genzyme(美国)
猪肝细胞	肝坏死	Circe Biomedical(美国)	猪肾、心脏、肝脏	器官衰竭	Immutran(英国)
猪肝脏	肝衰竭	Nextran(美国)	猪全部器官	器官衰竭	PPL Therupeuticals(英国)

(3) 在新药开发及疾病治疗中的应用

转基因动物疾病模型已经用于新药开发的研究，研究者可以精确地失活某些基因或增强修复某些基因的表达，从而制作出各种研究和治疗人类疾病的动物模型和新药的筛选模型。

在开发用于治疗复杂疾病的药物的过程中，理想的动物模型是一个关键。例如寻找治疗阿尔茨海默病（老年痴呆症）的药物，之前由于缺少合适的动物模型，进展十分缓慢。Games 等利用转基因技术将血小板源生长因子的启动子序列和 β131 淀粉样蛋白前体（APP）突变基因拼接而成的转基因导入小鼠，制备成 PDAPP 转基因小鼠。这种小鼠表达高水平 APP，其下丘脑和前皮质层中具有早老性痴呆特有的神经病变，为寻找能阻止可溶性 β 淀粉样蛋白沉积或防止其他神经病变发生的药物提供了十分珍贵的动物模型。目前，已经培育出了动脉粥样硬化、镰刀形红细胞贫血症、阿尔茨海默病、自身免疫病、肿瘤发生的转基因动物模型、关节炎转基因动物模型、淋巴组织生成、真皮炎及前列腺癌小鼠等多种疾病的模型动物，在创伤性脑损伤研究中，在心血管疾病、乙型肝炎、肿瘤和各种遗传病研究中发挥着重要的作用。

利用转基因技术建立敏感动物品系和产生与人类相同疾病的动物模型来进行药物筛选，可大大提高药物筛选的准确性，缩短试验时间，减少试验次数，降低筛选成本。传统的筛选方法是进行动物实验和体内试验，而传统的动物模型一般选取与人类某种疾病有类似症状的动物，其致病的机制常与人体不完全一致，从而导致筛选结果与临床结果不一致。目前，转基因动物已经广泛用于抗肿瘤、抗艾滋病、抗肝病等的药物筛选。

以目前药物筛选中常用的转基因小鼠为例，主要方法是将待检药物以一定的方式去处理具有某种或某些特定遗传性状的转基因小鼠模型，然后通过一定的手段，从一定的角度或水平去了解所用药物所发生的反应，从而对所检测的药物做出评价。由于药物代谢的整个过程利用了小鼠体内的酶学体系，加之模型本身具有类似于人类疾病的异常表型，因此，做出的评价真实性是比较高的。

自艾滋病被发现以来，全球投入了大量的人力物力，但由于之前一直缺少合适的实验动物模型，研究工作受到很大影响。HIV 对感染宿主的选择性很高，只有长臂猿和黑猩猩对 HIV 敏感，而这两种动物都不适用于生物医学研究。目前，已经利用基因工程技术制备了人工免疫缺陷鼠和转基因鼠作为研究抗艾滋病的模型动物。Mehtali 等建立了双基因系统转基因鼠模型，它具有反式激活 *HIV-1* 基因产物和长末端重复序列分子的特点，可用来筛选新的抗艾滋病药物。

9.3.5　动物生物反应器

伴随着基因工程技术的发展应用，那些过去只能从组织或捐献血液中提取的、具有重要医学实验研究或临床治疗价值的活性蛋白，现在可通过转基因生产系统而大量生产。动物生物反应器（bioreactor）是指利用转基因活体动物的某种能够高效表达外源蛋白的器官或组织来进行工业化生产活性功能蛋白的技术，这些蛋白一般是药用蛋白或营养保健蛋白。

相对于微生物生物反应器及其他反应器，动物生物反应器体现了独到的优势。微生物生物反应器主要包括细菌发酵、真核细胞培养和个体表达，个体表达即转基因动物生物反应器。正如在前面部分讨论的由于原核生物的遗传物质结构简单、繁殖周期快，因此它最早被用来进行实验研究，也是目前用来表达生产人体蛋白的最主要的生物反应器。但该表达系统存在许多不可克服的缺陷，如表达产物在细菌细胞内通常形成不溶性的包涵体颗粒，致使产物因不能折叠成正确的空间结构而丧失其生物学活性，制备成纯品需要数道工序。而采用酵母表达系统，重组质粒的稳定性差。

真核细胞培养是指将目的基因转染到真核细胞，使真核细胞在培养生长过程中表达所需要的活性蛋白，但此类生物反应器对培养温度和细胞赖以生长的培养基成分的变化很敏感，防止污染的条件设施要求很高，难以大规模培养，因此产量较低，生产成本与用细菌发酵生产一样居高不下。这些缺陷阻碍了基因工程药物产业化的进程。

选择转基因动物特别是大型的哺乳动物作为生物反应器是有利的，因为动物体自身会吸取新鲜的养分以保持体液中养分含量的恒定，而且自身会将废物排出体外，还会调节自身体内温度与 pH 值恒定并抵御病原体侵染。转移基因目标性的表达使其蛋白产物从反应器的肝脏、乳腺或肾脏中的分泌细胞中分泌出来，这样就可以毫不费力地通过收集和处理体液而从中提取产物。哺乳动物腺体很可能是最有发展前景的靶组织，因为它们在一个恒定的体液环境中可以产生大量的蛋白质，人们可以每天收集体液，而且不会受到病原体的侵染。转基因动物不仅是收益较好的生物反应器，而且哺乳动物具有的各种不同的细胞和器官也导致其可以进行更多的复杂的蛋白质修饰作用，而这靠单纯的细胞培养是无法办到的。转基因动物作为生物反应器，其特点是表达产物能充分修饰且具有稳定的生物活性，产品成本低，并可进行大规模的生产，产品质量高，可诱导分泌，易提纯。目前，已经有多种人体需要的重组蛋白在动物生物反应器中分泌生产，其中一些列于表 9.3。

表 9.3　一些动物生物反应器分泌产生的重组蛋白

生成系统	动物种类	重组蛋白
乳汁	小鼠	羊 β 乳球蛋白
		人组织纤溶酶原激活因子
		人的尿激酶
		人的生长激素
		人的纤维蛋白原
		人的神经生长因子
		蜘蛛丝
	兔	人的促红细胞生成素
	羊	人的 α_1 抗胰蛋白酶
	山羊	人的组织纤溶酶原激活因子
血清	兔	人的 α_1 抗胰蛋白酶
	猪	重组抗体
尿液	小鼠	人的生长激素
精液	小鼠	人的生长激素

常见的动物生物反应器包括乳腺生物反应器、家蚕的丝腺反应器、鸡的输卵管生物反应器、血液生物反应器、尿液生物反应器等（图 9.22）。其中，研究和应用最为广泛的首推乳腺，主要因为：①乳汁是可连续合成并分泌的集体流体，频繁采集不会对转基因动物本身构成危害，正常情况下一头奶牛每年可产上万升乳汁；②转基因动物只局限在乳腺细胞中表

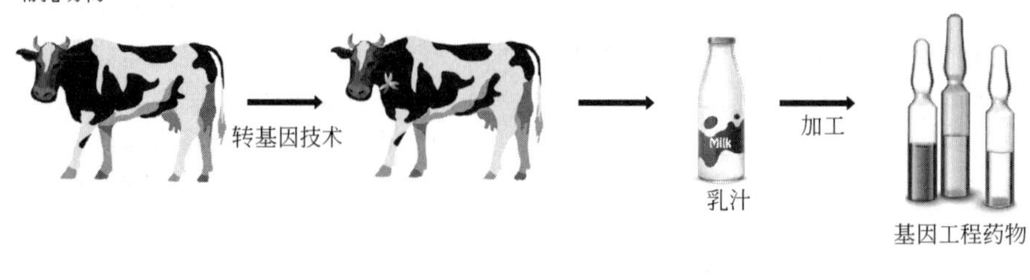

图 9.22 转基因生物反应器的类型

达，不会干扰动物整个机体的正常生理状态；③大多数的转基因产物尤其是蛋白多肽药物本身就是人体蛋白，在动物体内表达后对人体不易产生免疫反应；④动物乳腺是一个十分理想的蛋白质翻译后加工场所，异源重组蛋白在这里能获得天然的结构；⑤最为重要的是，动物乳汁中只有为数不多的十几种蛋白组分，其性质和含量均已知，这使得转基因产物的大规模分离纯化变得十分方便。动物生物反应器相当于一个活的自动发酵系统，温度、水分、pH值、氧气由动物自身控制调节，其本质和微生物发酵系统差别并不大，但精确度却大大提高，所以也有人将它比喻为药物工厂、基因农场（gene farming）或分子农场（molecular farming）。

乳腺生物反应器的应用主要体现在三个方面：其一是通过表达某些物质或减少某些物质，提高乳汁的营养价值。如提高牛奶中乳铁蛋白、酪蛋白和溶菌酶的含量，使牛奶的成分更接近于人奶，提高它的营养价值。降低或去除牛奶中乳球蛋白的表达，可以改善人对乳球蛋白的过敏。动物乳腺有广泛表达外源基因的能力，可以生产各种蛋白质和多肽，从小分子肽到大分子蛋白质，从分泌型蛋白到内膜蛋白、多聚蛋白、二价抗体等，在生产高附加值蛋白质方面有广泛的用途。以转基因动物来生产目的产品，可极大地降低成本和投资风险。有经济学家算过一笔账，若用其他生产工艺来生产 1g 蛋白质，成本需 800～5000 美元，而利用转基因动物只需 0.02～0.5 美元。传统药物的研制生产周期是 15～20 年，乳腺生物反应器方法一般为 5 年。生物反应器技术已成为当今生物工程技术的制高点和市场竞争热点。目前，世界上有数十家公司正在致力于动物生物反应器的研究。例如荷兰 GenPharm 公司用转基因牛生产乳铁蛋白，预计每年从乳汁中提炼出来的营养奶粉的销售额是 50 亿美元。用转基因羊生产的含 α-抗胰蛋白酶的羊奶每升可售 6000 美元（图 9.23）。

其二是生产药用蛋白及营养保健品。褪黑素是一种主要由动物松果体分泌的吲哚类激素，具有调节睡眠、抗衰老、神经保护、促进细胞生长、调控生殖内分泌等生物学功能。利用原核胚微注射和体细胞核移植技术生产褪黑素合成限速酶 AANAT 和 HIOMT 转基因崂山奶山羊，通过乳腺特异表达载体实现 AANAT 和 HIOMT 在奶山羊乳腺中高效表达，生产褪黑素功能乳。现在人们已用乳腺生物反应器表达多种重组蛋白，如凝血因子Ⅷ、凝血因

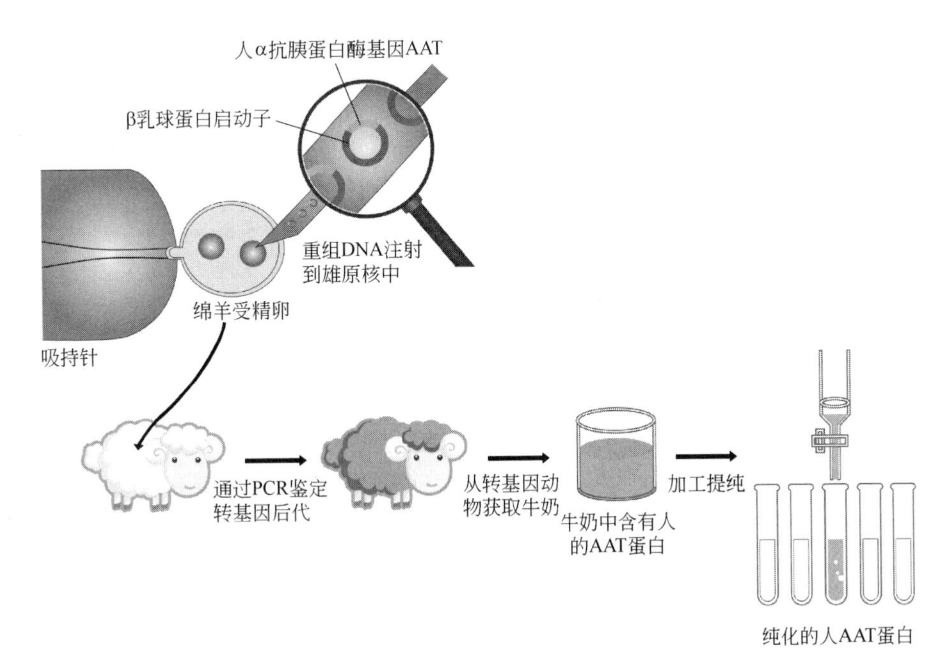

图 9.23　利用转基因羊动物反应器生产人 α 抗胰蛋白酶

子Ⅸ、甲肝抗体、乙肝抗体等。现在药用蛋白和保健品的产量只能满足市场需求的 10%～15%。到 2010 年，转基因动物的重组蛋白产品销售额达到 350 亿美元，生产的药物占整个基因工程药物的 90%以上。可见利用乳腺生物反应器生产药用蛋白和营养保健品具有很大的市场。继在欧洲药监局批准上市后，美国食品药品管理局（FDA）2009 年 2 月也批准了首个转基因山羊表达的抗血栓药物 Atryn 上市。美国 GTC 生物治疗公司从人体中提取了抗凝血酶基因，将其与山羊乳蛋白基因整合，通过显微注射进山羊胚胎细胞中，然后将胚胎移植进母羊的子宫，通过乳汁的分泌获得丰富的抗凝血酶，这种酶是一种天然的血管“清道夫”，Atryn 可以阻止遗传性抗凝血酶缺陷症患者体内形成过多血栓。世界上第一个转基因动物生产的药物上市用于临床，这标志着转基因技术在动物农业和生物医药产业的发展真正迈入了产业化时代。GTC 公司上市的 Atryn 预计每年市值 7 亿美元。另据美国红十字会分析，乳腺生物反应器所生产的人血白蛋白（HSA）、人纤维蛋白原（hFIB）、人蛋白 C（hPC）、人凝血因子 hF-Ⅷ和 hF-Ⅸ的市场潜力年估值均在几亿和十几亿美元之间。转基因动物生物反应器产业将成为最具有高额利润的新型工业，将成为 21 世纪生物医药产业的一种新的生产模式。

其三，利用乳腺生物反应器高效表达蛋白的特点，还可以生产生物材料。例如把蜘蛛的牵丝蛋白基因转入山羊，从羊奶中提取蛛丝蛋白，再纺成人造蜘蛛丝，这种丝被称为生物钢，它的强度是钢的 4～5 倍，还具有柔软、轻盈的特点。可以用来制造手术缝线、服装、防弹衣、军工材料等。

尽管乳腺生物反应器的优点显而易见，但也有它的不足之处：首先，动物泌乳期会有间隔；其次，有些蛋白，如胰岛素、肿瘤坏死因子等不能在乳腺里表达；此外，有些蛋白在乳腺中的修饰可能与天然蛋白不同，因此，乳腺所生产的重组蛋白是否具有活性还需要进行结构和功能分析。但是，尽管乳腺生物反应器有种种不足，但由于其独特的生理结构和发育特点，它仍然是目前最理想的生物反应器。

除了乳腺生物反应器之外，其他生物反应器的缺陷要更加明显。如，家蚕丝腺反应器的制备比较困难，从蚕丝中提取重组蛋白也比较困难，因此，蚕丝腺反应器主要用于制备材料相关的工业蛋白，用丝腺反应器制备药用蛋白还有很多技术难关需要克服。鸡的输卵管反应器，得到稳定、整合情况清楚的转基因鸡比较困难，大规模生产还很遥远。血液生物反应器则适合于表达血红蛋白、抗体和非活性的融合蛋白，而有活性的融合蛋白，如细胞分裂素、激素、纤溶酶原激活物因为进入循环系统会影响动物的健康，所以不适合在血液中表达。而尿液生物反应器的最大问题是表达蛋白含量低，每毫升只有纳克级，很难获得大量的重组蛋白。总的来说，家蚕丝腺反应器和鸡输卵管反应器离广泛应用还有距离；血液反应器和尿液反应器的应用范围都很有限，不是理想的生物反应器。

随着转基因动物技术和基因工程的发展，在未来，生物反应器在生物学与医学中的应用将会越来越广泛，它也会越来越多地改变我们的生活。

本章小结

转基因动物是指细胞内整合有外源目的基因并能稳定表达的动物个体。与转基因植物制作有些不同，外源基因导入动物细胞的方法主要有显微注射法、逆转录病毒载体法、ES 细胞法及体细胞核移植法等。

显微注射法是最早使用也是目前最常用的制备转基因动物的方法，通过在显微镜下利用转基因仪将外源基因直接注射到动物受精卵的雄原核内而得到转基因的后代。为了提高外源基因的整合率，往往需要利用带有转座子系统的转基因载体，如果蝇的 P 因子载体、小鼠的 PB 转座子载体以及斑马鱼的 Tol 转座子载体等。逆转录病毒转染也可以提高感染率和外源基因整合率。构建逆转录病毒载体时，往往需要把其自身的 3 个结构基因去掉，而取代以外源目的基因，通过辅助病毒和包装细胞的协助才能得到具有感染能力的重组载体。ES 细胞由于保留了体外增殖分裂和体内分化发育的双重特性，成为转基因动物的良好受体。通过在体外将外源目的基因导入到 ES 细胞进行筛选鉴定，再把转基因阳性的 ES 细胞输入囊胚完成体内发育，可以大大提高转基因动物的得率。体细胞核移植法则是近年克隆大型动物和制备转基因所用的方法，同 ES 细胞一样可在体外筛选和鉴定，但是又避免了 ES 细胞后代只能得到转基因嵌合体的缺点，可以得到 100%的转基因后代。

转基因动物的发展速度很快，在各种模式动物和家养动物中都已得到大量转基因的品系。其应用也很广泛，在改良动物性状、制备基因功能研究模型、人类疾病动物模型、器官移植模型和新药筛选模型等方面已发挥了不可取代的作用，做出了重要的贡献。动物生物反应器也成为取代工程菌生产基因工程药物的首选方法。

复习题

1. 什么是转基因动物?
2. 显微注射法制备转基因动物的主要过程是什么?
3. 逆转录病毒法制备转基因动物的主要过程又是怎样的?
4. 用胚胎干细胞制备转基因动物有什么优点?
5. 什么是体细胞核移植法? 主要流程是什么?
6. 什么是动物器官生物反应器?
7. 转基因动物有哪些应用?
8. 转基因动物在医药科学研究中的应用有哪些?
9. 转基因动物的鉴定方法有哪些?
10. 逆转录病毒的结构与基因组特点是怎样的?
11. 比较在细菌、真核细胞和动物个体中表达外源基因的优缺点。
12. 谈谈你对转基因动物的安全性问题的认识。

10

基因治疗

□ **本章导读**

基因治疗是利用基因工程技术向有功能缺陷的人体细胞补充相应的功能基因，以纠正或补偿其基因缺陷，从而达到治疗疾病的目的。本章介绍了基因治疗的基本概念和基本流程，基因治疗常用的几种病毒载体，如逆转录病毒载体、腺病毒载体、腺相关病毒载体等以及遗传性疾病、肿瘤和艾滋病的基因治疗基本策略以及最新的研究进展，便于认识基因治疗的操作原理与研究意义。

10.1 基因治疗的概念与策略

基因治疗（gene therapy）是指通过一定的方式，将正常功能基因或有治疗作用的DNA序列导入人体靶细胞去纠正基因突变或表达失误产生的基因功能缺陷，从而达到治疗或缓和人类遗传性疾病的目的。在这种治疗方法中，目的基因被导入到患者的靶细胞（target cell）内，或者与宿主细胞（host cell）染色体整合成为宿主遗传物质的一部分，或者不与染色体整合而位于染色体外，但都能在细胞中得到表达，起到治疗疾病的作用（图10.1）。

目前基因治疗的概念有了较大的扩展，凡是采用分子生物学的方法和原理，在核酸水平上开展的疾病治疗方法都可称为基因治疗。基因治疗本身也并不局限于各种遗传性疾病的治疗，现已扩展到肿瘤、艾滋病、心血管疾病、神经系统疾病、自身免疫疾病和内分泌疾病等。随着对疾病本质的深入了解和新的分子生物学方法的不断涌现，基因治疗方法也会有较大的发展。

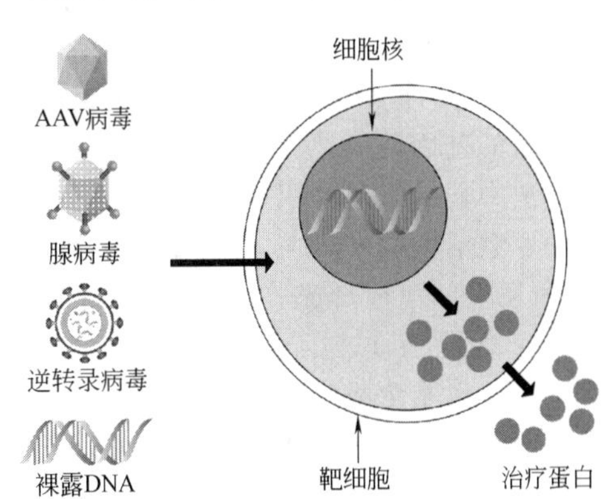

图10.1 基因治疗的原理。将治疗基因与逆转录病毒、腺病毒、AAV病毒等载体连接，或者直接导入到病变的靶细胞，治疗基因表达产生治疗蛋白，纠正细胞功能缺陷

能开展基因治疗疾病的前提条件是：

① 治疗的疾病是目前治疗方法中难以阻止疾病发展的严重疾病；

② 发病机制在DNA水平上已经清楚；

③ 要转移的基因已经克隆分离，对其表达产物有详尽的了解；

④ 基因正常表达的细胞最好可在体外进行遗传操作。

10.1.1 基因治疗的途径与策略

基因治疗有两种途径，一是体外法（*ex vivo*），是将受体细胞在体外培养，转入外源基因，经过适当的选择系统，把重组的受体细胞回输到患者体内，让外源基因表达以改善患者的症状。经典的基因治疗方案以及肿瘤的细胞治疗大多采用这种方法。体外法的操作步骤较多，费用较高，但可以在多个环节进行把控，相对风险较小。二是体内法（*in vivo*），此法不需要细胞移植，直接将外源 DNA 注射至机体内，使其在体内表达而发挥治疗作用（图 10.2）。体内法步骤较少，费用较低，但疗效不太好确定，可能的风险较大，因此在治疗时需要更加慎重。常用的体内基因直接转移手段有病毒介导、脂质体介导和基因直接注射等。

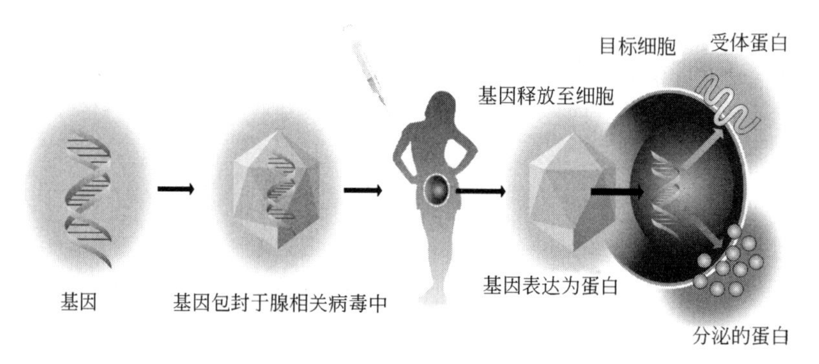

图 10.2 体内法基因治疗的途径

基因治疗的策略大致可分为以下几种。

① 基因置换（gene replacement）。就是用正常的有功能的基因完全替换病变细胞内的致病基因，使细胞内的 DNA 完全恢复正常状态，达到永久性更正和治疗的目的。

② 基因修正（gene correction）。是指将致病基因的突变碱基序列纠正，而正常部分予以保留，使突变的致病基因恢复正常的功能。

由于技术的限制，目前成功的基因治疗都没有采取这两种策略。但是 CRISPR 基因编辑技术的问世和发展，为这两种基因治疗策略带来了希望。

③ 基因修饰（gene augmentation），又称基因增补。是将目的基因导入病变细胞或其他细胞，目的基因的表达产物能够修饰缺陷细胞的功能或使原有的某些功能得以加强。在这种治疗方法中，缺陷基因仍然存在于细胞内。目前基因治疗多采用这种方式。例如，将组织型纤溶酶原激活剂的基因导入血管内皮细胞并得以表达后，防止经皮冠状动脉成形术（PTCA）所诱发的血栓形成。

④ 基因激活（gene activation）。有些正常基因不能表达并非发生了基因突变，而是由于被错误地甲基化或编码区组蛋白去乙酰化所致；也有的基因是编码区正常而调控序列发生了突变，如启动子的突变等。前者可以通过去甲基化或乙酰化使基因恢复活性，后者可以加入正常的启动子来激活基因。

⑤ 基因失活（gene inactivation）。利用 RNA 干扰（RNAi）及反义 RNA 或核酶等反义技术能特异地封闭基因表达的特性，抑制一些有害基因的表达，以达到治疗疾病的目的。

⑥ 免疫调节（immune adjustment）。这是将抗体、抗原或细胞因子的基因导入患者体内，改变患者的免疫状态，从而达到预防和治疗疾病的目的。如将白细胞介素-2（IL-2）导入肿瘤患者体内，提高患者 IL-2 的水平，激活体内免疫系统的抗肿瘤活性，达到防治肿瘤复发的目的。这种策略在现阶段肿瘤的基因治疗中应用比较多，且近年研究进展很快。

⑦ 药物敏感疗法，也称自杀基因疗法。应用药物敏感基因转染肿瘤细胞，以提高肿瘤患者细胞对药物的敏感性。例如向肿瘤细胞中导入单纯疱疹病毒胸苷激酶基因（*HSV-tk*），然后给予患者无毒性环氧鸟苷（GCV）药物，由于只有含 *HSV-tk* 基因的细胞才能将 GCV 转化成有毒的药物，因而肿瘤细胞被杀死，正常细胞不受影响。

总之，基因治疗的策略较多，各有利弊，可根据不同的情况选用不同的方法，也可针对同一种疾病采用多种基因治疗策略，如后面将要阐述的肿瘤和艾滋病的基因治疗就同时会采取多种治疗策略。

10.1.2 基因治疗的基本程序

基因治疗的基本程序包括基因治疗研究的基本程序和基因治疗临床实施的基本程序两个方面。基因治疗研究的关键步骤包括：①目的基因的选择与制备；②靶细胞的选择和培养；③安全而高效的基因转移系统的建立与基因的导入和表达。而基因治疗临床实施的主要步骤则更全面，包括：①确定基因及其功能特征；②体外基因转移实验；③临床前实验（动物）；④临床级载体构建；⑤机构评估部与机构评估委员会的批准；⑥管理机构 RAC 的批准（在美国是 FDA）；⑦生物生产与应用的优化；⑧Ⅰ～Ⅲ期临床试验；⑨管理机构批准产品。

（1）目的基因的选择和制备

基因治疗的首要问题是选择用于治疗疾病的目的基因。对遗传病而言，只要已经研究清楚某种疾病的发生是由于某个基因的异常所引起的，其野生型基因就可被用于基因治疗，如用 *ADA* 基因治疗 SCID（重度联合免疫缺陷症）。

通常来说，可用于基因治疗的基因需满足以下几点：

① 在体内仅有少量表达就可以显著改善症状；

② 该基因的过高表达不会对机体造成危害；

③ 外源基因可有效导入靶细胞；

④ 外源基因能在靶细胞中长期稳定存留；

⑤ 导入基因的方法及载体对人体细胞安全无害。

对于由单基因缺陷引起的隐性遗传疾病，往往是首选的用于基因治疗的疾病。因为如果致病基因隐性，导入正常有功能的基因便是显性，其表达产物可以克服缺陷基因的功能不足。表 10.1 列举了成功实现基因治疗的常见单基因隐性遗传病。

表 10.1 单基因缺陷所引起的遗传性疾病

遗传病	所缺陷的基因
免疫缺陷(immunodeficiency)	腺苷脱氨酶或嘌呤核苷酸磷酸化酶
高胆固醇血症(hypercholesterolaemia)	低密度脂肪酸受体
血友病(haemophilia)	凝血因子Ⅷ(血友病 A)或凝血因子Ⅸ(血友病 B)
戈谢氏病(Gaucher disease)	葡萄糖脑苷脂酶

续表

遗传病	所缺陷的基因
黏多糖病(mucopolysaccharidosis)	葡萄糖醛酸酶
肺气肿(emphysema)	α_1 抗胰蛋白酶
囊性纤维化(cystic fibrosis)	囊性纤维化跨膜转导调节因子(CFTR)基因
苯酮尿症(phenylketonuria)	苯丙氨酸羟化酶
高氨血症(hyperammonaemia)	鸟氨酸转氨甲酰基酶
瓜氨酸血症(citrullinaemia)	精氨琥珀酸合成酶
肌营养不良(muscular dystrophy)	抗肌营养不良蛋白缺失(DMD)
β-珠蛋白生成障碍性贫血(β-thalassaemia)	β-珠蛋白
镰形细胞贫血(sickle cell anaemia)	β-珠蛋白基因第 6 密码子突变(GAG→GTG)
白细胞黏附缺陷(leucocyte adhension deficiency)	CD18
岩藻糖苷贮积症(fucosidosis)	*α*-L-岩藻糖苷酶
脊髓性肌萎缩症(Spinal muscular atrophy)	SMN 蛋白

(2) 靶细胞的选择和培养

基因治疗的靶细胞可以是生殖细胞，也可以是体细胞。生殖细胞基因治疗 (germ cell gene therapy)，是将正常基因转移到患者的生殖细胞（精细胞、卵细胞）或者早期胚胎，使其发育成正常个体。但是由于用生殖细胞进行治疗会产生医学伦理问题，因此通常用体细胞作为基因治疗的靶细胞。

体细胞基因治疗 (somatic cell gene therapy)，即将有功能的基因转移到体细胞内，使之在基因组上非特定座位随机整合或特定位置整合，甚至作为附加体稳定存在于染色体外。只要该基因能有效地表达出其产物，便可达到治疗的目的。靶细胞的选择可以是表现疾病的细胞，也可以是在此疾病的发生、发展中起主要调控作用的细胞，如免疫细胞等。选择体细胞作为靶细胞还必须考虑：①最好为组织特异性细胞；②细胞较易获得，且生命周期较长；③离体细胞较易受外源基因转化；④离体细胞经转染和一定时间培养后再植回体内，仍较易成活。

ex vivo 法基因治疗中，目前常用的靶细胞有造血细胞、皮肤成纤维细胞、肝细胞、血管内皮细胞、淋巴细胞、肌肉细胞及肿瘤细胞。不同疾病基因治疗的靶细胞选择如表 10.2 所示。

表 10.2　适合于体细胞基因治疗的人类疾病举例

疾病	靶细胞	被转染的基因
血友病 A	肝、肌肉、骨髓细胞	凝血因子Ⅷ
血友病 B	成纤维细胞	凝血因子Ⅸ
家族性高胆固醇症	肝细胞	低密度脂蛋白受体
重度联合免疫缺陷病	骨髓细胞、T 细胞	腺苷脱氨酶基因(*ADA*)
血红蛋白病	红细胞前体细胞	α-珠蛋白、β-珠蛋白
囊性纤维化	骨髓细胞、巨噬细胞	囊性纤维化跨膜转导调节因子(CFTR)基因
癌症	肿瘤细胞	P53,Rb,白细胞介素,生长抑制基因,凋亡基因

（3）安全高效的基因转移系统的建立与基因的导入和表达

基因的转移载体有病毒载体和非病毒载体两大类，下一节将做详细介绍。将目的基因导入靶细胞的方法大致可分为病毒感染、显微注射、电穿孔、化学转染试剂等。这些基因转移方法已经在前面的章节中分别介绍过，这里不再详述。

外源基因在人体细胞内的表达调控方式同转基因动物，因此需要选择组织特异性表达的启动子，尤其是可控表达的启动子以及可诱导表达的启动子以及有效的终止子等顺式调控元件来实现治疗性 DNA 在人体内的高效、稳定、安全、可控表达。特异表达的启动子可选用在特殊病理状态下优先激活的启动子，如内皮细胞生长因子（VEGF）的缺氧诱导启动子，其 5′端存在缺氧反应转录激活元件，在缺氧条件下，其表达增加。用这种启动子构建靶向诱导载体，可使实体瘤中的缺氧条件诱导表达目的基因以阻断肿瘤的血管形成。可诱导的启动子则往往采用可口服的、非毒性的小分子药物，如四环素、蜕皮激素（ecdysone）等来控制一个经基因工程修饰的转录因子，通过该转录因子来调控目的基因的表达。服用这些小分子药物后，目的基因的表达可以在短时间内达到很高的水平，而且可以通过小分子药物给予的时间和剂量来调控目的基因的表达时间和表达水平；而不服用这类药物时，基因不表达或只有低水平的表达。

10.1.3 基因治疗的发展、现状与问题

以标志性历史事件为分界线，基因治疗的发展大致可分为初期探索、狂热发展、曲折前行、再度繁荣 4 个阶段（图 10.3）。

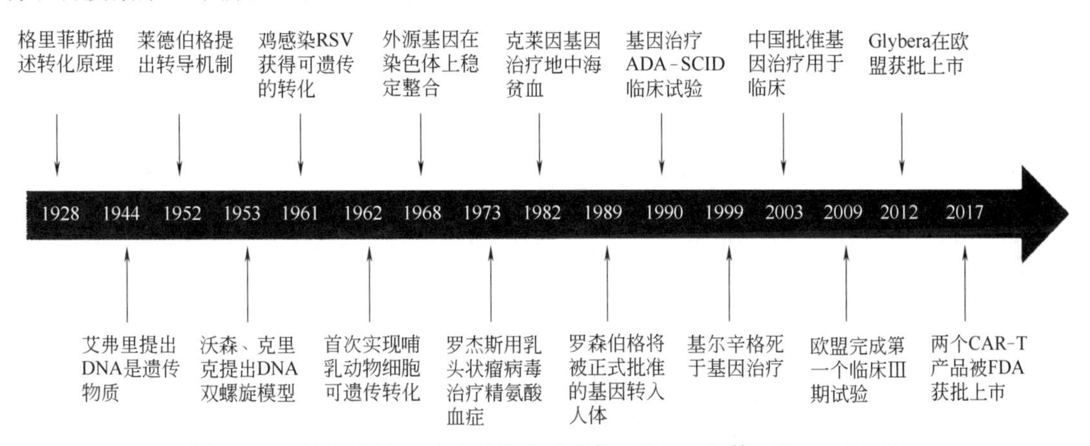

图 10.3 基因治疗发展史上的里程碑事件（T. Wirth 等，Gene，2013）

从基因治疗的初衷可以追溯到早期对于遗传物质鉴定做出杰出贡献的科学家。1963 年，美国分子生物学家、诺贝尔生理学或医学奖获得者 Joshua Lederberg 第一次提出了基因交换和基因优化的理念，为基因治疗的发展奠定了基础。1970 年，美国医生 Stanfield Rogers 发现乳头瘤病毒能够诱导兔子和其他动物在体内产生精氨酸酶，于是大胆地尝试通过头瘤病毒来治疗一对患有精氨酸血症的姐妹，这是人类历史上首例基因治疗的人体试验。两年后，Rogers 向世人宣告被治疗的病人身体中并没有检测到精氨酸酶的活性，试验失败，庆幸的是这次试验并没有导致临床事故的发生。后来，基因治疗的早期推崇者 Friedmann 在 1992 年 *Nat Genet* 综述中回忆说，Rogers 失败的原因在于此头瘤病毒中后来被证实根本不含精氨酸酶基因。Rogers 后的几十年间，科学家又陆续开展了多项临床试验，但这个时期治疗技术还不成熟，是人类对基因治疗的初期探索，其发展始终不温不火。

基因治疗进入狂热发展时期源起于发生在1990年的一项举世瞩目的临床试验，被后人称为“基因治疗之父”的 William French Anderson 医生领衔开展了针对重症联合免疫缺陷病的基因治疗，患者为美国一名4岁女孩阿香提·德希尔瓦（Ashanti de Silva）。接受治疗后，其机体产生腺苷脱氨酶的能力有所提高，病情得到缓解。1991年，第二例重症联合免疫缺陷病的11岁女孩辛迪·凯西克（Cindy Kisik）在同一家医院接受了安德森医生的基因治疗，同样取得成功。目前这两名患者仍然安好存活着。自此，患者、医生和科学家的热情迅速被点燃，行业进入狂热发展的阶段。20世纪90年代中后期，在基因治疗实验成功的鼓舞下，基因治疗领域呈现爆发性的扩张。NIH新批准的基因治疗临床项目由1990年的2例，到1993年的37例、1994年的38例、1995年的67例，而1999年更是增加到了116例。到2000年为止，全世界大约有4000名患者参与了500多个基因治疗的临床试验项目，其中77%来自美国，69%是针对肿瘤的。总体而言，这个时期的基因治疗取得了初步的成功，但技术上仍存在很大的安全风险，行业进入了短暂的非理性发展阶段。

狂热过度的背后是非理性的驱使，1999年后的几起临床事故，使得民众对基因治疗近乎绝望，从此基因治疗的发展在风雨中曲折前行。1999年的9月13号，18岁的美国男孩杰西·基尔辛格（Jesse Gelsinger）参与了宾夕法尼亚大学的基因治疗项目，接受治疗4d后，因病毒引起的强烈免疫反应导致多器官衰竭而死亡（图10.4）。后来调查发现，基尔辛格很可能死于免疫系统对腺病毒载体的过度反应。如果说基尔辛格的死亡事件是对基因治疗的当头一棒，那么尾随其后的，基因治疗引发的白血病更是雪上加霜。2000年，来自于伦敦和巴黎的医生尝试用莫罗尼小鼠白血病病毒治疗由于IL2RG基因突变导致的“X-连锁重症联合免疫缺陷病（SCID-X1）”，但是三年后的2003年，在20位接受逆转录病毒基因治疗的儿童中有5位患上了白血病，其中1位死亡，后来发现白血病的发生是因为逆转录病毒在基因组中的随机插入激活了癌基因的表达。这两场悲剧，导致公众对基因治疗的安全性大大怀疑。各国的监管机构也停止了几乎所有基因治疗临床试验，并对基因治疗试验进行更加严格的审核。2003年1月，美国FDA暂时中止了所有用逆转录病毒来基因改造血液干细胞的临床试验。3个月后，FDA经过严格的审核权衡后认为：尽管存在潜在的风险，但是对于患有严重疾病的患者来说，基因治疗的好处远远大于弊端，临床试验被允许继续。这个时期的

(a)

(b)

图10.4 杰西·基尔辛格（Jesse Gelsinger）（a）与治疗他的医生（b）

基因治疗相比 20 世纪 90 年代在技术上有所发展，但仍存在较大的安全隐患，行业整体上处于理性发展。

冷却的激情让基因治疗回归理性，基因治疗行业步入正轨后，不久就迎来了行业的再度繁荣。2012 年，荷兰 UniQure 公司的 Glybera 在欧盟审批上市，用于治疗脂蛋白脂肪酶缺乏引起的严重肌肉疾病。同年，Jennifer Doudna 以及美籍华人科学家张峰发明了 CRISPR/Cas9 基因编辑技术，这是基因治疗领域革命性的事件。此外，Takahashi 与 Yamanaka 发现了体细胞重编程为多能干细胞的秘密，人工诱导多能干细胞（iPS）的技术突破，使得更多器官来源的细胞可以体外分离并进行基因改造和治疗，从而将基因治疗带入了与细胞治疗相融合的时代。自此，基因治疗技术上的一些瓶颈得到突破，有效性和安全性都有所提高，行业迎来新一轮的发展高潮。2017 年，基因治疗取得巨大成功，被世界顶级学术期刊 *Science* 杂志评选为当年十大科技突破之一。

现在，基因治疗的临床研究蓬勃发展，基因治疗用于肿瘤治疗的临床研究占临床研究总数的 65%左右。相对于传统的肿瘤治疗，如放疗、化疗、靶向药物等，肿瘤基因治疗具有服用方便、治疗时间少的特点，更有机会提高患者的生活质量。历年被批准进行基因治疗的临床试验数目参见表 10.3。近 5 年，获批的临床试验数目增多，年平均约有 140 个方案获得批准，这些数据的背后，反映了基因治疗在安全性与技术性方面的革新与进步。根据《基因医学杂志》（*Journal of Gene Medicine*）公布的数据，截至到 2017 年 11 月，全世界共有 2597 个基因治疗临床试验得到批准，其中 144 项未知来源，涉及 140 多种不同类型的疾病。在整个基因治疗领域内，美国开展的研究最为深入和广泛。总方案中，美国占 63.3%，欧洲占 17.4%，中国占 3.2%，日本、新西兰和澳大利亚分别占 1.7%、1.4%和 1.2%，其他国家和地区占 11.8%。所有治疗方案中，33 种不同类型的恶性肿瘤占比 65%，44 种单基因遗传病占比 11.1%，12 种感染性疾病占 7%，10 种心血管疾病占 6.9%，15 种神经系统病占 1.8%，10 种眼睛疾病占 1.3%，4 种炎性疾病占 0.6%，此外还有 13 种其他疾病占 2.2%，基因示踪和健康志愿者试验占 4.1%（见表 10.4）。与 2012 年公布的数据相比，后期临床试验项目数量大为增加，其间，Ⅰ期临床试验 1476 项，占 56.8%，Ⅰ/Ⅱ期临床试验 544 项，占 20.9%，Ⅱ期临床试验 445 项，占 17.1%；Ⅱ/Ⅲ期临床试验 25 项，占 1%，Ⅲ期临床试验 98 项，占 3.8%，其他试验占 0.4%。当然，这些数据并未包括没有在国际备案的项目。

表 10.3 国际上历年批准进行的基因治疗临床试验数（Journal of Gene Medicine，2018）

年份	1989	1990	1991	1992	1993	1994	1995	1996	1997	1998	1999
数目	1	2	8	14	37	38	67	51	82	68	117
合计	1	3	11	25	62	100	167	218	300	368	485
年份	2000	2001	2002	2003	2004	2005	2006	2007	2008	2009	2010
数目	96	108	98	85	101	112	117	90	120	81	92
合计	581	689	787	872	973	1085	1202	1292	1412	1493	1585
年份	2011	2012	2013	2014	2015	2016	2017	未知			
数目	87	102	125	135	169	118	132	144			
合计	1672	1774	1899	2034	2203	2321	2453	2597			

注：“未知”表示年份不能确定的基因治疗项目。

表 10.4　国际上历年批准进行基因治疗的部分疾病及分类

疾病类型	名称
癌症	乳腺癌、卵巢癌、子宫颈癌 胶质母细胞瘤、视网膜母细胞瘤 结肠癌、肝癌、胰腺癌、胆囊癌 前列腺癌、肾癌、膀胱癌 皮肤黑色素瘤 鼻咽癌、鳞状细胞癌、食管癌 肺腺癌 白血病、淋巴瘤、多发性骨髓瘤 肉瘤
单基因疾病	镰状细胞病 β地中海贫血 A 型和 B 型血友病 家族性高胆固醇血症 范可尼贫血症 贝克尔肌营养不良症 杜氏肌营养不良症 X 连锁的肌管肌病 肢带肌营养不良症 鸟氨酸转氨甲酰酶缺乏症 嘌呤核苷磷酸化酶缺乏症 严重联合免疫缺陷 脂蛋白脂肪酶缺乏症 亨廷顿舞蹈病 α_1 抗胰蛋白酶缺乏症 芳香族 L-氨基酸缺乏症
心血管疾病	心力衰竭 心绞痛(稳定,不稳定,难治) 冠状动脉狭窄 严重的肢体缺血 心肌缺血 肺动脉高压
神经疾病	阿尔茨海默病 脊髓性肌萎缩 2 型 帕金森病 重症肌无力 癫痫
传染病	日本脑炎 巨细胞病毒感染 流感 乙型肝炎和丙型肝炎 艾滋病毒/艾滋病 小儿呼吸道疾病
眼部疾病	色盲 年龄相关性黄斑变性 X 连锁的视网膜劈裂 糖尿病性黄斑水肿
炎症性疾病	关节炎(类风湿,炎症,退行性) 退行性关节病
其他疾病	听力损失 I 型糖尿病 慢性肾病 移植物抗宿主病/移植患者

从上述可以看出，目前基因治疗的现状主要集中在肿瘤、感染性疾病、心血管疾病和单基因遗传病等病种，而且绝大部分基因治疗方案尚处于临床试验阶段，上市的基因治疗产品依然不多，大规模的临床应用还比较少。目前基因治疗面临的问题主要是：①靶基因的选择问题。用于治疗肿瘤的基因过于单一，基因功能研究的数据不完整、从基础研究到临床试验，尤其是到产品应用的严重脱节，仍然是制约基因治疗行业发展的重要因素。②基因治疗载体转染效率的问题。尽管使用了腺病毒和反转录病毒等各种病毒载体，但其对造血干细胞的感染率仅达 20%。过低的感染率难以达到治疗效果，故必须提高感染率，寻找有组织特异结合能力的病毒。③目的基因的表达问题。表达水平低，长期表达难，表达的量和时间难以控制。关于表达问题，解决的关键在于病毒基因容量太小，启动子、增强子等顺式作用元件等控制组件无法与目的基因一起整合进去。④安全问题。自从基因治疗诞生以来，基因随机整合和免疫原性带来的安全问题，一直备受关注和争议。对于一些整合型基因治疗载体而言，整合位点随机性一直没有得到很好的解决。这种不可控又表现为两个方面，其一是载体感染缺乏特异性细胞的靶向性，这样对于体内法治疗途径而言，不能完全排除有病毒进入生殖细胞的可能，对生殖细胞产生不可逆的基因编辑，经世代传递，对人类的后代和命运产生不可预知的重大影响；其二是载体携带基因进入细胞后，基因的随机整合，带来不可预知的插入突变，导致正常基因失活，或激活一些原来不表达的基因。此外，即便是一些非整合型

载体，人们也担心有整合进入患者基因组的可能，因为只要是一段裸露的两端断裂DNA，从理论上都存在整合插入的概率。而外源基因及其任意方式的载体，对于患者机体而言都属于异种抗原，存在着强烈的免疫原性，引起强大的病理免疫反应，从而给基因治疗带来风险。目前用于基因治疗病毒载体蛋白的分子都比较大，如何减小载体的分子量，或者开发出更好的基因治疗载体的材料，以降低免疫原性，是目前基因治疗面临的一大挑战。⑤基因治疗的产业化问题。基因治疗属于个性化治疗，对于制定大规模的标准化生产流程比较困难，则势必导致基因治疗产品费用过高，比如2012年EMA批准上市的Glybera，市场定价为100万美元，而针对基因治疗所集中病种，尤其是单基因遗传病等病种均属于罕见病，患者数量少。而针对肿瘤、心血管疾病的治疗等，其疗效较传统治疗尚缺乏明显优势。数量有限的患者不愿意尝试新型的基因治疗策略，无力支付巨额治疗费用，等等。缺乏市场的内驱力，也阻碍基因治疗的发展。如何实现规范化的生产流程，改进生产工艺，降低成本，是基因治疗得以实现产业化的关键。

随着各种疾病分子机理的深入研究，基因治疗载体的不断优化与临床研究的逐步推进，一系列治疗安全且疗效显著的基因治疗药物在世界范围内获批上市。2003年，中国成为了首个批准应用于临床的基因治疗产品上市的国家，走在了世界的前列。2003年10月，由深圳赛百诺公司研制"重组人p53腺病毒注射液"（注册商标名：今又生/Gendicine。）被中国食品药品监督管理局（SFDA）批准上市，用于治疗头颈部鳞状细胞癌。两年后，继Gendicine，我国SFDA又获批了世界上第二个基因治疗产品"复制缺陷型腺病毒"（注册商标名：安柯瑞/Oncorine™。）作为溶瘤病毒用于治疗鼻咽癌。之后的7年没有基因治疗药品获批上市，直至2012年，欧洲EMA才将一种肌内rAAV载体Glybera®（UniQure）批准上市，用于治疗脂蛋白脂酶缺乏症。最近两年，基因治疗药物频繁获批上市，如2016年，用于治疗腺苷脱氨酶-重症联合免疫缺陷症（ADA-SCID）的Strimvelis™（GlaxoSmithKline）获得批准。2017年8月，由诺华开发的第一种嵌合抗原受体T细胞（chimeric antigen receptor T，CAR-T）细胞治疗产品Kymriah（以前称为tisagenlecleucel-T和CTL019）获得美国食品和药物管理局（FDA）批准，用于治疗急性B淋巴细胞白血病。不久之后，FDA于2017年10月和12月分别批准了另一种CAR-T细胞疗法，即由Kite Pharma研发的Yescarta™用于治疗B细胞淋巴瘤和Spark Therapeutics研发的Luxturna用于治疗视网膜营养不良（表10.5）。由此可见，基因治疗药品的研发侧重于复杂难治的重大疾病，经历了十几年的研发沉淀，伴随着98项Ⅲ期临床试验的开展，毋庸置疑，在不久的将来会有越来越多的药品问世，为众多的重症疾病患者带来福音。

表10.5 世界范围内被获批上市的基因治疗药品名称

名称	批准日期	批准机构	治疗疾病	制造商
Gendicine	2003年10月	SFDA	头颈鳞状细胞癌	深圳赛百诺
Oncorine™	2003年10月	SFDA	鼻咽癌	上海三维生物技术
Glybera®	2012年10月	EMA	脂蛋白脂肪酶缺乏症	UniQure
Strimvelis	2016年6月	EMA	腺苷脱氨酶-重症联合免疫缺陷症	GlaxoSmithKline
KYMRIAH™	2017年8月	FDA	急性B淋巴细胞白血病	GlaxoSmithKline
YESCARTA™	2017年10月	FDA	B细胞淋巴瘤	Kite Pharma Incorporated
LUXTURNA™	2017年12月	FDA	视网膜营养不良	Spark Therapeutics

注：FDA为美国食品药品管理局；SFDA为中国食品药品监督管理局；EMA为欧洲药物管理局。

10.2 基因治疗的载体

外源基因进入细胞中通常需要“运输工具”。基因导入系统（gene delivery system）是基因治疗的核心技术，可分为病毒载体系统和非病毒载体系统。

病毒是在漫长的自然进化过程中存活下来的没有细胞结构的最小、最简单的生命寄生形式。它们通常可以高效率地进入特定的细胞类型，表达自身蛋白并产生新的病毒粒子。因此，病毒首先被改造作为基因治疗的载体。病毒载体系统利用病毒天然的感染性进入细胞，具有转导效率高等优点。基因治疗的病毒载体必须具备以下基本条件：①携带外源基因并能包装成病毒颗粒；②介导外源基因的转移和表达；③对机体不致病。大多数野生型病毒对机体都具有致病性，因此，需要对其进行改造后才能用于人体。原则上讲，所有的病毒通过一系列的处理，如删除与致癌、致毒和复制相关的基因片段等，在合适的位置插入外源治疗基因，均可发展成为基因传递的工具（图 10.5）。

彩图10.5

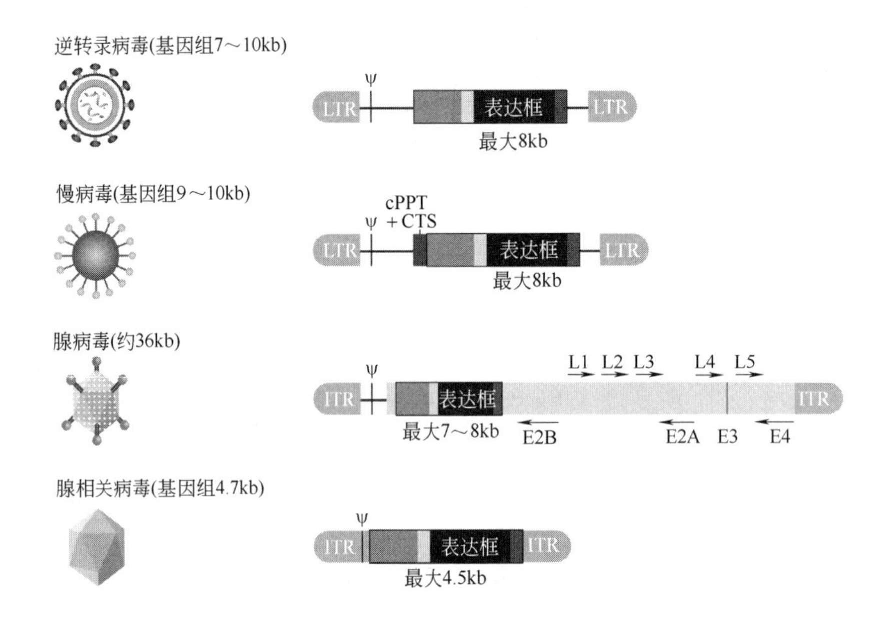

图 10.5　基因治疗的病毒载体

10.2.1 逆转录病毒载体

逆转录病毒为单链正链 RNA 病毒。基因组长约 9kb，含有 3 个最重要的基因：*gag*（编码核心蛋白）、*pol*（编码逆转录酶）和 *env*（编码病毒包膜蛋白）。基因排列顺序是 5′-*gag*-*pol*-*env*-3′。两端存在长末端重复区（LTR），用于介导病毒的整合。*env* 基因中含有病毒包装所必需的序列，病毒进入细胞后，基因组 RNA 逆转录成双链 DNA，此 DNA 进入细胞核并稳定地整合在细胞染色体中，并以此为模板合成病毒基因及后裔 RNA，然后装配成病毒颗粒。逆转录病毒可高效地感染许多类型的宿主细胞，它是最先被改造且应用最为广泛的基因治疗载体。

逆转录病毒载体的特点是：①可感染分裂细胞；②可整合到宿主染色体中；③表达时间较长。逆转录病毒载体的优点是：①基因组小并且简单，能稳定整合到宿主基因组的随机位点上；②能高效感染宿主细胞，可将遗传信息传递给大量受体细胞，细胞感染率可达

100%；③侵染范围广，可侵染不同生物和细胞；④原病毒较稳定，且拷贝数低；⑤对宿主细胞无毒副作用；⑥可包装10kb的DNA。

逆转录病毒重组载体的构建和包装在前一章已做详细介绍，这里不再赘述。在基因治疗中，逆转录病毒载体的构建策略有三种：①双表达载体（dual expression vector，DE vector），指在载体中插入两个外源基因分别取代 *gag*、*pol* 和 *env*，其中外源基因的表达受到5′LTR的调控。②内部启动子载体（internal promoter vector，IP vector），是在载体中插入两个外源基因，其中的一个是选择性标记基因，由5′LTR调控；另一个外源基因是治疗性基因，由其本身携带的启动子驱动。③自失活载体（pSIN），即删除了5′LTR启动子，破坏了反转录时两端LTR区的模板，消除了LTR的潜在致癌作用。

逆转录病毒载体介导基因治疗的基本过程是（见图9.10）：首先以治疗性DNA（目的基因）取代逆转录病毒的三个结构基因，构建复制缺陷型逆转录病毒重组载体，并转入293包装细胞，此包装细胞中事先已经转入带有逆转录病毒三个正常结构基因但缺乏包装信号的辅助病毒，它能表达逆转录病毒复制酶和包装蛋白，提供给带有目的基因的重组逆转录病毒包装（带有包装信号），而其本身因缺乏包装信号不能被包装成子代病毒。被包装好的重组逆转录病毒具有感染人类细胞的能力，可进入人体细胞内释放治疗性目的基因的表达产物而实施基因治疗。

由于逆转录病毒载体仅能整合处于分裂状态的细胞，随机插入可能有致癌风险等缺点，目前逆转录病毒载体多适用于体外（*ex vivo*）基因治疗法，特别是肿瘤的基因治疗。随着科技的进步，逆转录病毒载体又有了新的发展。例如，慢病毒（lentivirus）载体。慢病毒属于反转录病毒科的慢病毒亚科，是一类特殊的逆转录病毒。慢病毒感染宿主以后，在发病之前会有长达数年的潜伏期，之后缓慢发病，所以被称为慢病毒。慢病毒编码的某些病毒蛋白（如整合素酶、基质和Vpr等）能使病毒整合前复合体转运入核内，无需依赖细胞的有丝分裂。应用最广的一种慢病毒载体是以HIV-1（艾滋病毒Ⅰ型）为基础发展起来的一种基因治疗载体，它事先在复制缺陷型HIV病毒基因组上加入了定位信号，在细胞间期能够介导活跃的转运，跨越完整核膜上的核孔，因此，它对分裂细胞和非分裂细胞均具有感染力，对神经元细胞、肝细胞、心肌细胞等类型的细胞的基因治疗具有很好的应用前景。慢病毒和普通的逆转录病毒的不同之处在于，它插入基因组时没有太多专一性，基本上是随机插入的。这就大大降低了集中插入到一个肿瘤相关的基因附近诱发肿瘤的可能性。2009年第一个基于慢病毒的基因治疗是针对X连锁肾上腺脑白质退化症（X-linked adrenoleukodystrophy）。现在已经有超过300个临床试验使用慢病毒载体。到目前为止，没有一位患者发生肿瘤。因此，慢病毒可能是一种非常有希望的基因治疗载体。

慢病毒载体的缺点是：①虽然它的插入是非专一的，大大降低了诱发肿瘤的风险，但仍然有导致基因突变和诱发肿瘤的风险。②因为慢病毒属于HIV，研究者们尽管努力尽量降低慢病毒在体内重组产生有活性的HIV的概率，但对于慢病毒载体，人们始终担心会因此而患上艾滋病；因为慢病毒有可能导致血清转换为HIV-1阳性。③慢病毒的容量为10kb左右，对于一些大的基因，它仍然无法进行基因治疗。

10.2.2 腺病毒载体

腺病毒（Adenovirus，Adv）属于腺病毒科（Adenoviridae），包括哺乳动物腺病毒属（*Mastadenovirus*）和禽腺病毒属（*Aviadenovirus*）。腺病毒的形态是无囊膜的二十面体病毒壳体。线状的双股DNA被包于蛋白外壳即衣壳内。衣壳由252个壳粒组成，其中240个是六邻粒，它是病毒粒子内最大的蛋白质，分子量约120000，构成二十面体的20个面及棱的大部分。另外是12个五邻粒，分别位于二十面体的12个顶上。五邻粒由基部和由基部向外伸出的纤突组成。在纤突顶端的是具有凝血作用的球部。

腺病毒基因组长约36kb，分为重链和轻链，两端各有一个102～162bp反向末端重复区（ITR），ITR内侧为病毒包装信号。基因组上分布着4个早期转录元（*E1*、*E2*、*E3*、*E4*）承担调节功能，以及一个晚期转录单元负责结构蛋白的编码（L1～L5）（图10.6）。早期基因*E2*的产物是晚期基因表达的反式因子和病毒复制必需因子，早期基因*E1A*、*E1B*的产物还为*E2*等早期基因表达所必需。E1区编码产物负责病毒的包装，*E3*区编码产物与细胞免疫有关。

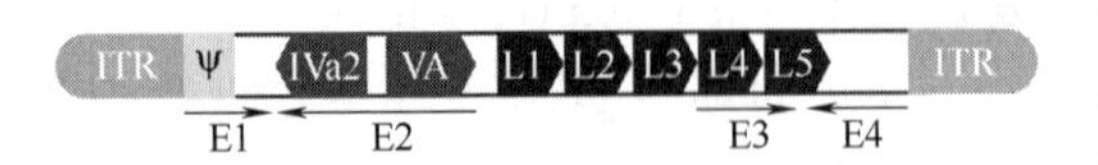

图10.6　腺病毒基因组结构示意图

腺病毒一般是侵染呼吸系统的上皮细胞，将它的基因组注入上皮细胞中，适合于原位治疗，尤其是肺的疾病治疗。例如，囊性纤维化是一种呼吸上皮系统的疾病，腺病毒对于治疗这类疾病是合适的载体。构建囊性纤维化野生型正常等位基因的重组腺病毒载体，可以通过向鼻腔内喷雾而导入。腺病毒也能用来侵染神经系统、肌肉系统和肝脏细胞。

腺病毒载体的发展历程见图10.7。

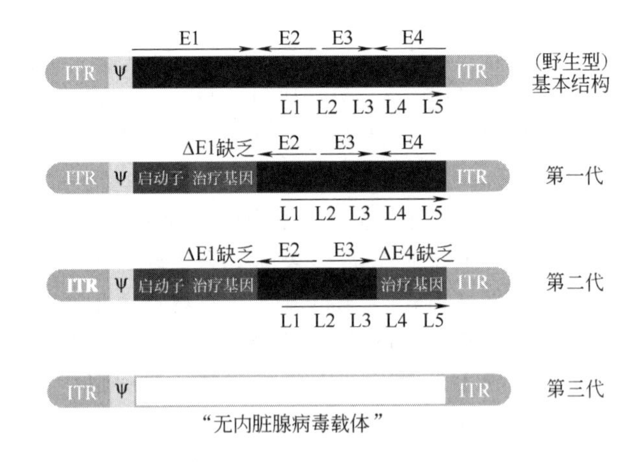

图10.7　腺病毒载体的发展历程图解

构建第一代腺病毒载体时主要是去除E1、E3区，插入外源基因的长度可达8kb。但在宿主细胞内有低水平的病毒蛋白表达，病毒蛋白和外源目的蛋白引起细胞免疫和体液免疫，表现为感染组织的炎症反应和外源基因表达的消失。负面影响最大的一个例子是1999年9月，一位患有鸟氨酸转氨甲酰酶不足症（ornithine transcarbamylase deficiency，OTCD）的18岁美国青年Jesse Gelsinger在接受美国宾夕法尼亚大学人类基因治疗中心的基因治疗时，由于缺陷型重组腺病毒载体只有1%的病毒到达靶器官肝脏，绝大部分的病毒进入其他器官与组织，从而引发了强烈的系统性炎症反应导致患者迅速死亡。

为了降低免疫反应，第二代的腺病毒载体在E1或E3缺失的基础上进一步去除了E4区，并且在E2区编码DNA结合蛋白的基因上进行了温度敏感型突变，从而使在非允许温度下不表达晚期基因产物，降低了炎症反应，使外源基因表达时间延长。通过建立E1、E4区互补的细胞系，也发展了E1、E4缺失的腺病毒载体，较E2A缺陷的腺病毒在外源基因的表达和安全性方面都有提高。这种载体已用于鸟氨酸氨甲酰基转移酶缺乏症的Ⅰ期临床试验。

第三代腺病毒载体缺失全部或大部分腺病毒基因，或者包装腺病毒微染色体系统，这种载体缺失了病毒蛋白，所以很大程度上降低了细胞的免疫原性，并且外源基因的表达时间明显延长，但对包装细胞的要求很高，分离辅助病毒困难。此后，Fender 等利用 Adv 的五邻体制成十二面体作为载体，这种载体保留了腺病毒的感染能力，但只有少量的病毒蛋白，大大降低了免疫原性。进而人们又建立了辅助病毒依赖的腺病毒载体，即“无内脏腺病毒载体”（gutless adenovirus）。这一体系是构建腺病毒载体的一个很大的突破，它不仅完全去除了腺病毒的结构蛋白，大大降低了免疫原性，而且使可插入的外源基因长度达 36kb，这样就可以插入含有调控序列的治疗基因了。

腺病毒载体介导基因治疗的过程如图 10.8 所示。首先将启动子-治疗性 DNA-终止信号（poly A）构成的外源基因的表达盒插入腺病毒基因组 *E1* 基因位点导致其失活，但是其两端侧翼序列和腺病毒的包装信号 φ 是正常的。与缺失了包装信号和部分 E1 及 E3 区的复制缺陷型辅助病毒共转染包装细胞。辅助病毒因为缺失包装信号及 E1 区而不能复制，带有治疗性 DNA 的重组腺病毒带有包装信号及 E1 的侧翼序列，但是缺失 E1 区同样不能复制。在包装细胞内两个载体发生同源重组，再由包装细胞提供 E1 蛋白，从而将带有外源基因表达盒的重组腺病毒进行包装，具有感染人细胞的能力。重组腺病毒基因组由于 E1 区被外源目的基因取代，进入靶细胞后病毒不能复制，但可以表达目的蛋白。

彩图10.8

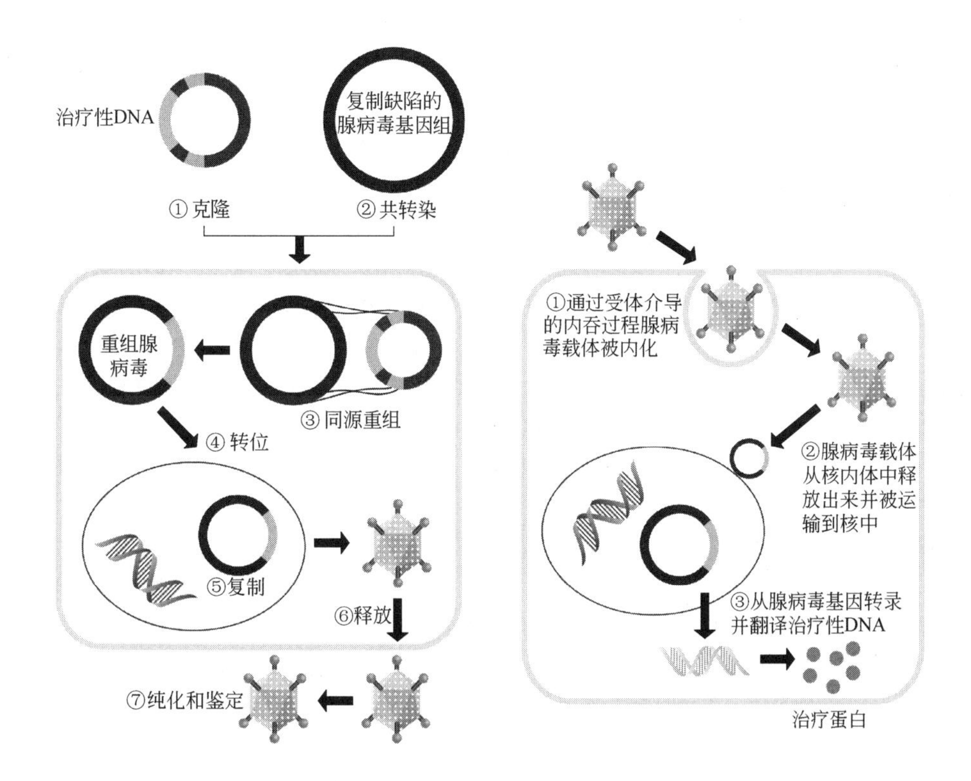

图 10.8 腺病毒介导的基因治疗过程图解

腺病毒载体的优点是：①易于制备、培养、纯化和浓缩；②转化效率高，转入的组织类型广泛；③晚期启动子强，外源基因表达水平高，有利于治疗；④可感染分裂细胞与非分裂细胞；⑤不整合到宿主细胞基因组中，这就消除了病毒插入突变的风险；⑥可在呼吸道和肠道中繁殖，而且还可以通过口服、喷雾、气管滴注等简单易行的方法进行基因治疗。

由于不整合到宿主细胞的基因组中，因此，腺病毒载体不能像逆转录病毒载体那样较长时间地表达外源基因，外源基因表达的持续时间为 2～6 周。所以，腺病毒载体的缺点是：

①外源基因只能短暂表达，治疗时常需反复注射，以满足治疗的需要；②免疫原性强，病毒蛋白可能引起免疫反应及炎症反应；③载体基因组复杂，同时装载容量小，仅能插入 7～8kb 的外源 DNA；④几乎可以感染所有组织，缺乏特异性。

10.2.3 腺相关病毒载体

腺相关病毒（adeno associated vius，AAV）属细小病毒科，病毒颗粒直径为 20nm，无包膜，二十面体，为目前动物病毒中最简单的一类单链线状 DNA 病毒。人群中，AAV 感染率很高，85%的人呈血清抗体阳性，但是未发现 AAV 引起人体疾病，甚至早年的流行病学研究报道认为，AAV 感染者减少了患癌的危险性。

AAV 是一种缺陷病毒，只有在与腺病毒等辅助病毒共转染时才能进行有效复制和产生溶细胞性感染，这也就是其名称的由来。AAV 单独感染时，其基因组位点特异性地整合入人 19 号染色体短臂。AAV 是唯一一种以位点特异性方式整合的真核病毒，从而避免了随机整合而导致宿主细胞突变的潜在危险性。

AAV 基因组很小，约 4.6kb，含 3 个启动子（P5、P19、P40）、3 个结构基因（*lip*、*rep* 和 *cap*）和位于基因组两端的末端反向重复序列（inverted terminal repeat sequences，ITRs），见图 10.9。ITR 序列 145bp，是 AAV 整合、复制、拯救和包装所必需的顺式作用元件，具有转录启动子的活性。ITR 序列的前 125bp 能自身互补组成 T 型回文发夹结构，包括主干回文区 A-A′、回文结构臂 B-B′和 C-C′，其中 B-B′和 C-C′可通过置换而形成两种不同的构型，称为“flip”和“flop”。ITR 序列的另外 20bp 组成单链的 D 序列。在病毒复制过程中，位于 ITR 序列上的 Rep 蛋白结合元件 RBEs（RBE 和 RBE′）和末端解析位点 TRS 起着关键的作用。ITRs 序列基本上是转录中性的，会较少地干扰外源基因的表达和调控。结构基因 *lip* 编码木质素过氧化物酶。*rep* 基因是一个重叠基因，编码 4 个具有多种功能的蛋白（Rep78、Rep68、Rep52 和 Rep40），主要负责病毒颗粒的装配、复制和转录的调节。*rep* 基因的表达由 P5 和 P19 启动子调控。P5 启动子转录大分子蛋白 Rep78 和 Rep68，P19 启动子转录小分子蛋白 Rep52 和 Rep40，这四种蛋白都具有解旋酶和 ATP 酶活性，主要负责病毒的位点特异性整合、复制和转录调控等。*cap* 基因由 P40 启动子转录编码 3 个病毒衣壳结构蛋白 VP1（分子量为 8.7×10^4）、VP2（分子量为 7.2×10^4）和 VP3（分子量为 6.2×10^4）。在 AAV-2 中，成熟病毒粒中 VP1∶VP2∶VP3 的摩尔比大约为 1∶1∶10。

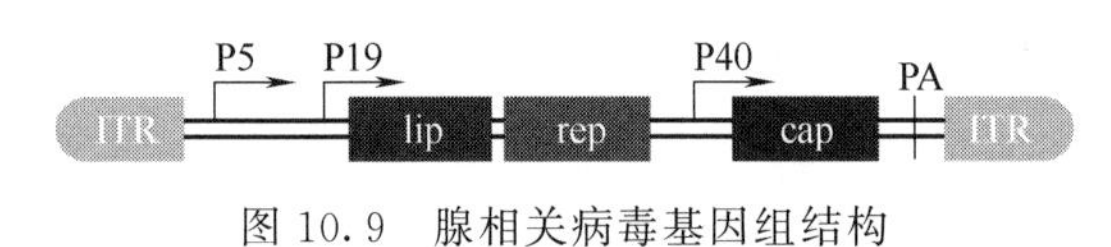

图 10.9 腺相关病毒基因组结构

现以 AAV-2 为例说明腺相关病毒感染细胞的过程。AAV-2 感染细胞是个多步有序的过程。首先病毒结合细胞表面，通过内吞作用进入细胞，在细胞内运输、核定位、脱壳，合成第二条 DNA 链。AAV-2 病毒在主要受体硫酸肝素糖蛋白（heparin sulphate protoglycans，HSPG）和共受体整合素 αVβ5、α5β1、肝细胞生长因子受体、成纤维生长因子受体Ⅰ、层粘连蛋白受体的作用下与细胞表面结合。接着，在发动蛋白（dynamin）、Rac1 和磷脂酰肌醇激酶 PI3K 等信号分子的作用下，经由网格蛋白包被凹陷介导快速内化，并形成内含体。入胞后，内含体的低 pH 值以及 AAV-2VP1N 末端的磷酸酯酶 A2 序列使 AAV-2 从内含体释放入胞质，并定位于核周。最后，AAV 缓慢地经由核孔复合体进入核，通过病毒脱壳，释放单链 DNA，单链 DNA 通过末端游离的 ITR 作为引物形成双链 DNA 进行转录和基因表达。

构建腺相关病毒载体 rAAV 时，将病毒的基因组序列插入到质粒载体中，用外源目的基因和调控元件取代 *lip*、*rep* 和 *cap* 基因（图 10.10）。同时构建含有 *rep* 和 *cap* 基因的包装载体。将腺相关病毒载体与包装载体共转染培养细胞（如 293T 细胞、HEK 细胞）中，使载体被包装成重组病毒载体（rAAV）。但这种方法产量低、存在腺病毒辅助病毒污染等。现在多以杆状病毒为AAV生产系统，如将rAAV包装所需组分AAV的*rep*、*cap*基因序列以及含AAV、ITR及目的基因表达框的序列分别构建到三个杆状病毒中，分别转染昆虫细胞Sf9各自扩增，然后通过共感染Sf9细胞来生产rAAV，杆状病毒因具有高度的种属特异性，不感染脊椎动物，对人无害，且可用于规模化生产。

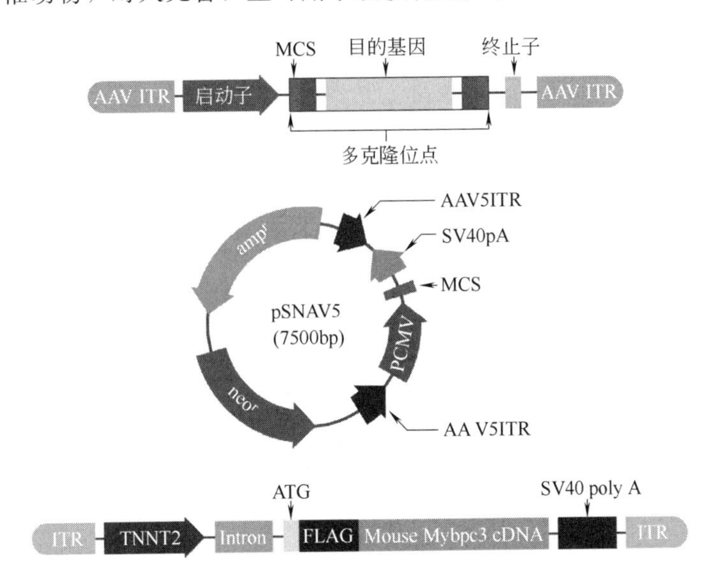

图10.10　腺相关病毒重组载体的构建示意图。上图表示腺相关病毒两个ITR介导的目的基因表达盒，中图表示腺相关病毒表达盒的表达质粒pSNAV5，下图表示一个治疗案例构建的载体

腺相关病毒载体的优点是：①基因组小而易于操作，大部分基因可被替代而不影响感染能力；②感染谱广，可以有效地转到脑、骨骼肌、肝脏等多种类型的细胞中；③可感染分裂与非分裂细胞；④当辅助病毒不存在时，AAV能整合到宿主细胞基因组的特定区域（人的第19号染色体短臂）；⑤其ITR中无启动子和增强子，可以避免激活原癌基因；⑥免疫原性弱，无致病性，安全性好；⑦热稳定性好，辅助病毒可在60℃下被灭活；⑧重组腺相关病毒有12种常用的血清型（AAV1～AAV12）和100多种变异体，不同的血清型可以识别、感染不同的器官，有助于治疗特定器官系统的疾病。因此，腺相关病毒是目前最被看好的一类载体，目前有很多已经走向市场的基因治疗方案都采用了腺相关病毒。腺相关病毒介导的基因治疗过程见图10.11。

腺相关病毒载体的缺点是：①还是可能出现免疫排斥反应；②构建的载体实际应用时由于缺乏*rep*基因和整合酶，很难达到定向整合，而多以附加体形式存在；但重组腺相关病毒的基因表达时间长，可以持续表达5个月以上；③装载外源基因容量有限（＜4.7kb）；④缺少高效的包装细胞，制备过程复杂，制备滴度低（$<10^4$个病毒颗粒/mL）。

10.2.4　单纯疱疹病毒载体

单纯疱疹病毒（herpes simplex virus，HSV）的宿主范围较宽，可感染迄今研究过的脊椎动物所有类型的细胞。HSV也是一种嗜神经性病毒，在体内感染时，优先传播至神经系统，在神经元内，病毒颗粒可通过逆行和顺行机制运动，选择性地通过神经突触进行转移，因而，病毒可以从周围进入中枢神经系统。野生型病毒感染神经元细胞后，通常处于潜伏感染状态，

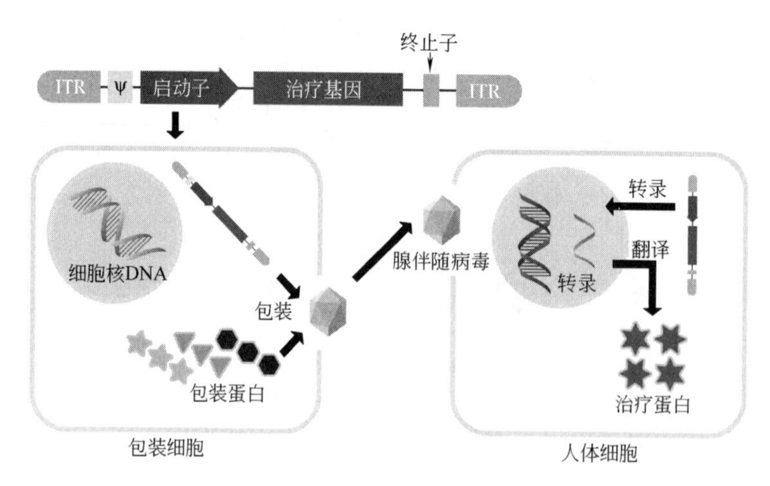

彩图10.11

图 10.11　腺相关病毒介导的基因治疗过程

即其基因组以附加体的形式位于细胞核内，部分基因可保持转录活性而不影响神经元的正常功能，DNA 不复制，无病毒子代产生，且不被人体免疫系统所识别，潜伏期可持续终生。当受到生理或周围神经损伤等刺激后，潜伏的单纯疱疹病毒可被激活而进入裂解性感染期，在溶细胞性感染时，其线状 HSV DNA 可能通过其末端的直接连接而立即形成环状。因为 HSV-1 可在神经元中建立长期稳定的隐性感染，研究人员希望把 HSV-1 改造成为可定向导入神经系统的载体，用于神经性疾病的治疗。

1 型单纯疱疹病毒（HSV-1）的基因组庞大，为 152kb 的线性双链 DNA 分子，全序列已测定，含有 84 个基因，有 3 个复制起始点和 3 个包装信号位点。84 个基因中，一半左右为非必需基因，病毒在半数基因被取代后仍能在某些细胞中复制，因而 HSV 载体的插入容量可达 50kb 以上。单纯疱疹病毒载体的容量之大，为各种病毒载体之首，可以同时装载多个目的基因。

HSV 来源载体有重组子载体（HSV-RV）和扩增子载体（amplicon）两大类型。HSV 重组子载体含有全部病毒基因组，但其中一个或多个基因已突变，以降低其毒性和提供转基因空间。最新版本的重组子载体删除了多个含转录激活因子的早期基因，基本消除了病毒基因的表达，可用于在宿主神经元细胞中长期表达外源治疗基因。但如果宿主神经元已经潜伏了野生型单纯疱疹病毒，这就很可能重新激活病毒而进入裂解期。基于此点，哈佛大学的姚丰博士等利用病毒自身的“反式显性失活”（*trans*-dominant negative）而构建了一个既可抑制自身病毒复制、又可抑制野生型病毒复制的重组病毒。此病毒可以作为新型、安全性单纯疱疹病毒载体，用于临床试验的研究。

扩增子载体，即仅把 HSV 的复制起点 ori 和包装信号序列 pac 插入到细菌质粒中。当其转染至包装细胞，用 HSV 辅助病毒超感染，便可获得含有扩增子的假病毒。无 HSV 辅助病毒时，这些载体可以通过与一组已删除 HSV 基因组、保留 pac 信号序列的黏粒或 BAC 质粒共转染而得到包装。

HSV 载体的优点是：①缺失多个基因后仍能复制；②只要有包装信号，外源 DNA 就可被包装入病毒颗粒；③装载的容量较大，可插入约 30kb 的外源 DNA；④宿主范围广，可感染脊椎动物的各种细胞；⑤体外培养易得到较高的滴度；⑥具嗜神经性，可用于神经系统的基因治疗。

HSV 载体的缺点是：①外源基因表达水平低；②外源启动子在 HSV 载体中的活性取决于启动子的调节元件及在 HSV 基因组中的位置。但目前 HSV 载体是唯一可将外源基因导入神经系统的载体，有望用于治疗如帕金森病、老年性痴呆等神经系统的疾病。HSV 载体不仅感染神经元细胞，亦可感染非神经元细胞如上皮细胞等，目前 HSV 载体已用于恶性间皮瘤、帕金森病等疾病的治疗研究中。随着 HSV 分子生物学研究的发展，趋利避害，构建安全、高效的基因治疗用 HSV 载体已经取得了显著进展，并将继续取得重要突破。

常见病毒载体的优缺点见表 10.6。

表 10.6 常见病毒载体的优缺点比较

载体	优点	缺点	主要用途
逆转录病毒，单链 RNA 病毒，约 9kb	基因组小并且简单，生物学特性清楚，可稳定整合于宿主基因组，表达时间较长，可高效感染分裂细胞	病毒滴度低（10^7PFU/mL），插入容量有限（<10kb），可能会与有复制能力的病毒重组，有致癌的危险	*ex vivo* 基因治疗，肿瘤基因治疗
腺病毒，双链 DNA 病毒，36kb	生物学特性清楚，可感染分裂和非分裂细胞，在非分裂细胞中也可进行高效率的体内感染，病毒滴度高（10^{10}PFU/mL），外源基因表达水平较高	不与宿主基因组整合，表达时间较短，病毒蛋白免疫原性强，可引起免疫反应及炎症反应，插入容量有限（7～8kb）	*ex vivo* 基因治疗，特别适于原位使用，尤其是肺部，肿瘤基因治疗
腺相关病毒，单链 DNA 病毒，4.6kb	无毒、无致病性，免疫原性弱，可位点特异性整合于人 19 号染色体，长期表达外源基因，可感染分裂和非分裂细胞，在骨骼肌、心肌、肝、视网膜等组织中表达较高	基因组小，携带外源基因能力有限（4kb），需腺病毒等辅助复制，难得到高滴度病毒	*in vivo* 及 *ex vivo* 基因治疗，遗传病基因治疗，获得性慢性疾病的基因治疗
单纯疱疹病毒，双链 DNA 病毒，152kb	插入容量可达 50kb 以上，具有嗜神经性，可潜伏感染，可感染分裂和非分裂细胞	分子生物学特性尚未完全阐明，神经毒性	神经系统疾病的基因治疗，肿瘤的基因治疗

注：PFU（plaque forming unit，空斑形成单位），表示病毒滴度。

10.2.5 非病毒载体

虽然病毒载体作为基因传递的工具被广泛地采纳，但它们仍存在着不少的局限性，如可以诱导机体产生某种程度的免疫反应，存在着插入突变等致瘤、致毒的风险，载体容量有限，以及制备滴度不高等。而非病毒载体系统具有低毒、低免疫原性和相对靶向性等优点，是新兴发展起来的基因转移系统，正受到许多研究人员和临床医生的青睐。

（1）直接注射法

直接注射法是指将含有外源 DNA 的溶液直接注入肌肉或甲状腺等，可引起邻近的细胞摄入 DNA 和目的基因表达产物。重组 DNA 可储存于 5%～30%的蔗糖溶液中，也可储存于生理盐水或 PBS（磷酸缓冲液）中以备注射，因此操作简单方便。

（2）磷酸钙共沉淀法

当将氯化钙、DNA 和 PBS 缓慢混合时，即形成磷酸钙微沉淀。如有培养细胞（须先用氯化钙处理）存在时，DNA-磷酸钙沉淀物能附着在细胞膜上，经过内吞作用而进入细胞中，达到基因转移的目的。

（3）脂质体转染法

脂质体是由脂类形成的一种可以高效包装 DNA 的人造单层膜，是一种脂质双层包围水溶液的脂质微球。其结构和性质与细胞膜极为相似，二者易于融合，DNA 由于细胞的内吞作用进入细胞。人工脂质体膜具有如下特点：①与体细胞相容，无毒性和免疫原性；②可生物降解，不会在体内堆积；③可制成球状（0.03～50nm），包容大小不同的生物活性分子；

④可带有不同的电荷，带正电荷的阳离子脂质体很容易与带负电荷的DNA结合；⑤具有不同的膜脂流动性、稳定性及温度敏感性，能适应不同的生理要求。

最常用的脂质体为阳离子脂质体，主要由带正电荷的脂类和中性辅助脂类等摩尔混合而成。带阳性电荷的脂质体与带阴性电荷的DNA之间可以有效地形成复合物，通过内吞作用进入细胞中。阳性脂质体DNA基因转移系统在体外研究中的应用已趋于成熟，用于肿瘤临床治疗也有报道。虽然结果证实体内局部、低剂量使用无毒副作用，但转染效率和靶向性是该系统亟待解决的问题。

（4）微粒子轰击法

用高能微粒子轰击将外源DNA导入培养细胞或活的哺乳动物组织内，在贴壁细胞、悬浮细胞、活体组织中均能很好地表达。亚微粒的钨和金能自发吸附DNA。用这种方法导入的基因可在多种组织中表达。

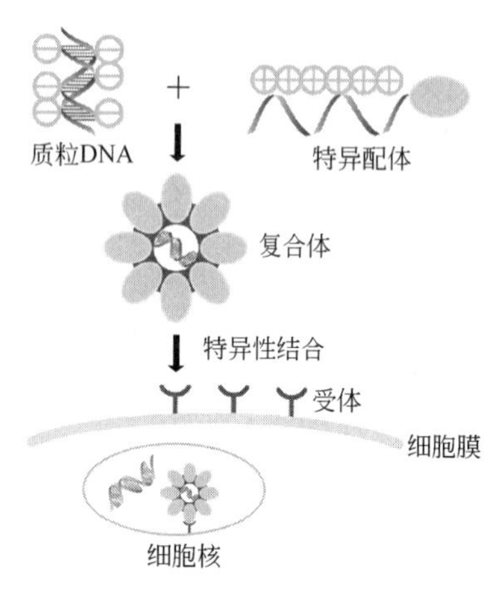

图10.12 受体介导的基因治疗策略

（5）受体介导的基因转移

质粒DNA和某种特异配体之间形成复合体，而这种配体能被特定细胞的表面受体所识别，使外源基因可在活体内导向特定的细胞、组织或器官，这就是受体介导的基因转移方法（图10.12）。但用受体介导时所形成的内吞小泡通常要被送到溶酶体中，可使此小泡中的内容物被降解。然而通过完整的腺病毒诱导小泡破裂，可使内含的DNA序列保持完整，使其表达的绝对量显著提高。受体介导方法的优点是无感染能力，可特异性转染靶细胞，理论上不受DNA大小的限制，构建灵活。而缺点是转染效率低，难以用于体内基因治疗，有免疫原性，只有短暂表达等。

10.3 重要疾病的基因治疗

10.3.1 遗传病的基因治疗

10.3.1.1 重症联合免疫缺陷

1990年，美国批准了人类第一个细胞基因治疗的方案就是对重症联合免疫缺陷的基因治疗，即将腺苷脱氨酶基因（ADA）导入一个4岁的患有重症联合免疫缺陷综合征（ADA-SCID）的女孩体内，希望能缓解患者的症状，结果取得了极大的成功。

（1）重症联合免疫缺陷的症状与病因

重症联合免疫缺陷（severe combined immunodeficiency，SCID）是一种体液免疫和细胞免疫同时有严重缺陷的遗传性疾病，一般T细胞免疫缺陷更为突出。患者血循环中淋巴细胞数目明显减少，成熟的T细胞缺陷，可出现少数表达CD2抗原的幼稚的T细胞。免疫功能丧失表现为：无同种异体排斥反应，迟发型过敏反应，也无抗体形成。由于存在体液和细胞免疫的联合缺陷，对各种病原微生物都易感，临床上常表现为发生反复肺部感染、口腔念珠菌感染、慢性腹泻、败血症等。这种病的患者由于免疫力低下，终身只能待在无菌房间里，被称为“泡泡儿童”，往往在儿童期就会死亡。在治疗方面可选用正常骨髓干细胞移植或同胞兄妹骨髓移植。但供体骨髓中T细胞介导的移植物抗宿主反应（GVH）往往是造成治疗失败的重要原因。

SCID的发病机制有几种不同的类型：①由于位于20q13.11的腺苷脱氨酶基因（*ADA*）发生隐性突变造成。这是最主要的一种，占重症联合免疫缺陷病例的25%～50%。②X连锁的重症联合免疫缺陷（SCID-X1）是编码 IL-2 受体的 γ 亚基的基因（*IL2RG*/*γc*）异常导致。③由位于 11p13 的重组活化基因 1（recombination activating gene-1，*RAG1*）和位于 11q13 的重组活化基因 2（*RAG2*）重组所致，也是隐性遗传。

（2）转移载体的选择

1990 年的首例成功的基因治疗案例是由腺苷脱氨酶（*ADA*）基因发生隐性突变造成的，因此，安德森医生利用反转录病毒载体构建人类正常腺苷脱氨酶（*ADA*）基因的转移载体 SAX，将 *ADA* 基因转入患者的体外培养的淋巴细胞中。构建的重组载体如图 10.13 所示。

LTR | ADA SV40 neo LTR

图 10.13　人类腺苷脱氨酶基因（*ADA*）-转移载体 SAX 的结构

（3）基因治疗基本策略

采用反转录病毒介导的先体外后体内的方法，即用含有正常人腺苷脱氨酶基因（*ADA*）的反转录病毒载体培养患儿的白细胞，特别是 T 淋巴细胞，并用白细胞介素 2（IL-2）刺激其增殖，经 10d 左右再经静脉回输入患儿体内。1～2 个月治疗一次，患儿体内 ADA 水平达到正常值的 25%，未见明显副作用。治疗过程如图 10.14 所示。

彩图10.14

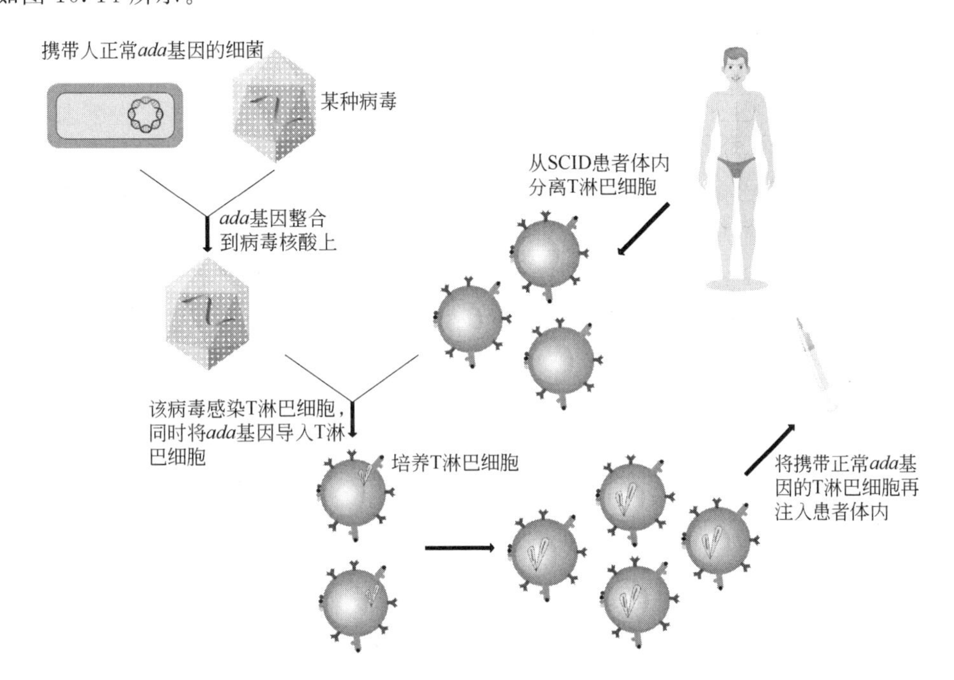

图 10.14　重症联合免疫缺陷的基因治疗过程（体外法）

10.3.1.2　血友病 B

（1）血友病 B 的症状与病因

血友病 B 又称乙型血友病，是一种由于血液中凝血因子Ⅸ缺乏而引起的严重凝血功能障碍。血友病 B 是 X 连锁隐性遗传，在男性中的发病率为 1/30000。在正常情况下，当人的血管受到损伤而出血时，创伤表面释放的激肽原和激肽释放酶会激发凝血级联反应，最终使血液中可溶性的血纤维蛋白原转变成不溶的呈网状聚合的血纤维蛋白，从而使血液凝固。参与凝血级联反应过程的凝血因子有十几种，凝血Ⅸ因子（简称 FⅨ）便是其中之一。在级联反应中，FⅨ不仅是必需的蛋白因子，而且当 FⅨ与调控蛋白 FⅧ形成复合物后，凝血反应速度成千倍增加，致使凝血过程仅在几分钟内即可完成。因此，当人体内缺乏 FⅨ时，便表现为自发性或微外伤后出血不止，严重者可因关节出血而导致关节变形和残废，或因内脏、颅内出血而死亡。此病的常规临床治疗方法主要依靠蛋白替代治疗，即输血或凝血酶原复合物，这样不仅费用昂贵，而且可能引起严重的输血反应，引起血栓形成和栓塞。

（2）血友病 B 的基因治疗策略

血友病 B 的基因治疗研究起步较早，研究较为深入。1991 年，血友病 B 已成为世界上第二个进入遗传病基因治疗临床试验的病种，成为我国在基因治疗领域中的一个标志。编码 FⅨ蛋白的基因于 1982 年被克隆，它位于 Xq27.1，编码 415 个氨基酸。目前用于 FⅨ基因治疗研究的载体有逆转录病毒载体、腺病毒载体、腺相关病毒载体及脂质体、可移植的微胶囊等非病毒载体。我国复旦大学薛京伦教授等于 1994 年首次报道了以逆转录病毒载体介导的对血友病 B 患者实施基因治疗的临床试验。他们用构建有人 FⅨ cDNA 的逆转录病毒载体感染血友病 B 患者的皮肤成纤维细胞，并用胶原包埋细胞直接注射到 2 名血友病 B 患者腹部或背部皮下，治疗后患者体内 FⅨ浓度从 70～130μg/L 上升到 240～280μg/L，以后以 220μg/L 的水平维持了 6 个月以上。在治愈标准方面，血友病患者经过治疗后，达到正常凝血因子活性的 1%就称为有效，达到正常凝血因子活性的 10%或 20%称为基本或完全治愈。但是，此方案过程烦琐，很难在临床推广。2003 年，薛京伦等又研制成功“重组 AAV-2 人凝血因子Ⅸ注射液”，将腺相关病毒载体 AAV2 介导的 FⅨ因子基因直接多点肌内注射到体内，或者采用 AAV2-FⅨ肝动脉给药，有些患者体内 FⅨ表达水平可达 10%以上，方法简单、易于推广，获得了国家食品药品监督管理局的《药物临床研究批件》，这标志着复旦大学在血友病基因治疗领域取得了突破性的进展，进一步显示了我国基因治疗的国际先进水平。近几年正在进行的尝试是采用 AAV8-FⅨ全身静脉给药的方式进行血友病 B 的基因治疗。英国伦敦的研究人员在《新英格兰医学杂志》（NEJM）上报告说，有 6 名血友症 B 患者参与了试验。结果显示，这些患者接受一次注射后，体内 FⅨ的含量从不足正常量的 1%升到 2%～11%之间，这样已可显著改善病情，缓解患者受伤时血流不止的情况，使严重的血友病趋于正常。第二批试验又有 4 名患者参与，目前这 10 名患者都获得了 3 年以上持续有效的结果。

从总体上讲，血友病 B 基因治疗临床试验是安全可行的，其中腺病毒途径被认为是最有效的方法之一，虽然目前的治疗效果有限，但已能够将中型血友病 B 患者症状降为轻型（图 10.15）。

10.3.1.3 囊性纤维化

（1）囊性纤维化的症状与病因

囊性纤维化（CF）是在西方较常见的一种常染色体单基因隐性遗传病，每 2500 个婴儿中就有一个患囊性纤维化。每年美国约有 2000 名 CF 患儿出生。杂合子携带者估计有 800 万人。囊性纤维化是由于 *cftr* 基因（cystic fibrosis transmembrane conductance regulator，CFTR）突变引起的，CFTR 蛋白能够引导氯离子穿过细胞膜。在囊性纤维化症患者体内，这些通道无法正常工作，造成化学失衡，使肺细胞分泌过量的黏液，结果导致病人出现呼吸困难，而且容易发生感染。囊性纤维化 *cftr* 基因的工作原理见图 10.16。

（2）囊性纤维化的基因治疗策略

对囊性纤维化患者的传统治疗方案是支气管扩张剂治疗、生理治疗、黏痰溶解剂和糖皮质激素治疗甚至肺移植等。但这些治疗方法只是针对症状而没有针对病因采取的治疗措施，所以不能根治。CF 基因治疗的策略是用正常的 *cftr* 基因导入基因缺陷的呼吸道上皮细胞，通过表达正常的 CFTR 蛋白恢复正常的氯离子通道功能。1995 年，Goldman 等首先构建了 CF 人支气管异种移植物的 CF*nu*/*nu* 小鼠基因治疗模型，在体内 CF 异种移植物与 *cftr* 重

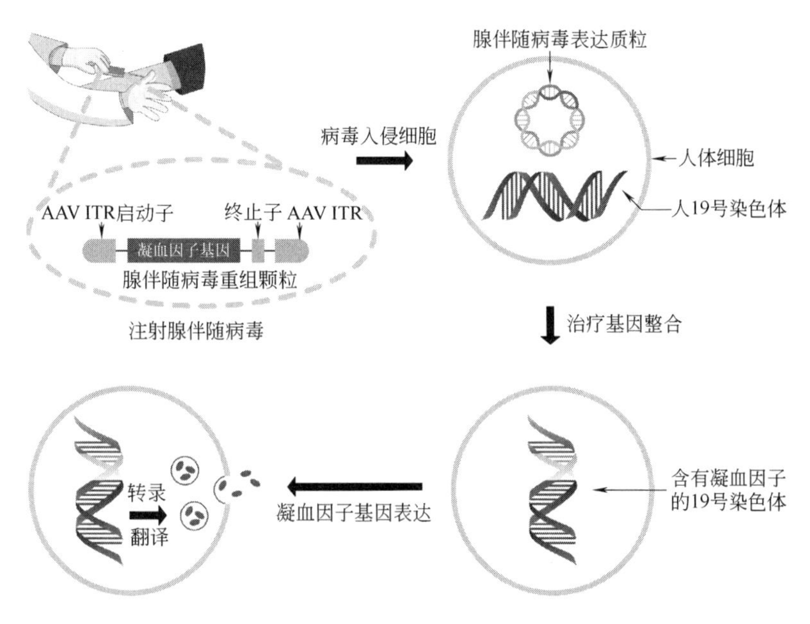

图 10.15　利用腺相关病毒载体治疗血友病 B 的技术路线示意图

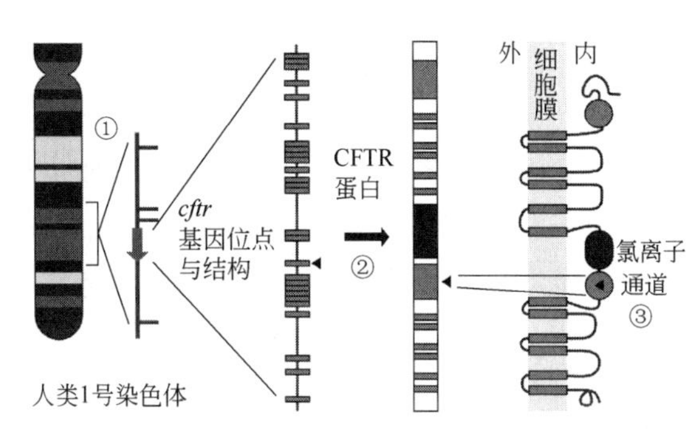

图 10.16　囊性纤维化 *cftr* 基因的工作原理。人类 *cftr* 基因位于 1 号染色体上，表达的 CFTR 蛋白主要参与了细胞膜上行氯离子通道的构成

组腺病毒共感染，提高了氯离子的转运水平。此后的研究证明腺病毒载体、腺相关病毒载体及脂质体等均可有效介导 *cftr* 基因到呼吸道上皮细胞，无过度毒性，且能有效表达产物。

2003 年 4 月，美国克立夫兰的科学家和医生公布了一项鼓舞人心的囊性纤维化基因治疗临床试验结果和一种新型"压缩 DNA"（compacted DNA）技术。由克利夫兰大学医院（UHC）、凯西西部保留地大学（CWRU）医学院、非营利组织囊性纤维化基金会下属的囊性纤维化基金会治疗公司（Cystic Fibrosis Foundation Therapeutics）在 2002 年共同发起了这项囊性纤维化基因治疗Ⅰ期临床试验。

有 12 名患者参加了这一临床试验。临床试验中，科学工作者使用了克立夫兰的生物技术公司（Copernicus Therapeutics）的非病毒基因导入技术。在 UHC 和 CWRU 科学家的合作下，Copernicus 公司开发出了一种压缩 DNA 技术，使 DNA 链紧密结合以使其体积大幅变小，可以直接穿透细胞膜进入细胞。这样可以利用这些外来的 DNA 产生那些囊性纤维化患者细胞所缺陷的蛋白（CFTR），从而治疗这种疾病。试验中，研究者通过鼻通道滴注生理盐水，将正常的基因导入到 12 名参加试验的囊性纤维化患者体内。通过鼻组织活检，研究者可以检测正常的 *cftr* 基因是否进入了患者的细胞，并产生足够的蛋白来影响盐和水进出细胞。最终研究者发现有 2/3 接受治疗的患者在鼻细胞对氯离子的转入和转出有显著的提高。所有参加试验的患者都完成了治疗试验。试验中没有发现任何显著的不良反应，并且治疗可以被病人很好地耐受。

Copernicus Therapeutics 公司正在开发一种气雾剂基因导入技术，通过这种技术可以将正常的 *cftr* 基因通过气雾剂直接进入患者的肺细胞。下一步的临床试验，将采用气雾剂基因导入技术来取代现在的生理盐水滴注法。

10.3.1.4 脊髓性肌萎缩症

（1）脊髓性肌萎缩症的症状与病因

脊髓性肌萎缩症，是一种常染色体隐性遗传病，或叫做 SMA，其发病率为 1/10000～1/6000，居致死性常染色体遗传病第二位。其中脊髓中的 α 运动神经元早死亡，这导致通常受这些神经控制的肌肉萎缩。成年人的运动神经元病也就是所谓的“渐冻症”。患有脊髓性肌萎缩症的婴儿会进行性地变得越来越无力，身体的近端比远端的情况更严重。起初表现在腿上难以完成坐立之类的动作，之后表现为吸吮、咀嚼和吞咽肌无力，难以吃奶、吃食物，难以安全地吞咽自己的分泌物，最终会影响到胸壁肌肉和膈肌，导致呼吸困难，最终导致呼吸衰竭。脊髓性肌萎缩症患儿往往活不到 2 岁或者一直需要呼吸机。

根据发病年龄的早晚，脊髓性肌萎缩症可以分为三型。其中，Ⅰ型脊髓性肌萎缩症在婴儿期就会发病。它是由于 5 号染色体上的 *SMN1* 基因突变或失活，导致无法产生有功能的 SMN 蛋白。*SMN1* 基因编码的 SMN 蛋白在所有细胞中都有表达，作为剪接体的一个组分，在内含子剪切过程中发挥作用。此外，SMN 还阻断与细胞凋亡相关的 caspase 酶，所以缺乏 SMN 也可能增强细胞凋亡。总之，缺少 SMN 蛋白会使控制肌肉的运动神经元变性、死亡，进而肌肉发生萎缩。人体中还存在另外一个编码 SMN 蛋白的基因 *SMN2*。*SMN2* 与 *SMN1* 的相似性超过 99%，但在 *SMN2* 的外显子 7 中有一个重要变异（c.840C>T），这种微小的突变导致 *SMN2* 的 mRNA 中的第 7 个外显子在大部分的情况下会被剪切掉。没有第 7 个外显子，意味着这种 *SMN2* 基因产生异常 SMN 蛋白，大部分会被迅速降解，致使 *SMN2* 基因只能产生少量有功能的 SMN 蛋白。相比之下，*SMN1* 产生的全部都是有功能的 SMN 蛋白。因此，*SMN1* 基因突变或失活导致了肌无力，肌肉迟缓、萎缩，呼吸肌麻痹等多种症状，成为了Ⅰ型脊髓性肌萎缩症的病因。

（2）脊髓性肌萎缩症的基因治疗策略

脊髓性肌萎缩症一直没有有效的治疗措施，患者大多只能终日躺下，靠呼吸机等手段维持生命。基因治疗的方案是把正常的 *SMN* 基因转入腺相关病毒 9（AAV9），通过静脉注射把正常的 *SMN* 基因运送到患者体内，这种载体能够跨越血脑屏障，直接将基因传递给运动神经元。

依据 2017 年《新英格兰医学杂志》报道，在对 15 名患者进行治疗的临床试验中，其中 3 名患者接受低剂量治疗，12 名患者接受高剂量治疗。所有接受治疗的患儿都跨过了 20 个月的生死大关，此前只有 8%的患儿能活到 20 个月。15 名患儿中只有 8 名需要面罩辅助呼吸；接受高剂量（低剂量 3 倍）基因治疗的 12 名患儿中，11 名都可独立坐起至少 5s，能够正常吞咽进食。在受试者中，有一名叫做 Evelyn 的女孩，能独立行走（图 10.17），还有一名小男孩 Matteo 甚至能短暂跑动。这对于脊髓性肌萎缩患儿来说是难以想象的。由此可见，对于脊髓性肌萎缩症这类不治之症，基因治疗带来了新的希望。

10.3.1.5 心血管疾病

心血管疾病已经成为危害人类生命和健康的头号杀手，每年全世界有 1200 万人死于心

图 10.17 Evelyn Villarreal，患有Ⅰ型脊髓性肌萎缩症接受基因治疗后能独立行走

彩图10.17

血管疾病。据世界心脏联盟分析预计，2020年全球心血管病的死亡率将增加50%，心血管病的死亡人数将高达2500万人，其中1900万发生在发展中国家。心血管疾病是由多基因控制的复杂疾病，往往还与环境因素（包括自然环境、社会环境、生活方式等）有关，基因缺陷和疾病表型都具有明显的多样性，包括心力衰竭、心绞痛、高血压及冠心病等。这些心血管疾病往往早期没有症状，而等到疾病临床症状表现出来才开始治疗时，已经形成并引起永久不可逆转的心脏和循环系统的损伤。由于心血管疾病的复杂性，目前的治疗措施主要是药物和手术，对心血管疾病采取基因治疗的方案大都还在基础研究和临床试验I阶段。

（1）心力衰竭

心力衰竭是指心脏因疾病、超负荷或排血功能减弱，以至心脏泵血不能有效满足机体器官及组织代谢需要的一种状态。临床表现主要为典型的气促或乏力，踝部水肿和休息状态下心功能异常等。各种心脏疾病，如冠心病、高血压、瓣膜功能障碍、心肌侵害、心肌病等都会引起心力衰竭，因此，心力衰竭的发病率和死亡率都高，5年死亡率与肿瘤相仿。据我国50家医院住院病例调查，心力衰竭住院率占同期心血管病的20%，死亡率占40%。目前针对心力衰竭的治疗方法主要是药物和手术辅助治疗。治疗药物有血管紧张素转换酶抑制药（ACEI）、利尿药、β-肾上腺素能受体拮抗药、醛固酮受体拮抗药、血管紧张素Ⅱ受体阻断药（ARBs）、强心苷类药和血管扩张药等，手术治疗包括血运重建、二尖瓣手术与心室成型、安装起搏器、心脏移植等心脏替代治疗等。

心力衰竭的基因治疗主要是从钙代谢、肾素血管紧张素系统（RAS）和细胞周期调控三个方面来开展研究的。心力衰竭的病理表现往往伴随心肌肥大，而心肌肥大是心肌细胞内钙代谢失调的结果。钙代谢的关键调节因子是肌质网钙ATP酶泵（SERCA2a），其活性又受磷酸蛋白（PL）的调控。在肥大和衰竭的心脏中，SERCA2a泵的活性下降伴随着PL表达的增高，从而降低心肌收缩性。Eizema等报道，通过反义基因治疗，能减少PL的mRNA和蛋白质的表达，从而改善了大鼠心肌细胞对钙离子的处理和心肌细胞的收缩性。而Schmidt等用腺病毒载体将SERCA2a基因导入到26月龄的雄性Fisher大鼠的心肌细胞，大鼠衰老的心肌在频率依赖性的收缩和舒张功能上都得到了改善。

高血压的长期不治是导致充血性心力衰竭和心肌侵害的重要危险因素，而10%～30%的高血压病例是由肾素血管紧张素系统（RAS）异常导致的。对高血压的基因治疗靶标主要是血管紧张素原基因（*AGT*）和血管紧张素转换酶基因。Tang等将*AGT*基因的反义序列克隆入腺病毒相关载体pTR-UF3导入到Reuber肝细胞瘤细胞中，*AGT*分泌率较对照组降低47.9%。将反义*AGT*序列载体导入成年自发性高血压大鼠（SHR）活体内，9d后，血压有明显的下降，血压下降随反义AGT质粒的注射剂量不同而呈现剂量依赖性。Wang等将编码血管紧张素转换酶基因的反义序列载体转染大鼠动脉内皮细胞（RPAEC），与对照相比，血管紧张素转换酶的mRNA表达率下降了75%。将该基因的反义载体注射到SHR大鼠体内，60d龄时监测大鼠血压有明显的下降。

（2）冠心病与动脉硬化

动脉硬化是一种进展缓慢的进行性疾病，起初只是在动脉血管内壁形成脂肪条纹，慢慢变成复杂的斑块，主要发生于大或中等的弹性或肌性动脉，造成心脏、脑、四肢等靶器官的缺血，最后发生梗死及纤维化。动脉硬化是导致冠心病的重要原因，此外，也与脑卒中、心肌侵害、外周血管疾病密切相连。虽然动脉硬化的形成机制十分复杂，并且确切的病理机理并不十分明了，但研究认为动脉硬化与脂肪代谢失调密切相关，如低密度脂蛋白（LDL）的氧化或糖基化修饰以及炎症的诱导、创伤诱发的血管细胞黏附分子 1（VCAM-1）和细胞间黏附分子(ICAM-1) 在受损的内皮表达，高血压、糖尿病、肥胖、家族性高胆固醇病以及与其他与脂类代谢相关的血管疾病等都可诱发动脉硬化。

动脉硬化的基因治疗目前也主要是针对脂类代谢来进行的。目前的靶基因主要集中在载脂蛋白 E（*apoE*）上。已经证明，载脂蛋白 E（apoE）在血浆脂蛋白的清除中非常重要。Hasty 等用表达 *apoE* 的逆转录病毒感染 *apoE* 缺乏的骨髓瘤细胞，再将这种细胞移植到 $apoE^{-/-}$ 的受体小鼠中。移植 3d 后，小鼠血浆中就发现 *apoE* 的表达，表达水平达到正常值的 0.5%～1%，但胆固醇水平没有受影响。且进一步证明 *apoE* 能延缓内皮早期损伤的形成。Desurmont 等用含有人类 *apoE* cDNA 的腺病毒感染 *apoE* 缺乏的裸鼠，感染 4d 后，在血清中就能检测到人类 *apoE*，第 21 天达到高峰。感染后 *apoE* 的表达至少维持了 4 个月。检测 *apoE* 导入后小鼠脂蛋白的代谢，发现胆固醇水平从第 0 天的（591±85）mg/dL 降到第 21 天的(97±7) mg/dL，三酰甘油的水平也从第 0 天的（222±45）mg/dL 降到第 21 天的(91±11) mg/dL，且两者的低水平表达持续维持了 5 个月。检测胆固醇的分布，发现未治疗的对照组中，胆固醇主要在 VLDL-LDL 脂蛋白中运转，而转 *apoE* 的治疗组中，VLDL-LDL 组分中胆固醇的含量下降了，伴随着 LDL-胆固醇的水平增高。进一步进行动脉硬化损伤的组织学分析，发现转 *apoE* 的治疗组小鼠在第 17 周龄时，损伤处于脂肪条纹阶段，损伤面积的平均值为（220±37）mm^2，而对照组的损伤面积增加高达 6 倍[(1172±255)mm^2]。这些研究都证明转 *apoE* 可能是动脉硬化基因治疗的有效途径。

10.3.2 肿瘤的基因治疗

恶性肿瘤是严重危害人类健康和生命的疾病之一，其死亡率居各类疾病之首。现已证明，肿瘤的发生是由于某些原癌基因的激活、抑癌基因的失活及凋亡相关基因的改变从而导致细胞增殖分化和凋亡失调而引起的。传统的肿瘤治疗通常采用手术治疗、放疗、化疗及中医药治疗等，然而这些治疗方法往往会带来较强的副作用或容易复发，在癌细胞形成过程中由于基因还会不断发生新的突变，所以癌变细胞很容易对化学药物治疗和放射治疗产生抗性或耐药性。寻找一种新的治疗方式显得尤为重要。基因治疗具有选择性高，对组织无毒或毒性小等优点，使得癌症基因治疗的研究成为近 30 年来基因治疗的主要研究内容和热点。

针对肿瘤发生的遗传学背景，将外源性目的基因引入肿瘤细胞或其他体细胞内以纠正过度活化的基因或补偿缺陷的基因，从而达到治疗肿瘤的目的，即为肿瘤的基因治疗。目前，肿瘤基因治疗的策略主要包括抑癌基因治疗、癌基因治疗、免疫基因治疗、药物敏感基因（自杀基因）治疗、多药耐受基因治疗，以及抗肿瘤血管生成的基因治疗等。

10.3.2.1 肿瘤特异性基因治疗策略

（1）针对抑癌基因的基因治疗

抑癌基因（tumor suppressor gene）又称抗癌基因（antioncogene），研究表明，几乎一半的人类肿瘤均存在抑癌基因的失活。因此，将正常的抑癌基因导入肿瘤细胞中，以补偿和代替突变或缺失的抑癌基因，达到抑制肿瘤的生长或逆转其表型的抑癌基因治疗策略，必将成为肿瘤基因治疗中的一种重要的治疗模式。

p53 基因是目前研究最广泛和深入的抑癌基因。*p53* 能与 DNA 结合而起转录因子的作

用。野生型 *p53* 不仅能抑制那些促进失控细胞生长和增殖相关的基因的表达，也能活化抑制失控细胞异常增殖的基因。在人类各种类型的肿瘤细胞中，大多数 *p53* 发生突变而使其不表达，目前发现有 50%以上的癌症是由于 *p53* 突变产生的，这些突变大多发生在 DNA 结合区，主要位点是 C175、248 和 282。

由于在人类恶性肿瘤中 *p53* 基因的突变率较高，采取基因增补的策略往肿瘤细胞中导入正常的 *p53* 基因成为肿瘤基因治疗的首选方法。大量的体内外试验已证实，引入 *p53* 基因确实可以抑制肿瘤细胞的生长，诱导细胞凋亡。例如，利用电穿孔的方法，把野生型 *p53* 基因导入人类前列腺癌细胞 PC-3 中，发现肿瘤细胞形态改变，细胞生长速度降低，裸鼠致瘤性消失。将 *p53* 基因相继导入肝癌、口腔癌、肺癌、头颈部肿瘤等肿瘤细胞，同样发现类似的结果。大量的体外试验已证明，引入 *p53* 基因或增强型的显性负抑制突变的 *p53* 基因（*p53*DN）确实可以抑制肿瘤细胞的生长。用 *p53* 重组腺病毒载体对Ⅰ～Ⅲ期 400 多例晚期恶性肿瘤患者临床治疗试验评估结果表明，Ad-*p53* 制品安全，有 60%的患者肿瘤停止生长或缩小。为了提高疗效，经常将 *p53* 基因治疗与其他方法联合应用，如化疗和放疗，有时也与某些细胞因子联合应用，其中美国 ONYX 生化制药公司研究的腺病毒为载体携带 *p53* 基因的 Onyx2015 已经进入Ⅲ期临床试验，显示出了较好的临床疗效。这种腺病毒的 *E1B* 基因被敲除了，在正常细胞中，它的复制会被 *p53* 阻止，但在 *p53* 失活的肿瘤细胞中，腺病毒会存活并复制，发挥溶瘤作用，细胞死亡后，释放的病毒再感染周围的肿瘤细胞，最终杀灭肿瘤（见图 10.18）。由深圳赛百诺公司研制、中国食品药品监督管理局（SFDA）2003 年批准上市的“重组人 p53 腺病毒注射液”（注册商标名：今又生/Gendicine）是世界上第一个获准上市的基因治疗药物，用于治疗肿瘤。到目前为止，今又生已经治疗了约 10000 例、50 多种不同的肿瘤患者。今又生单药使用的给药途径包括瘤内注射、胸腹腔灌注、静脉滴注、介入治疗、支气管滴注和膀胱内滴注等。今又生也可与放疗、化疗、手术、热疗及其他物理治疗等方法联合使用，具有约 3 倍的协同效果；具有拮抗放化疗对患者造血功能的抑制作用，可增加患者饮食，缓解癌性疼痛等，提高患者的生存质量。

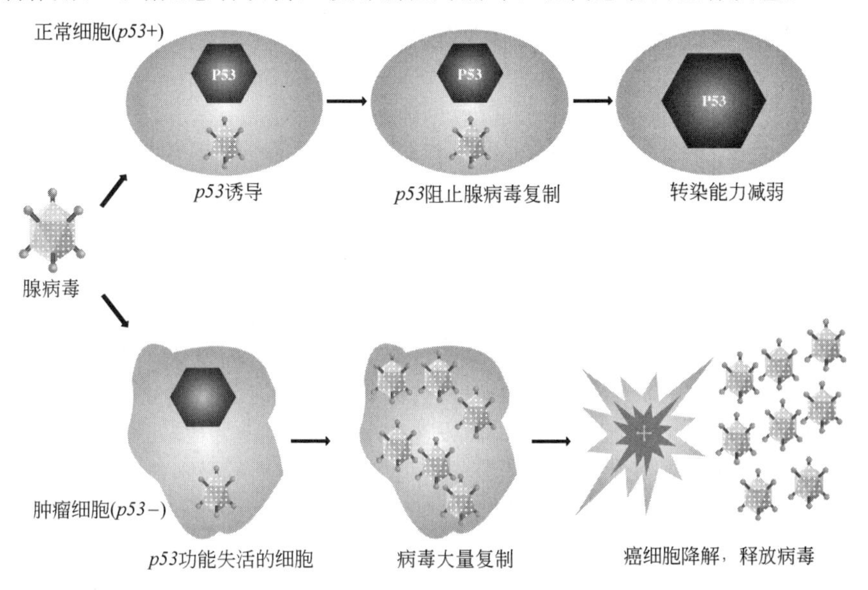

图 10.18　针对 *p53* 基因治疗肿瘤的策略。腺病毒携带的 *p53* 基因如果进入正常细胞，*p53* 会阻止腺病毒复制。但若转入 *p53* 基因失活的肿瘤细胞，病毒大量复制，最终杀死肿瘤细胞，释放子代病毒

目前研究工作者仍在不断地发现新的抑癌基因，如 *p16*、*p27*、*p21*、*pTEN*、*KLF6*、*ING4*、*NOL7*、*ARLTS1*、*Runx3* 等（图 10.19）。*p16* 基因因对细胞周期 G_1 期有特异性调节作用，又称多肿瘤抑制基因 1（multiple tumor supperssor 1，MTS-1）。正常情况下，*p16* 与细胞周期素 D（cyclin D）竞争 CDK4、CDK6，抑制它们的活性，使其一系列底物（如 Rb）保持持续去磷酸化高活性，而不能解除 Rb 对转录因子 E2F 等的抑制，从而阻止细胞从 G_1 期进入 S 期，直接抑制细胞增殖。相反，当 *p16* 基因发生异常改变时，细胞增殖失控导致其向癌变发展。*p16* 基因异常的主要表现是以基因缺失为主，在肿瘤中可达 80%以上。用腺病毒介导 *p16* 基因导入肺癌细胞，可抑制癌细胞的生长和克隆形成，造成细胞周期 G_1 期阻滞。对乳腺癌细胞（MCF-7）、膀胱癌细胞等，也有类似的结果。

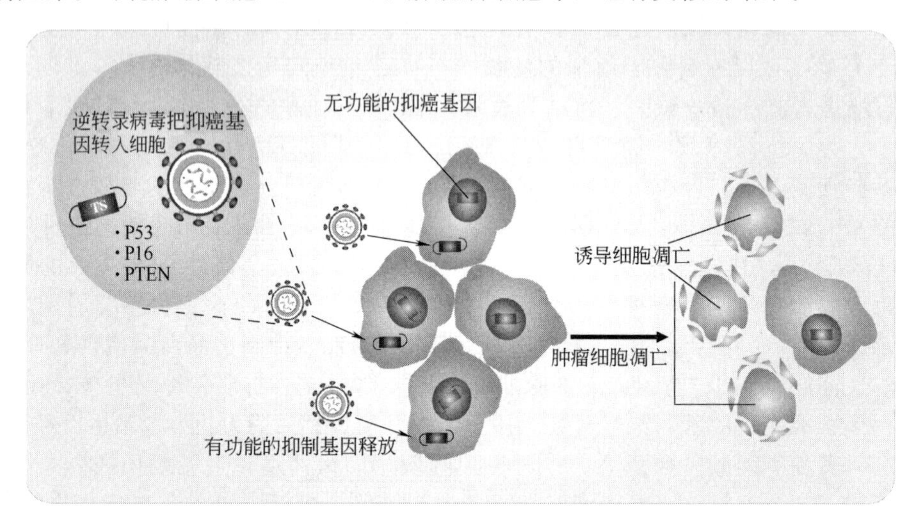

图 10.19 激活抑癌基因的基因治疗策略。通过病毒载体将 *p53*、*p16* 或 *pTEN* 等一些抑癌基因转入肿瘤细胞，会诱发肿瘤细胞凋亡

p27 基因是另一个抑癌基因，调控细胞周期并抑制细胞分裂，其编码的 P27 蛋白为细胞周期素（cyclin）依赖性蛋白激酶抑制因子（cyclin2dependent kinase inhibitor，CDKI）。Zhu 等将重组腺病毒介导的 *p27* 转染人胃癌细胞株 MN K245，18h 后，FCM 观察到 G_1-S 期前的 1 个亚二倍体凋亡峰，DNA 电泳发现特征性的凋亡带，原位缺口末端标记技术（TUNEL）检测发现实验组的凋亡率明显高于对照组，证实了 *p27* 在体内和体外的诱导凋亡作用。

（2）针对癌基因的治疗

癌基因是指细胞基因组中具有能够使正常细胞发生恶性转化的一类基因。这种基因在人的正常细胞中原本就存在，只是大部分时候，这类潜在的癌基因处于不表达状态，或其表达水平不足以引起细胞的恶性转化，或野生型蛋白的表达不具有恶性转化作用。当这些基因突变或表达失误后，就会启动细胞大量生长，发生恶性转化。研究比较深入的癌基因有 *Ras*、*Myc*、*Src* 等基因，由于突变而使其功能处于异常活跃状态，不断地激活细胞内正调控细胞生长和增殖的信号转导途径，促使细胞异常生长。针对癌基因的治疗，主要采取封闭癌基因的活性、抑制其过表达来实现。常用的抑制癌基因活性的技术有反义核酸技术、RNA 干扰技术和核酶技术等。

① 反义核酸技术

反义 RNA 能与特异的有同源序列的 mRNA 分子互补结合，从而抑制该 mRNA 的加工和翻译，是原核细胞中基因表达调控的一种重要方式。在真核细胞中通过人工合成反义

RNA 或其基因导入细胞内，能抑制特定靶基因的表达，因而可以作为基因药物进行基因治疗。应用反义核酸技术进行基因治疗主要有两种方法，一是利用带有反向插入的目的基因的质粒或其他载体转染靶细胞，在细胞内转录出能与特定基因正义 RNA 互补的反义 RNA，从而阻止目的基因蛋白质的表达；二是体外人工合成由 20 个核苷酸组成的反义寡核苷酸直接导入培养细胞或生物体，与靶基因的 mRNA 特殊序列互补配对，阻断其表达，达到治疗的目的。

用反义 *Myc* 片段构建的重组腺病毒载体 Ad-As-Myc，能显著抑制肺癌 GLC-82 和 SPC-A-1 细胞生长和克隆形成，并诱导其凋亡。RT-PCR 和 Western 印迹显示 *myc* 基因表达下降，凋亡相关基因 *Bcl*-2 和 *Bax* 分别出现下调和上调。瘤内注射 Ad-As-Myc 可抑制裸鼠皮下移植肿瘤的生长（抑瘤率为 52%）。对肝癌细胞 BEL-7402、HCC-9204、QSG-7701 和 SMMC-7721、胃癌细胞 MGC-803、SGC-823 也有抑制作用，表明反义 *myc* 具有广谱的抗肿瘤作用。把反义 *c-myc* 和反义 *c-erbB*-2 同时及分别导入卵巢癌细胞（COCl），发现反义 *c-myc* 组的抑制率为 64.5%，反义 *c-erbB*-2 组为 61.9%，两者结合组则高达 82.6%。

以逆转录病毒为载体将反义的 *K-Ras* 导入胃癌细胞 YCC-1（高表达野生型 K-Ras）和 YCC-2（K-Ras12 位突变）中，发现 *K-Ras* 基因的表达显著降低，其癌细胞生长明显受抑，其抑制率近 50%。体内试验也证明，未转染反义 *K-Ras* 的裸鼠在 20d 后肿瘤迅速增大，而转染反义 *K-Ras* 的肿瘤未见长大。将含有具有抑制 *K-Ras* 功能的突变体 *N*116*Y* 基因的腺病毒（AdCEA-N116Y）导入胰腺癌细胞（PCI-35、PCI-43），然后再感染裸鼠，发现无论是 *N*116*Y* 的表达，还是肿瘤受抑，抑或凋亡等变化，与对照组（人胚胎胰细胞 1C3D3）相比均有显著性差异，对膀胱癌的研究也发现了类似的结果。

此外，反义寡核苷酸类药物（AS-ODN）也被广泛用于肿瘤的治疗。福米韦生（Fomivirsen）是第一个通过美国 FDA 批准进入市场的 AS-ODN 类药物。其他 AS-ODN 类药有 ISIS2302、ISIS3521/CGP64128A 和 G3139 等，在临床试验中也表现出良好的疗效。这类药物选择的反义靶点主要包括癌基因类 *c-myc*、*c-myb*、*bcl*-2、*N-Ras*、*K-Ras*、*c-mos* 等；宿主基因类，如多药耐受基因、周期素（cyclin）、前胸腺素、T 细胞受体、表皮生长因子受体、蛋白激酶 C 等；细胞因子类，如 IL-2、IL-1α、IL-1β 等。

② RNA 干扰技术

RNA 干扰（RNA interference，RNAi）是指通过人为地引入与内源靶基因具有同源序列的双链 RNA（dsRNA），从而诱导内源靶基因的 mRNA 降解，达到阻止基因表达的目的。RNA 干扰是目前使用最多的基因沉默（gene silencing）和基因敲减（gene knockdown）技术，几乎在所有的生物体内都可以诱发 RNA 干扰现象。肿瘤是多个基因相互作用的基因网络调控失衡的结果，传统技术诱发的单一癌基因的阻断不可能完全抑制或逆转肿瘤的生长，而 RNAi 可以利用同一基因家族的多个基因具有一段同源性很高的保守序列这一特性，设计针对这一区段序列的 dsRNA 分子，只注射一种 dsRNA 即可以产生多个基因表达同时沉默的表现，也可以同时注射多种 dsRNA 而将多个序列不相关的基因表达同时抑制，从而为肿瘤的基因治疗开辟了新的途径（图 10.20）。

M-BCR/*ABL* 癌基因是首个应用 RNAi 进行肿瘤基因治疗探索的靶基因，它是导致慢性髓性白血病和急性淋巴细胞白血病发生的主要致病基因。Wilda 等用 *M-BCR*/*ABL* siRNAs 转染慢性髓性白血病 K562 细胞系，发现 *M-BCR*/*ABL* 的 mRNA 和蛋白表达均被抑制，细胞恶性程度降低，并导致细胞凋亡。*B-raf* 基因是丝裂原活化蛋白激酶（MAPK）信号转导系统中的一个调节因子，在多数黑色素瘤中，发现有 *B-raf* 基因的突变，设计针

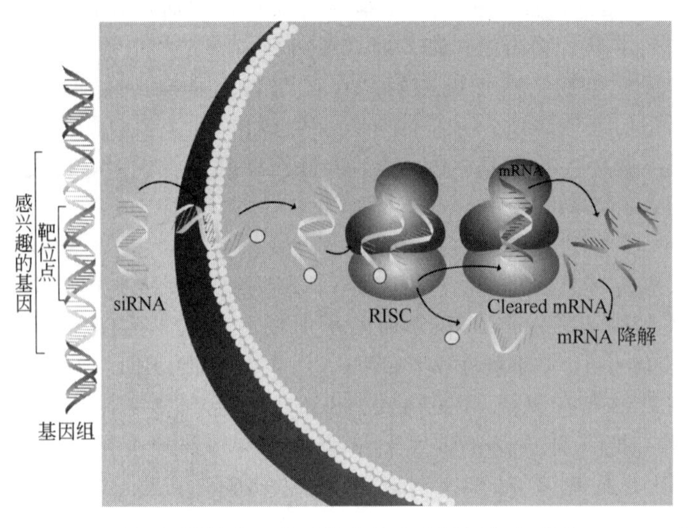

图 10.20 RNAi 基因沉默技术。针对特定的癌基因靶位点设计 siRNA，导入肿瘤细胞后，与 RISC 形成复合物，最后使癌基因的 mRNA 降解

对突变型 B-raf 的特异 RNAi 病毒载体，转染黑色素瘤细胞后，发现癌细胞生长停滞且发生凋亡。在肿瘤细胞中，抗凋亡基因如 *bcl-2*、*livin*、*survivin* 等往往过度表达。Ocker 等研究发现在胰腺癌的体内及体外试验中，*bcl-2* 的 siRNAs 能够特异地抑制相应基因的表达。Williams 等利用 RNAi 在一个结肠癌细胞系（HCT116）中阻断 *survivin* 表达，体内及体外试验结果均发现肿瘤生长被明显的抑制。将 *livin* 的 siRNA 导入 HeLa 细胞后，发现 *livin* 的表达被显著抑制，而细胞在不同的凋亡诱导及作用下细胞凋亡率均明显升高。

③ 核酶技术

核酶（ribozyme）是一类具有生物催化活性的 RNA 分子，能特异地结合并切割靶 RNA 分子。此核酶的活性首先由 Sidney Altman 于 1981 年在研究核酸酶 P（RNase P）时发现，1982 年，Thomas R. Cech 在研究四膜虫（*Tetrahymena thermophila*）26S rRNA 的转录加工时又发现，在没有任何酶存在的情况下，该 rRNA 的前体通过自我剪接反应去除了内含子，并使两个外显子连接起来，形成成熟的 rRNA，证明某些 RNA 确实具有特异的催化功能。为了与酶（enzyme）区分，Cech 将它命名为 ribozyme（核酶）。因为其本质是 RNA，而且不参与翻译，所以它又属于组成型非编码 RNA 中的一分子。核酶在非编码 RNA 的分类中亦被称为“催化性小 RNA”。

到目前为止，发现的天然存在的核酶类型大约有 7 种：锤头状核酶（hammerhead structure）、发夹状核酶（hairpin structure）、丁型肝炎病毒（Hepatitis D virus，HDV）核酶、VS（Varkud satellite）核酶、Ⅰ类内含子核酶、Ⅱ类内含子核酶、催化 Pre tRNA 加工成熟的 RNase P 中的 RNA 成分。用于基因治疗的主要是锤头结构的核酶。它包括底物结合部分和催化部分，前者通过碱基互补配对与底物形成杂交双链结构实现与底物 RNA 链互补结合，后者在特定位点切割靶 RNA 分子。核酶在切割和降解完靶 RNA 后，可重新形成高级结构，防止 RNA 酶对其自身的降解，并能继续催化其余的靶 RNA。

与反义核酸技术相比，核酶在靶目标的选择上更灵活、有效，而且核酶具有较稳定的空间结构，不易受 RNA 酶的降解，也不需要其他酶的辅助就可对靶序列进行高效的重复切割。核酶用于基因治疗的具体方法有两种：一种是把编码核酶的基因通过载体转入受体细胞，在宿主细胞内进行持续稳定的表达。通过这种方法可以转运各种不同类型的抗肿瘤核酶，包括“锤头状”核酶、“发夹状”核酶和RNaseP等。另一种方法是在体外化学合成核酶再导入细胞内。这种核酶主要是通用的核酶，如“锤头状”核酶（图10.21）。人工合成的核酶分子既能破坏病毒转录产物又对机体无害，又可将针对多个位点的核酶序列串连成一个多靶位核酶分子，这样可以大大提高切割效率。

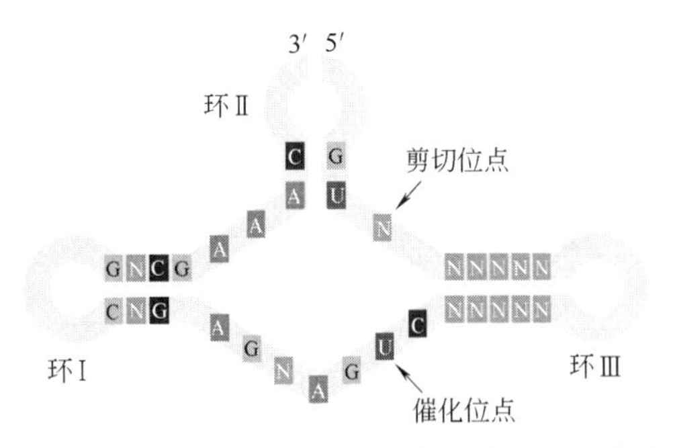

图10.21 锤头状核酶结构示意图。N代表任意一种碱基

针对癌基因的核酶技术研究也甚多，主要是因为核酶能够序列特异性地抑制靶mRNA，区别正常的癌基因和突变型癌基因。针对突变型*K-Ras*癌基因的锤头状核酶，可特异且有效地切割突变的*K-Ras* mRNA，但对野生型的*K-Ras* mRNA无作用，体内外均能显著抑制结肠癌细胞的生长。K-Ras核酶除了抑制肿瘤的生长外，还能增强肿瘤对化疗药物的敏感性。

（3）针对耐药基因的治疗

化疗是目前针对恶性肿瘤常用的方法，但是癌细胞对多种化学药物具有抗性，很多药物很难将其杀死，单纯加大药物使用剂量也不能将其消灭，还有可能引发副作用。癌细胞对化疗药物的耐药性涉及多种机制，包括：①通过细胞膜或胞质与细胞核之间药物摄入和外流改变使细胞内药物浓度降低；②细胞内药物的激活或灭活改变所引起的代谢耐药；③通过细胞内药物靶酶的水平改变或细胞内酶与药物的亲和力改变而导致的靶耐药；④DNA损伤修复功能加强；⑤细胞凋亡调节的改变等。其中多药耐受是肿瘤细胞免受药物攻击的重要的细胞防御机理。

多药耐受（mulitiple drug resistance，MDR）是指肿瘤细胞接触某一种抗癌药物产生耐药的同时，也对其他结构和功能不同的药物产生交叉耐药性。MDR是影响肿瘤化疗疗效的重要因素之一。因此，如何消除MDR的影响，提高化疗药的药效就成了人们研究的热点。耐药基因治疗就是将一些耐药基因转移至造血干细胞或肿瘤周围正常组织的细胞，以降低化疗药物对骨髓或旁侧正常细胞的毒性，这样就可能用高剂量的药物杀死肿瘤细胞而不破坏骨髓细胞和周围正常的细胞了。

人类基因组中含有两个*MDR*基因，即*MDR1*和*MDR2*，二者有高度的同源性，但是现有研究表明，*MDR2*不参与MDR的产生过程。*MDR1*基因编码1280个氨基酸组成的糖蛋白P-gp。P-gp是一个跨膜整合糖蛋白，属于ATP结合蛋白（ATP-binding cassette）家族成员，也是一种能量（ATP）依赖的多种药物排出泵。P-gp与ATP结合后，利用ATP水解产生的能量进行跨膜转运，对疏水性抗肿瘤药（如actinomycin D等）有较强的外排作用。当P-gp与抗肿瘤药物结合后，通过ATP提供的能量，将药物从细胞内泵出细胞外，导致细胞内药物浓度不断下降，其细胞毒作用因而减弱甚至丧失，最终出现耐药现象。临床上应用时，主要将*MDR1*基因转移到骨髓干细胞或肿瘤组织旁侧其他正常细胞（图10.22）。例如，利用逆转录病毒载体可高效介导*MDR1*基因进入裸鼠骨髓干细胞，在体外转染*MDR1*基因的骨髓干细胞再回输入卵巢癌或乳腺癌裸鼠化疗模型体内，可明显提高化疗药物的用量。

针对肿瘤细胞的*MDR*基因治疗策略也可以通过抑制肿瘤细胞中*MDR1*基因表达，从而增加常规化疗剂量的效果来实现。郭华等以*MDR1*基因mRNA为靶点设计合成2个反义肽核酸（peptide nucleicacid，PNA）序列，利用PNA-DNA杂交，阳离子脂质体介导转染

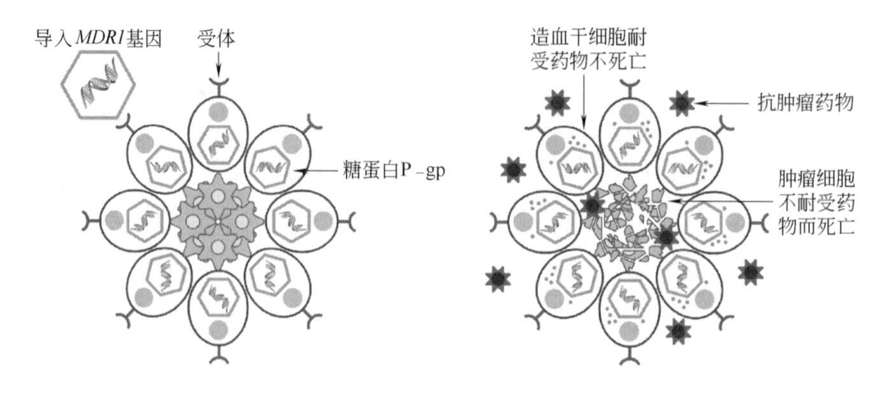

图 10.22 耐药基因 *MDR1* 的工作原理。在造血干细胞中导入 *MDR1* 基因，它会在细胞内产生糖蛋白 P-gp。当使用抗肿瘤药物时，造血干细胞因为 P-gp 对抗肿瘤药物的外排作用而具有药物耐受性。但肿瘤细胞不耐受药物而死亡

脑神经母细胞瘤耐药细胞株 SK-N-SH。检测显示，SK-N-SH 细胞中 P-gp 的表达明显降低，*MDR1* mRNA 表达轻度下降，细胞内多柔比星（ADM，抗肿瘤药物）聚集浓度明显增加。此外，缺氧诱导因子 1（hypoxia inducible factor 1，HIF-1）对于肿瘤 MDR 形成有多方面的作用，以 *HIF-1* 为靶点的肿瘤治疗，为克服肿瘤放、化疗抵抗提供了新思路。马超等构建靶向 *HIF-1α* 的短发夹状小干扰基因（p Silencer-HIF）并转染到人乳腺癌耐 AMD 细胞株 MCF-7/ADR 中，细胞中 *HIF-1α*、*MDR-1* mRNA 水平明显降低，P-糖蛋白（P-gp）的表达亦降低，细胞存活率由 76%下降到 43%，Rh123 荧光强度由 22.0%升为 86.6%，提示 pSilencer-HIF 有逆转 MDR 的作用。

10.3.2.2 非特异性基因治疗策略

（1）自杀基因治疗法

所谓自杀基因（suicide gene）治疗，就是将某些细菌、病毒和真菌中特有的药物敏感基因导入肿瘤细胞，通过此基因编码的特异性酶类将原先对细胞无毒或毒性极低的药物前体在肿瘤细胞内代谢成有毒性的产物，以达到杀死肿瘤细胞的目的，也称前药转换疗法。

常用的自杀基因包括单纯疱疹病毒胸苷激酶（herpes simplex virus thymidine kinase，HSV-tk）基因、水痘带状疱疹病毒胸苷激酶（varicella-zoster virus thymidine kinase，VZV-tk）基因、大肠杆菌胞嘧啶脱氨酶（*E. coli*-cytosine deaminase，CD）基因、细胞色素 P-450 基因、大肠杆菌黄嘌呤-鸟嘌呤磷酸核糖转移酶（glunaine phosphoribosyl transferase，GPT）基因、大肠杆菌硝基还原酶基因（*NTR*）和大肠杆菌 *gef* 基因等。

HSV-tk 基因是最常用的自杀基因，它编码胸苷激酶，该酶可将核苷类似物代谢为二磷酸化物，后者在细胞内酶的作用下成为有毒性的三磷酸化物而发挥抗肿瘤作用（图 10.23）。HSV-tk 能催化抗病毒核苷类似物 ACV、GCV、BDVdU 等三磷酸化，转换成毒性产物，阻断核酸代谢途径，导致细胞死亡。把腺病毒介导的 *HSV-tk*/*GCV* 注射到有前列腺癌的小鼠体内，可明显抑制前列腺癌的生长，并能使癌的肺转移率降低约 40%。对治疗失败或发生转移的前列腺癌患者用此方法进行治疗，也取得了较好的临床效果。利用蛋白质工程中的定向进化技术，筛选到一种突变 *HSV-tk30*，显著地增加转导细胞对 ACV 和 GCV 的敏感性，已经被应用于不同的人类肿瘤细胞。

NTR 基因是非常具有应用前景的自杀基因之一。NTR 作用的前体药物是 CB1945，该物质是一种温和的单功能烷基化合物，可在硝基还原酶和 DT 硫辛酰胺脱氢酶的催化下生成

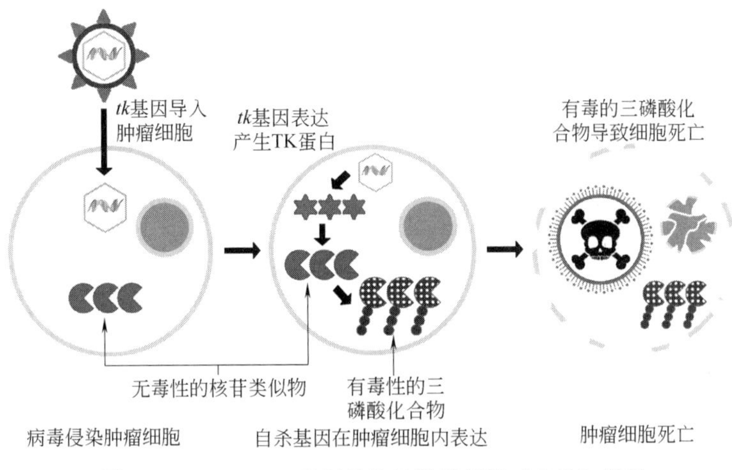

图 10.23 *HSV-tk* 基因导致的肿瘤细胞"自杀"原理

双功能烷基化合物引起 DNA 交联。这种自杀系统对癌细胞的杀伤不依赖于细胞周期，可杀死静止期的癌细胞。以腺病毒为载体携带 *NTR* 的临床试验也显示了其有效性和安全性。另外，新发现的 *gef* 自杀基因表达产物不需要作用的前体药物，是自杀基因治疗癌症的潜在药物。*gef* 基因是在大肠杆菌 DNA 中发现的，能编码 50 个氨基酸的蛋白质，本身具有杀伤细胞的功能。将 *gef* 基因转入 MS236 细胞，发现转染后细胞的增殖与对照组相比降低了 85%以上，细胞 G_1 期消失，并停滞在 S 期，虽然没有发现细胞凋亡，但细胞形态上却发生了很大的变化。

自杀基因疗法克服了病毒介导的基因疗法不能使其转导的基因进入所有肿瘤细胞的最大缺陷。通过自杀基因的旁观者效应（bystand effect），自杀基因转导细胞还可对邻近非转导细胞产生细胞毒作用。现已证明，几乎所有的自杀基因系统都具有旁观者效应，但其作用机制尚不十分清楚。细胞间通信（缝隙连接，gap junction）可能在旁观者效应中起重要作用，无论是 *in vivo* 还是 *ex vitro*，缝隙连接的表达高低与潜在的旁杀伤作用之间具有直接的相关性，特别是在使用 HSV-tk/GCV 作为自杀基因系统的情况下更是如此。因此，增加缝隙连接的表达量或转导缝隙连接基因，或使用可增加缝隙连接功能的代谢化合物（如视黄醛或 cAMP）均可提高自杀基因疗法的旁杀伤作用。2008 年，第一个针对 *tk* 基因腺病毒载体药物 Cerepro 在国外上市，我国自主研发的 *TK* 基因产品正在进行Ⅲ期临床试验。目前，自杀基因是一种被广泛看好的肿瘤基因治疗策略。

（2）抗肿瘤血管生成的基因治疗

肿瘤细胞的持续生长需要有充分的血液供应以满足其对营养成分的需要，因此，血管生成可以作为肿瘤治疗的靶位点，通过抑制肿瘤细胞血管生成控制肿瘤细胞生长和转移。与以肿瘤细胞为靶位点相比，以血管内皮细胞为靶位点有许多优点：一是瘤体中内皮细胞的生长速度比在正常组织中显著增加，使得细胞表面的标记分子表达量增高；二是内皮细胞释放蛋白溶解酶降解毛细血管基底膜引起细胞外基质重塑等，这些都可成为治疗的靶位点。

近年来抗血管生成基因治疗的研究主要包括：①针对血管形成生长因子及其受体的基因治疗。如血管内皮生长因子（VEGF）是调节血管生成的一个最重要的因子，其发挥功能是通过血管内皮特异性的受体 FLT-1 和 FLK-1/KDR 来完成的。通过反义核酸技术或 RNA 干扰技术抑制 VEGF 或其受体基因的活性，可以达到抑制新生血管生成的目的（图 10.24）。例如，对异体移植神经胶质瘤的裸鼠模型 U-87MG 给予腺病毒介导的反义 *VEGF* cDNA 基

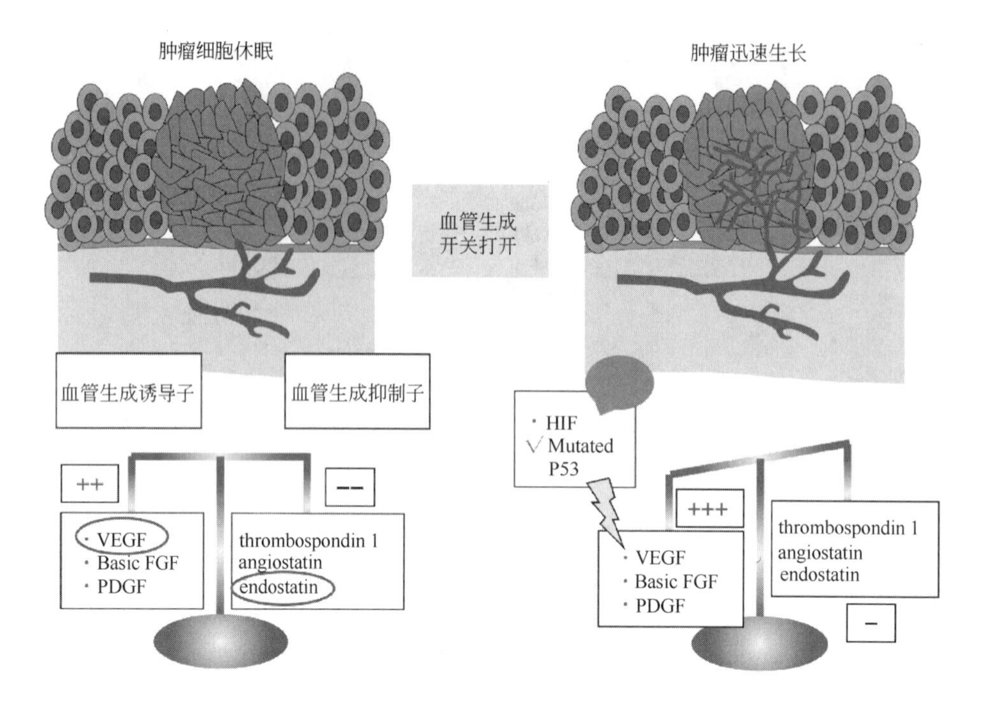

图 10.24 VEGF 促进肿瘤血管生成的机理。在肿瘤细胞休眠期，包括 VEGF 在内的血管生成诱导因子和包括内皮抑素（endostatin）在内的血管生成抑制因子是基本平衡的。但是在 *p53* 基因突变的肿瘤细胞中，VEGF 大量表达，造成肿瘤迅速生长。因此，抑制 VEGF 或其受体基因的活性，可以达到抑制肿瘤新生血管生成从而抑制肿瘤生长的目的

彩图10.24

因进行治疗，结果发现肿瘤的生长受到明显抑制。对患有神经母细胞瘤 SCID 小鼠皮下注射逆转录病毒介导的 VEGF 受体 *flk-1* 基因，肿瘤组织的体积与对照组相比平均减少 33%，证明 *flk-1* 的表达具有抗血管生成的作用。Shen 通过 RNAi 技术抑制人类白血病细胞系 K562 中的 *VEGF165* 活性，使其基因转录和蛋白表达都有明显的抑制作用。同时在转基因的小鼠模型中，对 *VEGF165* 特异性的 RNAi 抑制可有效地降低肿瘤血管的密度，并且抑制肿瘤的生长。②血管形成抑制因子基因治疗。现在已经研究发现了多种血管生成抑制剂，包括血管抑素（angiostatin）、内皮抑素（endostatin）、VEGF 单抗、血小板因子 4（PF4）、IL-12、IL-18、EMAP2-Ⅱ、TIMPs 和 IP-10 等。研究表明，联合应用表达内皮抑素的腺病毒和低剂量的化疗药物 gemcitabine 可以有效地抑制人肺癌细胞株在裸鼠体内的成瘤和生长。③针对肿瘤血管内皮细胞的自杀基因治疗等。

抗血管生成基因疗法不同于常规疗法及其他基因疗法，它具有很多优点，如高效低毒，不易产生耐药性，不受肿瘤细胞周期的影响等。因此，它在肿瘤和其他血管性疾病的治疗中将有良好的应用前景。

10.3.2.3 肿瘤的免疫治疗

（1）免疫治疗建立的历史

肿瘤免疫治疗（cancer immunotherapy）由来已久，可以追溯到 100 多年以前，骨科医生 Coley 在查阅病历中发现，有一个名叫 Fred Stein 的德国肉瘤患者，他因为化脓链球菌感染之后，肿瘤居然逐渐消失了。于是 Coley 大胆地尝试在肿瘤病人中注射化脓性链球菌。首个试验对象是一个喉咙里长有肉瘤的意大利人 Zola，他已经病得无可救药。在给他不同剂量反

复注射化脓性链球菌以后，Zola 被成功感染，他的肿瘤在 24h 之内开始缩小，最后 Zola 被治愈。Coley 之后用类似的方法治好了十多名患者。后来他用灭活的链球菌和沙门菌诱导感染，发明了“Coley 毒素”。这就是人类最早的免疫治疗，虽然 Coley 本人并不知晓内在的原理。

正因为这种不明所以的治疗策略缺乏科学性，“Coley 毒素”很快被业界所制止。而在 20 个世纪的前半叶，正值放疗和化疗技术发明和飞速发展的时代，Coley 至死也没有看到“Coley 毒素”获得学术界的认可。但实际上，在 Coley 毒素发明后的 60 多年里，成功治愈的肿瘤病人已经超过了 1000 人，这显然不能用偶然性来解释，Coley 毒素治疗的科学性不可回避。直到 1959 年，Old 在《自然》杂志报道了减活的结核杆菌构成的卡介苗（BCG）相关成果，并发现注射了卡介苗的实验动物对肿瘤生长有更强的抵抗力，这使得人们再度认识增强机体的免疫力可以抵抗肿瘤的发生。几十年后，Steven Rosenberg 与他的同事发现体外培养的外周血淋巴细胞经 IL-2 激活扩增后能够有效杀灭未经培养的原代肿瘤细胞，他们把这些细胞称为淋巴因子激活的杀伤细胞（lymphokine-activated killer cell，LAK 细胞）。这些细胞在回输至患者体内后能够广谱地杀伤肿瘤细胞。后来由于 LAK 细胞疗法的毒性过大，致使 Rosenberg 尝试寻找新类型的免疫细胞治疗癌症，随后他从肿瘤患者的肿瘤内提取到肿瘤浸润淋巴细胞（tumor infiltrating cells，TIL），在动物模型实验中，TIL 比 LAK 杀灭肿瘤细胞的能力强 50～100 倍。

1988 年，Rosenberg 在《新英格兰医学杂志》发表了 TIL 细胞联合白介素 2（interleukin-2，IL-2）治疗黑色素瘤的实验结果：15 名转移性黑色素瘤患者在使用 TIL 细胞联合 IL-2 以及环磷酰胺治疗后，9 位产生了客观应答，缓解时间为 2～13 个月。该临床试验首次证实了 TIL 治疗转移黑色素瘤的疗效。至此肿瘤的免疫治疗重见天日。

（2）肿瘤的免疫监视和免疫逃逸

体细胞可自发突变，或由于各种环境因子的刺激而诱发基因突变，这些突变细胞若不被修复，也不被启动凋亡，则会在其表面表达出一些新的抗原。这些具有新抗原的突变细胞，作为“非己”成分，正常情况下，机体可以通过天然和获得性免疫进行识别和杀伤，并最终在其形成肿瘤之前将其清除，即机体具有免疫监视的功能。1975 年，Thomas 和 Burnet 最先提出免疫监视学说，后来这一学说又被 Old 等完善。这一学说认为肿瘤和免疫系统之间的相互作用是一个动态的过程，可分为消除、相持和逃逸三个阶段。在肿瘤-免疫过程中，肿瘤细胞必须释放肿瘤抗原刺激和活化效应细胞，肿瘤特异性 T 细胞需渗进肿瘤组织、识别主要组织相容性复合体（major histocomptibility complex，MHC）提呈的癌细胞，从而诱导细胞死亡。尽管如此，仍有一定比例的原发性肿瘤在人体的免疫监视下产生、发展、转移和复发，表明某些肿瘤具有逃避机体免疫监视的能力。肿瘤细胞可凭借诸如对自身表面抗原修饰及改变肿瘤组织周围微环境等途径来逃避机体免疫系统的监控、识别与攻击而继续分裂生长，这就是肿瘤的免疫逃逸。研究表明，肿瘤至少可以通过以下几种方式产生免疫逃逸。

① 肿瘤细胞相关抗原表达异常。肿瘤细胞所表达的肿瘤特异性移植抗原和肿瘤相关移植抗原发生突变或不表达，会影响树突状细胞（DC）对 T 细胞抗原的递呈和激活，从而使毒性 T 淋巴细胞不能有效地识别和杀伤肿瘤细胞，最终使其子代细胞成为肿瘤细胞群体中的主要细胞，实现免疫逃逸。

② 肿瘤细胞表面主要组织相容性抗原系统（MHC）表达异常。多数肿瘤细胞表面与抗原递呈相关的 MHC-Ⅰ类分子表达明显下降或缺失，且不同类型的肿瘤细胞或处于不同发展阶段的同一肿瘤细胞可能会呈现出不同的 MHC-Ⅰ类分子表达型。由于肿瘤抗原只有在与 MHC-Ⅰ分子结合后被有效递呈至肿瘤细胞的表面才能被免疫细胞所识别、杀伤、清除，因此，MHC-Ⅰ分子表达缺失或变异的肿瘤细胞即可逃避机体的多重免疫监视而生存。

③ 肿瘤细胞B7分子的表达异常。对具有免疫原性的肿瘤细胞，T细胞介导的细胞免疫起重要作用。未致敏T细胞的活化不仅需要T细胞抗原受体（T cell receptor，TCR）与肿瘤抗原结合提供的第一信号，还需要由抗原递呈细胞（anligen presenting cell，APC）或肿瘤细胞上的协同刺激分子（costimulating molecules，CM），如细胞间黏附分子（inter cellular adhesion molecules，ICAMs）、淋巴细胞功能相关抗原3（lymphocyte function associated antigen 3，LFA-3）、血管细胞黏附分子(vascular cell adhesion molecule-1，VCAM-1)、B7家族分子等与T细胞上的CM受体（CM receptor，CMR）结合提供的第二信号。如肿瘤细胞仅表达MHC-Ⅰ类抗原而缺乏B7分子，T细胞激活信号就很难达到T细胞可对肿瘤抗原信号做出反应的阈值，在抗肿瘤免疫效应阶段效应T细胞的增殖反应就无法出现，从而不能对肿瘤抗原产生有效的免疫反应，出现免疫耐受。

④ 肿瘤细胞低表达死亡受体与高表达死亡配体。肿瘤细胞可能通过FasL表达水平上调诱导TIL的凋亡，间接削弱TIL对肿瘤的杀伤作用，导致对局部免疫细胞抑制及对肿瘤周围正常组织的侵袭，以此反击机体免疫系统，引起免疫抑制。同时，癌细胞可低表达死亡受体Fas，避免自身的凋亡，从而实现癌细胞的免疫逃逸。研究发现，肿瘤细胞表面能表达程序性死亡配体（programmed cell death ligand 1，PD-L1）。细胞程序化死亡受体-1（PD-1）与细胞程序性死亡-配体1（PD-L1）结合，可以转导抑制性的信号，减低淋巴结$CD8^+$ T细胞的增生，而且PD-1还可以借由调节*Bcl-2*基因，控制淋巴结中抗原特异性T细胞的聚积。如果注射PD-1抗体，封闭PD-1细胞，将有效地治疗肿瘤。

⑤ 肿瘤细胞释放免疫抑制因子。已知肿瘤可诱发产生抑制性淋巴细胞、抑制性巨噬细胞以及抑制性自然杀伤细胞等，同时还可以自分泌和旁分泌转化生长因子（transforming growth factor-β，TGF-β）、白细胞介素-10（interleukin-10，IL-10）、前列腺素E（prostaglandin E2，PGE2）等多种免疫抑制因子抑制调节性细胞因子的分泌，抑制机体抗原递呈细胞（antigenpresenting cell，APC）功能，下调免疫效应细胞的活性，从而使免疫系统的功能受到抑制，保护肿瘤细胞免受特异性CTL的杀伤。

⑥ 肿瘤细胞促使机体免疫细胞表型转换。肿瘤能对NK细胞、巨噬细胞等固有免疫细胞产生表型转换，同时抑制DC细胞的成熟，产生免疫耐受，使得转换后的NK细胞和巨噬细胞的细胞功能受到抑制，并使细胞表达高水平的血管内皮生长因子（VEGF），促进血管的形成，从而使得其抑制肿瘤的功能转变为促进肿瘤增殖。

（3）免疫治疗的原理和策略

由于在肿瘤的发生发展过程中肿瘤细胞存在对机体免疫系统的免疫逃逸现象，因此，如果对这种免疫逃逸和免疫耐受的机制进行干预，从而增强免疫功能，消除免疫逃逸，就可以治疗肿瘤。目前免疫治疗的常见治疗方案包括以下几种。

① 细胞因子治疗。通过注射细胞因子，发挥对肿瘤的直接杀伤作用，或间接增强抗肿瘤免疫应答作用。如肿瘤坏死因子α(TNF-α)和白介素6（IL-6）可以直接影响肿瘤细胞的生长和存活。IL-2和干扰素α(IFN-α)促进T细胞和自然杀伤（NK）细胞的生长和活化，而粒细胞-巨噬细胞集落刺激因子（GM-CSF）作用于抗原递呈细胞（APC）。细胞因子的作用见图10.25。

② 肿瘤疫苗接种。抗肿瘤疫苗是利用含有肿瘤特异性抗原或肿瘤相关抗原和肿瘤细胞等诱发患者自身特异性免疫应答，克服免疫抑制状态来抑制肿瘤生长的主动免疫治疗方法。如通过用装载患者特异性肽的DCs接种，来增强天然存在的新抗原特异性免疫力。或者采用溶瘤病毒（即优先感染和杀死癌细胞的病毒）攻击肿瘤细胞而释放抗原的内源性接种。

③ 免疫效应器的过继转移疗法（adoptive transfer）。过继转移作为免疫治疗策略的潜在

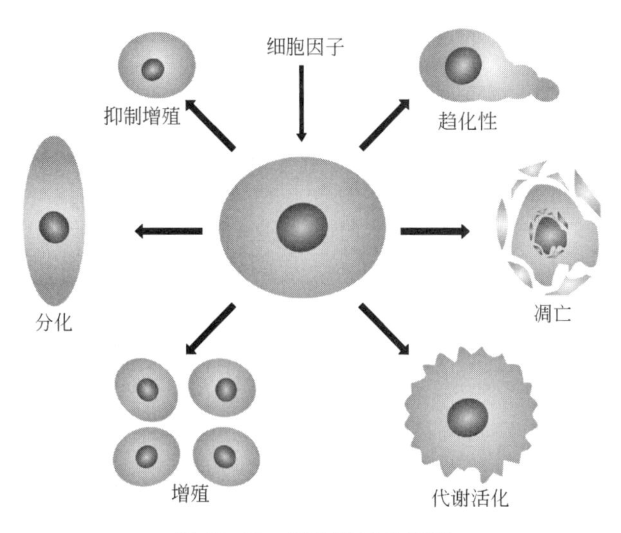

图 10.25　细胞因子的作用

优点是免疫应答器可以大量离体产生，避免了体内抗原递呈和免疫效应物增殖的需要。其间包括肿瘤特异性单克隆抗体（mAb）的注射和过继 T 细胞的注射。如针对人类表皮生长因子受体 2 的 HER2（曲妥珠单抗）、CD20（利妥昔单抗）和血管内皮生长因子（贝伐珠单抗）在癌症治疗中均取得较好的疗效。mAb 除了修饰肿瘤细胞信号级联或肿瘤-基质相互作用之外，还可以通过抗体依赖性细胞介导的细胞毒性、吞噬作用和补体依赖性细胞毒性介导抗肿瘤活性。过继性 T 细胞转移是从肿瘤患者体内取出淋巴细胞，离体扩增它们存在的各种生长因子，并且重新回输到患者体内。

④ 检查点抑制剂疗法。由于癌症细胞会表达死亡配体产生免疫逃逸，所以通过封锁癌症细胞这种死亡配体可以恢复免疫应答从而治疗肿瘤。在检查点调节中起重要作用的分子包括 T 细胞表面分子细胞毒性 T 淋巴细胞抗原 4（CTLA-4）、程序性死亡受体-1（PD-1）、T 细胞免疫球蛋白和含黏蛋白结构域的蛋白 3（Tim-3）以及淋巴细胞活化基因-3（LAG-3）。最近开发的 PD-1 通路抑制剂，通过封锁死亡配体 PD-L1，对某些肿瘤的治疗具有革命性的作用。2018 年，美国的詹姆斯·艾利森（James Allison）与日本的本庶佑（Tasuku Honjo）因“发现 CTLA-4 和 PD-1 免疫负调节所带来的癌症疗法”荣获 2018 年诺贝尔生理医学奖（图 10.26）。

⑤ 改造细胞疗法。改造细胞疗法是通过从肿瘤患者体内分离免疫细胞，通过基因工程

(a)

(b)

图 10.26　2018 年诺贝尔生理医学奖获得者詹姆斯·艾利森（James Allison）（a）与日本的本庶佑（Tasuku Honjo）（b）

手段对免疫细胞进行遗传修饰，以增强免疫细胞的功能，并且重新回输到患者体内。是一种与基因编辑相结合的细胞过继疗法。如将某些细胞因子 IL-2、IL-12、GM-CSF、TNF-α 等的基因转染至免疫细胞（如肿瘤浸润淋巴细胞、细胞毒性 T 淋巴细胞、自然杀伤细胞——NK 细胞、淋巴因子激活杀伤细胞等），经体外扩增后回输至体内，以提高机体对肿瘤细胞的识别和反应能力。近年来，工程化表达嵌合抗原受体的 T 细胞（chimeric antigen receptor T cell CAR-T）过继转移治疗取得巨大成功。美国 FDA 最近授予 CAR-T 疗法“突破性疗法”称号。CAR-T 被人们誉为可以真正根治癌症的新型疗法。

（4）CAR-T 细胞疗法

① CAR-T 细胞及其更新换代。CAR-T 细胞疗法其实质是对免疫细胞开展的基因工程，是将编码来源于抗体的用于识别肿瘤细胞抗原的免疫球蛋白的单链可变区抗体（single chain variable fragment，ScFv）的重链可变区（V_H）和轻链可变区（V_L）的重组蛋白基因和 T 细胞杀伤激活信号 CD3ζ 的 DNA 链，通过基因重组技术，连接在基因工程表达载体上，并将其表达于杀伤性 T 细胞膜上形成嵌合抗原受体（chimeric antigen receptor，CAR），使得 T 细胞能不依赖 MHC-Ⅰ而识别肿瘤细胞，同时赋予 T 细胞强大的活化能力，成为“超级杀手”细胞。再经纯化、体外扩增和活化，将 CAR-T 细胞回输至患者体内，使其能特异性识别、结合肿瘤细胞表面抗原，行使杀灭肿瘤细胞的功能。CARs 结构是 CAR-T 细胞的核心部件，其大体由三部分构成：胞外抗原结合区、中间跨膜区、胞内信号转导区（图 10.27）。

彩图10.27

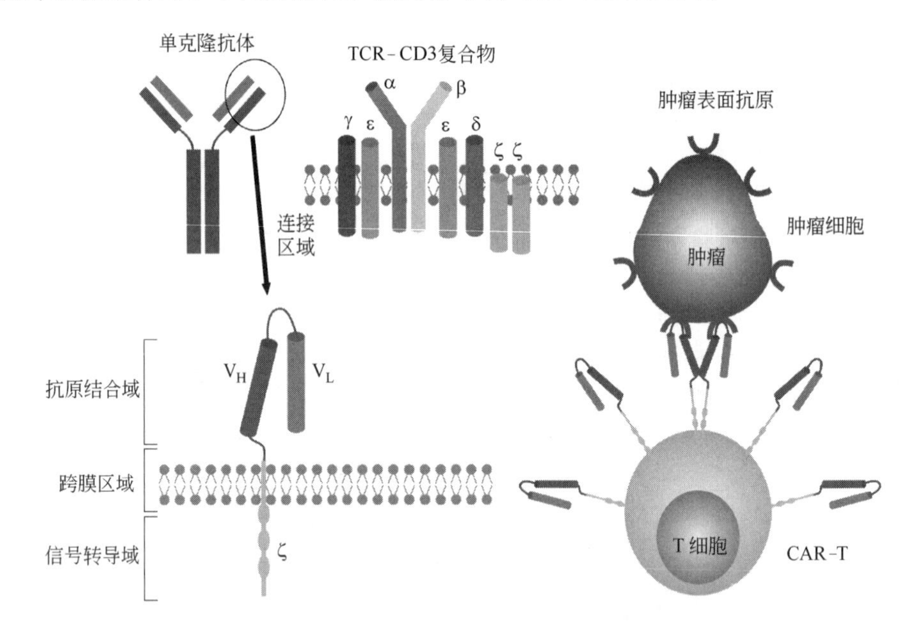

图 10.27　CAR-T 治疗原理。CAR-T 是在 T 细胞表面建立的嵌合抗原受体，由胞外抗原结合域（V_H-V_L）、中间跨膜区域和胞内信号转导域（CD3ζ）组成。CAR-T 识别肿瘤细胞特异表面抗原并与之结合，达到杀死肿瘤细胞的目的

CAR-T 疗法最早由 Gross 等于 20 世纪 80 年代末提出。CAR-T 疗法至今已发展出四代（图 10.28）：第一代的 CAR 仅有一个胞内信号组分 CD3ζ 或者 FcεRIγ 分子，由于胞内只有一个活化结构域，因此只能引起短暂的 T 细胞增殖和较少的细胞因子分泌，并不能提供长时间的 T 细胞扩增信号和持续的体内抗肿瘤效应，所以并未取得很好的临床疗效。第二代的 CAR 在原有构造的基础上引入了一个共刺激分子，如 CD28、4-1BB、OX40 或 ICOS，这

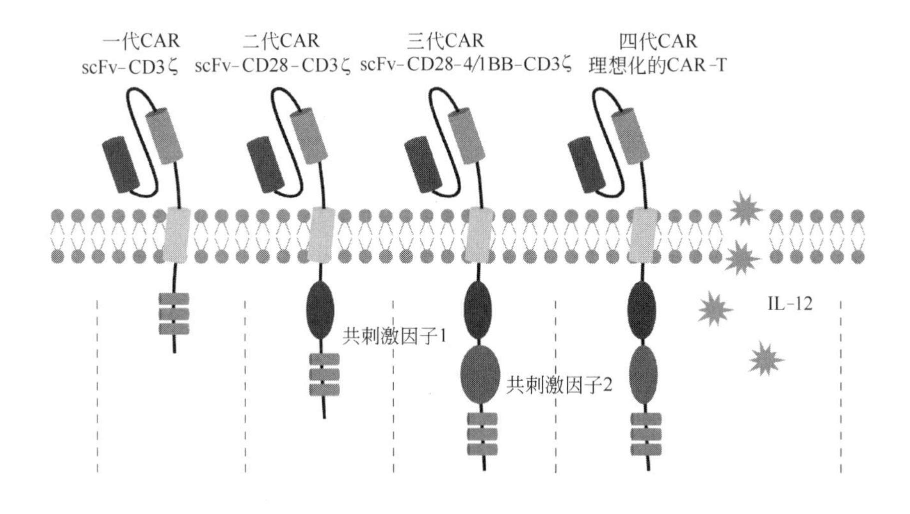

图 10.28　4 代 CAR-T 技术的演变过程

种新的构造明显改善了第一代 CAR 的不足。共刺激分子可活化 T 细胞内 JNK、ERK、NF-κB 等信号通路，不仅可以促进 T 细胞增殖，还可以增加 IL-2 等细胞因子的分泌。由于共刺激分子 CD28、4-1BB 对 CAR-T 的活性影响不一，装有 CD28 的 CAR-T 免疫效应猛烈但容易衰减，而 4-1BB 反应温和而持续，所以人们想获得既猛烈又持续的 CAR-T 细胞，于是就有了第三代 CAR-T 的诞生。第三代 CAR-T 是在信号转导区内，分别加入了两个共刺激分子，如 CD28 和 4-1BB 等，以提高 T 细胞的增殖活性、细胞毒性，同时延长 T 细胞的存活时间。CAR-T 细胞在体内的持续作用，有可能杀伤到自身的正常细胞，从而导致自身免疫疾病的产生，于是在第四代 CAR-T 中人们引进了自杀基因，希望能够让 CAR-T 细胞完成任务后自行清除，同时第四代 CAR-T 还引入了促炎症细胞因子和共刺激配体，主要目的是克服肿瘤免疫微环境的抑制。目前大多数公司产品以二代 CAR-T 技术为基础，但在探索方向上，各代际之间的界限逐渐模糊。

② CAR-T 疗法的治疗流程。和大多数肿瘤免疫细胞疗法类似，CAR-T 治疗过程大致分为五个步骤（见图 10.29），包括抽取病人外周血，分离、扩增 T 细胞，对 T 细胞进行基因修饰，使其稳定表达 CAR。接着对改造过后的 T 细胞展开质量检测，若合格则把 CAR-T 细胞回输到患者体内，使其能够靶向、持久地清除肿瘤细胞，并监测不良反应的发生情况。整个 CAR-T 细胞制备过程大概需要 15d，需全封闭操作。其中 T 细胞分离和扩增，以及 T 细胞的改造最为关键。在 T 细胞培养过程中，需使用 IL-2（白细胞介素-2）等细胞因子，注意 $CD4^+$ 和 $CD8^+$ T 细胞的比例。而改造 T 细胞常用的方法，目前主要是借助慢病毒或逆转录病毒载体，将 CAR 基因整合到 T 细胞基因中。

③ CAR-T 疗法的应用及现状。与手术、化疗、放疗等传统肿瘤治疗手段相比，CAR-T 疗法之所以能成为热门研发方向，主要原因是其对传统治疗手段束手无策的肿瘤患者，表现出了突破性疗效。2010 年，Steven Rosenberg 在 *Blood* 杂志上报告的一位滤泡性淋巴瘤患者，他先后尝试了包括 CTLA-4 抑制剂在内的三种疗法，效果欠佳，于是 Rosenberg 给他做了 CAR-T 治疗，靶点是 CD19，共刺激分子选择的是 CD28，结果两次细胞回输后，原先的巨大肿块几乎完全消失了，病人痊愈。2012 年，Carl June 等主持了一项震惊世界的临床研究，即针对儿童 B 细胞急淋的 CAR-T 临床试验，试验招募到了一个名叫 Emily 的急性白血病患儿，她已经二次复发无药可治，通过靶向 CD19 的 CAR-T 治疗，三周后肿瘤细胞完全消失，时隔

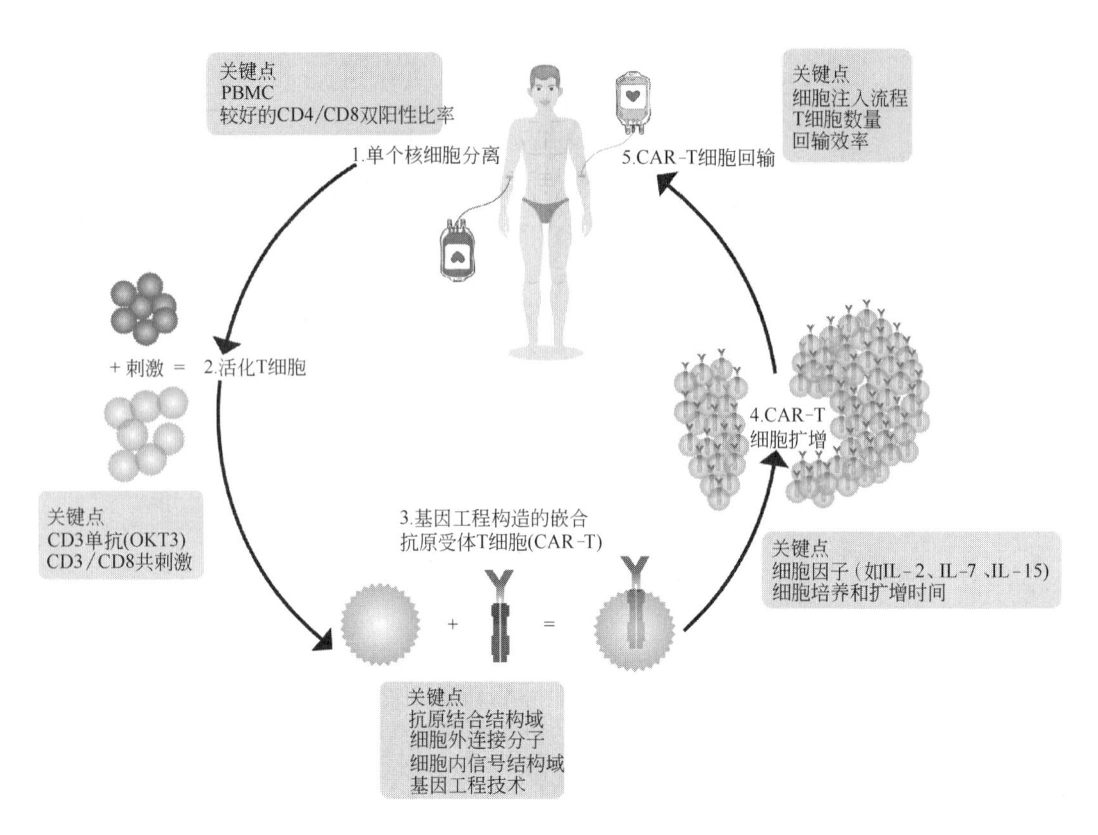

图 10.29 CAR-T 疗法治疗流程

五年后，她依然处于完全缓解中。Emily 这一经典病例，成为 CAR-T 疗法的光辉一页，被载入史册（图 10.30）。

图 10.30 接受 CAR-T 疗法后 5 年处于完全缓解中的 Emily

2017 年，全球两款 CAR-T 产品先后被获批上市，分别是诺华的 Kymriah（tisagenlecleucel，CTL-019）和 Kite 的 Yesscarta（axicabtagene，ciloleucel，KTE-C10），其针对的靶点均为 CD19。Kymriah 用于治疗儿童和青少年（2～25 岁）的急性淋巴细胞白血病（acute lymphoblastic leukemia，ALL），其安全性与疗效已在一项多中心临床试验中得到了验证，试验招募了 63 例罹患难治性或复发性 B 细胞前体 ALL 的儿童和青年，Kymriah 治疗组的完全缓解率达到 83%。Yescarta 是首款被批准用于治疗特定类型非霍奇金淋巴瘤（non-Hodgkin lymphoma，NHL）的 CAR-T 疗法，即其他疗法无效或既往至少接受过 2 种方案治疗后复发的特定类型的成人大 B 细胞淋巴瘤患者，包括弥漫性大 B 细胞淋巴瘤、转化型滤泡性淋巴瘤、原发纵隔 B 细胞淋巴瘤等，但不适用于原发性中枢神经系统淋巴瘤患者的治疗。Yescarta 的安全性和疗效也在一项多中心临床试验中得到证实，试验纳入了复发或难治性大 B 细胞淋巴瘤，其中 101 例患者接受了 Yescarta 治疗，共 72%的患者出现肿瘤缩小，51%的患者达到完全缓解。

目前关于 CAR-T 细胞治疗的临床研究主要集中在复发难治性急性淋巴细胞白血病（acute lymphoblastic leukemia，ALL）和慢性淋巴细胞白血病（chronic lymphoblastic leukemia，CLL）等血液系统肿瘤。在胰腺癌和肺癌等实体肿瘤中也有相关基础实验及前期临床研究的报道。但是，对于实体瘤，CAR-T 的疗效次于血液肿瘤。近几年，研究者们开展了一系列针对实体瘤靶点的 CAR-T 细胞治疗，包括 CEA、HER-2、GD2、EGFR、GPC3 等肿瘤相关抗原，并且使用了第二代或第三代 CAR-T，引入了共刺激信号 CD28 和 CD137 等，大大增强了 CAR-T 细胞的增殖、存活和杀伤能力，CAR-T 细胞的治疗效果已经明显优于之前所发表的其他治疗方案的效果。

在我国，截止到 2018 年 8 月 23 日，在 ClinicalTrials. gov 上登记的 CAR-T 临床研究项目共 158 个，涉及靶点超 40 个（图 10.31）。其中超过一半项目集中于血液肿瘤，尤其是靶向 CD19 的研究数量最多。这与美国的研究趋势大体类似。

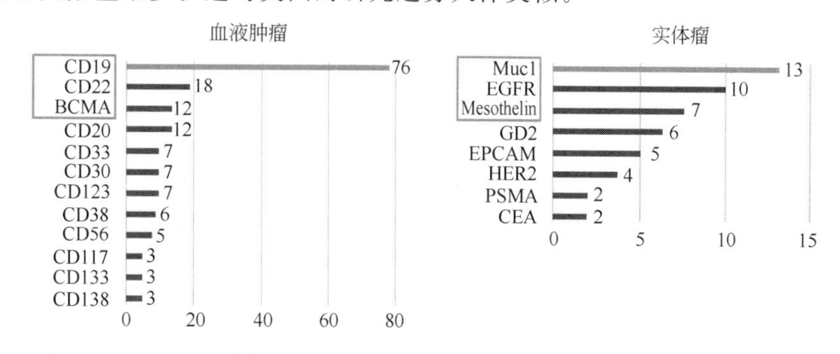

图 10.31 国内 CAR-T 临床研究常见靶点（单位：个）(取自 ClinicalTrials. Gov)

④ CAR-T 疗法的问题与展望。虽然 CAR-T 细胞治疗在血液肿瘤中已经取得了瞩目的疗效，但它也同时暴露出以下问题。

其一，毒副作用包括细胞因子风暴、脱靶效应等，临床风险尚未充分暴露。大量 CAR-T 细胞被回输到患者体内后，会使患者体内 T 细胞被激活、快速增殖，引发细胞因子过量释放，引起患者发热、肌痛、低血压、呼吸困难、凝血障碍等炎症反应。2017 年 9 月，法国制药公司 Cellectis 公布称，一名 78 岁急性浆细胞样树突状细胞瘤男性患者，在临床试验中经 CAR-T 治疗因细胞因子释放综合征约 10d 后死亡。此外，一旦 CAR-T 细胞与正常组织表达的同类靶抗原相结合，将使得 CAR-T 细胞攻击正常组织，产生脱靶效应，从而引起正常组织损伤或免疫缺陷。有报道，少数急性淋巴细胞白血病患者在接受针对 CD19 的 CAR-T 细胞治疗过程中，出现语言障碍、无动性缄默或癫痫等神经毒性症状。再者，目前病毒载体因较高的转染效率，是 CAR-T 细胞治疗主流的转染方式，但病毒载体存在插入突变等缺陷，从而带来不可预测的风险。

其二，难以突破实体瘤免疫微环境抑制，血液肿瘤可能复发。就实体瘤而言，CAR-T 治疗往往疗效欠佳。一方面，因为实体瘤发生部位不像血液系统散布全身，CAR-T 细胞难以抵达实体瘤病灶，并浸润到肿瘤内部，发挥细胞杀伤功能。另一方面，即便 CAR-T 细胞能够浸润进入到实体肿瘤内部，也会面临其内部免疫微环境的抑制。比如，实体瘤内部会产生高水平的 IDO、PD-1 等免疫抑制性分子，会导致 T 细胞无法正常发挥作用。此外，实体瘤内部微环境存在偏酸、缺氧及营养缺乏等情况，也不利于 CAR-T 细胞发挥作用，肿瘤表面抗原的改变，可以逃脱 CAR-T 细胞对肿瘤细胞的攻击。而对于血液肿瘤而言，仅从短时间内的治疗效果看，CAR-T 疗法在血液肿瘤中几乎可彻底清除肿瘤细胞，但若将观察期限进一步延长，可发现许多患者在经过 CAR-T 治疗几个月或更长时间后，出现了肿瘤复发的情况。在诺华公布的 CTL019 针对 59 例复发或难治性急性淋巴细胞白血病（ALL）儿童和青少年患者的临床试验结果中，仅有 18 例患者在 12 个月后完全持续缓解。这意味着多数患者接受 CAR-T 治疗后都会复发。

如何避免肿瘤复发风险，降低毒副作用是未来 CAR-T 面临的严峻挑战，基于 CAR-T 治疗暴露出的局限性，目前有关 CAR-T 的研究和研发，主要围绕三个方面展开：一是提高 CAR-T 治疗的有效性，如提高 CAR-T 细胞激活程度和增殖能力，延长 CAR-T 细胞在体内的存活时间。尤其是在实体瘤方面，需要找到更有效的方法。二是降低 CAR-T 细胞的毒性，提高 CAR-T 疗法的安全性。对此许多研究正在尝试整合安全开关，或多靶点结合 CARs 等方向。三是鉴于目前 CAR-T 治疗个性化特征较强，质量控制成本较高，通用型 CAR-T（UCAR-T）被产业界寄予厚望。于是双 CAR-T、CAR-T 联合 PD-1、CAR-NK、UCAR-T 等产品成为了今后的研发方向。

双 CAR-T：常见双 CAR-T 设计为同时靶向 CD19 与 CD22 分子，其主要针对患者使用靶向 CD19 的 CAR-T 产品，缓解血液肿瘤可能再次复发的问题。已有研究发现，在 CAR-T 治疗过程中，一些原本表达 CD19 的癌细胞可能转而表达 CD22 蛋白。因此，$CD19^{+}CD22^{+}$ 双管齐下，理论上能增强 CAR-T 的效果。

CAR-T 联合 PD-1：鉴于细胞因子介导的 PD-1/L1 免疫抑制信号通路，在肺癌、肝癌等许多癌症类型中存在，针对 PD-1/L1 等免疫检查点的抑制剂，同样被视为肿瘤免疫治疗领域的明星。CAR-T 疗法与该药物联用的探索，也主要为克服实体瘤免疫微环境的抑制。但也有可能使其毒性叠加。

CAR-NK：NK 细胞因具识别肿瘤细胞的特殊机制、广泛的肿瘤杀伤能力等特点，被认为经 CAR 修饰后与 CAR-T 细胞一样具有潜力。相比较 CAR-T 细胞，一些研究发现 CAR-NK 细胞的安全性较好，无需像自体 CAR-T 细胞一样个性化定制，因而可规模化生产。

UCAR-T：该疗法为同种异体 CAR-T 疗法，其 T 细胞来自健康者捐赠，再通过 TALENs、CRISPR 等基因编辑技术，敲除细胞中可能引起异体排斥反应的基因。理论上其优势在于可规模化、标准化生产，减少生产成本。

10.3.3 艾滋病的基因治疗

基因治疗在遗传性疾病和抗肿瘤的治疗中有十分重要的应用，近年来的研究表明，基因治疗在病毒性疾病如艾滋病的治疗中也能发挥重要的作用。

人类获得性免疫缺陷综合征（human acquired immunodeficiency syndrome，AIDS）简称艾滋病，是一种由 HIV 病毒引起的全身性传染病，它的发病机理是人类免疫缺陷病毒（HIV）感染 CD4 阳性 T 淋巴细胞后，病毒在 T 细胞中大量复制，释放病毒颗粒，从而破坏 T 细胞，使人体的免疫功能下降，导致顽固性感染和肿瘤的发生。目前尚无有效的预防与治愈措施。2017 年 7 月 20 日，联合国艾滋病规划署（UNAIDS）发布题为“终止艾滋病流行”的最新全球艾滋病报告。自 1981 年全球开始艾滋病流行，截至 2016 年底，全球现存活艾滋病感染者估计有 3679 万。2016 年，新发感染 180 万例，100 万人因艾滋病相关疾病死亡。截至 2016 年底，我国报告现存活艾滋病病毒感染者和患者 66.4 万例，其中感染者 38.4 万例，患者 28.0 万例，报告死亡 20.9 万例。

目前艾滋病主要以抗病毒治疗为主。HIV-1 的抗病毒性药物的治疗是根据艾滋病的主要发病机理，通过抑制病毒复制的主要环节，从而达到抑制 HIV 复制、降低病毒量、延长患者的生命、提高患者生活质量的目的。通过抗病毒药物治疗，HIV 病毒传播和流行得以有效控制，仅 2000～2016 年期间，HIV 新发感染人数下降 39%，与艾滋病相关的死亡人数减少 1/3，拯救了约 1310 万人的生命。在接受有效抗逆转录病毒药物治疗条件下，艾滋病已由一个致命性疾病变为药物可控的慢性传染病。

迄今为止，美国 FDA 共批准了 6 大类 29 个抗逆转录病毒药物及多个复方制剂。抗逆转录病毒治疗不能根除 HIV 病毒而实现治愈，即使短暂停药也会导致病毒迅速反弹，患者需要终身服药。同时，长期治疗也将面临耐药病毒的产生、不良反应、其他疾病合并治疗药物相互作用，以及每日口服药物的不便利性等巨大挑战。为应对这些问题和挑战，科学家和医学界仍然在积极探索新的治疗方案和药物研发策略，以期根除 HIV 病毒而实现治愈。

2007 年的一个临床案例为根治艾滋病带来了希望，使得科学界极为振奋。那就是迄今为止唯一被认为完全治愈了 HIV 的“柏林患者”Timothy Ray Brown（蒂莫西・雷・布朗，图 10.32）。Brown 于 1995 年感染了艾滋病，在连续服用抗逆转录酶病毒药物后，他的病情得到控制。10 年后祸不单行，Brown 不幸又患上了白血病。2007 年，Brown 在德国一家医院进行白血病治疗。首先接受放疗，用来杀死癌细胞和骨髓里制造癌细胞的干细胞。随后通过骨髓移植手术，植入了一位健康人的骨髓，以产生新的血细胞。接受治疗后，Brown 的白血病有所好转，而且体内的 HIV 病毒水平也急剧下降，之后他体内的 HIV 病毒完全消失。于是他停止了抗逆转录酶病毒药物的服用。直到现在，Brown 都没有检测出 HIV 病毒。奇迹就这样发生了：Brown 因祸得福，他的艾滋病被完全治愈。

Brown 之所以能被治愈的原因在于在骨髓移植之前进行了多次化疗和大剂量放疗，彻底清除了体内原有的感染 HIV 的 T 细胞；而且，给 Brown 提供骨髓的供体体内带有一种罕见的基因突变：CCR5 上的 Δ32 突变，即 CCR5 基因 185 位氨基酸密码子后缺少 32 个碱基，导致移码突变，不能产生有功能的 CCR5 蛋白（图 10.33）。CCR5 蛋白是 HIV 感染的辅助受体之一，如果没有这种蛋白，HIV 将不能感染 T 细胞。带有 CCR5Δ32 突变的个体也不会感染 HIV。“柏林患者”案例提示，明晰 HIV 结构及其感染过程和致病机理，对感染和发病机制进行人为干预，就有可能彻底治愈艾滋病。

图 10.32　“柏林患者”蒂莫西・雷・布朗（右）和治疗他的医生格罗・修特

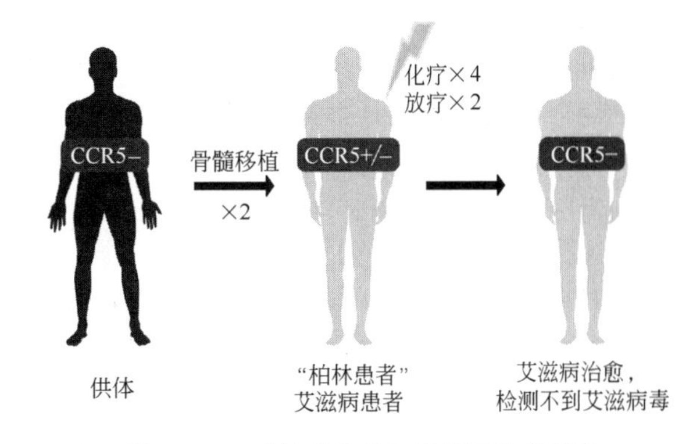

图 10.33　“柏林患者”的基因治疗策略

10.3.3.1　艾滋病病毒（HIV）的结构与感染周期

HIV 为逆转录病毒，分为 HIV-1、HIV-2 两型，结构相似，由外膜和内核组成。HIV-1 的结构如图 10.34 所示。外膜为脂质双层结构，其间有突出于膜的 Env 包膜糖蛋白。HIV

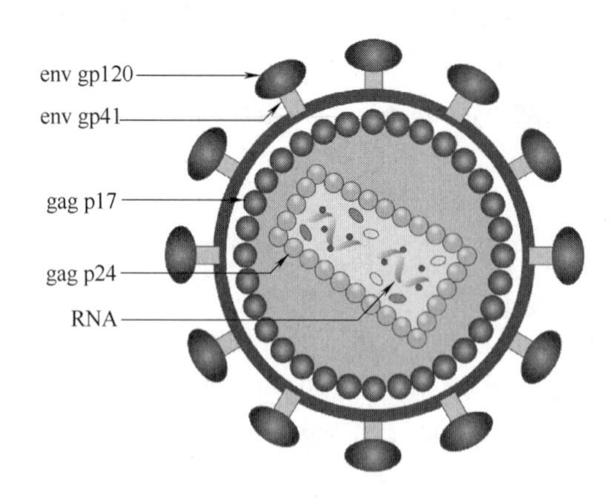

图 10.34 艾滋病毒 HIV 结构示意图

的包膜蛋白在合成过程中，首先形成糖蛋白前体 gp160，而后在高尔基复合体中分解成为 gp120 和 gp41。病毒外壳的内膜由 p14 内膜蛋白组成。内核由 p24 衣壳蛋白、病毒 RNA 和酶类所构成。核心蛋白复合体中除 p24 衣壳蛋白外，还包括 p7 核衣壳蛋白、逆转录酶、整合酶、蛋白酶等。

HIV 病毒基因组包括 9 个基因和 2 个长末端重复序列（LTR）。结构基因 *gag*、*pol* 和 *env* 分别编码核包膜蛋白（gag）、病毒复制所需反转录酶、整合酶（pol）等和病毒包膜糖蛋白（env）。此外还有调控基因 *rev*、*nef* 和 *tat* 等。*rev* 增加 *gag* 和 *env* 基因表达，输送转录的病毒 RNA 出核。*nef* 过去认为是负调节子，但研究表明，*nef* 是 HIV 复制、扩散必不可少的基因，可增强病毒的感染力。*tat* 能结合病毒 LTR，激活病毒基因的转录。另外还有 *vif*、*vpu*、*vpr* 基因，分别起调控病毒颗粒的装配、下调宿主细胞 CD4 的表达、促使病毒 DNA 输送进核等作用（图 10.35）。

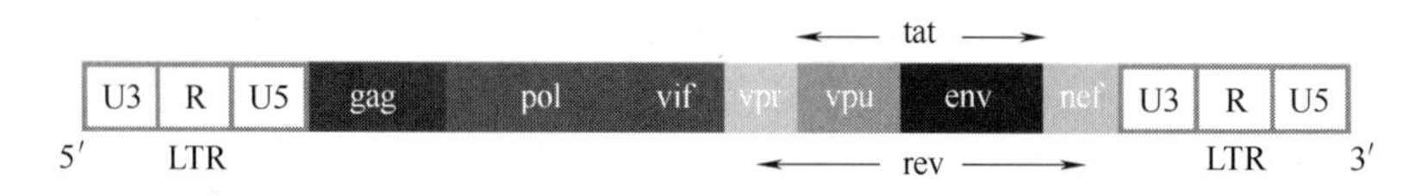

图 10.35 艾滋病毒 HIV 基因组结构示意图

HIV 通过其表面的包膜糖蛋白 gp120 与宿主细胞 CD4 结合，在 CCR5 或 CXCR-4 等辅助受体的协同帮助下，与细胞膜融合，病毒核心进入细胞内。一般认为，在感染前状态时，HIV gp41 三聚体的核心螺旋（H1）被外围螺旋（H2）和 gp120 所包围。与 CD4 结合后，gp120 离开 gp41 三聚体，并将 gp41 的 H1 螺旋从中央拉出。gp120 进一步与辅助受体结合后，使 gp120 与 gp41 完全脱离，随即 H1 伸展出来，使 N 末端的融膜肽到达宿主细胞表面并牢固地插入细胞膜中。此后 gp41 三聚体进行了 H1 与 H2 相互靠拢的构象变化，重新形成平行的螺旋六元束，这一变化提供了病毒包膜与宿主细胞膜的水化表面之间相互靠近所需要的能量，将两层膜拉近。多个 gp41 三聚体在两层膜接近处形成膜间的融合孔，膜的流动性使融合孔很快扩大，最终实现 HIV-1 包膜与宿主细胞膜的融合，使 HIV-1 核心复合体（病毒核）进入宿主细胞质中。

HIV 核心复合体进入细胞后，在逆转录酶的作用下将病毒基因组 RNA 反转录成双链的 cDNA，此时由于双链 cDNA 被核蛋白包裹，病毒核不能进入细胞核内。当细胞处于分裂期时，核膜消失，病毒核得以进入宿主细胞核形成环状 DNA，然后随机整合到宿主染色体 DNA 上，形成 HIV 前病毒。前病毒利用宿主细胞的 RNA 聚合酶转录成 mRNA，并进一步表达产生病毒的各种核心蛋白和外壳蛋白。一方面，病毒以出芽方式从细胞释放不断产生新病毒，并感染宿主新的淋巴细胞；另一方面，前病毒与细胞 DNA 整合而呈潜伏状态。最终导致 $CD4^+$ T 淋巴细胞破坏与衰竭，导致机体免疫力下降（图 10.36）。

10.3.3.2 艾滋病的基因治疗策略

根据艾滋病毒侵染人体细胞及病毒的增殖过程，可以制定艾滋病基因治疗的 4 种策略，即阻断艾滋病毒入侵人体细胞、导入逆转录酶抑制剂及阻止艾滋病毒基因在人体基因组的整合和表达（图 10.37）。

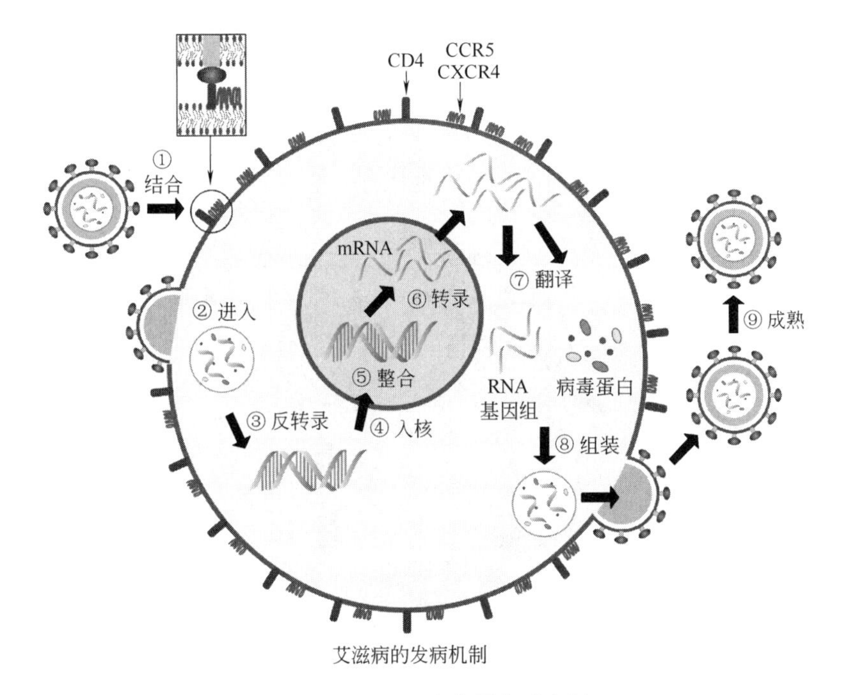

图 10.36　HIV 生命周期示意图

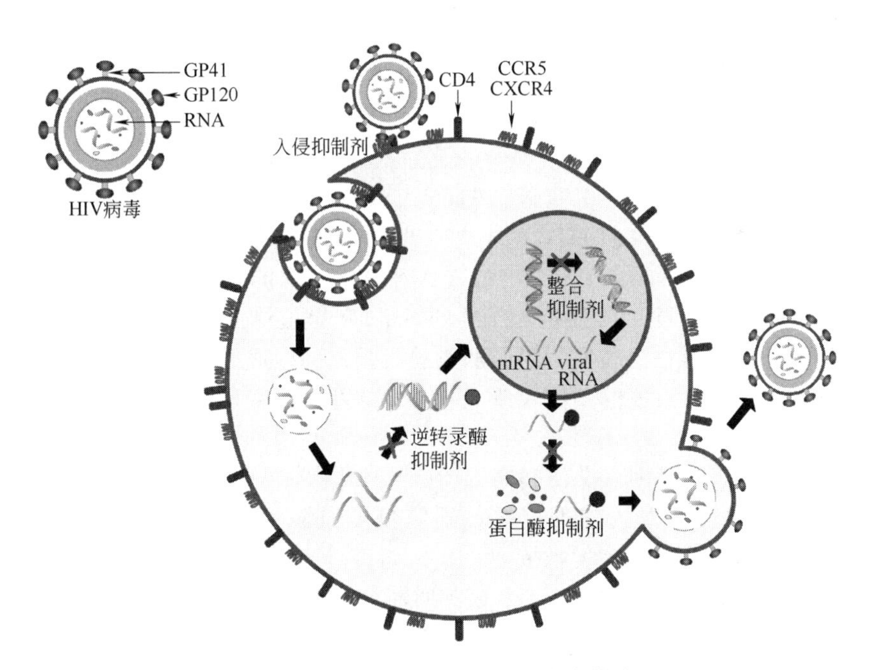

图 10.37　艾滋病的 4 种基因治疗策略

(1) 基于艾滋病毒表面膜蛋白识别机制的基因治疗

HIV 感染并进入人体淋巴细胞，首先是借助其包膜糖蛋白 gp120 与宿主淋巴细胞膜上的 CD4 抗原相结合，这也是 HIV 选择性破坏 $CD4^+$ 细胞的重要原因。因此，如果阻止 gp120 与 CD4 抗原结合，就可以阻止病毒侵入细胞。通过导入 CD4 基因使淋巴细胞过量表达 CD4 抗原分子，这种细胞外可溶性的

彩图10.37

CD4 抗原将会与细胞表面的 CD4 抗原竞争结合艾滋病毒的 gp120，从而减少或阻止病毒侵染进入细胞。同理，过量表达 HIV 的游离 gp120 蛋白，使淋巴细胞表面 CD4 分子被这种过表达的 gp120 饱和，也可以阻断和抑制 HIV 病毒的感染和入侵（图 10.38）。将可溶性 $CD4^+$（sCD4）分子的编码基因导入到体外培养的 T 淋巴细胞中，sCD4 分子确实可以阻断 HIV-1 的感染。sCD4 与免疫球蛋白融合基因的表达，也获得了明显的抗 HIV-1 的效果。

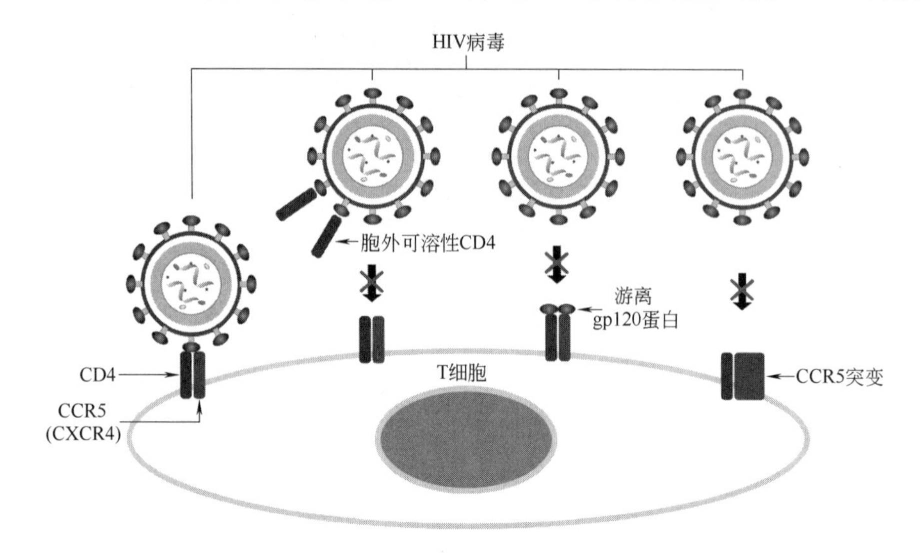

图 10.38　表达可溶性 CD4 或游离 gp120 蛋白阻止艾滋病毒入侵

其次，运用艾滋病毒外壳蛋白的特异抗体和艾滋病毒核酸疫苗也可与 CD4 分子竞争 gp120，达到阻止病毒入侵的目的。单链抗体的可变区（single chain Fv，ScFv）是将免疫球蛋白的重链可变区（V_H）和轻链可变区（V_L）通过一段连接肽连接而成的重组蛋白，对靶抗原的结合活性与天然抗体十分接近。F105 人源性单克隆抗体是已经证实具有中和活性的抗 gp120 抗体，可竞争性抑制 HIV 的 gp120 与 CD4 分子的结合，并可与多个 HIV-1 型原始株结合。1993 年，Marasco 等将 F105 的 V_H 和 V_L 片段扩增，并在 V_L 片段后接上肽段 SEKDEL，附加的 KDEL 序列可使抗 gp120 的 ScFv 单链抗体滞留在内质网中，从而将与之特异性结合的 gp120 扣留在内质网，阻断病毒包膜蛋白的生成。

最后，就像柏林患者治愈的案例，造成 CCR5 的基因突变，也会阻止艾滋病毒入侵淋巴细胞。

（2）基于修饰 CCR5 基因的艾滋病基因治疗

CCR5 是 HIV 侵染的主要辅助受体，缺陷型 CCR5（CCR5Δ32）的 $CD4^+$ T 细胞对 CCR5 嗜性 HIV-1 病毒感染有高度抵抗力。

经过基因改造的分化成熟的 $CD4^+$ T 细胞回输至患者，由于增殖能力较弱，随着 $CD4^+$ T 细胞衰老死亡，患者不得不重复输注新被改造的 $CD4^+$ T 细胞，这样在给病人带来痛苦的同时，给临床带来风险。通过骨髓移植 CCR5Δ32 干细胞到患者体内可以降低 HIV 病毒量至无法检出水平，同时可维持 T 细胞数目在正常范围内。但由于 CCR5Δ32 基因缺失的人群所占比例少、配型困难，CCR5Δ32 在欧洲人中的频率约为 10%，非洲人中为零，亚洲仅少量分布，中国鲜有发现。CCR5Δ32 干细胞移植无法广泛用于艾滋病的临床。通过新型的基因编辑技术，如 ZFN、TALEN、CRISPR/Cas9 技术，将自体 $CD4^+$ T 细胞或者脐带血干细胞中的 CCR5 基因人为部分缺失，将产生的 CCR5 缺陷细胞回输体内可阻断 HIV-1 入侵途径，稳定 CD4 细胞群体并最终清除病毒，具有广阔的应用前景（图 10.39）。如 2014 年《新

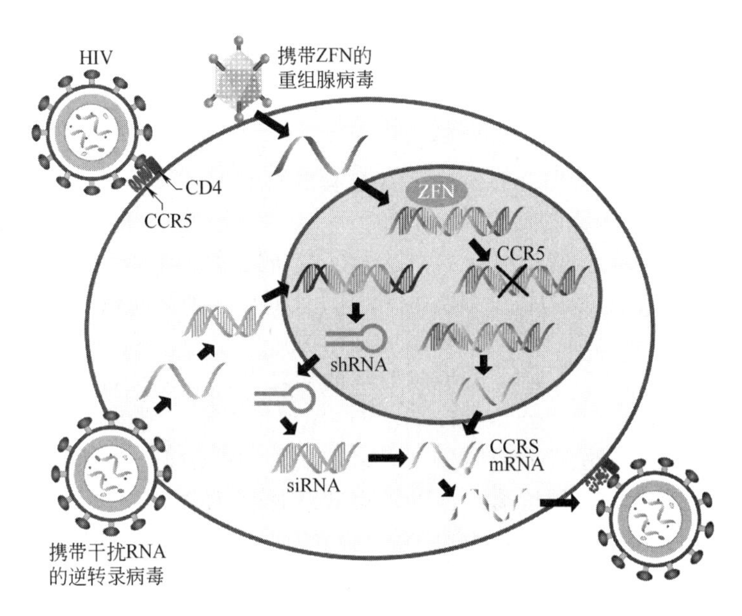

彩图10.39

图 10.39 针对 CCR5 基因开展基因治疗策略。包括利用 ZFN 或 TALEN 或 CRISPR 技术敲除 CCR5 基因，或者利用 siRNA 敲低 CCR5 基因的表达

英格兰医学杂志》报道，运用 ZFN 技术敲除 $CD4^+$ T 细胞 CCR5 基因治疗艾滋病患者的临床试验。11%～28%的体外分离的 $CD4^+$ T 细胞中的 CCR5 基因被成功失活，6 名患者被注入改造过的自体 $CD4^+$ T 细胞。改造过的 $CD4^+$ T 细胞在体内的半衰期是 48 周，在这段时间之内，所有患者血液中的病毒 RNA 显著减少，其中有两名患者的 HIV 病毒完全消失，从而证明了基于修饰 CCR5 基因的治疗策略的安全性和治愈艾滋病的可行性。与 ZFN 相比，TALEN 的单核苷酸精确度高、脱靶效应小、细胞毒性小，是序列特异性基因修饰的良好工具。数据显示，TALEN 具有大规模抗 HIV-1 治疗的潜力。采用 mRNA 电穿孔将 CCR5-Uco-TALEN 递送至 T 细胞，CCR5 敲除率较高，在原代 T 细胞中的敲除效率超过 50%，而且脱靶效应较低。然而 TALEN 尚未在临床研究中用于 HIV-1 治疗。CRISPR/Cas9 系统较以往的打靶工具具有更大的优势和应用前景，临床前研究已经使用慢病毒载体表达 CCR5-sgRNA 和 Cas 9 以敲除 $CD4^+$ T 细胞的 CCR5 辅助受体，从而使这些细胞具有 HIV-1 抗性。即使在转录后数天（85d），CCR 5-sgRNA 的潜在脱靶位点没有发现突变。CRISPR/Cas9 也已成功用于激活潜伏感染的细胞，以促进效应免疫细胞更好地监测和清除这些潜伏细胞。此外，RNA 干扰（RNAi）技术操作方便，能够靶向 CCR5 基因，降低其表达，从而抵抗病毒入侵。针对 CCR5 设计 siRNA，用慢病毒载体导入 HIV-1 感染人的 T 细胞也得到了有效的抑制。这些结果表明，RNA 干扰技术用于艾滋病的基因治疗具有十分广阔的前景。

也可针对干细胞进行 CCR5 基因改造。如目前正在开展的临床试验（NCT 02500849），将 CCR5 靶向的 ZFN 应用于 HIV-1 感染者的造血干细胞/祖细胞，以评估在 HIV-1 感染个体中锌指修饰 CCR5 的造血干/祖细胞（hematopoietic stem/progenitor cell，HSPC）的安全性。由于在 HSPC 细胞上进行遗传操作时可能增加发生肿瘤的风险，这种安全性评估是必不可少的。胎儿脐带血中含有丰富的造血干细胞，而脐带中含有丰富的间充质干细胞，这些干细胞对 HLA 配型的要求比骨髓移植低，成瘤性低，安全性能高，病人成活的概率相对较高，所以日后利用 ZFN、TALEN 和 CRISPR 等基因编辑手段改造新生儿脐带血中的造血干细胞将会是不错的选择。

（3）基于艾滋病毒感染其他环节的基因治疗策略

艾滋病的感染包含识别、注入、脱壳、反转录、整合、表达、运输、包装等过程，除了针对基因识别环节的基因治疗外，在感染后续过程的每一个环节，寻找基因靶点进行治疗，同样可以有效地防止艾滋病毒的复制和扩散。

在病毒 RNA 释放入胞质的过程当中，进入宿主细胞后，病毒基因组 RNA 从核衣壳中释放到胞质中，使用人工合成的宿主细胞因子 TRIM5α 可以抑制脱核衣壳过程。

在病毒逆转录及整合过程当中，病毒 *pol* 基因编码的产物具有逆转录酶和整合酶活性，在其催化下，病毒基因组 RNA 逆转录生成双链的病毒基因组 DNA，进入细胞核，然后整合到宿主基因组中。整合到基因组中的前病毒 DNA 保留在病毒池中难以清除，人们尝试了一些基于核酸酶的方法以期去除病毒基因组，从而实现完全治愈。针对 HIV 的引物结合位点（PBS）序列设计锤头结构的核酶，也可以有效地抑制 HIV-1 在体内的复制。如病毒基因组 RNA 和 mRNA 含有大量的 ACA 序列，是核酸内切酶 MazF 的识别位点，可使用表达 MazF 的 T 细胞来降解这些含 ACA 序列的病毒 RNA。

在病毒基因的转录和表达过程当中，病毒基因组可转录出完整的 9.2kb 的 mRNA，该 mRNA 有两种剪切方式。一种方式是剪切出 1.8kb mRNA，编码 Tat、Rev 和 Nef 蛋白质。其中 Tat 和 Rev 转移到细胞核内，Tat 结合于初始转录物的 5′端激活病毒基因组的转录过程。Rev 结合于病毒 mRNA 的 *rev* 响应区（rev-responsive element，RRE），将病毒 mRNA 运送到细胞核外。另一种剪切方式是将病毒完整的 mRNA 剪切出 4.0kb 的 mRNA，编码 Env、Vif、Vpr 和 Vpu 蛋白质，用于组装病毒颗粒。基于 Tat 和 Rev 在转录激活过程中的作用，可针对它们的 RNA 或蛋白质作为靶标设计治疗方案。如将 HIV-1 编码的 *rev* 基因及其 dsRNA 共转染到 293 细胞中，*rev* 基因的表达被显著抑制。

显性负抑制基因是指在目的基因的某些特殊位点进行定点突变，使之变成显性负突变基因，导入体内后表达的显性负抑制蛋白不仅自身不能发挥功能，还能够抑制体内正常基因的表达。在艾滋病毒中，Pol、Gag、Tat、Rev 和 Env 等几种蛋白是 HIV 复制所必需的。通过对这些蛋白一级结构的改造，构建它们的显性负突变形式，就能与天然的 HIV 蛋白竞争性结合其目标位点，可干扰 HIV 的正常功能。例如通过定位突变 Rev 蛋白，将调节区域的第 78 位亮氨酸改为天冬氨酸，将 79 位的谷氨酸改成亮氨酸，突变的 Rev M10 蛋白丧失了运输功能，但仍保留有与 RRE 结合的功能及形成多聚体的功能。野生型的 Rev 可形成多聚体，与病毒 mRNA 的 RRE 结合后，促进未经剪接和经单一剪接的病毒 mRNA 从核内转移到胞质中，表达病毒的结构蛋白。而突变的 Rev M10 则可与野生型的 Rev 形成多聚体，竞争性地抑制野生型 Rev 与 RRE 结合，使野生型的 Rev 功能丧失。将 *rev M10* 基因导入 T 细胞并获得稳定表达，细胞表现出对 HIV 感染的抵抗力。

此外，利用某些基因过表达产生的 RNA 诱饵（decoy）分子能与艾滋病毒的 RNA 竞争性结合反式激活因子的 RNA 诱捕技术，也可以抑制 HIV 在人体细胞内的转录和表达。如 HIV 病毒的 Tat 和 Rev 反式激活蛋白分别是 TAR 和 RRE 诱饵的特异性靶点。TAR 诱饵为 Tat 调节蛋白提供可供选择的结合位点，当诱饵过量时，就会抑制 Tat 介导的转录激活。以及在肿瘤的基因治疗中使用过的细胞内自杀的策略，也可用于艾滋病的基因治疗。如根据 HIV 及其感染细胞的特点设计了 HIV 感染细胞的自杀机制，以清除病毒感染的细胞，取得了较为满意的治疗效果。已知白喉毒素（DTA）在极低水平的情况下即可引起细胞发生死亡。首先，将 *DTA* 基因重组到缺失突变型 HIV LTR 启动子的下游，如果细胞没有 HIV 的感染并提供反式激活蛋白，这种 DTA 就不会表达，可以完好存活下来；但如果细胞感染了 HIV，HIV 的复制和表达产物为 DTA 的表达提供了反式激活剂，经刺激表达 DTA 以后，可以引起 HIV 感染细胞的死亡。利用这种机制就能选择性地清除病毒感染的细胞。因此，自杀机制也是抗病毒基因治疗的一个重要组成部分。

在子代病毒颗粒的组装和释放的过程当中，以慢病毒载体递送 TALEN 到 Jurkat-HIV-1 细胞系可切割 HIV-1 基质蛋白 P17 基因序列，编辑效率约为 43%。HIV-1 P17 有助于 HIV-1 的组装和出芽，并且序列相对保守，是临床应用的合适靶标。

（4）艾滋病的 CAR-T 免疫疗法

艾滋病属于免疫系统疾病，由于被感染的细胞属于机体的异常细胞，这种被感染的细胞应该也会被 $CD8^+$ T 细胞识别并被免疫清除。艾滋病治疗中的一种策略是通过特异性的潜伏感染逆转药物（latency-reversing agents，LRAs）激活潜伏感染的病毒，进而药物治疗或诱导机体免疫系统杀灭被感染细胞。这种干预策略被称为“shock and kill”。然而，HIV-1 可以迅速发生突变以逃避免疫识别。体内的 $CD8^+$ T 淋巴细胞由于缺乏对 HIV-1 有效的免疫应答，所以不能完全清除被感染的细胞。一小部分被 HIV 感染的患者天生就能够在不接受抗逆转录病毒治疗的情形下控制 HIV 病毒复制，而且不会患上艾滋病。这些罕见的被称作“HIV 控制者”的病人抑制 HIV 复制的能力似乎归因于高度有效的免疫反应。“HIV 控制者”病人在所有被 HIV 感染的病人当中所占的比例小于 0.5%。

在艾滋病毒注入细胞时，其糖蛋白会留在细胞膜上，而完整的病毒 mRNA 可以编码 Gag 和 Gag-Pol 蛋白质，其中 Gag 可以和 9.2kb mRNA 结合，将其运输到宿主细胞膜的脂筏内，组装成病毒颗粒，通过出芽方式释放到细胞外。因此，受到 HIV 病毒感染的细胞，与子病毒释放时细胞的膜表面将存在 HIV 特异性的抗原。研究发现，将 HIV 的 Gag 蛋白锚定在树突细胞内部的自噬小体表面，并将其与 HIV 特异性 T 细胞共同培养。结果显示，这一处理能够极大地提高 HIV 特异性活化 T 细胞的能力。于是对抗 HIV 的 CAR-T 细胞免疫疗法应运而生。

通过在患者自体免疫细胞中表达识别 HIV 天然抗原的 CAR 分子并进行过继免疫回输，可以特异性地靶向杀伤和清除患者体内的感染细胞。CAR-T 细胞疗法已在白血病和淋巴瘤的临床治疗中获得了令人鼓舞的成功。已有的研究通过将 HIV-1 特异性的单链抗体的可变区（ScFv）或天然的 CD4 分子中的抗原识别/结合区域连接到 $CD8^+$ T 淋巴细胞受体的胞内 T 细胞激活区域，产生了 HIV-1 特异性的 CAR-T 细胞，该细胞可以杀伤表达 HIV-1 包膜蛋白的细胞。国外基于 CAR-T 的 HIV 治疗，已经进入临床试验阶段。

10.3.3.3 关于生殖细胞与人类胚胎基因治疗的伦理反思

反思基因治疗的总策略，不难发现，决定基因治疗是采取体内法还是体外法或者其他策略的重要选择因素在于被改造基因的细胞是否能在体外分离、体外培养以及能否实现体外的增殖。如果细胞可以分离培养和体外增殖，将会优先选择体外导入治疗、体内回输的方式，因为这种方法可以在多环节进行质控而确保基因治疗的成功率和安全性。如果身体中的细胞不能被分离培养和增殖，比如说神经细胞与心肌细胞，则只能采取体内法直接注入基因治疗载体。实际上对于那些不能分离培养的而又需要进行基因治疗的细胞，大体上可以分为三类，一种是发生病变的细胞，比方说囊性纤维化致病的 *cftr* 基因突变的肺细胞，需要采用基因治疗的方式恢复细胞的正常功能。另外两种分别是感染细胞，比如说艾滋病与癌变细胞，这两种细胞不需要治疗，而是需要被清除，由此他们会采取自杀基因疗法和免疫治疗方案。由此可见，基因治疗策略的选择多半取决于细胞类型。而在人类众多的细胞类型中，有一类特殊的细胞，那就是生殖干细胞与胚胎干细胞，具有向各种细胞分化的潜能，属于种系传代细胞（germ cell line）。当下的基因治疗大多数都集中在体细胞上，对于生殖细胞或者是胚胎干细胞的基因治疗人们慎之又慎。

在CRISPR基因编辑技术诞生后不久，人类就完成了在灵长类食蟹猴上的基因编辑和人类ES细胞上的体外基因编辑，人类对自身基因的改造在技术层面上已经不是问题了。基因编辑技术的发展，将人类是否应该改造自身的胚胎这一问题推向了历史抉择的关键风口。

2015年4月，中山大学的黄军就博士利用CRISPR基因编辑技术，在世界上首次成功修复了人类胚胎引起地中海贫血的β-globin基因（HBB），其成果发表在*Protein&Cell*上。黄军就的团队当时使用了86个人类废弃胚胎做实验，并发现DNA编辑只在其中28个胚胎中成功，仅仅表现为30%的编辑成功率，同时脱靶效应十分明显。文章一经发表就在国际上引发轩然大波，英国生物学家Edward Lanphier向*Nature*杂志发表名为“Don not Edit the human germ line”的评论文章，表达了他的批评，并指出生殖细胞的编辑会传递后代，扩散至人群，不受控制，不可逆转，将导致未知的恐慌，社会的矛盾，要求中国科学家暂停这一研究。这直接促使了2015年底国际人类基因编辑峰会的召开。会议讨论的核心就是基因编辑的医学伦理问题。与会人员认为，人类胚胎医学伦理的大前提就是：任何人都拥有自主选择权，人类无权成为未来人类的设计者，人类胚胎的基因编辑应该区分疾病治疗型目的和性状增强型目的。对于性状增强型的基因编辑，即在正常个体的基础上用于获得某些“更优、更好”的性状，比如智商更高、跑得更快等，那么这就违背了最基本的伦理道德。在伦理道德之外，这种对人类进化的“操控”也可能会带来丧失遗传多样性等问题，会妨碍进化的历程。更何况以我们现在的认知，还根本无法确定人类到底哪些基因是“必需”的，哪些基因是“垃圾”。对于用于治疗严重遗传性疾病的基因编辑，需要另当别论。由于黄军就所从事的这项研究从研究方案和胚胎来源并没有违背伦理要求，但引起了全球科技界关于人类胚胎改造伦理问题的关注。于是在2003年12月24日，我国科技部和卫生部联合下文发布了12条关于《人类胚胎干细胞研究伦理指导原则》。指导原则规定，对人类胚胎进行基因改造和编辑，只能限于14d之前的胚胎，且经过基因改造的胚胎不得移植进入人体内完成发育的过程。国际人类基因编辑峰会最终充分肯定了中国学者在这一领域研究的伦理合理性。黄军就本人也因此被评为2015年度对全球科学界产生重大影响的十大人物。

2017年2月14日，美国科学院与美国医学院关于人类基因组编辑的问题发布了伦理框架报告：《人类基因组编辑：科学、伦理与治理》。报告指出，基础研究可“在现有的管理条例的框架下进行，包括在实验室对体细胞、干细胞系、人类胚胎的基因组编辑来进行基础科学研究试验”。但对于非医疗需要的基因改造如身高、长相甚至智力等特征是严格禁止的。对体细胞基因编辑可利用现有的监管体系来管理，要把临床试验与治疗限制在疾病与残疾的诊疗与预防范围内，在应用前要广泛征求大众的意见；在生殖（可遗传）细胞基因编辑方面，开展临床研究试验要有令人信服的治疗或者预防严重疾病、严重残疾的目标，任何可遗传的生殖细胞的基因组编辑“应该在充分的持续反复评估和公众参与条件下进行”。为此，委员会特别就开展可遗传生殖系统基因编辑提出了10条规范标准：①无其他可行治疗办法；②仅限于预防严重疾病；③仅限于编辑被证实的导致疾病的基因或强烈影响疾病的基因；④仅限于改变致病基因到人类常态基因；⑤不具有基因操作导致健康风险的医学或临床数据；⑥治疗期间对被试者具有持续严格的监管观察；⑦在尊重被试人意愿下进行长期多代的跟踪调研；⑧严格保证患者个人隐私；⑨依据公众的广泛参与和建议，持续监控该技术对健康和社会的效益风险；⑩具有可靠的监管机制杜绝该技术用于非预防疾病用途。报告一经颁布，同年在两篇*Nature*上就发表了人类胚胎基因编辑的研究报道。

如果说黄军就博士的研究赢得了大多数业内同行的赞誉，那么在2018年，来自于中国深圳的一项震惊世界的研究，却遭受到了千夫所指。2018年11月26日，曾就职于南方科技大学的贺建奎博士宣布，一对名为露露和娜娜的CCR5基因编辑婴儿已经诞生，她们出生后拥有着天然抵抗艾滋病毒的能力。这项研究从审批程序到研究方案无疑是与之前人们所努力制定的一切伦理规范背道而驰。在2018年11月28日的国际人类基因编辑第二届峰会上，贺建奎就他的研究进行了陈述，却无法回答峰会上专家对于编辑本身安全性和规范性的诘问。贺建奎的这一行为遭到全球科学界、中国科技部和中国各相关学会以及科学工作者们的一致谴责。全世界人们对科学与伦理的问题，从此陷入深刻的思考与深度的担忧。2018年，贺建奎以“CRISPR流氓”反面形象入选*Nature*年度十大影响世界的人物。

本章小结

基因治疗是指将正常功能基因或有治疗作用的DNA序列导入人体靶细胞去纠正因基因突变或表达失误产生的基因功能缺陷，从而达到治疗或缓和人类疾病的目的。目前基因治疗的策略主要是通过体内或体外的途径进行基因替换、基因修复、基因修饰、基因激活、基因失活、免疫调节以及药物敏感疗法等技术修复或激活有益基因的表达、关闭或减弱有害基因的表达。

外源基因导入人体细胞的途径有直接导入法，如脂质体介导法、直接注射法或微粒子轰击法等。更多的是用载体介导法，包括逆转录病毒载体、腺病毒载体、腺相关病毒载体、单纯疱疹病毒载体等。各种病毒载体有各自的优缺点，但共同点是都必须经过改造，将自身的结构基因部分或全部去除，以免给人体带来安全威胁，同时与辅助病毒一起在包装细胞内组装成具有感染能力的重组病毒，才能有效转染人体细胞并将外源基因导入到人体细胞内表达。

目前开展基因治疗的人类重大疾病主要有三类，即遗传性疾病、肿瘤和以艾滋病为主的病毒感染性疾病。遗传性疾病基因治疗的策略主要是向人体细胞补充有功能的正常基因，其正常表达产物可以克服和弥补因基因突变或异常表达产生的功能缺陷，主要集中在单基因遗传病方面。肿瘤因发病机制复杂，因此基因治疗的策略也多样，如通过反义核酸或RNA干扰等技术封闭异常表达的癌基因或血管形成相关的基因，通过基因增补激活抑癌基因和免疫调节基因，通过基因编辑改造免疫细胞，实施CAR-T等免疫治疗以及通过自杀基因和耐药基因与药物治疗相配合等，达到杀死癌细胞、延缓肿瘤扩散和转移的目的。艾滋病的基因治疗则主要通过阻止病毒外膜蛋白与人T细胞表面受体的结合以及阻止HIV基因在人体内的复制、转录和表达等多环节来实现。

复习题

1. 基因治疗的策略是什么?
2. 基因治疗的基本程序是怎样的?
3. 基因治疗的载体有哪些类型?
4. 腺病毒载体有什么优点?
5. 什么是体外基因治疗?
6. 什么是体内基因治疗?
7. 肿瘤的基因治疗的策略有哪些?
8. 什么是自杀基因治疗?
9. 什么是耐药基因治疗?
10. CAR-T基因治疗的原理是什么?
11. 针对肿瘤的基因治疗有哪几种主要途径?
12. 对艾滋病进行基因治疗有哪些方法和策略?

参考书目与文献

[1] 邢万金. 基因工程——从基础研究到技术原理. 北京：高等教育出版社，2018.

[2] 张惠展，欧阳立明，叶江. 基因工程. 第3版. 北京：高等教育出版社，2015.

[3] 孙明. 基因工程. 第2版. 北京：高等教育出版社，2013.

[4] 徐晋麟，陈淳，徐沁. 基因工程原理. 第2版，北京：科学出版社，2015.

[5] 李立家，肖庚富. 基因工程. 北京：科学出版社，2004.

[6] 吴乃虎. 基因工程原理. 第2版. 北京：科学出版社，1998.

[7] 马建岗. 基因工程学原理. 第2版. 西安：西安交通大学出版社，2007.

[8] 楼士林，杨盛昌，龙敏南，章军. 基因工程. 北京：科学出版社，2002.

[9] 刘祥林，聂刘旺. 基因工程. 北京：科学出版社，2005.

[10] 常重杰. 基因工程. 北京：科学出版社，2015.

[11] 吴乃虎，张方，黄美娟. 基因工程术语. 北京：科学出版社，2006.

[12] 贺淹才. 基因工程概论. 北京：清华大学出版社，2008.

[13] 静国忠. 基因工程及其分子生物学基础——基因工程分册. 第2版. 北京：北京大学出版社，2009.

[14] 苏慧慈，刘彦仿. 原位PCR. 北京：科学出版社，1995.

[15] 李巍. 生物信息学导论. 郑州：郑州大学出版社，2004.

[16] 张成岗，贺福初. 生物信息学方法与实践. 北京：科学出版社，2002.

[17] 吴秀山，袁婺洲，等. 心脏发育研究. 长沙：湖南科技出版社，2003.

[18] 马立人，蒋中华. 生物芯片. 北京：化学工业出版社，2000.

[19] 杨晓，黄培堂，黄翠芬. 基因打靶技术. 北京：科学出版社，2003.

[20] 傅继梁，王铸钢. 基因工程小鼠. 上海：上海科学技术出版社，2006.

[21] 杨焕明. 基因组学. 北京：科学出版社，2016.

[22] [美] 史蒂文·门罗·利普金，乔恩R洛马. 基因组时代——基因医学的技术革命. 许宗瑞，陈宏斌，译. 北京：机械工业出版社，2016.

[23] 王立铭. 上帝的手术刀——基因编辑简史. 杭州：浙江人民出版社，2017.

[24] 李奎，等. 动物基因组编辑. 北京：科学出版社，2017.

[25] 李凯，沈钧康，卢光明. 基因编辑. 北京：人民卫生出版社，2016.

[26] [美] 汉农G J RNAi——基因沉默指南. 陈忠斌，译. 北京：化学工业出版社，2004.

[27] 朱水芳. 转基因产品. 北京：中国农业科学技术出版社，2017.

[28] 王关林，方宏筠. 植物基因工程. 北京：科学出版社，2009.

[29] 国家农业生命科学技术科普基地. 转基因作物与我们的生活. 北京：科学出版社，2011.

[30] 农业部农业转基因生物安全管理办公室. 农业转基因科普知识——食品安全篇. 北京：中国农业出版社，2016.

[31] 基因农业网. 转基因——"真相"中的真相. 北京：北京日报出版社，2016.

[32] 郑月茂，等. 转基因克隆动物 理论与实践. 北京：科学出版社，2012.

[33] 曾庆平. 生物反应器——转基因与代谢途径工程. 北京：化学工业出版社，2010.

[34] 徐碧玉. 花卉基因工程. 北京：中国林业出版社，2006.

[35] 曾北危. 转基因生物安全. 北京：化学工业出版社，2004.

[36] 沈孝宙. 转基因之争. 北京：化学工业出版社，2008.

[37] 孙晗笑，陆大祥，刘飞鹏. 转基因技术理论与应用. 郑州：河南医科大学出版社，2000.

[38] 杜宝恒. 基因治疗的原理与实践. 天津：天津科学技术出版社，2000.

[39] [美] 李. 希尔佛. 复制之谜. 李千毅，庄安琪，译. 长沙：湖南科学技术出版社，2000.

[40] 王身立. 克隆，克隆. 长沙：湖南少年儿童出版社，1998.

[41] 吴秀山，袁婺洲，等. 现代发育生物学实验指南. 北京：化学工业出版社，2007.

[42] 王廷华，羊惠君，John W McDonald. 干细胞理论与技术. 北京：科学出版社，2005.

[43] 卢圣栋. 现代分子生物学实验技术. 北京：高等教育出版社，1993.

[44] 成军. 现代基因治疗分子生物学. 第2版. 北京：科学出版社，2014.

[45] 杨吉成，缪竞诚. 医用基因工程. 第2版. 北京：化学工业出版社，2009.

[46] 杨吉成. 现代肿瘤基因治疗实验研究方略. 北京：化学工业出版社，2008.

[47] [瑞士] 杰恩（K K Jain）. 基因治疗学. 任斌，译. 西安：世界图书出版公司，2000.

[48] [英] 布鲁克斯. 基因治疗：应用 DNA 作为药物. 黄尚志，译. 北京：化学工业出版社，2007.
[49] 邓旭，等. 基因工程技术在重金属废水处理中的应用. 水处理技术，2005，31（5）：62-65.
[50] 李长阁，等. 转基因植物修复重金属污染土壤研究进展. 土壤，2007，39（2）：181-189.
[51] 孙晓波，马鸿翔，王澎. 基因工程在能源植物改良中的应用. 生物技术通报，2007（3）：1-5.
[52] 何钢，陈介南，王义强，等. 酵母工程菌降解纤维素的研究进展. 生物质化学工程，2006，B12：173-177.
[53] 及晓宇，于丽杰. 植物生物反应器生产口服疫苗的研究进展. 现代农业科技，2009（8）：210-211.
[54] 王爱苹，毛雪，李润植. 转基因培育可合成生物降解塑料的农作物. 核农学报，2007，21（2）：152-155.
[55] 闵浩巍，王飞，姜召芸，等. 罕见病基因治疗的研究进展. 国际药学研究杂志，2017，44（2）：123-126.
[56] 张磊. 他靠一次失败的实验拿下诺奖，背后是 86 岁仍在科研一线的坚持. http：//blog. sciencenet. cn/blog-2966991-1073321. html.
[57] 梁龙，杨华，杨永林，等. "Golden Gate" 克隆法构建靶向载体. 中国生物工程杂志，2013，33（3）：111-116.
[58] 满红涛，郑可欣，徐艳，等. DNA 甲基化敏感位点（CCGG）文库克隆载体的构建. 生物技术，2014，24（4）：4-10.
[59] 李继刚，杨忠祥，张虎，孙希哲. GC 克隆载体的制备及其克隆效率研究. 河北农业大学学报，2013，36（4）：66-69.
[60] 胡学军，李晶泉，袁晓东，等. 可直接克隆 PCR 产物的克隆载体的构建. 遗传，2002，24（2）：177-178.
[61] 于洋，蒋世翠，王康宇，等. 大片段 DNA 克隆载体的研究进展. 黑龙江农业科学，2015（2）：147-150.
[62] 陈婷芳，罗娜，谢华平，吴秀山，邓云. 利用 *Tol2* 转座子构建斑马鱼心脏组织特异表达转基因载体及其表达分析. 生物工程学报，2010，26（2）：230-236.
[63] 王庆胜，我国 cDNA 文库研究现状. 黑龙江农业科学，2009（1）：3-4.
[64] 俞曼，茅矛. cDNA 文库构建方法新进展. 国外医学・遗传学分册，1996，19（1）：41-44.
[65] 方刚，陈蕴佳，高歌，等. 基因组数据库简介. 遗传，2003，25（4）：440-444.
[66] 王华春，陈清轩. 充分利用 EST 数据库资源. 生物化学与生物物理进展，2000，27（4）：442-444.
[67] 张小珍，尤崇革. 下一代基因测序技术新进展. 兰州大学学报（医学版），2016，42（3）：73-79.
[68] 谢浩，赵明，胡志迪，等. DNA 测序技术方法研究及其进展. 生命的化学，2015，35（6）：811-816.
[69] 沈树泉. 单分子测序与个体医学. 生理科学进展，2009，40（3）：283-288.
[70] 李明爽，赵敏. 第三代测序基本原理. 现代生物医学进展，2012，12（10）：1980-1982.
[71] 朱忠旭，陈新. 单细胞测序技术及应用进展. 基因组学与应用生物学，2015，34（5）：902-908.
[72] 祁云霞，刘永斌，荣威恒. 转录组研究新技术：RNA-Seq 及其应用. 遗传，2011，33（11）：1191-1202.
[73] 徐伟文，李文全，毛裕民. 表达谱基因芯片. 生物化学与生物物理进展，2001，28（6）：822-825.
[74] 黄璜，程肖蕊，周文霞，张永祥. 基因芯片在药物靶标研究中的应用. 军事医学科学院院刊，2006，30(6)：583-587.
[75] 袁婺洲，Bodmer R，等. 利用 RNAi 技术研究果蝇心脏基因的功能. 遗传学报，2002，29（1）：34-38.
[76] 袁婺洲，吴秀山. 转基因技术在果蝇及脊椎动物心脏基因研究中的应用. 生命科学研究，2001，5（3）：14-20.
[77] 李东玲，戴琦，袁婺洲，等. 影响果蝇心脏发育的基因突变. 遗传学报，2001，28（5）：424-432.
[78] 戴琦，李东玲，袁婺洲，等. 筛选控制果蝇心脏发育的候选基因. 中国动脉硬化杂志，2000，8（4）：295-298.
[79] 袁婺洲，李敏，吴秀山. 一种诱发果蝇基因突变的新方法——P 转位子诱变. 云南大学学报，1999，21：241-242.
[80] 袁婺洲，李敏，吴秀山. P 转位子诱发果蝇心脏发育基因的突变（2）-第 3 染色体突变. 生命科学研究，1998，2（2）：93-97.
[81] 张弘，黄介飞，黄东风，等. 肝硬化及肝癌组织共同差异基因表达的筛选. 江苏医药，2010，36（1）：34-36.
[82] 张一，黎晓敏，吕凤林，梁存军，宋容. Cre-Loxp 和四环素系统在基因可控表达中的应用. 中国实验动物学报，2007，15（1）：76-80.
[83] 胡张华，王茵，郎春秀，等. 转反义 PEP 基因油菜"超油 1 号"菜籽油毒理性评价研究. 中国油料作物学报，2005，27（3）：7-12.
[84] 王建民，夏正红，章锡良，等. 转基因油菜"超油 2 号"栽培特性的初步研究. 浙江农业科学，2005（5）：382-384.
[85] 刘立侠，柳青，许守民. 基因工程在改善植物油营养价值中的应用. 植物学通报，2005，22（5）：623-631.
[86] 韩科厅，胡可，戴思兰. 观赏植物花色的分子设计. 分子植物育种，2008，6（1）：16-24.
[87] 余义勋，包满珠. 通过转重复结构的 ACC 氧化酶基因延长香石竹的瓶插期. 植物生理与分子生物学学报，2004，30（5）：541-545.
[88] 尹春光. 转基因动物的检测方法. 生物学杂志，2005，22（1）：37-39.

[89] 刘微，卢光琇.转基因动物技术的研究进展.遗传，2001，23（3）：289-291.
[90] 李兆鹏，张立.中国转基因家畜最新研究进展.内蒙古大学学报（自然科学版），2017，48（4）：346-354.
[91] 盛鹏程，苗向阳，朱瑞良.哺乳动物克隆的现状和研究进展.科技导报，2010，28（13）：105-109.
[92] 王巍，付茂忠，唐慧，等.体细胞核移植技术的研究进展.中国草食动物科学，2017，37（2）：44-47.
[93] 张德福，戴建军，吴彩凤，张树山.体细胞克隆技术及其存在的问题.上海农业学报，2016，32（3）：168-171.
[94] 张保军，杨公社，张丽娟.转基因动物乳腺生物反应器研究进展.动物医学进展，2003.24（2）：7-9.
[95] 翟新验，张树庸.转基因动物引领医药产业飞速发展.中国医药生物技术，2009，4（4）：251-252.
[96] 袁子国，张秀香，高胜言，等.腺病毒载体的研究进展与展望.吉林畜牧兽医，2008（1）：13-17.
[97] 丁长根，刘惠莉.腺病毒表达载体研究进展.动物医学进展，2007，28（10）：64-66.
[98] 卜范峰，王明旭，陈建春.核酶在病毒基因治疗中的研究进展.中国生物制品学杂志，2009，22（11）：1152-1155.
[99] 乔鑫.RNA干扰在组织特异性靶向性基因治疗中的研究进展.西南军医，2009，11（4）：734-736.
[100] 彭朝晖.基因治疗产业现状.生物产业技术，2009，3：75-83.
[101] 严红，任兆瑞，曾溢滔.血友病B基因治疗研究进展.中国医药生物技术，2017，12（4）：330-335.
[102] 刘金.肿瘤基因治疗的策略.国际免疫学杂志，2006，29（3）：179-184.
[103] 尹凤媛.RNAi在基因治疗中的应用.临床血液学杂志，2009，22（8）：446-449.
[104] 梅新华.肿瘤基因治疗的研究进展.中华肿瘤防治杂志，2008，15（16）：1275-1278.
[105] 赵俊，童德文，李立，等.单链抗体及其在肿瘤诊断和治疗中应用研究进展.动物医学进展，2006，27（1）：35-38.
[106] 魏秀青，陈曦.艾滋病临床治疗最新研究进展.实用预防医学，2009，16（1）：278-279.
[107] 徐永芳，林新勤，农全兴.艾滋病治疗研究现状.中国热带医学，2009，9（11）：2185-2187.
[108] 钟崇方，王芳，叶恒波，等.艾滋病抗病毒治疗药物副作用探讨.中国艾滋病性病，2009，15（3）：298-299.
[109] 李菁，林彤，宋帅，等.基因工程抗体研究进展.生物技术通报，2009，10：40-44.
[110] 王秀红.基因工程抗体研究进展.生物技术通讯，2007，18（2）：304-306.
[111] Giulliana Augusta Rangel Goncalves1，Raquel de Melo Alves Paiva. Gene therapy：advances，challenges and perspectives. Einstein，2017，15（3）：369-375.
[112] Takahashi K，Tanabe K，Ohnuki M，et al. Induction of pluripotent stem cells from adult human fibroblasts by defined factors. Cell，2007，131（5）：861-872.
[113] Yu J，Vodyanik MA，Smuga-Otto K，et al. Induced pluripotent stem cell lines derived from human somatic cells. Science，2007，318（5858）：1917-1920.
[114] Meyer JS，Shearer RL，Capowski EE，et al. Modeling early retinal development with human embryonic and induced pluripotent stem cells. Proc Natl Acad Sci U S A，2009，106（39）：16698-16703.
[115] J Li，Y Wang，X Fan，et al. ZNF307，a novel zinc finger gene suppresses p53 and p21 pathway. Biochem Biophys Res Comm，2007，363：895-900.
[116] Carola Engler，Ramona Gruetzner，Romy Kandzia，Sylvestre Marillonnet. Golden Gate Shuffling：A One-Pot DNA Shuffling Method Based on Type IIs Restriction Enzymes. PLoS ONE，2009，4（5）：e5553.
[117] Elena Herrera-Carrillo，Ben Berkhout. Dicer-independent processing of small RNA duplexes：mechanistic insights and applications. Nucleic Acids Research，2017，45（18）：10369-10379.
[118] Min-Sun Song，John J Rossi. Molecular mechanisms of Dicer：endonuclease and enzymatic activity. Biochemical Journal，2017，474：1603-1618.
[119] Ross Wilson，Jennifer A. Doudna. Molecular mechanisms of RNA interference. Annu Rev Biophys，2013，42：217-239.
[120] Yang-Gyun Kim，Jooyeun Cha，And Srinivasan Chandrasegaran. Hybrid restriction enzymes：Zinc finger fusions to Fok I cleavage domain. Proc Natl Acad Sci USA，1996，93：1156-1160.
[121] Benton D. Recent changes in the GenBank On-line Service. Nucleic Acids Research Nucleic Acids Res，1990，18（6）：1517-1520.
[122] http：//www. sciencenet. cn/blog/user _ content. aspx? id=231033.
[123] http：//www. ebiotrade. com/emgzf/ebiotech/46-07. pdf.
[124] http：//ggene. cn/html/protocol/qita/2008107/1596. html.
[125] Robert M Dirks，Niles A Pierce. Triggered amplification by hybridization chain reaction. PNAS，2004，101（43）：15275-15278.

[126] Maayan Schwarzkopfi, Niles A Pierce. Multiplexed miRNA northern blots via hybridization chain reaction. Nucleic Acids Research, 2016, 44 (15): e129.

[127] Chenghang Zong, Sijia Lu, Alec R Chapman, X Sunney Xie. Genome-Wide Detection of Single Nucleotide and Copy Number Variations of a Single Human Cell. Science, 2012, 338 (6114): 1622-1626.

[128] Bodmer R. The gene tinman is required for specification of the heart and visceral muscles in Drosophila. Development, 1993, 118: 719-729.

[129] Zhe Han, Miki Fujioka, Mingtsan Su, et al. Transcriptional Integration of CompetenceModulated by Mutual Repression Generates Cell-Type Specificity within the Cardiogenic Mesoderm. Developmental Biology , 2002, 252: 225-240.

[130] Christiane Nusslein, Eric Wieschaus. Mutations affecting segment number and polarity in Drosophila. Nature, 1980, 287: 795-801.

[131] Ding Sheng, Wu Xiaohui, Xu Tian, Efficient Transposition of the piggyBac (PB) Transposon in MammalianCells and Mice. Cell, 2005, 122: 473-483.

[132] Sean E McGuire, Zhengmei Mao, Ronald L. Davis1, Spatiotemporal Gene Expression Targeting with the TARGET and Gene-Switch Systems in Drosophila. Sci STKE, 2004 (220): 16.

[133] Jonathan E Foley, Jing-Ruey J Yeh, Morgan L Maeder, et al. Rapid Mutation of Endogenous Zebrafish Genes Using Zinc Finger Nucleases Made by Oligomerized Pool ENgineering (OPEN). PLoS ONE, 2009, 4 (2): 1-13.

[134] Morgan L Maeder, Stacey Thibodeau-Beganny, et al. Oligomerized pool engineering (OPEN): an 'open-source' protocol for making customized zinc-finger arrays. Nature, 2009, 4 (10): 1471-1501.

[135] Yang X, Li C, Xu X, Deng C. The tumor suppressor SMAD4/DPC4 is essential for epiblast proliferation and mesoderminduction in mice. Proc Natl Acad Sci USA, 1998, 95 (7): 3667-3672.

[136] Sternberg N, Hamilton D. Bacteriophage P1 site-specific recombination. Ⅰ. Recombination between loxP sites. J Mol Biol, 1981, 150 (4): 467-486.

[137] Wang J, Xu N, Feng X, et al. Targeted disruption of Smad4 in cardiomyocytes results in cardiac hypertrophy and heartfailure. Circ Res, 2005, 97 (8): 821-828.

[138] Lepper C, Conway SJ, Fan CM. Adult satellite cells and embryonic muscle progenitors have distinct genetic requirements. Nature, 2009, 460 (7255): 627-631.

[139] Kim YG, Cha J, Chandrasegaran S. Hybrid restriction enzymes: zinc finger fusions to Fok I cleavage domain. Proc Natl Acad Sci USA, 1996, 93 (3): 1156-1160.

[140] Urnov FD1, Rebar EJ, Holmes MC, et al. Genome editing with engineered zinc finger nucleases. Nat Rev Genet, 2010, 11 (9): 636-646.

[141] Bibikova M1, Golic M, Golic KG, Carroll D. Targeted chromosomal cleavage and mutagenesis in Drosophila using zinc-finger nucleases. Genetics, 2002, 161 (3): 1169-1175.

[142] Engelke DR, Ng SY, Shastry BS, Roeder RG. Specific interaction of a purified transcription factor with an internal control region of 5S RNAgenes. Cell, 1980, 19 (3): 717-728.

[143] Miller J, McLachlan AD, Klug A. Repetitive zinc-binding domains in the protein transcription factor IIIA from Xenopus oocytes. EMBO J, 1985, 4 (6): 1609-1614.

[144] Bibikova M1, Carroll D, Segal DJ, et al. Stimulation of homologous recombination through targeted cleavage by chimeric nucleases. Mol Cell Biol, 2001, 21 (1): 289-297.

[145] Porteus MH, Baltimore D. Chimeric nucleases stimulate gene targeting in human cells. Science, 2003, 300 (5620): 763.

[146] Doyon Y, McCammon JM, Miller JC, et al. Heritable targeted gene disruption in zebrafish using designed zinc-finger nucleases. Nat Biotechnol, 2008, 26 (6): 702-708.

[147] Geurts AM, Cost GJ, Freyvert Y, et al. Knockout rats via embryo microinjection of zinc-finger nucleases. Science, 2009, 325 (5939): 433. doi: 10.1126/science.1172447.

[148] Hauschild J, Petersen B, Santiago Y, et al. Efficient generation of a biallelic knockout in pigs using zinc-finger nucleases. Proc Natl Acad Sci USA, 2011, 108 (29): 12013-12017.

[149] Tebas P, Stein D, Tang WW, et al. Gene editing of CCR5 in autologous CD4 T cells of persons infected with HIV. N Engl J Med, 2014, 370 (10): 901-910.

[150] Gaj T, Gersbach CA, Barbas CF. ZFN, TALEN, and CRISPR/Cas-based methods for genome engineering. Trends Biotechnol, 2013, 31 (7): 397-405.

[151] Boch J, Bonas U. Xanthomonas AvrBs3 family-type III effectors: discovery and function. Annu Rev Phytopathol, 2010, 48: 419-436.

[152] Zhang F, Cong L, Lodato S, et al. Efficient construction of sequence-specific TAL effectors for modulating mammalian transcription. Nat Biotechnol, 2011, 29 (2): 149-153.

[153] Huang P, Xiao A, Zhou M, et al. Heritable gene targeting in zebrafish using customized TALENs. Nat Biotechnol, 2011 , 29 (8): 699-700.

[154] Tesson L, Usal C, Ménoret S, et al. Knockout rats generated by embryo microinjection of TALENs. Nat Biotechnol, 2011, 29 (8): 695-696.

[155] Zu Y, Tong X, Wang Z, et al. TALEN-mediated precise genome modification by homologous recombination in zebrafish. Nat Methods, 2013, 10 (4): 329-331.

[156] Sung YH, Baek IJ, Kim DH, et al. Knockout mice created by TALEN-mediated gene targeting. Nat Biotechnol, 2013, 31 (1): 23-24.

[157] Ye W, Zhang W, Liu T, et al. Improvement of Ethanol Production in Saccharomyces cerevisiae by High-Efficient Disruption of the ADH2 Gene Using a Novel Recombinant TALEN Vector. Front Microbiol, 2016, 7: 1067.

[158] Taylor L, Carlson DF, Nandi S, et al. Efficient TALEN mediated gene targeting of chicken primordial germ cells. Development, 2017, 144 (5) : 928-934.

[159] Bacman SR, Williams SL, Pinto M, et al. Specific elimination of mutant mitochondrial genomes in patient-derived cells by mitoTALENs. Nat Med, 2013, 19 (9) : 1111-1113.

[160] Jinek M, Chylinski K, Fonfara I, Hauer M, Doudna JA, Charpentier E. A programmable dual-RNA-guided DNA endonuclease in adaptive bacterial immunity. Science, 2012, 337 (6096): 816-821.

[161] Makarova KS, Haft DH, Barrangou R, et al. Evolution and classification of the CRISPR-Cas systems. Nat Rev Microbiol, 2011, 9 (6): 467-477.

[162] Ishino Y, Krupovic M, Forterre P. History of CRISPR-Cas from Encounter with a Mysterious Repeated Sequence to Genome Editing Technology. J Bacteriol, 2018, 200 (7). pii: e00580-17.

[163] Lander ES. The Heroes of CRISPR. Cell, 2016, 164 (1-2): 18-28.

[164] Barrangou R, Fremaux C, Deveau H, et al. CRISPR provides acquired resistance against viruses in prokaryotes. Science, 2007, 315 (5819): 1709-1712.

[165] Brouns SJ, Jore MM, Lundgren M, et al. Small CRISPR RNAs guide antiviral defense in prokaryotes. Science, 2008, 321 (5891): 960-964.

[166] Marraffini LA, Sontheimer EJ. CRISPR interference limits horizontal gene transfer in staphylococci by targeting DNA. Science, 2008, 322 (5909): 1843-1845.

[167] Deltcheva E, Chylinski K, Sharma CM, et al. CRISPR RNA maturation by trans-encoded small RNA and host factor RNase Ⅲ. Nature, 2011, 471 (7340): 602-607.

[168] Jore MM1, Lundgren M, van Duijn E, et al. Structural basis for CRISPR RNA-guided DNA recognition by Cascade. Nat Struct Mol Biol, 2011, 18 (5): 529-536.

[169] Cong L, Ran FA, Cox D, et al. Multiplex genome engineering using CRISPR/Cas systems. Science, 2013, 339 (6121): 819-823.

[170] Hwang WY, Fu Y, Reyon D, et al. Efficient genome editing in zebrafish using a CRISPR-Cas system. Nat Biotechnol, 2013, 31 (3): 227-229.

[171] Shen B, Zhang J, Wu H, et al. Generation of gene-modified mice via Cas9/RNA-mediated gene targeting. Cell Res, 2013, 23 (5): 720-723.

[172] Wang H, Yang H, Shivalila CS, et al. One-step generation of mice carrying mutations in multiple genes by CRISPR/Cas-mediated genome engineering. Cell, 2013, 153 (4): 910-918.

[173] Li D, Qiu Z, Shao Y, et al. Heritable gene targeting in the mouse and rat using a CRISPR-Cas system. Nat Biotechnol, 2013, 31 (8): 681-683.

[174] F Ann Ran, Patrick D Hsu, Jason Wright, Vineeta Agarwala David A Scott, Feng Zhang. Genome engineering using the CRISPR-Cas9 system. Nat Protoc, 2013, 8 (11): 2281-2308.

[175] Niu Y, Shen B, Cui Y, et al. Generation of gene-modified cynomolgus monkey via Cas9/RNA-mediated gene targeting in one-cell embryos. Cell, 2014, 156 (4): 836-843.

[176] Liang P, Xu Y, Zhang X, et al. CRISPR/Cas9-mediated gene editing in human tripronuclear zygotes. Protein Cell,

2015, 6 (5): 363-372. doi: 10. 1007/s13238-015-0153-5.
[177] Ma H, Marti-Gutierrez N, Park SW, et al. Correction of a pathogenic gene mutation in human embryos. Nature, 2017, 548 (7668): 413-419.
[178] Fogarty NME, McCarthy A, Snijders KE P, et al. Genome editing reveals a role for OCT4 in human embryogenesis. Nature, 2017, 550 (7674): 67-73.
[179] Brooks C, Nekrasov V, Lippman ZB, Van Eck J. Efficient gene editing in tomato in the first generation using the clustered regularly interspaced short palindromic repeats/CRISPR-associated9 system. Plant Physiol. 2014, 166 (3): 1292-1297.
[180] Tang L, Mao B, Li Y, et al. Knockout of OsNramp5 using the CRISPR/Cas9 system produces low Cd-accumulating indica rice without compromising yield. Sci Rep, 2017, 7 (1): 14438.
[181] Wang Q, Lu Y, Xin Y, et al. Genome editing of model oleaginous microalgae Nannochloropsis spp. by CRISPR/Cas9. Plant J, 2016, 88 (6): 1071-1081.
[182] Koutroumpa FA, Monsempes C, François MC, et al. Heritable genome editing with CRISPR/Cas9 induces anosmia in a crop pest moth. Sci Rep, 2016, 6: 29620.
[183] Yan S, Tu Z, Liu Z, et al. A Huntingtin Knockin Pig Model Recapitulates Features of Selective Neurodegeneration in Huntington's Disease. Cell, 2018, 173 (4): 989-1002.
[184] Hart T, Chandrashekhar M, Aregger M, et al. High-Resolution CRISPR Screens Reveal Fitness Genes and Genotype-Specific CancerLiabilities. Cell, 2015, 163 (6): 1515-1526.
[185] Mohiuddin MM, Singh AK, Corcoran PC, et al. Chimeric 2C10R4 anti-CD40 antibody therapy is critical for long-term survival of GTKO. hCD46. hTBM pig-to-primate cardiac xenograft. Nat Commun, 2016, 7: 11138.
[186] Yang L, Güell M, Niu D, George H, et al. Genome-wide inactivation of porcine endogenous retroviruses (PERVs). Science, 2015, 350 (6264): 1101-1104.
[187] Niu D, Wei HJ, Lin L, et al. Inactivation of porcine endogenous retrovirus in pigs using CRISPR-Cas9, Science, 2017, 357 (6357): 1303-1307.
[188] Waltz E. When pig organs will fly. Nat Biotechnol, 2017, 35 (12): 1133-1138.
[189] Yamaguchi T, Sato H, Kato-Itoh M, et al. Interspecies organogenesis generates autologous functional islets. Nature, 2017, 542 (7640): 191-196.
[190] Wu J, Platero-Luengo A, Sakurai M, et al. Interspecies Chimerism with Mammalian Pluripotent Stem Cells. Cell, 2017, 168 (3): 473-486.
[191] Yang Y, Liu B, Xu J, et al . Derivation of pluripotent stem cells with *in vivo* embryonic and extraembryonic potency. Cell, 2017, 169 (2): 243-257.
[192] Zuo E, Huo X, Yao X, et al. CRISPR/Cas9-mediated targeted chromosome elimination. Genome Biol, 2017, 18 (1): 224.
[193] Chaefer KA, Wu WH, Colgan DF, et al. Unexpected mutations after CRISPR-Cas9 editing *in vivo*. Nat Methods, 2017, 14 (6): 547-548.
[194] Lareau CA, Clement K, Hsu JY, et al. Response to "Unexpected mutations after CRISPR-Cas9 editing *in vivo*". Nat Methods, 2018, 15 (4): 238-239.
[195] Haapaniemi E, Botla S, Persson J, et al. CRISPR-Cas9 genome editing induces a p53-mediated DNA damage response. Nat Med, 2018, 24 (7): 927-930.
[196] Zetsche B, Gootenberg JS, Abudayyeh OO, et al. Zhang F. Cpf1 is a single RNA-guided endonuclease of a class 2 CRISPR-Cas system. Cell, 2015, 163 (3): 759-771.
[197] Ran FA, Hsu PD, Lin CY, et al. Zhang F. Double nicking by RNA-guided CRISPR Cas9 for enhanced genome editing specificity. Cell, 2013, 154 (6): 1380-1389.
[198] Slaymaker IM, Gao L, Zetsche B, Scott DA, Yan WX, Zhang F. Rationally engineered Cas9 nucleases with improved specificity. Science, 2016, 351 (6268): 84-88.
[199] Kleinstiver BP, Pattanayak V, Prew MS, et al. High-fidelity CRISPR-Cas9 nucleases with no detectable genome-wide off-target effects. Nature, 2016, 529 (7587): 490-495.
[200] Chen JS, Dagdas YS, Kleinstiver BP, et al. Doudna JA. Enhanced proofreading governs CRISPR-Cas9 targeting accuracy. Nature, 2017, 550 (7676): 407-410.
[201] Akcakaya P, Bobbin ML, Guo JA, et al. Joung JK. *In vivo* CRISPR editing with no detectable genome-wide off-

target mutations. Nature. 2018, 561 (7723): 416-419.

[202] Shin J, Jiang F, Liu JJ, et al. Doudna JA. Disabling Cas9 by an anti-CRISPR DNA mimic. Sci Adv, 2017, 3 (7): e1701620.

[203] Richter F, Fonfara I, Gelfert R, Nack J, Charpentier E, Möglich A. Switchable Cas9. Curr Opin Biotechnol, 2017, 48: 119-126.

[204] Bubeck F, Hoffmann MD, Harteveld Z, et al. Engineered anti-CRISPR proteins for optogenetic control of CRISPR-Cas9. Nat Methods, 2018, 15 (11): 924-927.

[205] Richardson CD, Kazane KR, Feng SJ, et al. CRISPR-Cas9 genome editing in human cells occurs via the Fanconi anemia pathway. Nat Genet, 2018, 50 (8): 1132-1139.

[206] Komor Alexis C, Ahmed H Badran, David R Liu. Editing the Genome Without Double-Stranded DNA Breaks. ACS Chemical Biology, 2018, 13 (2): 383-388.

[207] Oakes BL, Nadler DC, Savage DF. Protein engineering of Cas9 for enhanced function. Methods Enzymol, 2014, 546: 491-511.

[208] Harrington LB, Burstein D, Chen JS, et al. Doudna JA. Programmed DNA destruction by miniature CRISPR-Cas14 enzymes. Science, 2018, 362 (6416): 839-842.

[209] Gootenberg JS, Abudayyeh OO, Kellner MJ, Joung J, Collins JJ, Zhang F. Multiplexed and portable nucleic acid detection platform with Cas13, Cas12a, and Csm6. Science, 2018, 360 (6387): 439-444.

[210] Chen JS, Ma E, Harrington LB, Da Costa M, Tian X, Palefsky JM, Doudna JA. CRISPR-Cas12a target binding unleashes indiscriminate single-stranded DNase activity. Science, 2018, 360 (6387): 436-439.

[211] Fu Y, Rocha PP, Luo VM, et al. CRISPR-dCas9 and sgRNA scaffolds enable dual-colour live imaging of satellite sequences and repeat-enriched individual loci. Nat Commun, 2016, 7: 11707.

[212] Schmidt F, Cherepkova MY1, Platt RJ. Transcriptional recording by CRISPR spacer acquisition from RNA. Nature, 2018 , 562 (7727): 380-385.

[213] Terns MP. CRISPR-Based Technologies: Impact of RNA-Targeting Systems. Mol Cell, 2018, 72 (3): 404-412.

[214] Shipman SL, Nivala J, Macklis JD, Church GM. CRISPR-Cas encoding of a digital movie into the genomes of a population of living bacteria. Nature, 2017, 547 (7663): 345-349.

[215] Jesse G Zalatan, Michael E Lee, Ricardo Almeida, et al. Engineering Complex Synthetic Transcriptional Programs with CRISPR RNA Scaffolds. Cell, 2015, 160: 1-12.

[216] Lance M Hellman, Michael G Fried. Electrophoretic Mobility Shift Assay (EMSA) for Detecting Protein-Nucleic Acid Interactions. Nat Protoc, 2007, 2 (8): 1849-1861.

[217] Rana M F Hussainl, Arsheed H Sheikh, et al. Arabidopsis WRKY50 and TGA Transcription Factors Synergistically Activate Expression of PR1. Frontiers in Plant Science, 2018, 9: 930.

[218] Rasika Mundade, Hatice Gulcin Ozer, Han Wei, et al. Role of ChIP-seq in the discovery of transcription factor binding sites, differential gene regulation mechanism, epigenetic marks and beyond. Cell Cycle, 2014, 13: 18, 2847-2852.

[219] Feng Chen, Steven Haigh, Yanfang Yu, et al. Nox5 Stability and Superoxide Production is Regulated by C-terminal Binding of Hsp90 and Co-Chaperones. Free Radic Biol Med, 2015, 89: 793-805.

[220] http://www.isaaa.org/gmapprovaldatabase/default.asp.

[221] Guangwen Tang, Jian Qin, Gregory G Dolnikowski, et al. Golden Rice is an effective source of vitamin A. Am J Clin Nutr 2009: 89: 1776-1783.

[222] Naonobu Noda, Satoshi Yoshioka, Sanae Kishimoto, et al. Generation of blue chrysanthemums by anthocyanin B-ring hydroxylation and glucosylation and its coloration mechanism. Sci Adv, 2017, 3: e1602785.

[223] Zhenyi Chang, Zhufeng Chen, Na Wang, Gang Xie, Jiawei Lu, Wei Yan, Junli Zhou, Xiaoyan Tang, Xing Wang Deng. Construction of a male sterility system for hybrid rice breeding and seed production using a nuclear male sterility gene. PNAS, 2016, 113 (49): 14145-14150.

[224] Elisa Pellegrino, Stefano Bedini, Marco Nuti, Laura Ercoli. Impact of genetically engineered maize on agronomic, environmental and toxicological traits: a meta-analysis of 21 years of field data. Scientific Reports, 2018, 8: 3113. DOI: 10.1038/s41598-018-21284-2.

[225] The national Academies of Science, Engineering, Medicines. Genetically Engineered Crops: Experiences and Prospects. The National Academies Press. ISBN 978-0-309-43738-7 . DOI 10.17226/23395. 2016.

[226] Caplan A, Herrera-Estrella L, Inze D Van Haute E, et al. Introduction of genetic material into plant cells. Science, 1983, 222: 815-821.

[227] ISAAA (2017). ISAAA in 2017: Accomplishment Report. http: //www. isaaa. org/resources/ publications/ annua report/2017/default. asp.

[228] Schnepf HE, Whiteley HR. Cloning and expression of the Bacillus thuringiensis crystal protein gene in *Escherichia coli*. Proc Natl Acad Sci USA, 1981, 78 (5): 2893-2897.

[229] Vaeck M, Reynaerts A, Hofte H, et al. Transgenic plants protected from insect attack. Nature, 1987, 328: 33-37.

[230] Barton KA. Bacillus thuringiensis δ-endotoxin expressed in transgenic Nicotiana tabacum provides resistance to lepidopteran insects. Plant Physiology, 1987, 85: 1103-1109.

[231] Micallef BJ, Haskins KA, Vanderveer PJ, Roh KS, Shewmaker CK, Sharkey TD. Altered photosynthesis, flowering, and fruiting in transgenic tomato plants that have increased capacity for sucrose synthesis. Planta, 1995, 196: 327-334.

[232] Ye X, et al. Engineering the provitamin A (b-carotene) biosynthetic pathway into (carotenoid-free) rice endosperm. Science, 2000, 287: 303-306.

[233] Simplot J R. The Innate ® Generation 1 potato benefits consumers, the environment and potato industry economics. http: //www. innatepotatoes. com/gen-one.

[234] Oeller PW, Lu MW, Taylor LP, Pike DA, Theologis A. Reversible inhibition of tomato fruit senescence by antisense RNA . Science, 1991, 254 (5030): 437-439.

[235] Gray JE, Picton S, Giovannoni JJ, Grierson D. The use of transgenic and natural occurring mutant to understand and manipulate tomato fruit ripening. Plant Cell Environ, 1994, 17: 557-571.

[236] Sheehy RE, Kramer M, Hiatt WR. Reduction of polygalacturonase activity in tomato fruit by antisense RNA. Proc Natl Acad Sci USA. 1988, 85 (23): 8805-8809.

[237] van der Krol AR, Lenting PE, Veenstra J, et al. An antisense chalcone synthase gene in transgenic plants inhibits flower pigmentation. Nature, 1988, 333: 866-869.

[238] Santory. http: //www. suntorybluerose. com/.

[239] Pichersky E, Raguso RA, Lewinsohn E, Croteau R. Floral scent production in Clarkia (Onagraceae) (I. localization and developmental modulation of monoterpene emission and linalool synthase activity) . Plant Physiol, 1994, 106 (4): 1533-1540.

[240] Dudareva N, Cseke L, Blanc VM, Pichersky E. Evolution of floral scent in Clarkia: novel patterns of S-linalool synthase gene expression in the C. breweri flower. Plant Cell, 1996, 8 (7): 1137-1148.

[241] Vamvaka E, Farré G, Molinos-Albert LM, Evans A, et al. Unexpected synergistic HIV neutralization by a triple microbicide produced in rice endosperm. Proc Natl Acad Sci USA, 2018, 115 (33): E7854-E7862.

[242] FAO. Genetically Modified Organisms, Consumers, Food Safety and the Environment. Rome: Food and Agriculture Organization of the United Nations, 2001. 3.

[243] Nuffield Council on Bioethics. Genetically Modified Crops: The Ethical And Social Issues. London, 1999.

[244] Regulation: (EC) NO 1830/2003 Of The European Parliament And Of The Council of 22 September 2003 Concerning Traceability And Labelling Of GMOs And Traceability Of Food And Feed Products Produced From GMOs And Amending Directive, 2001/18/EC. Brussels: EC, 2003.

[245] Damak S, Su H, Jay NP, Bullock DW. Improved wool production in transgenic sheep expressing insulin-like growth factor 1. Biotechnology (N Y), 1996, 14 (2): 185-188.

[246] Gordon J W, Scangos G A, PlotkinD J, et al. Genetic transformation of mouse embryos by microinjection of purified DNA. Proc Natl Acad Sci USA, 1980, 77: 7380-7384.

[247] Mullins J J, Peters J, Ganten D. Fulminant hypertension in transgenic rats harbouring the mouse Ren-2 gene. Nature, 1990, 344: 541-544.

[248] Palmiter RD, Brinster RL, Hammer RE, et al. Dramatic growth of mice that develop from eggs microinjected with metallothionein-growth hormone fusion genes. Nature, 1982, 300 (5893): 611-615.

[249] Sanhadji K, Grave L, Touraine JL, Leissner P, et al. Gene transfer of anti-gp41 antibody and CD4 immunoadhesin strongly reduces the HIV-1 load in humanized severe combined immunodeficient mice. AIDS, 2000, 14 (18): 2813-2822.

[250] Wakayama T, Perry AC, Zuccotti M, et al. Full-term development of mice from enucleated oocytes injected with cumulus cell nuclei. Nature, 1998, 394 (6691): 369-374.
[251] Wilmut I, Schnieke AE, McWhir J, et al. Viable offspring derived from fetal and adult mammalian cells. Nature, 1997, 385 (6619): 810-813.
[252] Xiao-yang Zhao, Wei Li, Zhuo Lv, et al. iPS cells produce viable mice through tetraploid complementation. Nature, 2009, 461: 86-90.
[253] http://www.gtc-bio.com/pressreleases/pr051210.html.
[254] http://www.gene.com/gene/products/approvals-timeline.html.
[255] Lindsey A George. Hemophilia gene therapy comes of age. Blood Advances, 2017, 1 (26): 2591-2598.
[256] Wirth T, Parker N, Ylä-Herttuala S. History of gene therapy. Gene, 2013, 525 (2): 162-169.
[257] Rogers S, Lowenthal A, Terheggen HG, Columbo JP. Induction of arginase activity with the Shope papilloma virus in tissue culture cells from an argininemic patient. J Exp Med, 1973, 137 (4): 1091-1096.
[258] Terheggen HG, Lowenthal A, Lavinha F, Colombo JP, Rogers S. Unsuccessful trial of gene replacement in arginase deficiency. Z Kinderheilkd, 1975, 119 (1): 1-3.
[259] Friedmann T. A brief history of gene therapy. Nat Genet, 1992, 2 (2): 93-98.
[260] Anderson WF. September 14, 1990: the beginning. Hum Gene Ther, 1990, 1 (4): 371-372.
[261] Stolberg SG. The biotech death of Jesse Gelsinger. N Y Times Mag, 1999, 28: 136-140, 149-150.
[262] Cavazzana-Calvo M, Hacein-Bey S, de Saint Basile G, Gross F, Yvon E, Nusbaum P, Selz F, Hue C, Certain S, Casanova JL, Bousso P, Deist FL, Fischer A. Gene therapy of human severe combined immunodeficiency (SCID) -X1 disease. Science, 2000, 288 (5466): 669-672.
[263] Hacein-Bey-Abina S, Garrigue A, Wang GP, et al. Insertional oncogenesis in 4 patients after retrovirus-mediated gene therapy of SCID-X1. J Clin Invest, 2008, 118 (9): 3132-3142.
[264] Jinek M, Chylinski K, Fonfara I, Hauer M, Doudna JA, Charpentier E. A programmable dual-RNA-guided DNA endonuclease in adaptive bacterial immunity. Science, 2012, 337 (6096): 816-821.
[265] Takahashi K, Yamanaka S. Induction of pluripotent stem cells from mouse embryonic and adult fibroblast cultures by defined factors. Cell, 2006, 126 (4): 663-676.
[266] Takahashi K, Okita K, Nakagawa M, Yamanaka S. Induction of pluripotent stem cells from fibroblast cultures. Nat Protoc, 2007, 2 (12): 3081-3089.
[267] Ginn SL, Amaya AK, Alexander IE, et al. Gene therapy clinical trials worldwide to 2017: An update. J Gene Med, 2018, 20 (5): e3015. doi: 10.1002/jgm.3015.
[268] Lunn MR, Wang CH. Spinal muscular atrophy. Lancet, 2008, 371 (9630): 2120-2133.
[269] Miguel-Aliaga I, Culetto E, Walker DS, Baylis HA, Sattelle DB, Davies KE. The Caenorhabditis elegans orthologue of the human gene responsible for spinal muscular atrophy is a maternal product critical for germline maturation and embryonic viability. Hum Mol Genet, 1999, 8 (12): 2133-2143.
[270] Chan YB, Miguel-Aliaga I, Franks C, et al. Neuromuscular defects in a Drosophila survival motor neuron gene mutant. Hum Mol Genet, 2003, 12 (12): 1367-1376.
[271] Hsieh-Li HM, Chang JG, Jong YJ, et al. A mouse model for spinal muscular atrophy. Nat Genet, 2000, 24 (1): 66-70.
[272] Frugier T, Tiziano FD, Cifuentes-Diaz C, Miniou P, et al. Nuclear targeting defect of SMN lacking the C-terminus in a mouse model of spinal muscular atrophy. Hum Mol Genet, 2000, 9 (5): 849-858.
[273] Cifuentes-Diaz C, Frugier T, Tiziano FD, et al. Deletion of murine SMN exon 7 directed to skeletal muscle leads to severe muscular dystrophy. J Cell Biol, 2001, 152 (5): 1107-1114.
[274] Foust KD, Nurre E, Montgomery CL, et al. Intravascular AAV9 preferentially targets neonatal neurons and adult astrocytes. Nat Biotechnol, 2009, 27 (1): 59-65. doi: 10.1038/nbt.1515.
[275] Foust KD, Wang X, McGovern VL, et al. Rescue of the spinal muscular atrophy phenotype in a mouse model by early postnatal delivery of SMN. Nat Biotechnol, 2010, 28 (3): 271-274. doi: 10.1038/nbt.1610. Epub 2010 Feb 28.
[276] Gray SJ, Matagne V, Bachaboina L, et al. Preclinical differences of intravascular AAV9 delivery to neurons and glia: a comparative studyof adult mice and nonhuman primates. Mol Ther, 2011, 19 (6): 1058-1069.
[277] Mendell JR, Al-Zaidy S, Shell R, et al. Single-Dose Gene-Replacement Therapy for Spinal Muscular Atrophy. N

Engl J Med, 2017, 377 (18): 1713-1722.
[278] Kienle GS. Fever in Cancer Treatment: Coley's Therapy and Epidemiologic Observations. Glob Adv Health Med, 2012, 1 (1): 92-100.
[279] Old LJ, Clarke DA, Benacerraf B. Effect of Bacillus Calmette-Guerin infection on transplanted tumours in the mouse. Nature, 1959, 184 (Suppl 5): 291-292.
[280] Lotze MT, Line BR, Mathisen DJ, Rosenberg SA. The *in vivo* distribution of autologous human and murine lymphoid cells grown in T cell growth factor (TCGF): implications for the adoptive immunotherapy of tumors. J Immunol, 1980, 125 (4): 1487-1493.
[281] Rosenberg SA, Spiess P, Lafreniere R. A new approach to the adoptive immunotherapy of cancer with tumor-infiltrating lymphocytes. Science, 1986, 233 (4770): 1318-1321.
[282] Rosenberg SA, Packard BS, Aebersold PM, et al. Use of tumor-infiltrating lymphocytes and interleukin-2 in the immunotherapy of patients with metastatic melanoma. A preliminary report. N Engl J Med, 1988, 319 (25): 1676-1680.
[283] Schwartz R S. Another Look at Immunologic Surveillance. New England Journal of Medicine, 1975, 293 (4): 181-184.
[284] Thompson CB, Lindsten T, Ledbetter JA, Kunkel SL, Young HA, Emerson SG, Leiden JM, June CH. CD28 activation pathway regulates the production of multiple T-cell-derivedlymphokines/cytokines. Proc Natl Acad Sci U S A, 1989, 86 (4): 1333-1337.
[285] Dong H, Zhu G, Tamada K, Chen L. B7-H1, a third member of the B7 family, co-stimulates T-cell proliferation and interleukin-10secretion. Nat Med, 1999, 5 (12): 1365-1369.
[286] Nishimura H, Agata Y, Kawasaki A, et al. Developmentally regulated expression of the PD-1 protein on the surface of double-negative (CD4-CD8-) thymocytes. Int Immunol, 1996, 8 (5): 773-780.
[287] Dong H, Strome SE, Salomao DR, et al. Tumor-associated B7-H1 promotes T-cell apoptosis: a potential mechanism of immune evasion. Nat Med, 2002, 8 (8): 793-800.
[288] Leach DR, Krummel MF, Allison JP. Enhancement of antitumor immunity by CTLA-4 blockade. Science, 1996, 271 (5256): 1734-1736.
[289] Zhao Z, Chen Y, Francisco NM, et al. The application of CAR-T cell therapy in hematological malignancies: advantages and challenges. Acta Pharm Sin B, 2018, 8 (4): 539-551.
[290] Eshhar Z, Waks T, Gross G, Schindler DG. Specific activation and targeting of cytotoxic lymphocytes through chimeric single chains consisting of antibody-binding domains and the gamma or zeta subunits of the immunoglobulin and T-cell receptors. Proc Natl Acad Sci U S A, 1993, 90 (2): 720-724.
[291] Kochenderfer JN, Yu Z, Frasheri D, Restifo NP, Rosenberg SA. Adoptive transfer of syngeneic T cells transduced with a chimeric antigen receptor that recognizes murine CD19 can eradicate lymphoma and normal B cells. Blood, 2010, 116 (19): 3875-3886.
[292] Kochenderfer JN, Wilson WH, Janik JE, et al. Eradication of B-lineage cells and regression of lymphoma in a patient treated with autologous T cells genetically engineered to recognize CD19. Blood, 2010, 116 (20): 4099-4102.
[293] Grupp SA, Kalos M, Barrett D, et al. Chimeric antigen receptor-modified T cells for acute lymphoid leukemia. N Engl J Med, 2013, 368 (16): 1509-1518.
[294] Maude SL, Frey N, Shaw PA, et al. Chimeric antigen receptor T cells for sustained remissions in leukemia. N Engl J Med, 2014, 371 (16): 1507-1517.
[295] No authors listed. Chimeric Antigen Receptor-Modified T Cells for Acute Lymphoid Leukemia; Chimeric Antigen Receptor T Cells for Sustained Remissions in Leukemia. N Engl J Med, 2016, 374 (10): 998.
[296] Majzner RG, Mackall CL. Tumor Antigen Escape from CAR T-cell Therapy. Cancer Discov, 2018, 8 (10): 1219-1226.
[297] Cho JH, Collins JJ, Wong WW. Universal Chimeric Antigen Receptors for Multiplexed and Logical Control of T Cell Responses. Cell, 2018, 173 (6): 1426-1438.
[298] Ren J, Liu X, Fang C, et al. Multiplex Genome Editing to Generate Universal CAR T Cells Resistant to PD1 Inhibition. Clin Cancer Res, 2017, 23 (9): 2255-2266.

［299］ Liu X，Zhang Y，Cheng C，et al. CRISPR-Cas9-mediated multiplex gene editing in CAR-T cells. Cell Res，2017，27 (1)：154-157.

［300］ Tebas P，Stein D，Tang WW，et al. Gene editing of CCR5 in autologous CD4 T cells of persons infected with HIV. N Engl J Med，2014，370 (10)：901-910.

［301］ Liang P，Xu Y，Zhang X，et al. CRISPR/Cas9-mediated gene editing in human tripronuclear zygotes. Protein Cell，2015，6 (5)：363-372.